Helmut Sockel

Aerodynamik der Bauwerke

Helmut Sockel

Aerodynamik der Bauwerke

Mit 313 Bildern

Springer Fachmedien Wiesbaden GmbH

CIP-Kurztitelaufnahme der Deutschen Bibliothek

Sockel, Helmut:
Aerodynamik der Bauwerke / Helmut Sockel. –
Braunschweig; Wiesbaden: Vieweg, 1984.

ISBN 978-3-528-08845-3   ISBN 978-3-322-89735-0 (eBook)
DOI 10.1007/978-3-322-89735-0

Verlagsredaktion: *Alfred Schubert*

Inhaltsverzeichnis

Vorwort

Hohe Schadenssummen durch Windwirkung, bedingt durch eine geänderte Bauweise, haben sowohl die Forscher als auch die Normungsinstitute wachgerüttelt. Die Folge ist eine Unzahl von Publikationen und die längst fällige Neuauflage der einschlägigen Normen. Damit wird nun der Praktiker konfrontiert, der bei seiner Ausbildung über den Wind und seine Wirkungen nur wenig oder vielleicht sogar nichts gehört hat. Über die Grundlagen der Strömungsmechanik werden nur die Bauingenieure in dem Fach Hydraulik informiert, während es bei den Architekten keine einschlägige Ausbildung gibt.

Das vorliegende Buch soll dem in der Praxis tätigen Ingenieur vor allem eine Hilfe bei der Anwendung der Normvorschriften und bei der Lösung von allen ingenieurtechnischen Problemen sein, die mit dem Wind im Zusammenhang stehen. Es soll weiter die Grundlagen der Strömungsmechanik und der Meteorologie soweit vermitteln, als dies für ein Verständnis der Vorgänge notwendig ist. Die mathematischen Beschreibungen werden nach Möglichkeit einfach gehalten. Das Schwergewicht des Buches liegt bei der Anwendung, die anhand von zahlreichen numerisch durchgerechneten Beispielen demonstriert wird.

Das Buch ist in 20 Kapitel gegliedert. Nach dem knappen historischen Überblick im Einleitungskapitel vermitteln die Kapitel 2 bis 5 die Grundlagen der Strömungsmechanik unter besonderer Berücksichtigung der Struktur des Windes. Dies ist ein sehr komplizierter Strömungsvorgang, zu dessen Beschreibung viele Begriffe eingeführt werden müssen, auf die in den folgenden Kapiteln zurückgegriffen wird. Kapitel 6 behandelt die eigentliche Ursache der Gebäudeaerodynamik, den Wind. Es wird gezeigt, wie man anhand von meterologischen Angaben die für ein Bauwerk oder einen Bauteil maßgeblichen Windgeschwindigkeiten berechnen kann und welche Einflußfaktoren zu beachten sind. Kapitel 7 beschäftigt sich mit der auf diesem Gebiet immer mehr an Bedeutung gewinnenden Versuchstechnik. Es verfolgt den Zweck, den Anwender soweit zu informieren, daß er die Sprache des Fachmannes auf diesem Gebiet versteht und die Zuverlässigkeit von Experimenten richtig einschätzen kann. Kapitel 8 soll dem planenden Ingenieur eine Hilfe bei der Einschätzung von Umgebungseinflüssen sein und ihn auf die typischen Gefahrenstellen von hohen Windgeschwindigkeiten in Bodennähe aufmerksam machen. Die Kapitel 9 bis 14 behandeln die Windlasten der verschiedensten starren Konstruktionen. Jedem Kapitel werden Versuchsergebnisse vorangestellt, es folgen die wesentlichsten Ausführungen der Normen (DIN, ÖNORM, SIA) für die entsprechenden Konstruktionen. Dabei wurden bei ÖNORM und SIA die zur Zeit der Abfassung des Buches gültigen Fassungen (ÖNORM Ausgabe 1980, SIA Ausgabe 1970) als Grundlage genommen, während bei der DIN ein Entwurf aus dem Jahr 1983 herangezogen wurde, von dem die endgültige Fassung wohl in einigen wenigen Punkten abweichen wird. Auch der Schweizerische Ingenieur- und Architekten-Verband bereitet eine Neuauflage der SIA 160 vor, die Arbeiten sind jedoch noch nicht so weit gediehen, daß eine Diskussion im Rahmen dieses Buches sinnvoll erschien. Am Ende der Kapitel 9 bis 14 sind jeweils ein oder auch mehrere Rechenbeispiele unter besonderer Beachtung der Normvorschriften zahlenmäßig durchgeführt.

Die Kapitel 15 bis 20 beschäftigen sich mit den winderregten Schwindungen und Maßnahmen zu deren Verhinderung. Der mathematische Apparat ist dabei naturgemäß umfangreicher, wird aber so klein wie möglich gehalten. Es werden einfache Rechenverfahren angegeben, für aufwendigere wird auf die Literatur verwiesen.

Die Literaturangaben am Ende jedes Kapitels sollen dem Leser eine weitere Vertiefung in das jeweilige Problem erleichtern. Diese Hinweise sind selbstverständlich weder vollständig noch wurde auf die historischen Prioritäten geachtet. Manchmal wurde absichtlich nicht die Originalarbeit angeführt, falls diese nur schwer erreichbar ist.

Das Buch ist aus Vorlesungen entstanden, die ich an der Technischen Universität Wien halte. Daher verfolgt es wie diese Lehrveranstaltungen auch den Zweck, mit diesem Gebiet vertraut zu machen und eine praxisgerechte Entscheidungshilfe zu sein. Es soll insbesonders auf die zunehmende Bedeutung des Gebietes und auf die großen Aktivitäten in diesem Bereich hinweisen, und es will dazu auffordern, die weitere Entwicklung des Gebietes in der Fachliteratur zu verfolgen.

Meinem ehemaligen Mitarbeiter, Herrn Dr. F. Harwarth, und Herrn Dr. Kafka danke ich für ihre Kritik und ihre Verbesserungsvorschläge, den Herren Dipl.-Ing. G. Huemer, Dr. E. Smek, Dipl.-Ing. P. Stefanoudakis und Dr. Towfik und einigen Studenten, besonders Herrn G. Mai, für das Zeichnen der Abbildungsvorlagen. Die Reinschrift des Manuskriptes besorgte Frau G. Nader. Mein besonderer Dank gilt meinem Mitarbeiter Dipl.-Ing. P. Steinrück, der die ersten Abzüge sehr sorgfältig prüfte und durch seine Kritik zur klareren Gestaltung so mancher Textstellen einen wesentlichen Beitrag leistete. Dem Vieweg-Verlag danke ich für die ausgezeichnete Zusammenarbeit.

Meinem Lehrer, Herrn o. Prof. Dr. mult. K. Oswatitsch, gilt mein aufrichtiger Dank für die Anregung zu diesem Werk.

H. Sockel

Wien, im Mai 1984

Symbolverzeichnis

Großbuchstaben

A	Querschnittsfläche
A_G	Gesamtfläche
A_i^*	Stabilitätskoeffizient
A_K	Querschnittsfläche der Konstruktion
A_M	Querschnittsfläche des Modells
A_o	offene Fläche
A_u	Umrißfläche
B	Böenfaktor
B_1	Faktor
C_b	Biegedämpfung der Konstruktion
C_b^*	dimensionslose Biegedämpfung der Konstruktion
C_{ba}	aerodynamische Biegedämpfung
C_{ba*}	dimensionslose aerodynamische Biegedämpfung
C_K	kritische Dämpfung
C_t	Torsionsdämpfung der Konstruktion
C_{t*}	dimensionslose Torsionsdämpfung der Konstruktion
C_x, C_y, C_z	Koeffizienten
D	Dämpfungsfaktor
E	Elastizitätsmodul
Eu	Euler-Zahl
F	aerodynamische Kraft
F_A	Auftrieb
$\overline{F}_A$	Mittelwert des Auftriebes
F_A'	Schwankungswert des Auftriebes
F_c	Corioliskraft
F_e	Effektivwert der Kraftschwankung
F_N	Normalkraft
F_n	generalisierte Kraft
F_p	Kraft zufolge Druckgradient
F_Q	Querkraft
$\overline{F}_Q$	Mittelwert der Querkraft
F_Q'	Schwankungswert der Querkraft
F_R	Reibungskraft
F_{st}	statische Ersatzlast
F_T	Tangentialkraft
$\overline{F}_t$	Mittelwert der Kraft über Zeitintervall t
F_W	Widerstand
$\overline{F}_W$	Mittelwert des Widerstandes

F_W'	Schwankungswert des Widerstandes
F_x, F_y, F_z	Komponenten der aerodynamischen Kraft in x-, y-, z-Richtung
F_0	Kraftamplitude
F_1	Faktor
G	Gleitmodul
H_i^*	Stabilitätskoeffizient
I	polares Flächenträgheitsmoment
I_a	Flächenträgheitsmoment um eine Achse
I_n	generalisiertes polares Flächenträgheitsmoment
I_t	Drillwiderstand
K	Konstante; ganze Zahl
K_b	Biegesteifigkeit der Konstruktion
K_b*	dimensionslose Biegesteifigkeit der Konstruktion
K_{bn}	generalisierte Biegesteifigkeit
K_p	räumlicher Kohärenzkoeffizient der Druckschwankungen
K_t	Torsionssteifigkeit der Konstruktion
K_t^*	dimensionslose Torsionssteifigkeit der Konstruktion
K_{tn}	generalisierte Torsionssteifigkeit
K_n	räumlicher Kohärenzkoeffizient der Geschwindigkeitsschwankungen u'
K_{12}	räumlicher Kohärenzkoeffizient zweier Schwankungsgrößen
L	Integrallängenmaß
L_K	Kohärenzlängenmaß
L_{Kx}, L_{Ky}, L_{Kz}	Kohärenzlängenmaß in x-, y-, z-Richtung
L_x	Integrallängenmaß in x-Richtung
L_{ux}, L_{uy}, L_{uz}	Integrallängenmaß der u-Komponente in x-, y-, z-Richtung
M	Moment
M_e	Effektivwert des Momentes
M_n	generalisiertes Moment
M_{st}	statisches Ersatzmoment
$\bar{M}_t$	Mittelwert des Momentes über das Zeitintervall t
N	Natürliche Zahl (Anzahl der Geschosse)
P	Wahrscheinlichkeit
R	Gaskonstante der Luft; Bahnradius
$R(\beta)$	von der Windrichtung abhängiges Geschwindigkeitsverhältnis
Re	Reynolds-Zahl
Re_k	mit der Rauhigkeit k gebildete Reynolds-Zahl
Re_x	mit der Länge x gebildete Reynolds-Zahl
Re_x^*	Reynolds-Zahl für Grenzschichtumschlag
R_u	Korrelationskoeffizient der u-Komponente der Geschwindigkeit
R_{12}	räumlicher Korrelationskoeffizient von 2 Schwankungsgrößen
S	Strouhal-Zahl
$S_F(n)$	Kraftspektrum
$S_p(n)$	Druckspektrum
$S_x(n)$	Auslenkungsspektrum
S_n, S_v, S_w	Spektrum der u-, v-, w-Komponente der Geschwindigkeit
T	Schwingungszeit; absolute Temperatur

T_u	Turbulenzgrad
$\bar{U}$	vorgegebene mittlere Geschwindigkeit
W	Windlast in den Normen

Kleinbuchstaben

a	Länge
a_g	Grenzbeschleunigung
a_s	Schwellbeschleunigung
a_{max}	maximale Beschleunigung
b	Länge
b_m	mittlere Länge (Breite)
c	aerodynamischer Kraft- bzw. Lastbeiwert (ÖNORM)
c_0	aerodynamischer Kraft- bzw. Lastbeiwert für $\Lambda \rightarrow \infty$ (ÖNORM)
c_A	Auftriebsbeiwert
c_{A0}	Auftriebsbeiwert für $\Lambda \rightarrow \infty$
c_f	aerodynamischer Kraft- bzw. Lastbeiwert (DIN)
c_{f0}	aerodynamischer Kraft- bzw. Lastbeiwert für $\Lambda \rightarrow \infty$ (DIN)
c_M	Momentenbeiwert
c_{Me}	effektiver Momentenbeiwert
c_N	Normalkraftbeiwert
c_{N0}	Normalkraftbeiwert für $\Lambda \rightarrow \infty$
c_p	Druckbeiwert
c_{pa}	Außendruckbeiwert
c_{pi}	Innendruckbeiwert
$c_{p\,min}$	kleinster Druckbeiwert (dem Betrage nach maximaler Beiwert für Unterdruck)
c_Q	Querkraftbeiwert
c_{Q0}	Querkraftbeiwert für $\Lambda \rightarrow \infty$
c_R	Reibungsbeiwert für die Oberfläche von Baukörpern
c_T	Tangentialkraftbeiwert
c_{TN}	Normalkraftbeiwert für einen Fachwerkturm
c_W	Widerstandsbeiwert
$c_{W'}$	von Frequenz abhängiger Widerstandsbeiwert
c_{W0}	Widerstandsbeiwert für $\Lambda \rightarrow \infty$
c_x, c_y, c_z	Kraftbeiwerte in x-, y-, z-Richtung
c_{x0}, c_{y0}, c_{z0}	Kraftbeiwerte in x-, y-, z-Richtung für $\Lambda \rightarrow \infty$
c_{yn}	generalisierter Kraftbeiwert in y-Richtung für die n-te Eigenform
d	Durchmesser
d_H	hydraulischer Durchmesser
d_0	Höhe des Nullniveaus über dem Boden beim Grenzschichtprofil
e	Länge
f	dimensionslose Frequenz
$f_n(z)$	n-te Eigenform
$f_{tn}(y)$	n-te Torsionseigenform
$f_n^*(z)$	bezogene n-te Eigenform

g	Erdbeschleunigung
$g_n(t)$	Zeitfunktion der n-ten Eigenschwingung
g_s	Spitzenfaktor
h	Höhe
k	Oberflächenrauhigkeit
k_w	Wellenzahl
l	Länge
l_m	mittlere Länge
m	Masse
m'	Masse pro Längeneinheit
m^*	dimensionslose Masse
m_n	generalisierte Masse für die n-te Eigenschwingung
n	Frequenz
n_b	Biegeeigenfrequenz
n_e	Erregerfrequenz
n_t	Torsionseigenfrequenz
n_0	Eigenfrequenz
p	statischer Druck
Δp	Druckdifferenz
Δp_v	Druckverlust
$\bar{p}$	mittlerer Druck
p'	Druckschwankung um den Mittelwert
p_A	statischer Druck in der Anströmung
p_e	Effektivwert der Druckschwankung
p_0	Ruhedruck
q	Staudruck
q_A	Staudruck der Anströmung
$q_t(z)$	Mittelwert des Staudruckes über das Zeitintervall t in der Höhe z
q_N	Staudruck nach Norm
r	Abstand zwischen zwei Raumpunkten; Radialkoordinate
r^*	dimensionsloser Trägheitsradius
r_1	Faktor
s	Größenfaktor
s_1	Faktor
t	Zeit
Δt	Zeitdifferenz
t^*	dimensionslose Zeit
t_w	Wiederholungszeit
u	Strömungsgeschwindigkeit in x-Richtung (mittlerer Windrichtung)
$\bar{u}$	mittlere Geschwindigkeit in x-Richtung
u'	Geschwindigkeitsschwankung in x-Richtung
u_A	Anströmgeschwindigkeit (zeitlicher Mittelwert)
u_{A^*}	dimensionslose Anströmgeschwindigkeit
u_{Ao^*}	dimensionlose Grenzgeschwindigkeit
u_{AK}	kritische Anströmgeschwindigkeit

$u_e(z)$	Effektivwert der Geschwindigkeitsschwankung in x-Richtung in der Höhe z
u_g	Windgeschwindigkeit am Rand der atmosphärischen Grenzschicht (geostrophischer Wind)
u_N	Geschwindigkeit in Normalenrichtung
u_R	Relativgeschwindigkeit
$u_t(z)$	Mittelwert der Geschwindigkeit über t Sekunden in der Höhe z
$\bar{u}_t(z)$	Bezugsgeschwindigkeit gemittelt über t Sekunden in der Höhe z
v	Strömungsgeschwindigkeit in y-Richtung
v'	Geschwindigkeitsschwankung in y-Richtung
w	Geschwindigkeitskomponente in z-Richtung (vertikal)
w	Windlast pro Flächeneinheit normal zur Fläche nach den Normen
w'	Geschwindigkeitsschwankung in z-Richtung
w_R	Windlast pro Flächeneinheit tangential zur Fläche nach den Normen
x	Koordinate oder Auslenkung in Windrichtung
$\bar{x}$	mittlere Auslenkung in Windrichtung
x_e	Effektivwert der Auslenkung in Windrichtung
x_{max}	mittlerer Maximalwert der Auslenkung in Windrichtung
$x_{max\,e}$	Effektivwert der maximalen Auslenkungen in Windrichtung
y	horizontale Koordinate oder Auslenkung normal zur Windrichtung
z	vertikale Koordinate oder Auslenkung
z_B	Bezugshöhe
z_W	Höhe des Angriffspunktes über dem Boden

Griechische Buchstaben

α	Winkel
α_t	Exponent für Geschwindigkeitsmittel über t Sekunden
β	Winkel der Strömung relativ zu einer vorgegebenen Richtung
γ	Winkel
δ	logarithmisches Dämpfungsdekrement
δ_a	aerodynamisches logarithmisches Dämpfungsdekrement
δ_{ba}	aerodynamisches logarithmisches Dämpfungsdekrement für Biegeschwingungen
δ_{ban}	aerodynamisches logarithmisches Dämpfungsdekrement für Biegeschwingungen der n-ten Eigenform
δ_{bK}	logarithmisches Dämpfungsdekrement der Konstruktion für Biegeschwingungen
δ_{bKn}	logarithmisches Dämpfungsdekrement der Konstruktion für die n-te Eigenform
δ_G	Grenzschichtdicke
δ_K	logarithmisches Dämpfungsdekrement der Konstruktion
δ_{tK}	logarithmisches Dämpfungsdekrement der Konstruktion für Torsionsschwingungen
ϵ	Querschnittseinschnürung bei plötzlicher Verengung; Hilfsgröße

ζ	Verlustkoeffizient
$\eta, \bar{\eta}$	Abschirmfaktoren
κ	Karman-Konstante
κ_1	Faktor
λ	Schlankheitsfaktor
λ_R	Reibungsbeiwert
μ	dynamische Zähigkeit
ν	kinematische Zähigkeit
ρ	Dichte der Luft
ρ_K	Dichte der Konstruktion
τ	Schubspannung
τ_t	turbulente (scheinbare) Schubspannung
τ_o	Wandschubspannung
φ	Völligkeitsgrad
ψ	Komfortfaktor
ω	Drehung
ω_b	Biegeeigenfrequenz (Kreisfrequenz)
ω_{bn}	n-te Biegeeigenfrequenz (Kreisfrequenz)
ω_e	Erregerfrequenz (Kreisfrequenz)
ω_0	Kreisfrequenz
Θ	Winkel der aerodynamischen Kraft bezüglich einer vorgegebenen Richtung
Λ	Streckungsverhältnis
$\chi(z)$	Auslenkung
χ_a	aerodynamische Vergrößerungsfunktion
χ_m	mechanische Vergrößerungsfunktion
Ω	Frequenzverhältnis

1 Einleitung

In früheren Jahrhunderten traten Schäden durch Wind an Bauten nur selten auf, da die meist aus Stein gebauten Konstruktionen nach alten, aus der Erfahrung von Generationen stammenden Regeln errichtet waren. Durch das hohe Eigengewicht des Baues und seiner Teile spielte die horizontale Windkraft nur eine untergeordnete Rolle. Isaac Newton (1643–1727) erkannte bereits richtig, daß die Drücke und Kräfte, die auf einen Körper in einer Strömung wirken, dem Quadrat der Geschwindigkeit proportional sind. Aus dem Jahre 1759 stammt die Empfehlung des Engländers Smeaton, 0,57 kN/m^2 als Horizontallast für die Windwirkung bei Stürmen anzusetzen [1.1]. Diese Erkenntnisse fanden aber keinen Eingang in die Praxis, da die seltenen Schäden durch Windeinfluß als durch „höhere Gewalt" verursacht eingestuft wurden, eine Ausdrucksweise, die bis vor kurzem auch noch in Normen zu finden war.

Am Beginn des vorigen Jahrhunderts, als die ersten Eisenbahnlinien gebaut wurden, ging man dazu über, die Brücken aus Fachwerkträgern anstatt, wie bis dahin, aus Stein zu bauen. Dabei wurden vor allem die Vertikallasten beachtet, während man wegen der Unterschätzung der Wirkungen des Windes den Horizontalverband relativ schwach dimensionierte. Dies hatte zur Folge, daß viele Brücken aus Fachwerkträgern in den USA versagten [1.1]. Systematische Untersuchungen der Wirkungen des Windes setzten aber erst in England nach dem Einsturz der Tay Railway Bridge in Schottland (1879) ein.

Die Erforschung des Windes selbst begann wesentlich früher im Rahmen der Meteorologie bzw. mit dem Interesse an Wettervorhersagen. Robert Hooke (1635–1703) führte als erster systematische Windgeschwindigkeitsmessungen mit Schalenkreuzanemometern durch. Es dauerte aber noch bis zur Mitte des 19. Jahrhunderts und bedurfte vor allem der Einführung des Telegraphen, bis aufgrund der Daten vieler Stationen Wettervorhersagen gemacht werden konnten.

Als man Ende des 19. Jahrhunderts sich für die Windwirkung auf Bauwerke zu interessieren begann, lagen bereits viele Daten über den Wind selbst vor. Man machte zunächst Kraftmessungen an Platten und schrieb aufgrund der Versuchsergebnisse Horizontallasten zur Berücksichtigung der Windwirkung vor, die meist über 2 kN/m^2 lagen. Doch bald erkannte man den wesentlichen Einfluß der Körperform, und so wurden noch gegen Ende des vorigen Jahrhunderts die ersten Experimente mit Gebäudemodellen in einem künstlichen Luftstrom, in einem Windkanal, gemacht [1.10]. Aus dem Jahr 1895 stammt ein Übersichtsartikel von Bixby über den Windeinfluß auf Bauwerke [1.10]. Die Erfassung der Gesamtlast genügte für die damals übliche Bauweise. Erst mit Beginn des Stahlbetonbaues und der damit verbundenen Anwendung von Fassadenelementen wurden die örtlichen Drücke interessant. Man erkannte richtig, daß die Differenz zwischen Innen- und Außendruck sowohl eine Fassade als auch ein Dach belastet. Durch die immer leichter werdende Bauweise und die unzureichenden Angaben in den Normen stieg in letzter Zeit die Häufigkeit des Versagens von Fassaden (Bild 1.1) und von Dachkonstruktionen (Bild 1.2). So betrugen z. B. in Schleswig-Holstein die Schäden während eines Jahres (1967/1968)

Bild 1.1
Windschaden an der Fassade eines Kraftwerk-
hauses [1.5]

Bild 1.2 Dachschaden durch Windeinfluß an der Schwimmhalle einer Schule [1.6]

Bild 1.3 Tacoma-Brücke (Washington, USA) unmittelbar vor dem Einsturz 1940
[1.7]

60 Millionen DM [1.3]. Eine Untersuchung in Großbritannien über die Jahre 1962–1969 erbrachte, daß pro Jahr im Mittel etwa 100000 Schäden mit einer Schadenssumme mit 7 Mill. Pfund auftraten [1.4], für die Periode 1970–1976 lauten die entsprechenden Ziffern 230000 Schäden und 13 Mill. Pfund [1.9]. Berücksichtigt man die Preissteigerung zwischen den beiden Zeiträumen, so liegt die erste Summe sogar höher als die zweite.

Experimente in der ersten Hälfte unseres Jahrhunderts wurden in der Regel mit Einzelmodellen in einem Luftstrom mit konstanter Geschwindigkeit gemacht, wobei sich vor allem Aerodynamiker, wie etwa L. Prandtl [1.11], auch diesem Problemkreis widmeten. Erst in jüngster Zeit erkannte man aufgrund des Vergleiches der Ergebnisse von Modellmessungen im Windkanal und von Messungen an Großausführungen die großen Einflüsse von Windstruktur und Gebäudeumgebung. Außerdem wurden zu Beginn des Jahrhunderts Experimente mit starren Modellen durchgeführt, da die Konstruktionen sehr steif waren, eine hohe Eigenfrequenz hatten und gefährliche winderregte Schwingungen praktisch nicht auftraten. Die ersten Hängebrückenkatastrophen, jene der Brighton Chain Pier (1836) und der Menai Bridge im selben Jahre in England, waren wohl in Vergessenheit geraten. Erst der Einsturz der Tacoma-Brücke (Washington, USA) im Jahre 1940 (Bild 1.3) lenkte das Augenmerk von Ingenieuren und Wissenschaftlern auf winderregte Schwingungen. Infolge der Zunahme der Höhe der Bauten und der Reduktion ihres Gewichtes stieg aber die Anzahl der schwingungsgefährdeten Konstruktionen an. Manchmal liest man in der Presse über Zerstörungen von Schornsteinen (Bild 1.4) oder Fernsehtürmen, während über die Bauwerke, die gefährlich schwingen aber nicht zu Bruch gehen, nur in der Fachliteratur berichtet wird. Überraschend kam im Jahre 1965 die Nachricht vom Einsturz von drei Kühltürmen in Ferrybridge (England), die zum Teil im Windschatten anderer, nicht geschädigter Türme lagen (Bild 1.5). Auch diese winderregten Schwingungen können an-

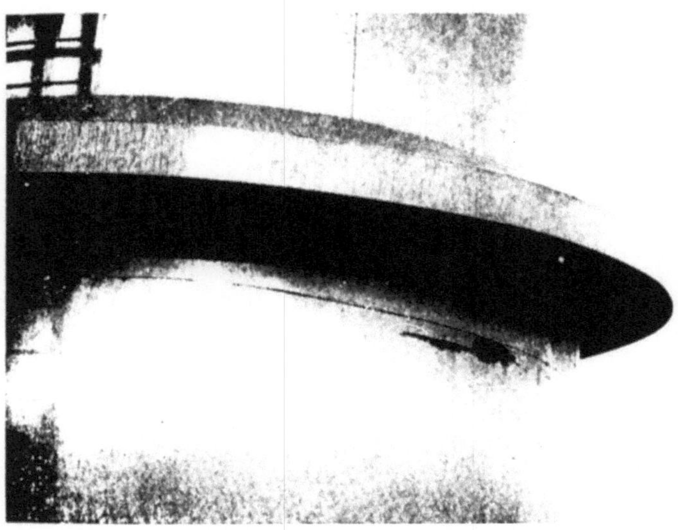

Bild 1.4 Riß an einem Stahlkamin zufolge winderregter Schwingungen [1.8]

Bild 1.5 Im Jahre 1965 versagten in Ferrybridge (Engl.) drei im Windschatten liegende Kühltürme [1.5]

hand eines Modellversuches in einem Windkanal gut simuliert, ihre Ursachen geklärt werden. Der Modellversuch ist und bleibt sicher für spezielle Konstruktionen die wertvollste Hilfe für die statische Bemessung, aber auch für die Einschätzung der Änderung der Windverhältnisse durch ein Bauwerk in Bodennähe. Speziell durch Scheibenhochhäuser normal zur vorherrschenden Windrichtung können nämlich im Fußgängerbereich derart hohe Windgeschwindigkeiten auftreten, daß auch junge Leute zu Fall gebracht werden.

Die Normen regeln die allgemeinen Fälle, sie müssen Grenzwerte angeben, die in der Mehrzahl der Einzelfälle sicher nicht erreicht werden. Sie müssen außerdem ein Kompromiß zwischen den Wünschen des Praktikers sein, alles mit einem Beiwert zu erfassen (was im vorigen Jahrhundert noch möglich war) und gleichzeitig sicher und wirtschaftlich zu bauen, also jede Überdimensionierung zu vermeiden. Mit den Neufassungen der Windnormen in der Bundesrepublik und in Österreich ist ein längst notwendiger Schritt getan worden. Allerdings enthalten die vorliegenden Fassungen nur die Windwirkungen auf starre Baukörper; bis zum Erscheinen der Vorschriften über Windeinfluß auf schwingungsfähige Konstruktionen wird wohl noch einige Zeit verstreichen.

Literatur

[1.1] *MacDonald, A. J.:* Wind Loading on Buildings, Appl. Sc. Publ. Ltd., London 1975

[1.2] *Scruton, C.:* Introductory review of wind effects on buildings and structures, Proc. of the Conference "Wind Effects on Buildings and Structures" Teddington 1963, S. 10–25

[1.3] *Frimberger, R.:* Aerodynamik bei hohen Bauwerken und leichten Flächentragwerken, VDI-Bericht Nr. 142 (1970)

[1.4] *Menzies, J. B.:* Wind damage to buildings in the United Kingdom 1962–1969, Building Res. Est. CP 35/71 (1971)

[1.5] *Building Research Establishment:* Effect of wind loading on typical buildings (slide package)

[1.6] *Eaton, K. J.:* Cladding and the wind, Building Res. Establishment CP 47/75 (1975)

[1.7] *Scruton, C.:* An experimental investigation of the aerodynamic stability of suspension bridges with special reference to the proposed Severn Bridge, Proc. Instn. of Civil Engrs. Vol. 1/1, S. 189–222 (1952)

[1.8] *Hirsch, G., Ruscheweyh, H., Zutt, H.:* Schadensfall an einem 140 m hohen Stahlkamin, Der Stahlbau 2/1975, S. 33–41

[1.9] *Buller, P. S. J.:* Wind damage to buildings in the United Kingdom 1970–1976, Building Res. Est. CP 42/78 (1978)

[1.10] *Cermak, J. E.:* Applications of fluid mechanics to wind engineering – a Freeman scholar lecture, ASME, J. of Fluid Eng. Vol. 97, S. 1, No. 1, S1–30 (1975)

[1.11] *Prandtl, L., Betz, A.:* Ergebnisse der Aerodynamischen Versuchsanstalt in Göttingen, II. III. u. IV. Lieferung, R. Oldenbourg, Berlin 1923, 1927, 1932

2 Strömungstechnische Grundlagen

2.1 Eigenschaften der Luft

2.1.1 Luft als strömendes Medium

Das strömende Medium, die Luft, wird für den vorliegenden Aufgabenbereich als Kontinuum betrachtet. Eine Flüssigkeit oder ein Gas ist im Gegensatz zu einem Festkörper ein Medium, das einer scherenden Beanspruchung unbegrenzt nachgibt. Bei einem festen Körper bewirken Schubspannungen endliche Verformungen, bei einer Flüssigkeit hört der Fortschritt der Deformationen erst dann auf, wenn keine Schubspannungen mehr wirken. Mathematisch kann man dies so formulieren: Beim Festkörper sind die Schubspannungen eine Funktion der Verformung (z. B. Hookesche Gesetz), bei Flüssigkeiten sind sie eine Funktion der Deformationsgeschwindigkeit. Schubspannungen können daher nur in einer strömenden Flüssigkeit oder einem strömenden Gas auftreten, in einem ruhenden Medium existieren nur Normalspannungen.

Die Eigenschaft des Auftretens von Schubspannungen in bewegten Medien bezeichnet man als Zähigkeit oder auch als Reibung. Bei Luft ist diese Zähigkeit sehr gering, und ihr Einfluß beschränkt sich meist auf die Bereiche in der Nähe von festen Wänden.

2.1.2 Dichte der Luft

Luft ist ein Gas und daher kompressibel, die Dichte der Luft ist nicht konstant. Streng genommen sind auch Flüssigkeiten kompressibel, nur sind ihre Dichteänderungen so gering, daß man sie meist vernachlässigen kann. Es zeigt sich, daß auch bei Luftströmungen die Änderungen der Dichte infolge von Geschwindigkeitsänderungen sehr klein sein können. Dies trifft praktisch zu, wenn die Geschwindigkeiten der Luft in stationärer Strömung (Abschnitt 2.2) klein im Verhältnis zur Schallgeschwindigkeit des Mediums sind [2.1]. Toleriert man Dichteschwankungen $\Delta\rho = 0.01\,\rho$, so können im Feld Geschwindigkeiten bis etwa 50 m/s auftreten. Dies ist aber ein Wert, der vom Wind nur in exponierten Lagen zu erwarten ist. Daher kann man für das Gebiet der Aerodynamik der Bauwerke die Dichteänderungen, die durch die Strömung hervorgerufen werden, vernachlässigen.

Hingegen ändert sich die Dichte der Luft gemäß der Zustandsgleichung für ein ideales Gas mit Luftdruck und Lufttemperatur:

$$\rho = \frac{p}{R \cdot T} \, , \tag{2.1}$$

p Luftdruck, T absolute Temperatur, $R = 287\ \mathrm{J\ kg^{-1}\ K^{-1}}$ Gaskonstante für trockene Luft. Infolge des Wasserdampfgehaltes der Luft tritt eine geringfügige Veränderung der Gaskonstanten auf [2.1], die jedoch für die Betrachtungen hier außer acht gelassen werden kann.

Beispiel: $p = 1$ bar $= 10^5$ N/m^2, $T = 279$ K (was 279 K $- 273$ K $= 6\,°$C entspricht), $\rho =$ $1,25$ kg/m^3. DIN und ÖNORM schreiben diesen Zahlenwert für die Dichte vor, während gemäß SIA 160 die Dichte gemäß Gl. (2.1) zu berechnen ist.

Die Dichte der Luft in der Atmosphäre nimmt natürlich mit zunehmender Höhe über dem Boden ab. Aber auch diese Dichtedifferenz, die bei 100 m Höhenunterschied kleiner als $0,01\,\rho$ ist, kann vernachlässigt werden.

2.2 Kinematische Grundbegriffe

2.2.1 Geschwindigkeit; instationäre und stationäre Strömung

Unter dem Begriff Luftteilchen verstehen wir ein sehr kleines (infinitesimales) Luftvolumen, durch dessen Oberfläche keine Masse hindurchströmt. Ähnlich wie man in der Mechanik die Bewegung eines Massenpunktes beschreibt, wird hier die Bewegung eines Luftteilchens verfolgt. In jedem Punkt des Raumes, der von Luft erfüllt ist, ist also ein Luftteilchen, das sich mit einer Geschwindigkeit $\vec{v}(x, y, z, t)$ bewegt. Die Geschwindigkeitskomponenten in dem rechtwinkligen kartesischen Koordinatensystem x, y, z werden entsprechend mit u, v, w bezeichnet. Der Geschwindigkeitsvektor $\vec{v}$ ist dabei im allgemeinen sowohl eine Funktion des Ortes als auch der Zeit. Eine Strömung, bei der die Strömungsgrößen auch von der Zeit abhängig sind, wo also insbesonders $\vec{v} = \vec{v}(x, y, z, t)$ gilt, nennt man eine instationäre Strömung. Ist die Strömung in einem Feldpunkt zu allen Zeiten dieselbe, so nennt man sie stationär. Der Wind ist, wie wir aus eigener Erfahrung wissen, eine instationäre Strömung. Wenn wir an einer Stelle stehen, so bemerken wir sehr wohl, daß sich sowohl Richtung als auch Intensität sehr rasch ändern können.

2.2.2 Stromlinien, Bahnlinien, Streichlinien

Zur Vereinfachung der Betrachtung denken wir uns eine Strömung der Luft in der x, y-Ebene, was praktisch bedeutet, daß die z-Komponente der Geschwindigkeit null ist und in allen Ebenen z = konst. die Strömung gleich ist. Wir machen eine Momentaufnahme der Strömung im Zeitpunkt t, d. h., wir registrieren die Geschwindigkeitsvektoren jedes Teilchens. Dies gibt uns ein Richtungsfeld in der x, y-Ebene. Die Integralkurven dieses Systems, d. h. die Kurven deren Tangentenrichtungen mit $\vec{v}$ zur Zeit t übereinstimmen, nennt man Stromlinien. Ändert der Geschwindigkeitsvektor in einem Punkt des Raumes mit der Zeit seine Richtung, dann ändert sich auch das Stromlinienbild mit der Zeit (instationäre Strömung) (Bild 2.1).

Die Bahnen eines individuellen Flüssigkeitsteilchens werden als Bahnlinien bezeichnet. Sie hängen nicht von der Zeit ab, sondern nur von dem Flüssigkeitsteilchen, dem sie zugeordnet sind. Eine solche Bahnlinie kann z. B. dadurch sichtbar gemacht werden, daß man der strömenden Luft sehr leichte Teilchen beimengt, die der Bewegung des strömenden Mediums nahezu ohne Schlupf folgen (Abschnitt 7.4.2). Fotografiert man nun diese Strömung mit einer langen Belichtungszeit, so werden die Teilchenbahnen abgebildet. Wählt man hingegen die Belichtungszeit so kurz, daß jedes Teilchen im Bild durch einen kurzen Strich wiedergegeben wird, so erhält man ein Richtungsfeld, in das man die Stromlinien einzeichnen kann. Die Bahnlinie tangiert die Stromlinie am Ort des Teilchens zu jeder beliebigen Zeit t. Aber das Stromlinienbild ändert sich bei instationärer Strömung mit der

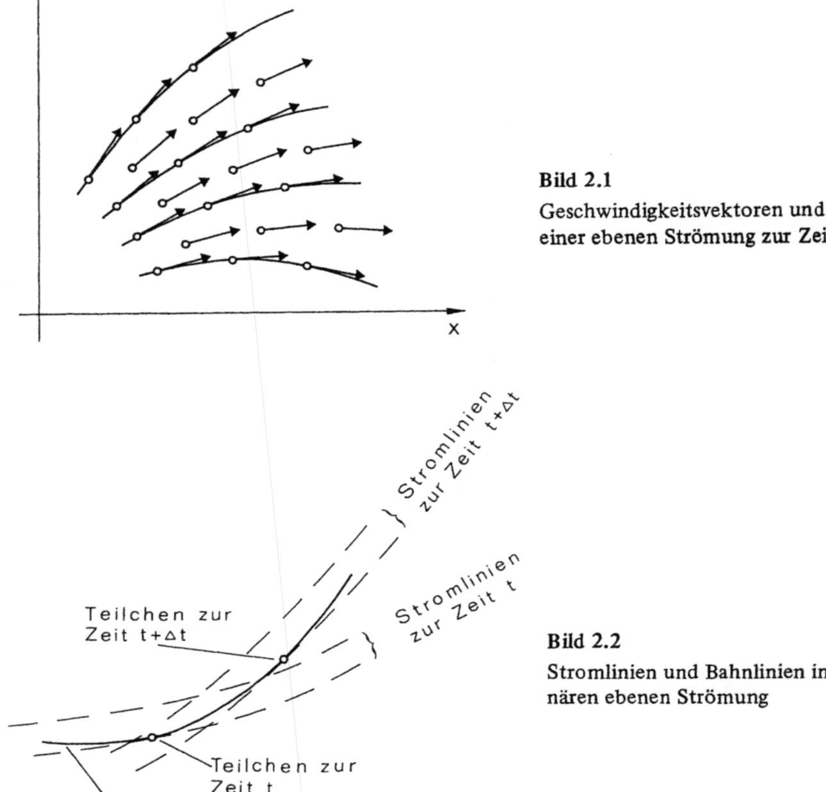

Bild 2.1

Geschwindigkeitsvektoren und Stromlinien in einer ebenen Strömung zur Zeit t

Bild 2.2

Stromlinien und Bahnlinien in einer instationären ebenen Strömung

Zeit, so daß sich die Stromlinienscharen zur Zeit t mit denen zur Zeit t + Δt schneiden (Bild 2.2).

Wenn man alle Teilchen, die zu verschiedenen Zeiten durch einen Punkt des Raumes strömen, markiert, so ergeben diese gekennzeichneten Teilchen aneinandergereiht eine Streichlinie. Diese Linien sind deswegen von Bedeutung, weil die Strömung oft durch örtliche Einbringung von Rauch sichtbar gemacht wird und dabei zu beachten ist, daß es sich hierbei weder um Bahnlinien noch um Stromlinien handelt, sofern eine instationäre Strömung vorliegt, was aber in der Gebäudeaerodynamik meist zutrifft. Bei stationärer Strömung sind alle drei Kurvenscharen identisch; man kann daher in diesem Fall die Stromlinien sowohl durch Beimischung von Teilchen als auch durch örtliches Einbringen von Rauch sichtbar machen.

2.2.3 Stromröhre

Wählt man im Raum eine beliebige geschlossene Kurve C und zeichnet die durch die Punkte von C zur Zeit t gehenden Stromlinien, so erhält man ein Gebilde, das als Strom-

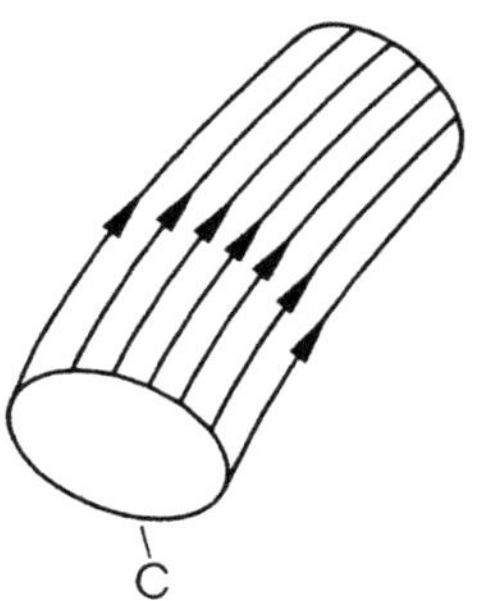

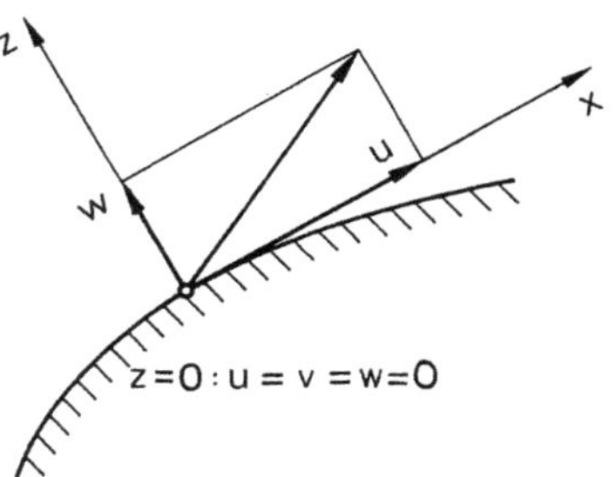

Bild 2.3 Stromröhre in einer
räumlichen Strömung

Bild. 2.4 Geschwindigkeitskomponenten an einer festen Wand

röhre bezeichnet wird. Die Mantellinien dieser Stromröhre sind Stromlinien. Durch die
Mantelfläche tritt keine Masse hindurch (Bild 2.3).

2.2.4 Bedingungen am Körper

Bei der Strömung von Luft werden sowohl zwischen den Schichten in der Strömung als
auch zwischen dem strömenden Medium und der Wand Schubspannungen übertragen. Die
Luftteilchen haften an der Wand, die Relativgeschwindigkeit zwischen Oberfläche und
Strömungsmedium ist null (Bild 2.4).

$$z = 0, \quad u = v = w = 0. \tag{2.2}$$

Der Einfluß der Reibung ist dabei meist auf die wandnahen Schichten beschränkt, die
Schubspannungen im Strömungsfeld weiter ab vom Körper spielen nur eine geringe Rolle,
sie können dort meist vernachlässigt werden. Setzt man die Zähigkeit null, so spricht man
von einem idealen Strömungsmedium. Mit dieser Annahme ist aber nicht mehr die Rand-
bedingung (2.2) zu erfüllen, denn bei Fehlen der Zähigkeit kann die Luft an der Wand
gleiten. Das bedeutet, daß auf der Oberfläche nur die Normalkomponente w der Geschwindigkeit verschwinden muß. Die Vernachlässigung der Zähigkeit ist deshalb von Bedeutung, weil dadurch eine wesentliche Vereinfachung der mathematischen Beschreibung
der Strömungsvorgänge erreicht wird und die Ergebnisse, die man mit diesem Modell erhält, bei manchen Problemen dennoch gut mit denen der Experimente übereinstimmen.

2.2.5 Drehung

Ein Luftteilchen wird auf seinem Weg deformiert. Der Einfachheit halber betrachten wir
eine ebene Strömung in der x, z-Ebene und verfolgen ein ursprünglich infinitesimales
quadratisches Teilchen (Bild 2.5). Wenn wir uns mit dem Eckpunkt A dieses Teilchens auf
seiner Bahn mitbewegen, so sehen wir, daß der rechte Winkel bei A nicht erhalten bleibt
und die Diagonale des Teilchens gedreht wird. Für eine ebene Strömung kann man die
Drehung der Diagonale durch die Ableitungen der Geschwindigkeitskomponenten ausdrücken [2.2]:

$$\omega = \frac{1}{2} \left(\frac{\partial w}{\partial x} - \frac{\partial u}{\partial z} \right). \tag{2.3}$$

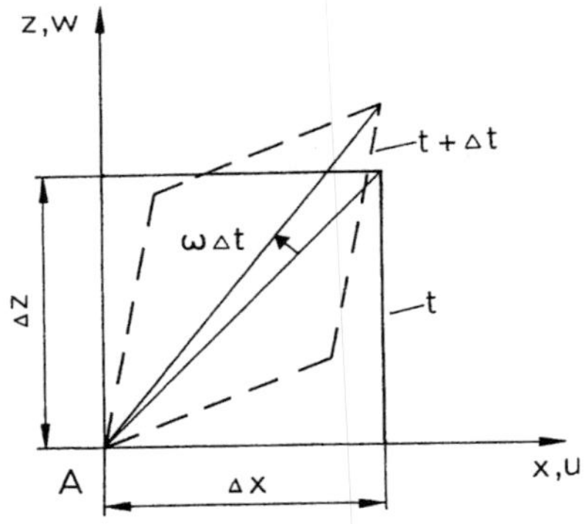

Bild 2.5 Deformation eines Flüssigkeitsteilchens in einer ebenen Strömung

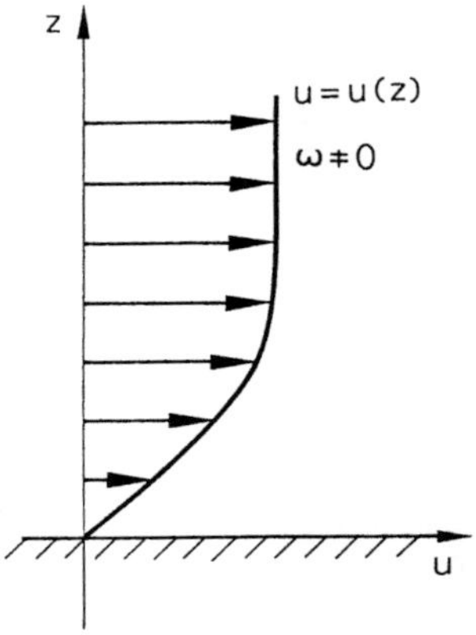

Bild 2.6 Geschwindigkeitsverteilung in einer ebenen Strömung in Wandnähe

In der Strömungsmechanik spielt die Klasse der drehungsfreien Strömungen $\omega \equiv 0$ eine besondere Rolle, weil bei ihnen mit einem Geschwindigkeitspotential gearbeitet werden kann.

Die Strömung des ungestörten Windes in Bodennähe muß die Haftbedingung (2.2) an der Wand erfüllen, die Komponente w senkrecht zum Boden ist im allgemeinen vernachlässigbar klein. Die Komponente u parallel zum Boden hängt von der Höhe über dem Boden selbst ab, u = u(z) (Bild 2.6). Für diesen Fall folgt aus Gl. (2.3) sofort $\omega \neq 0$, die Luftströmung in Bodennähe ist nicht wirbelfrei, die Methoden der Potentialströmung sind nicht anwendbar. Da außerdem die Reibung des ungestörten Windes in Bodennähe ganz entscheidend ist, handelt es sich bei Problemen der Gebäudeaerodynamik um Aufgaben, die theoretisch nur mit mehr oder weniger zutreffenden vereinfachenden Annahmen gelöst werden können. Der Schwerpunkt liegt daher meist beim Experiment.

Literatur

[2.1] *Becker, E.:* Technische Strömungslehre, Teubner 1968
[2.2] *Gersten, K.:* Einführung in die Strömungsmechanik, Vieweg 1981

3 Grundgleichungen der Strömung

Für das Verständnis der auftretenden Phänomene ist ein knapper Einblick in den Mechanismus von Strömungen erforderlich. Bei der Ableitung der Grundgleichungen wird stets konstante Dichte angenommen, weitere einschränkende Voraussetzungen werden fallweise gemacht.

3.1 Kontinuitätsgleichung

Wir betrachten eine Stromröhre (Abschnitt 2.2.3) in einer instationären Strömung. Diese Röhre ändert ihre Gestalt mit der Zeit, da sich in einer instationären Strömung die Stromlinien, die die Mantellinien dieser Stromröhre sind, ändern (Bild 3.1). Wir machen dabei

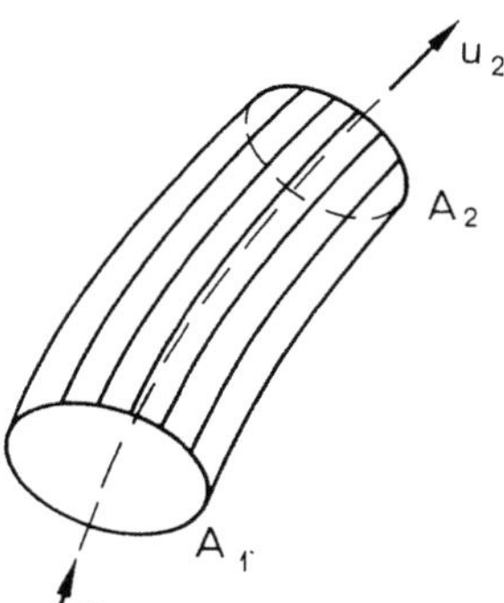

Bild 3.1
Gestalt der Stromröhre in einem Zeitpunkt

die Annahme, daß die Flächen A_1 und A_2 klein sind und im Mittel auf den Mantellinien normal stehen. Wir brauchen dann die Geschwindigkeitsunterschiede auf A_1 bzw. auf A_2 nicht zu berücksichtigen, wir rechnen mit entsprechenden mittleren Geschwindigkeiten u_1 auf A_1 und u_2 auf A_2. Die Luftmasse in der Stromröhre zur Zeit t ist

$$\rho \int_{x_1}^{x_2} A\,dx,$$

zur Zeit t + dt

$$\rho \int_{x_1}^{x_2} \left(A + \frac{\partial A}{\partial t}\,dt \right) dx.$$

Die Differenz zwischen den beiden Ausdrücken muß gleich dem Unterschied zwischen den im Zeitintervall dt ein- und ausströmenden Massen sein:

$$\rho \int_{x_1}^{x_2} \frac{\partial A}{\partial t} \, dt dx = \rho A_1 u_1 dt - \rho A_2 u_2 dt$$

$$\int_{x_1}^{x_2} \frac{\partial A}{\partial t} \, dx = A_1 u_1 - A_2 u_2 . \tag{3.1}$$

Diese Beziehung gilt auch für reibungsbehaftete Strömung. Für stationäre Strömung (Abschnitt 2.2.1), bei der die Strömung nicht von der Zeit abhängt, verschwindet die linke Seite, und man erhält

$$A_1 u_1 = A_2 u_2 . \tag{3.2}$$

Dies ist eine sehr anschauliche Beziehung, die besagt, daß in einer Stromröhre bei großem Querschnitt die Geschwindigkeit klein ist und umgekehrt.

3.2 Bewegungsgleichung in Stromlinienrichtung

Um die Darstellung einfach zu halten, wird hier auf den Einfluß der Reibung verzichtet. Die Reibungseffekte in den oberflächennahen Schichten der Strömung werden im Abschnitt 4.3 behandelt.

Dem Massenpunkt in der Mechanik entspricht bei unseren Betrachtungen das Luftteilchen (Abschnitt 2.2.1). Die Anwendung des Newtonschen Grundprinzips auf einen Massenpunkt mit der Masse m und der Bahngeschwindigkeit u liefert

$$m \frac{du}{dt} = \sum_i F_i ,$$

wobei F_i die Komponenten der Kräfte in Bewegungsrichtung sind. An die Stelle des Massenpunktes tritt das Luftteilchen mit dem Volumen dAdx mit der Masse ρ pro Volumeneinheit. Als wirkende Kräfte werden die Druckdifferenz in Bahnrichtung und die entsprechende Komponente der Schwerkraft angenommen (Bild 3.2).

$$\rho dAdx \frac{du}{dt} = - dA \frac{\partial p}{\partial x} \, dx - \underbrace{\rho g dAdx \cos \beta}_{dz}$$

$$\rho \frac{du}{dt} = - \frac{\partial p}{\partial x} - \rho g \cdot \frac{dz}{dx} . \tag{3.3}$$

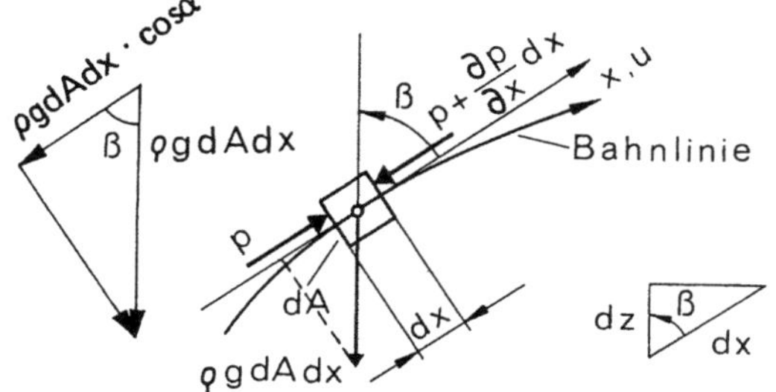

Bild 3.2

Auf ein Luftteilchen wirkende Kräfte (in Strömungsrichtung)

Die Geschwindigkeit u ist eine Funktion der Bahnlänge x und der Zeit t. Auch bei stationärer Strömung ändert sich die Geschwindigkeit des Teilchens längs x, denn stationäre Strömung besagt ja nur, daß an einem Ort, also für x = konst., die Strömung nicht von der Zeit abhängt. Im allgemeinen Fall, für instationäre Strömung, gilt:

$$du = \frac{\partial u}{\partial t}\, dt + \frac{\partial u}{\partial x}\, dx$$

$$\frac{du}{dt} = \frac{\partial u}{\partial t} + \underbrace{\frac{\partial u}{\partial x} \frac{dx}{dt}}_{u} = \frac{\partial u}{\partial t} + u\frac{\partial u}{\partial x}$$

$$(3.3) \qquad \frac{\partial u}{\partial t} + u\frac{\partial u}{\partial x} = -\frac{1}{\rho}\frac{\partial p}{\partial x} - g\frac{dz}{dx}. \qquad\qquad (3.4)$$

3.3 Bernoullische Gleichung

Gl. (3.4) ist die Differentialform der Bewegungsgleichung in Bahnrichtung für reibungsfreie Strömung. Für stationäre Strömung kann man diese Gleichung längs der Bahnlinie, die in diesem Fall mit der Stromlinie identisch ist, bei konstantem ρ leicht integrieren.

$$u\frac{\partial u}{\partial x} = -\frac{1}{\rho}\frac{\partial p}{\partial x} - g\frac{dz}{dx}$$

$$\rho\frac{u^2}{2} + p + \rho gz = \rho\frac{u_1^2}{2} + p_1 + \rho gz_1 = p_g, \qquad\qquad (3.5)$$

p statischer Druck, $\rho\dfrac{u^2}{2}$ Staudruck, dynamischer Druck, p_g Bernoulli-Konstante.

Zu beachten ist, daß Gl. (3.5) zunächst nur längs einer Stromlinie gilt und daher die Bernoulli-Konstante p_g von Stromlinie zu Stromlinie variieren kann.

Als Beispiel betrachten wir wieder die Atmosphäre, und zwar zunächst die ruhende Atmosphäre (u = 0). Es folgt die aerostatische Beziehung

$$(3.5) \qquad p(z) + \rho gz = p(z_1) + \rho gz_1 = p_{g1} = \text{konst.}$$

Sie setzt gemäß ihrer Herleitung konstante Dichte voraus, was genau genommen in der Atmosphäre nicht zutreffend ist. Wegen der geringen Dichteunterschiede im Höhenbereich der Bauwerke kann man aber genügend genau mit einer mittleren Dichte rechnen.

Nun betrachten wir den Fall des Windes in Bodennähe, wobei wir annehmen, daß es sich um eine stationäre Parallelströmung handelt (Bild 3.3). Die Schichtung des Druckes infolge der Schwerkraft bleibt auch bei Wind erhalten (s. Abschnitt 3.4), und es folgt

$$(3.5) \qquad \rho\,\frac{u^2}{2} + p(z) + \rho g z = \rho\,\frac{u^2}{2} + p_{g1} = p_g(z). \qquad\qquad (3.6)$$

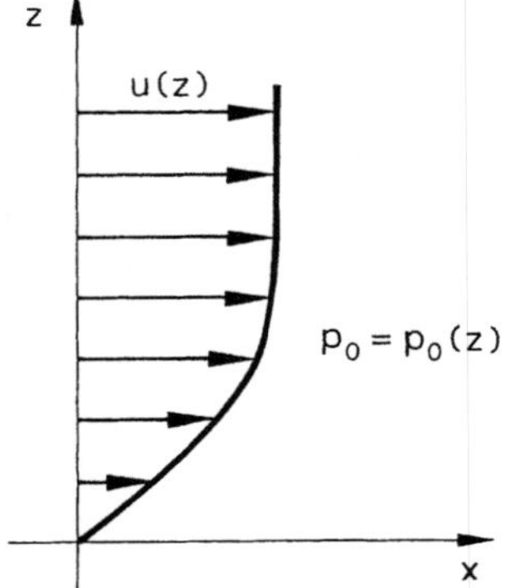

Bild 3.3

Geschwindigkeitsverteilung in Bodennähe

Dies zeigt, da u eine Funktion von z ist (Bild 3.3), daß mit dem Staudruck $\rho u^2/2$ die Bernoulli-Konstante p_g in der Strömung keine räumliche Konstante mehr ist.

Betrachten wir hingegen eine Parallelströmung mit konstanter Geschwindigkeit, so wird p_0 zu einer räumlichen Konstanten. Das gilt natürlich auch dann, wenn in diese Strömung ein Körper eingebracht wird. Als Beispiel diene der Vorderteil einer zylindrischen Strebe (Bild 3.4).

$$(3.5) \qquad \rho\,\frac{u^2}{2} + p = \rho\,\frac{u_A^2}{2} + p_A = p_0. \qquad\qquad (3.7)$$

p_0 ist nun für alle Stromlinien gleich, da angenommen wurde, daß die Geschwindigkeit u_A und der Druck p_A in der Anströmung weit vor dem Körper für alle Stromlinien gleich sind. p_0 ist hier der Druck in dem Punkt — dem Staupunkt —, in dem die Geschwindigkeit null wird. Dieser Druck wird als Ruhedruck bezeichnet.

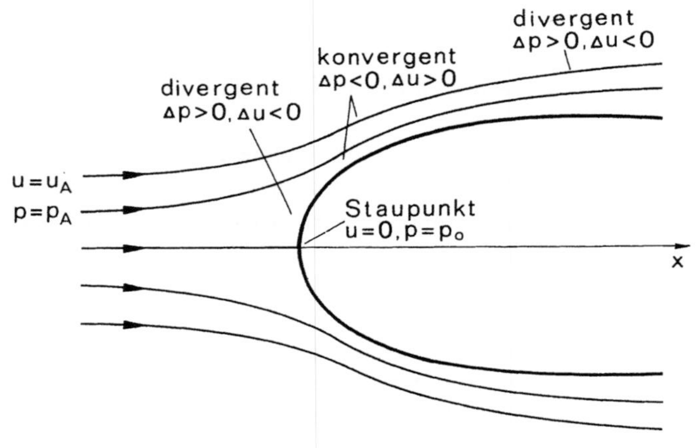

Bild 3.4

Drücke und Geschwindigkeiten in der Umgebung einer stumpfen Nase (qualitativ)

Aus dem Stromlinienbild kann man mit Gl. (3.2) eine Aussage über die Geschwindigkeitsänderungen machen, und mit dieser und Gl. (3.7) kann man die Druckänderungen ermitteln. Ein in Strömungsrichtung abnehmender Abstand der Stromlinien bedeutet Geschwindigkeitszunahme und Druckabfall, eine Erweiterung der Stromlinienabstände eine
Geschwindigkeitsabnahme und einen Druckanstieg. Dies ist in Tabelle 3.1 anschaulich
dargestellt.

Tabelle 3.1

Einfluß von Querschnittsänderungen
auf die Strömung

ΔA	<0	>0
Δp	<0	>0
Δu	>0	<0

Die Glieder in den Beziehungen (3.5) und (3.7) haben die Dimension einer Energie pro
Volumeneinheit. Man kann diese Gleichungen daher als mechanische Energiebilanz ansehen. Um von den jeweiligen Werten der physikalischen Größen unabhängig zu werden,
ist es üblich, diese Beziehungen durch den Staudruck q_A der ungestörten Strömung dimensionslos zu machen

$$q_A(z) = \rho \, \frac{u_A^2(z)}{2}. \tag{3.8}$$

Der Staudruck hängt aber in der Atmosphäre, wie in Gl. (3.6) erläutert wurde, von der
Höhe über dem Boden ab, daher ist die Angabe der Höhe wichtig. Praktisch werden immer Druckdifferenzen gemessen, und auch auf ein Gebäude wirken nur Differenzdrücke.
Es ist üblich, als Referenzdruck den statischen Druck $p_A(z)$ der ungestörten Strömung in
der gleichen Höhe z zu wählen und damit den Druckbeiwert c_p zu definieren.

$$c_p = \frac{p(x, y, z) - p_A(z)}{q_A(z)}. \tag{3.9}$$

Anstelle von $q_A(z)$ wird häufig $q_A(h)$ verwendet, der Staudruck in einer Bezugshöhe h
über dem Boden, z. B. in Dachhöhe.

Würde man auf einen Referenzdruck in einer anderen Höhe beziehen, so käme eine Druckdifferenz infolge des Höhenunterschiedes hinzu. Die Größenordnung dieses Einflusses
kann man an einem einfachen Beispiel demonstrieren. Unter der Annahme einer ruhenden
Atmosphäre folgt

$$(3.6) \qquad p(z) + \rho gz = p(0)$$

und für z = 100 m

$$p(100) - p(0) = \rho gz = 1{,}25 \cdot 9{,}81 \cdot 100 \; \text{N/m}^2 = 1226 \; \text{N/m}^2$$

Als Richtwert für die Druckbelastung gilt der Staudruck, der nun mit dem Wert infolge
des Höhenunterschiedes zu vergleichen ist. Oder man kann auch fragen: „Welcher Windgeschwindigkeit entspricht ein Staudruck von 1226 N/m²?"

$$(3.8) \qquad u_A^2 = \frac{2 \cdot q_A}{\rho} = \frac{2 \cdot 1226}{1{,}25} \; \text{m}^2/\text{s}^2 \Rightarrow u_A = 44{,}3 \; \text{m/s}.$$

Das besagt, daß der Druckunterschied infolge einer Höhendifferenz von 100 m dem Staudruck eines Windes mit 44,3 m/s Geschwindigkeit entspricht. Daraus kann man schließen, daß Staudruck und Druckdifferenz infolge des Höhenunterschiedes von gleicher Größenordnung sind, der Höheneinfluß auf den Druck daher nicht vernachlässigt werden kann. Dadurch, daß in Gl. (3.9) beide Drücke in derselben Höhe genommen wurden, wird der Höheneinfluß eliminiert, und damit können auch c_p-Werte aus Modellmessungen (bei denen wegen der geringen Abmessungen der Höheneinfluß praktisch verschwindet) unter gewissen Voraussetzungen (Kapitel 7) direkt auf die Großausführung übertragen werden. Für den Fall konstanter Anströmgeschwindigkeit u_A mit p_0 als räumlicher Konstante folgt

$$(3.5) \qquad \rho\,\frac{u^2}{2} + p + \rho g z = \rho\,\frac{u_A^2}{2} + p_A(z) + \rho g z \qquad\qquad (3.9) \qquad c_p = 1 - \frac{u^2}{u_A^2}\,.$$

3.4 Bewegungsgleichung normal zur Stromlinie

Wenn sich ein Massenpunkt mit der Masse m und der Geschwindigkeit u auf einer gekrümmten Bahn mit dem Radius R bewegt, so wirkt auf ihn die Fliehkraft

$$F_F = m\,\frac{u^2}{R}\,.$$

Genau in derselben Weise wirkt auch auf ein Luftteilchen auf einer gekrümmten Bahn die Fliehkraft. Zum Studium des Einflusses dieser Fliehkraft auf die Bewegung machen wir wieder einige vereinfachende Annahmen. Wir setzen eine reibungsfreie stationäre Strömung voraus und vernachlässigen auch die Schwerkraft. Als einzige Kraft wirkt dann die Druckkraft in radialer Richtung (Bild 3.5), die nach außen ansteigen muß, um mit der Fliehkraft im Gleichgewicht zu stehen.

$$\rho\,\frac{u^2}{R}\,dA\,dr - \frac{\partial p}{\partial r}\,dr\,dA = 0$$

$$\frac{\partial p}{\partial r} = \rho\,\frac{u^2}{R}\,. \qquad\qquad (3.10)$$

Diese Gleichung enthält zwei wichtige Aussagen für eine reibungsfreie stationäre Strömung ohne Schwerkrafteinfluß:

1. Der Druck steigt mit wachsendem r an.
2. In einer Parallelströmung, wenn R über alle Grenzen wächst, ist der Druckgradient in Querrichtung null.

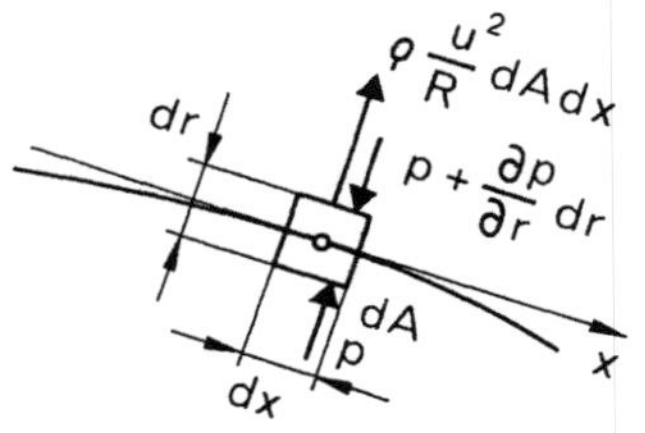

Bild 3.5
Auf ein Luftteilchen wirkende Kräfte (normal zur Strömungsrichtung)

Dies ist aber auch eine Bestätigung für die Annahme in Abschnitt 3.3, daß in der bodennahen Schicht der Atmosphäre kein Druckgradient in Höhenrichtung infolge der Strömung auftritt.

Mit der Druckbeziehung (3.10) läßt sich leicht zeigen, daß in der Umgebung von Rundungen und Kanten sehr hohe Geschwindigkeiten und Unterdrücke auftreten. Wir betrachten hierzu als Beispiel die Umströmung eines symmetrischen Körpers mit Rundungen in einer Parallelströmung mit konstanter Geschwindigkeit u_A (Bild 3.4). Unter diesen Voraussetzungen gilt:

$$(3.7) \qquad \rho \frac{u^2}{2} + p = \rho \frac{u_A^2}{2} + p_A$$

$$(3.10) \qquad \frac{\partial p}{\partial r} = \rho \frac{u^2}{R}$$

Aus Gl. (3.10) folgt, daß der Druck nach außen ansteigt; daher muß die Geschwindigkeit abnehmen. Die Geschwindigkeiten werden also an solchen Rundungen sehr hoch, wesentlich höher als die Geschwindigkeit des ungestörten Windes. Aus Gl. (3.7) folgt aber, daß der statische Druck an der Rundung wesentlich unter dem entsprechenden Druck in der ungestörten Strömung liegt. Für eine reibungsfreie inkompressible Strömung folgt für $R \to 0: u \to \infty \; c_p \to -\infty$. Dieser Fall tritt natürlich in einer wirklichen Luftströmung nicht auf, die vernachlässigten Effekte von Reibung und Kompressibilität begrenzen die Anstiege von Unterdruck und Geschwindigkeit. Die Unterdrücke können aber ein Vielfaches des Staudruckes der ungestörten Strömung betragen. Auf Flachdächern werden z. B. c_p-Werte von $-6,0$ erreicht (Abschnitt 11.1.1). Dies ist auch die Ursache für die sehr häufig auftretenden Schäden durch Windeinfluß in Kantenbereichen.

3.5 Rechenbeispiel: Berechnung der Geschwindigkeit aus dem Staudruck

Es wurden folgende Werte gemessen:

    Staudruck: $\quad q_A = 1177 \, N/m^2$
    Lufttemperatur: $\vartheta = 20\,°C \Rightarrow T = 293 \, K$
    Luftdruck: $\quad p = 0,99 \, bar = 0,99 \cdot 10^5 \, N/m^2$

$$(2.1) \qquad \rho = \frac{p}{R \cdot T} = \frac{0,99 \cdot 10^5}{287 \cdot 293} \, kg/m^3 = 1,177 \, kg/m^3$$

$$(3.8) \qquad u_A = \sqrt{\frac{2q_A}{\rho}} = \sqrt{\frac{2 \cdot 1177}{1,177}} \, m/s = 44,7 \, m/s.$$

Rechnet man mit $\rho = 1,25 \, kg/m^2$, wie es DIN und ÖNORM vorschreiben, so ergibt sich $u = 43,4 \, m/s$.

Literatur

[3.1] *Becker, E.:* Technische Strömungslehre, Teubner 1968
[3.2] *Gersten, K.:* Einführung in die Strömungsmechanik, Vieweg 1981

4 Bewegung zäher Flüssigkeiten; Turbulenz, Ähnlichkeit, Grenzschicht

4.1 Laminare und turbulente Strömung

O. Reynolds machte 1883 Versuche über das Ausströmen von Wasser aus einem Behälter. Die Ausströmung erfolgte dabei durch ein Glasrohr, wobei die Menge und damit die Geschwindigkeit durch ein Absperrorgan am Ende des Rohres verändert werden konnten. Die Strömung wurde durch Einbringung von Farbe sichtbar gemacht. Bei geringen Geschwindigkeiten im Glasrohr bleibt ein Farbfaden längs des ganzen Rohres erhalten (Bild 4.1 [4.4]). Da gemäß Abschnitt 2.2.4 die Flüssigkeitsteilchen an der Wand haften, nimmt die Strömungsgeschwindigkeit von der Wand, wo sie null ist, bis auf ihren maximalen Wert in Rohrmitte zu (Bild 4.3). Die einzelnen Schichten im Rohr bewegen sich also mit unterschiedlichen Geschwindigkeiten und vermischen sich nicht, wie der Farbfaden zeigt. Eine solche Strömung wird als Schichten- oder Laminarströmung bezeichnet; im speziellen Fall ist die Strömung praktisch stationär (Abschnitt 2.2.1).

Bei Erhöhung der Geschwindigkeit beginnt der Farbfaden zu flattern, und es wird ein Zustand erreicht, bei dem der ganze Querschnitt gefärbt erscheint (s. Bild 4.2). Der Farbfaden vermischt sich mit der Flüssigkeit der Umgebung, es ist keine Schichtenströmung

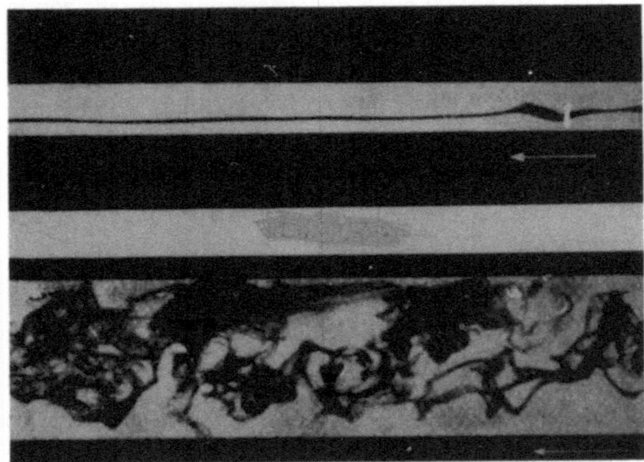

Bild 4.1
Laminare Strömung in einem
Rohr [4.4]

Bild 4.2
Turbulente Strömung in einem
Rohr [4.4]

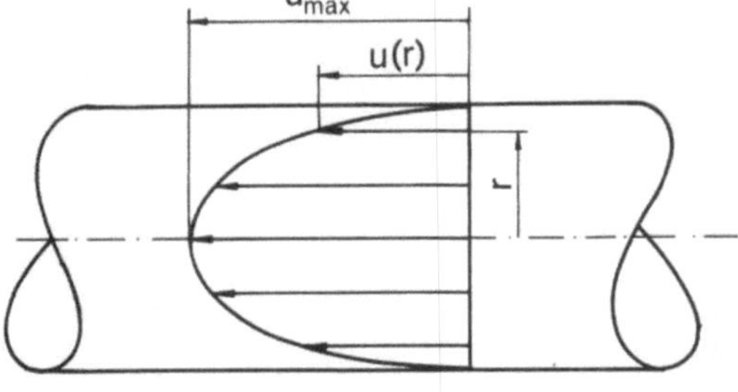

Bild 4.3
Geschwindigkeitsverteilung bei laminarer
Strömung im Kreisrohr

mehr. Der Hauptbewegung in Richtung der Rohrachse sind räumliche Schwankungen der Geschwindigkeit überlagert, die Bewegung ist nun instationär (Abschnitt 2.2.1). Dieser Strömungszustand wird als turbulent bezeichnet. Da die Schwankungen völlig regellos erfolgen, kann der Vorgang nur mit stochastischen Methoden beschrieben werden.

4.2 Turbulenzstruktur

4.2.1 Mittelwerte und Schwankungen

Beim Versuch von Reynolds im speziellen Fall und bei turbulenten Strömungen kann im allgemeinen angenommen werden, daß die statistischen Ergebnisse nicht von der Zeit abhängen [4.1]. Einen solchen Prozeß bezeichnet man als stationären Prozeß [4.2]. In diesem Fall darf man als Erwartungswerte die zeitlichen Mittelwerte bilden [4.2]. In einer turbulenten Strömung kann man daher die einzelnen Größen als Summe ihrer zeitlichen Mittelwerte (mit Querstrich) und der Schwankungen (mit Strich) um diese darstellen. Die Mittelwerte sind dabei voraussetzungsgemäß von der Zeit unabhängig. So folgt z. B. für die Geschwindigkeitskomponenten und den Druck:

$$u = \bar{u} + u'; \quad \bar{u} = \frac{1}{t_1} \int\limits_{t-\frac{t_1}{2}}^{t+\frac{t_1}{2}} u\,dt; \quad v = \bar{v} + v'; \quad \bar{v} = \frac{1}{t_1} \int\limits_{t-\frac{t_1}{2}}^{t+\frac{t_1}{2}} v\,dt;$$

$$w = \bar{w} + w'; \quad \bar{w} = \frac{1}{t_1} \int\limits_{t-\frac{t_1}{2}}^{t+\frac{t_1}{2}} w\,dt; \quad p = \bar{p} + p'; \quad \bar{p} = \frac{1}{t_1} \int\limits_{t-\frac{t_1}{2}}^{t+\frac{t_1}{2}} p\,dt. \tag{4.1}$$

t_1 ist dabei ein entsprechend großes Zeitintervall. Bei Wind ist es beispielsweise üblich, den zeitlichen Mittelwert über eine Stunde zu nehmen, das sogenannte Stundenmittel. Schwankungen um diesen mittleren Wert sind dann die Böen des Windes. Die Mittelwerte der Schwankungen sind definitionsgemäß null.

4.2.2 Streuungen der Schwankungen (Effektivwerte), Turbulenzgrad

Die Mittelwerte der Quadrate der Schwankungen (Varianzen) sind natürlich nicht null.

$$u_e^2 = \overline{u'^2} = \frac{1}{t_1} \int\limits_{t-\frac{t_1}{2}}^{t+\frac{t_1}{2}} u'^2\,dt; \quad w_e^2 = \overline{w'^2} = \frac{1}{t_1} \int\limits_{t+\frac{t_1}{2}}^{t+\frac{t_1}{2}} w'^2\,dt;$$

$$v_e^2 = \overline{v'^2} = \frac{1}{t_1} \int\limits_{t-\frac{t_1}{2}}^{t+\frac{t_1}{2}} v'^2\,dt; \quad p_e = \overline{p'^2} = \frac{1}{t_1} \int\limits_{t-\frac{t_1}{2}}^{t+\frac{t_1}{2}} p'^2\,dt. \tag{4.2}$$

Die Quadratwurzeln aus diesen Werten, die Streuungen (Effektivwerte), sind ein Maß für die Größe der Schwankungen um den Mittelwert, die Maximalwerte der Schwankungen liegen natürlich höher. Wesentlich ist die Größe dieser Effektivwerte im Verhältnis zu den entsprechenden Mittelwerten. Bei den Geschwindigkeiten gibt darüber der Turbulenzgrad T_u Aufschluß

$$T_u = \sqrt{\frac{\overline{u'^2} + \overline{v'^2} + \overline{w'^2}}{3\bar{u}^2}} = \sqrt{\frac{u_e^2 + v_e^2 + w_e^2}{3\bar{u}^2}} \; , \tag{4.3}$$

wobei hier vorausgesetzt wurde, daß die mittlere Strömung nur eine $\bar{u}$-Komponente hat. Die Umströmung von Gebäuden und damit die Kraftwirkungen auf diese hängen stark von der Turbulenzstruktur ab, für deren Beschreibung eine der maßgebenden Größen der Turbulenzgrad ist. Daher ist bei Modellexperimenten darauf zu achten, daß der Turbulenzgrad im Versuch gleich dem der Atmosphäre ist (Abschnitt 7.2).

4.2.3 Energiespektrum

Die Quadrate der Effektivwerte (Gl. (4.2)) stellen Mittelwerte der kinetischen Energie der Turbulenz pro Masseneinheit dar. Aber sie geben keinen Aufschluß über die Verteilung dieser Energie auf die verschiedenen Frequenzen. Wenn beispielsweise ein Großteil der kinetischen Energie der Turbulenz des Windes auf Frequenzen entfällt, die im Bereich der Eigenfrequenz eines Bauwerkes liegen, kann dieses zu Schwingungen angeregt werden. Ist z. B. für die u-Komponente der Beitrag im Frequenzbereich dn gleich $S_u(n)\,dn$, so folgt:

$$u_e^2 = \int_0^\infty S_u(n)\,dn. \tag{4.4}$$

Die Kurve $S_u(n)$, das eindimensionale Energiespektrum für die u-Komponente, zeigt, in welchen Frequenzbereichen große Beiträge zu u_e^2 liegen (Bild 4.4). Im Abschnitt 6.6 wird das Frequenzspektrum des natürlichen Windes erörtert, dessen Kenntnis für die Berechnung von turbulenzerregten Schwingungen notwendig ist.

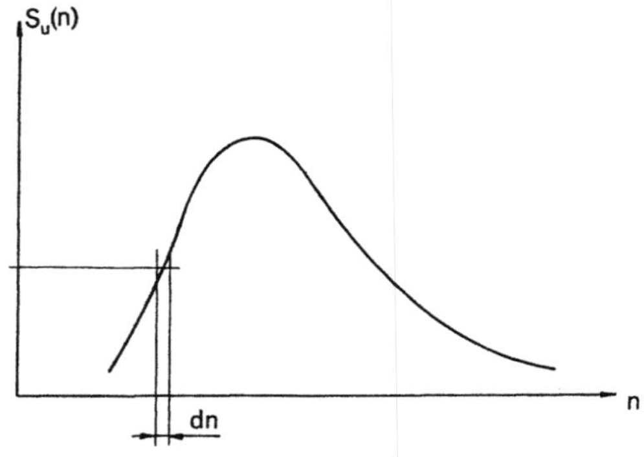

Bild 4.4
Geschwindigkeitsspektrum einer turbulenten Strömung (qualitativ)

4.2.4 Korrelation der Schwankungen

Eine wichtige Frage für die Praxis ist, ob Geschwindigkeits- bzw. Druckschwankungen längs der ganzen Höhe eines Bauwerkes gleichzeitig auftreten, ob beispielsweise ein Turm auf seiner ganzen Länge angeregt wird, oder ob die Schwankungen längs der Höhe so unregelmäßig verteilt sind, daß praktisch keine Anregung stattfindet. Zur Beantwortung dieser Frage bieten sich die sogenannten Korrelationsfunktionen an. Mit ihnen kann man auch Aussagen über die Abmessungen momentan einheitlich bewegter Luftmassen gewinnen, die in der Turbulenztheorie als Turbulenzballen bezeichnet werden. Diese Abmessungen entsprechen dann beim Wind den räumlichen Ausdehnungen einer Böe.

Der zeitliche Mittelwert des Produktes von zwei Schwankungsgrößen ist eine Korrelationsfunktion. Wird dieser Ausdruck durch die Effektivwerte der beiden Größen normiert, so erhält man einen Korrelationskoeffizienten. Zur Erläuterung seien als Beispiel die Geschwindigkeitsschwankungen in x-Richtung in zwei Feldpunkten 1 und 2 herausgegriffen (Bild 4.5). Der Korrelationskoeffizient lautet für diesen Fall:

$$R_{12}(r) = \frac{\overline{u_1' u_2'}}{u_{1e} u_{2e}} . \tag{4.5}$$

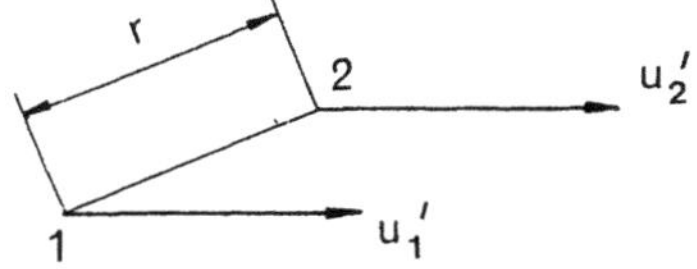

Bild 4.5
Korrelation der Geschwindigkeitskomponenten in einer bestimmten Richtung in verschiedenen Raumpunkten

Rückt Punkt 2 gegen Punkt 1, so geht R_{12} gegen 1, es herrscht eine vollkommene Abhängigkeit. Für $R_{12} \rightarrow 0$ sind u_1' und u_2' nicht korreliert, sie sind voneinander unabhängig. Genau auf die gleiche Weise können auch Korrelationskoeffizienten von verschiedenen Schwankungsgrößen gebildet werden, z. B. von der Geschwindigkeitsschwankung u' und der Druckschwankung p', wobei sich dann allgemein für $R_{12} \rightarrow \pm 1$ vollständige Abhängigkeit ergibt. Der Korrelationskoeffizient (Gl. (4.5) wird auch als Autokorrelationskoeffizient bezeichnet, da die Korrelation von zwei gleichen Größen gebildet wurde.

Das Abklingen von R_{12} (Bild 4.6) veranschaulicht, daß mit wachsendem r die Abhängigkeit der Geschwindigkeitsschwankungen in den Punkten 1 und 2 abnimmt. Da die Kurve

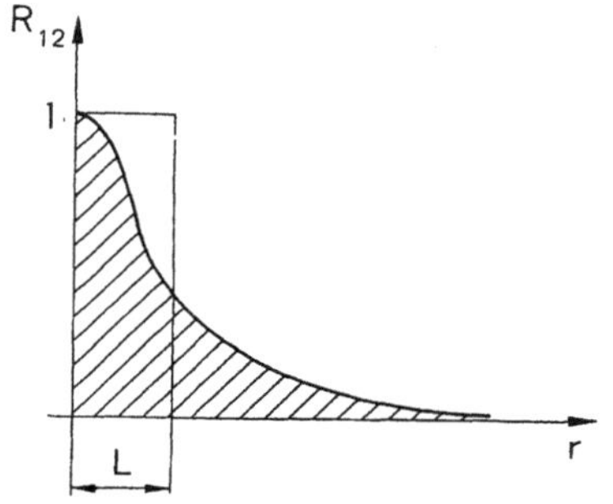

Bild 4.6
Der Korrelationskoeffizient R_{12} als Funktion des Punktabstandes r

asymptotisch gegen null geht, muß man eine für die Praxis anschauliche Festlegung über das Ausmaß der Reichweite finden. Dies ist das sogenannte Integrallängenmaß L

$$(4.5) \qquad L = \int\limits_0^\infty R_{12}\, dr = \int\limits_0^\infty \frac{\overline{u'_1 u'_2}}{u_{1e} u_{2e}}\, dr. \qquad\qquad (4.6)$$

Die Fläche unter der Korrelationskurve (Bild 4.6) ist gleich dem Rechteck $1 \cdot L$. Dieses Maß L ist eine charakteristische Größe für die räumliche Erstreckung der Turbulenzballen.

4.2.5 Kohärenz der Schwankungen

Kohärenz [4.3] ist die Korrelationsfunktion für eine bestimmte Frequenz. Praktisch bestimmt man sie dadurch, daß man alle Frequenzen bis auf ein schmales Band Δn ausfiltert. Der Kohärenzkoeffizient K_{12} ist definiert durch:

$$K_{12}(r,\, n) = \frac{\overline{u'_1(n)u'_2(n)}}{u_{1e}(n)u_{2e}(n)}. \qquad\qquad (4.7)$$

Die Kohärenz ist daher nicht nur eine Funktion des Abstandes r sondern auch der Frequenz. Der Verlauf dieser Kurven ist ähnlich der des Korrelationskoeffizienten (Bild 4.7).

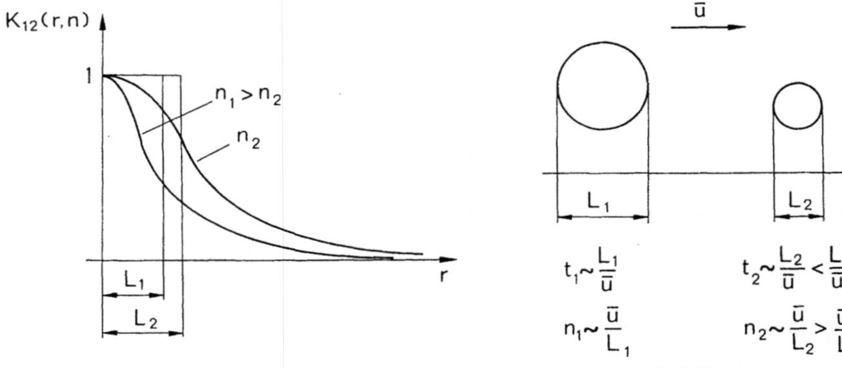

Bild 4.7 Der Kohärenzkoeffizient K_{12} als Funktion der Frequenz und des Punktabstandes

Bild 4.8 Zusammenhang zwischen charakteristischer Zeit t bzw. Frequenz n und Größe L der Turbulenzelemente (schematisch)

Auch hier gilt im Falle einer Autokohärenz für $r \to 0$: $K_{12} \to \pm 1$ und für große Abstände r geht der Kohärenzkoeffizient gegen 0. Eine Integrallänge für die Kohärenzfunktion wird analog zu Gl. (4.6) definiert.

$$L_K(n) = \int\limits_0^\infty K(r,\, n)\, dr. \qquad\qquad (4.8)$$

Auch $L_K(n)$ ist eine Funktion der Frequenz. Die charakteristische Abmessung eines Turbulenzelements hängt also von seiner Frequenz ab. Dieser Zusammenhang ist auch physikalisch leicht einzusehen. Die hochfrequenten Anteile der Turbulenz stammen von kleinen Turbulenzelementen, ihre Kohärenz ist nur über kurze Strecken groß. Von den großen Turbulenzballen stammen die niederfrequenten Anteile des Spektrums, ihre Kohärenz ist über größere Distanz hoch (Bild 4.7).

Nach G. I. Taylor werden die Turbulenzballen in erster Näherung mit der Geschwindigkeit $\bar{u}$ der Hauptströmung transportiert. Eine charakteristische Zeit für einen Turbulenzballen ergibt sich dann durch den Quotienten $L/\bar{u}$, der für große Elemente natürlich größer ist (Bild 4.8). Der reziproke Wert dieser Zeit kann als Maß für die Frequenz angesehen werden, was den oben angeführten Zusammenhang zwischen Frequenz und Ballengröße praktisch erläutert.

4.3 Schubspannungen

4.3.1 Laminare Schubspannung

In Abschnitt 2.1 wurde als charakteristische Eigenschaft von Flüssigkeiten und Gasen die Abhängigkeit der Schubspannung von der Deformationsgeschwindigkeit genannt. Der einfachste Fall ist der, daß die beiden Größen linear voneinander abhängen. Dies trifft bei Luft tatsächlich zu. Zur Erläuterung betrachten wir eine stationäre laminare Parallelströmung $u = u(z)$, eine ebene Scherströmung (Bild 4.9). Wir bewegen uns wieder, wie in Abschnitt 2.2.5, mit einem Luftteilchen, das deformiert wird, mit. Aus Bild 4.10 sieht man

$$d\gamma\,dz = \frac{\partial u}{\partial z}\,dz\,dt$$

$$\frac{d\gamma}{dt} = \frac{\partial u}{\partial z}.$$

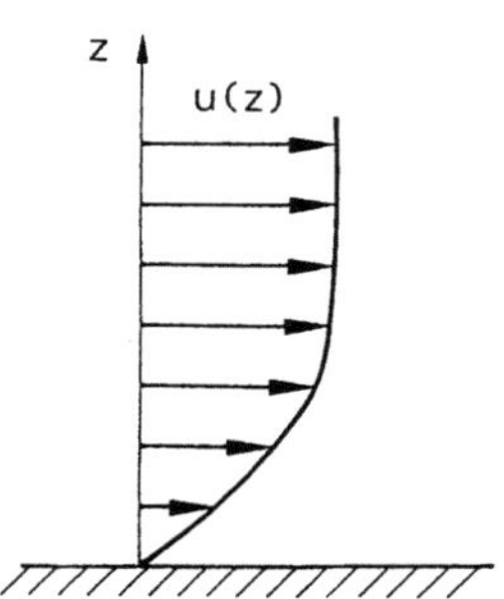

Bild 4.9 Stationäre, laminare Parallelströmung (ebene Scherströmung) in Wandnähe

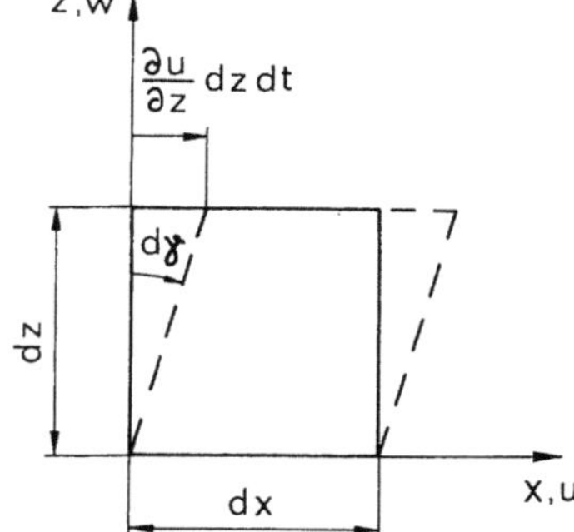

Bild 4.10 Deformation eines Luftteilchens in einer ebenen Scherströmung

Die Deformationsgeschwindigkeit $\frac{d\gamma}{dt}$ läßt sich durch die Querableitung der Geschwindigkeit ausdrücken. Das bedeutet, daß im einfachsten Fall Schubspannungen und Querableitung der Geschwindigkeit linear voneinander abhängen (Gesetz von Newton)

$$\tau = \mu\, \frac{\partial u}{\partial z}. \tag{4.9}$$

τ ist die laminare Schubspannung, μ die dynamische Zähigkeit. Viel häufiger wird aber die dynamische Zähigkeit auf die Dichte bezogen, was die kinematische Zähigkeit ν ergibt

$$\nu = \frac{\mu}{\rho} \tag{4.10}$$

$$(4.9, 4.10) \quad \tau = \nu\rho\, \frac{\partial u}{\partial z}.$$

Die dynamische Zähigkeit hängt dabei nur von der Temperatur ab, während die kinematische Zähigkeit, da sie die Dichte ρ enthält, natürlich auch von dieser abhängt. In Tabelle 4.1 sind für Luft anhängig von der Temperatur Werte von μ, ν und ρ angegeben, wobei bei den beiden letzten Größen ein Druck von 1 bar vorausgesetzt wurde. Als Richtwert kann man sich dabei den Wert $\nu = 1{,}5 \cdot 10^{-5}\ \mathrm{m^2 s^{-1}}$ merken. Eine Ermittlung von ν für andere Drücke ist leicht möglich. Man bestimmt zunächst die Dichte ρ aus Gl. (2.1) und berechnet dann ν nach Gl. (4.10) mit dem μ-Wert aus Tabelle 4.1.

Tabelle 4.1 Dynamische und kinematische Zähigkeit von Luft bei einem Druck von 1 bar

$\vartheta\,[°C]$	−20	−10	0	+10	+20	+30	+40
$\mu \cdot 10^5\ [\mathrm{Ns/m^2}]$	1,56	1,62	1,68	1,74	1,79	1,85	1,91
$\rho\,[\mathrm{kg/m^3}]$	1,38	1,33	1,28	1,23	1,19	1,15	1,11
$\nu \cdot 10^5\ [\mathrm{m^2/s}]$	1,13	1,22	1,32	1,41	1,50	1,61	1,71

4.3.2 Turbulente (scheinbare) Schubspannung

Gemäß Abschnitt 4.1 handelt es sich bei einer turbulenten Strömung um eine instationäre Strömung, die nur mit stochastischen Methoden beschreibbar ist. Für den Techniker sind vor allem die Mittelwerte interessant. Im folgenden wird nicht exakt abgeleitet, sondern nur plausibel gemacht, was man unter den sogenannten scheinbaren Schubspannungen versteht. Die Bewegungsgleichung (3.4) gilt für reibungsfreie Strömung in Stromlinienrichtung. Falls die x- bzw. u-Richtung nicht mit der Stromlinie zusammenfällt, kommt für ebene Strömung noch ein weiteres Glied $v\,\frac{\partial u}{\partial y}$ auf der linken Gleichungsseite hinzu [4.4]. Die Schwerkraft wollen wir hier vernachlässigen, da ihr Einfluß zur Erklärung der turbulenten Schubspannung nicht erforderlich ist. Es folgt:

$$(3.4) \quad \frac{\partial u}{\partial t} + u\,\frac{\partial u}{\partial x} + v\,\frac{\partial u}{\partial y} = -\frac{1}{\rho}\,\frac{\partial p}{\partial x}. \tag{4.11}$$

Nun sind aber alle Größen dieser Gleichung von der Zeit abhängig, man kann sie daher gemäß Gl. (4.1) in Summen aus zeitlichen Mittelwerten und Schwankungen um diese darstellen.

$$(4.11, 4.1) \quad \rho \frac{\partial(\bar{u} + u')}{\partial t} + \rho(\bar{u} + u')\left(\frac{\partial \bar{u}}{\partial x} + \frac{\partial u'}{\partial x}\right) + \rho(\bar{v} + v')\left(\frac{\partial \bar{u}}{\partial y} + \frac{\partial u'}{\partial y}\right) = \frac{\partial \bar{p}}{\partial x} + \frac{\partial p'}{\partial x}.$$

Bildet man den zeitlichen Mittelwert dieser Beziehung, so ist zu beachten, daß die Mittelwerte der Schwankungen definitionsgemäß null sind (Abschnitt 4.2.1), die Mittelwerte von Produkten von Schwankungen im allgemeinen aber ungleich null sind (Abschnitt 4.2.2. und 4.2.4). Außerdem ist zu beachten, daß die zeitlichen Mittelwerte nicht von der Zeit abhängen (Abschnitt 4.2.1).

$$\rho\bar{u}\frac{\partial \bar{u}}{\partial x} + \rho\bar{v}\frac{\partial \bar{u}}{\partial y} + \underbrace{\rho\overline{u'\frac{\partial u'}{\partial x}} + \rho\overline{v'\frac{\partial u'}{\partial y}}}_{\text{zusätzliche Glieder}} = -\frac{\partial \bar{p}}{\partial x}. \tag{4.12}$$

Vergleicht man nun Gl. (4.12) mit Gl. (4.11) für stationäre Strömung $\left(\frac{\partial u}{\partial t} = 0\right)$ so sieht man, daß sich die Gleichung der Mittelwerte von der der stationären Strömung um 2 zusätzliche Glieder unterscheidet. Es ist nun üblich, diese zusätzlichen Glieder auf die rechte Gleichungsseite zu bringen, und sie als Ableitungen von „scheinbaren Spannungen" zu interpretieren, da sie sich auf den Bewegungsablauf in der Strömung ähnlich wie die laminaren Schubspannungen auswirken. Es handelt sich also um Größen in der Bewegungsgleichung, die durch die Mittelung hinzukommen. Für die scheinbare oder turbulente Schubspannung erhält man nach Umformungen Ausdrücke der Gestalt [4.4]

$$\tau_t = -\overline{\rho u'v'}. \tag{4.13}$$

In der turbulenten Strömung setzen sich die durch Zähigkeit und Turbulenz verursachten Spannungen aus einem laminaren und einem turbulenten Anteil zusammen. Dabei sind die scheinbaren im Vergleich zu den laminaren Schubspannungen meist sehr groß. Nur in unmittelbarer Wandnähe müssen die turbulenten Schubspannungen abklingen, weil es dort gemäß der Haftbedingung (Abschnitt 2.2.4) keine turbulenten Schwankungen geben kann. In einer sehr dünnen Schicht an der Wand herrschen daher immer laminare Verhältnisse. Näheres darüber ist in Abschnitt 4.5.3 zu finden.

4.4 Mechanische Ähnlichkeit, Reynolds-Zahl

Die Ähnlichkeit von Strömungen ist für das Versuchswesen fundamental. Denn es geht um die Frage: Wie ist ein Experiment zu gestalten, damit die dabei erhaltenen Ergebnisse auf die Großausführung übertragen werden können und wie hat diese Übertragung zu erfolgen? In Abschnitt 7.2 sind die allgemeinen Ähnlichkeitsregeln zusammengestellt. In Abschnitt 4.2.5 wurde schon darauf hingewiesen, daß die Nachahmung der Struktur der Turbulenz im Experiment sehr wichtig ist.

Hier sehen wir zunächst von der Feinstruktur der Strömung ab und stellen ganz allgemein die Frage: Wann sind zwei stationäre Strömungen unter der Voraussetzung ähnlich, daß

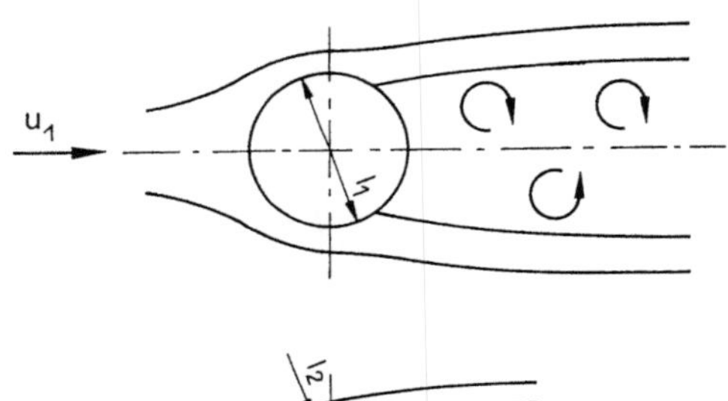

Bild 4.11

Umströmung zweier geometrisch ähnlicher Körper

die geometrischen Berandungen der Strömungsbereiche ähnlich sind? Wir betrachten dazu als Beispiel die Umströmung von Kreiszylindern verschiedener Durchmesser (Bild 4.11). Wenn die Stromlinienneigungen α_1 und α_2 in den entsprechenden Punkten 1 und 2 gleich sind, dann bezeichnen wir die Strömungen als mechanisch ähnlich. Dies ist offenbar dann der Fall, wenn die in 1 bzw. 2 wirkenden Kräfte in beiden Fällen in gleichen Verhältnissen zueinander stehen. Wir berücksichtigen dabei drei Kräfte, nämlich Druckkräfte, Trägheitskräfte und Zähigkeitskräfte. Mit den charakteristischen geometrischen Körperabmessungen l_1 und l_2 erhält man dann als Bedingung für mechanische Ähnlichkeit, daß die Reynolds-Zahlen für beide Fälle den gleichen Wert haben müssen. Diese Reynolds-Zahl ist definiert durch [4.12; 4.13]:

$$\mathrm{Re} = \frac{u_1 l_1}{\nu} = \frac{u_2 l_2}{\nu} \tag{4.14}$$

u ist die charakteristische Geschwindigkeit, z. B. die mittlere Windgeschwindigkeit; l die charakteristische Abmessung, z. B. Gebäudehöhe, Gebäudebreite; ν die kinematische Zähigkeit. Bei der Verwertung von Ergebnissen aus der Literatur ist zu beachten, auf welche Länge Re bezogen wurde.

Da in der Reynolds-Zahl die kinematische Zähigkeit ν steht, wurde bei ihrer Bildung nur die laminare Schubspannung berücksichtigt. Es zeigt sich aber, daß die Reynolds-Zahl die entscheidende Kennzahl für alle inkompressiblen Strömungen ist, also auch für turbulente. Sind zwei Strömungen mechanisch ähnlich, sind also die entsprechenden Reynolds-Zahlen gleich, dann folgt für die Druckdifferenzen Δp_1 bzw. Δp_2 die Beziehung

$$\mathrm{Eu} = \frac{\Delta p_1}{\rho u_1^2} = \frac{\Delta p_2}{\rho u_2^2}. \tag{4.15}$$

Dieser Quotient wird als Euler-Zahl bezeichnet. Sie unterscheidet sich von dem in Gl. (3.9) definierten Druckkoeffizienten nur um den Faktor 2. Daher ist die Aussage von Gl. (4.15) mit der Feststellung identisch, daß bei mechanischer Ähnlichkeit die Druckkoeffizienten gleich sind. Darin liegt auch der Vorteil der Darstellung von Druckverteilungen durch Druckkoeffizienten.

Die Erfüllung von gleicher Reynolds-Zahl bei Großausführung und Modellexperiment stößt aber in der Gebäudeaerodynamik auf Schwierigkeiten, wie an einem Beispiel gezeigt werden soll.

Gegeben: Gebäudehöhe $h = 10\,\text{m}$; Windgeschwindigkeit $u_A = 30\,\text{m/s}$; $\nu = 1{,}5 \cdot 10^{-5}\,\text{m}^2\text{s}^{-1}$

$$\text{Re} = \frac{10 \cdot 30}{1{,}5} \cdot 10^5 = 2 \cdot 10^7.$$

Die Reynolds-Zahlen in der Gebäudeaerodynamik liegen im allgemeinen im Bereich von 10^7 bis 10^8. Wenn nun ein Modellversuch im Maßstab 1:50 in einem künstlichen Luftstrom bei gleicher kinematischer Zähigkeit ν gemacht werden soll, müßte die Geschwindigkeit gemäß dem Ähnlichkeitsgesetz (4.14) das Fünfzigfache, also 1500 m/s betragen. In Abschnitt 2.1.2 wurde erwähnt, daß man eine Luftströmung praktisch bis 50 m/s als inkompressibel betrachten kann. Bei höheren Geschwindigkeiten hat die Kompressibilität einen entscheidenden Einfluß; damit gewinnen aber andere Ähnlichkeitsgesetze an Bedeutung, und die Reynolds-Zahl ist nicht mehr so wichtig. Wir müssen somit bei unseren Experimenten im inkompressiblen Bereich bleiben, daher liegen die maximalen Geschwindigkeiten von Windkanälen, die für Bauwerksaerodynamik verwendet werden, auch unter 60 m/s (Abschnitt 7.3). Es ist also in den meisten Fällen nicht möglich, das Reynoldsche Ähnlichkeitsgesetz (4.14) zu erfüllen. Dies ist, wie sich zeigt (Abschnitte 4.5.4 und 5.2.3), bei kantigen Objekten zulässig, da bei diesen Körpern die Strömung von der Reynolds-Zahl nahezu unabhängig ist. Bei gerundeten Formen, wie Zylindern und Kugeln, ist hingegen eine starke Abhängigkeit von der Reynolds-Zahl vorhanden.

Um bei solchen Formen Reynolds-Zahlen in der Größenordnung von 10^7 im Experiment zu erreichen, werden sehr kostspielige Anlagen für Luftströme unter hohem Druck geplant, weil dadurch die Zähigkeit ν, Gl. (4.10), wesentlich kleiner und Re nach Gl. (4.14) für den Modellversuch größer wird. Grundsätzlich sind auch Versuche in einem Wasserstrom möglich. Die geringe kinematische Zähigkeit des Wassers bringt eine Erhöhung von Re in der Größenordnung des Faktors 10. Allerdings haben Wasserkanäle einen kleineren Querschnitt und geringere Geschwindigkeiten, wodurch der Zähler der Reynolds-Zahl wieder kleiner wird und der Gewinn, den das Medium Wasser bringt, meist wieder verloren geht.

4.5 Grenzschicht, Ablösung

4.5.1 Laminare Grenzschicht

Die physikalischen Erscheinungen der Strömung in einer Schicht nahe der Oberfläche eines Festkörpers, der Grenzschicht, sollen an einem einfachen Beispiel, der Platte in einer Parallelströmung mit konstanter Geschwindigkeit erläutert werden (Bild 4.12). Die Platte liegt in Strömungsrichtung, ihre Dicke ist infinitesimal. Wäre die Strömung reibungsfrei, würde die Platte die Strömung nicht stören, da in einer reibungsfreien Strömung die Tangentialgeschwindigkeiten an einer Wand beliebig sein können (Abschnitt 2.2.4). In einer reibungsbehafteten Strömung muß aber die Geschwindigkeit an der Wand null sein, die Parallelströmung wird gestört. Man kann an diesem Beispiel den Einfluß der Reibung sehr gut studieren. Das Problem der laminaren Grenzschicht wurde 1908 von Blasius mathematisch behandelt, eine ausführliche Darstellung gibt das Buch von H. Schlichting [4.4]. Der Einfluß der Wandreibung klingt nach außen asymptotisch ab. Ein z-Wert, für den die Außenströmung praktisch ungestört ist, muß daher mehr oder weniger willkürlich definiert werden. Eine solche Definition ist beispielsweise: Man betrachtet die Grenz-

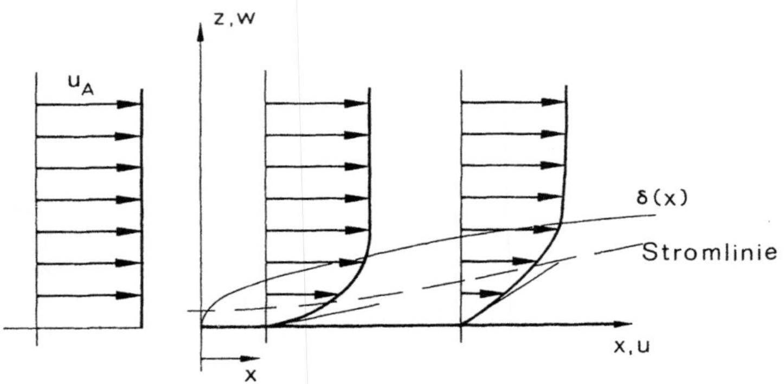

Bild 4.12 Laminare Grenzschicht an der ebenen längsangeströmten Platte

schicht als dort beendet, wo die Geschwindigkeit u nur mehr 1% vom Wert u_A der Außenströmung abweicht.

$$z = \delta_G: \quad u = 0,99 \, u_A.$$

Für diese Grenzschichtdicke gilt nach der Ähnlichkeitslösung von Blasius [4.4]:

$$(4.14) \qquad \frac{\delta_G(x)}{x} = \frac{5,0}{\sqrt{Re_x}}, \qquad Re_x = \frac{u_A x}{\nu}. \qquad (4.16)$$

x ist dabei der Abstand von der Plattenvorderkante, Re_x eine mit dieser Lauflänge gebil-
dete Reynolds-Zahl (Gl. (4.14)). Die Grenzschichtdicke δ_G ist also proportional zu $\sqrt{x}$.
Genau wie man für den Druck einen dimensionslosen Beiwert c_p definiert, wählt man für
die Wandschubspannung τ_0 einen dimensionslosen Beiwert λ_R, definiert durch

$$\lambda_R = \frac{\tau_0}{\rho \dfrac{u_A^2}{2}}. \qquad (4.17)$$

Für die laminare Grenzschicht gilt [4.4]:

$$\lambda_R = \frac{0,664}{\sqrt{Re_x}}. \qquad (4.18)$$

Die Wandschubspannung klingt also mit zunehmener Lauflänge x mit $\dfrac{1}{\sqrt{x}}$ ab. Ein Beispiel
soll einen Eindruck über die Größenordnung vermitteln.

Beispiel: Luft; $u_A = 20$ m/s, $\nu = 1,5 \cdot 10^{-5}$ m^2/s, $x = 0,2$ m, $\rho = 1,25$ kg/m^3.

(4.16) $\qquad Re_x = 2,67 \cdot 10^5$

$$\delta_G(0,2) = \frac{0,2 \cdot 5,0}{\sqrt{2,67 \cdot 10^5}} \text{ m} = 1,94 \cdot 10^{-3} \text{ m} = 1,94 \text{ mm}$$

(4.17, 4.18) $\qquad \tau_0 = \frac{0,664}{\sqrt{2,67 \cdot 10^5}} \cdot \underbrace{1,25 \cdot \frac{400}{2}}_{q = \rho \dfrac{u_A^2}{2}} \text{ N/m}^2 = 0,32 \text{ N/m}^2.$

Die Dicke der Reibungsschicht ist sehr gering, und auch die Schubspannung, die Tangentialkraft pro Flächeneinheit, die auf die Platte wirkt, ist sehr klein, wenn man sie mit dem Staudruck q vergleicht. Da die laminare Grenzschicht sehr dünn ist, verläuft die Strömung praktisch parallel zur Wand, die w-Komponente der Geschwindigkeit senkrecht zur Wand ist im Vergleich zur u-Komponente der Geschwindigkeit in x-Richtung sehr klein. Der Druck auf der festen Oberfläche ist praktisch gleich dem Druck in der ungestörten Außenströmung, der Druck ändert sich in der Richtung normal zur Wand innerhalb der Grenzschicht praktisch nicht. Diese Aussage über den Druck an der ebenen Platte gilt aber auch für die laminare Grenzschicht an gekrümmten Wänden. Voraussetzung ist nur, daß der Krümmungsradius der Wand sehr groß gegenüber der Dicke der Grenzschicht ist, was wegen der geringen Grenzschichtdicken meist erfüllt ist. Natürlich ist auch bei der gekrümmten Wand die Querkomponente der Geschwindigkeit klein gegenüber der Längskomponente und die Wandschubspannung klein im Vergleich zum Staudruck.

4.5.2 Umschlag der Grenzschicht

Die Grenzschicht an der Platte und auch an anderen Oberflächen bleibt aber nicht laminar, sie schlägt in eine turbulente Grenzschicht um. Der Ort des Umschlagens hängt von Re_x (Gl. 4.16), also von Lauflänge und Geschwindigkeit ab. Bei der ebenen Platte erfolgt dieser Umschlag bei [4.4]

$$Re^* = \frac{u_A x^*}{\nu} = 3 \cdot 10^5. \tag{4.19}$$

Für das in diesem Abschnitt angeführte Beispiel mit der Luftgeschwindigkeit $u_A = 20$ m/s folgt für $x^* = 0{,}23$ m. Der Umschlag und damit der in Gl. (4.19) angegebene Wert von Re^* hängen aber auch von der Turbulenz der Außenströmung und von der Rauhigkeit der Oberfläche ab. Das Beispiel zeigt aber dennoch, daß wir es bei Bauwerken vorwiegend mit turbulenten Grenzschichten zu tun haben. Ein Ausnahmefall ist z. B. die Umströmung von Gerüstrohren und dünnen Leitungen, wo eine laminare Grenzschicht vorliegt (Abschnitt 5.2.3).

4.5.3 Turbulente Grenzschicht an der glatten ebenen Platte

Die turbulente Grenzschicht kann nicht bis an die Wand reichen, da die Turbulenz selbst gegen die Wand hin wegen der Haftbedingung (Abschnitt 2.2.4) abklingt. Unterhalb der turbulenten Schicht liegt also immer eine sehr dünne laminare Zone direkt an der Wand. Aus Ähnlichkeitsbetrachtungen folgt für die Geschwindigkeitsverteilung in der Grenzschicht ein universelles Gesetz [4.14]:

$$\frac{u}{u_\tau} = f\left(\frac{z u_\tau}{\nu}\right), \quad u_\tau = \sqrt{\frac{\tau_0}{\rho}}, \tag{4.20}$$

das durch Experimente sehr gut bestätigt wurde (Bild 4.13). Die Wandschubspannung ist dabei natürlich eine laminare Schubspannung

$$(4.9) \qquad \tau_0 = \mu \left(\frac{\partial u}{\partial z}\right)_{z=0}.$$

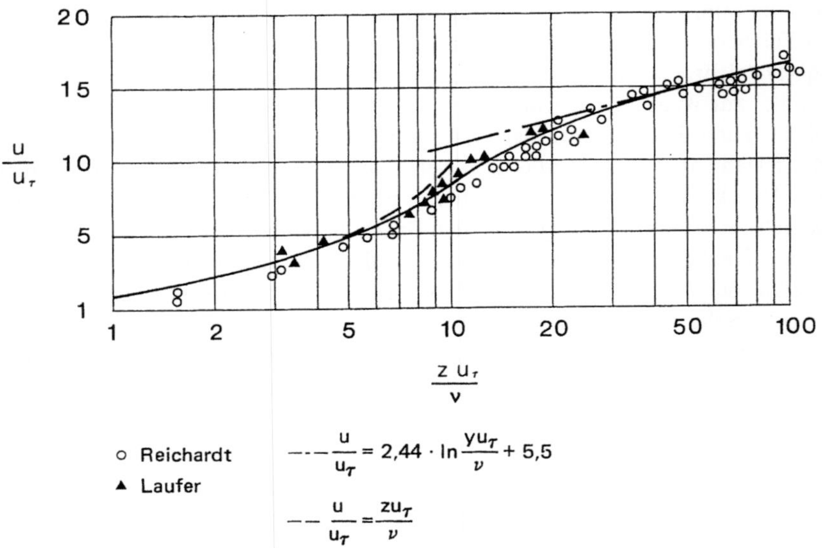

$$\circ \; \text{Reichardt} \qquad --\cdot-\; \frac{u}{u_\tau} = 2{,}44 \cdot \ln \frac{y u_\tau}{\nu} + 5{,}5$$

$$\blacktriangle \; \text{Laufer} \qquad\qquad -- \; \frac{u}{u_\tau} = \frac{z u_\tau}{\nu}$$

Bild 4.13 Universelle Geschwindigkeitsverteilung in Wandnähe [4.6]

Die Größe u_τ wird als Schubspannungsgeschwindigkeit bezeichnet. Es handelt sich dabei um keine physikalisch reale Geschwindigkeit, es geht vielmehr bloß darum, daß der Ausdruck $\sqrt{\frac{\tau_0}{\rho}}$ die Dimension einer Geschwindigkeit hat; der Index τ in u_τ soll darauf hinweisen. Die Funktion f in Gl. (4.20) ist zunächst noch allgemein. Für die laminare Unterschicht ist speziell ein linearer Zusammenhang (Bild 4.13), z. B. [4.4], passend.

$$\frac{u}{u_\tau} = \frac{z u_\tau}{\nu}, \quad \frac{z u_\tau}{\nu} < 10. \tag{4.21}$$

Für die rein turbulente wandnahe Zone ergibt sich ein logarithmisches Gesetz [4.4]:

$$\frac{u}{u_\tau} = C \ln \frac{z u_\tau}{\nu} + D, \quad \frac{z u_\tau}{\nu} > 30, \tag{4.22}$$

wobei die Konstanten den Experimenten angepaßt werden. Gebräuchliche Werte sind z. B.: $C = 2{,}44$; $D = 5{,}5$ [4.4, 4.5]. Der Bereich $10 \leqslant \frac{z \cdot u_\tau}{\nu} \leqslant 30$ ist eine Übergangszone zwischen laminarer und turbulenter Grenzschicht. Es gibt aber auch etwas komplizierter aufgebaute Funktionen, die die gesamte Grenzschicht einschließlich der Übergangszone beschreiben [4.6]. Es handelt sich zwar hier um eine Grenzschicht an einer glatten Wand, das Gesetz (4.22) gilt aber auch für rauhe Wände, da es ja nicht bis an die Oberfläche selbst Gültigkeit besitzt.

Für die turbulente Grenzschicht an der Platte gilt [4.4]:

$$\frac{\delta_G}{x} = \frac{0,37}{\sqrt[5]{Re_x}}; \quad Re = \frac{u_A x}{\nu} \tag{4.23}$$

(4.17,
4.20)
$$\lambda_R = \frac{\tau_0}{\frac{\rho}{2}\, u_A^2} = \frac{2 u_\tau^2}{u_A^2} = \frac{0,0592}{\sqrt[5]{Re_x}}. \tag{4.24}$$

Diese Werte sind nun mit den entsprechenden Werten für die laminare Grenzschicht zu vergleichen (Abschnitt 4.5.1). Die turbulente Grenzschichtdicke δ_G ist proportional zu $x^{4/5}$, sie wächst also wesentlich stärker mit x. Der Reibungsbeiwert λ_R nimmt mit zunehmender Lauflänge x wie $1/\sqrt[5]{x}$ ab, also schwächer als bei laminarer Grenzschicht.

Einen Eindruck von dem Verlauf der Grenzschicht für das in den Abschnitten 4.5.1 bzw. 4.5.2 angegebene Beispiel mit der Luftgeschwindigkeit u_A = 20 m/s vermittelt Bild 4.14.

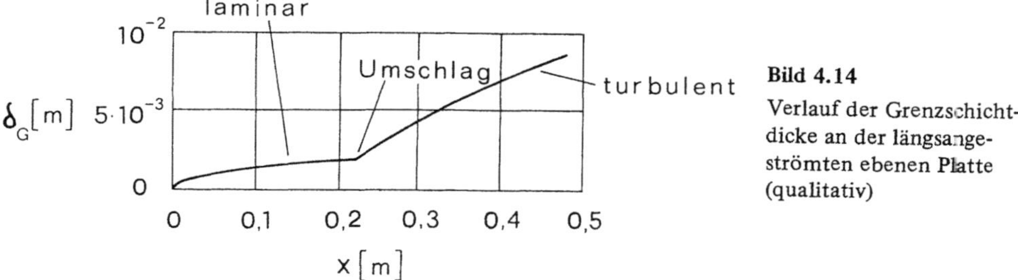

Bild 4.14
Verlauf der Grenzschichtdicke an der längsangeströmten ebenen Platte (qualitativ)

Die turbulente Grenzschicht ist nicht nur dicker als die laminare, sie weist auch in unmittelbarer Wandnähe, wenn man von der Umgebung des Umschlagbereiches absieht, höhere Geschwindigkeiten auf (Bild 4.15) [4.13]. Diese höheren Geschwindigkeiten in Wandnähe bedeuten größere Gradienten der Geschwindigkeit an der Wand und damit auch nach Gl. (4.9) höhere Wandschubspannungen und Reibungsbeiwerte (Gl. (4.24)).

4.5.4 Turbulente Grenzschicht an der rauhen ebenen Platte

Auf Grund experimenteller und dimensionsanalytischer Erwägungen kann das Gesetz für die glatte Wand (Gl. 4.22) auch für die rauhe Wand angewendet werden, nur tritt als addi-

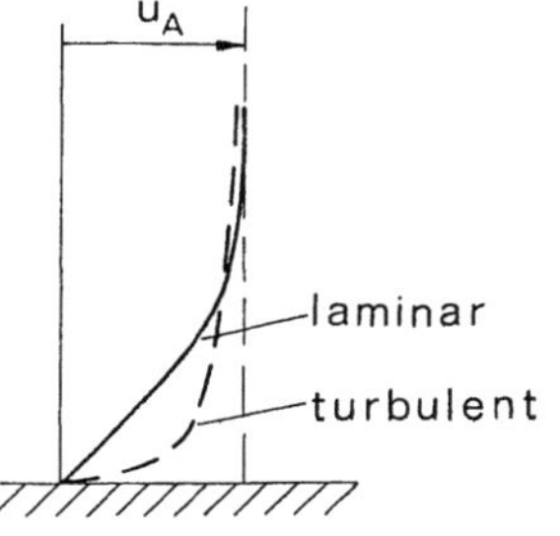

Bild 4.15
Geschwindigkeitsverteilung bei laminarer bzw. turbulenter Grenzschicht (qualitativ)

tives Glied eine Funktion der Rauhigkeit g(k) hinzu [4.5]. Für entsprechend starke Rauhigkeit der Oberfläche gilt

$$g(k) = -C \ln \frac{ku_\tau}{\nu}, \quad \frac{ku_\tau}{\nu} \geqslant 70.$$

und damit

$$(4.22) \qquad \frac{u}{u_\tau} = C \ln\left(\frac{z}{k}\right) + D, \quad \frac{ku_\tau}{\nu} \geqslant 70. \qquad\qquad (4.25)$$

Die Bedeutung für die Aerodynamik der Bauwerke liegt darin, daß mit Gl. (4.25) auch die Strömung des Windes in der bodennahen Luftschicht bis etwa 150 m Höhe beschrieben werden kann (Abschnitt 6.3). Diese Zone über dem Boden ist strömungstechnisch gesehen nichts anderes als eine turbulente Grenzschicht. Die Abmessungen dieser Grenzschicht sind beachtlich, wenn man sie mit den Grenzschichten an Körpern vergleicht. Bezogen auf die Abmessungen der Erdatmosphäre sieht man sofort, daß es sich um eine relative dünne Schicht nahe der Erdoberfläche handelt.

4.5.5 Ablösung der Grenzschicht

Die Erscheinung des Ablösens der Grenzschicht soll hier qualitativ beschrieben werden. Wir wählen als Beispiel einen Kreiszylinder (Bild 4.16). Wie in Abschnitt 3.3 erläutert, bedeutet eine Divergenz der Stromlinien eine Geschwindigkeitsabnahme (Gl. (3.2)), die stets mit einer Druckzunahme gekoppelt ist (Gl. (3.7)). Der Druckverlauf in der sehr dünnen Grenzschicht ist aber gleich dem der Außenströmung (Abschnitt 5.4.1). Durch diesen Druckanstieg in Strömungsrichtung werden auch die Luftteilchen in Wandnähe, die ohnedies schon langsam sind, weiter abgedrängt. Dies kann so weit gehen, daß sich die Grenzschicht von der Wand ablöst und eine Rückströmung entsteht. Es kommt zur Ausbildung eines Nachlaufes. Den Punkt der Oberfläche, in dem zuerst eine solche Umkehr der Strömung auftritt, nennt man Ablösepunkt. Die Lage dieses Ablösepunktes hat einen wesentlichen Einfluß auf die Kraftwirkung auf den Körper infolge der Strömung. Für einen Zylinder in einer reibungsfreien Parallelströmung, ergäbe sich ein zur z-Achse symmetrisches Stromlinienbild und damit auch eine zur z-Achse symmetrische Druckverteilung. Da bei Reibungsfreiheit auch keine Tangentialkräfte wirken, verschwindet in diesem Fall die resultierende Kraft der Strömung auf den Kreiszylinder. Durch den Einfluß der Reibung treten Schubspannungen auf. Außerdem kommt es zur Ablösung der Grenzschicht und damit zu einer Asymmetrie in der Druckverteilung bezüglich der z-Achse.

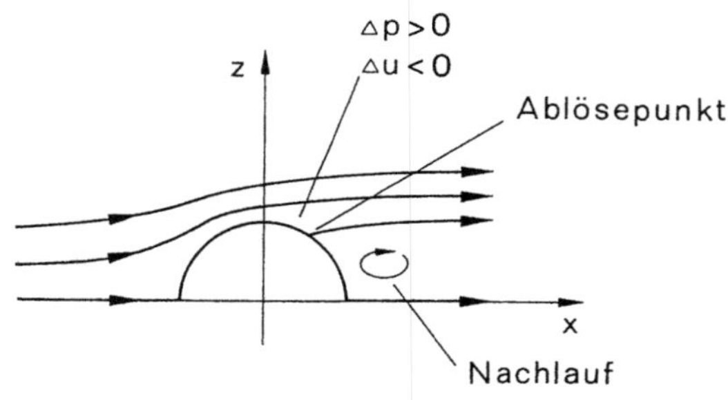

Bild 4.16
Ablösung und Nachlauf bei gerundeten Körpern

Da die Drücke auf der Vorderseite des Zylinders wesentlich größer als auf der Rückseite sind, im sogenannten Nachlauf, ergibt sich aus dieser Druckverteilung eine Kraft in positiver x-Richtung auf den Zylinder. Die Druckdifferenzen zwischen Vorderseite und Rückseite liegen dabei in der Größenordnung des Staudruckes q (Gl. (3.8)), die Wandschubspannungen τ_0 sind hingegen klein im Verhältnis zum Staudruck (Abschnitt 5.4.1). Der wesentliche Anteil der Gesamtkraft rührt daher von der Druckverteilung her. Was hier für den speziellen Fall eines Kreiszylinders gesagt wurde, gilt in der Bauwerksaerodynamik ziemlich allgemein. Ein Baukörper hat meist ein ausgedehntes Nachlaufgebiet, was zur Folge hat, daß die Druckverteilung allein die Kräfte bestimmt und die Schubspannungen auf der Oberfläche vernachlässigt werden können. Eine Ausnahme bilden nur etwa Platten, deren Ebene die Strömungsrichtung enthält, oder sonstige flache Körper. Sieht man von diesen Sonderfällen ab, dann können aus Messungen der Druckverteilung an Gebäuden die Gesamtkräfte errechnet werden, da der Schubspannungsanteil der Gesamtkraft in der Größenordnung des Meßfehlers liegt.

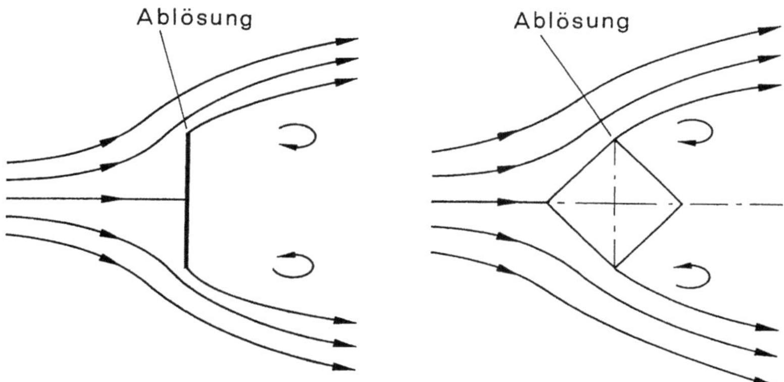

Bild 4.17 Ablösung und Nachlauf bei kantigen Körpern

Bei der Umströmung scharfer Kanten löst die Strömung immer ab. Daher liegen bei scharfkantigen Körpern die Ablösungspunkte fest (Bild 4.17). Das ist auch die Ursache dafür, daß die Strömung bei solchen Körpern von der Reynolds-Zahl nahezu unabhängig ist. Bei gerundeten Körpern, z. B. beim Kreiszylinder, ist die Position des Ablösepunktes stark von der Reynolds-Zahl und von der Turbulenzstruktur der Strömung abhängig. Die Erfahrung zeigt, daß turbulente Grenzschichten weniger stark zum Ablösen neigen als laminare. Dies leuchtet auch ein, wenn man sich den Unterschied zwischen einem laminaren und einem turbulenten Geschwindigkeitsprofil ins Gedächtnis ruft (s. Bild 4.15). Die höheren Strömungsgeschwindigkeiten und, damit verbunden, die höhere kinetische Energie der Strömung in Wandnähe bewirken, daß die turbulente Grenzschicht gegen Druckanstieg in Strömungsrichtung länger ankommt ohne abzulösen.

4.5.6 Der Nachlauf

4.5.6.1 Mittlere Geschwindigkeiten und Turbulenz im Nachlauf

Der Nachlauf hinter einem Körper, das Gebiet der abgelösten Strömung, hat seinen Namen von den Untergeschwindigkeiten, die dort auftreten. Das Medium scheint, wenn man es von einem in dem Medium bewegten Körper aus betrachtet, hinter dem Körper nachzulaufen. Ruht hingegen der Körper und das Medium, z. B. die Luft, strömt, so stellt man hinter dem Körper niedrigere mittlere Geschwindigkeiten fest, ja es kann sogar unmittelbar hinter dem Körper zur Strömungsumkehr kommen. Anhand des Beispiels eines Quaders [4.14] soll dies erläutert werden.

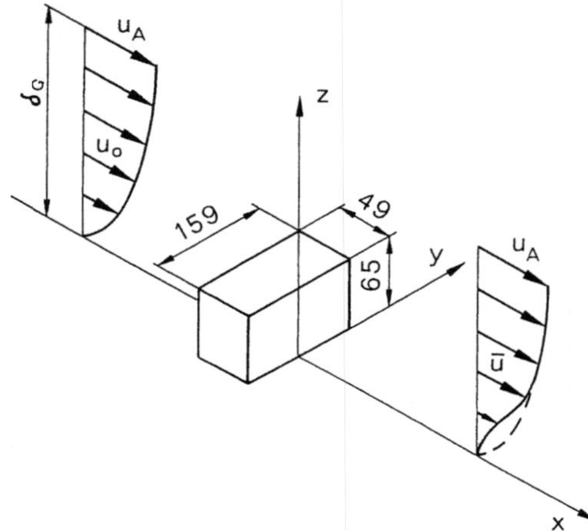

Bild 4.18
Verteilung der mittleren Geschwindigkeit vor und hinter einem Quader (qualitativ) [4.14]

Bild 4.18 zeigt einen Modellquader in einer künstlichen atmosphärischen Grenzschicht mit dem ungestörten mittleren Geschwindigkeitsprofil $\bar{u}_0 = \bar{u}_0(z)$. Hinter dem Körper ist auf dessen Symmetrielinie das Profil der Mittelwerte der Geschwindigkeiten an dieser Stelle qualitativ eingezeichnet, man erkennt die reduzierten Geschwindigkeiten in Bodenhöhe. Die Geschwindigkeitsunterschiede zum ungestörten Wert u_0 in derselben Höhe z bezogen auf die Geschwindigkeit am Grenzschichtrand u_A sind in Bild 4.19 für verschiedene Höhen z/h und verschiedene Abstände x/h hinter dem Modell eingetragen. Alle Längen

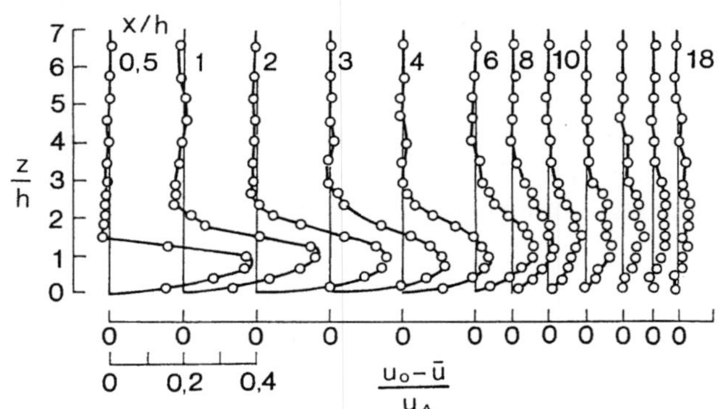

Bild 4.19
Verteilung der mittleren Geschwindigkeiten im Nachlaufgebiet eines Quaders [4.14]

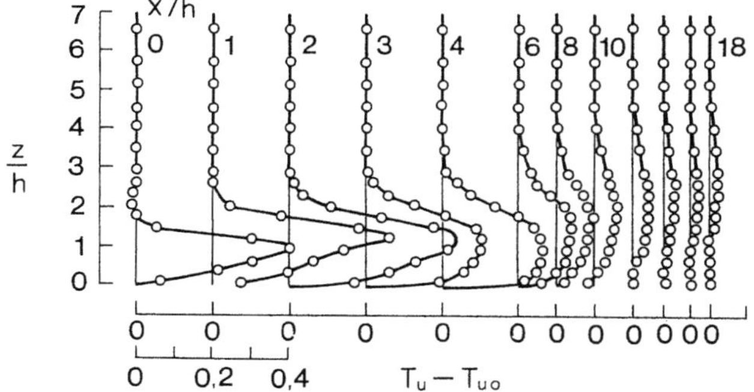

Bild 4.20
Verteilung des Turbulenzgrades
im Nachlaufgebiet eines
Quaders [4.14]

sind dabei auf die Modellhöhe h bezogen. Man erkennt, daß mit zunehmendem Abstand hinter dem Körper die Unterschiede zur ungestörten Strömung abnehmen, der Einfluß des Körpers aber in immer größere Höhen reicht. Ungefähr bei x/h = 18 ist praktisch kein Einfluß des Körpers mehr vorhanden.

Die Turbulenz hinter dem Körper ist entsprechend intensiv, was Bild 4.20 zeigt. Auf der Abszisse ist der Unterschied der Turbulenzgrade (Gl. (4.3)) der u-Komponente im Nachlauf Tu zu dem der Anströmung Tu_0 aufgetragen. In dieser Art der Darstellung sind die Kurven sehr ähnlich denen in Bild 4.19. Was dort für die Geschwindigkeitsunterschiede gesagt wurde, kann daher analog auf die Turbulenzgradunterschiede übertragen werden. Allgemein kann man sagen, daß der Einfluß eines Gebäudes bei Normalanströmung etwa bei x/h = 15...20 abgeklungen ist und der Nachlauf sich auf die vier- bis fünffache Gebäudehöhe bzw. -breite ausdehnt. Bei hohen schlanken oder breiten niedrigen Gebäuden gelten diese Werte nicht. Beispielsweise kann im ersten Fall der Einfluß schon bei x/h ≈ 10 abgeklungen sein.

Bei Schräganströmung (47° zur Frontfläche) zeigt das obige Modell, daß wohl die Turbulenz gleich rasch abklingt, daß aber Unterschiede in der mittleren Geschwindigkeit noch bei x/h = 18 feststellbar sind. Die Ursache hierfür sind offenbar Wirbel in Strömungsrichtung im Nachlauf, die sehr stabil sind.

Andere Messungen in einem Nachlauf hinter einem Würfel zeigen, daß auch bei Anströmung unter 45° zur Frontfläche die entstehenden Wirbel sehr rasch abklingen, nämlich bei x/h = 8,5 [4.15].

4.5.6.2 Wirbelbildungen

Ausgeprägte Wirbelbildungen im Nachlauf können Anlaß für Bauwerksschwingungen sein. Da beim kreiszylindrischen Querschnitt dieses Phänomen schon sehr eingehend untersucht wurde, wird diese Querschnittsform auch hier zur Erläuterung gewählt. Bei einem Kreiszylinder gibt es in dem für die Bauwerksaerodynamik interessanten Bereich der Reynolds-Zahl (Gl. (4.14)) im wesentlichen drei Zonen, in denen sich die Strömungsbilder des Zylinders wesentlich unterscheiden.

Im unterkritischen Bereich $50 < Re \leqslant 2.10^5$ (Bild 4.21) ist die Grenzschicht des glatten Zylinders laminar, der Ablösepunkt liegt vor dem Dickenmaximum. Hinter dem Körper bildet sich ein breiter Nachlauf, bestehend aus einem System von Einzelwirbeln in bestimmten Abständen auf zwei fast parallelen Geraden. Diese sogenannte Wirbelstraße bewegt sich mit einer Geschwindigkeit $u_w < u_a$ in Strömungsrichtung. Die Strömung hinter dem Zylinder ist trotz der stationären Anströmung instationär. Th. v. Kármán [4.8]

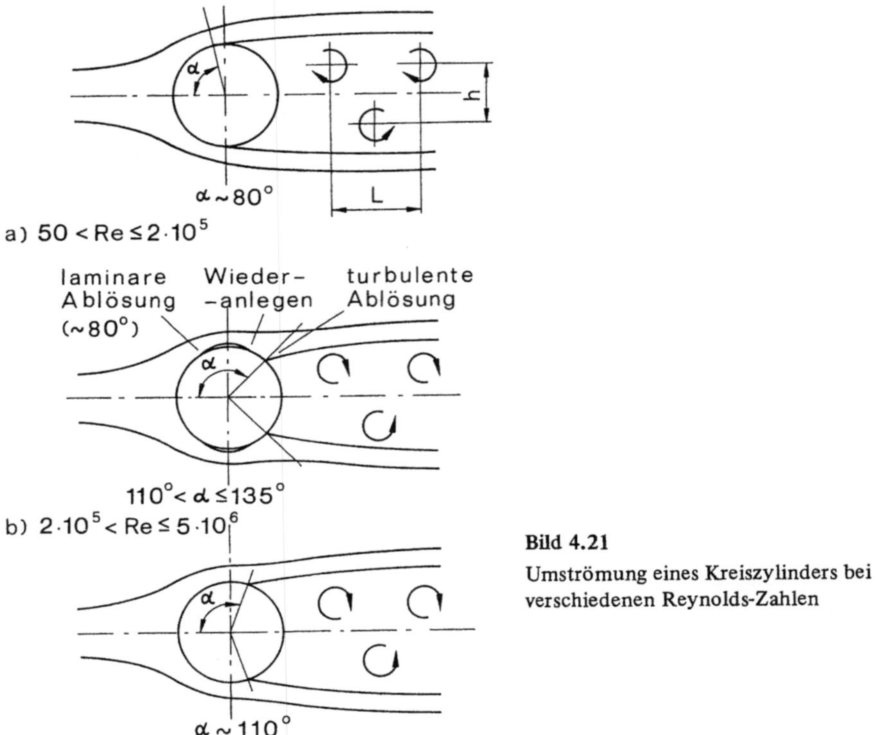

Bild 4.21
Umströmung eines Kreiszylinders bei
verschiedenen Reynolds-Zahlen

untersuchte die Stabilität solcher Wirbelstraßen und fand, daß nur solche Straßen stabil sind, bei denen h/L einen fixen Wert hat (Bild 4.21). Diese Wirbel bzw. die Wirbelstraße werden daher nach Kármán benannt.

Da ein Teil des Strömungsfeldes instationär ist, sind auch die Kräfte, die der Zylinder in der Strömung erfährt, zeitlich nicht konstant. Dabei zeigt sich, daß durch die abwechselnde Bildung der Wirbel vor allem eine Asymmetrie quer zur Anströmung entsteht, es treten alternierende Querkräfte auf, die eine elastische zylindrische Konstruktion zu Schwingungen anregen können. Einen Überblick über die sehr umfangreiche Literatur über Wirbelstraßen gibt [4.7]. Der überkritische Re-Zahlbereich $2 \cdot 10^5 < \text{Re} \leqslant 5 \cdot 10^6$ (Bild 4.21) ist eine Zone, bei der wohl laminare Ablösung auftritt, die dabei entstehende Ablösungszone aber lokal begrenzt bleibt. Die Strömung legt sich wieder an die Oberfläche des Zylinders an, aber die Grenzschicht ist von dieser Stelle an turbulent. Die turbulente Ablösung erfolgt sehr spät, bei den niedrigen Re-Zahlen bei größeren Winkeln, was einen besonders schmalen Nachlauf bewirkt. Mit steigender Re-Zahl verschwindet die laminare Ablösung und bei $\text{Re} = 5 \cdot 10^6$ liegt dann rein turbulente Ablösung vor. Der Ablösepunkt wandert mit steigender Re-Zahl wieder weiter nach vor und liegt dann bei turbulenter Ablösung bei ungefähr 110°, der Nachlauf ist wieder breiter geworden. In dem Übergangsbereich gibt es beim glatten Zylinder keine ausgeprägte Wirbelstraße; man hat bei Messungen ein sehr breites Frequenzspektrum festgestellt.

Im transkritischen Re-Zahlbereich, für Re-Zahlen $> 5 \cdot 10^6$ (Bild 4.21) ist im Nachlauf wieder eine ausgeprägte Wirbelfrequenz festzustellen.

Für die dominante Wirbelfrequenz n_W gibt es eine charakteristische dimensionslose Kennzahl, die Strouhal-Zahl S

$$S = \frac{n_W d}{u_A}, \qquad (4.26)$$

worin die charakteristische Länge d der Durchmesser des Zylinders ist. Beim Kreiszylinder gilt nach zahlreichen Messungen $S = S(Re)$ (Bild 4.22) [4.9]. Für den Kreiszylinder kann für praktische Rechnungen im unterkritischen Bereich S = 0,2, im transkritischen Bereich S = 0,23 gesetzt werden. Im überkritischen Gebiet gibt es keine dominante Wirbelfrequenz n_W.

Diese Aussagen gelten für den glatten Zylinder. Beim rauhen Zylinder ist die Strouhal-Zahl ebenso wie der Widerstandsbeiwert (Bild 5.20) auch von der relativen hydraulischen Rauhigkeit k/d abhängig [4.17]. Dadurch ergeben sich offenbar auch die starken Streuungen der Meßwerte in Bild 4.22. Außerdem erhält man bei starken Rauhigkeiten auch eine eindeutige Wirbelablösefrequenz im überkritischen Bereich [4.17].

Neben der durch Gl. (4.26) gegebenen Frequenz n_W treten aber im Geschwindigkeitsfeld auch Schwankungen höherer Frequenzen (n_{W2}, n_{W3}) auf, die im Verhältnis $n_W : n_{W2} : n_{W3} = 1 : 2 : 3$ stehen. Die durch diese höheren Frequenzen verursachten Kraftwirkungen sind aber klein gegenüber denen der Grundfrequenz und spielen daher in der Gebäudeaerodynamik keine Rolle [4.18].

Was am Beispiel des Kreiszylinders erläutert wurde, gilt in ähnlicher Weise für alle gerundeten Querschnittsformen, für alle Zylinder. Aber auch hinter kantigen Körpern, hinter Prismen etwa, gibt es natürlich einen Nachlauf, und auch dort kann eine periodische Wirbelbildung auftreten. Nur ist dort wegen der eindeutigen Lage des Ablösepunktes praktisch nur eine geringe Abhängigkeit von der Reynolds-Zahl vorhanden. Die gemachten Ausführungen beziehen sich zunächst nur auf ebene Strömungen, sie werden also bei sehr langen Zylindern gut zutreffen. Der Einfluß der Länge des Zylinders und andere Details, insbesondere auch Strouhal-Zahlen für andere Querschnittsformen, sind in Kapitel 16 enthalten.

Beispiel: Zylindrischer Turm: d = 1,8 m; maximale Windgeschwindigkeit u_A = 40 m/s

$$(4.14) \qquad Re = \frac{u_A \cdot d}{\nu} = \frac{40 \cdot 1,8}{1,5 \cdot 10^{-5}} = 4,8 \cdot 10^6.$$

Diese Re-Zahl ist an der Grenze zum transkritischen Bereich. Daher kann man S = 0,23 setzen. Damit ergibt sich die Wirbelfrequenz n_w zu:

$$(4.26) \qquad n_W = \frac{S u_A}{d} = \frac{0,23 \cdot 40}{1,8} s^{-1} = 5,11 \ s^{-1}.$$

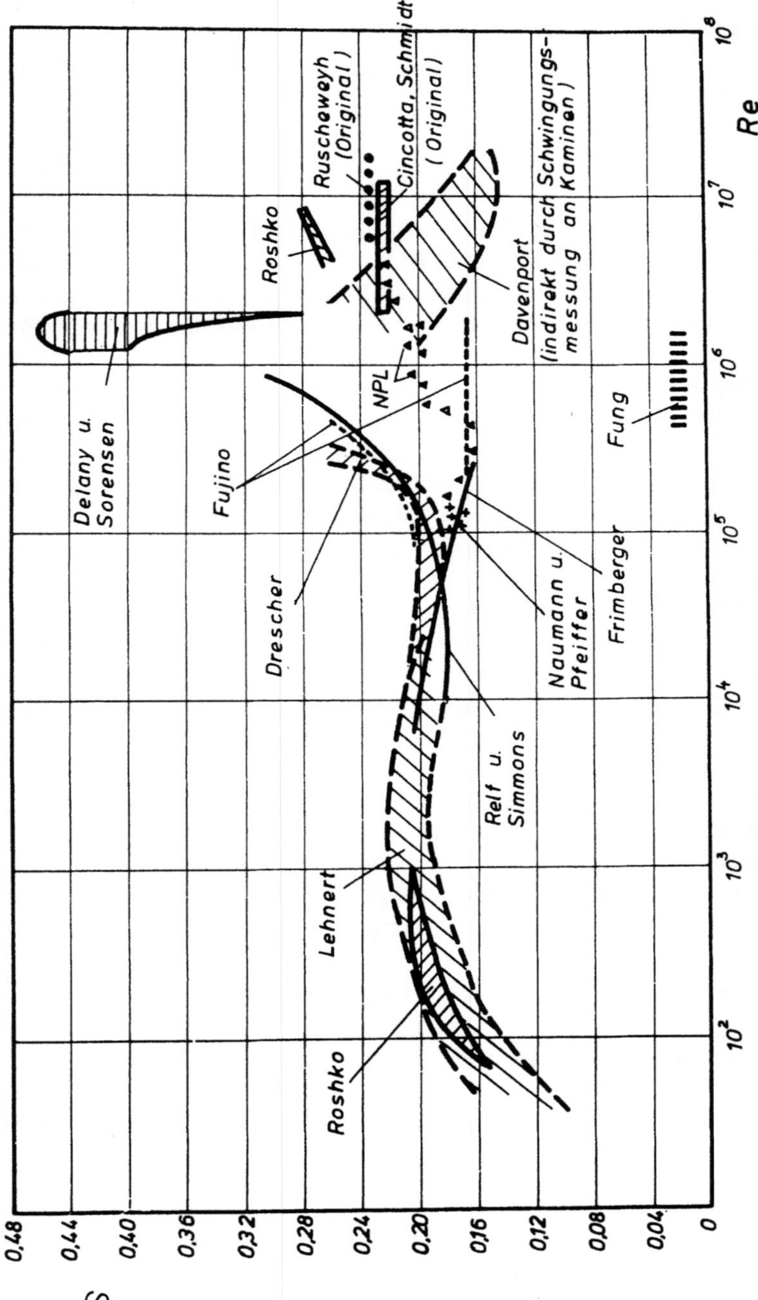

Bild 4.22 Strouhal-Zahl als Funktion der Reynolds-Zahl beim Kreiszylinder [4.9]

4.6 Strömung durch Öffnungen und Gänge

4.6.1 Bernoullische Gleichung mit Verlusten

Als Folge von Druckunterschieden treten in Öffnungen und Gängen oft erhebliche Luftströmungen auf, die man näherungsweise abschätzen kann. Dabei wird mit über den Querschnitt gemittelten Geschwindigkeiten gerechnet, die Kontinuitätsgleichung (3.2) kann also herangezogen werden. Wäre die Strömung verlustlos, so würde zwischen zwei beliebigen Stellen 1 und 2 längs der Strömung die Bernoullische Gleichung (3.5) gelten.

$$(3.2) \qquad u_1 A_1 = u_2 A_2$$

$$(3.5) \qquad \rho \frac{u_1^2}{2} + p_1 + \rho g z_1 = \rho \frac{u_2^2}{2} + p_2 + \rho g z_2.$$

Bei Vorgabe der Druckdifferenz $p_1 - p_2$ können daraus die Geschwindigkeiten berechnet werden. Eine solche Rechnung wäre aber keine gute Näherung, wie am Schluß des Kapitels anhand eines numerischen Beispiels gezeigt wird.

Die Bernoullische Gleichung (3.5), eine Energiebilanz für verlustlose Strömungen, muß erweitert werden, um Verluste einzuschließen. Die tatsächliche gesamte mechanische Energie im stromab liegenden Querschnitt 2 ist um die Verluste geringer als die im Querschnitt 1. Es ist üblich, alle Druckverluste Δp_v dem jeweiligen Staudruck q (Gl. 3.8) proportional zu setzen.

$$\Delta p_{vi} = \zeta_i \rho \, \frac{u_i^2}{2}. \tag{4.27}$$

Die Erweiterung von Gl. (3.5) auf verlustbehaftete Strömungen lautet daher

$$\rho \frac{u_1^2}{2} + p_1 + \rho g z_1 = \rho \frac{u_2^2}{2} + p_2 + \rho g z_2 + \sum \zeta_i \rho \, \frac{u_i^2}{2}. \tag{4.28}$$

Anstatt der tatsächlichen Drücke p_1 und p_2 ist es zweckmäßig, die Druckdifferenzen zum ungestörten Druck in gleicher Höhe über dem Boden einzuführen. Dadurch fällt der Einfluß der Höhenglieder in Gl. (4.28) weg. Diese Druckdifferenzen werden auf den Staudruck der Windgeschwindigkeit bezogen, wodurch man die dimensionslosen Druckbeiwerte erhält.

$$(3.9) \qquad c_{p1} = \frac{p_1(z_1) - p_A(0) + \rho g z_1}{\rho \dfrac{u_A^2}{2}} = \frac{p_1(z_1) - p_A(z_1)}{\rho \dfrac{u_A^2}{2}} \tag{4.29}$$

$$c_{p2} = \frac{p_2(z_2) - p_A(0) + \rho g z_2}{\rho \dfrac{u_A^2}{2}} = \frac{p_2(z_2) - p_A(z_2)}{\rho \dfrac{u_A^2}{2}}$$

$$(4.28) \qquad u_1^2 + c_{p1} u_A^2 = u_2^2 + c_{p2} u_A^2 + \sum \zeta_i u_i^2. \tag{4.30}$$

4.6.2 Verlustquellen

4.6.2.1 Druckverluste durch Reibung bei konstantem Querschnitt

Den infolge der Reibung an der Wand wirkenden Schubspannungen τ_0 wird durch einen Druckabfall in Strömungsrichtung ($p_2 < p_1$) das Gleichgewicht gehalten (Bild 4.23). Es gilt [4.10]

$$\zeta = \frac{\lambda_R l}{d_H}; \quad d_H = \frac{4A}{U} \tag{4.31}$$

l Länge des Abschnittes, A Querschnittsfläche, U Querschnittsumfang, d_H hydraulischer Durchmesser, λ_R Rohrreibungsbeiwert.

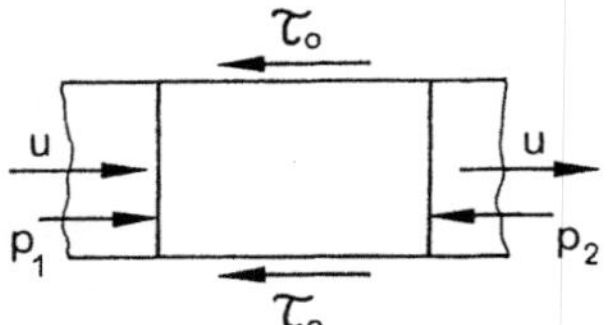

Bild 4.23
Kräftegleichgewicht im Rohr konstanten Querschnittes

Der Beiwert λ_R hängt sowohl von der Reynolds-Zahl (Gl. (4.14)) als auch von der relativen Rauhigkeit k/d_H ab. Mit diesen Angaben kann λ_R dem Diagramm von Colebrook (Bild 4.24) entnommen und damit ζ aus Gl. (4.31) bestimmt werden. Angaben über die Rauhigkeitwerte k findet man z. B. in [4.10], dem auch die folgenden Daten entnommen sind.

Beton mit glattem Verputz   k = 0,15 mm,
ohne Verputz   k = 0,2...0,8 mm.

Eine Ungenauigkeit in der Rauhigkeit beeinflußt den λ_R-Wert nicht wesentlich, wie das Diagramm zeigt.

4.6.2.2 Plötzliche Erweiterung

Bei einer unstetigen Erweiterung von Querschnitt A_1 auf Querschnitt A_2 (Bild 4.25) tritt ein nach Carnot benannter Druckverlust auf. Für den Beiwert ζ gilt:

$$\zeta = \left(1 - \frac{A_1}{A_2}\right)^2; \quad \Delta p_v = \zeta \rho \frac{u_1^2}{2}. \tag{4.32}$$

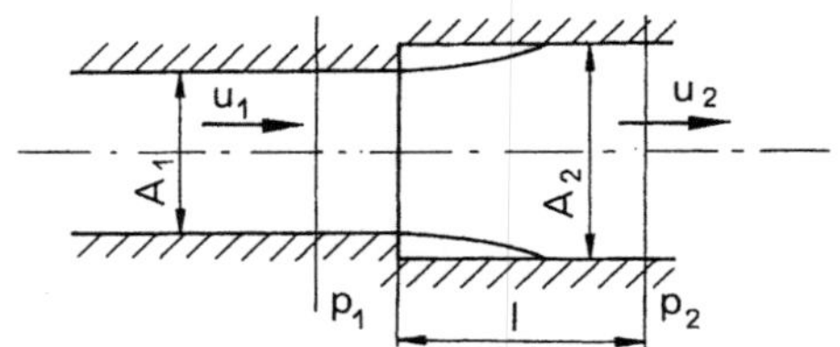

Bild 4.25
Plötzliche Querschnittserweiterung

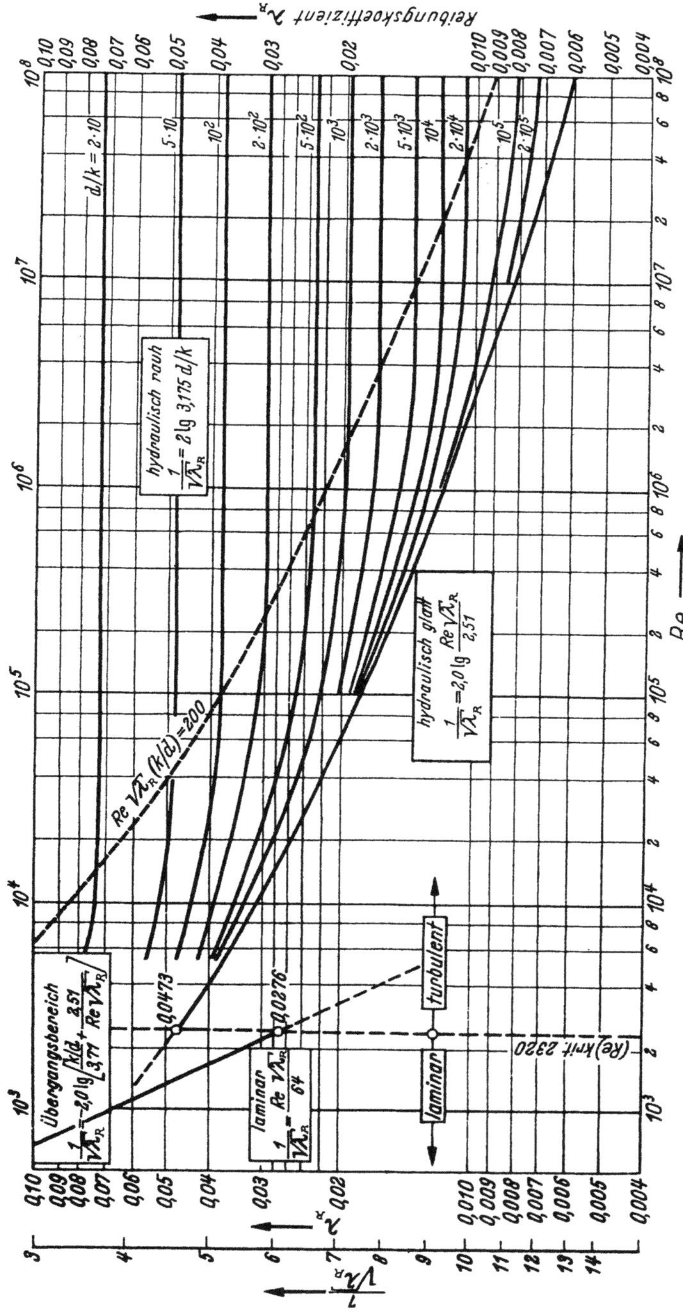

Bild 4.24   Rohrreibungsbeiwert λ_R nach Colebrook [4.10]

Diese Rechnung ist nur dann zutreffend, wenn

$$\frac{\sqrt{A_2} - \sqrt{A_1}}{l} > 7$$

gilt, der erweiterte Teil stromab also genügend lang ist. Anderenfalls sind die Verluste größer. Bei einer stetigen Erweiterung sind die Verhältnisse wesentlich schwieriger, da, abhängig vom Erweiterungswinkel, sowohl Reibungs- als auch Ablösungsverluste durch den Druckanstieg auftreten können. Da der Fall der konischen Gänge oder Durchlässe fast nicht auftritt, wird auf die entsprechende Literatur verwiesen [4.10].

4.6.2.3 Plötzliche Verengung

Auch bei unstetigen Verengung treten durch Ablösung und Einschnürung des Strahles Verluste auf, die aber hier auf die Geschwindigkeit u_2 bezogen werden (Bild 4.26). Der Grund liegt darin, daß man dann A_1 gegen Unendlich gehen lassen kann, da gleichzeitig u_1 gegen 0 geht. Der Beiwert ζ ist dabei vom Verhältnis A_2/A_1 abhängig, hängt aber auch etwas von der Querschnittsform ab. Für Abschätzungen können die Werte aus Tabelle 4.2 verwendet werden.

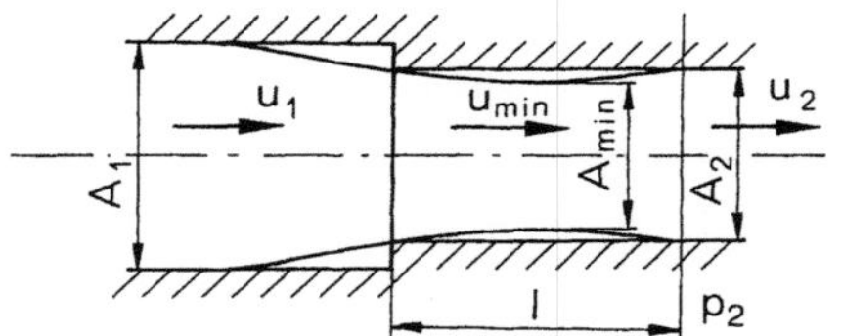

Bild 4.26
Plötzliche Querschnittsverengung

Tabelle 4.2 Beiwerte für eine plötzliche Verengung

A_2/A_1	0	0,01	0,1	0,4	0,6	0,8
ζ	0,50	0,44	0,41	0,29	0,18	0,09
ϵ	0,59	0,60	0,61	0,65	0,70	0,77

$$\Delta p_v = \zeta \, \frac{\rho}{2} u_2^2 \,; \quad \epsilon = \frac{A_{min}}{A_2} = \frac{u_2}{u_{max}} . \qquad (4.33)$$

Die Größe ϵ gibt an, wie stark der Strahl eingeschnürt wird, mit ihr kann die maximale Geschwindigkeit u_{max} im Querschnitt A_{min} errechnet werden. Ähnlich wie bei der plötzlichen Erweiterung gilt diese Rechnung nur dann, wenn der verengte Teil stromab genügend lang ist, wenn $\frac{\sqrt{A_2}}{l} > 7$ gilt.

Der Spezialfall, auf den diese Betrachtung angewendet werden kann, ist die Strömung durch einen geraden Durchgang, wobei die Anströmung normal zur Frontfläche erfolgt

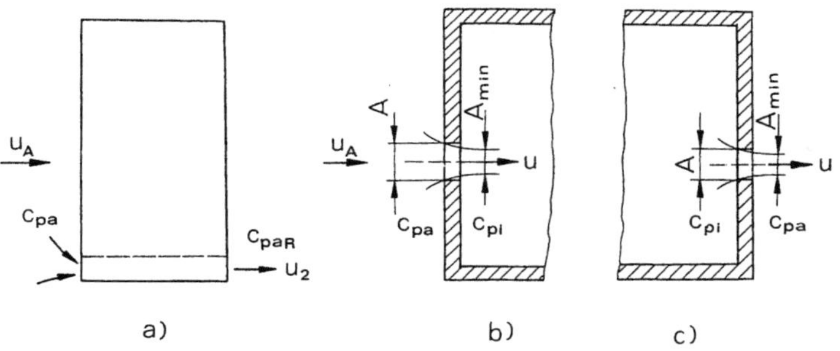

Bild 4.27 Strömung durch Öffnungen und in Durchgängen

(Bild 4.27a). An die Stelle des Querschnittes 1 tritt dann der Außenzustand vor dem Gebäude mit dem Index a. Der Zustand 2 tritt an einer Stelle innerhalb des Durchganges auf, wobei die Reibungsverluste noch nicht berücksichtigt sind. Im Bereich a ist wegen der Stauwirkung die Geschwindigkeit u_a klein, ihr Staudruck kann daher gegenüber der anderen Größe in Gl. (4.30) vernachlässigt werden.

$$(4.30) \qquad c_{pa}u_A^2 = c_{p2}u_A^2 + u_2^2(1 + \zeta). \qquad (4.34)$$

Falls es sich um relativ kurze, gerade Gänge handelt, kann der Reibungsverlust vernachlässigt und $c_{p2} = c_{paR}$ auf der Rückseite des Gebäudes gesetzt werden. Damit verbleibt als einzige Unbekannte in Gl. (4.32) nur mehr u_2. ζ ist näherungsweise Tabelle 4.2 zu entnehmen entsprechend dem Verhältnis Öffnung zu gesamter Wandfläche. Exakt gelten die ζ-Werte nur für eine Rohrströmung. Angaben über ζ-Werte für Gebäudewände findet man in [4.16].

Auch bei der Strömung durch eine Wandöffnung ins Gebäudeinnere handelt es sich um eine plötzlich verengte Strömung, nur darf hier Gl. (4.34) nicht angewendet werden, weil der verengte Teil nur sehr kurz ist (Bild 4.27b). Was über den Außenzustand beim Durchgang gesagt wurde, kann unverändert übernommen werden. Die Strömung bis zum engsten Querschnitt erfolgt näherungsweise verlustlos, daher entfällt das Verlustglied in Gl. (4.30). An die Stelle des Druckes p_2 tritt der Innendruck p_i, und entsprechend wird der Druckbeiwert c_{p2} durch den Innendruckbeiwert c_{pi} ersetzt.

$$(4.30) \qquad (c_{pa} - c_{pi})u_A^2 = u^2 \qquad (4.35)$$

$$Q = A_{min} \cdot u = A \cdot \epsilon \cdot u = (c_{pa} - c_{pi})^{1/2}u_A \cdot A \cdot \epsilon.$$

Q ist der Volumenstrom pro Zeiteinheit. ϵ ist Tabelle 4.2 näherungsweise zu entnehmen. Ähnlich ist der Rechengang, wenn man das Ausströmen aus einem Raum, der unter relativem Überdruck steht, ins Auge faßt (Bild 4.27c).

$$Q = (c_{pi} - c_{pa})^{1/2}u_A \cdot A \cdot \epsilon. \qquad (4.36)$$

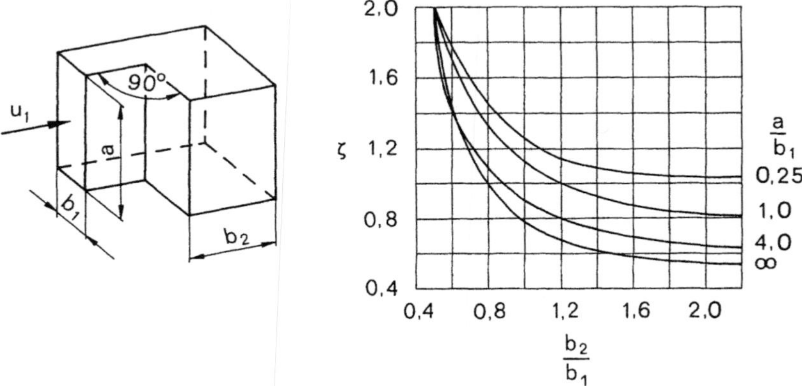

Bild 4.28 Verluste in einer 90°-Umlenkung [4.11]

4.6.2.4 Umlenkungen

Die Strömungsverhältnisse in Umlenkungen sind sehr kompliziert. Für rechtwinkelige Umlenkung können die Verlustbeiwerte von Bild 4.28 [4.11] entnommen werden. Es ist zu beachten, daß sich mehrere knapp aufeinander folgende Umlenkungen gegenseitig beeinflussen und im allgemeinen höhere Verluste liefern als die arithmetische Summe der Einzelverluste. Für solche Fälle und auch für Verzweigungen wird auf [4.11] verwiesen.

4.6.2.5 Einfluß der Geschwindigkeitsverteilung

Bei genauerer Rechnung wäre auch die ungleichförmige Geschwindigkeitsverteilung zu beachten, die in Gl. (4.28) dadurch zu berücksichtigen wäre, daß vor der kinetischen Energie ein Faktor steht, der bei turbulenter Strömung etwas größer als 1 ist. Der Grund dafür ist, daß in Gl. (4.28) die mittlere kinetische Energie mit dem Quadrat des Mittelwertes der Geschwindigkeit gebildet wurde. Außerdem sind die Reibungswerte λ_R auf eine ausgebildete Strömung bezogen, bei der die Geschwindigkeitsverteilung nicht mehr von der Länge abhängt. Das trifft nahe der Einströmung nicht zu, was zu zusätzlichen Verlusten führt. Im Rahmen einer Abschätzung, wie sie hier angestrebt wird, kann man aber diese Einflüsse wohl vernachlässigen.

4.6.3 Rechenbeispiele

4.6.3.1 Berechnung des Innendruckes

Ein Gebäude hat auf der luvseitigen Frontfläche eine Öffnung A_1 und auf der Leeseite eine Öffnung $\frac{A_1}{2}$. Beide Öffnungen sind klein im Vergleich mit der Frontfläche. Der Druckbeiwert auf der Luvseite ist $c_{pa} = 0{,}8$, auf der Leeseite $c_{paR} = -0{,}5$ (Bild 4.29). Wie groß ist der Innendruckbeiwert c_{pi}?

$$\text{(4.35,} \qquad Q = (c_{pa} - c_{pi})^{1/2} u_A \cdot A_1 \cdot \epsilon = (c_{pi} - c_{paR})^{1/2} u_A \; \frac{A_1}{2} \cdot \epsilon .$$
$$\text{4.36)}$$

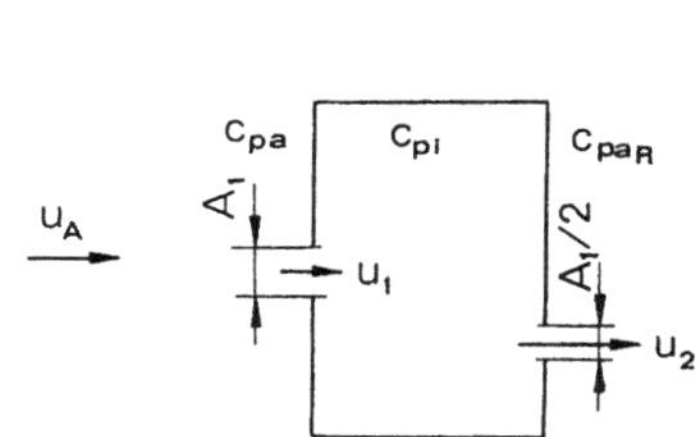
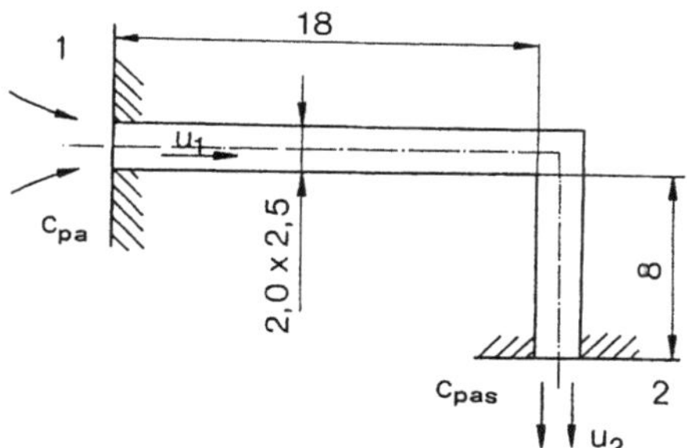

Bild 4.29 Durchströmung eines Gebäudes   **Bild 4.30** Gebäudedurchgang

Wenn das Flächenverhältnis von Öffnung zur Frontfläche klein genug ist, kann sowohl für das Einströmen als auch für das Ausströmen mit dem gleichen ϵ-Wert gerechnet werden (Tabelle 4.2). Durch Quadrieren der obigen Gleichung erhält man

$$c_{pi} = \frac{4c_{pa} + c_{paR}}{5} = \frac{4 \cdot 0,8 - 0,5}{5} = 0,54.$$

Die Druckdifferenz zwischen Innen- und Außendruck ergibt sich durch Multiplikation von c_{pi} mit dem Staudruck der Anströmung (Gl. (4.29)).

4.6.3.2 Strömung in einem Durchgang

Ein Durchgang beginnt auf der luvseitigen Frontfläche und endet bei einer windparallelen Wand (Bild 4.30). Auf der Luvseite ist $c_{pa} = 0,8$, auf der Seitenwand gilt $c_{pas} = -0,7$. Die Windgeschwindigkeit ist $u_A = 20$ m/s. Alle geometrischen Abmessungen sind Bild 4.30 zu entnehmen. Zur Ermittlung des Reibungsbeiwertes λ_R aus Bild 4.25 muß zunächst eine Geschwindigkeit im Durchgang geschätzt werden. Dies kann mit Gl. (4.34) erfolgen, wobei $c_{p2} = c_{pas}$ gesetzt wird. Für ζ wird aus Tabelle 4.2 der Wert 0,41 genommen, der einem Flächenverhältnis $A_2/A_1 = 0,1$ entspricht, was etwa dem Verhältnis von Durchgangsquerschnittsfläche zu gesamter Wandfläche entsprechen soll. Es ist zu beachten, daß sich der ζ-Wert bei $A_2/A_2 = 0,01$ nicht wesentlich von dem bei $A_2/A_1 = 0,1$ unterscheidet

$$(4.34) \qquad u_2^2 = u_A^2 \, \frac{c_{pa} - c_{pas}}{1 + \zeta} = 20^2 \, \frac{0,8 - (-0,7)}{1 + 0,41} \, \text{m}^2/\text{s}^2$$

$$u_2 = 20,6 \text{ m/s}.$$

Durch die Verluste infolge Reibung und Umlenkung wird die tatsächliche Geschwindigkeit natürlich kleiner, für die Berechnung der Reynolds-Zahl wird deshalb $u_2 = 15$ m/s genommen. Die hydraulische Rauhigkeit des Durchganges wird entsprechend Abschnitt 4.6.2.1 mit $k = 0,15$ mm gewählt.

$$(4.29) \qquad d_H = \frac{4A}{U} = \frac{4 \cdot 2 \cdot 2,5}{2(2 + 2,5)} \, m = 2,22 \, m$$

$$(4.14) \qquad Re = \frac{u \cdot d_H}{\nu} = \frac{15 \cdot 2,22}{1,5 \cdot 10^{-5}} = 2,22 \cdot 10^6$$

$$\frac{k}{d_H} = \frac{1,5 \cdot 10^{-4}}{2,22} = 6,8 \cdot 10^{-5}$$

Bild 4.25: $\lambda_R = 0,012$

$$(4.29) \qquad \zeta_2 = \frac{\lambda_R \cdot l}{d_H} = \frac{0,012 \cdot 26}{2,22} = 0,14$$

Bild 4.28: $\dfrac{a}{b_1} = \dfrac{2,5}{2} = 1,25; \qquad \dfrac{b_2}{b_1} = 1 \Rightarrow \zeta_3 = 1,1.$

Neben den Verlusten durch Reibung und Umlenkung muß natürlich bei der Gesamtbilanz auch der Einströmverlust auftreten, der bei der Überschlagsrechnung schon berücksichtigt wurde ($\zeta_1 = \zeta = 0,41$). Der Zustand 1 ist der Zustand auf der Luvwand, $c_{p1} = c_{pa}, u_1 = 0$ (s. Abschnitt 4.6.2.3), der Zustand 2 der auf der Seitenwand ($c_{p2} = c_{pas}$).

$$(4.30) \qquad c_{pa}u_A^2 = u_2^2 + c_{pas}u_A^2 + (\zeta_1 + \zeta_2 + \zeta_3)u_2^2$$

$$u_2^2 = u_A^2 \frac{c_{pa} - c_{pas}}{1 + \zeta_1 + \zeta_2 + \zeta_3} = 20^2 \frac{0,8 - (-0,7)}{1 + 0,41 + 0,14 + 1,1} \, m^2/s^2$$

$$u_2 = 15 \, m/s.$$

Durch die Einschnürung des Strahles am Eintritt wird nicht der ganze Querschnitt ausgenützt, so daß erheblich höhere Geschwindigkeiten auftreten, die auch ermittelt werden können (s. Bild 4.26).

$(4.33);$
Tabelle 4.2
$\qquad u_{max} = \dfrac{u_2}{\epsilon} = \dfrac{15}{0,61} \, m/s = 24,6 \, m/s.$

Infolge dieser hohen Geschwindigkeit herrscht in diesem Bereich ein Unterdruck p_{min}. Die Einströmung bis zur engsten Stelle erfolgt näherungsweise verlustlos, der Verlust tritt erst nach der Erweiterung des Strahles auf.

$$(4.30) \qquad c_{pa}u_A^2 = u_{max}^2 + c_{p\,min}u_A^2$$

$$c_{p\,min} = c_{pa} - \frac{u_{max}^2}{u_A^2} = 0,8 - \left(\frac{24,6}{20}\right)^2 = -0,713$$

$$(4.29) \qquad p_{min} - p_A = c_{p\,min}\, \rho \frac{u_A^2}{2} = -0,713 \cdot 1,25 \frac{20^2}{2} \, N/m^2 = -178 \, N/m^2$$

Literatur

[4.1] *Rotta, J. C:* Turbulente Strömungen, Teubner 1972

[4.2] *Papoulis, A.:* Probability, Random Variables and Stochastic Processes, McGraw Hill 1965

[4.3] *Pielke, R. A., Panofsky, H. A.:* Turbulence characteristics along several towers, Boundary-Layer Meteor. 1, S. 115–130 (1970)

[4.4] *Schlichting, H.:* Grenzschicht-Theorie, Braun 1965

[4.5] *Hinze, J. O.:* Turbulence, McGraw Hill 1975

[4.6] *Sockel, H.:* Turbulente Strömungen in glatten Rohren mit Kreisquerschnitt, Öst. Ing. Zeitschr. 11/12, S. 408–412 (1968)

[4.7] *Chen, Y. N.:* 60 Jahre Forschung über die Kármánschen Wirbelstraßen. Ein Rückblick. Schweiz. Bauzeitung 91/44, S. 1079–1096 (1973)

[4.8] *Karman, Th.:* Über den Mechanismus des Widerstandes, den ein bewegter Körper in einer Flüssigkeit erfährt. Nachr. Ges. Wiss. Göttingen, Math. Phys. Vol. S. 509–517 (1911), S. 547–556 (1912)

[4.9] *Hirsch, G., Ruscheweyh, H., Zutt, H.:* Schadensfall an einem 140 m hohen Stahlkamm infolge winderregter Schwingungen quer zur Windrichtung, Stahlbau 44/2, S. 33–41 (1975)

[4.10] *Eck, B.:* Technische Strömungslehre, Springer 1966

[4.11] *Idel'chik, I. E.:* Handbook of Hydraulic Resistance, Translated from Russian, National Technical Information Service, U.S.-Department of Commerce

[4.12] *Becker, E.:* Technische Strömungslehre, Teubner 1968

[4.13] *Gersten, K.:* Einführung in die Strömungsmechanik, Vieweg 1981

[4.14] *Peterka, J. A., Cermak, J. E.:* Turbulence in building wakes, Proc. 4th Int. Conf. on Wind Effects on Buildings and Structures, Heathrow 1975, S. 447–463

[4.15] *Castro, I.P., Robins, A. G.:* The flow around a surface mounted cube in uniform and turbulent streams, J. Fluid Mech. 79/2, S. 307–335 (1977)

[4.16] *Aynsley, R. M.:* Wind generated natural ventilation of housing for thermal comfort in hot humid climates, Proc. 5th Int. Conf. on Wind Eng., Fort Collins 1979, Vol. 1, S. 243–254

[4.17] *Buresti, G.:* The effect of surface roughness on the flow regime around circular cylinders, Proc. of the 4th Coll. on Industrial Aerodynamics, Aachen 1980, Buildings Aerodynamics, Part 2, S. 13–28

[4.18] *Chen, Y. N.:* Fluctuating velocity fields and aerodynamic forces of Karman-vortex streets shed by a circular cylinder, Proc. of the 4th Coll. on Industrial Aerodynamics, Aachen 1980, Buildings Aerodynamics, Part 2, S. 1–12

5 Kraftwirkungen auf Körper

5.1 Drücke und Wandschubspannungen

5.1.1 Vergleich von Drücken und Wandschubspannungen

Auf ein Oberflächenelement dA eines Baukörpers wirken infolge des Windes eine Normalkraft pdA und eine Tangentialkraft τ_0 dA (Bild 5.1). τ_0 hat dabei die Richtung der Luftgeschwindigkeit nahe der Oberfläche. Die absolute Größe des Druckes ist ohne Bedeutung, es wirken ja stets nur Druckdifferenzen, und diese werden auch gemessen. Es ist üblich, als Referenzdruck den statischen Druck p_A der ungestörten Strömung in der gleichen Höhe z zu nehmen (Abschnitt 3.3). Die Differenz des örtlichen Druckes p und des Druckes p_A wird nun noch auf den Staudruck q der mittleren Anströmgeschwindigkeit u_A bezogen (Gl.

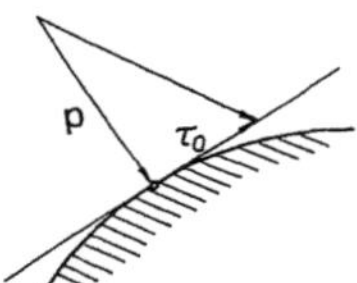

Bild 5.1 Strömungskräfte auf einer festen Oberfläche

(3.8)), wobei natürlich zu ergänzen ist, in welcher Höhe z über dem Boden der Staudruck genommen wird, und über welches Zeitintervall u_A gemittelt wurde. Dieser Quotient gibt den örtlichen Druckbeiwert c_p (Gl. (3.9)). Auch die Schubspannung wird auf den Staudruck bezogen (Gl. (4.17)), wobei es aber in der Gebäudeaerodynamik üblich ist, diesen Beiwert mit c_R zu bezeichnen und nicht mit λ_R, dem in der Strömungsmechanik üblichen Symbol.

$$(3.9) \qquad c_p = \frac{p - p_A}{\rho \frac{u_A^2}{2}} = \frac{p - p_A}{q} \qquad\qquad (5.1)$$

$$(4.17) \qquad c_R = \frac{\tau_0}{\rho \frac{u_A^2}{2}} = \frac{\tau_0}{q}.$$

Als Beispiel ist die Druckverteilung c_p auf der Oberfläche eines Hauses in konstanter turbulenzarmer Anströmgeschwindigkeit in Bild 5.2 wiedergegeben [5.9]. Auf der luvseitigen Front des Hauses sind in einem relativ großen Bereich die Überdrücke $c_p \geqslant 0.8$, DIN und ÖNORM geben als Mittelwert für die Frontfläche $c_p = 0{,}8$ an. Es ist zu beachten, daß für die örtliche Last auf dieser Fläche $c_p \leqslant 1$ gilt. In den Nachlaufgebieten ist der Unterdruck ziemlich konstant. Es handelt sich bei den angegebenen c_p-Werten um zeitliche Mittelwerte, da ja in einem Nachlauf instationäre Schwankungen auftreten.

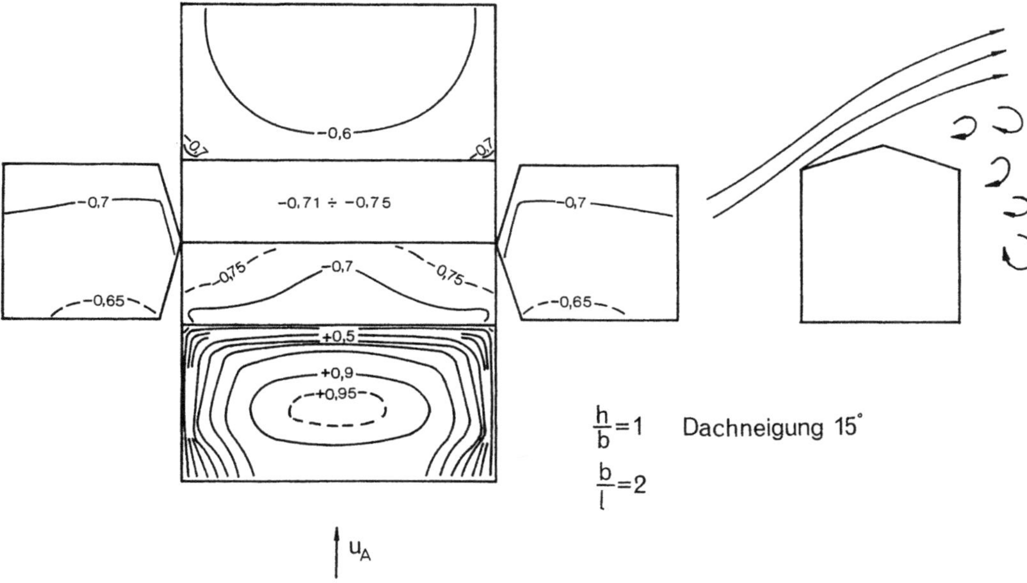

Bild 5.2 Druckverteilung auf der Oberfläche eines Gebäudes ($T_u = 0$) [5.9]

Die Beiwerte c_R für die Schubspannungen in den Normen liegen im Bereich $0,01 \leqslant c_R \leqslant 0.05$, wobei der letzte Wert für sehr rauhe Flächen gilt. Diese Werte sind also wesentlich kleiner als die c_p-Werte, bei denen die Schwankungsbreite größer als der Reibungseinfluß absolut ist. Werden aber z. B. Platten in ihrer Ebene angeströmt, dann wird der Reibungswiderstand dominant. Dies kann bei Flugdächern bei bestimmten Windrichtungen der Fall sein. Im allgemeinen kann aber der Reibungseinfluß vernachlässigt werden, und eine Berechnung der resultierenden Kraft aus den Druckverteilungsmessungen allein ist ausreichend.

5.1.2 Einfluß der Reynolds-Zahl auf die Druckverteilung

Durch die Ablösung und der damit in Zusammenhang stehenden Ausbildung des Nachlaufs (Abschnitt 5.4.4) hängen c_p-Verteilungen bei gerundeten Körpern stark von der Reynolds-Zahl (Gl. (4.14)) ab. Bei kantigen Körpern hingegen ist der Einfluß gering.

Als Beispiel für einen gerundeten Körper ist in Bild 5.3 die Druckverteilung für einen unendlich langen glatten Kreiszylinder wiedergegeben [5.3]. Es handelt sich natürlich wieder um die zeitlichen Mittelwerte von c_p. Die Unterschiede in den Verteilungen bei laminarer Ablösung (Re $= 1.1 \cdot 10^5$), überkritischer Ablösung (Re $= 6,7 \cdot 10^5$) und transkritischer Ablösung (Re $= 8,4 \cdot 10^6$) sind beachtlich (Abschnitt 4.5.4). Da die Lage des Ablösepunktes etwa mit dem Beginn des konstanten Nachlaufdruckes zusammenfällt, bestätigt dieses Diagramm die Ausführungen über die Lage des Ablösungspunktes beim Zylinder bei verschiedenen Reynolds-Zahlen.

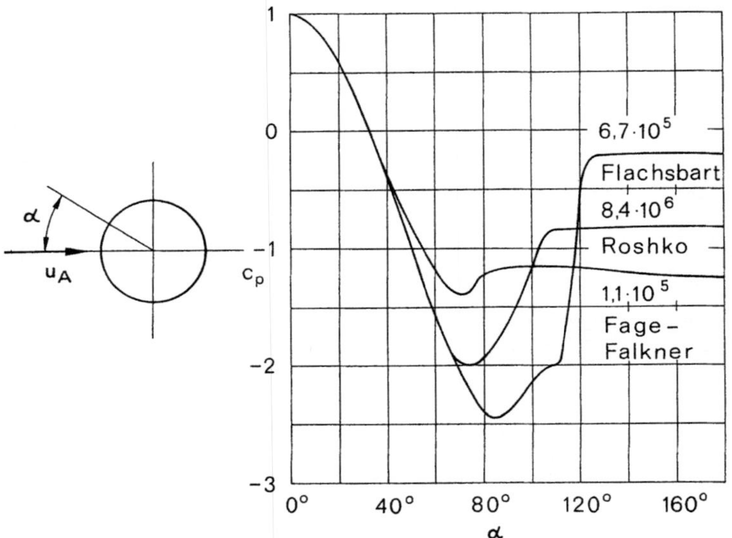

Bild 5.3 Druckverteilung auf dem Umfang eines Kreiszylinders bei verschiedenen
Reynolds-Zahlen [5.3]

Die weitgehende Unabhängigkeit der Druckverteilung an kantigen Körpern wurde durch
Experimente mit Modellen, deren Längsabmessungen sich um den Faktor 50 unterschie-
den, sehr gut demonstriert (Bild 5.4) [5.12]. Besonders zu beachten ist, daß die längste
Abmessung des kleinsten Modells nur 8 mm betrug.

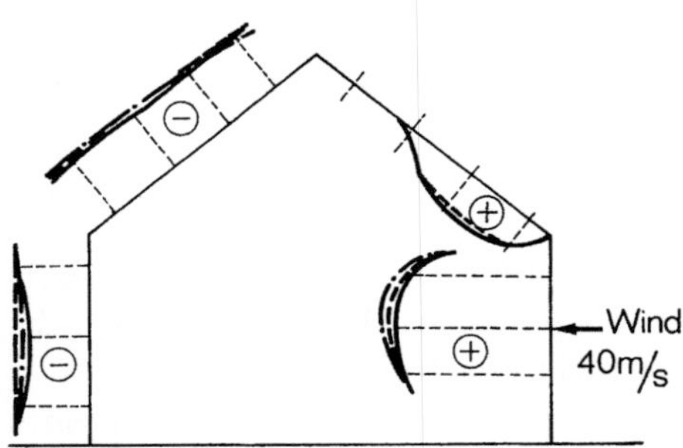

Bild 5.4

Einfluß der Modellgröße auf die
Druckverteilung [5.12]

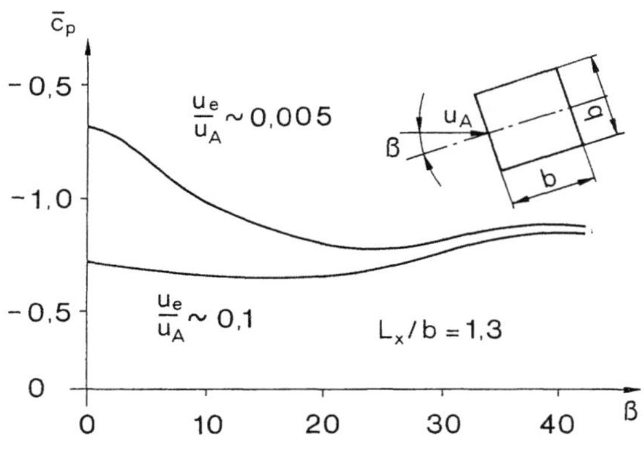

Bild 5.5
Mittlerer Bodendruck eines quadratischen Prismas bei verschiedener Turbulenzintensität [5.11]

5.1.3 Einfluß der Turbulenz auf die Druckverteilung

Infolge der Turbulenz treten nicht nur zeitliche Druckschwankungen auf, sondern es werden auch die zeitlichen Mittelwerte des Druckes $\bar{p}$ beeinflußt. Beispielsweise ist bei einem quadratischen Prisma der mittlere Bodendruck (Leeseite) besonders bei Anströmungen ungefähr normal zur Frontfläche sehr stark vom Turbulenzgrad abhängig (Bild 5.5) [5.11]. Dies hängt damit zusammen, daß das Wiederanlegen der an der Vorderkante abgelösten Strömung durch die Turbulenz begünstigt wird.

Experimente von Bearman [5.14] mit quadratischen und kreisförmigen Platten bei Anströmung normal zur Plattenebene zeigen, daß nicht nur der Turbulenzgrad Tu (Gl. (4.3)), sondern auch die Integrallänge (Gl. (4.6)), oder, anschaulicher ausgedrückt, die Größe der Turbulenzelemente relativ zur Plattengröße von Bedeutung ist (Bild 5.6). Dabei bedeutet L_x die Integrallänge in der Anströmungsrichtung, und das Verhältnis u_e/u_A ist der Turbulenzgrad der u-Komponente, A die Fläche der Platte. Der mittlere Bodendruck (Leeseite)

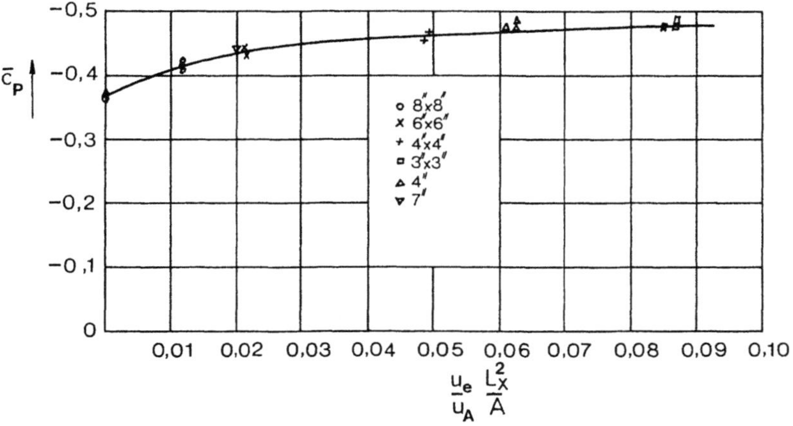

Bild 5.6 Mittlerer Bodendruck bei normal angeströmten Platten [5.14]

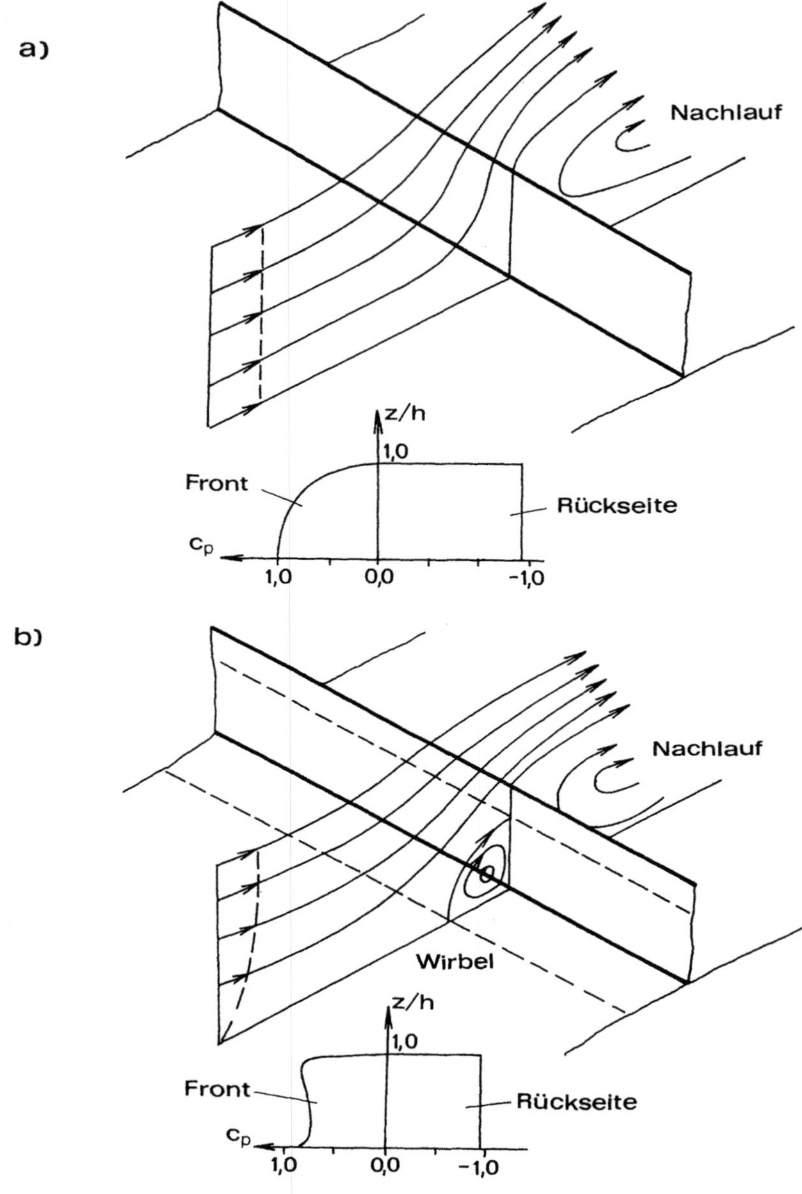

Bild 5.7 Umströmung einer langen Platte [5.10]
a) konstante Anströmgeschwindigkeit, b) Grenzschichtprofil

ist nach diesen Untersuchungen nur von dem Turbulenzparameter $\frac{u_e L_x^2}{u_A A}$ abhängig. Dies zeigt, daß es nicht ausreicht, wenn allein der Turbulenzgrad bei Modellversuchen dem der Wirklichkeit entspricht, sondern daß auch die Größen der Turbulenzballen im Verhältnis zu den Größen der Objekte in der Realität und im Experiment gleich sein müssen. Andere Messungen [5.42, 5.44, 5.45] lassen erkennen, daß der Bodendruck nicht nur von dem von Bearman angegebenen Parameter $\frac{u_e}{u_A} \frac{L_x^2}{A}$ abhängt, sondern von dem Produkt $\left(\frac{u_e}{u_A}\right)^n \left(\frac{L_x^2}{A}\right)^m$, wobei m und n den experimentellen Ergebnissen angepaßte Exponenten sind. Bei Kreiszylindern werden sowohl der Nachlauf als auch die Grenzschicht beeinflußt.

5.1.4 Einfluß des Geschwindigkeitsprofils auf die Druckverteilung

Baines [5.10] hat an einigen einfachen Beispielen den wesentlichen Einfluß des Geschwindigkeitsprofiles aufgezeigt. Bild 5.7 zeigt die Umströmung einer Platte einmal in Parallelströmung konstanter Geschwindigkeit, einmal mit einem Geschwindigkeitsprofil, das dem natürlichen Wind in Bodennähe entspricht. Der markanteste Unterschied ist der querliegende Wirbel vor der Frontfläche bei dem Grenzschichtprofil, der bei frontaler Anströmung bei allen Fassaden zu finden ist (s. Bild 7.3), bei konstanter Geschwindigkeit aber fehlt. Dieser Wirbel ist auch deswegen zu beachten, weil sich in seinem Bereich Verunreinigungen anreichern können. Die c_p-Verteilungen in Bild 5.7 sind auf den Staudruck in Plattenhöhe h bezogen. Einem nahezu konstanten c_p im Falle des Grenzschichtprofiles steht ein mit zunehmender Höhe fallender c_p-Wert bei konstanter Anströmgeschwindigkeit gegenüber. Beachtlich verschieden sind auch die Unterdrücke auf der Leeseite.

Nimmt man anstelle der in Querrichtung unendlich langen Platte einen Baukörper endlicher Breite, so beobachtet man, daß der abwärtsdrehende Wirbel auch vorhanden ist und sich hier seitlich fortsetzt, es ensteht ein hufeisenförmiger Wirbel. Dieser räumliche Effekt tritt bei Winden normal zur Front auf. Die qualitative Darstellung in Bild 5.8 soll den Vorgang veranschaulichen.

Den Einfluß der Geschwindigkeitsverteilung auf die Druckverteilung bei einem hohen Gebäude mit Flachdach zeigen die Bilder 5.9 und 5.10 [5.10]. Die c_p-Werte sind wieder auf den Staudruck in Dachhöhe bezogen. Wie schon bei der Platte beobachtet wurde, ist auch hier der Unterdruck auf der Leeseite beim Grenzschichtprofil geringer und außerdem nahezu konstant. Die Unterdruckwerte auf dem Dach sind beim Grenzschichtprofil sogar auf die Hälfte abgesunken. Ein bemerkenswertes Ergebnis dieser Experimente ist auch, daß der Druck auf der Symmetrielinie der Luvseite dem der jeweiligen Höhe entsprechenden Staudruck proportional ist. Dies ist eine Rechtfertigung für die in den Normen übliche Annahme, daß immer mit dem der Höhe z entsprechenden Staudruck zu rechnen ist. Die Ergebnisse zeigen weiter, daß die konstante Geschwindigkeitsverteilung im allgemeinen zu einer ungünstigeren Belastung führt. Um der Wirklichkeit zu entsprechen, ist daher bei Versuchen die Nachahmung des Geschwindigkeitsprofiles des natürlichen Windes wesentlich.

Auch Versuche an Würfeln [5.26] zeigen nicht nur einen starken Einfluß des Grenzschichtprofiles und der Turbulenz, sondern auch des Verhältnisses Gebäudehöhe zu Grenzschichtdicke, was z. B. zu sehr unterschiedlichen Druckverteilungen auf Flachdächern führen kann. Ein weiteres Ergebnis dieser Experimente mit Würfeln ist, daß sich im Fall der

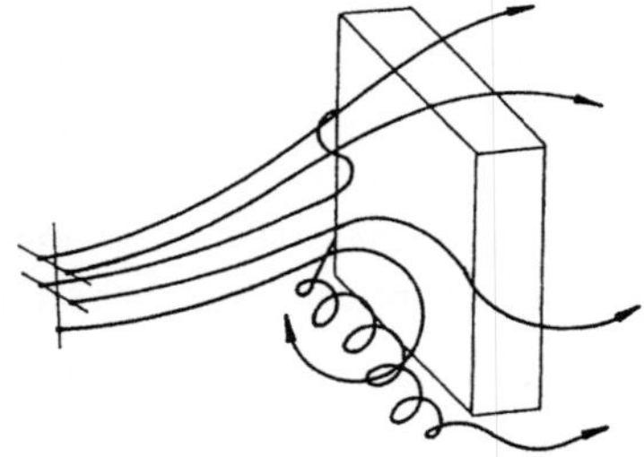

Bild 5.8

Wirbelbildung bei der Umströmung eines Gebäudes

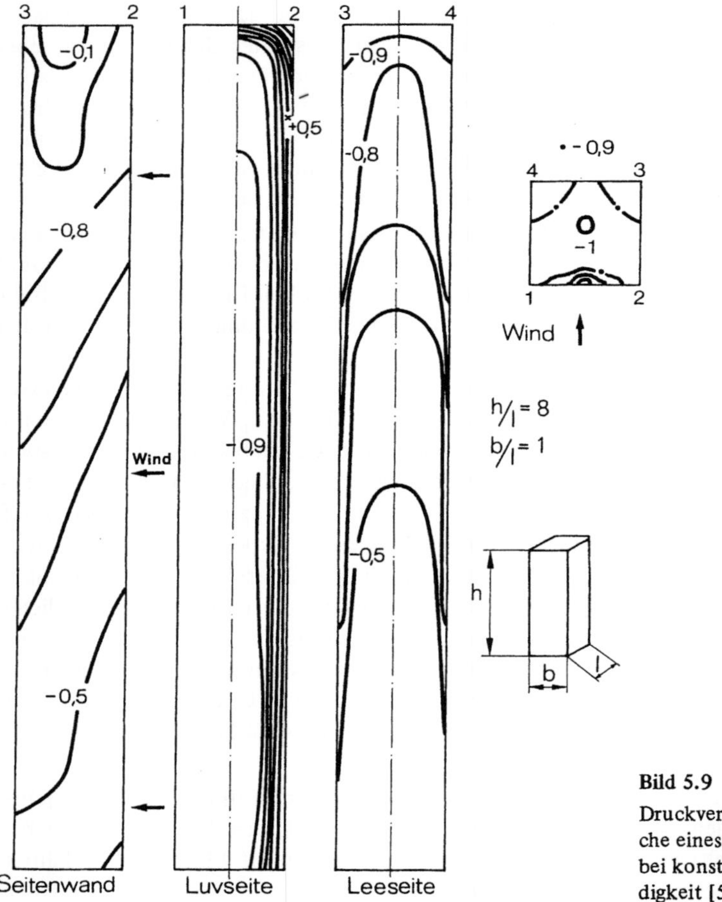

Bild 5.9

Druckverteilung auf der Oberfläche eines turmartigen Gebäudes bei konstanter Anströmgeschwindigkeit [5.10]

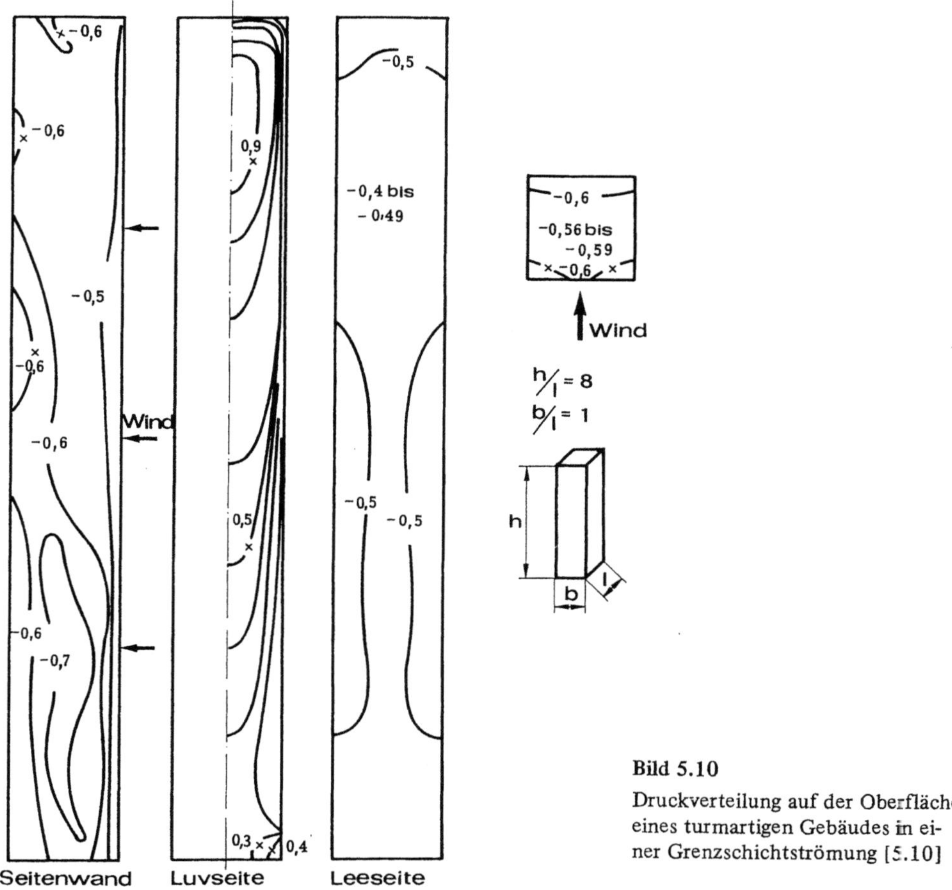

Bild 5.10

Druckverteilung auf der Oberfläche eines turmartigen Gebäudes in einer Grenzschichtströmung [5.10]

Grenzschichtströmung der statische Druck auf der Rückseite als nicht sehr verschieden vom ungestörten statischen Druck erweist.

Jensen [5.28] machte umfangreiche Messungen an Gebäudemodellen in verschiedenen Grenzschichtprofilen. Als Parameter zur Charakterisierung des Grenzschichtprofiles wird dabei die Rauhigkeit z_0 verwendet (Abschnitt 6.3). Abhängig vom Verhältnis Gebäudehöhe h (Firsthöhe) zu z_0 ergeben sich sehr unterschiedliche Druckverteilungen im Mittelschnitt eines Gebäudes (Bild 5.11). Das Verhältnis $h/z_0 = \infty$ entspricht der Anströmung mit konstanter Geschwindigkeit. Die Ergebnisse für diesen Fall unterscheiden sich sehr stark von denen mit Grenzschichtprofil. Aber auch unterschiedliche endliche Verhältnisse h/z_0, also verschiedene aerodynamische Rauhigkeiten, führen auf allen Flächen mit Ausnahme der luvseitigen Frontflächen zu geänderten Werten. Besonders zu beachten ist die luvseitige Dachfläche, auf der mit zunehmender Grenzschichtdicke, also mit Abnahme von h/z_0, die Unterschiede ansteigen. In speziellen Fällen kann also auch das Grenzschichtprofil ungünstigere Werte liefern als die Anströmung mit konstanter Geschwindigkeit. Die großen Unterschiede bei den einzelnen Werten zeigen deutlich genug, daß eine Berechnung

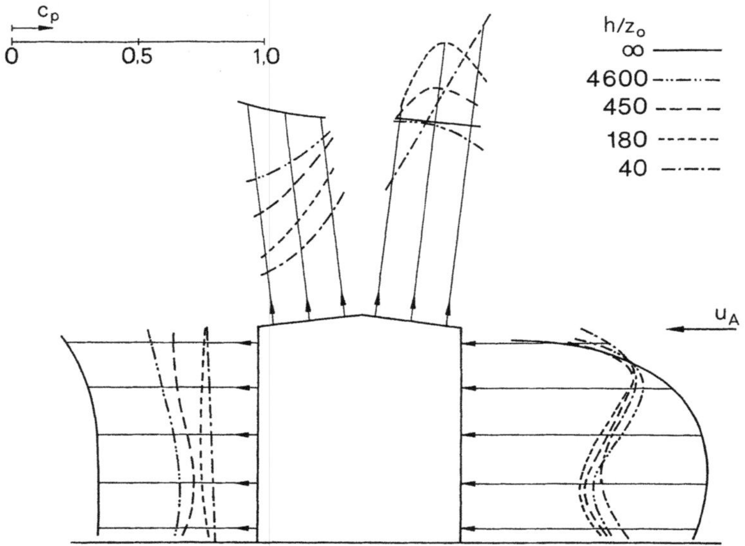

Bild 5.11 Druckverteilungen auf der Oberfläche eines Gebäudes bei verschiedenen Bodenrauhigkeiten [5.28]

mit Werten aus Normen oder sonstigen Tafeln im allgemeinen nur eine grobe Näherung der tatsächlichen Verhältnisse sein wird. Wenn allerdings das Verhältnis h/z_0 den Gegebenheiten der Großausführung entspricht, dann erhält man eine recht gute Übereinstimmung zwischen den Experimenten in der Realität und denen mit einem Modell (Bild 5.12) [5.28].

Das Verhältnis h/z_0 kann die Ablösungsgebiete stark beeinflussen, da ein größerer z_0-Wert auch größere Turbulenz bedeutet, die ein Wiederanlegen der Strömung begünstigt. In Bild 5.13 sind für verschiedene Werte von h/z_0 die Grenzen der Ablösungszone oberhalb eines Daches dargestellt [5.28]. Der Wert $h/z_0 = 20$ führt dabei zu einem Wiederanlegen der Strömung und zu getrennten Nachlaufgebieten auf luv- bzw. leeseitiger Dachfläche und damit natürlich auch zu anderen Druckverteilungen, als bei größeren Werten h/z_0 gemessen wurden.

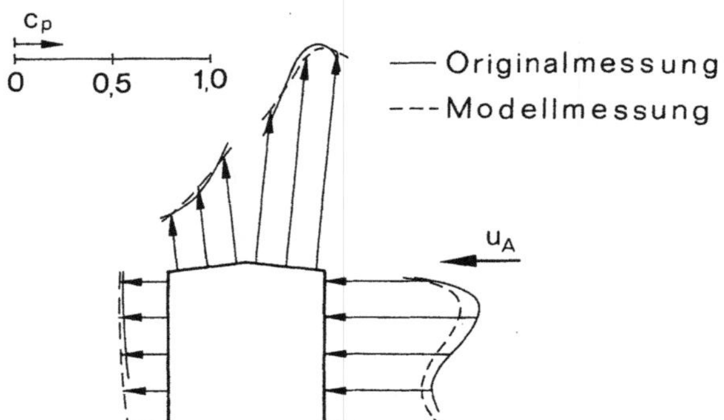

Bild 5.12
Druckverteilungen auf der Oberfläche eines Gebäudes nach Original- und Modellmessungen [5.28]

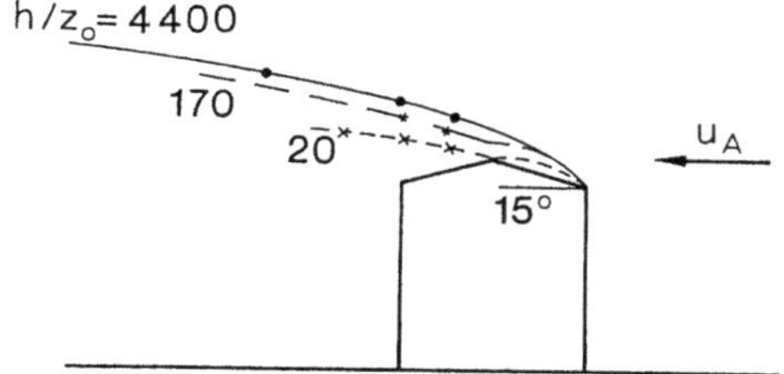

Bild 5.13
Einfluß der Bodenrauhigkeit auf das
Ablösegebiet [5.28]

5.2 Auftrieb, Widerstand, Querkraft

5.2.1 Auftriebs-, Widerstands- und Querkraftbeiwerte

Auf jeden Körper in einer Strömung wirkt eine Kraft, die genau wie die Geschwindigkeit,
eine vektorielle Größe ist. Zu ihrer Festlegung bedarf es daher eines Koordinatensystems.
Bei einem Körper in einer Parallelströmung ist es üblich, eine Richtung des Koordinatensystems gleich der Richtung der Parallelströmung zu wählen. Da auch der Wind in Bodennähe im Mittel näherungsweise eine Parallelströmung ist, wenn auch mit höhenabhängiger
Geschwindigkeit, ist eine Koordinatenrichtung mit der Windrichtung identisch. Die auf
den Körper infolge der Strömung wirkende Kraft wird in eine Komponente in Strömungsrichtung, den Widerstand F_W, in eine senkrecht nach oben wirkende Komponente, den
Auftrieb F_A und in eine weitere Komponente in der Horizontalebene normal zum Widerstand, die Querkraft F_Q zerlegt (Bild 5.14). Ähnlich wie beim Druck p (Gl. (3.9)) und der
Wandschubspannung τ_0 (Gl. (4.17)) ist es auch hier zweckmäßiger, mit dimensionslosen
Ausdrücken zu arbeiten. Für die entsprechenden Beiwerte gilt

$$c_{W,A,Q} = \frac{F_{W,A,Q}}{q \cdot A}.$$

(5.2)

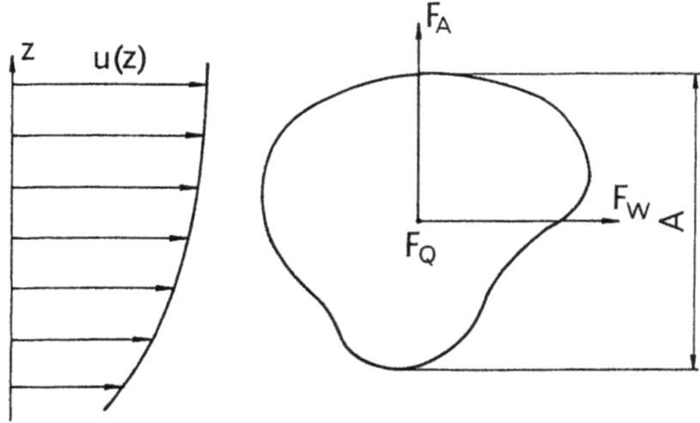

Bild 5.14
Luftkraftkomponenten bei einem Körper in
einer Parallelströmung

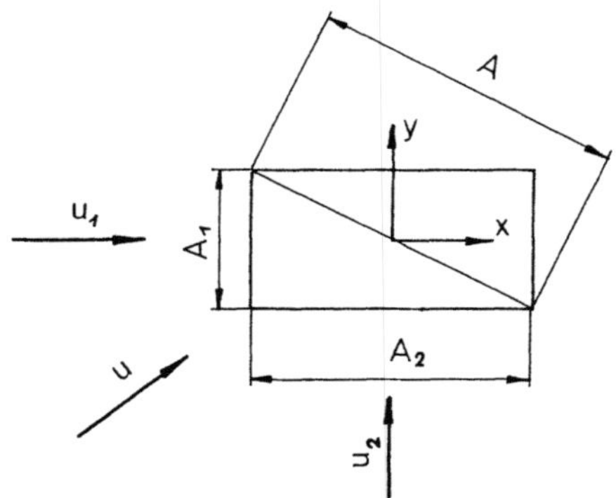

Bild 5.15 Bezugsflächen zur Berechnung der Kraftbeiwerte

In dieser Beziehung sind auf der linken und der rechten Seite jeweils die gleichen Indizes zu nehmen, also entweder W, A oder Q. Als Bezugsfläche A wird in der Strömungsmechanik häufig der größte Querschnitt normal zur Anströmung gewählt. Das erweist sich aber in der Bauwerksaerodynamik als ungünstig, da, falls der Grundriß des Baukörpers nicht ein Kreis ist, sich mit Änderung der Windrichtung auch die Bezugsfläche ändert (Bild 5.15). Man wählt daher zweckmäßiger eine von der Anströmungsrichtung unabhängige konstante Bezugsfläche. Dies ist z. B. bei einem Prisma die Diagonalfläche A (Bild 5.15). Rechnet man hingegen nur mit Windrichtungen normal zu den Seitenflächen A_1 und A_2, dann bezieht man auf die entsprechenden Flächen A_1, A_2. Hat man hingegen eine Platte, dann bezieht man ähnlich, wie dies auch bei Tragflächen gemacht wird, auf die Fläche der Platte. Falls man der Literatur Beiwerte entnimmt, ist es daher besonders wichtig, genau darauf zu achten, auf welche Fläche A diese Werte bezogen sind.

Analog zu der Aufspaltung der Geschwindigkeitskomponenten in Mittelwerte und Schwankungsgrößen (Gl. (4.1)) kann man auch die Luftkraftkomponenten bzw. die ihnen entsprechenden Beiwerte als Summe von Mittelwerten und Schwankungen schreiben.

$$c_{W,A,Q} = \bar{c}_{W,A,Q} + c'_{W,A,Q}. \tag{5.3}$$

Als Maß für die Größe der Schwankungen werden auch hier die Effektivwerte $c_{We,Ae,Qe}$ gebildet, die analog zu den entsprechenden Werten bei den Geschwindigkeiten (Gl. (4.2)) definiert sind.

$$c^2_{We,Ae,Qe} = \frac{1}{t_1} \int_{t-\frac{t_1}{2}}^{t+\frac{t_1}{2}} c'^2_{W,A,Q}\,dt. \tag{5.4}$$

5.2.2 Die ebene Platte als Beispiel

Das Beispiel der ebenen Platte, die gegen die Anströmung geneigt ist, soll nun etwas näher betrachtet werden; es entspricht in der Praxis einem Flugdach oder einer Plakatwand.

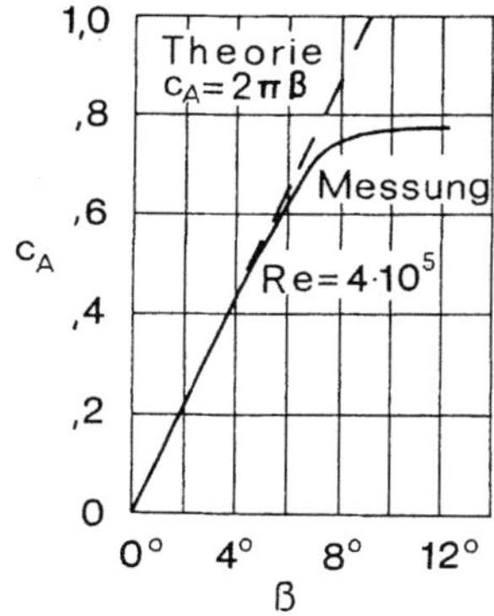

Bild 5.16
Auftriebsbeiwert c_A der ebenen Platte [5.15]

Die Theorie liefert für eine ebene Platte infinitesimaler Dicke in zweidimensionaler turbulenzarmer Parallelströmung für kleine Anstellwinkel β gegenüber der Anströmung

$$c_A = 2\pi\beta, \tag{5.5}$$

wobei β im Bogenmaß einzusetzen ist. Bild 5.16 zeigt eine gute Übereinstimmung bis etwa $\beta = 6°$ [5.15]. Dann treten ein Abreißen der Strömung und ein ausgeprägter Nachlauf auf. In der Flugaerodynamik ist es üblich, Auftriebsbeiwert und Widerstandsbeiwert als Koordinatenachsen zu wählen, wobei jeder Punkt im Diagramm einem gewissen Anstellwinkel β gegenüber der Strömung entspricht. Ein solches Diagramm wird als Polarendiagramm bezeichnet. Bild 5.17 gibt die Polare für eine quadratische Platte, wobei aber angenom-

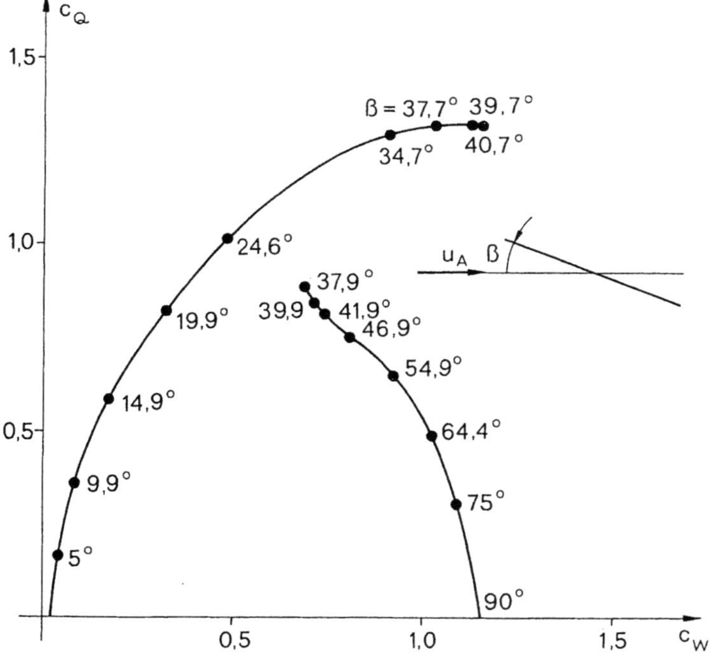

Bild 5.17 Polare einer ebenen quadratischen Platte [5.16]

men wurde, daß es sich um eine senkrecht stehende Platte handelt [5.16]. Anstatt des
Auftriebsbeiwertes c_A steht daher auf der Ordinate der Querkraftbeiwert c_Q. Die Zahlen
bei den Meßpunkten bedeuten die Anstellwinkel. Für kleine Winkel ist der Querkraftbeiwert c_Q wesentlich größer als der Widerstand. Es ist daher auch in der Aerodynamik der
Bauwerke wichtig, nicht nur von einem Widerstand zu sprechen, sondern von der Luftkraft und ihren Komponenten (Auftrieb, Querkraft, Widerstand).

Interessant in Bild 5.17 ist, daß es im Bereich zwischen 38° und 41° zwei Werte gibt; die
Strömung ist in diesem Gebiet instabil. Darüber hinaus ist bei diesem Beispiel zu beachten,
daß nicht die zur Anströmung normal stehende Platte, $\beta = 90°$, die größte Kraftwirkung
erfährt, sondern daß diese im Bereich der Instabilität auftritt.

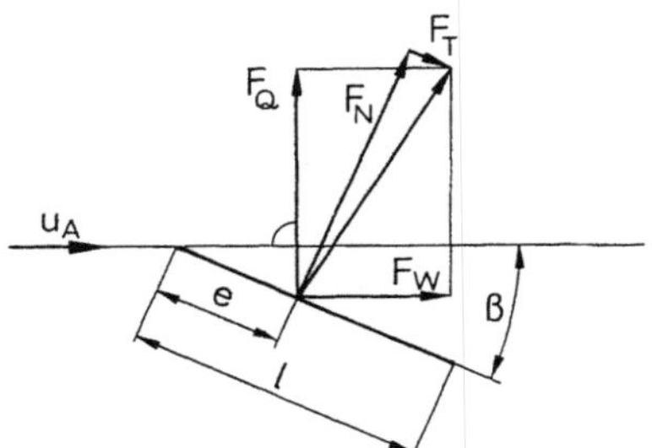

Bild 5.18
Luftkraftkomponenten bei einer ebenen Platte

Für die Praxis von Bedeutung ist die Beantwortung der Frage, welche Kraft normal zur
Plattenebene wirkt. Man arbeitet natürlich auch hier nicht mit der Kraft selbst, sondern
mit den Beiwerten und definiert für Normalkraft F_N und Tangentialkraft F_T (Bild 5.18)
analog zu Gl. (5.1) die Beiwerte

$$c_{N,T} = \frac{F_{N,T}}{q \cdot A}. \tag{5.6}$$

Außerdem ist natürlich die Lage des Angriffspunktes (auch als Druckpunkt bezeichnet) der
resultierenden Luftkraft auf der Platte von Interesse. Hierzu bildet man das Moment M
der Luftkräfte um die Vorderkante der Platte und geht auf den dimensionslosen Momentenbeiwert c_M über

$$c_M = \frac{M}{l \cdot q \cdot A}. \tag{5.7}$$

l bedeutet die Tiefe der Platte. Die Beiwerte $c_{N,T}$ können aus c_Q und c_W leicht ermittelt
werden (Bild 5.18).

$$c_N = c_Q \cdot \cos\beta + c_W \sin\beta$$

$$c_T = c_Q \sin\beta + c_W \cos\beta \tag{5.8}$$

(5.6, 5.7) $M = c_M \cdot l \cdot q \cdot A = c_N \cdot q \cdot A \cdot e.$

Damit folgt für den Abstand e des Angriffpunktes von der Vorderkante

$$\frac{e}{l} = \frac{c_M}{c_N}. \tag{5.9}$$

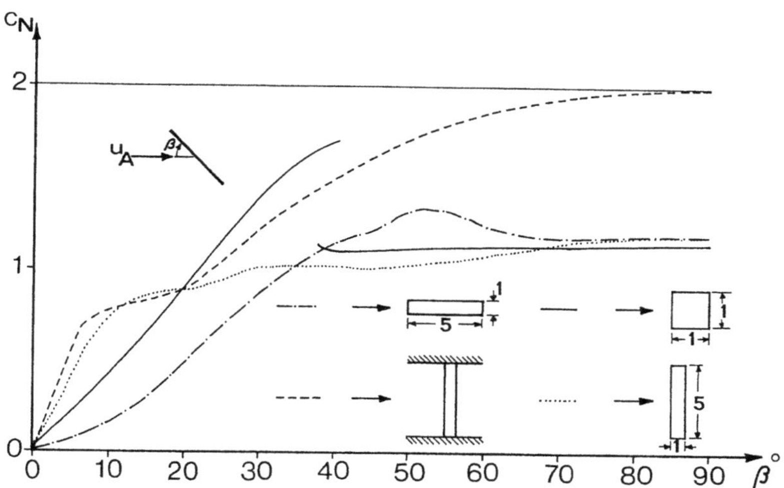

Bild 5.19 Normalkraftbeiwerte ebener Platten [5.6, 5.16]

Aus der Polaren (Bild 5.17) für die quadratische Platte können nun mit Gl. (5.7) c_N und c_T berechnet werden. Bild 5.19 enthält c_N für Platten mit verschiedenen Seitenverhältnissen. Der Tangentialkraftbeiwert c_T ist nicht dargestellt, er ist praktisch ohne Bedeutung. Das Maximum der Normalkraft bei der quadratischen Platte liegt bei ca. $40°$ und ist mit $c_{N\,max} = 1{,}72$ wesentlich größer als $c_N = 1{,}15$ bei Normalanströmung ($\beta = 90°$). Der Angriffspunkt liegt für diese Platte für $\beta \to 0°$ bei $e/l = 0{,}2$ und wandert mit zunehmendem β gegen die Plattenmitte $e/l = 0{,}5$. Auch bei der Platte mit dem Seitenverhältnis $1:5$ tritt der maximale Normalkraftbeiwert nicht bei Normalanströmung auf, aber der Normalkraftbeiwert ist hier stetig. Eine Unstetigkeit im Kurvenverlauf tritt auch bei ebenen kreisförmigen Platten auf [5.16]. Diese Instabilität der Luftkraft sollte beim Transport von Platten beachtet werden.

5.2.3 Einfluß von Reynolds-Zahl und Oberflächenrauhigkeit.

Bei der Besprechung der Erscheinung der Ablösung (Abschnitt 4.5.5) wurde schon erörtert, daß bei kantigen Körpern die Ablösungsstellen praktisch festliegen und daher die Strömung in einem weiten Bereich von der Reynolds-Zahl unabhängig ist. Im Abschnitt 5.1.2 wurde anhand von Beispielen gezeigt, daß diese Unabhängigkeit von der Reynolds-Zahl auch für Druckverteilungen gilt, und daraus folgt unmittelbar, daß sie auch für die Kraftbeiwerte zutrifft. In Bild 5.20 sind über der Reynolds-Zahl die Widerstandsbeiwerte c_W für Prismen mit verschiedenen Kantenrundungen und für einen Zylinder aufgetragen [5.17]. Beim Kreiszylinder (Kurve 1) kann man beim Widerstandsbeiwert deutlich die bei der Besprechung des Nachlaufes (Abschnitt 4.5.5) geschilderten charakteristischen Zonen im Reynolds-Zahlbereich verfolgen. Im unterkritischen Bereich ($50 < \mathrm{Re} \leqslant 2 \cdot 10^5$) ist der Widerstandsbeiwert konstant, die Grenzschicht löst bei ca. $80°$ ab. Am Beginn des überkritischen Bereiches ($2 \cdot 10^5 < \mathrm{Re} \leqslant 5 \cdot 10^6$) sinkt der Widerstandsbeiwert sehr rasch ab, die Grenzschicht bleibt bis $135°$ anliegend. Der Widerstandsbeiwert steigt aber dann

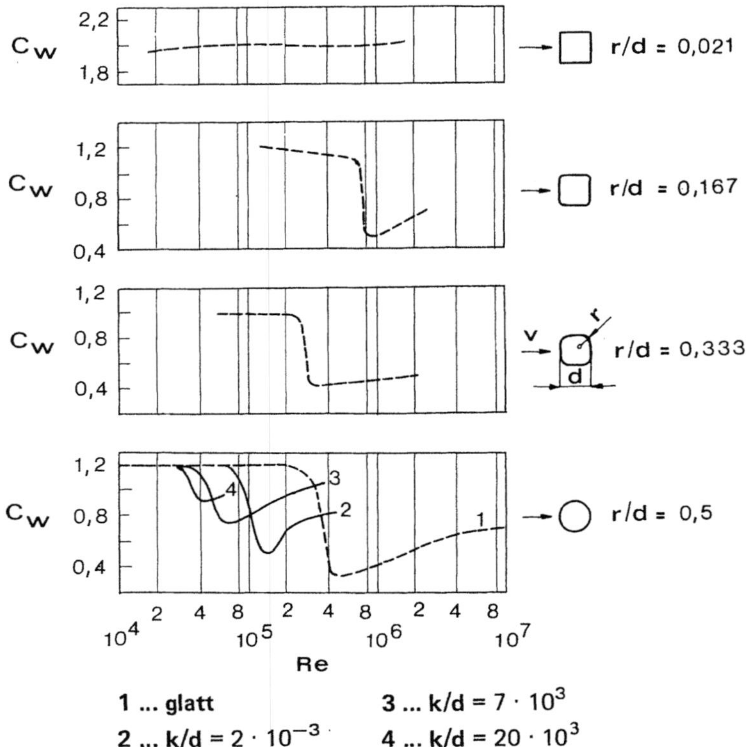

1 ... glatt   **3 ... k/d = 7 · 10^3**

2 ... k/d = 2 · 10^{-3}   **4 ... k/d = 20 · 10^3**

Bild 5.20 Widerstandsbeiwerte für Prismen mit verschiedenen Kantenrundungen und für Kreiszylinder mit verschiedenen Oberflächenrauhigkeiten k/d [5.17]

mit zunehmender Reynolds-Zahl, der Ablösungspunkt wandert wieder weiter nach vorn und liegt an der oberen Grenze des Bereiches bei ca. 110°. Der Widerstand steht also in einem direkten Zusammenhang mit der Breite des Nachlaufes. Bild 5.20 zeigt auch den Einfluß der Oberflächenrauhigkeit des Zylinders auf den Widerstandsbeiwert c_W. Je größer die relative Rauhigkeit k/d, desto kleiner ist die kritische Reynolds-Zahl, bei der der Abfall des Beiwertes auftritt, aber desto weniger ausgeprägt ist auch das Minimum. Was eben für den Kreiszylinder gesagt wurde, gilt analog für die Kugel [5.18] (Bild 5.21). Oberhalb einer gewissen Rauhigkeit haben offenbar alle c_W-Kurven eine gemeinsame Asymptote, die bei 0,4 liegt. Aus dem Verlauf der Kurven in Bild 5.20 läßt sich ein ähnliches Verhalten der c_W-Kurven für den Kreiszylinder vermuten, was auch andere Messungen [5.20] zu bestätigen scheinen. Das bedeutet, daß der transkritische Widerstandsbeiwert c_W nur eine Funktion der Rauhigkeit ist und mit wachsender Rauhigkeit sehr rasch einem asymptotischen Wert zustrebt, wie Bild 5.22 für die Kugel zeigt [5.18].

Armitt [5.19] schlägt vor, als Kennzahl eine Reynolds-Zahl Re_k gebildet mit der Rauhigkeit k als charakteristischer Länge zu verwenden.

$$Re_k = \frac{uk}{\nu}.$$

(5.10)

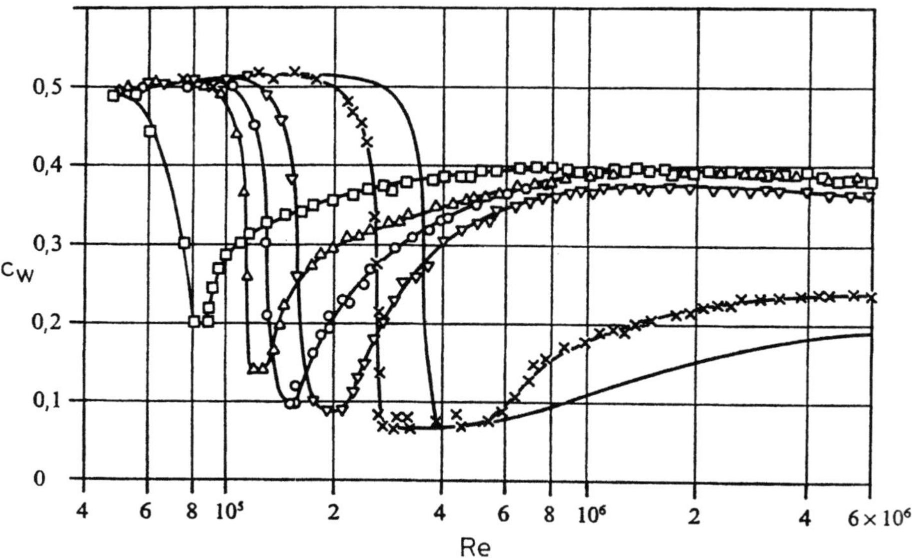

Bild 5.21 Widerstandsbeiwert der Kugel als Funktion von Reynolds-Zahl und Rauhigkeit k/d [5.18]

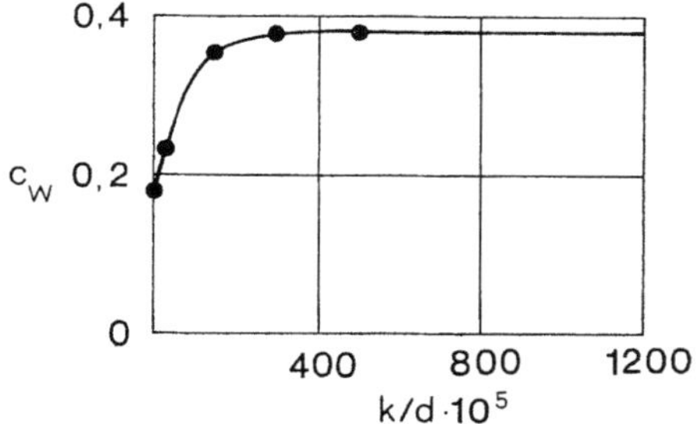

Bild 5.22

Transkritischer Widerstandsbeiwert der Kugel als
Funktion der Rauhigkeit k/d [5.18]

Nach [5.21] scheint tatsächlich für den Kreiszylinder eine Bündelung der c_W-Werte auf einer Kurve, wenn sie als Funktion von Re_k aufgetragen werden, möglich. Für $Re_k > 1000$ bleibt dann c_W ungefähr 0,9 konstant unabhängig von der Rauhigkeit.

Für einen Modellversuch bedeutet dies die Möglichkeit, daß man durch geometrisch höhere Rauhigkeit im Modell sehr wohl gleiche Re_k-Werte bei Modell und Großausführung erzielen kann. Vergleiche zwischen Großversuchen mit Kühltürmen und Modellmessungen, bei denen Re_k den gleichen Wert hatte, brachten allerdings keine befriedigende Übereinstimmung [5.22]. Bei kantigen Baukörpern verursacht die übliche gestalterische Strukturierung der Fassade (z. B. Balkone) nur unwesentliche Änderungen der Kraftbeiwerte [5.43], da die Ablösungszonen durch die Kanten vorgegeben sind.

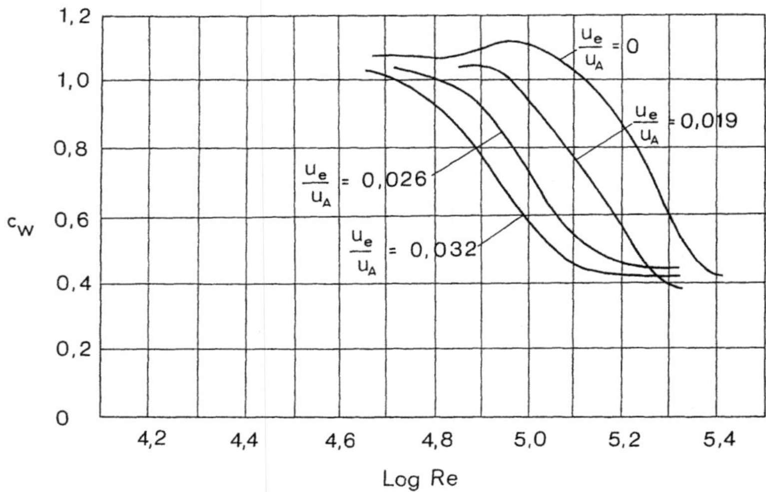

Bild 5.23 Einfluß der Turbulenz der Anströmung auf den Widerstandsbeiwert des
Zylinders (nach Fage und Warsap) [5.14]

5.2.4 Einfluß der Turbulenz des Luftstromes

Die Turbulenz verursacht nicht bloß zeitliche Schwankungen der Kraftbeiwerte, sie kann
auch deren zeitliche Mittelwerte beeinflussen. So wird durch die Turbulenz der Umschlag
von der laminaren zur turbulenten Grenzschicht begünstigt, was z. B. beim Kreiszylinder
zu einem Umschlag und damit auch zum Abfall des Widerstandsbeiwertes c_W bei kleineren
Reynolds-Zahlen führt (Bild 5.23). Der Effekt der Turbulenzintensität ist in diesem Fall
ähnlich dem der Oberflächenrauhigkeit (Bild 5.20).

Die Turbulenz beeinflußt allerdings nicht nur die Grenzschicht, sondern auch den Nachlauf. Der erste Einfluß führt zu einer Reduktion der Widerstandsbeiwerte im überkriti-
schen Bereich, der zweite zu einer Erhöhung. Bei geringer Turbulenz $\left(\dfrac{u_e}{u_A} < 0,06 \right)$ überwiegt bei rauhen Zylindern die Wirkung auf die Grenzschicht, der c_W-Wert ist kleiner als
der der turbulenzarmen Strömung. Bei $\dfrac{u_e}{u_A} > 0,06$ überwiegt der Einfluß auf den Nachlauf,
der c_W-Wert wird erhöht [5.44]. Das Verhältnis Integrallänge zu Zylinderdurchmesser ist
ein weiterer Parameter von dem die Ergebnisse abhängen.

Aber auch bei Rechteckquerschnitten liegt ein wesentlicher Einfluß der Turbulenz vor
[5.38], wie aus Bild 5.24 hervorgeht. Bei kleinen Verhältnissen l/b nimmt der c_W-Wert mit
steigender Turbulenz zu, da die turbulenten Schwankungen bei plattenartigem Querschnitt
zu einer Verkleinerung des Nachlaufgebietes und damit auch zu kleineren Krümmungsra-
dien der Begrenzung dieser Zone führen, was aber hohe Unterdrücke auf der Leeseite zur
Folge hat. Bei l/b-Werten um 0,5 tritt zunächst eine Zunahme und dann eine Abnahme
des c_W-Wertes auf, was darauf hinweist, daß sich die Strömung noch vor der Hinterkante
wieder anlegt. Für $l/d > 0,6$ sinkt der Beiwert mit wachsender Turbulenzintensität, der
Wiederanlegepunkt wandert mit zunehmender Turbulenz weiter nach vorne. Die Ergebnisse in Bild 5.24 sind unabhängig von der Integrallänge L_x der Turbulenz [5.38].

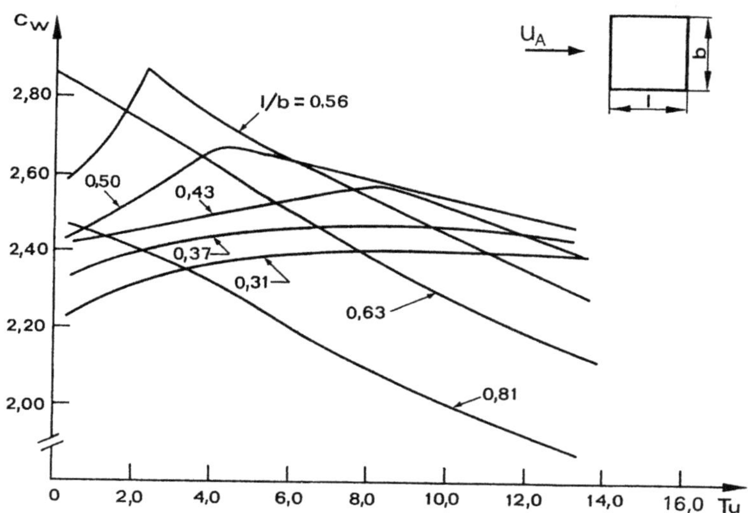

Bild 5.24 Einfluß von Turbulenz und Seitenverhältnis auf den Widerstandsbeiwert c_W von Rechteckquerschnitten [5.38]

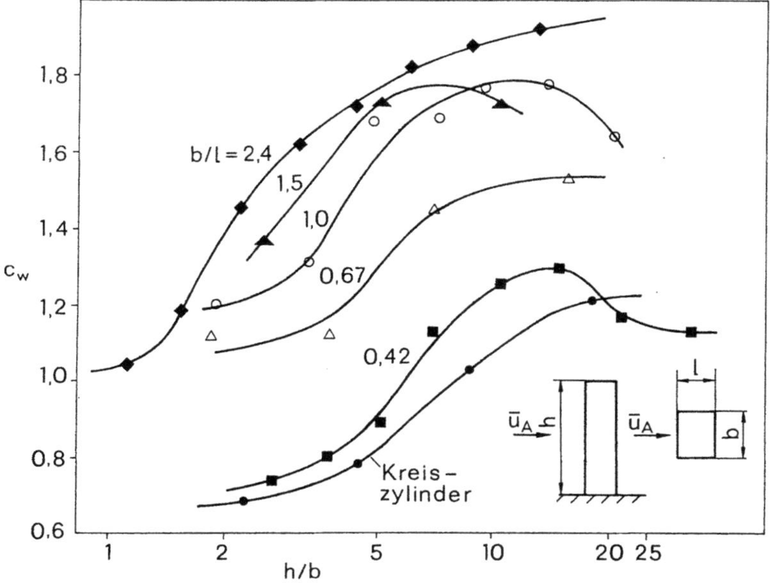

Bild 5.25 Einfluß der relativen Höhe und des Seitenverhältnisses auf den Widerstandsbeiwert von Prismen in turbulenter Strömung [5.23]

Für auf dem Boden stehende Quader in turbulenter Strömung sind die Beiwerte vom Verhältnis der Grundrißabmessungen b/l und von der relativen Höhe h/b, in Bild 5.25 dargestellt [5.23, 5.24], abhängig. Der Turbulenzgrad bei diesen Messungen war $T_u = 0,1$, die Integrallängen waren von der Größenordnung der Querabmessungen des Quaders ($L_x/b = 4$; $L_y/b = 1,3$).

Die Effektivwerte c_{We} (Gl. (5.4)), Maße für die Größe der instationären Widerstandsschwankungen, nehmen hingegen mit wachsendem Seitenverhältnis h/l monoton ab [5.23]. Dies ist damit zu erklären, daß die Korrelation der Widerstandsschwankungen mit wachsendem h/l sinkt, was praktisch aussagt, daß sowohl Geschwindigkeits- als auch Kraftschwankungen längs der Quaderhöhe nicht gleichzeitig, sondern regellos auftreten.

5.2.5 Einfluß des Geschwindigkeitsprofils und der Umgebung

Aus dem Einfluß des Geschwindigkeitsprofils auf die Druckverteilung (Abschnitt 5.1.4) ergibt sich natürlich ein Einfluß auf die Gesamtkraftbeiwerte. Da aber das Geschwindigkeitsprofil des Windes durch die Umgebung eines Bauwerkes stark beeinflußt wird, muß bei Modellexperimenten nicht nur das Windprofil und dessen Turbulenzstruktur nachgeahmt

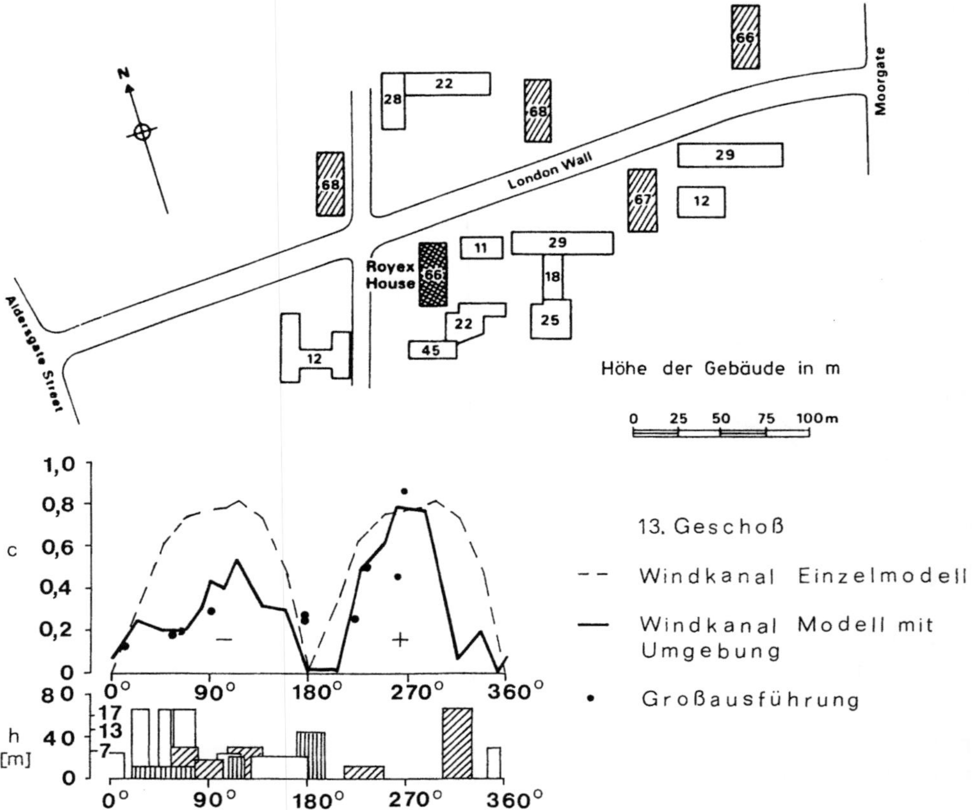

Bild 5.26 Einfluß der Verbauung der Umgebung auf den Kraftbeiwert in westöstlicher Richtung für das 13. Geschoß des Royex-House (London) und Lageplan des Royex-House [5.25]

werden, es muß auch ein beachtlicher Teil der umliegenden Gebäude im Modell enthalten sein. Bild 5.26 zeigt Kraftbeiwerte für das 13. Geschoß der West- und Ostfront eines Gebäudes, einmal als ein Einzelmodell, ein anderes Mal als Teil eines Modells mit umliegenden Gebäuden und, zum Vergleich, auch noch die Meßergebnisse für die Großausführung [5.25]. Es handelt sich dabei um das Royex House in London, einen 18geschossigen Bau mit 42 m × 18 m Grundfläche, dessen Umgebung im Grundriß in Bild 5.26 dargestellt ist. Die Konturen der umliegenden Gebäude sind auch in Bild 5.26 zu sehen.

Man sieht, daß die Messungen am Einzelmodell wohl auf der sicheren Seite liegen, also höher sind als die tatsächlichen Belastungen, die Abweichungen aber manchmal mehr als 100% betragen. Mit Einbeziehung der Umgebung erhält man hingegen eine beachtlich gute Übereinstimmung der Ergebnisse von Original- und Modellmessungen.

5.2.6 Interferenzeinfluß von Bauten

In Abschnitt 5.2.5 wurde der Einfluß der gesamten Umgebung auf die Umströmung eines Baukörpers besprochen. Hier wird die wechselseitige strömungstechnische Beeinflussung spezieller Baukörper behandelt. Es kann sich dabei beispielsweise um Schornsteine, Türme oder auch Stäbe in einem Fachwerkverband handeln, die, in Windrichtung gesehen, neben- oder hintereinander liegen. Im ersten Fall spricht man vom Verdrängungseffekt, im zweiten von Windschatten- oder auch Nachlaufeffekt.

5.2.6.1 Verdrängungseffekte

Als Beispiel betrachten wir die Umströmung zweier Kreiszylinder. Beim Einzelzylinder liegt ein symmetrisches Stromlinienbild vor (Bild 5.27), dieser Zylinder erfährt daher nur eine Kraft in Strömungsrichtung, einen Widerstand. Sind jedoch zwei Zylinder relativ nahe beisammen, so ändert sich das Stromlinienbild, wodurch auf jeden Einzelzylinder nicht nur ein Widerstand sondern zusätzlich auch eine Querkraft wirkt. Die größten Strömungskräfte wirken auf einen der Zylinder wenn die Zylinder nebeneinander angeordnet sind [5.40]. Dabei ist das Strömungsfeld aber nicht stabil, wodurch die Kraftwirkungen auf die Zylinder nicht gleich groß sind und mit der Zeit wechseln können. Die größere Kraft kann dabei bis zu 60% höher sein als die, die auf den Einzelzylinder wirkt. Da sich der örtliche Kraftbeiwert infolge der endlichen Länge eines auf dem Boden stehenden zylindrischen Bauwerkes mit der Höhe ändert, können die örtlichen Beiwerte in Bodennähe noch höher sein [5.35]. Diese höheren Belastungen treten bei Schornsteinen für Verhältnisse von Mittenabstand e zu Durchmesser d von $e/d < 1,5$ und $2,5 < e/d < 3,5$ auf [5.40].

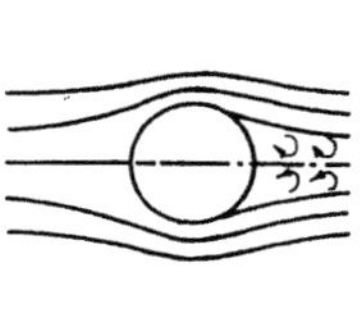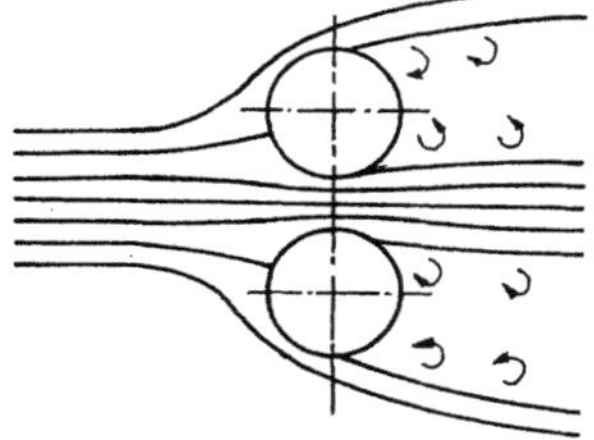

Bild 5.27 Symmetrische Umströmung eines Zylinders und unsymmetrische Umströmung der Zylinder bei paarweiser Anordnung

Einen ähnlichen Einfluß hat auch eine Wand oder der Boden auf die Umströmung eines Körpers. Als Beispiel wird in Abschnitt 12.1.5 die Kugel erwähnt, bei der in Bodennähe zu vergrößertem Widerstand ein Auftrieb hinzukommt (Tabelle 12.2). Da die Verhältnisse hier sowohl von der Körperform als auch von ihrer relativen Position abhängen, die Parameter also zahlreich sind, gibt es nur Untersuchungen für wenige Spezialfälle, z. B. den Kreiszylinder in Bodennähe im unterkritischen Bereich [5.39]. Für die richtige Bemessung der Windlasten werden daher Windkanalversuche empfohlen.

5.2.6.2 Windschatteneffekte

In Abschnitt 4.5.6 wurde die Strömung im Nachlauf erläutert und anhand des Beispieles eines Gebäudes gezeigt, daß in diesem Bereich die mittleren Geschwindigkeiten kleiner sind als die der Anströmung (s. Bild 4.19). Außerdem ist dieser Strömungsbereich sehr stark turbulent (s. Bild. 4.20). Diese Effekte nehmen mit zunehmenden Abstand hinter dem Körper ab. Wenn nun ein anderer Körper in diese ungleichförmige Strömung kommt, also im Windschattengebiet eines anderen Körpers steht, dann ist die Kraftwirkung dieser Strömung auf den Körper eine ganz andere als die einer Parallelströmung. Bild 5.28 [5.29] zeigt qualitativ das Stromlinienbild sowohl für den Fall, daß ein Zylinder in Windrichtung zentrisch hinter dem anderen liegt, als auch für eine seitliche Versetzung. Diese Änderung des Strömungsbildes tritt bei einem Winkel zwischen Anströmung und Mittenlinie von etwa 10° schlagartig auf [5.36]. Der stromab liegende Zylinder erfährt dadurch nicht bloß eine geänderte Widerstandskraft, sondern auch eine Querkraft, die der Anlaß für Querschwingungen sein kann (s. Kap. 20).

Bild 5.29 zeigt Ergebnisse von Kraftmessungen an einem Zylinder im Nachlauf eines anderen bei $Re = 5 \cdot 10^4$ [5.30]. In der Horizontalebene sind jeweils die Positionen des zwei-

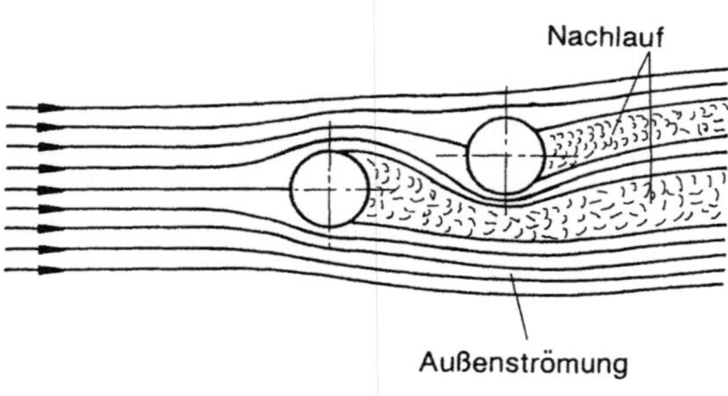

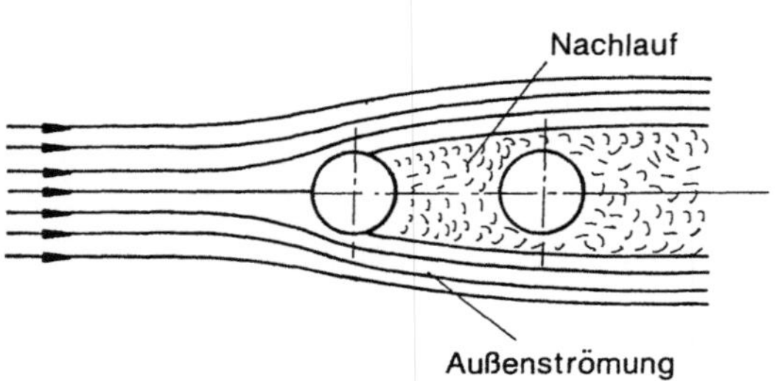

Bild 5.28
Änderung des Strömungsbildes durch seitliche Versetzung der Zylinder [5.29]

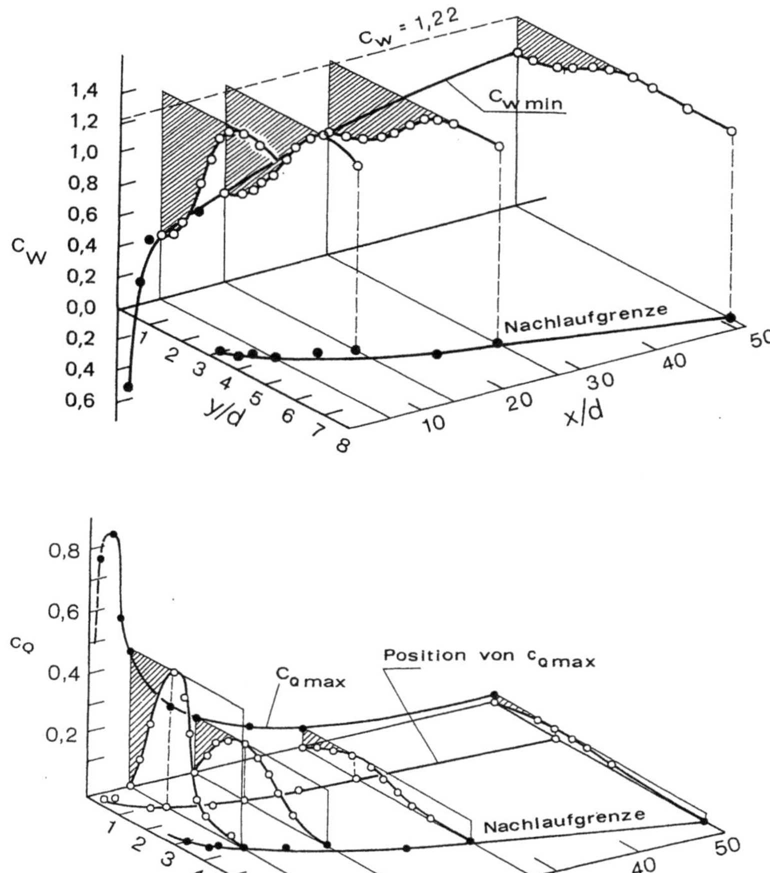

Bild 5.29 Widerstands- und Querkraftbeiwerte eines Zylinders im Nachlauf eines geometrisch identischen Zylinders (Re = $5 \cdot 10^4$) [5.30]

ten Zylinders relativ zum ersten durch die Angabe von x/d bzw. y/d angegeben, wobei die unterschiedlichen Maßstäbe auf den Achsen zu beachten sind. Senkrecht hierzu sind im ersten Bild die Widerstandsbeiwerte c_W, im zweiten die Querkraftbeiwerte c_Q aufgetragen. Außerhalb des Nachlaufgebietes, also außerhalb der Nachlaufgrenze ist kein Einfluß des vorderen Zylinders mehr vorhanden, dort ist $c_W = 1,22$ und $c_Q = 0$. Wenn der zweite Zylinder in Windrichtung genau hinter dem ersten liegt, so hat der Widerstandsbeiwert ein Minimum. Für sehr kleine x/d kann sich sogar ein Vortrieb ergeben ($c_W < 0$). Die Querkraft verschwindet natürlich für y/d = 0 und für Positionen außerhalb der Nachlaufgrenze. Dazwischen erreicht sie ein Maximum. Die Lage des Maximums und die dazugehörigen Maximalwerte $c_{Q\,max}$ sind im unteren Bild eingetragen. Diese $c_{Q\,max}$ erreichen bei relativ kleinen seitlichen Verschiebungen des Zylinders Werte über 0,8, sind also von derselben Größenordnung wie c_W. Daraus geht aber hervor, daß eine Berücksichtigung von Abschirmwirkungen sehr problematisch ist, weil kleine Änderungen der Windrichtung zu ganz anderen Verhältnissen führen.

Etwas überraschend ist der starke Einfluß auf den luvseitigen Zylinder bei speziellen Anordnungen. Wird ein Rohrpaar mit den Mittenabständen $e/d = 1{,}325$ unter $45°$ zur Mittenlinie angeströmt, dann ist der Kraftbeiwert im oberen Bereich des luvseitig stehenden Zylinders $c = 1{,}38$ im transkritischen Reynolds-Zahlbereich. Er ist also praktisch ebenso groß wie bei der Anordnung der Zylinder nebeneinander (Abschnitt 5.2.6.1) [5.35] und liegt wesentlich über dem des Einzelzylinders.

Auch die beiden folgenden Beispiele zeigen erhebliche Änderungen der Strömung bei geringer Variation der Anströmrichtung. Eine Gruppe von 5 Kreiszylindern (Bild 5.30) und eine von 5 quadratischen Prismen (Bild 5.31) wird aus verschiedenen Richtungen angeblasen und dabei jeweils die Kraftwirkung auf einen Körper untersucht. Gesamtlastbeiwert c und Richtung θ der Kraft gegenüber einer vorgegebenen Richtung sind in Abhängigkeit des Anströmwinkels β aufgetragen [5.31]. Es zeigen sich starke Änderungen von c und θ für einen relativ kleinen Winkelbereich β, was besonders bei der Gruppe der Kreiszylinder stark ausgeprägt ist. Für die Praxis bedeutet dies, daß relativ kleine Schwankungen der Windrichtung sehr große Belastungsschwankungen hervorrufen können. Die Druckverteilungen längs des Umfanges sind dann natürlich ganz anders als beim gleichen Einzelkörper

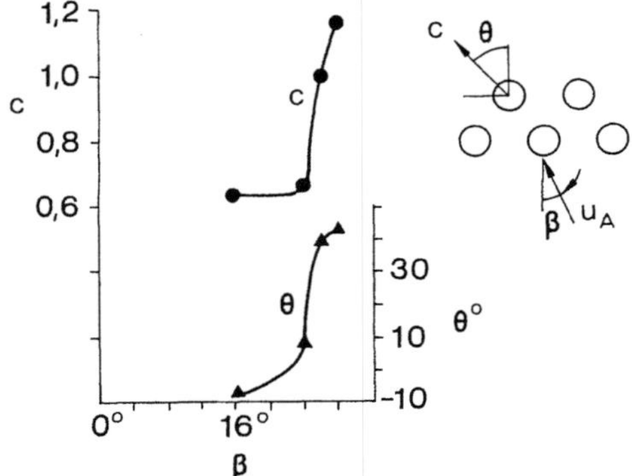

Bild 5.30

Kraftbeiwert und Kraftrichtung bei einem Kreiszylinder in Gruppenanordnung [5.31]

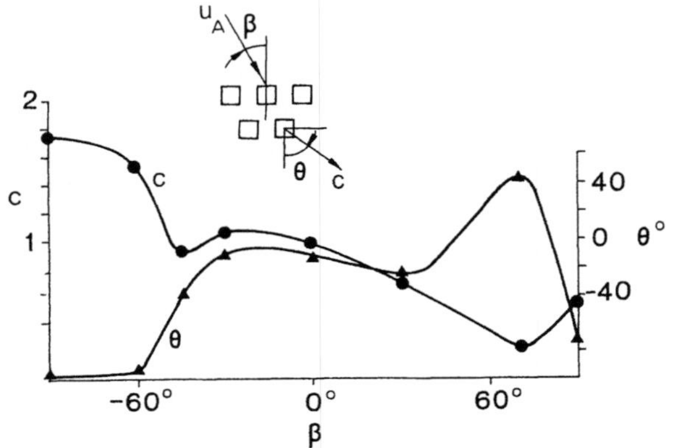

Bild 5.31

Kraftbeiwert und Kraftrichtung bei einem quadratischen Prisma in Gruppenanordnung [5.31]

in einer Parallelströmung konstanter Geschwindigkeit. Außerdem können neben der erhöhten Kraftwirkung infolge des Interferenzeinflusses auch Torsionsmomente auftreten, die ein Vielfaches der des Einzelbauwerkes betragen, wie Modellexperimente an 2 Türmen mit quadratischem Grundriß zeigten [5.41].

Durch die starke Turbulenz im Windschattengebiet treten außerdem entsprechend intensive instationäre Druckschwankungen auf der Oberfläche eines Körpers auf. Das bekannteste Beispiel ist wohl die Katastrophe der Kühltürme von Ferrybridge (England). Bei einem Sturm im November 1965 wurden von 8 Kühltürmen 3 zerstört, wobei es sich ausschließlich um Türme im Windschattengebiet handelte (Bild 1.5). Daraufhin wurden umfangreiche Windkanalexperimente durchgeführt [5.32]. Dabei zeigte sich, daß die örtliche Verteilung des Widerstandsbeiwertes bei Türmen die erhalten blieben, wesentlich ungünstiger waren als bei denen, die zerstört wurden. Aber die Effektivwerte der Druckschwankungen erreichten beachtliche Höhen und führten zu vollkommen geänderten Druckverteilungen in der Schale. Außerdem spielte die Erregung von Schwingungen infolge des Windschattens eine Rolle, was in Kap. 20 besprochen wird. Hohe Druckschwankungen wurden auch bei einer Anordnung von 2 Kühltürmen beim leeseitigen Turm gemessen [5.37].

5.2.7 Einfluß des Seitenverhältnisses und der Lage im Raum

Wenn man die Kraftwirkungen auf in ihren Querschnittsformen geometrisch ähnliche Körper (z. B. Kreiszylinder) verschiedener Länge l oder Höhe h in einer Grundströmung mit konstanter Geschwindigkeit vergleicht, dann erkennt man den Einfluß des Seitenverhältnisses h/b oder l/b; b ist dabei eine charakteristische Abmessung der Querschnittsfläche, z. B. beim Kreiszylinder der Durchmesser. Bei einer Platte normal zum Wind ist l die größere und b die kleinere Längsabmessung. Außer diesem rein geometrischen Seitenverhältnis ist wesentlich, ob beide Endflächen des Körpers umströmt werden, oder nur eine oder gar keine (Bild 5.32). Der letzte Fall entspricht dem theoretisch unendlich

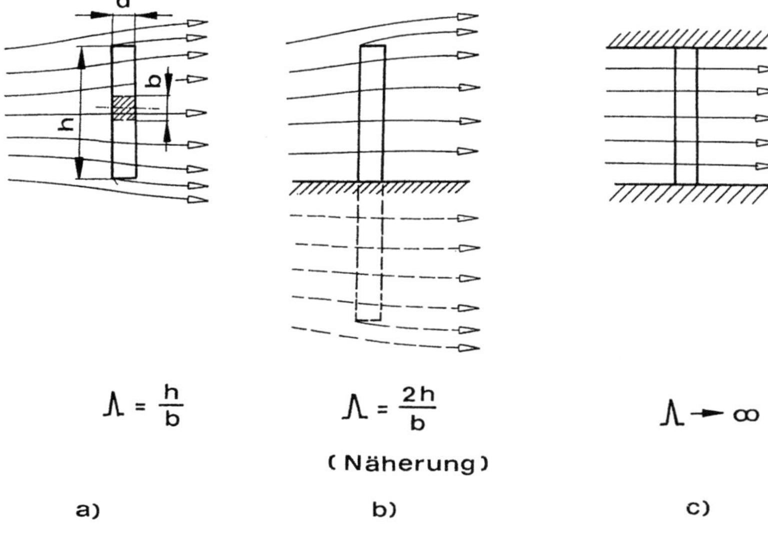

Bild 5.32 Einfluß der Umströmung der Endflächen

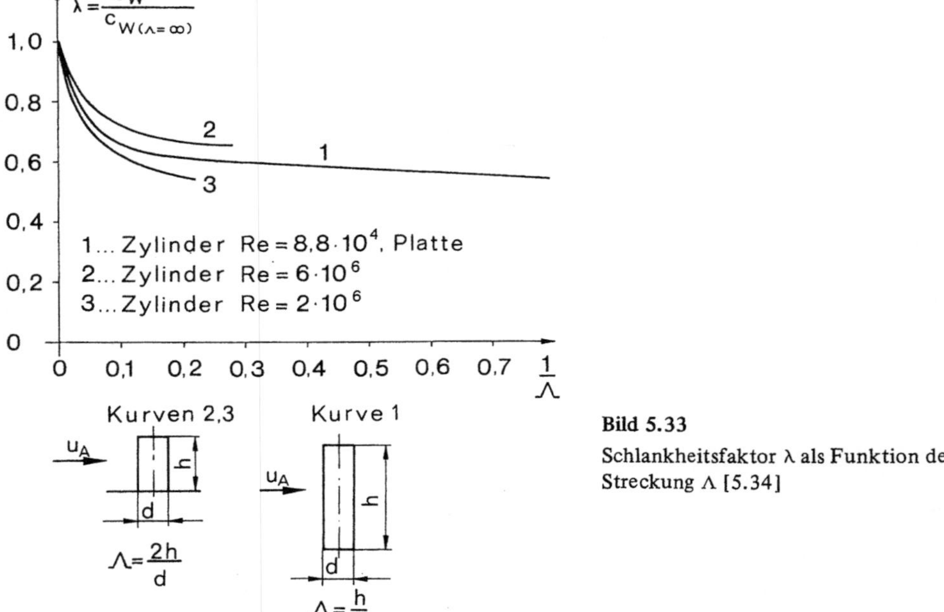

Bild 5.33

Schlankheitsfaktor λ als Funktion der Streckung Λ [5.34]

langen Körper ($l/b \to \infty$), bei dem in jeder Querschnittsfläche die gleichen Strömungsverhältnisse herrschen. Den Fall des Körpers auf dem Boden kann man sich in erster Näherung strömungstechnisch äquivalent dem Fall des doppelt so langen Körpers vorstellen, bei dem beide Enden umströmt werden. Durch die Einführung eines Streckungsverhältnisses Λ können die Fälle b und c des Bildes 5.32 auf den Fall a zurückgeführt werden. Nur im Fall a ist Λ gleich dem Seitenverhältnis h/b. Auf diese Weise können verschiedene Lagen im Raum näherungsweise durch das Streckungsverhältnis beschrieben werden. Bild 5.33 zeigt den Einfluß der Streckung Λ auf den Widerstandsbeiwert durch Einführung des Schlankheitsfaktors λ

$$\lambda = \frac{c_W}{c_{W(\Lambda=\infty)}}.$$

Kurve 1 ist nach Messungen an frei umströmten Platten bzw. Zylindern (Re = 8,8 · 10⁴). Diese Kurve gilt aber auch annähernd für kantige Profilquerschnitte (z. B. Fachwerkstäbe). Die Kurven 2 und 3 sind aus Messungen an auf dem Boden stehenden Zylindern bei 2 verschiedenen Re-Zahlen, die von Niemann [5.34] zusammengestellt wurden. Bei allen Kurven fällt der starke Abfall bis $1/\Lambda = 0,15$ auf, danach ist die Änderung von λ nur mehr gering.

Es lassen sich auch noch andere Lagen im Raum näherungsweise auf die äquivalenten Seitenverhältnisse zurückführen (s. Bild 12.19, Abschnitt 12.2.1), wobei aber allgemein die in Kauf genommene Näherung auch sehr schlecht sein kann. Dies zeigt das Beispiel der Umströmung eines symmetrischen Körpers (Bild 5.34), bei dem einmal im Nachlaufgebiet

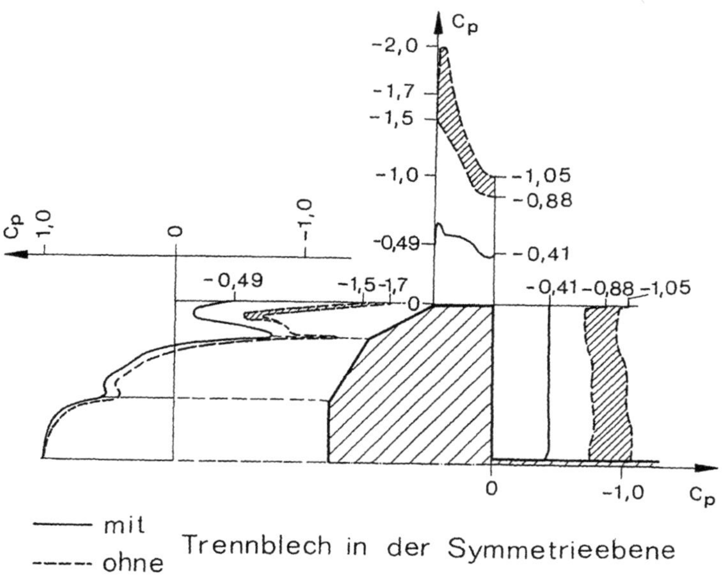

Bild 5.34 Druckverteilungen auf der Oberfläche eines symmetrischen Modells mit und ohne Trennblech im Nachlauf [5.13]

ein Trennblech eingefügt wurde, ein anderes Mal Messungen ohne diese Teilung des Nachlaufes gemacht wurden [5.13]. Die schraffierten Flächen kennzeichnen den Schwankungsbereich bei der Messung ohne Trennblech. Interessant ist dabei, daß nicht nur auf der Leeseite und auf der Seitenfläche die Druckverteilungen ganz anders sind, sondern auch auf den luvseitigen Flächen ein Einfluß vorhanden ist. Die Ursache für die Unterschiede ist die instationäre Nachlaufzone, die eben nicht symmetrisch ist. Durch das Trennblech wird die Turbulenzstruktur in diesem Bereich geändert. Für kleine Verhältnisse 2h/b, wie z. B. im Bild 5.34, wird daher die Äquivalenz mit $\Lambda = \dfrac{2h}{b}$ sicher falsch.

Bis jetzt wurde stillschweigend vorausgesetzt, daß die Anströmung normal zur Körperlängsachse erfolgt, was bei vertikalen Baukörpern wegen der nahezu horizontalen Windrichtung

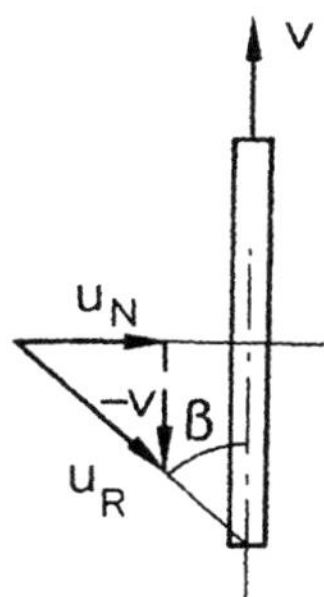

Bild 5.35
Einfluß der Schräganströmung

auch genügend genau zutrifft. Betrachtet man hingegen eine horizontale Rohrleitung, dann wird in der Regel die Windrichtung schräg zur Rohrachse verlaufen. Dasselbe Problem kann auch bei den Stäben eines Fachwerks auftreten. Zur Erläuterung der Strömungsverhältnisse der Schräganströmung ist es zweckmäßig, von der Normalanströmung eines sehr langen (theoretisch unendlich langen) Stabes auszugehen (Bild 5.35). Läßt man die Reibungseffekte außer acht, so wird das Strömungsbild nicht geändert, wenn der Stab in Richtung seiner Achse mit der Geschwindigkeit v bewegt wird. Dadurch entsteht aber für einen Beobachter, der sich mit dem Körper bewegt, eine Schräganströmung mit der Geschwindigkeit u_R. Der Schluß aus diesem Experiment ist, daß unter den gemachten Voraussetzungen nur die Normalkomponente u_N zur Körperachse das Strömungsfeld bestimmt. Durch den Einfluß der Reibung stimmt die Überlegung wohl nicht mehr exakt, aber wenn der Anströmwinkel β nicht zu stark von $90°$ abweicht, wird im allgemeinen diese Modellvorstellung eine gute Näherung sein. Von größerem Einfluß ist hingegen das Seitenverhältnis l/b, da bei kleinen Werten die Umströmung der Endflächen die Strömung wesentlich ändern kann.

Literatur

[5.1] *Naumann, A., Quadflieg, H.:* Vortex Generation on Cylindrical Buildings and its Simulation in Wind Tunnels, IUTAM-Jahr Symposium Flow Induced Structural Vibrations, Karlsruhe 1972, S. 730–747, Springer 1974

[5.2] *Van Nunen, J. W. G.:* Pressures and Forces on a Circular Cylinder in a Cross Flow at High Reynolds Numbers, IUTAM-Jahr Symposium Flow-Induced Structural Vibrations Karlsruhe 1972, S. 748–754, Springer 1974

[5.3] *Roshko, A.:* Experiments on the flow past a circular cylinder at very high Reynolds number, J. Fluid Mech. 10, Part 3, S. 345–356 (1961)

[5.4] *Achenbach, E.:* Distribution of local pressure and skin friction around a circular cylinder in cross-flow up to Re = $5 \cdot 10^6$, J. Fluid Mech. 34, Part 4, S. 625–639 (1968)

[5.5] *Ruscheweyh, H.:* Beitrag zur Windbelastung hoher kreiszylinderähnlicher schlanker Bauwerke im natürlichen Wind bei Reynoldszahlen bis Re = $1{,}4 \cdot 10^7$, Diss. Rhein.-Westf. T.H. Aachen 1974

[5.6] *Hoerner, S. F.:* Fluid Dynamic Drag, Bricktown, 1965

[5.7] *Chen, Y. N.:* 60 Jahre Forschung über die Karmansche Wirbelstraßen – Ein Rückblick, Schweiz. Bauzeitung 91/44, S. 1079–1096 (1973)

[5.8] *Karman, Th. von:* Über den Mechanismus des Widerstandes, den ein bewegter Körper in einer Flüssigkeit erfährt. Nachr. Ges. Wiss. Göttingen, Math. Phys. Kl., S. 509–517 (1911), S. 547–556 (1912)

[5.9] *Chien Ning, Feng Yin, Wang Hung-Ju, Siao Tien-To:* Wind tunnel studies of pressure distribution on elementary building forms, Rep. Iowa Institute of Hydraulic Res., Iowa City

[5.10] *Baines, D. W.:* Effects of velocity distribution on wind loads and flow patterns on buildings, Proc. Symp. Wind Effects on Buildings and Structures, Teddington 1963, S. 197–226

[5.11] *Vickery, B. J.:* Fluctuating lift and drag on a large cylinder of square cross-section in a smooth and in a turbulent stream, J. Fluid Mech. Vol. 25, part 3, S. 481–494 (1966)

[5.12] *Ackeret, J., Egli, J.:* Über die Verwendung sehr kleiner Modelle für Winddruckversuche, Schweiz. Bauzeitung Jg. 84, Heft 1, S. 3–7 (1966)

[5.13] *Ackeret, J.:* Anwendungen der Aerodynamik im Bauwesen, Zeitschrift für Flugwissenschaft 13, Heft 4, S. 109–122 (1965)

[5.14] *Bearman, P. W.:* Some effects of turbulence on the flow around bluff bodies, Proc. Symp. on Wind Effects on Buildings and Structures, Loughborough 1968, Beitrag 11, 13 S.

[5.15] *Schlichting, Truckenbrodt:* Aerodynamik des Flugzeuges, Bd. 1 Springer 1959

[5.16] *Prandtl, L., Betz, A.:* Ergebnisse der Aerodynamischen Versuchsanstalt in Göttingen, IV. Lieferung, 1932

[5.17] *Scruton, C.:* Wind Effects on Structures, Proc. Inst. Mech. E. 185, part 1, S. 301–17 (1971)

[5.18] *Achenbach, E.:* The effects of surface roughness and tunnel blockage on the flow past spheres, J. Fluid Mech. 65, part 1, S. 113–125 (1974)

[5.19] *Armitt, J.:* The effect of surface roughness and free stream turbulence on the flow around a model cooling tower at critical Reynolds numbers, Proc. Symp. on Wind Effects on Buildings and Structures, Loughborough 1968, Paper 6

[5.20] *Achenbach, E.:* Influence of surface roughness on the cross-flow around a circular cylinder, J. Fluid Mech. 46, part 2, S. 321–335 (1971)

[5.21] *Szecheny, E.:* Supercritical Reynolds number simulation for two-dimensional flow over circular cylinders, J. Fluid Mech. 70, part 3, S. 529–542 (1975)

[5.22] *Colin, P. E., Olivari, D.:* High Reynolds number simulation in wind tunnel, Ber. von Karman Inst. for Fl. Dynamics, Rhode Saint Genèse, Belgien, 1972

[5.23] *Vickery, B. J.:* Load fluctuations on bluff shapes in turbulent flow, Eng. Sc. Res. Rep. BLWT-4-67, Faculty of Eng. Sc., Univ. of Western Ontario, London, Canada 1967

[5.24] *Scruton, C., Rogers, E. W. E.:* Wind effects on buildings and other structures, Phil. Trans. Roy. Soc. Lond. A 269, S. 353–383 (1971)

[5.25] *Newberry, C. W., Eaton, K. J., Mayne, J. R.:* Wind loading on tall buildings, further results from Royex House, Building Research Establishment Current Paper CP29/73 (1973)

[5.26] *Cebeci, T., Smith, A. M. O.:* Analysis of turbulent boundary layers, Academic Press, New York 1974

[5.27] *Castro, I. P., Robins, A. G.:* The flow around a surface mounted tube in uniform and turbulent streams, J. Fluid Mech. 79/2, pp. 307–335 (1977)

[5.28] *Jensen, M., Franck, N.:* Model-scale tests in turbulent wind, Part I, II, Danish Technical Press, Copenhagen 1965

[5.29] *Sockel, H.:* Schwingungen an Rohren durch Windeinfluß, Österr. Ing.-Zeitschr. 11/6, S. 218–220 (1968)

[5.30] *Cooper, K. R., Wardlaw, R. L.:* Aeroelastic instabilities in wakes, Proc. of the 3rd Int. Conf. "Wind Effects on Buildings and Structures", Tokyo 1971, S. 647–655

[5.31] *Mair, W. A., Maull, D. J.:* Aerodynamic behaviour of bodies in the wakes of other bodies, Phil. Trans. Roy. Soc. London A 269, S. 425–437 (1971)

[5.32] *Armitt, J., Counihan, J., Millborrow, D. J., Richards, D. J. W.:* Wind tunnel measurements of the surface pressures on models of the Ferrybridge 'C' cooling towers, Central Electricity Generating Board Rep. RD/L/R1430 (1967)

[5.33] *Prandtl, L., Wieselberger, L., Betz, A.:* Ergebnisse der Aerodynamischen Versuchsanstalt zu Göttingen, II. Lieferung, 1923

[5.34] *Niemann, H. S.:* Zur stationären Windbelastung rotationssymmetrischer Bauwerke im Bereich transkritischer Reynolds-Zahlen, Mitt. Nr. 71-2, Inst. f. Konstruktiven Ingenieurbau, Ruhr-Universität Bochum (1971)

[5.35] *Zdravkovich, M. M.:* Aerodynamics of two parallel circular cylinders of finite height at simulated high Reynolds-Number, Proc. of the 3rd Coll. on Industrial Aerodynamics, Aachen 1978, part 2, pp. 137–150

[5.36] *Ruscheweyh, H.:* Winderregte Schwingungen zweier engstehender Kamine, Proc. of the 3rd Coll. on Industrial Aerodynamics, Aachen 1978, part 2, pp. 175–184

[5.37] *Sawyer, R. A.:* Wake and gust loading on cooling towers, Int. Symp. "Vibration Problems in Industry" Keswick 1973, Paper No. 117

[5.38] *Laneville, A., Williams, C. D.:* The effect of intensity and large scale turbulence on the mean pressure and drag coefficients of 2D rectangular cylinders, Proc. of 5th Int. Conf. on Wind Eng. Fort Collins 1979, Vol. 1, S. 397–404

[5.39] *Bearman, P. W., Zdravkovich, M. M.:* Flow around a circular cylinder near a plane boundary, J. Fluid Mech. 89/1, S. 33–47 (1978)

[5.40] *Gerhardt, H.J., Kramer, C.:* Interference effects for groups of stacks, Proc. of the 4th Coll. on Industrial Aerodynamics, Aachen 1980, Buildings Aerodynamics, Part 2, S. 183–194

[5.41] *Blessmann, J., Riesa, D. J.:* Interaction effects in neighbouring tall buildings, Proc. of the 5th Int. Conf. on Wind Eng., Fort Collins 1979, Vol. 1 S. 381–396

[5.42] *Melbourne, W. H.:* Turbulence effects on maximum surface pressures, a mechanism and possibility of reduction, Proc. of the 5th Int. Conf. on Wind Eng., Fort Collins 1979, Vol. 1, S. 541–552

[5.43] *Schnabel, P.:* Windlast bei nicht schwingenden Bauwerken, Informationsseminar „Regeln zur Erfassung der Windeinwirkungen auf Bauwerke" des VDI-Bildungswerkes, Düsseldorf-Ratingen, Nov. 1980, 14 Seiten

[5.44] *Vermeulen, P. E. J.:* Turbulence effects on high Reynolds number flow past circular cylinders, Coll. "Construire avec le vent" Nantes 1981, Pap. V-3, 17 S.

[5.45] *Nakamura, Y., Ohya, Y.:* The effect of turbulence intensity and scale on the mean flow past square rods, Proc. 5th Coll. on Industrial Aerodynamics Aachen 1982, Building Aerodynamics part 2, S. 137–146

6 Der Wind

6.1 Ursachen des Windes

Wind ist die Bewegung der atmosphärischen Luft, die durch Druckunterschiede in der Atmosphäre hervorgerufen wird. Die Druckdifferenzen entstehen durch die unterschiedliche Erwärmung der Luft und bestimmen das großräumige Wettergeschehen. Diese Druckverteilungen werden dann durch Isobaren — Linien konstanten Druckes — dargestellt, aus denen man die Zonen hohen (Antizyklone) und niedrigen Druckes (Zyklone) deutlich erkennen kann. Solche Bilder für Europa sind wohl durch die Massenmedien hinreichend bekannt. Eine Wetterkarte der Meteorologen enthält allerdings wesentlich mehr Informationen, sie gibt in verschlüsselter Form auch Auskunft über Windrichtung und -stärke, über Bewölkungsmengen und Wetterfronten [6.2].

Es gibt aber auch kleinräumige Zirkulationen, deren Erstreckung im allgemeinen unter 100 km in der Horizontalen und unter 1 km in der Vertikalen liegt, z. B. Land- und Seewinde, Hangwinde usw. [6.1]. Ihre Ursache liegt in einer unterschiedlichen Erwärmung der Atmosphäre in einem verhältnismäßig kleinen Bereich. Aber diese Winde haben meist nicht die Intensität, die für die Belastung eines Bauwerkes von Bedeutung ist. Daher wird hier nur der durch die großräumige Druckverteilung verursachte Wind näher betrachtet.

6.2 Schichten der Atmosphäre

Nahe der Erdoberfläche liegt die Luftschicht, in der die Luftströmung durch Reibung gebremst wird, in der die Luftgeschwindigkeit mit abnehmender Höhe über dem Boden geringer wird. Strömungstechnisch gesehen handelt es sich um eine Grenzschicht (Abschnitt 4.5), wobei nur der Maßstab gegenüber der Grenzschicht an Körpern ein anderer ist. Als vertikale Erstreckung des Gesamtgeschehens ist die Troposphäre mit durchschnittlich 10 km Höhe anzusehen, wobei die atmosphärische Grenzschicht einige hundert Meter hoch ist. Im Verhältnis zur Erstreckung der Troposphäre ist auch die atmosphärische Grenzschicht dünn.

Oberhalb dieser Grenzschicht schließt der Bereich an, in dem die Reibung keine Rolle mehr spielt, in dem mit sehr guter Näherung die Windverhältnisse aus dem Isobarenfeld errechnet werden können. Hier wirken auf ein Luftteilchen zwei Kräfte, die Kraft infolge des Druckfeldes der Atmosphäre und die Corioliskraft, die eine Folge der Erdrotation ist. Diese Kraft steht immer normal auf dem Geschwindigkeitsvektor. Außerdem ist die Annahme berechtigt, daß die Strömung im wesentlichen parallel zur Erdoberfläche verläuft, die Geschwindigkeit also keine Vertikalkomponente hat. Die Krümmung der Isobaren ist sehr schwach, man kann diese daher für Längen von 100 km ohne weiteres durch Geraden ersetzen. Somit treten nur über große Entfernungen merkliche Änderungen auf, was auch für die Luftgeschwindigkeit gilt. Das bedeutet aber, daß die Beschleunigungen vernachlässigbar klein sind. Infolgedessen müssen die Kraft F_p infolge des Druckgradien-

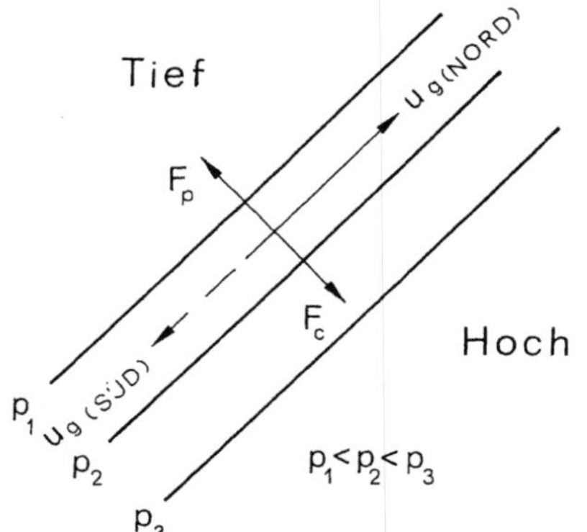

Bild 6.1
Corioliskraft F_c und Kraft F_p zufolge des Druckgradientenfeldes

tenfeldes und die Corioliskraft im Gleichgewicht stehen. Die Geschwindigkeit u_g steht
daher normal auf diesen beiden Kräften und verläuft in Richtung der Isobaren (Bild 6.1).
Dieser Wind wird als geostrophischer Wind oder auch als Gradientenwind bezeichnet.
Seine Stärke ist durch den Druckgradienten und die geographische Breite bestimmt [6.1,
6.2]. Die Orientierung der geostrophischen Geschwindigkeit u_g entspricht auf der nördlichen Halbkugel dem voll gezeichneten, auf der südlichen dem strichliert dargestellten
Vektor. Wenn wir auf der nördlichen Halbkugel in Windrichtung blicken, liegt das Gebiet
höheren Druckes stets zu unserer Rechten.

Die atmosphärische Grenzschicht ist für die Gebäudeaerodynamik wichtig, da in ihr alle
Bauten liegen. Für die Dicke dieser Schicht kann man etwa 600 m annehmen [6.23]. In
zahlreichen Arbeiten (z. B. [6.18]) findet man jedoch eine starke Abhängigkeit dieser
Größe von der Bodenrauhigkeit, die aber durch andere Messungen nicht bestätigt wird
[6.22]. Die atmosphärische Grenzschicht hat gewisse Ähnlichkeiten mit der turbulenten
Grenzschicht der ebenen Platte (Abschnitt 4.4.3), bei der die Grenzschichtdicke mit dem
Abstand von der Vorderkante wächst. Aus dieser Sicht ist es nicht verwunderlich, daß in
der Atmosphäre auch bei gleicher Bodenrauhigkeit oft sehr unterschiedliche Grenzschichtdicken gemessen werden. Die atmosphärische Grenzschicht wird noch unterteilt in die
Ekman-Zone und die bodennahe Grenzschicht [6.1, 6.2] (Bild 6.2). Der untere Teil der
Ekman-Zone einschließlich der bodennahen Grenzschicht wird auch als Turmschicht
[6.3] bezeichnet, deren obere Grenze bei etwa 150 m liegt. Von wenigen Ausnahmen abgesehen, überragen Bauwerke diese Schicht nicht.

Es handelt sich um eine turbulente Grenzschicht, deren Charakteristika durch die Bodenrauhigkeit bestimmt werden, die hier der Struktur der Oberfläche (Bauwerke, Bäume usw.)
entspricht. Betrachten wir zunächst nur die mittlere Strömung in dieser Schicht und lassen
die turbulenten Schwankungen außer acht. In der Ekmanschicht tritt zu der Kraft vom
Druckfeld F_p und zur Corioliskraft F_c noch die Reibungskraft F_R hinzu. Auch hier kann
man näherungsweise die Beschleunigungsglieder vernachlässigen, woraus folgt, daß diese
Kräfte im Gleichgewicht stehen müssen [6.2] (Bild 6.3). Da die Reibungskraft entgegengesetzt zur Strömung wirkt, fällt die Windrichtung nun nicht mehr mit der Isobarenrichtung zusammen, sondern schließt mit ihr einen Winkel β ein. Dieser Winkel β wächst
mit Annäherung an den Boden und kann bei starkem Wind in Bodennähe bis 40° betragen
[6.1]. Die Windrichtung hängt also von der Höhe über dem Boden ab, genau wie sich auch
der Betrag der Windgeschwindigkeit in dieser Schicht stark ändert.

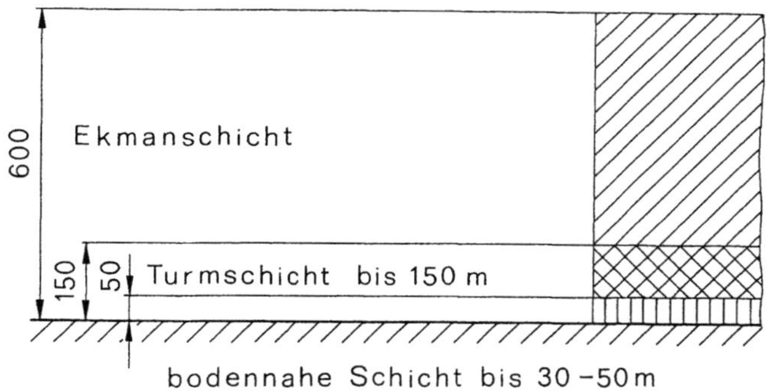

Bild 6.2
Atmosphärische Grenzschicht

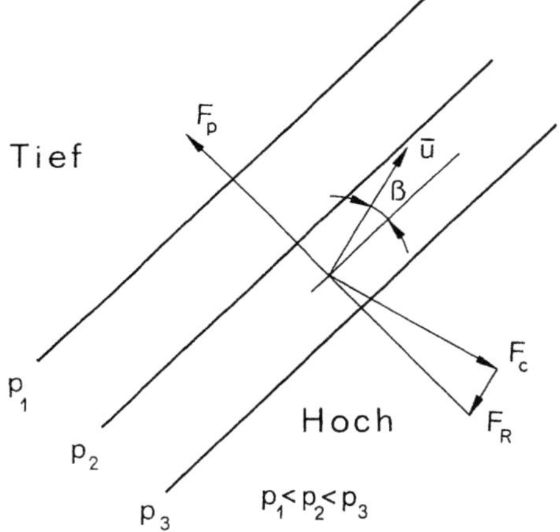

Bild 6.3
Corioliskraft F_c, Kraft F_p zufolge des Druckgradientenfeldes und Reibungskraft F_R

In der bodennahen Grenzschicht (30...50 m Höhe) ist die Windrichtung praktisch konstant, die Erdrotation spielt keine Rolle. Auch die turbulente Schubspannung (Abschnitt
4.3.2) kann in dieser Schicht, falls es sich um ein in seiner Struktur homogenes Gelände
handelt, als von der Höhe unabhängig angenommen werden [6.3]. Bei starken Winden
zeigt sich, daß die Windrichtung praktisch bis in eine Höhe von 150 m über dem Boden
konstant bleibt. Obwohl in diesen Höhen die Erdrotation schon eine Rolle spielen kann,
zeigt sich dennoch, daß viele Gesetzmäßigkeiten der bodennahen Grenzschicht auf diese
Zone erweitert werden können [6.3]. Diese Überlegungen sind auf hohe Windgeschwindigkeiten ($u_{3600} \geqslant 10$ m/s in 10 m Höhe) beschränkt, da nur bei diesen die Gesetze der
bodennahen Grenzschicht auch für die Turmschicht gelten. Der physikalische Grund liegt
darin, daß in diesem Fall die turbulente Bewegung infolge von kleinräumigen Tempera-
turunterschieden in der Atmosphäre praktisch keine Rolle spielt [6.22]. In dieser für die
Aerodynamik der Bauwerke besonders wichtigen Turmschicht wird die Struktur der Turbulenz allein durch die Bodenrauhigkeit bestimmt. Diese Turbulenzstruktur wird im folgenden Abschnitt eingehend erläutert.

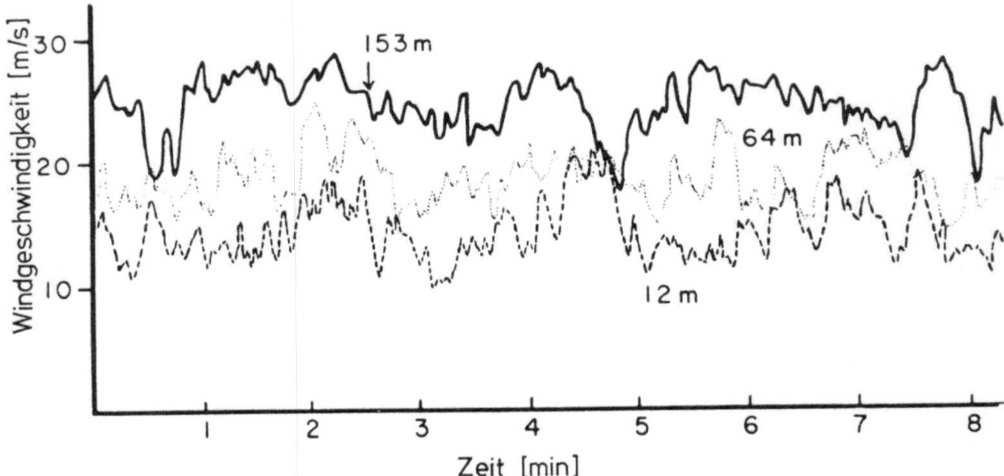

Bild 6.4 Anemometerschrieb [6.43]

6.3 Mittlere Geschwindigkeiten, Geschwindigkeitsprofile

Da es sich um eine turbulente Strömung handelt (Abschnitt 4.1), ändern sich Betrag und Richtung der Geschwindigkeit mit der Zeit. Einen typischen Meßschrieb eines Anemometers zeigt Bild 6.4 [6.43]. Das Interesse des Bauwerkaerodynamikers ist vor allem auf die maximalen Werte gerichtet; dabei handelt es sich aber stets um zeitliche Mittelwerte. Das Maximum der Minutenmittel, das man aus diesem Beispiel erhält, ist sicher wesentlich kleiner als das Maximum der 5 Sekundenmittel, das etwa der höchstgelegenen Spitze im Diagramm entsprechen wird. Das bedeutet, daß der maximale Mittelwert um so höher liegt, je kürzer die Zeitspanne ist, über die gemittelt wird. Außerdem hängen die Mittelwerte von der Höhe über dem Boden und von der Bodenrauhigkeit ab, die durch eine Rauhigkeitslänge z_0 charakterisiert wird. Diese entspricht der charakteristischen Länge der energiereichsten Turbulenzelemente nahe der Oberfläche [6.9]. Verschiedenen Rauhigkeiten z_0 entsprechen unterschiedliche Geländeformen, wobei es üblich ist, 3 Kategorien zu unterscheiden:

1. freies, ebenes Gelände, Seeufer $(2 \cdot 10^{-2}\ \text{m} \leqslant z_0 \leqslant 10^{-1}\ \text{m})$;
2. Gebiet mit Bäumen, niedere Verbauung (10...15 m), Stadtrand, Kleinstadt $(4 \cdot 10^{-1}\ \text{m} < < z_0 \leqslant 1\ \text{m})$;
3. Stadtzentren mit Hochhäusern $(1\ \text{m} < z_0 \leqslant 4\ \text{m})$.

Für Wind über ausgedehnten Wasserflächen wird auf [6.5, 6.8] verwiesen.

Die absolute Höhe z über dem Boden hat in der Aerodynamik keine besondere Bedeutung; von einem Geschwindigkeitsprofil kann man nur außerhalb der Rauhigkeit sprechen (Bild 6.5). Das Nullniveau für die Strömung liegt in einer Höhe d_0 über dem Boden und entspricht in Städten etwa dem mittleren Dachniveau [6.9]. Die Festlegung dieses Niveaus für

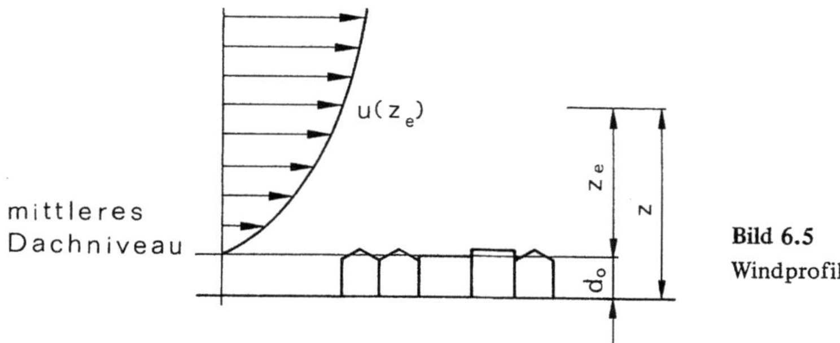

Bild 6.5
Windprofil

verschiedene Oberflächenstrukturen ist allerdings noch umstritten [6.5]. Aerodynamisch ist also nur die Differenzhöhe, die effektive Höhe z_e

$$z_e = z - d_0 \tag{6.1}$$

von Bedeutung.

Die effektive Höhe von 10 m wird in der Meteorologie als Bezugshöhe verwendet, wobei in der Regel das Stundenmittel für Gelände 1 (freies Gelände) angegeben wird. In diesem Fall ist die effektive Höhe mit der tatsächlichen identisch.

Nun ist zu klären, wie aus diesen Angaben der Meteorologen die Geschwindigkeiten für andere Höhen, für andere Bodenrauhigkeiten und für andere Mittelungsintervalle errechnet werden können. Zunächst wird nur der Einfluß der Höhe besprochen, es wird also erläutert, wie aus bekannten Stunden- und Böenmittelwerten für eine Höhe die entsprechenden Werte für andere Höhen errechnet werden können.

Bei den turbulenten wandnahen Grenzschichten der rauhen ebenen Platte (Abschnitt 4.5.4) gilt für die Langzeit-Mittelwerte der Geschwindigkeit

$$(4.25) \qquad \frac{\bar{u}}{u_\tau} = c \ln \frac{z}{z_0} + D \qquad \frac{z_0 u_\tau}{\nu} \geqslant 70,$$

wobei hier für die Rauhigkeit k nun z_0 steht. Dieses aus Ähnlichkeitsbetrachtungen abgeleitete Gesetz besitzt auch für die atmosphärische Grenzschicht Gültigkeit, allerdings nur für Mittelwerte über längere Zeitintervalle (10 min bis 1 h). Für die Höhe über dem Boden z ist hier z_e einzusetzen; anstatt c ist es üblich, $1/\kappa$ zu schreiben; die Konstante D kann, wie der Vergleich mit Experimenten zeigt, null gesetzt werden. Damit erhält man

$$(6.1) \qquad \frac{\bar{u}}{u_\tau} = \frac{1}{\kappa} \ln \frac{z - d_0}{z_0} = \frac{1}{\kappa} \ln \frac{z_e}{z_0}. \tag{6.2}$$

Für die nach Kármán benannte Konstante κ ist der klassische Wert 0,4, während Experimente in der Atmosphäre bessere Übereinstimmung für $\kappa = 0,35$ zeigen [6.10]. Eine endgültige Klärung über den optimalen Wert dieser Größe steht aber noch aus [6.9].

Für u_τ kann man schreiben:

$$\begin{matrix}(4.17, \\ 4.20)\end{matrix} \qquad u_\tau^2 = \lambda_R \frac{\bar{u}^2}{2}.$$

Als Geschwindigkeit $\bar{u}$, auf die u_τ bezogen wird, ist auch hier in üblicher Weise das Stundenmittel $u_{3600}(10)$ in 10 m effektiver Höhe zu nehmen.

$$(6.2) \qquad \frac{u_\tau^2}{u_{3600}^2(10)} = \frac{\lambda_R}{2} = \left[\frac{\kappa}{\ln\frac{10}{z_0}}\right]^2 \qquad\qquad (6.3)$$

$$(6.2,\,3) \qquad \frac{\bar{u}}{u_{3600}(10)} = \frac{1}{\kappa}\cdot\sqrt{\frac{\lambda_R}{2}}\,\ln\frac{z_e}{z_0} \qquad\qquad (6.4)$$

Die $\lambda_R/2$-Werte können abhängig von der Bodenrauhigkeit Gl. (6.3) oder Bild (6.6) entnommen werden [6.8, 6.18]. Gl. (6.3) ist dabei nur dann anwendbar, wenn die Rauhigkeit z_0 klein gegenüber der Höhe von 10 m ist. Deshalb sind für Rauhigkeiten $z_0 > 1$ m die $\frac{\lambda_R}{2}$-Werte auf jeden Fall aus Bild 6.6 abzulesen.

Gl. (6.4) gilt, wie schon erwähnt, für die Turmschicht, also für Höhen bis maximal 150 m und nur für Mittelwerte über längere Zeitintervalle. Neben dem logarithmischen Gesetz (Gl. (6.4)) wird häufig das Potenzgesetz angewendet, das durch entsprechende Wahl des Exponenten auch für Böenmittel als geeignet erscheint. Außerdem kann man mit diesem

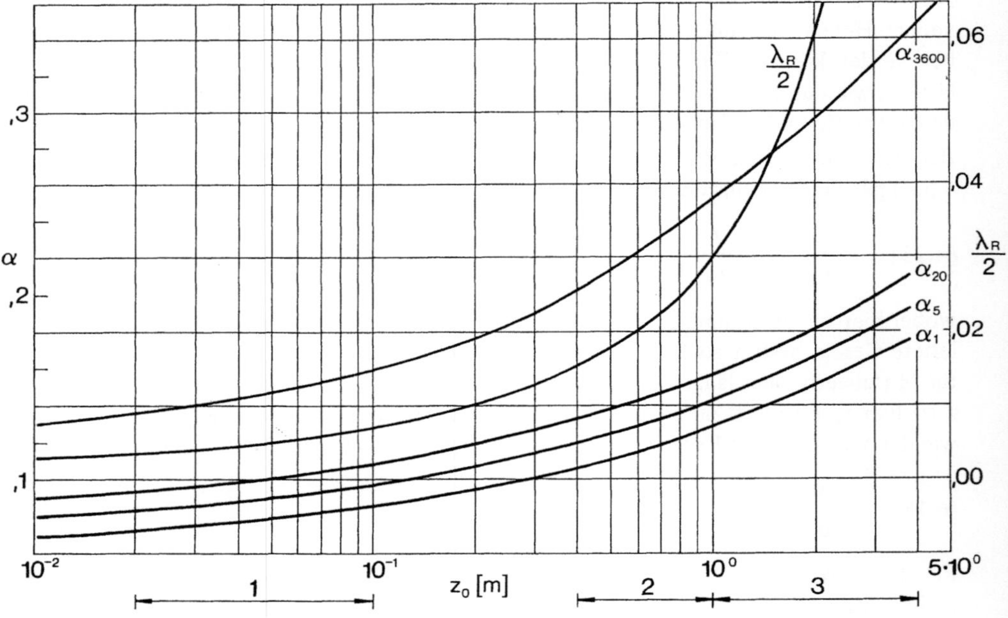

Bild 6.6 Exponenten für Stundenmittel α_{3600} und Böenmittel α_t sowie Reibungsbeiwert $\lambda_R/2$ als Funktion der Bodenrauhigkeit z_0.

Gesetz, das nur auf einer Anpassung an Versuchsdaten beruht, die ganze atmosphärische Grenzschicht beschreiben, es gilt bis etwa 600 m Höhe.

$$(6.1) \qquad \frac{\bar{u}(z_e)}{\bar{u}(z_{e1})} = \left(\frac{z_e}{z_{e1}}\right)^\alpha = \left(\frac{z - d_0}{z_1 - d_0}\right)^\alpha \qquad\qquad (6.5)$$

Dabei ist $\bar{u}(z_{e1})$ die mittlere Geschwindigkeit in der effektiven Höhe z_{e1} für die häufig 10 m gewählt wird. Für diesen Fall kann man schreiben:

$$\frac{\bar{u}(z_e)}{\bar{u}(10)} = \left(\frac{z_e}{10}\right)^\alpha . \qquad\qquad (6.5a)$$

Die Exponenten α hängen sowohl vom Mittelungsintervall der Geschwindigkeit (Stundenmittel und Böenmittel) als auch von der Bodenrauhigkeit z_0 ab. Je rauher der Boden, also je höher einzelne Bauten oder sonstige Hindernisse sind, desto langsamer nimmt die Geschwindigkeit mit der Höhe zu. Die Exponenten α_{3600} des Stundenmittels [6.7, 6.22] und α_t der Böenmittel [6.6, 6.7, 6.12] werden daher mit zunehmender Rauhigkeit größer (Bild 6.6). Bild 6.7 zeigt einen Vergleich der Stundenmittel für die 3 Geländekategorien.

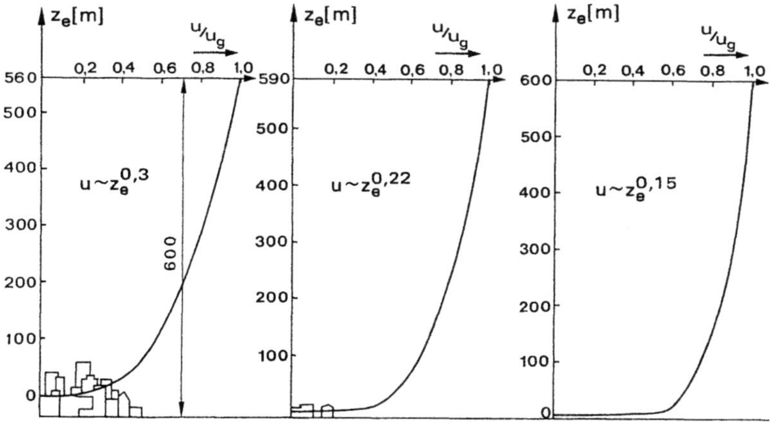

Bild 6.7 Profile des Stundenmittels für verschiedene Bodenrauhigkeiten

Die Exponenten α_t der Böenprofile sind kleiner als die α_{3600}-Werte, da in Bodennähe und hier vor allem in Städten heftige Böen durchkommen können. Die Böenprofile geben die Maximalwerte wieder, die in verschiedenen Höhen zu erwarten sind, wobei diese aber nicht gleichzeitig auftreten. Die Böe, die ja dem Turbulenzballen der Strömungsmechanik entspricht (Abschnitt 4.2), hat genau wie dieser eine gewisse räumliche Ausdehnung, sie reicht also nur über einen gewissen Höhenbereich (Abschnitt 6.4). Wählt man aus einer Geschwindigkeitsmessung, die beispielsweise 1 Stunde dauerte, für jede Höhe den registrierten Maximalwert aus, dann ist die Verteilung dieser Werte über der Höhe das Böenprofil. Welches Böenmittel, d. h. welches Mittelungsintervall und damit welche Böengröße für die Beurteilung der Windkräfte maßgebend ist, hängt von der Größe der Konstruktion bzw. deren Details ab, deren Belastung bestimmt werden soll (Abschnitt 6.4.3).

In früheren Arbeiten [6.8] sind speziell für Stadtzentren höhere Werte für α_{3600} angegeben ($\alpha_{3600} = 0,4$), was aber zum Teil wohl damit zusammenhängt, daß man die tatsächliche Höhe z und nicht die effektive Höhe z_e in Gl. (6.6) eingesetzt hat. Auf Grund einer größeren Anzahl von Messungen schlägt Counihan [6.22] für Stadtzentren $\alpha_{3600} = 0,28...0,3$ vor.

Bei großen Rauhigkeiten ($z_0 \geqslant 1$ m) ergeben sich stärkere Abweichungen zwischen logarithmischem Gesetz und Potenzgesetz, die davon abhängen, in welchem Punkt beide Gesetze die gleichen Werte ergeben. Geht man beispielsweise von der Bezugshöhe 10 m aus, dann erhält man bereits in 100 m Höhe beträchtliche Unterschiede. Das Geschwindigkeitsprofil gilt natürlich erst von einer gewissen Höhe z_e an; darunter wird konstante Geschwindigkeit angenommen. Hier wird empfohlen, die Gültigkeit nach unten in der Höhe $z_e = z - d_0 = 6$ m zu begrenzen; manche Arbeiten betrachten sogar 10 m als untere Grenze [6.40].

Als nächster Punkt wird gezeigt, wie man aus den für eine Rauhigkeit z_{01} und über ein Zeitintervall t_1 gemittelten Geschwindigkeiten die entsprechenden Werte für eine Rauhigkeit z_{02} und ein Mittelungsintervall t_2 erhält. Dabei ist zu beachten, daß am Grenzschichtrand, der hier mit 600 m gewählt wurde, die Geschwindigkeiten von der Rauhigkeit nicht mehr beeinflußt werden und daher nur mehr von der Mittelungszeit t abhängen. Die Verhältnisse $\dfrac{u_t(600)}{u_{3600}(600)}$ abhängig von t_m sind in Bild 6.8 wiedergegeben. Sie werden sicher

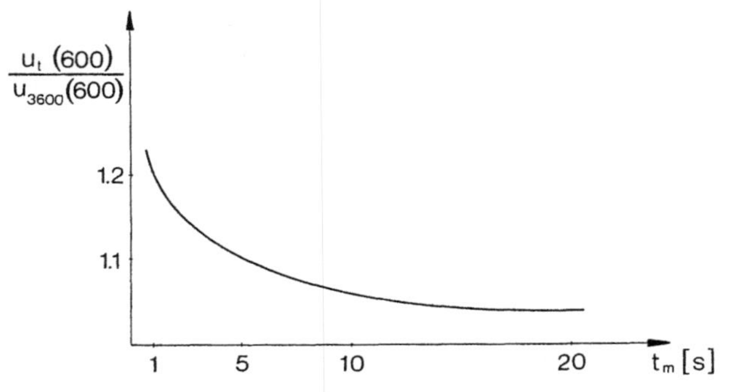

Bild 6.8
Verhältnis von Böenmittel $u_t(600)$ zu Stundenmittel $u_{3600}(600)$ in 600 m Höhe

nicht den tatsächlichen Verhältnissen in dieser Höhe entsprechen, da die Werte hier so gewählt wurden, daß die durch Anwendung des Potenzgesetzes (6.5) in der für die Gebäude wichtigen Turmschicht errechneten Werte mit Meßwerten gut übereinstimmen. Die Rechnung geht nun in der Weise vor sich, daß mit Gl. (6.5) aus den gegebenen Geschwindigkeitswerten in 10 m Höhe die in 600 m Höhe errechnet werden. Dann wird entsprechend dem geänderten Mittelungsintervall $u_{t2}(600)$ gerechnet und durch neuerliche Anwendung von Gl. (6.5) der der Rauhigkeit z_{02} und dem Mittelungsintervall t_2 entsprechende Wert in 10 m Höhe bestimmt.

$$\frac{[u_{t2}(10)]_{z_{02}}}{[u_{t1}(10)]_{z_{01}}} = \frac{[u_{t2}(10)]_{z_{02}}}{u_{t2}(600)} \frac{u_{t2}(600)}{u_{t1}(600)} \frac{u_{t1}(600)}{[u_{t1}(10)]_{z_{02}}}$$

$$= 60^{\alpha_{t1}(z_{01}) - \alpha_{t2}(z_{02})} \frac{u_{t2}(600)}{u_{3600}(600)} \frac{u_{3600}(600)}{u_{t1}(600)} \tag{6.6}$$

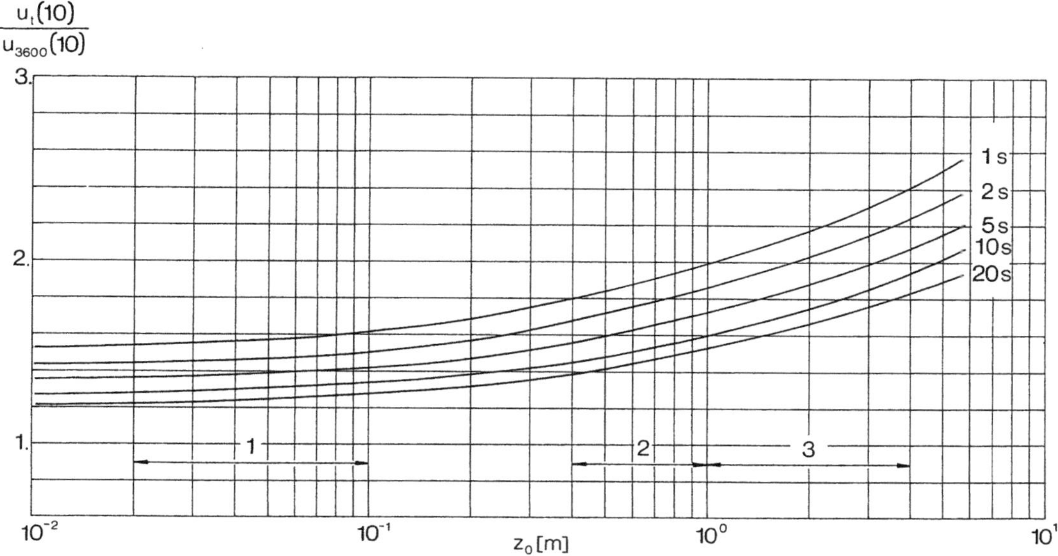

Bild 6.9 Verhältnis von Böenmittel $u_A(10)$ zu Stundenmittel $u_{3600}(10)$ in 10 m effektiver Höhe als Funktion der Bodenrahigkeit z_0

Die Werte $\alpha_{t1}(z_{01})$ und $\alpha_{t2}(z_{02})$ können Bild 6.6 entnommen werden, die beiden Quotienten der rechten Seite von Gl. (6.6) erhält man aus Bild 6.8. Dabei wird näherungsweise bei 600 m Höhe die effektive Höhe durch die tatsächliche ersetzt; der entstehende Fehler ist wesentlich kleiner als die der Methode eigene Genauigkeit.

Für den Spezialfall $z_{02} = z_{01}$ und $t_1 = 3600$ s, also für die Umrechnung von Stunden- auf Böenmittel in 10 m effektiver Höhe z_e sind die Ergebnisse in Bild 6.9 gezeichnet, die mit den in der Literatur angegebenen Werten [6.7, 6.12, 6.22, 6.23, 6.40] gut übereinstimmen, wenn die allgemein übliche Streuung solcher Angaben beachtet wird.

Das Vorliegen der Geschwindigkeitsprofile in der eben besprochenen Form setzt voraus, daß stromauf von der betrachteten Stelle eine genügend lange Strecke von derselben Bodenrauhigkeit vorhanden ist. Ein Wechsel in der Bodenrauhigkeit wirkt sich stromab nur innerhalb eines Höhenbereiches aus, der von einer Geraden mit der Neigung 1 : 10 begrenzt wird (Bild 6.10) [6.9]. Das bedeutet, daß erst 1,5 km stromab von der Rauhigkeitsänderung die Turmschicht, die bis zu 150 m Höhe reicht, den neuen Rauhigkeitsverhältnissen entsprechend voll ausgebildet ist. Innerhalb dieses Streifens von 1,5 km ist in den oberen Schichten noch immer das Profil vorhanden, das der davor liegenden Rauhigkeit entspricht. Diese Überlegungen gelten sowohl für eine Rauhigkeitszunahme als auch für eine Rauhigkeitsabnahme in Strömungsrichtung, wobei im letzten Fall die Umstellung auf das neue Profil eine noch etwas längere Strecke braucht [6.14]. So beeinflussen ausgedehnte, verbaute Gebiete die Verhältnisse noch 2...3 km stromab [6.13]. Baumgruppen von 20...30 m Höhe sind noch 600 m stromab bemerkbar. Nähere Angaben über die Entwicklung der Grenzschicht hinter einem Rauhigkeitssprung findet man in [6.24, 6.38].

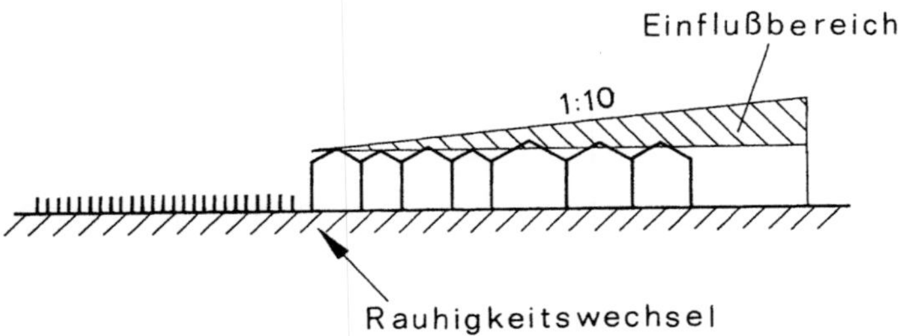

Bild 6.10   Einflußbereich eines Wechsels der Bodenrauhigkeit

Von besonderer Bedeutung für die örtlichen Verhältnisse ist die Beschaffenheit der unmittelbaren Umgebung. In Abschnitt 5.2.5 wurde schon am Beispiel des Royex House
darauf hingewiesen, daß die umliegenden Bauten die Windwirkung auf ein Gebäude stark
beeinflussen können.

Auch die Geländeform (z. B. ein Hügel) kann die Geschwindigkeitsverteilung stark verändern. Bild 6.11 zeigt die Geschwindigkeitsprofile in einem Längsschnitt eines Modellber-
ges, die aus Windkanalmessungen gewonnen wurden [6.20, 6.21]. Man sieht deutlich die

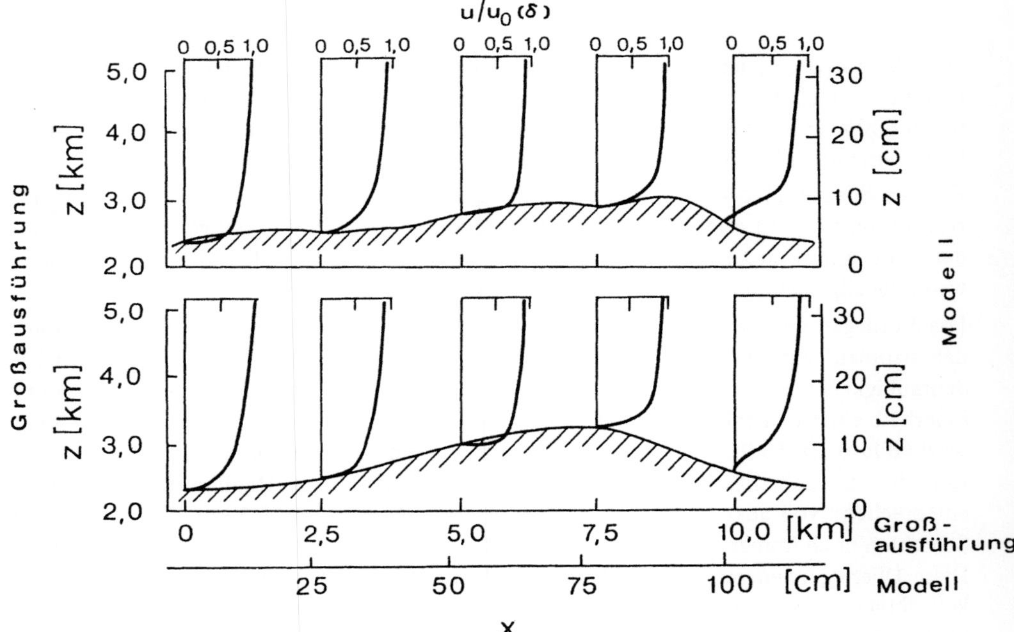

Bild 6.11 Geschwindigkeitsprofile entlang zweier Schnitte eines Berges nach Modellmessungen im
Windkanal [6.21]

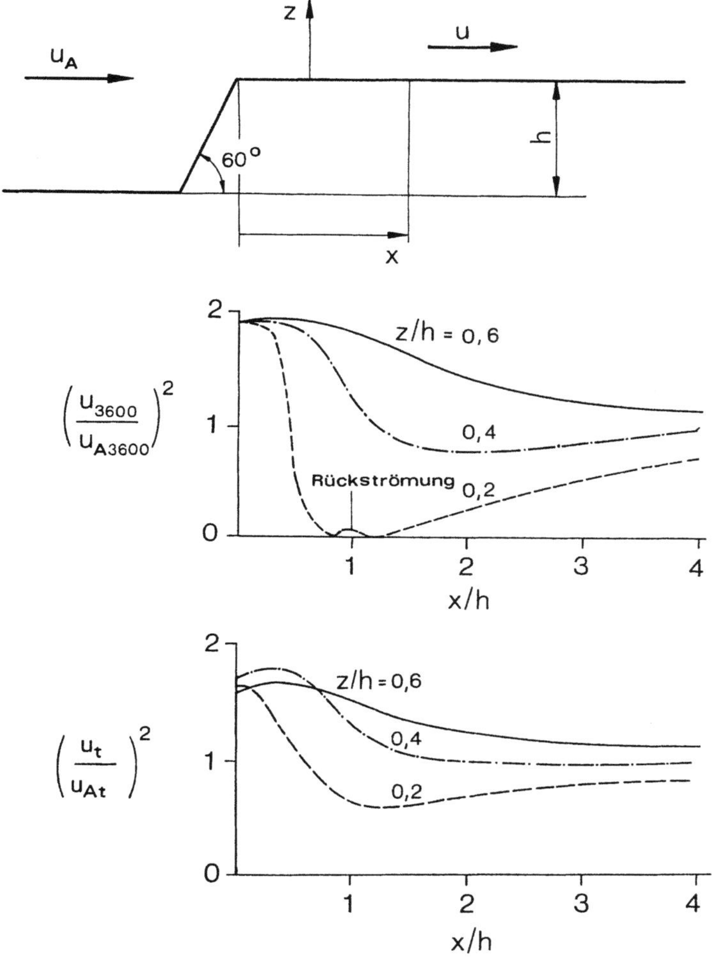

Bild 6.11a Einfluß einer Geländestufe auf Stunden- und Böenmittelwerte der Geschwindigkeit [6.43]

höheren Geschwindigkeiten in Bodennähe auf der Erhebung; hingegen können im Leegebiet auch Rückströmungen auftreten. Theoretische Überlegungen für geringe Neigungen [6.20, 6.39] und einige Vergleiche mit Windkanal- und Feldmessungen liegen vor [6.51]. Windkanalversuche mit einer scharfkantigen Geländestufe, deren Flanke 60° ansteigt, zeigen, daß die Stundenmittel durch die Stufe stärker erhöht werden als die Böenmittel [6.43]. Bild 6.11a zeigt die Quadrate der Stundenmittel und der Böenmittelwerte bezogen auf die entsprechenden Werte in der Anströmung in der Stufenhöhe h. Als Abszisse wird in den Diagrammen der auf die Höhendiffernz h bezogene Abstand x von der Kante, als Kurvenparameter die bezogene Höhe z/h gewählt. Innerhalb der Ablösungszone ist eine Strömungsumkehr bei den Stundenmittelwerten feststellbar, während die maximalen Böen nach wie vor in Richtung der Anströmung verlaufen. In einem Abstand x/h = 4 sind die von der Geländestufe verursachten Störungen nahezu abgeklungen. Dieses Resultat wird durch Feldmessungen bestätigt [6.44].

Die einzige Möglichkeit, einigermaßen zuverlässige Aussagen über die Windverhältnisse auf einem Hügel zu erhalten, sind Messungen. Es genügen hier Aufzeichnungen über kurze Zeitspannen. Nach Vergleichen mit den Daten der nächstgelegenen meteorologischen Station können dann die notwendigen Angaben über die zu erwartenden Extremwerte gemacht werden. In den Normen wird eine Geländestufe meist durch einen Höhenzuschlag berücksichtigt, wodurch das Bauwerk in Gebiete höherer Windgeschwindigkeiten zu liegen kommt (z. B. französische und britische Norm).

Darüber hinaus ist zu beachten, daß in Tälern, die sich in Richtung des Windes verengen, die Geschwindigkeiten an diesen Engstellen örtlich wesentlich höher sein können. Dieser Effekt wird manchmal als Düseneffekt bezeichnet, da die Verhältnisse hier analog zu denen in einem konvergenten Rohr sind, in dem auch die Geschwindigkeit zunimmt Gl. (3.2).

6.4 Turbulenzstruktur des Windes

6.4.1 Turbulenzintensität

Nach [6.22] gilt mit guter Näherung für die Effektivwerte der Geschwindigkeitsschwankungen u_e in Windrichtung, v_e in Querrichtung und w_e in Vertikalrichtung (Abschnitt 4.2.2) in 30 m effektiver Höhe

$$\frac{u_e(30)}{u_{3600}(30)} = \alpha_{3600}; \qquad \frac{v_e(30)}{u_e(30)} = 0,75; \qquad \frac{w_e(30)}{u_e(30)} = 0,50. \tag{6.7}$$

Der Wert der beiden letzten Quotienten scheint von der Höhe z_e nur wenig abzuhängen [6.46].

α_{3600}, der Exponent für das Stundenmittel, ist von der Rauhigkeit z_0 abhängig (Bild 6.6). Die Schwankungen u_e, v_e, w_e können innerhalb der Turmschicht näherungsweise konstant gesetzt werden, was bedeutet, daß die Turbulenzgrade wegen der mit der Höhe zunehmenden mittleren Geschwindigkeit u_{3600} abnehmen (Bild 6.12) [6.16]. Messungen von Harris [6.25] zeigen, daß u_e innerhalb eines Höhenbereiches von 180 m nicht genau konstant ist. Es ist zu beachten, daß die Schwankungen in den einzelnen Richtungen von ungleicher Intensität sind, die stärksten treten in Windrichtung auf, die

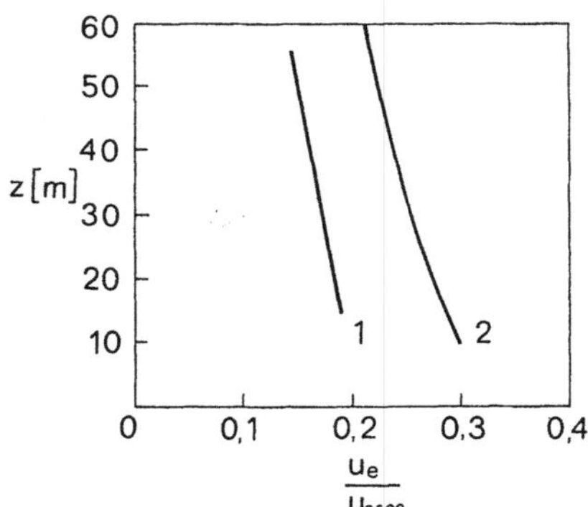

Bild 6.12
Änderung der Turbulenzintensität mit der Höhe bei Gelände 1 bzw. 2 [6.16]

schwächsten in der Vertikalen. Die Turbulenz in der Atmosphärischen Grenzschicht ist daher anisotrop. Die Werte von Gl. (6.7) gelten allerdins nur für homogenes Terrain, Resultate von komplexeren Bodenstrukturen können starke Abweichungen zeigen [6.45].

Am Rand der atmosphärischen Grenzschicht, also in 600 m Höhe, gilt

$$\frac{u_e(600)}{u_{3600}(600)} = 0{,}1.$$

Das Verhältnis der Größen der Schwankungen zueinander bleibt nach Gl. (6.7) innerhalb der gesamten atmosphärischen Grenzschicht annähernd gleich.

Da die turbulenten Schwankungen durch die Bodenrauhigkeit verursacht werden, ist es naheliegend, die Effektivwerte der Schwankungen auf die die Bodenrauhigkeit charakterisierenden Schubspannungsgeschwindigkeit u_τ zu beziehen. Nach Messungen ergeben sich dabei folgende Werte [6.18]:

$$\frac{u_e}{u_\tau} = 2{,}1...2{,}9; \qquad \frac{v_e}{u_\tau} = 1{,}3...2{,}6; \qquad \frac{w_e}{u_\tau} = 1{,}25. \tag{6.8}$$

Die Schwankungsbreite in diesen Angaben spiegelt die Tatsache wider, daß diese Werte sowohl von der Bodenrauhigkeit als auch von der Höhe über dem Boden abhängen, wie Versuche zeigten [6.46].

6.4.2 Korrelationen

In Abschnitt 4.2.4 wurden die Korrelationsfunktionen bzw. Korrelationskoeffizienten erläutert, auf ihre Bedeutung als Strukturmaß einer turbulenten Strömung wurde hingewiesen. Beim natürlichen Wind sind vor allem die Korrelationskoeffizienten der Schwan-

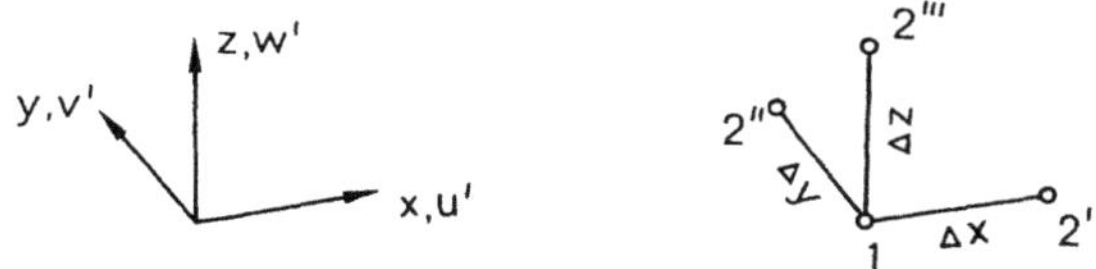

Bild 6.13 Koordinatensystem und Nachbarpunkte für Korrelationsfunktion

kungen u' in Windrichtung von Interesse. Die vertikale Koordinate sei wie immer z, die in Querrichtung y (Bild 6.13). Der Korrelationskoeffizient für die u'-Schwankung für zwei beliebige Punkte 1 und 2 lautet

$$R_{12} = \frac{\overline{u_1' u_2'}}{u_{1e} u_{2e}}. \tag{4.5}$$

Die Lage des Punktes 2 wird nun nicht beliebig gewählt, sondern es wird jeweils gegenüber der Lage des Punktes 1 eine Koordinate verändert, während die beiden anderen konstant bleiben. Auf diese Weise kommt man zu den Punkten $2'$, $2''$ und $2'''$ (Bild 6.13).
Für die entsprechenden Korrelationskoeffizienten folgt:

$$R_{12'} = \frac{\overline{u_1' u_2'}}{u_{1e} u_{2'e}} = R_u(\Delta x)$$

$$R_{12''} = \frac{\overline{u_1' u_2''}}{u_{1e} u_{2''e}} = R_u(\Delta y) \tag{6.9}$$

$$R_{12'''} = \frac{\overline{u_1' u_2'''}}{u_{1e} u_{2'''e}} = R_u(\Delta z).$$

Die geänderte Bezeichnung, z. B. $R_u(\Delta x)$, soll darauf hinweisen, daß es sich um einen
Korrelationskoeffizienten der Geschwindigkeitsschwankung u' bei veränderlichem x
handelt, während y und z fest sind.

Bei $R_u(\Delta z)$ ist es nicht gleichgültig, ob der variable Punkt $2'''$ oberhalb oder unterhalb
von 1 liegt (Bild 6.14). Dies hängt damit zusammen, daß im ersten Fall Δz gegen ∞ gehen
kann, während im zweiten Fall die Kurve nur bis z = 0 sinnvoll ist. Liegt z. B. Punkt 1 in
der Höhe z_1 = 60 m, so wird für $z_2 < z_1$ $R_u(\Delta z)$ null für Δz = 60 m. Hingegen sind für
einen Meßpunkt in 10 m Höhe und $z_2 > z_1$ Korrelationen mit höher gelegenen Punkten,
also für beliebige Δz-Werte möglich. Für Δz = 50 m ergeben natürlich beide Kurven innerhalb der Meßtoleranz denselben $R_u(\Delta z)$-Wert. Die Korrelationsfunktionen $R_u(\Delta y)$ wachsen mit zunehmender Höhe z über dem Boden (Bild 6.15).

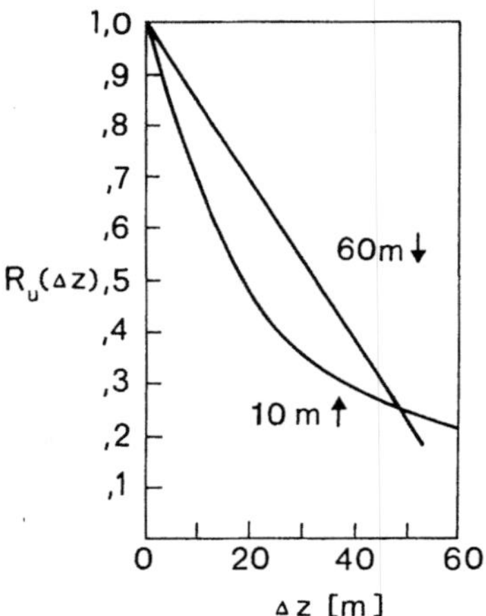

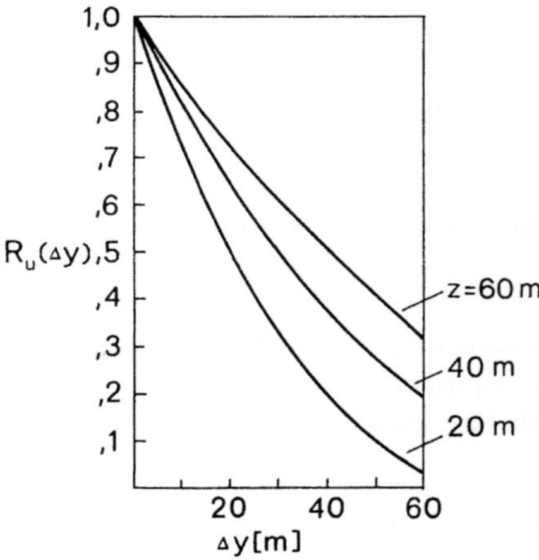

Bild 6.14 Vertikalkorrelation
der u-Komponente [6.16]

Bild 6.15 Querkorrelation
der u-Komponente [6.16]

Wenn man annimmt, daß die Turbulenzelemente in der Hauptströmung mit der mittleren Geschwindigkeit $\bar{u}$ mitschwimmen und ihre Gestalt im wesentlichen beibehalten, dann kann die räumliche Korrelation $R_u(\Delta x)$ durch eine entsprechende zeitliche Korrelation $R_u(\Delta t)$ ersetzt werden. (Taylor-Hypothese, Abschnitt 4.2.5). Denn falls die Störung u' sich mit $\bar{u}$ bewegt, dann ist das Signal in $2'$ zur Zeit t gleich dem Signal in 1 zur Zeit $t - \Delta t$ (Bild 6.16).

$$u'_1(t) \cdot u'_{2'}(t) = u'_1(t) \cdot u'_1(t - \Delta t).$$

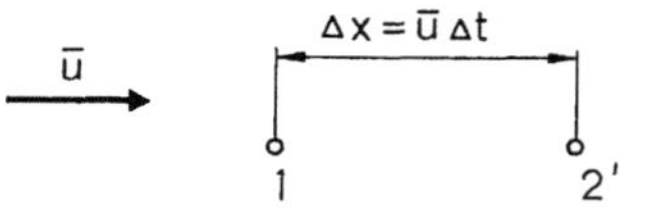

Bild 6.16

Zusammenhang zwischen Weg- und Zeitdifferenz

Da gemäß den gemachten Voraussetzungen $u_{1e} = u_{2'e}$ ist, kann man für $R_u(\Delta x)$ nach Gl. (6.9) schreiben:

$$R_u(\Delta x) = \frac{\overline{u'_1 u'_2}'}{u^2_{1e}} = \frac{\overline{u'_1(t)u'_1(t - \Delta t)}}{u^2_{1e}} = R_u(\Delta t); \quad \Delta t = \frac{\Delta x}{\bar{u}}. \tag{6.10}$$

Diese Umrechnung von Ortskorrelationen in Zeitkorrelationen in x-Richtung für die u'-Komponente gilt eigentlich nur für kleine turbulente Schwankungen u' gegenüber der mittleren Geschwindigkeit $\bar{u}$ [6.26], was beim Wind nicht ganz zutrifft.

Die Integrallängen (Abschnitt 4.2.4) ergeben sich durch Integration der Korrelationskoeffizienten im Bereich von 0 bis ∞

$$L_{ux} = \int_0^\infty R_u(\Delta x)\,d\Delta x$$

$$(4.6, 6.9) \quad L_{uy} = \int_0^\infty R_u(\Delta y)\,d\Delta y \tag{6.11}$$

$$L_{uz} = \int_0^\infty R_u(\Delta z)\,d\Delta z.$$

L_{ux} ist sowohl von der Bodenrauhigkeit z_0 als auch von der Höhe z über dem Boden abhängig [6.22]. Bei den Angaben in Bild 6.17 handelt es sich um Mittelwerte, wobei aber die Schwankungen der Angaben hier besonders groß sind. Beispielsweise wird in [6.16] für $L_{ux} = 190$ m in 60 m Höhe angegeben, wobei aber der Schwankungsbereich von L_{ux} für die verschiedenen Meßserien von 120...290 m reicht. Mackey [6.23] hat in Taifunen wesentlich höhere Werte gemessen und außerdem eine starke Abhängigkeit von den Zeitintervallen festgestellt, über die bei der Bildung der Korrelationskoeffizienten gemittelt

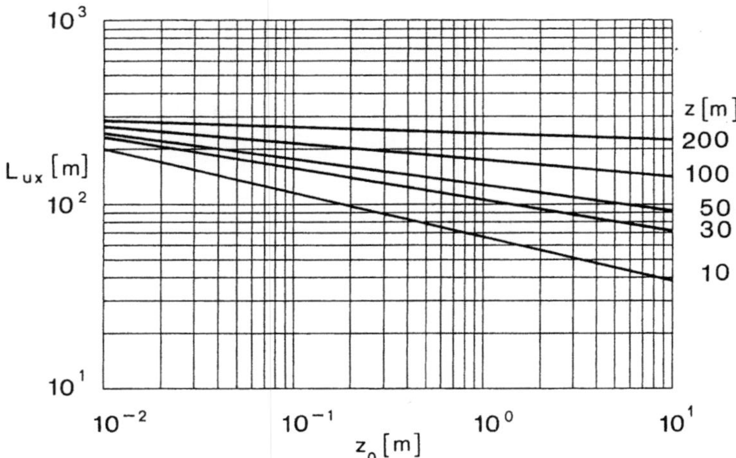

Bild 6.17 Integrallänge Lu_x der u-Komponente in x-Richtung als Funktion von Bodenrauhigkeit z_0 und Höhe z [6.22]

wurde. Die Größen L_{uy} und L_{uz} stehen im Bereich 10 m $\leqslant$ z $\leqslant$ 240 m in einem konstanten Verhältnis zu L_{ux}. Nach [6.22] gelten dafür folgende Beziehungen:

$$L_{uy} = 0,3\,L_{ux} \text{ bis } 0,4\,L_{ux}$$

$$L_{uz} = 0,5\,L_{ux} \text{ bis } 0,6\,L_{ux}.$$

Duchêne-Marullaz schlägt nach eigenen Messungen $L_{uy} = 0,2\,L_{ux}$ vor [6.46]. Da die Integrallängen aus uneigentlichen Integralen errechnet werden (Gl. (6.11)), führen Änderungen in der Näherung des Abklingverhaltens zu sehr unterschiedlichen Ergebnissen.

6.4.3 Kohärenzen

6.4.3.1 Kohärenzen von Geschwindigkeitskomponenten

Bei der Behandlung der Kohärenzfunktion in Abschnitt 4.2.5 wurde schon erwähnt, daß es sich hierbei um die Korrelationsfunktion für eine bestimmte Frequenz handelt. Ähnlich wie bei den Korrelationskoeffizienten (Gl. (6.9)) bedeutet nun die Funktion $K_u(\Delta x, n)$ den Kohärenzkoeffizienten der u-Schwankung von 2 Punkten, die in x-Richtung (Windrichtung) um Δx voneinander entfernt sind (Bild 6.13).

$$K_u(\Delta x, n) = \frac{\overline{u_1'(n)u_2'(n)}}{u_{1e}(n)u_{2'e}(n)}$$

$$K_u(\Delta y, n) = \frac{\overline{u_1'(n)u_2''(n)}}{u_{1e}(n)u_{2''e}(n)} \qquad\qquad (6.12)$$

$$K_u(\Delta z, n) = \frac{\overline{u_1'(n)u_2'''(n)}}{u_{1e}(n)u_{2'''e}(n)}.$$

Der Unterschied zu den Korrelationskoeffizienten liegt darin, daß die Kohärenzkoeffizienten von der Frequenz abhängen. Für einen gegebenen Abstand der Punkte, z. B. Δx, sind große Turbulenzelemente wesentlich stärker kohärent als kleine. Davenport [6.8] machte die Annahme, daß die Kohärenz vom Verhältnis Punktabstand zu Wellenlänge exponentiell abhängt. Diese Hypothese hat sich durch zahlreiche Messungen als gerechtfertigt erwiesen. Da man nun nach Taylors Hypothese die Wellenlänge als Verhältnis von mittlerer Geschwindigkeit $\bar{u}$ zur Frequenz n ausdrücken kann (Abschnitt 6.4.2), folgt

$$K_u(\Delta x, n) = \exp\left(-C_x \frac{\Delta x \cdot n}{\bar{u}}\right)$$

$$K_u(\Delta y, n) = \exp\left(-C_y \frac{\Delta y \cdot n}{\bar{u}}\right) \tag{6.13}$$

$$K_u(\Delta z, n) = \exp\left(-C_z \frac{\Delta z \cdot n}{\bar{u}}\right).$$

Für $\bar{u}$ ist dabei im letzten Fall, also wenn Punkte in verschiedener Höhe über dem Boden liegen, die mittlere Geschwindigkeit in der mittleren Höhe einzusetzen. Für C_z schwanken die Werte in der Literatur zwischen 6 und 9, wobei nach dem neuesten Stand [6.9] 9 einzusetzen ist. Für C_y kann etwa der gleiche Wert gewählt werden [6.3], obwohl hier der Streubereich 9 bis 30 ist. Die Werte C_x in Windrichtung sind kleiner, in dieser Richtung sind die Kohärenzen wesentlich stärker. Messungen im Gelände und im Windkanal zeigen eine Abhängigkeit der C-Werte vom Quotienten des Abstandes und der Höhe über dem Boden z [6.47, 6.52].

Durch Integration der Kohärenzkoeffizienten über Δl, wobei Δl entweder Δx, Δy oder Δz sein kann, ergeben sich wieder Integrallängen (Abschnitt 4.2.5)

$$(4.8) \qquad L_{Kl}(n) = \int_0^\infty K(\Delta l, n)d\Delta l = \int_0^\infty \exp\left(-C_l \frac{\Delta l \cdot n}{\bar{u}}\right) d\Delta l$$

$$L_{Kl}(n) = \frac{\bar{u}}{C_l \cdot n} = \frac{\bar{u} \cdot t_m}{C_l}; \quad t_m = \frac{1}{n}, \tag{6.14}$$

wobei anstatt der reziproken Frequenz $\frac{1}{n}$ auch eine charakteristische Mittelungszeit t_m eingeführt werden kann.

Es handelt sich hierbei um die charakteristischen Längen für eine Frequenz, sie geben Auskunft über die Ausdehnung der Turbulenzelemente einer bestimmten Frequenz. Da $C_z \approx C_y > C_x$ gilt, sind die turbulenten Elemente in Windrichtung langgestreckte Elemente, was aus dem Verhältnis der Integrallängen der Kohärenzen folgt (Gl. (6.14)). Man kann sich die Turbulenzballen etwa als Ellipsoide vorstellen, deren Längsachse in einer Vertikalebene liegt, die auch die Windrichtung enthält. Infolge der Zunahme der Windgeschwindigkeit mit der Höhe ist die Achse gegen die Horizontale geneigt. Das bedeutet, daß die Böe zunächst die oberen Geschosse eines Gebäudes trifft und erst später die unteren. Die Zeitverschiebung Δt läßt sich aus dem Höhenunterschied Δh und der mittleren Geschwindigkeit $\bar{u}$ in mittlerer Höhe errechnen [6.9]:

$$\Delta t = \frac{\Delta h}{\bar{u}}.$$

Diese Betrachtungen gelten für den ungestörten Wind. Für die Drücke auf der Fassade eines Gebäudes sind die Kohärenzen zum Teil stärker, die entsprechenden C_i-Werte also kleiner (Abschnitt 6.4.3.2).

Falls man sich auf den ungestörten Wind beschränkt, kann man mit Gl. (6.14) Aussagen über die maßgebliche Böe für eine gegebene Längsabmessung erhalten. Ein Beispiel soll die praktische Bedeutung dieser Gleichung erläutern.

Frage: Wie groß ist die Integrallänge und damit die Ausdehnung einer Böe in Querrichtung mit einer Frequenz $n = 1/12\ \mathrm{s}^{-1}$ bei einer mittleren Geschwindigkeit $\bar{u} = 30$ m/s? Da $C_y = 9$ ist, folgt

$$L_{Ky} = \frac{30 \cdot 12}{9}\ m = 40\ m.$$

Für die Gesamtwirkung auf eine Länge von 40 m genügt es nach dieser Rechnung, eine Böe mit $n = 1/12\ \mathrm{s}^{-1}$ zu berücksichtigen; höhere Frequenzen wirken nur auf kürzere Längen. Das bedeutet aber, daß man für diese Länge Mittelwerte der Geschwindigkeit über ein Intervall von 12 s wählen kann. Für die Wirkung des Windes auf eine Wand von 40 m Horizontalabschätzung wäre aber die Rechnung mit der 12-s-Böe zu günstig, weil die Drücke an einer Gebäudewand wesentlich stärker korreliert sind, wie der folgende Abschnitt zeigt.

6.4.3.2 Druckkohärenzen

Kohärenzkoeffizienten, wie sie in Gl. (6.13) für die Geschwindigkeitsschwankung u' in zwei verschiedenen Raumpunkten definiert wurden, kann man auch für Druckschwankungen p' anschreiben. Auch hier zeigt sich, daß für den Verlauf der Koeffizienten als Funktion des Abstandes ein Exponentialansatz analog zu Gl. (6.13) geeignet ist. Mit den Bezeichnungen nach Bild 6.13 für die Lage der Raumpunkte 1 und 2 folgt dann

$$K_p(\Delta x, n) = \frac{\overline{p_1'(n)\,p_{2'}'(n)}}{p_{1e}(n)\,p_{2'e}(n)} = \exp\left(-C_x\,\frac{\Delta x \cdot n}{\bar{u}}\right)$$

$$K_p(\Delta y, n) = \frac{\overline{p_1'(n)\,p_{2''}'(n)}}{p_{1e}(n)\,p_{2''e}(n)} = \exp\left(-C_y\,\frac{\Delta y \cdot n}{\bar{u}}\right) \tag{6.15}$$

$$K_p(\Delta z, n) = \frac{\overline{p_1'(n)\,p_{2'''}'(n)}}{p_{1e}(n)\,p_{2'''e}(n)} = \exp\left(-C_z\,\frac{\Delta z \cdot n}{\bar{u}}\right)$$

Natürlich sind C_x, C_y, C_z hier nicht mit den entsprechenden Werten in Gl. (6.13) identisch. Für die zugehörigen Integrallängen gilt wieder Gl. (6.14).

Newberry [6.35], dessen Experimente am Royex House schon erwähnt wurden (Abschnitt 5.2.5), hat auch Kohärenzmessungen an den Fassaden des erwähnten Gebäudes durchgeführt, aus denen er die Koeffizienten C_y in Querrichtung und C_z in Vertikalrichtung auf den Frontflächen normal zum Wind errechnete (Tabelle 6.1).

Tabelle 6.1 Druckkohärenzen beim Royex House [6.35]

	C_y	C_z
Westwand bei Westwind	4,3 ± 1,1	4,4 ± 0,9
Ostwand bei Ostwind	5,7 ± 1,1	5,3 ± 1,0
Südwand bei Südwind	5,4 ± 3,3	8,4 ± 3,2

Die Koeffizienten für nicht zum Wind normale Gebäudeflächen, vor allem für Flächen in Nachlaufgebieten, sind größer. Ursache dafür ist die vom Gebäude selbst hervorgerufene starke Turbulenz (Abschnitt 4.5.6.1).

Da für die Geschwindigkeitsschwankungen im ungestörten Wind nach Abschnitt 6.4.3.1 etwa $C_y = C_z = 9$ gilt, folgt aus der Tabelle 6.1, daß die Druckwirkungen auf die Gebäudeflächen wesentlich stärker korreliert sind als die ungestörten Geschwindigkeitsschwankungen. Das zeigen auch Modellmessungen, bei denen sich für die Drücke $C_y = 4$ und $C_z = 6$ ergab [6.50].

In Abschnitt 6.4.3.1 erhielt man $L_{Ky} = 40$ m für die Ausdehnung einer Böe in Querrichtung mit einer Frequenz $n = 1/12$ s^{-1} und einer mittleren Geschwindigkeit $\bar{u} = 30$ m/s. Berechnet man nun nach Gl. (6.14) das Ausmaß des Druckeinflußbereiches auf der Fassade unter der Annahme $C_y = 4,4$ (Tabelle 6.1), so erhält man

$$(6.14) \qquad L_{Ky} = \frac{30 \cdot 12}{4,4} \text{ m} = 81,8 \text{ m}.$$

Die ungestörte Böe gibt also ein falsches Bild des Einflusses auf ein Gebäude. Newberry empfiehlt auf Grund seiner Messungen $C = 4,4$. Für ein gegebenes Stundenmittel der Geschwindigkeit u_{3600} (in halber Gebäudehöhe) und für die größte Ausdehnung in Quer- oder Höhenrichtung kann man daraus das für die Bemessung maßgebende Zeitmittelungsintervall t_m errechnen (Gl. (6.14), Bild 6.18). So folgt z. B. für $u_{3600} = 30$ m/s und $h = 40$ m ein Mittelungsintervall $t_m = 5,9$ s; es wäre also das Fünfsekundenmittel zu nehmen.

Ishizaki [6.27] hat wohl keine Kohärenzen gemessen, aber auch seine Messungen geben Hinweise für die Wahl des maßgebenden Böenmittels und werden daher in diesem Kapitel behandelt. Er hat in einer Höhe von 11 m über dem Boden an der Küste in verschiedenen horizontalen Distanzen senkrecht zum ungestörten Wind Staudruckmessungen durchgeführt und die Meßwerte sowohl über verschiedene Querdistanzen Δy als auch über verschiedene Zeiten gemittelt. Da für die Lasten die Drücke die entscheidenden Größen sind, ist es natürlich sinnvoll, die Staudrücke zu mitteln und nicht die Geschwindigkeiten, weil ja das Quadrat des Mittelwertes der Geschwindigkeit nicht exakt dem Mittelwert des Staudruckes proportional ist.

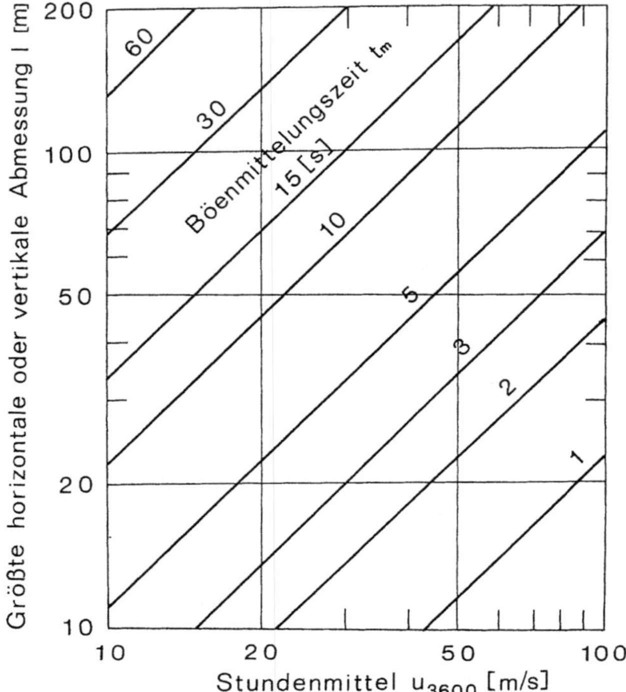

Bild 6.18 Maßgebliche Böenmittelungswerte für die Bemessung [6.35]; $\quad t_m = \dfrac{4{,}4 \cdot l}{u_{3600}}$

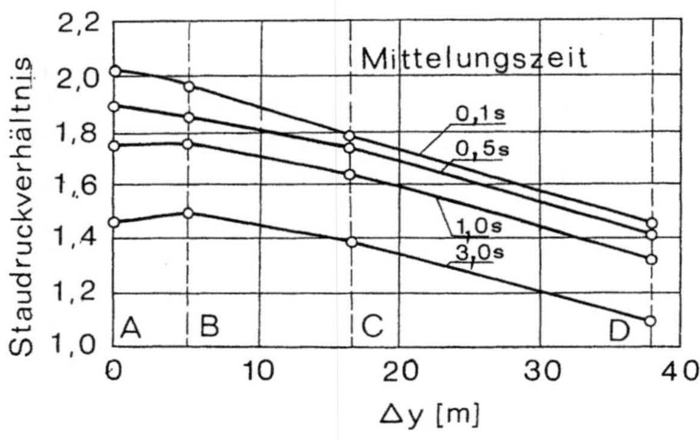

Bild 6.19

Abhängigkeit des Mittelwertes des Staudruckes über eine Länge Δy und eine Zeit t von Δy und t [6.27]

Die Ergebnisse zeigt Bild 6.19, wobei die Mittelwerte auf das Dreiminutenmittel bezogen sind. Interessant ist, daß auch noch das 0,1-Sekundenmittel über 40 m gemittelt einen höheren Wert bringt als das Einsekundenmittel über dieselbe Distanz. Das 0,1-Sekundenmittel über 40 m entspricht aber etwa dem örtlichen (Distanz = 0) Dreisekundenmittel.

Demnach wäre für eine Distanz von 40 m das Dreisekundenmittel maßgebend, während sich bei der Abschätzung in Abschnitt 6.4.3.1 im ungestörten Wind das 12-Sekundenmittel ergab. Hingegen ist der Unterschied zum Fünfsekundenmittel, das mit C = 4,4 oben berechnet wurde, nicht so groß.

6.4.4 Das Spektrum des Windes

In Abschnitt 6.2 wurde erläutert, daß die Windverhältnisse in den bodennahen Schichten einerseits durch das großräumige Druckfeld, andererseits durch die örtlichen Verhältnisse in der atmosphärischen Grenzschicht geprägt werden. Das Isobarenfeld ändert sich nur langsam, während die Bodenrauhigkeit die eigentlichen turbulenten Schwankungen verursacht. Das Energiespektrum (Abschnitt 4.2.3) gibt Aufschluß über die Frequenzbereiche, in denen große Beiträge zum Effektivwert u_e der Schwankungsgeschwindigkeit in Windrichtung liegen.

$$(4.4) \qquad u_e^2 = \int_0^\infty S_u(n)\,dn.$$

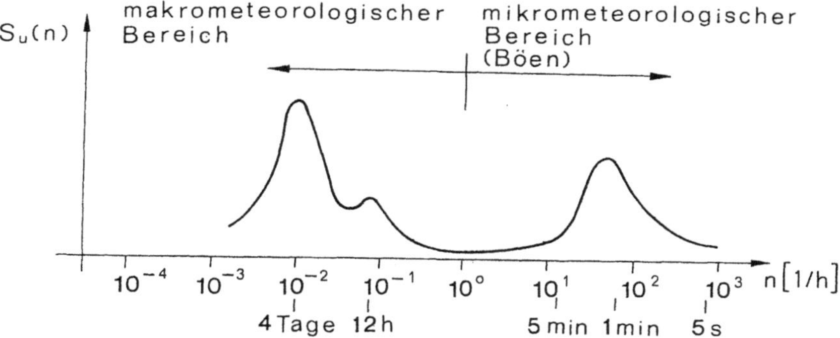

Bild 6.20 Windgeschwindigkeitsspektrum [6.8]

Bild 6.20, zeigt ein typisches Windgeschwindigkeitsspektrum [6.8]. Man unterscheidet 2 signifikante Bereiche, den makrometeorologischen und den mikrometeorologischen. Sie entsprechen dem großräumigen Wettergeschehen bzw. der örtlichen Turbulenz. Die Maximalwerte der beiden Zonen sind durch einen Abschnitt (8 h...10 min) mit sehr niedrigen Werten voneinander getrennt. Diese Tatsache legt nahe, das Zeitintervall für die Mittelung über längere Zeiträume in diesen Bereich zu legen und die Abweichungen von diesem Mittelwert als turbulente Schwankungen des Windes aufzufassen. Dabei erhält man wegen des speziellen Verlaufes des Spektrums praktisch den gleichen Wert für eine Mittelung über 1 h oder über 10 min.

Das erste Maximum im makrometeorologischen Bereich entspricht der viertägigen Periode des Großwettergeschehens, der zweite − niedrigere − Extremwert spiegelt die halbtätigen

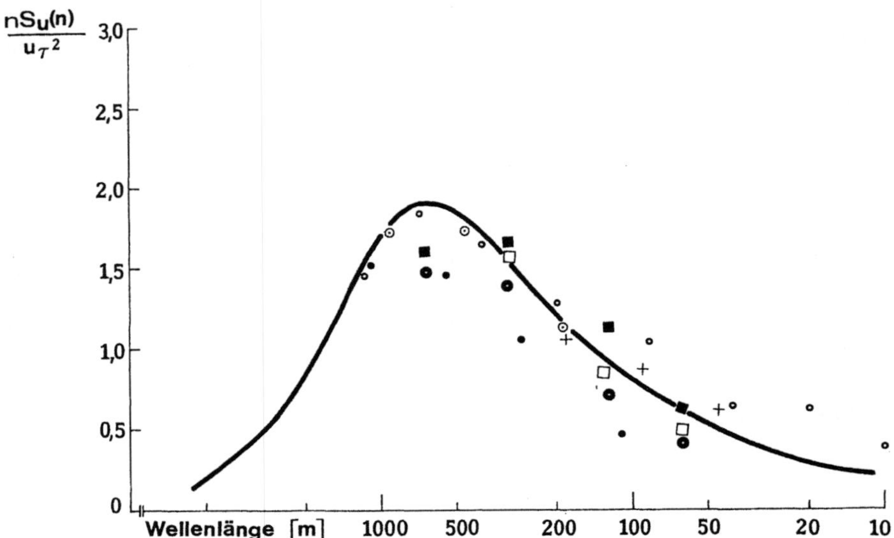

Bild 6.21 Spektrum der Geschwindigkeitskomponente in der mittleren Windrichtung; Vergleich der empirischen Kurve mit Meßwerten [6.19]

Änderungen infolge der Windflauten bei Sonnenauf- und untergang wider. Das Maximum im mikrometeorologischen Abschnitt bei 1 min entspricht der von der Bodenrauhigkeit erzeugten Turbulenz. Für die Aerodynamik der Bauwerke ist in Hinblick auf Schwingungen vor allem der Bereich um dieses Maximum von besonderem Interesse (Bild 6.21).

Die Bodenrauhigkeit erzeugt bei einer gewissen Windgeschwindigkeit Turbulenzballen in einer bestimmten Größe, die zu immer kleineren Elementen zerfallen, und die Energie der kleinsten geht dann schließlich durch laminare Reibung in Wärme über. Es findet also ein ständiger Energietransport von großen Elementen zu immer kleineren statt; es handelt sich dabei um einen Kaskadenprozeß. Die größten Turbulenzballen sind dabei nicht die energiereichsten, das Maximum des Spektrums liegt bei etwas kleineren Elementen. Jenseits des Maximalbereiches folgt dann ein Teilbereich, der von Trägheitskräften beherrscht wird und in dem nach Kolmogoroff gilt:

$$S(n) \sim k_w^{-5/3}.$$

Die Wellenzahl k_w bedeutet die Anzahl der Wellen pro Längeneinheit. Sie ist der Kehrwert der charakteristischen Länge der Turbulenzelemente. In diesem Bereich nimmt die Energie mit zunehmender Wellenzahl und damit mit kleiner werdenden Abmessungen der Turbulenzelemente stark ab. An diesen Bereich schließt sich dann die Dissipationszone an, die aber wegen der Kleinheit der Struktur für die Gebäudeaerodynamik nicht mehr von Bedeutung ist. Es geht also vor allem darum, für den Maximalbereich und für den anschließenden Kolmogoroff-Bereich einen Ausdruck für die Spektralfunktion anzugeben.

Dimensionsbetrachtungen ermöglichen zunächst formal, einen Ausdruck für die Spektralfunktion anzuschreiben. Nimmt man als die die Bodenrauhigkeit charakterisierende

Größe die Schubspannungsgeschwindigkeit u_τ (Gl. (6.3)) und als weitere Größen die mittlere Geschwindigkeit $\bar{u}$, die Frequenz n und eine charakteristische Länge für die turbulenten Elemente L, so ergibt sich für das Spektrum S(n) einer beliebigen Geschwindigkeitsschwankung

$$\frac{nS(n)}{u_\tau^2} = F\left(\frac{n \cdot L}{\bar{u}}\right). \tag{6.16}$$

Das Argument der beliebigen Funktion F ist eine dimensionslose Frequenz — man kann es auch als dimensionslose Wellenzahl auffassen —, da $n/\bar{u}$ ja die Wellenzahl ist. Anstatt der Schubspannungsgeschwindigkeit u_τ wird manchmal auch der Effektivwert der Schwankungen u_e als Bezugsgröße verwendet, wobei jedoch eine einfache Umrechnung möglich ist (Gl. (6.8)). Der in der Aerodynamik der Bauwerke bekannteste Ansatz für F, für das Spektrum S_u der u-Komponente, stammt von Davenport [6.29].

$$(6.3) \qquad \frac{nS_u(n)}{u_\tau^2} = \frac{nS_u(n)}{\dfrac{\lambda_R}{2}\, u_{3600}^2(10)} = 4 \cdot \frac{f^2}{(1 + f^2)^{4/3}} \tag{6.17}$$

$$f = \frac{n \cdot L}{u_{3600}(10)}; \quad L = 1200 \text{ m.}$$

Die einschneidenden vereinfachenden Annahmen liegen in dem wohl durch zahlreiche Experimente untermauerten Ansatz (Bild 6.21) darin, daß $u_{3600}(z)$, durch $u_{3600}(10)$, das Stundenmittel in 10 m Höhe, und die charakteristische Länge L = 1200 m = konstant gewählt wurden. Panofsky [6.9] weist darauf hin, daß diese Länge L nach Messungen offenbar nicht konstant ist und daß aus Gl. (6.17) folgt

$$n \to 0; \quad nS_u(n) \sim f^2 \Rightarrow S_u(n) \sim n,$$

während sich theoretisch eine Konstante ergeben sollte. Für $f \gg 1$ folgt aus Gl. (6.17)

$$f \gg 1 : nS_u(n) \sim f^{-2/3} \sim n^{-2/3} \Rightarrow S_u(n) \sim n^{-5/3},$$

was dem Gesetz von Kolmogoroff entspricht. Der Ansatz (6.17) wird beim Verfahren von Davenport für böenerregte Schwingungen verwendet (Abschnitt 19.2). Kaimal und seine Mitarbeiter [6.28] geben auf Grund umfangreicher Experimente in Kansas, die allerdings nur bis zu einer Höhe von 30 m reichten, folgenden Ansatz für S_u an:

$$\frac{nS_u(n)}{u_\tau^2} = \frac{105\,f}{(1 + 33\,f)^{5/3}}; \quad f = \frac{nz}{\bar{u}(z)}. \tag{6.18}$$

Nach dieser Formel hängt das Spektrum sehr wohl von der Höhe z ab, die in f sowohl direkt als auch indirekt durch $\bar{u}(z)$ enthalten ist. Es sei vermerkt, daß in [6.28] Formeln mit ähnlichem Aufbau, die sich von Gl. (6.18) nur durch andere Faktoren unterscheiden, für die Spektren $S_v(n)$ und $S_w(n)$ der Geschwindigkeitsschwankungen in den anderen Richtungen zu finden sind. Gl. (6.18) entspricht für große n den Forderungen von Kolmogoroff, und für $n \to 0$ folgt $S_u(n) = $ konst. Die Maximalwerte $nS_u(n)/u_\tau^2$ ergeben sich nach den Gl. (6.17) und (6.18) für folgende Werte von f (Bild 6.21)

$$(6.17) \qquad f = \sqrt{3}; \qquad \left(\frac{nS_u(n)}{u_\tau^2}\right)_{max} = 1{,}89; \qquad \frac{u_{3600}(10)}{n} = 693 \text{ m}$$

$$(6.18) \qquad f = \frac{1}{22}; \qquad \left(\frac{nS_u(n)}{u_\tau^2}\right)_{max} = 1{,}04$$

Das Maximum des Spektrums liegt bei einer Wellenlänge von 693 m, die wesentlich über den Abmessungen eines Gebäudes liegt. Die Maximalwerte aus allen vorgeschlagenen Ansätzen sind sehr stark unterschiedlich, aber genauso stark streuen auch die Ergebnisse der Experimente in diesem Bereich, und noch stärker gilt dies für Frequenzen unterhalb des Maximums. Hingegen ist die Streuung im Kolmogoroffbereich nur gering (Bild 6.21). Deshalb wurde auch schon der Vorschlag gemacht, für die u-Komponente eine einfachere Formel zu verwenden, die nur diesen Bereich gut wiedergibt, aber kein Maximum aufweist [6.22, 6.30].

$$\frac{nS_u(n)}{u_\tau^2} = 0{,}26 \left(\frac{nz}{\bar{u}(z)}\right)^{-2/3}. \qquad\qquad\qquad (6.19)$$

Aus Gl. (6.18) erhält man für $f > 1$ als Näherung

$$\frac{nS_u(n)}{u_\tau^2} = 0{,}31 \left(\frac{nz}{\bar{u}(z)}\right)^{-2/3}.$$

Der Zahlenfaktor unterscheidet sich nur geringfügig von dem in Gl. (6.19). Eine Übersicht über weitere Ansätze für Spektralfunktionen geben [6.22, 6.48]. Alle Ansätze für die Spektren gelten nur für isolierte Gebäude auf flachem Gelände, nicht aber für Bauwerke, die von starken Rauhigkeiten, wie sie etwa Stadtzentren darstellen, umgeben sind [6.30]. Der Einfluß einzelner stromauf liegender Gebäude ist ebenfalls in den Formeln nicht enthalten. Daraus ergibt sich auch die Notwendigkeit, den Einfluß der unmittelbaren Umgebung, falls diese stark inhomogen ist, in speziellen Windkanalexperimenten zu untersuchen.

Wenn S(n) im ganzen Bereich $0 \leqslant n \leqslant \infty$ gegeben wäre, könnte man durch Integration nach Gl. (4.4) den Effektivwert der entsprechenden Schwankungen berechnen. Da alle Gln. (6.17) bis (6.19) nur in gewissen Bereichen Gültigkeit besitzen, ist eine Berechnung der Effektivwerte aus ihnen nicht möglich.

6.5 Statistische Verteilungen der mittleren Windgeschwindigkeiten

Die Windgeschwindigkeit an einem bestimmten Ort schwankt sehr stark sowohl in ihrer Intensität als auch in ihrer Richtung. An jedem Ort gibt es Richtungen, aus denen der Wind wesentlich häufiger weht als aus den übrigen. Als Beispiel für eine Darstellung dient dazu Bild 6.22 [6.31]. Obwohl dieses Diagramm für den Frühling gilt, ist es beispielsweise typisch für Wien; die Winde kommen sehr häufig aus den Bereichen W bis NW und S bis SO, wobei es sich dabei auch um hohe Windgeschwindigkeiten handelt. Diese Tatsache wird,

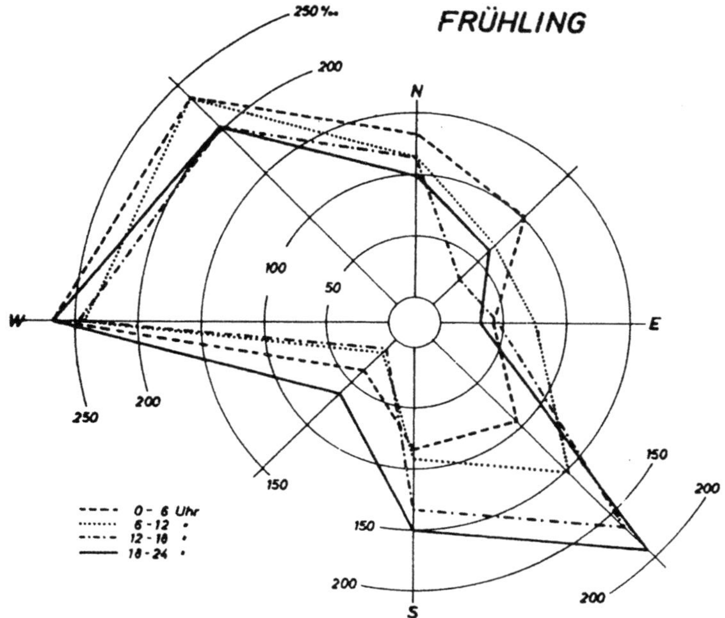

Bild 6.22 Häufigkeiten der Windrichtungen in Wien-Donaupark in Promille [6.31]

abgesehen von Sonderfällen, beim Studium des Windeinflusses auf Bauwerke eigentlich zu wenig berücksichtigt. Meist wird nur nach Maximalwerten gefragt, unabhängig von der Windrichtung. Diese Maximalwerte werden dann der Berechnung zugrunde gelegt. Aber die Angabe jedes Wertes ist natürlich mit einer gewissen Erwartungswahrscheinlichkeit verknüpft. So kann man beispielsweise danach fragen, wie groß für einen bestimmten Ort die Wahrscheinlichkeit sei, daß die in einem Experiment gemessene mittlere Geschwindigkeit $\bar{u}$ größer als ein vorgegebener Wert $\bar{U}$ ist. Wenn nun genügend Messungen von mittleren Geschwindigkeiten $\bar{u}$ über das entsprechende Zeitintervall an dem Ort vorliegen, kann die Frage beantwortet werden. Nach Experimenten [6.32] ist die Verteilungsfunktion eine Weibull-Verteilung

$$P\{\bar{u} > \bar{U}\} = \exp\left(-\frac{\bar{U}^K}{c}\right), \tag{6.20}$$

wobei K und c Konstante sind, die von der Position der Meßstelle und vom Mittelungsintervall abhängen. K liegt dabei etwa im Bereich von 1,7 bis 2,5 [6.41]. P ist die Wahrscheinlichkeit dafür, daß $\bar{u}$ größer als das vorgegebene $\bar{U}$ ist. Gl. (6.20) liefert nur eine Aussage über den Betrag der Geschwindigkeit; die Windrichtung kann dabei beliebig sein. Will man aber nun wissen, wie groß die Wahrscheinlichkeit dafür ist, daß in einem Winkelbereich $\Delta\beta$ die mittlere Geschwindigkeit $\bar{u}$ überschritten wird, so läßt sich dies ebenfalls

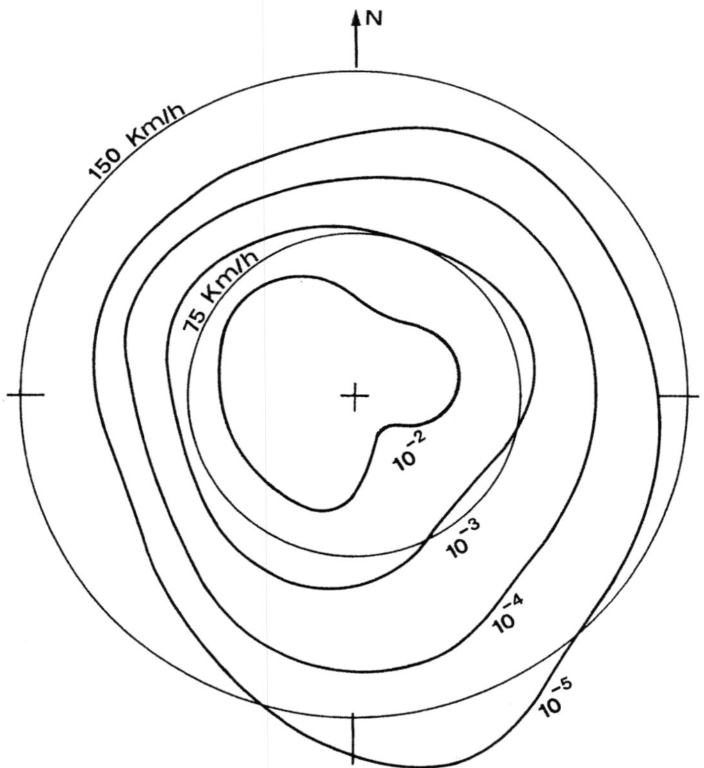

Bild 6.23 Wahrscheinlichkeitsverteilung der jährlichen mittleren Gradienten-
geschwindigkeit. Die Punkte einer geschlossenen Kurve bedeuten, daß die
Windgeschwindigkeit in Gradientenhöhe im Mittel während des auf der Kurve
angegebenen Teil des Jahres (z. B. 10^{-5}) innerhalb eines Sektors von 22,5°
größer ist als die Geschwindigkeit die dem Abstand des Kurvenpunktes
vom Ursprung entspricht.

durch eine Weibull-Verteilung mit von β abhängigen Koeffizienten darstellen [6.36] (Bild
6.23).

$$P\{\bar{u} > \bar{U}, \beta\} = A(\beta)\exp\left[\left(-\frac{\bar{U}}{c(\beta)}\right)^{K(\beta)}\right]. \tag{6.21}$$

Hierin bedeutet $A(\beta)$ die Wahrscheinlichkeit dafür, daß die Windrichtung in einem Bereich $\beta \pm \Delta\beta/2$ liegt. Der zweite Faktor auf der rechten Gleichungsseite, die Exponential-
funktion, ist die Wahrscheinlichkeit dafür, daß $\bar{U}$ unter der Voraussetzung überschritten
wird, daß die Windrichtung in dem oben angegebenen Winkelbereich liegt. Aus Gl. (6.21)

kann man natürlich durch Summation über alle $\Delta\beta$ der Windrose (360°) wieder die Wahrscheinlichkeit $P\{\bar{u} > \bar{U}\}$, wie sie in Gl. (6.20) gegeben ist, erhalten.

$$P\{\bar{u} > \bar{U}\} = \sum_{\Delta\beta} A(\beta)\left[\exp\left(-\frac{\bar{U}}{c(\beta)}\right)^{K(\beta)}\right]. \tag{6.22}$$

Gl. (6.21) spielt vor allem bei der Beurteilung der Häufigkeit von Windintensitäten in der Umgebung von Bauten eine Rolle (Kap. 8).

Durch zweimaliges Logarithmieren von Gl. (6.20) erhält man

$$\ln(-\ln P) = K \ln \bar{U} - \ln c,$$

einen linearen Zusammenhang zwischen $\ln(-\ln P)$ und $\ln \bar{U}$. Es ist daher zweckmäßig, Meßergebnisse in einem Diagramm mit den Koordinaten $\ln(-\ln P)$ und $\ln \bar{U}$ darzustellen. Bild 6.24 gibt Ergebnisse von 2 verschiedenen Stellen aus Auckland in Neuseeland wieder [6.32]. Man sieht, daß die Meßpunkte praktisch auf Geraden liegen, eine Bestätigung dafür, daß eine Weibull-Verteilung zur Beschreibung geeignet ist.

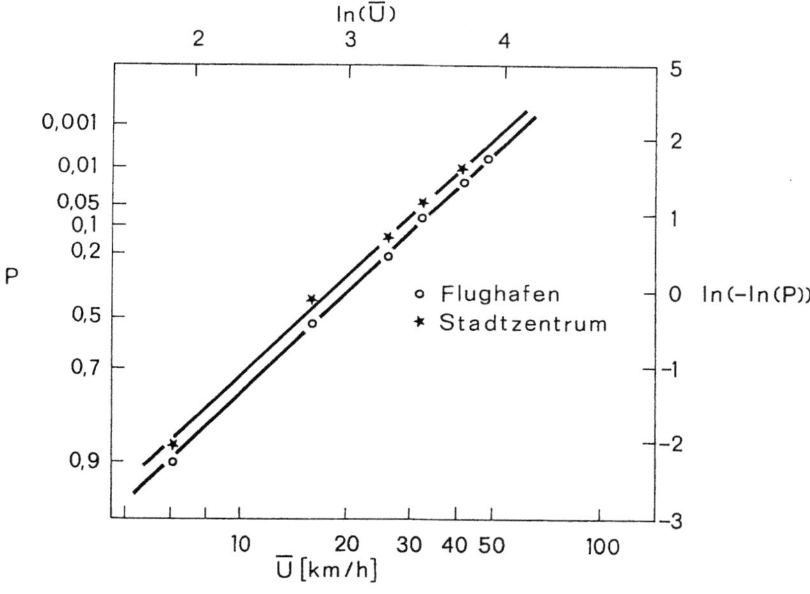

Bild 6.24 Wahrscheinlichkeit P daß das Stundenmittel größer als $\bar{U}$ ist für zwei verschiedene Stellen in Auckland (Neuseeland) [6.32]

6.6 Statistische Verteilung der Extremwerte

Da ein Bauwerk und seine Teilkonstruktionen auch extremen Belastungen während der Bestandsdauer standhalten sollen, ist die Frage nach den Extremwerten der Windgeschwindigkeit für einen bestimmten Zeitraum von großer Bedeutung. Die praktische Vorgehensweise zur Ermittlung der Maximalwerte für ein Mittelungsintervall (z. B. Stundenmittel) besteht darin, für eine große Anzahl von Perioden (z. B. Jahren) jeweils den Maximalwert für jede Periode (für jedes Jahr) zu ermitteln. Daraus ergibt sich eine statistische Verteilung dieser Extremwerte, die bei Klimaten mit normalen Windbedingungen (z. B. keine Hurrikans) sehr gut einer Fisher-Tippett-I-Verteilung entspricht [6.33, 6.41]. Die Wahrscheinlichkeit dafür, daß z. B. innerhalb eines Jahres die maximale mittlere Geschwindigkeit $\bar{u}_{max}$ kleiner als ein vorgegebener Wert $\bar{U}$ ist, ist

$$P\{\bar{u}_{max} < \bar{U}\} = \exp\{-\exp(-y_r)\} \tag{6.23}$$

$$y_r = A(\bar{U} - B),$$

wobei A und B Konstante sind, die von den Lokaleinflüssen und natürlich auch von der Höhe über dem Boden abhängen. Beispielsweise liegen für Großbritannien diese Konstanten in den Bereichen $0,3\ sm^{-1} \leqslant A \leqslant 1\ sm^{-1}$ und $10\ ms^{-1} \leqslant B \leqslant 25\ ms^{-1}$ [6.42]. Sind $\bar{U}$ und das zugehörige P für eine Höhe an einem Ort bekannt, so können die $\bar{U}$-Werte für andere Höhen gemäß Abschnitt 6.3 ermittelt werden, für die die Wahrscheinlichkeit $P\{\bar{u}_{max} < \bar{U}\}$ die gleiche bleibt. Eine Fisher-Tippett-I-Verteilung folgt auch, wenn man als Grundverteilung für das Ereignis eine Weibull-Verteilung annimmt, was ja der Fall ist (Gl. (6.20)). Für selten auftretende extreme Winde, z. B. Hurrikans, ist die Verteilung Gl. (6.23) nicht ausreichend; hier werden Kombinationen von Fisher-Tippett-I- und -II-Verteilungen vorgeschlagen [6.33].

In Hinblick auf extreme Belastungen wird natürlich nach der Wahrscheinlichkeit $P\{\bar{u}_{max} > \bar{U}\}$ gefragt, ob der Maximalwert der mittleren Geschwindigkeit (das Problem des Zeitintervalls, über das der Mittelwert zu bilden ist, wird in Abschnitt 6.4.3.2 behandelt) einen Wert $\bar{U}$ in einem gewissen Zeitraum nicht überschreitet. Für die Zeitspanne eines Jahres folgt

$$(6.23) \qquad P\{\bar{u}_{max} > \bar{U}\} = 1 - P\{\bar{u}_{max} < \bar{U}\} = 1 - \exp[-\exp(-y_r)]. \tag{6.24}$$

Das mittlere Zeitintervall in Jahren zwischen dem Auftreten von Extremwerten der Intensität $\bar{U}$ ist dann

$$t_w = \frac{1}{P\{\bar{u}_{max} > \bar{U}\}} = \frac{1}{1 - P\{\bar{u}_{max} < \bar{U}\}}. \tag{6.25}$$

t_w wird als mittlere Wiederholungszeit bezeichnet. Ist z. B. die Wahrscheinlichkeit dafür, daß innerhalb eines Jahres die maximale mittlere Geschwindigkeit $\bar{u}_{max} > 100\ km/h$ ist, $P = 0,02$, so folgt aus Gl. (6.25) als mittlere Wiederholungszeit $t_w = 50\ a$. Wenn man sehr lange Zeiträume ins Auge faßt, so bedeutet dies, daß sich das Ereignis im Mittel alle 50 a wiederholt. In diesem Zusammenhang spricht man auch vom „50jährigen Wind".

Es folgt weiter

$$(6.23, 6.24,$$
$$6.25) \qquad 1 - \frac{1}{t_w} = \exp[-\exp(-y_r)] = \exp[-\exp(-A(\bar{U} - B))], \tag{6.26}$$

was besagt, daß y_r eine Funktion von t_w und andererseits nach Gl. (6.23) eine lineare Funktion von $\bar{U}$ ist. Daß dies zutrifft, zeigt ein Vergleich mit Messungen in Cardington

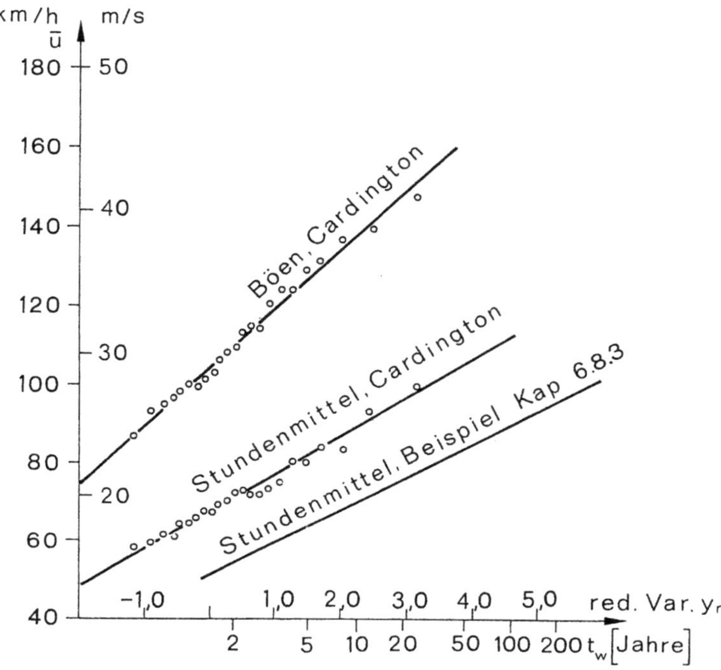

Bild 6.25 Mittlere Wiederholungszeiten verschiedener Windgeschwindigkeiten [6.34]

(Bild 6.25) [6.34]. In einem solchen Diagramm, das im speziellen Fall für eine Höhe $z = 10$ m gilt, kann bei vorgegebener mittlerer Wiederholungszeit die zugehörige mittlere Windgeschwindigkeit für 10 m Höhe angegeben werden. Die Berechnung der entsprechenden Geschwindigkeitswerte für andere Höhen oder die Umrechnung auf andere Mittelungsintervalle erfolgt dann gemäß Abschnitt 6.3. Ein Beispiel am Schluß von Kap. 6 wird die Vorgehensweise klarmachen.

Für $\frac{1}{t_w} \ll 1$ (z. B. $t_w = 50$) kann Gl. (6.26) entwickelt werden, was die lineare Beziehung

$$\bar{U} = \frac{1}{A} \ln t_w + B \tag{6.26a}$$

ergibt, die auch in der Literatur zu finden ist [6.49].

Mittlere Windgeschwindigkeiten mit einer Wiederholungszeit $t_w = 50$ a werden oft als Grundwerte für die Normen gewählt. Damit ist aber zunächst noch keine Aussage über die Wahrscheinlichkeit gemacht, daß dieses Ereignis innerhalb der Bestandsdauer eines Gebäudes eintritt. Die Wahrscheinlichkeit $P\{\bar{u}_{max} < \bar{U}\}$ dafür, daß innerhalb 1 a $\bar{u}_{max} < \bar{U}$ bleibt, ist [6.41]

$$(6.25) \qquad P\{\bar{u}_{max} < \bar{U}\} = 1 - \frac{1}{t_w}.$$

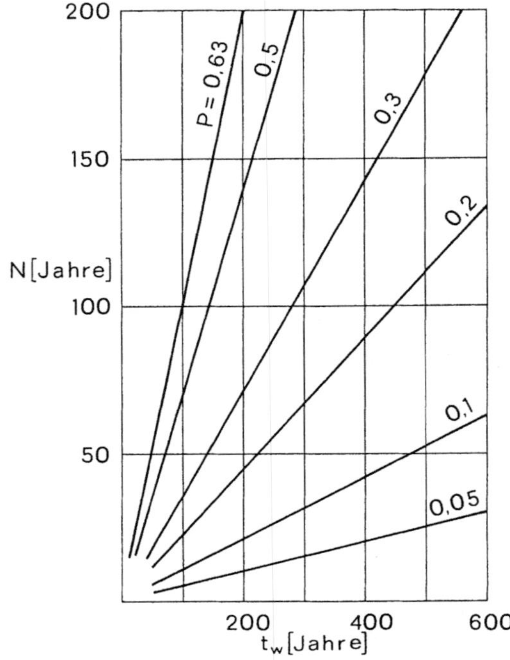

Bild 6.26
Risiko P in Abhängigkeit von Bestandzeit N
und mittlerer Wiederholungszeit t_w

Die Wahrscheinlichkeit P, daß sich dieses Ereignis in N aufeinanderfolgenden Jahren wiederholt, ist

$$P\{\bar{u}_{max} < \bar{U}, N\} = \left(1 - \frac{1}{t_w}\right)^N.$$

Die Differenz dieses Wertes auf 1 ist die Wahrscheinlichkeit P dafür, daß in N aufeinanderfolgenden Jahren die Maximalgeschwindigkeit $\bar{u}_{max}$ größer als $\bar{U}$ ist.

$$P\{\bar{u}_{max} > \bar{U}, N\} = 1 - \left(1 - \frac{1}{t_w}\right)^N. \tag{6.27}$$

Dieser Zusammenhang zwischen P, t_w und N ist mit P als Parameter in Bild 6.26 dargestellt. Werden nun die Bestanddauer N des Gebäudes und das Risiko P vorgegeben, so kann die zugehörige mittlere Wiederholungszeit bestimmt werden. Legt man den Berechnungen t_w = 50 a zugrunde, so wird für eine Bestandsdauer N = 50 a die Wahrscheinlichkeit, daß der dem vorgegebenen t_w entsprechende Wert $\bar{U}$ überschritten wird, relativ groß, nämlich 0,63. Die einem t_w entsprechende mittlere Geschwindigkeit $\bar{U}$ ist einem Bild 6.25 analogen Diagramm für den betrachteten Ort zu entnehmen; der Wert kann aber auch von den zuständigen Meteorologen erfragt werden. Ist die mittlere Geschwindigkeit $\bar{U}$ für ein mittleres Wiederholungszeitintervall t_w gesucht und $\bar{U}_1$ für das Intervall t_{w1} gegeben, so muß nur Gl. (6.26) für beide Fälle angeschrieben werden

$$(6.26,\; 6.26a)\qquad \frac{\bar{U}}{\bar{U}_1} = \frac{1 - \frac{1}{AB}\ln\left[-\ln\left(1 - \frac{1}{t_w}\right)\right]}{1 - \frac{1}{AB}\ln\left[-\ln\left(1 - \frac{1}{t_{w1}}\right)\right]} \approx \frac{1 + \frac{1}{AB}\ln t_w}{1 + \frac{1}{AB}\ln t_{w1}}.$$

Ist für die speziellen Verhältnisse der Faktor $\frac{1}{AB}$ nicht bekannt, so kann näherungsweise $\frac{1}{AB} = 0{,}13$ gesetzt werden. (Vorschlag der Europäischen Konvention für Stahlbau, 1978). Meßwerte von zahlreichen Stationen in Deutschland ergaben im Mittel 0,12 [6.53].

In Großbritannien existieren Karten über die Verteilung der maximalen 3-Sekundenmittelwerte in 10 m Höhe für $t_w = 50$ a. Diese Werte gelten für ebenes, offenes Gelände und sind entsprechend den örtlichen Verhältnissen zu korrigieren. Derartige Windkarten eignen sich aber nur für Länder mit relativ homogener Struktur der Landschaft und damit auch des Windes. In Alpenländern, wie es die Schweiz und Österreich sind, sind die Verhältnisse auf relativ kleinen Räumen sehr unterschiedlich und daher müssen vor allem höhere Lagen ausgeschlossen werden (z. B. ÖNORM B4014, Teil 1).

6.7 Maßgebliche Geschwindigkeits- bzw. Staudruckverteilungen nach den Normen

6.7.1 DIN 1055, Teil 4

Die in verschiedenen Höhen über dem umgebenden Gelände in Rechnung zu stellende Windgeschwindigkeit u und der zugehörige Staudruck q sind in Tabelle 6.2 angegeben.

Tabelle 6.2 Windgeschwindigkeit und Staudruck in Abhängigkeit von der Höhe nach DIN 1055, Teil 4

1	2	3
Höhe über Gelände m	Windgeschwindigkeit u m/s	Staudruck q kN/m^2
von 0...8 über 8...20 über 20...100 über 100	28,3 35,8 42,0 45,6	0,5 0,8 1,1 1,30

In Abhängigkeit von örtlichen topographischen Einflüssen kann es erforderlich werden, höhere Windgeschwindigkeiten als nach Tabelle 6.1 in Rechnung zu stellen.

Ist ein Bauwerk auf einer das umliegende Gelände steil und hoch überragenden Erhebung dem Windangriff besonders stark ausgesetzt, so ist bei der Festsetzung der Windlast mindestens von dem Staudruck $q = 1{,}10$ kN/m^2 auszugehen.

Auch infolge von Düseneffekten können, abweichend von Tabelle 6.1, höhere Windgeschwindigkeiten auftreten.

Der Staudruck q ergibt sich gemäß Gl. (3.8):

$$q = \rho \frac{u^2}{2}; \quad \rho = 1{,}25 \text{ kg/m}^3.$$

Das Geschwindigkeitsprofil ist ein Stufenprofil, das die örtlichen Verhältnisse nicht berücksichtigt.

Für Antennentragwerke aus Stahl ist DIN 4131 maßgebend, in der eine Windkarte wiedergegeben ist und die Nordseeküstengebiete durch eigene Zonen I und II vom übrigen Bundesgebiet unterschieden werden. Gemäß dieser Norm ist der durch den Wind in der Höhe h [m] über dem Gelände erzeugte Staudruck mit

$$q = q_0 + 0{,}3 \text{ h } [\text{kN/m}^2]$$

anzunehmen, jedoch höchstens 2 kN/m^2. In Zone II ist $q_0 = 0{,}9 \text{ kN/m}^2$. In Zone I $1{,}1 \text{ kN/m}^2$. Für das übrige Bundesgebiet enthält DIN 4131 eine Tabelle für q_0-Werte, die sowohl vom Standort (Hochland, Bergland) als auch von der Geländeform in der Umgebung des Standortes abhängen.

6.7.2 ÖNORM B4014, Teil 1

Der Abschnitt 3 dieser Norm beschäftigt sich mit den meteorologischen Voraussetzungen. In einem Ortsverzeichnis sind die Grundwerte der Windgeschwindigkeit $u_2(10)$ in 10 m Höhe für einzelne Orte aufgrund der im Mittel einmal in 50 a zu erwartenden 2-Sekunden-Böe angegeben. Zur besseren Übersicht befindet sich im Anhang der Norm eine Windkarte. Für im Verzeichnis nicht angeführte Orte ist der Wert des nächstgelegenen Ortes zu nehmen. Bei Bauvorhaben in höheren Hang- oder Paßlagen sind gesonderte Windgutachten anzufordern. Für Bauten mit variablem Standort ist der höchste Grundwert, nämlich 150 km/h, zu nehmen.

Die ÖNORM unterscheidet drei Geländeformen, die denen von Abschnitt 6.3 entsprechen. Für jede Geländeform wird eine aerodynamische Bodenrauhigkeit z_0 angegeben ($z_0 = 0{,}055$ m bzw. 0,6 m bzw. 2,90 m für Gelände 1, 2, 3), so daß das Gelände auch eindeutig durch z_0 charakterisiert wird. Die Staudruckwerte $q_2(z)$ (2-Sekundenmittel) für gewisse Höhenwerte z über dem Boden können abhängig vom Grundwert der Windgeschwindigkeit $u_2(10)$ und der Geländeform Tabelle 3 der Norm entnommen werden. Für Höhen im Bereich $10 \text{ m} \leqslant z \leqslant 150 \text{ m}$ kann der Staudruck auch mit Hilfe der Gleichung

$$q_2(z) = q_2(100) \frac{\log\left(\frac{z}{z_0}\right)}{\log\left(\frac{100}{z_0}\right)} = q_2(100) \frac{\ln\left(\frac{z}{z_0}\right)}{\ln\left(\frac{100}{z_0}\right)} \tag{6.28}$$

berechnet werden. Der Staudruck $q_2(100)$ in 100 m Höhe ist dabei entsprechend dem Grundwert der Windgeschwindigkeit $u_2(10)$ und der Geländeform (oder Bodenrauhigkeit z_0) Tabelle 3 der Norm zu entnehmen. Die Vorschriften erlauben auch die Verwendung anderer Profilformen (z. B. Stufenprofil), nur dürfen die Werte der gewählten Form an keiner Stelle unter denen der vorgegebenen Kurve liegen.

Hat der Baukörper über die ganze Höhe eine konstante Länge l_m quer zum Wind, so kann man die Ermittlungen der Gesamtkraft bzw. des Momentes um die Basis durch einfache Integration ausführen. Dabei treten die folgenden Integrale auf:

$$\int_{10}^{z} \ln \frac{z}{z_0}\, dz = z \left(\ln \frac{z}{z_0} - 1 \right) - 10 \left(\ln \frac{10}{z_0} - 1 \right)$$

$$\int_{10}^{z} z \ln \frac{z}{z_0}\, dz = z^2 \left(\frac{1}{2} \ln \frac{z}{z_0} - 0,25 \right) - 50 \left(\ln \frac{10}{z_0} - 0,5 \right). \tag{6.29}$$

Da sich das für die größere Bodenrauhigkeit geltende Staudruckprofil beim Übergang von einer Geländeform in eine andere nur allmählich ausbildet, ist eine Übergangszone von jeweils ca. 800 m noch der ungünstigeren Geländeform zuzurechnen (vgl. Abschnitt 6.3).

Der Tatsache, daß die für die Belastung eines Bauwerkes oder Bauteiles maßgebliche Böe von der größten Längsdimension des Bauwerkes abhängt (vgl. Abschnitt 6.4.3.2, Bild 6.18), wird in der ÖNORM durch einen sogenannten Größenfaktor s Rechnung getragen, mit dem das 2-Sekundenmittel des Staudruckes zu multiplizieren ist. Dieser Faktor s hängt außer von der größten Längsdimension auch von der Geländeform (bestimmt durch z_0) ab (Tabelle 6.3 bzw. Tabelle 2 der Norm).

Tabelle 6.3 Größenfaktoren s nach ÖNORM B40104, Teil 1

Größte horizontale oder vertikale Längsdimension des Bauwerkes oder Bauteiles	Geländeform		
	1	2	3
maximal 10 m (z. B. Fenster, Verkleidungen, Elemente oder Dachhaut sowie die zugehörigen unmittelbaren Befestigungen, jedoch nicht Sparren und Pfetten)	1,08	1,08	1,03
größer als 10 m, jedoch maximal 50 m	1	1	1
größer als 50 m, aber maximal 100 m	0,92	0,90	0,83
größer als 100 m	0,85	0,83	0,77

6.7.3 SIA 160

Den Berechnungen sollen folgende Staudrücke zugrunde gelegt werden.

Tabelle 6.4 Staudruckbereiche nach SIA 160

z [m]	0–5	5–15	15–40	40–80	80–160	160–320
q [Kp/m²]	70	85	100	120	150	180
q [KN/m²]	0,687	0,834	0,981	1,177	1,472	1,766

Die dem jeweiligen Staudruck q entsprechende Windgeschwindigkeit u ist aus

$$(3.8) \qquad u = \sqrt{\frac{2}{\rho}} \, \sqrt{q}$$

zu ermitteln. Dabei ist aber ρ aus der Zustandsgleichung für ideale Gase zu berechnen

$$(2.1) \qquad \rho = \frac{p}{R \cdot T}.$$

Für mäßig hohe Objekte ($h < 15$ m) ist entsprechend der Staudruckstufe der höchsten Bauwerksteile, für das Objekt mit einem gleichmäßigen Staudruck zu rechnen. Bei Objekthöhen, die nur wenig unter der nächsten Höhenstufe liegen, wird sicherheitshalber empfohlen, den Staudruck dieser höheren Stufe anzuwenden.

Bei hohen Objekten (Funktürmen u. dgl.) darf die Verringerung des Staudruckes nach unten gemäß Tabelle 6.4 in Rechnung gestellt werden.

Bei Brücken, Kraftleitungen und dgl. ist der maßgebende Staudruck mindestens gleich dem Staudruck einer Höhenstufe gleichzusetzen, die der maximalen Erhebung des Objektes über dem Grund oder dem Wasserspiegel entspricht.

Für exponierte Baustellen, wie Berggipfel, Föhngegenden u. dgl., ist gegebenenfalls der Rat meteorologischer Stellen einzuholen.

6.8 Beispiele zur Ermittlung der maßgeblichen Windgeschwindigkeiten

6.8.1 Normalhaus am Ortsrand

In einer Ortschaft soll 200 m vom Ortsrand entfernt ein Gebäude mit 20 m Höhe errichtet werden, dessen Horizontalabmessungen kleiner als die Höhe sind. Das Stundenmittel in 10 m Höhe für freies Gelände (Gelände 1) beträgt $u_{3600}(10) = 90$ km/h $= 25$ m/s für eine mittlere Wiederholungszeit von 50 a. Da nur diese eine Angabe vorliegt, muß mit dieser gerechnet werden, obwohl die Wahrscheinlichkeit, daß dieser Wert innerhalb von 50 a überschritten wird, relativ hoch ist ($p = 0{,}63$, Bild 6.26).

Nach Abschnitt 6.3 bildet sich bei einer Änderung der Bodenrauhigkeit das neue Geschwindigkeitsprofil erst allmählich aus; die Grenzgerade hat die Neigung 1:10. Das bedeutet, daß im Abstand von 200 m vom Ortsrand der Einfluß etwa 20 m hoch reicht, was genau die Höhe des projektierten Gebäudes ist. Daher ist noch mit dem Geschwindigkeitsprofil des freien Geländes mit $d_0 = 0$ zu rechnen. Für die örtlichen Belastungen wird der Mittelwert über 1 s gewählt.

Bild 6.18 oder Gl. (6.14) mit $C = 4{,}4$

$$t_m = \frac{4{,}4 \cdot 20}{25} \, s = 3{,}5 \ s$$

Bild 6.9 $\quad \left[\dfrac{u_{3,5}(10)}{u_{3600}(10)}\right]_{z_0=5\cdot10^{-2}} = 1,43;\qquad \left[\dfrac{u_1(10)}{u_{3600}(10)}\right]_{z_0=5\cdot10^{-2}} = 1,57$

Bild 6.6 $\quad (\alpha_{3,5})_{z_0=5\cdot10^{-2}} = 0,085;\quad (\alpha_1)_{z_0=5\cdot10^{-2}} = 0,078$

$$(6.5a)\qquad u_{3,5}(z) = u_{3,5}(10)\left(\frac{z}{10}\right)^{0,085} = 25\cdot1,43\left(\frac{z}{10}\right)^{0,085} = 35,8\left(\frac{z}{10}\right)^{0,085}\qquad z\geqslant 6\text{ m}$$

$$u_1(z) = u_1(10)\left(\frac{z}{10}\right)^{0,078} = 25\cdot1,57\left(\frac{z}{10}\right)^{0,078} = 39,3\left(\frac{z}{10}\right)^{0,078}\qquad z\geqslant 6\text{ m}$$

Das Profil gilt erst von einer Höhe von 6 m an, darunter ist mit dem Wert für 6 m zu rechnen. Wegen der geringen Höhe des Gebäudes wird man sicher nur mit konstanten Geschwindigkeiten, nämlich den Werten für 20 m rechnen

$$u_{3,5}(20) = 35,8\left(\frac{20}{10}\right)^{0,085}\text{ m/s} = 38,0\text{ m/s}$$

$$u_1(20) = 39,3\left(\frac{20}{10}\right)^{0,078}\text{ m/s} = 41,5\text{ m/s.}$$

6.8.2 Normalhaus in Ortsmitte

Es liegen dieselben Angaben vor wie in Abschnitt 6.8.1, mit dem einzigen Unterschied, daß das Gebäude in einer Entfernung von 500 m vom Ortsrand errichtet werden soll. Die Höhe der umliegenden Bauten beträgt im Mittel 9 m. Der Einfluß der geänderten Rauhigkeit reicht nun 50 m hoch (s. Abschnitt 6.8.1). Als Regel kann gelten, daß mit dem der geänderten Rauhigkeit entsprechenden Profil gerechnet werden darf, wenn der Einflußbereich die 1,5-fache Gebäudehöhe übersteigt, was hier zutrifft. Es wäre aber sicher zu günstig anzunehmen, daß sich das Profil für Gelände 2 bereits voll ausgebildet hat. Aus diesem Grunde wird bis zu $z = 50$ m mit dem $z_0 = 6\cdot10^{-1}$ und darüber mit einem $z_0 = 5\cdot10^{-2}$ entsprechenden Profil gerechnet.

Bild 6.6 $\quad (\alpha_{3600})_{z_0=5\cdot10^{-2}} = 0,146;\quad (\alpha_{3600})_{z_0=6\cdot10^{-1}} = 0,223$

$$(6.5a)\qquad [u_{3600}(50)]_{z_0=5\cdot10^{-2}} = [u_{3600}(10)]_{z_0=5\cdot10^{-2}}\cdot\left(\frac{50}{10}\right)^{0,146}$$

$$= [u_{3600}(41)]_{z_0=6\cdot10^{-1}}$$

$$= [u_{3600}(10)]_{z_0=6\cdot10^{-1}}\cdot\left(\frac{41}{10}\right)^{0,213}$$

$$[u_{3600}(10)]_{z_0=6\cdot10^{-1}} = 25\cdot\frac{5^{0,146}}{(4,1)^{0,223}}\text{ m/s} = 23,1\text{ m/s.}$$

Die Annahme, daß das Profil für Gelände 2 bereits voll ausgebildet ist, würde den folgenden, wesentlich niedrigeren Wert für das Stundenmittel ergeben:

$$(6.6) \qquad \frac{[u_{3600}(10)]_{z_0=6\cdot10^{-1}}}{[u_{3600}(10)]_{z_0=5\cdot10^{-2}}} = 60^{0,146-0,223} = 0,73$$

$$[u_{3600}(10)]_{z_0=6\cdot10^{-1}} = 0,73 \cdot 25 \text{ m/s} = 18,2 \text{ m/s}.$$

Für das Stundenmittel in halber Gebäudehöhe $z = 10$ m ($z_e = 10$ m $- 9$ m $= 1$ m) ist der Wert für $z_e = 6$ m zu nehmen, da ja das Profil nur für $z_e \geqslant 6$ m gilt.

$$(6.5a) \qquad [u_{3600}(6)]_{z_0=6\cdot10^{-1}} = 23,1 \left(\frac{6}{10}\right)^{0,223} \text{ m/s} = 20,6 \text{ m/s}.$$

Bild 6.18 oder Gl. (6.14) mit C = 4,4

$$t_m = \frac{4,4 \cdot 20}{21} \text{ s} = 4,2 \text{ s} \approx 4 \text{ s}.$$

Zur Berechnung der kurzzeitigen Böenmittel dürfen aber hier die Faktoren nicht Bild 6.9 entnommen werden, da ja das Profil für Gelände 2 noch nicht voll ausgebildet ist. Es müssen auch die Böenprofile in der Höhe $z = 50$ m, die den verschiedenen Rauhigkeit entsprechen, gekoppelt werden

$$\text{Bild 6.9:} \qquad \left[\frac{u_4(10)}{u_{3600}(10)}\right]_{z_0=5\cdot10^{-2}} = 1,42; \qquad \left[\frac{u_1(10)}{u_{3600}(10)}\right]_{z_0=5\cdot10^{-2}} = 1,57$$

$$\text{Bild 6.6:} \qquad (\alpha_4)_{z_0=5\cdot10^{-2}} = 0,087; \qquad (\alpha_1)_{z_0=5\cdot10^{-2}} = 0,078$$

$$(\alpha_4)_{z_0=6\cdot10^{-1}} \doteq 0,126; \qquad (\alpha_1)_{z_0=6\cdot10^{-1}} = 0,115$$

$$(6.5a) \qquad [u_4(50)]_{z_0=5\cdot10^{-2}} = [u_4(50-9)]_{z_0=6\cdot10^{-1}} = 1,42 \cdot 25 \left(\frac{50}{10}\right)^{0,087} \text{ m/s} = 40,8 \text{ m/s}$$

$$(6.5a) \qquad [u_1(50)]_{z_0=5\cdot10^{-2}} = [u_1(50-9)]_{z_0=6\cdot10^{-1}} = 1,57 \cdot 25 \left(\frac{50}{10}\right)^{0,078} \text{ m/s} = 44,5 \text{ m/s}$$

$$(6.5a) \qquad [u_4(z_e)]_{z_0=6\cdot10^{-1}} = 40,8 \left(\frac{z-9}{41}\right)^{0,126} \qquad z \geqslant 15 \text{ m}; z_e \geqslant 6 \text{ m}$$

$$[u_1(z_e)]_{z_0=6\cdot10^{-1}} = 44,5 \left(\frac{z-9}{41}\right)^{0,115} \qquad z \geqslant 15 \text{ m}; z_e \geqslant 6 \text{ m}.$$

Da unterhalb von 15 m Höhe mit dem Wert für 15 m zu rechnen ist, wird man zur Vereinfachung wohl für das ganze Gebäude mit den Geschwindigkeiten in $z = 20$ m Höhe rechnen

$$u_4(20-9) = 40,8 \left(\frac{11}{41}\right)^{0,126} \text{ m/s} = 34,6 \text{ m/s}$$

$$u_1(20-9) = 44,5 \left(\frac{11}{41}\right)^{0,115} \text{ m/s} = 38,3 \text{ m/s}.$$

Eine Rechnung mit dem voll ausgebildeten Profil $z_0 = 6 \cdot 10^{-1}$ bringt folgende Werte:

Bild 6.9:
$$\left[\frac{u_4(10)}{u_{3600}(10)}\right]_{z_0=6\cdot10^{-1}} = 1,65; \qquad \left[\frac{u_1(10)}{u_{3600}(10)}\right]_{z_0=6\cdot10^{-1}} = 1,88$$

$$(6.5a) \qquad u_4(20-9) = 1,65 \cdot 18,2 \left(\frac{11}{10}\right)^{0,126} \text{m/s} = 31,4 \text{ m/s}$$

$$u_1(20-9) = 1,88 \cdot 18,2 \left(\frac{11}{10}\right)^{0,115} \text{m/s} = 34,6 \text{ m/s}$$

Der prozentuale Unterschied dieser Ergebnisse zu den oben gerechneten Werten ist geringer als der in den Stundenmittelwerten (18,2 m/s bzw. 23,1 m/s). Dennoch ist zu beachten, daß die letzten Werte im Vergleich mit den Ergebnissen aus den in 50 m Höhe gekoppelten Profilen zu niedrig sind.

6.8.3 Hochhaus in Kleinstadt

Ein 60 m hohes Gebäude mit einem Grundriß von 10×12 m soll in einer Kleinstadt (Gelände 2) errichtet werden. Die mittlere Dachhöhe der umliegenden Bauten beträgt 10 m. Die Gebäudebestandsdauer von 100 a und das Risiko $p = 0,5$ sind vorgegeben. Vom Meteorologen liegen folgende Werte für freies Gelände vor:

$$u_{3600}(10) = 70 \text{ km/h} = 19,44 \text{ m/s} \qquad \text{für } t_w = 10 \text{ a}$$

$$u_{3600}(10) = 90 \text{ km/h} = 25 \text{ m/s} \qquad \text{für } t_w = 100 \text{ a}$$

Was sind die maßgeblichen Windgeschwindigkeiten für die Bemessung des ganzen Gebäudes bzw. für die Bemessung der Fassadenelemente?

Bild 6.26: $N = 100$; $p = 0,5$; $t_w = 145$ a.

Mit den meteorologischen Angaben kann in Bild 6.25 eine Gerade gezeichnet werden. Zur genauen Ablesung der zu $t_w = 145$ a gehörenden Geschwindigkeit ist der Übergang zum linear geteilten y_r empfehlenswert.

$$(6.26) \qquad y_r = -\ln\left[-\ln\left(1 - \frac{1}{t_w}\right)\right] = -\ln\left[-\ln\left(1 - \frac{1}{145}\right)\right] = 4,97$$

Bild 6.25: $y_r = 4,97 \Rightarrow [u_{3600}(10)]_{z_0=5\cdot10^{-2}} = 93,3$ km/h $= 25,9$ m/s.

Für die maßgebliche Mittelungszeit (Gl. (6.14)) braucht man das Stundenmittel in halber Gebäudehöhe. Zunächst ist aber die für Gelände 1 ($z_0 = 5 \cdot 10^{-2}$) errechnete Geschwindigkeit u_{3600} auf Gelände 2 ($z_0 = 6 \cdot 10^{-1}$) umzurechnen, wobei für die Geländeform typische z_0-Werte gewählt wurden.

$$(6.6) \qquad \frac{[u_{3600}(10)]_{z_0=6\cdot10^{-1}}}{[u_{3600}(10)]_{z_0=5\cdot10^{-2}}} = 60^{(\alpha_{3600})_{z_0=5\cdot10^{-2}}-(\alpha_{3600})_{z_0=6\cdot10^{-2}}}$$

Bild 6.6 $\qquad (\alpha_{3600})_{z_0=5\cdot10^{-2}} = 0,146; \qquad (\alpha_{3600})_{z_0=6\cdot10^{-2}} = 0,223$

$$[u_{3600}(10)]_{z_0=6\cdot10^{-1}} = 25,9 \cdot 60^{(0,146-0,223)} \text{ m/s} = 18,9 \text{ m/s}.$$

Die Höhe $z_e = 10$ m entspricht hier einer tatsächlichen Höhe von $z = 20$ m, da laut Angabe $d_0 = 10$ m beträgt. Für die halbe Gebäudehöhe $z_e = z - d_0 = 30$ m $- 10$ m $= 20$ m folgt

$$(6.5a) \qquad [u_{3600}(20)]_{z_0 = 6 \cdot 10^{-1}} = 18,9 \left(\frac{20}{10}\right)^{0,223} \text{m/s} = 22 \text{ m/s}.$$

Bild 6.18 oder Gl. (6.14) mit $C = 4,4$

$$t_m = \frac{4,4 \cdot 60}{22} \text{ s} = 12 \text{ s}.$$

Für das gesamte Gebäude wird der Mittelwert über 10 s (< 12 s), für die örtlichen Belastungen (Fassadenelemente) der Mittelwert über 1 s gewählt.

$$\text{Bild 6.9} \qquad \left[\frac{u_{10}(10)}{u_{3600}(10)}\right]_{z_0 = 6 \cdot 10^{-1}} = 1,52; \qquad \left[\frac{u_1(10)}{u_{3600}(10)}\right]_{z_0 = 6 \cdot 10^{-1}} = 1,88$$

$$\text{Bild 6.6} \qquad (\alpha_{10})_{z_0 = 6 \cdot 10^{-1}} = 0,136; \qquad (\alpha_1)_{z_0 = 6 \cdot 10^{-1}} = 0,115$$

$$\text{Gl. (6.5a)} \quad [u_{10}(z_e)]_{z_0 = 6 \cdot 10^{-2}} = [u_{10}(10)]_{z_0 = 6 \cdot 10^{-2}} \left(\frac{z_e}{10}\right)^{\alpha_{10}} = 1,52 \cdot 18,9 \left(\frac{z_e}{10}\right)^{0,136}$$

$$= 28,7 \left(\frac{z_e}{10}\right)^{0,136}$$

$$[u_1(z_e)]_{z_0 = 6 \cdot 10^{-2}} = [u_1(10)]_{z_0 = 6 \cdot 10^{-2}} \left(\frac{z_e}{10}\right)^{\alpha_1} = 1,88 \cdot 18,9 \left(\frac{z_e}{10}\right)^{0,115}$$

$$= 35,5 \left(\frac{z_e}{10}\right)^{0,115}$$

$$z_e \geqslant 6 \text{ m}, \ z \geqslant 16 \text{ m}.$$

Die Profile gelten erst von einer Höhe von 16 m über dem Boden an (Abschnitt 6.3). Für die Fassadenelemente wird einheitlich mit der höchsten Geschwindigkeit $u_1(50)$ gerechnet, da der Unterschied zur Geschwindigkeit in der Höhe $z = 16$ m nur gering ist.

$$[u_1(50)]_{z_0 = 6 \cdot 10^{-1}} = 35,5 \left(\frac{50}{10}\right)^{0,115} \text{m/s} = 42,7 \text{ m/s}$$

$$[u_1(6)]_{z_0 = 6 \cdot 10^{-1}} = 35,5 \left(\frac{6}{10}\right)^{0,115} \text{m/s} = 33,5 \text{ m/s}$$

Literatur

[6.1] *Möller, F.:* Einführung in die Meteorologie, Bd. 1, BI-Hochschultaschenbücher Bd. 276 (1973)

[6.2] *Regula, H., Zimmerschmid, F.:* Luftfahrt Meteorologie Bd. 1, Elementare Wetterkunde, Akadem. Verlagsanstalt Frankfurt/Main 1956

[6.3] *Panofsky, H. A.:* The atmospheric boundary layer below 150 meters, Annual Review of Fluid Mechanics 6, S. 147–177 (1974)

[6.4] *Monin, A. S.:* The atmospheric boundary layer, Annual Review of Fluid Mech. 2, S. 225–250 (1970)

[6.5]   *Plate, E. J.:* Aerodynamic characteristics of atmospheric boundary layers, US Atomic Energy Commission Office of Information Services 1971

[6.6]   *MacDonald, A. G.:* Wind loading on buildings, Applied Science Publisher Ltd, London 1975

[6.7]   *Sachs, P.:* Wind Forces in Engineering, Pergamon Press, 1972

[6.8]   *Davenport, A. G.:* The relationship of wind structure to wind loading, Proc. Symp. Wind Effects on Buildings and Structures, Teddington 1963

[6.9]   *Panofsky, H. A.:* Summary paper for session 1, Wind structure, Proc. Fourth Int. Conf. on Wind Effects on Buildings and Structures, Heathrow 1975, S. 3–6

[6.10] *Businger, J. A., Wyngaard, J. C., Bradley, E. F.:* Flux-profile relationship in the atmospheric surface layer, J. Atmos. Sci. 28, S. 181–189 (1971)

[6.11] *Žuranski, J. A.:* Windbelastung von Bauwerken und Konstruktionen, Verlagsges. Rudolf Müller, 1972

[6.12] *Scruton, C., Rogers, E. W. E.:* Wind effects on buildings and other structures, Phil. Trans. Roy. Soc. Lond. A269, S. 353–383 (1971)

[6.13] *Caton, P. G. F.:* Standardised maps of hourly mean wind speed over the United Kingdom and some implications regarding wind speed profiles, Proc. Fourth Int. Conf. on Wind Effects on Buildings and Structures, Heathrow 1975, Cambridge University Press, S. 7–22

[6.14] *Davenport, A. G.:* The dependence of wind loads on meteorological parameters, Proc. Int. Res. Sem. Wind Effects on Buildings and Structures, Ottawa 1967, Bd. 1, S. 19–82, University of Toronto Press

[6.15] *Shellard, H. C.:* The estimation of design wind speeds, Proc. Symp. Wind Effects on Buildings and Structures, Teddington 1963, S. 29–52

[6.16] *Duchêne-Marullaz, P.:* Measurements of atmospheric turbulence in a suburban area, Proc. of the Fourth Int. Conf. on Wind Effects on Buildings and Structures. Heathrow 1975, S. 23–32, Cambridge Univ. Press

[6.17] *Shellard, H. C.:* Results of some recent special measurements in the United Kingdom relevant to wind loading problems, Proc. Int. Res. Sem. Wind Effects on Buildings and Structures, Ottawa 1967, Bd. 1, S. 515–24, University of Toronto Press

[6.18] *Pasquill, F.:* Wind structure in the atmospheric boundary, Phil. Trans. Roy. Soc. Lond. A269, S. 439–456 (1971)

[6.19] *Davenport, A. G.:* The buffeting of large superficial structures by atmospheric turbulence, v. Karman Inst. f. Fluid Dynamics, Lectures Series 45, Wind Effects on Buildings and Structures 1972

[6.20] *Jackson, P. S., Hunt, J. C. R.:* Turbulent flow over a low hill, Quart. J. R. Met. Soc. 101, S. 929–955 (1975)

[6.21] *Kitabayashi, K., Orgill, M. M., Cermak, J. E.:* Laboratory simulation of airflow and atmospheric transport diffusion over Elk Mountain, Wyoming, Colorado, State Univ. Rep. No. CER 70–71 KK-MMO-JEC-65 (1971)

[6.22] *Counihan, J.:* Adiabatic atmospheric boundary layers a review and analysis of data from the period 1880–1972, Atm. Environment 9, S. 871–905 (1975)

[6.23] *Mackey, S.:* Wind studies in Hong-Kong. Some preliminary results, Ind. Aerodyn. Abstr. 1/5, S. 1–16 (1970)

[6.24] *Logan, E., Fichtl, G.:* Rough-to-smooth transition of an equilibrium neutral constant stress layer, Boundary-Layer Met. 8, S. 525–528 (1975)

[6.25] *Harris, R. I.:* The nature of the wind. The Modern Design of Wind-Sensitive Structures, C.R.I.A., London 1971

[6.26] *Hinze, J. O.:* Turbulence, MacGraw Hill, 1975

[6.27] *Ishizaki, H.:* Effects of wind pressure fluctuations on structures, Proc. Int. Res. Sem. Wind Effects on Buildings and Structures, Ottawa 1967, S. 265–277

[6.28] *Kaimal, J. C., Wyngaard, J. C., Izumi, Y., Coté, O. R.:* Spectral characteristics of surface-layer turbulence, Quart. J. R. Met. Soc. 98, S. 563–589 (1972)

[6.29] *Davenport, A. G.:* The spectrum of horizontal gustiness near ground in high winds, Quart. J. R. Met. Soc. 87, S. 194–211 (1961)

[6.30] *Cermak, I. E.:* Aerodynamics of Buildings, Annual Review of Fluid Mech. 8, S. 75–106 (1976)

[6.31] *Steinhauser, F.:* Die Windverhältnisse im Stadtgebiet von Wien, Arbeit aus der Zentralanstalt für Meteorologie und Geodynamik, H. 8 (1970)

[6.32] *de Lisle, J. F.:* Structure of the Wind over New Zealand, Some Wind Effects on Buildings and Structures, Univ. Auckland 1971

[6.33] *Simiu, E., Filliben, J.:* Probabilistic models of extreme wind speeds: uncertainties and limitations. Proc. of the Fourth Int. Conference on Wind Effects on Buildings and Structures, Heathrow 1975, S. 53–62

[6.34] *Shellard, H. C.:* The estimation of design wind speeds, Proc. of the conference "Wind Effects on Buildings and Structures", Teddington 1963, S. 30–51

[6.35] *Newberry, C. W., Eaton, K. J., Mayne, J. R.:* Wind loading on tall buildings – further results from Royex House, Building Res. Est. CP 29/73

[6.36] *Isumov, N., Davenport, A. G.:* The ground level environment in built-up areas, Proc. Fourth Int. Conf. on Wind Effects on Buildings and Structures, Heathrow 1975, S. 403–422

[6.37] *Davenport, A. G.:* The relationship of wind structure to wind loading, Proc. Symp. Wind Effects on Buildings and Structures, Teddington 1963, S. 53–102

[6.38] *Panofsky, H. A.:* Wind structure in strong winds below 150 m, Wind Eng. 1/2, S. 91–103 (1977)

[6.39] *Alexander, A. J., Coles, C. F.:* A theoretical study of wind flow over hills, Proc. of the Third Int. Conf. on Wind Effects on Buildings and Structures, Tokyo 1971, S. 95–103

[6.40] *Simiu, E.:* Equivalent static wind loads for tall building design, Proc. ASCE, J. of the Struct. Div. 102 ST4, S. 719–737 (1976)

[6.41] *Mayne, J. R., Cook, N. J.:* On design procedures for wind loading, Building Research Establishment CP 25/78 (1978)

[6.42] *Cook, N. J., Mayne, J. R.:* A new approach to the assessment of wind loads for the design of buildings, Proc. of the 3rd Colloquium on Industrial Aerodynamics, Aachen 1978, Part 1, S. 293–306

[6.43] *Aynsley, R. M., Melbourne, W., Vickery, B. J.:* Architectural Aerodynamics, Applied Sc. Publ. Ltd, London 1977

[6.44] *Bowen, A. J.:* Full scale measurements of the atmospheric turbulence over two escarpments, Proc. of the 5th Int. Conf. on Wind Eng., Fort Collins 1979, Vol. 1, S. 161–172

[6.45] *Panofsky, H. A., Vilardo, M., Lipschutz, R.:* Terrain effects on wind fluctuations, Proc. of the 5th Int. Conf. on Wind Eng., Fort Collins 1979, Vo. 1, S. 173–178

[6.46] *Duchêne-Marullaz, Ph.:* Effect of high roughness on the characteristics of turbulence in cases of strong winds, Proc. of the 5th Int. Conf. on Wind Eng., Fort Collins 1979, Vol. 1, S. 179–194

[6.47] *Shiotani, M., Iwatany, Y.:* Gust structures over flat terrains and their modification by a barrier, Proc. of the 5th Int. Conf. on Wind Eng., Fort Collins 1979, Vol. 1, S. 203–214

[6.48] *Teunissen, H. W.:* Planetary boundary layer wind and turbulence structure over rural terrain, Proc. of the 4th Coll. on Ind. Aerodynamics, Aachen 1980, Building Aerodynamics, Part 1, S. 211–226

[6.49] *Whittingham, R. E.:* Extreme wind gusts in Australia, Bureau of Meteorology, Bulletin Nr. 46, Melbourne 1964

[6.50] *Kawai, H., Katsura, J., Ishizaki, H.:* Characteristics of pressure fluctuations on the windward wall of a tall building, Proc. of the 5th Int. Conf. on Wind Eng., Fort Collins 1979, Vol. 1, S. 519–528

[6.51] *Bowen, A. J., Pearse, J. R.:* Wind flow over two dimensional hills: a comparison of experimental data with theory, Coll. "Construire avec le vent" Nantes 1981, Paper I-2, 17 p.

[6.52] *Barnard, R. H.:* Errors due to the oversimplification of the relationship between wind and resultant load spectra, Coll. "Construire avec le vent", Nantes 1981, Paper VI-3, 5 p.

[6.53] *Zilch, K.:* Ein anschauliches Lastkonzept für Hochhäuser im böigen Wind, Habilitationsschrift TH Darmstadt 1983, 193 S.

7 Versuchstechnik, Modellgesetze

7.1 Versuchsarten

Grundsätzlich unterscheidet man zwei Versuchsarten.

1. Experimente in natürlichem Wind, wobei es sich meist um Originalobjekte, also Versuche im Maßstab 1:1 handelt.

2. Experimente im Modellmaßstab in einem künstlichen Luftstrom, in einem Windkanal.

Die Versuche am Original können natürlich erst begonnen werden, wenn das Objekt fertig ist und Änderungen nur mehr in unbedingt notwendigen Fällen möglich und mit einem großen finanziellen Aufwand verbunden sind. Trotzdem sind diese Versuche an der Großausführung sehr wichtig, weil sie uns Rückschlüsse auf die Zuverlässigkeit von Modellmessungen im Windkanal gestatten. Als Hilfe für die Planung kommen nur Experimente in Windkanälen in Frage.

Das Problem dieser Versuche an Modellen liegt in einer möglichst naturgetreuen Nachahmung der wirklichen Verhältnisse. Dies ist in erster Linie die richtige Simulation der Struktur des Windes (Abschnitte 6.3 und 6.4). Außerdem spielt nicht nur das Gebäude selbst und dessen Oberflächenstruktur, sondern auch die Umgebung (die sich allerdings ändern kann) eine wichtige Rolle (Abschnitt 5.2.5). Die kurzzeitigen Richtungsänderungen des Windes können in einem Windkanalversuch nicht simuliert werden. Bei elastischen Bauwerken muß im Modell zusätzlich ein der Wirklichkeit ähnliches Schwingungsverhalten nachgeahmt werden. Es gibt also eine große Anzahl von Regeln, die beachtet werden muß.

Die Behandlung der Modellgesetze und der Versuchstechnik im Rahmen dieses Buches wird den Aerodynamiker wohl nicht voll befriedigen. Sie ist nur als Übersicht gedacht, die dem Projektingenieur ermöglichen soll, die unterschiedliche Bedeutung von verschiedenen Parametern richtig abzuschätzen und zu erkennen, ob ein ihm angebotenes Versuchsprogramm dem derzeitigen Stand der Versuchstechnik entspricht, oder ob Gesichtspunkte vernachlässigt werden, sodaß der Wert der Versuchsergebnisse stark vermindert wird.

7.2 Modellgesetze

Der Modellversuch soll den Originalverhältnissen ähnlich sein, so daß aus seinen Ergebnissen zuverlässige Aussagen über das Verhalten des Originals gemacht werden können. Durch Anwendung der Dimensionsanalyse [7.1, 7.2] in Form des π-Theorems kann man die für die Übertragbarkeit der Ergebnisse maßgeblichen Kennzahlen angeben. Das π-Theorem besagt, daß ein physikalischer Vorgang der von N physikalischen Größen abhängt, von $N - k$ dimensionslosen Größen beschrieben wird. k ist hier die Anzahl der Dimensionseinheiten (z. B. Masse, Länge, Zeit usw.). Diese $N - k$ dimensionslosen Größen, die sogenannten Kennzahlen, müssen beim Original- und beim Modellversuch denselben Wert haben.

Das Verhalten einer Konstruktion im Wind hängt im wesentlichen von den folgenden N = 11 physikalischen Größen ab [7.3].

E	Elastizitätsmodul
ρ_k	Dichte der Konstruktion
δ_k	Dämpfungsdekrement der Konstruktion
g	Schwerebeschleunigung
$\bar{u}$	mittlere Windgeschwindigkeit
ρ	Dichte der Luft
b	charakteristische Länge der Konstruktion
μ	dynamische Zähigkeit der Luft
u_e	Effektivwert der Windgeschwindigkeitsschwankungen
L_u	Integrallänge der Turbulenz für die Komponente in Windrichtung
$\bar{u}(z)/\bar{u}(10)$	Profil der mittleren Windgeschwindigkeiten

Da diese 11 Größen durch k = 3 Dimensionseinheiten (Masse, Länge, Zeit) ausgedrückt werden können, sind daraus die N − k = 8 folgenden unabhängigen dimensionslosen Kennzahlen ableitbar.

Tabelle 7.1 Kennzahlen

Kennzahl	Physikalische Bedeutung
$E/\rho\bar{u}^2$	Elastizitätsparameter
ρ_k/ρ	Dichteverhältnis
δ_k	Dämpfung der Konstruktion
$\bar{u}^2/gb$	Froude-Zahl
$\rho\bar{u}b/\mu$	Reynolds-Zahl
$\bar{u}(z)/\bar{u}(10)$	Windprofil
$u_e/\bar{u}$	Turbulenzintensität
L_u/b	Turbulenzlängenverhältnis

Zu diesen 8 Größen kommt, wie Whitbread angibt [7.3, 7.22], im Falle der Simulation der von Turbulenz des Windes erregten Schwingungen noch hinzu, daß auch die Gestalt der dimensionslosen Spektren

$$(6.16) \qquad \frac{nS(n)}{u_r^2} = f\left(\frac{n \cdot L}{\bar{u}}\right)$$

aufgetragen über einer dimensionslosen Frequenz $n \cdot L/\bar{u}$ für Original und Experiment gleich sein müssen. Dabei reicht es für Schwingungen in Windrichtung aus, das Spektrum S_u der Komponente u in Windrichtung im Bereich der niedrigsten Eigenfrequenzen der Konstruktion gut zu simulieren. Häufig wird auch auf die richtige Simulation der turbulenten Schubspannung geachtet [7.4].

Bei Messungen des Wärmeüberganges kommt als weitere Kennzahl die Nusselt-Zahl hinzu. Dabei genügt bei hydraulisch rauher Strömung, wenn der Quotient von Nusselt- und Reynolds-Zahl im Modellversuch gleich dem der Großausführung ist [7.58].

7.2.1 Elastizitätsparameter $E/\rho\bar{u}^2$

Im allgemeinen wird für den Modellversuch ein anderes Material verwendet. Damit ist, falls dieser Parameter eingehalten wird, auch schon die Windgeschwindigkeit beim Versuch festgelegt, da ja die Dichten der Luft in der Atmosphäre und im Experiment praktisch gleich sind. Anstatt dieser Kennzahl verwendet man häufig vereinfacht eine reduzierte Frequenz $n \cdot b/\bar{u}$, die ihrem Aufbau nach eine Strouhal-Zahl ist (Gl. (4.26)). Damit ist aber nur die Ähnlichkeit für eine einzige Frequenz gewährleistet, wobei man meist die erste Eigenfrequenz wählt. Handelt es sich um gekoppelte Schwingungen, z. B. Biege- und Torsionsschwingungen, dann müssen die beiden Schwingungen entsprechenden reduzierten Frequenzen

$$\left(\frac{n_B \cdot b}{\bar{u}}\right)_G = \left(\frac{n_B \cdot b}{\bar{u}}\right)_M ; \quad \left(\frac{n_T \cdot b}{\bar{u}}\right)_G = \left(\frac{n_T \cdot b}{\bar{u}}\right)_M \tag{7.1}$$

für Großausführung und Modellversuch gleich sein; die Konstanz des Verhältnisses n_T/n_B ist wesentlich.

7.2.2 Dichteverhältnis ρ_k/ρ

Da das Modell aus anderen Werkstoffen besteht, wird auch diese Kennzahl meist durch andere ersetzt. So z. B. durch

$$\left(\frac{m}{\rho b^2}\right)_G = \left(\frac{m}{\rho b^2}\right)_M \tag{7.2}$$

wobei m die Masse pro Längeneinheit bedeutet (Abschnitt 15.3.2). Bei Torsionsschwingungen kommt noch hinzu

$$\left(\frac{I}{\rho b^4}\right)_G = \left(\frac{I}{\rho b^4}\right)_M , \tag{7.3}$$

mit I als polarem Trägheitsmoment. Sind die Gln. (7.2) und (7.3) erfüllt, dann ist praktisch gewährleistet, daß die Verhältnisse n_T/n_B für Großausführung und Modell gleich sind.

7.2.3 Logarithmisches Dämpfungsdekrement δ_k

Dieser Wert ist mit Unsicherheiten behaftet. Man kann ihn für ein Projekt nur näherungsweise abschätzen (Abschnitt 9.1). Daher werden die Versuche häufig mit einem Bereich von δ_k-Werten durchgeführt.

7.2.4 Froude-Zahl $\bar{u}^2/g \cdot b$

Bei Gebäuden und Türmen ist der Einfluß dieser Kennzahl gering [7.3]. Da außerdem ihre Berücksichtigung bei gleichzeitiger Beachtung der elastischen Ähnlichkeit zu Schwierigkeiten führt, wird diese Kennzahl meist nicht beachtet.

7.2.5 Reynolds-Zahl $\rho \cdot \bar{u} \cdot b/\mu$

Ihre Bedeutung wurde in den Abschnitten 4.4, 5.1.2 und 5.2.3 eingehend erläutert. Hier sei nur wiederholt, daß es praktisch nicht möglich ist, diese Kennzahl einzuhalten. Bei kantigen Körpern, bei denen die Ablösungslinien eindeutig festliegen, werden dadurch die Ergebnisse im allgemeinen nicht beeinflußt, bei gerundeten Körpern ist hingegen Vorsicht am Platz. Hier kann sich auch in relativ schmalen Reynolds-Zahl-Bereichen die Strömung stark ändern (z. B. Kreiszylinder).

7.2.6 Geschwindigkeitsprofil $\bar{u}(z)/\bar{u}(10)$

Es ist unbedingt notwendig, das Geschwindigkeitsprofil im Experiment den Verhältnissen der Natur entsprechend zu simulieren. Der Einfluß der Geschwindigkeitsverteilung auf Druckverteilungen und Kräfte wurde in den Abschnitten 5.1.4 und 5.2.5 ausführlich behandelt. In dem Abschnitt 5.2.5 wurde auch hervorgehoben, daß die örtliche topografische Struktur die Verhältnisse wesentlich beeinflußt. Ein Gebäude darf daher nicht isoliert betrachtet werden, sondern es muß ein möglichst großer Bereich der unmittelbaren Umgebung des interessierenden Objektes in das Modell einbezogen werden.

7.2.7 Turbulenzstruktur: $u_e/\bar{u}$; L_u/b; Spektren

Die beiden Kennzahlen stellen nur eine sehr einfache Beschreibung der Turbulenzstruktur dar, die aber für starre Modelle meist ausreicht. Der Einfluß dieser beiden Größen auf die Kraftbeiwerte wurde in Abschnitt 5.2.4 in einigen Beispielen erläutert. Daß die obigen Forderungen einfach sind, ergibt sich schon daraus, daß nur für eine Schwankung und nur für eine Integrallänge Ähnlichkeit gefordert wird. Im natürlichen Wind ist die Turbulenz nicht isotrop, die Effektivwerte der Schwankungen in den verschiedenen Richtungen u_e, v_e und w_e sind nicht gleich (Abschnitt 6.4.1). Auch die Integrallängen L_{ux}, L_{uy}, L_{uz} der u-Komponente der Geschwindigkeit in den Richtungen x, y, z haben nicht die gleichen Werte (Abschnitt 6.4.2). Außerdem kommen noch die entsprechenden Integrallängen für die anderen Geschwindigkeitskomponenten hinzu. Da aber i. allg. die Schwankungen in Windrichtung den wesentlichen Beitrag zu den Kräften und Drücken leisten, und die experimentelle Nachbildung der Turbulenzstruktur des natürlichen Windes im Windkanal Schwierigkeiten bereitet (Abschnitt 7.3), begnügt man sich meist mit 2 Kennzahlen. Das ist aber nur dann gerechtfertigt, wenn man sich mit der Messung von zeitlichen Mittelwerten begnügt. Sollen auch Druckschwankungen gemessen [7.63] oder dynamische Untersuchungen gemacht werden, müssen die Geschwindigkeitsspektren (Gl. (6.16)) der Realität und des Modellversuches gleich sein, wobei man sich auch hier mit dem Spektrum der u-Komponente begnügt. Das Problem dabei ist, daß man selbst mit den verschiedensten Maßnahmen die notwendigen niedrigen Frequenzen nicht erzeugen kann, auch wenn dies beispielsweise durch einen pulsierenden Luftstrom im Kanal schon versucht wurde [7.48]. Die Grenze ohne eine solche Maßnahme liegt etwa bei $n/\bar{u} = 0,1\ \mathrm{m}^{-1}$, was bei einem $\bar{u}$ von $10\ \mathrm{m/s}$ eine Frequenz von 1 Hz im Kanal bedeutet. Da für Modellversuch und Realität die dimensionslosen Ausdrücke

$$(7.1) \qquad \left(\frac{nb}{\bar{u}}\right)_G = \left(\frac{nb}{\bar{u}}\right)_M$$

gleich sein müssen, folgt als Grenzfrequenz der Großausführung die im Modellversuch noch simuliert werden kann

$$\frac{n_G}{n_M} = \frac{b_M}{b_G} \frac{\bar{u}_G}{\bar{u}_M} .$$

Da der Maßstab b_M/b_G im Mittel bei $1:250$ liegt und $\bar{u}_G/\bar{u}_M = 2$ bis 3 gilt, ist also

$$\frac{n_G}{n_M} = \frac{1 \cdot 2{,}5}{250} = \frac{1}{100} ,$$

die Grenzfrequenz n_G somit ungefähr $0{,}01 \ \mathrm{s}^{-1}$. Das bedeutet, daß die Schwingungszeit zwischen 1...2 min liegt. Die mittlere Geschwindigkeit im Windkanal entspricht daher etwa dem 2-Minuten-Mittel der Atmosphäre.

7.3 Windkanäle

Windkanäle sind, ganz allgemein, Einrichtungen, die einen Luftstrom erzeugen, in dem strömungstechnische Untersuchungen an Modellen durchgeführt werden können. Diese Kanäle wurden ursprünglich für die Luftfahrt entwickelt und waren den Anforderungen der Flugzeugaerodynamik entsprechend konzipiert. So werden dort beispielsweise eine möglichst gleichmäßige Geschwindigkeitsverteilung über den Querschnitt und ein möglichst geringer Turbulenzgrad (Gl. (4.3)) gefordert. Bei der Gebäudeaerodynamik liegt das Schwergewicht auf einer möglichst guten Nachahmung der Windverhältnisse der Atmosphäre, also des Windprofils und der Turbulenzstruktur [7.5 bis 7.9, 7.15, 7.16, 7.55]. Daher können die Kanäle, die für die Luftfahrt entwickelt wurden, nicht oder höchstens nach entsprechenden Adaptierungen [7.14, 7.17] bedingt für Experimente, die den Windeinfluß auf Bauwerke betreffen, herangezogen werden können.

Die Frage ist natürlich, ob es notwendig ist die ganze atmosphärische Grenzschicht (600 m; Abschnitt 6.2) oder nur einen Teil davon zu simulieren. Da in der Regel nur etwa die halbe Kanalhöhe für das Grenzschichtprofil ausgenutzt werden kann [7.5], führt dies bei Simulation der ganzen Grenzschicht bei einer Kanalhöhe von 2 m auf einen Maßstab von 1:600, also auf sehr kleine Modelle. Daher wurde untersucht, ob es nicht genügt, wenn nur ein Teil und nicht die volle Höhe der atmosphärischen Grenzschicht im Experiment nachgeahmt wird. Es zeigte sich tatsächlich, daß Windkanalexperimente, bei denen nur ein Drittel der atmosphärischen Grenzschicht simuliert wurde, gut mit den Messungen im natürlichen Wind übereinstimmten [7.6]. Natürlich spielt die Gebäudehöhe eine Rolle. Die Grenzschicht im Kanal sollte mindestens das Zwei- bis Dreifache der Gebäudehöhe betragen [7.47]. Das spezielle Windprofil erhält man durch eine entsprechende Bodenrauhigkeit auf dem Kanalboden. Außerdem muß ein Großteil der Umgebung des untersuchten Objektes in das Modell einbezogen werden, wobei mit zunehmendem Abstand vom Meßobjekt die Genauigkeit des Modells abnehmen kann (Bild 7.1).

Bild 7.2 zeigt den Windkanal für Gebäudeaerodynamik der Bundesversuchs- und Forschungsanstalt Arsenal in Wien. Die Luft, die links durch eine trichterförmige Öffnung eintritt, wird von einem Axialventilator (rechts im Bild) durch die Meßstrecke gesaugt und wieder in die Halle ausgeblasen. Das grobmaschige Gitter am Eintritt sorgt für eine

Bild 7.1 Windkanal mit Grenzschichtprofil der University of Western Ontario (Kanada) [7.52]

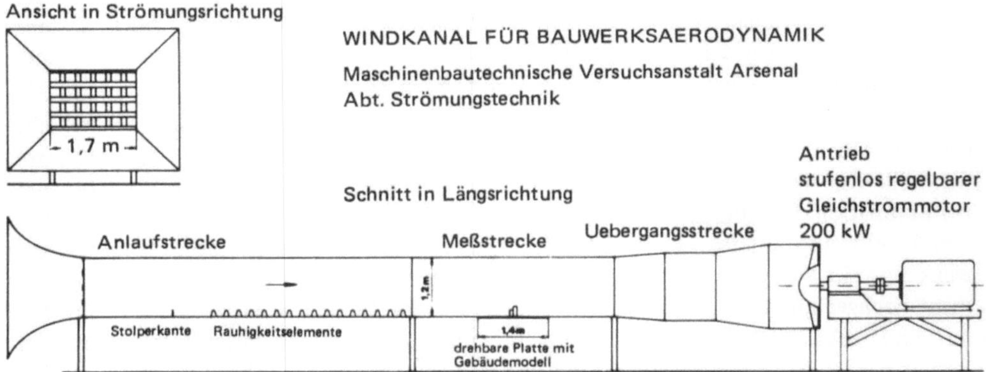

Bild 7.2 Windkanal für Bauwerksaerodynamik der Maschinenbautechnischen Versuchsanstalt Arsenal Wien (Österreich)

grobe Turbulenzstruktur, während die folgende Bodenrauhigkeit die Ausbildung des richtigen Geschwindigkeitsprofils und der Feinstruktur der Turbulenz bewirkt. In der Meßstrecke steht das Prüfobjekt einschließlich der auch im Modell nachgebildeten Umgebung. Die Decke des Kanals ist in Strömungsrichtung schwach nach oben geneigt, um den Druckabfall durch Reibung in Strömungsrichtung, der in einem Kanal entsteht, auszugleichen. Bei manchen Kanälen wird zu diesem Zweck eine perforierte Decke verwendet [7.6].

Auch an der seitlichen vertikalen Wand bildet sich eine Grenzschicht aus, die die Ablösungen am Modell unter Umständen beeinflussen kann. Bei manchen Kanälen wird die seitliche Grenzschicht abgesaugt. Berichte über eine Simulation der atmosphärischen Grenzschicht durch Einblasen liegen ebenfalls vor [7.49, 7.57].

Neben dem offenen Kanal, der Luft aus der Umgebung ansaugt und wieder ausbläst, gibt es auch geschlossene Kreisläufe, bei denen dieselbe Luft wieder zur Meßstrecke zurückgeführt wird. Bezüglich der optimalen Größe eines Kanals wird häufig eine Teststrecke von 2 m $\times$ 1,5 m Querschnitt und 10 m Länge als ausreichend erachtet [7.5 bis 7.7], wenn auch manche Experimentatoren eine Breite bis zu 3 m und eine Länge von 20 m bevorzugen. Die maximalen Geschwindigkeiten liegen meist unter 30 m/s [7.18], es werden sogar Geschwindigkeiten von 10 m/s als genügend erachtet [7.5]. Größere Kanäle sind höchstens für spezielle Experimente von Interesse. Im allgemeinen ist der Aufwand, den eine größere Anlage erfordert, nicht gerechtfertigt. Als solcher Sonderfall kann etwa das Studium der großräumigen Ausbreitung von Abgasen und der Einfluß der Bodenerwärmung bei geringen Luftströmungen auf dieses Transportproblem angesehen werden. Das Konzept eines für diese Zwecke geeigneten meteorologischen Kanals ist natürlich ein anderes [7.8]. Einen Überblick über eine Reihe von Kanälen ist in [7.5] zu finden, eine größere Anzahl von beschriebenen Experimenten ist in [7.9] enthalten.

7.4 Versuchstechnik im Windkanal

7.4.1 Das Modell

Die Umströmung des Modells im Windkanal soll eine Nachbildung der unendlich ausgedehnten Strömung im Halbraum oberhalb des Bodens sein. Die Störungen, die ein Objekt im Winde verursacht, reichen theoretisch bis ins Unendliche, klingen aber mit zunehmendem Abstand vom Objekt rasch ab. Dennoch tritt durch den endlichen Querschnitt des Luftstrahles im Kanal eine gewisse Verfälschung des Strömungsfeldes auf, die um so größer ist, je größer das Verhältnis Modellquerschnitt zu Kanalquerschnitt A_M/A_K wird. Um diese Störungen klein zu halten, sollte ein möglichst kleines Modell gewählt werden. Andererseits verlangen aber die Wiedergabe von Details am Modell, die Anordnung von Druckmeßstellen, die Empfindlichkeiten der Waagen für die Kraftmessungen und die Forderung nach einer möglichst hohen Reynolds-Zahl, daß das Modell nicht zu klein werden darf. Ein Überblick über eine große Anzahl von Windkanälen für Gebäudeaerodynamik [7.5] zeigt, daß der Modellmaßstab bei einer großen Anzahl der Fälle im Bereich 1:100 bis 1:500 liegt. Natürlich gibt es Ausnahmen, so z. B. bei großräumigen meteorologischen Untersuchungen, bei denen nicht die Windwirkung auf ein einzelnes Gebäude im Vordergrund steht. Dort kann der Maßstab bis zu 1:15000 betragen.

Ist der Modellquerschnitt A_M im Verhältnis zum Kanalquerschnitt A_K nur wenig größer als zulässig, so können die dadurch auftretenden Fehler korrigiert werden [7.10 bis 7.13], wobei die Größe der Korrektur von der Körperform, der Position des Körpers im Strahl und der zu messenden Größe selbst abhängt. Beispielsweise sind bei einer Platte senkrecht zur Anströmung die Korrekturen für Widerstandsbeiwert c_W, Druckkoeffizient c_{pF} für die Frontseite und c_{pR} für die Rückseite unterschiedlich [7.10]:

$$c_w = 1{,}09 + 1{,}962\,\frac{A_M}{A_K}$$

$$c_{pF} = 0{,}72 - 0{,}981\,\frac{A_M}{A_K}$$

$$c_{pR} = -0{,}37 - 2{,}943\,\frac{A_M}{A_K}.$$

Die Korrekturen des Druckkoeffizienten auf der Rückseite sind wesentlich höher als die auf der Frontfläche. Ähnliche Ergebnisse zeigten sich auch bei Prismen in einer Grenzschichtströmung [7.51]. Bezieht man den Fehler auf den Staudruck, so ist dieser jeweils mit dem 2. Summanden der rechten Seiten gleichzusetzen. Dann folgt beispielsweise für $A_M/A_K = 0{,}03$ für die Abweichungen von den Sollwerten, die den ersten Ausdrücken entsprechen

$$\Delta c_w = 5{,}9 \cdot 10^{-2}; \quad \Delta c_{pF} = 2{,}9 \cdot 10^{-2}; \quad \Delta c_{pR} = 8{,}8 \cdot 10^{-2}.$$

Der maximale Fehler bezogen auf den Staudruck ist also kleiner als 9%. Das zeigt, daß man das Verhältnis $A_M:A_K = 0{,}03$ praktisch als Grenze ansehen sollte, wenn keine Korrekturrechnung durchgeführt wird.

Die Art der Modellkonstruktion hängt von den Messungen ab, weil dadurch die Anzahl der Ähnlichkeitsparameter nach Abschnitt 7.2 festgelegt ist. Einige Anforderungen an die Modelle bei verschiedenen Messungen werden in den Abschnitten 7.4.2 bis 7.4.6 besprochen. Sollen örtliche Strömungsverhältnisse (z. B. Umströmung von Fassadenplatten, Dachziegeln u. dgl.) im Detail untersucht werden, so wird zunächst die Strömung an einem Gesamtmodell des Bauwerkes in dem Bereich, der von Interesse ist, vermessen. An dem Detailmodell, das auch in Originalgröße sein kann, muß dann das globale Strömungsfeld entsprechend den Ergebnissen aus dem vorangegangenen Versuch simuliert werden. Diese Art des Vorgehens ist besonders bei Untersuchungen von durch die Strömung verursachten Geräuschen zu empfehlen [7.58].

7.4.2 Strömungsverlauf

Um sich einen Einblick in die Luftströmungen um ein Gebäude zu verschaffen, kann man der Strömung örtlich feste oder flüssige Teilchen wie Staub, Rauch oder Tropfen beimengen, deren Fallgeschwindigkeit gegenüber der Strömungsgeschwindigkeit so klein ist, daß sie praktisch ohne Trägheitsverzug der Bewegung des Mediums folgen [7.21]. Häufig wird ein Ölvernebelungsverfahren angewendet [7.29]. Bild 7.3 zeigt das Modell eines Gebäudes in einer Grenzschichtströmung, die von rechts nach links verläuft [7.53].

Zum Studium der Strömungsverhältnisse in Bodennähe hat sich die sogenannte „Erosionstechnik" gut bewährt. Dabei wird auf die Bodenplatte eine dünne Schicht feinen Sandes (Korngröße 0,1...2 mm) oder anderen körnigen Materials gestreut [7.56]. Die Blasgeschwindigkeit des Windkanals wird stufenweise alle zwei Minuten so lange erhöht, bis der Sand auf der Bodenplatte ohne Gebäude weggeblasen wird. Dem entspricht eine gewisse Böengeschwindigkeit in Bodennähe, die man messen kann, bzw. einer Bezugsgeschwindigkeit $u_{A_0}(z)$ in der Höhe z über dem Boden. Nun kommt das Modell in den Kanal, und der

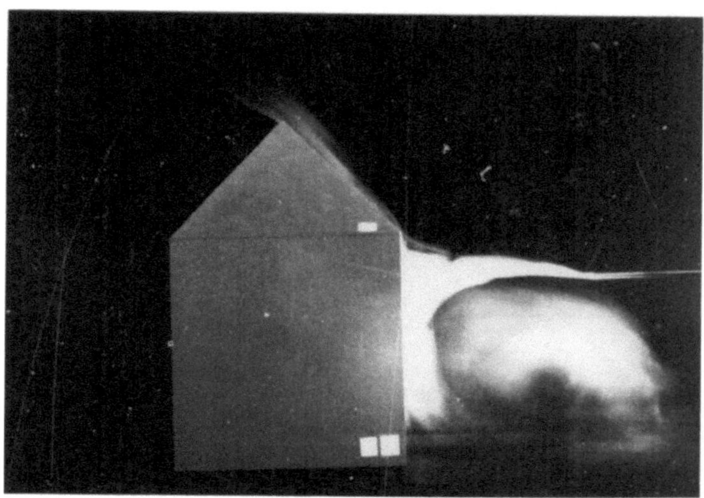

Bild 7.3 Ausbildung des Bodenwirbels auf der Luvseite eines Gebäudes [7.53]

Vorgang wird wiederholt. Dabei werden die kahlen Flächen nach jedem Zeitschritt größer, was man photographisch durch Mehrfachbelichtungen gut festhalten kann.

Ist $u_A(z)$ die Windgeschwindigkeit in der Bezugshöhe, bei der der Sand vom Boden weggeblasen wird, so bedeutet $\dfrac{u_{A0}(z)}{u_A(z)}$ den Faktor, um den auch die Werte in Bodennähe größer oder kleiner sind als die ursprünglichen, je nachdem ob der Faktor größer oder kleiner 1 ist. In Bild 8.4 sind diese Faktoren eingetragen. Dunkle Zonen bedeuten hohe Windgeschwindigkeiten, helle niedere.

Auch die Ausbreitung von Abgasen und deren Rezirkulation durch Ventilationssysteme gehört hierher. In diesem Fall wird den durch Luft simulierten Abgasen ein geeignetes Gas beigemischt, dessen Konzentration an verschiedenen Stellen gemessen wird.

Die Modelle für diese Art der Untersuchung sind starr, bei der Auswahl des Materials ist nur darauf zu achten, daß auch kleine Details und scharfe Kanten richtig wiedergegeben werden. Die Modelle selbst werden meist auf drehbare Scheiben montiert, um die verschiedenen Windrichtungen simulieren zu können. Die hier gemäß Abschnitt 7.2 zu beachtenden Forderungen sind die geometrische Ähnlichkeit und die Einhaltung der Kennzahlen der atmosphärischen Grenzschicht.

7.4.3 Geschwindigkeitsmessungen

Für die Messung der Windgeschwindigkeiten wird bei Modellmessungen meist ein Hitzdrahtanemometer verwendet. Das eigentliche Meßelement (Bild 7.4) ist ein dünner ($3...5\ \mu$m) elektrisch beheizter Draht mit temperaturabhängigem Widerstand in einer Brückenschaltung. Der Vorteil dieses Meßfühlers liegt in seiner geringen Größe, er stört die Strömung nur wenig. Außerdem können damit auch hochfrequente turbulente Schwankun-

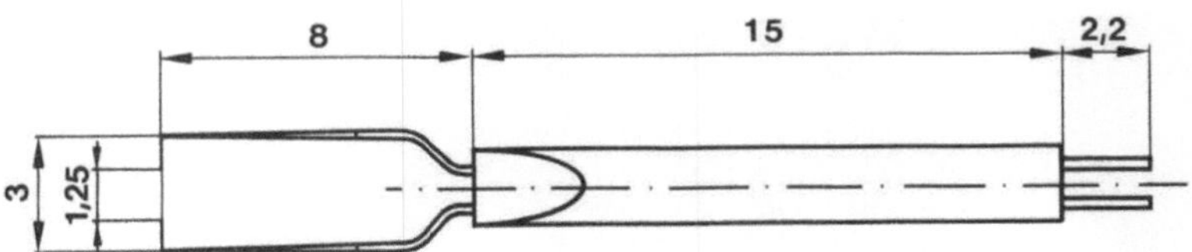

Bild 7.4 Hitzdrahtsonde der Firma DISA (Maße in mm)

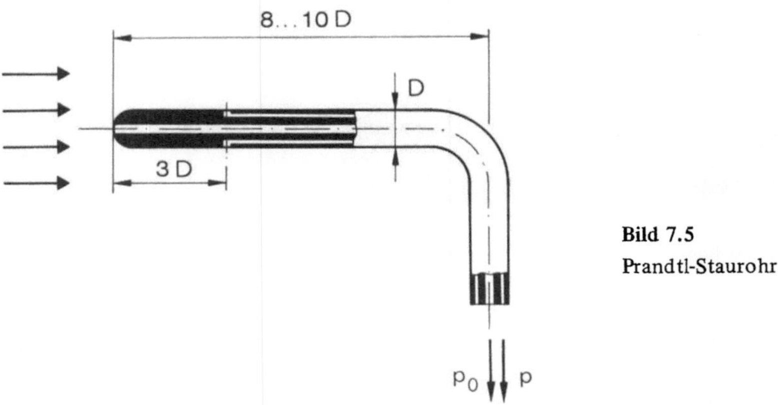

Bild 7.5
Prandtl-Staurohr

gen (bis 30 kHz) gemessen werden. Der Nachteil ist seine Empfindlichkeit gegenüber mechanischer Zerstörung und die Änderung der Eichkurve schon bei geringer Verschmutzung.

Die mittlere Geschwindigkeit im Kanal wird oft mit einem Prandtl-Staurohr ermittelt (Bild 7.5). Im Staupunkt wird der Ruhedruck p_0, in den Bohrungen auf der Seitenwand der statische Druck p (Abschnitt 3.3) gemessen. Damit ergibt sich die Strömungsgeschwindigkeit

$$(3.7) \qquad u = \sqrt{\frac{2}{\rho}} \; \sqrt{p_0 - p} \; .$$

Die Achse des Rohres soll nicht mehr als $20°$ von der Strömungsrichtung abweichen, um die daraus resultierenden Meßfehler bei der Geschwindigkeit klein zu halten [7.19].

7.4.4 Druckmessungen

Der statische Druck auf der Oberfläche eines Modells kann durch Druckmeßbohrungen und Leitungen zu einem Meßgerät weitergeleitet werden (Bild 7.6). Das Bohrloch ist sorgfältig herzustellen, da ein Grat das Meßergebnis verfälschen kann. Manchmal werden auch Metallröhrchen als Meßleitungen verwendet, die dann direkt plan mit der Modelloberfläche abschließen [7.33]. Der Druck wird entweder mit einem Flüssigkeitsmanometer, oder, falls auch die Druckschwankungen studiert werden sollen, hauptsächlich mit

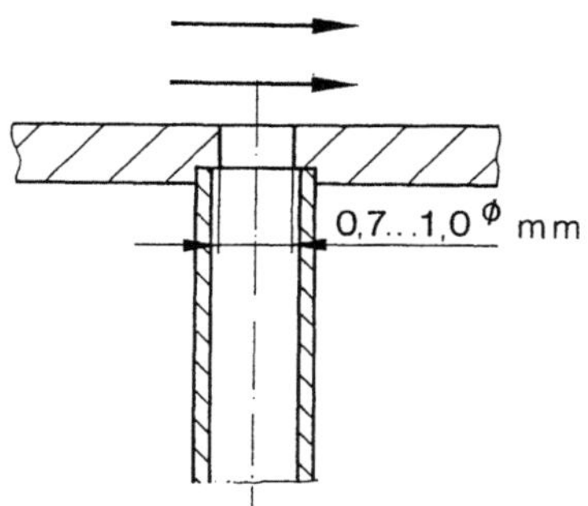

Bild 7.6
Druckmeßstelle an einer Wand

Membrandruckmessern gemessen. Bei dem Studium der Schwankungen ist darauf zu achten, daß lange Meßleitungen das Ergebnis verfälschen können [7.19, 7.20]. Die Leitungen sind daher entsprechend kurz zu halten bzw. mit Dämpfungen zu versehen [7.60], oder der Druckaufnehmer ist bündig in die Modelloberfläche einzubauen. Durch die Verwendung von Druckmeßstellenumschaltern können mit einem einzigen Meßwertaufnehmer bis zu 48 Meßstellen in 3 s abgefragt werden.

Die Anforderungen an das Modell sind die gleichen wie die in Abschnitt 7.4.2. Nur ist bei Aufnahme der turbulenten Schwankungen des Druckes auf genügend Platz für die Meßwertaufnehmer oder einen Meßstellenumschalter mit ausreichend kurzen Leitungen zu achten.

7.4.5 Kraft- und Momentmessungen

Es ist natürlich möglich, die Mittelwerte der Kraft- und Momentenbeiwerte (Abschnitt 5.2.1) durch Integration bei bekannter Druckverteilung zu ermitteln. Dies setzt voraus, daß der Beitrag der Reibungskräfte auf der Oberfläche zur resultierenden Kraft unbedeutend ist, was bei ausgedehnten Nachlaufgebieten, wie sie in der Bauwerksaerodynamik fast immer auftreten, zutrifft. Aber Kräfte und Momente können auch direkt gemessen werden, indem das Modell auf einer aerodynamischen Waage befestigt wird [7.11]. Zur Messung der instationären Kräfte und Momente wurden hierzu spezielle Dehnungsmeßstreifenwaagen entwickelt. Dabei ist darauf zu achten, daß die Eigenfrequenz des Modellwaagesystems wesentlich jenseits des bei der Messung interessanten Frequenzbereiches liegt [7.3].

7.4.6 Schwingungsuntersuchungen

Bei Schwingungsuntersuchungen sind alle Kennzahlen des Abschnittes 7.2 zu beachten. Es wird also neben der aeroelastischen Ähnlichkeit von Modell und Großausführung u. a. auch die Einhaltung des Turbulenz-Längenverhältnisses L_u/b gefordert, was vor allem bei Schwingungen durch Windturbulenz von Bedeutung ist. Dies führt aber zu großen Schwierigkeiten, denn die Turbulenzstruktur erfordert kleine Modelle, etwa 1:500, für die aber die aeroelastische Ähnlichkeit kaum zu erfüllen ist. Bei Versuchen mit Brückenmodellen hat sich gezeigt, daß die richtige Simulation des Turbulenzspektrums im Bereich von Wellenlängen, die der Brückendeckbreite entsprechen, besonders wichtig ist [7.62]. Eine Ein-

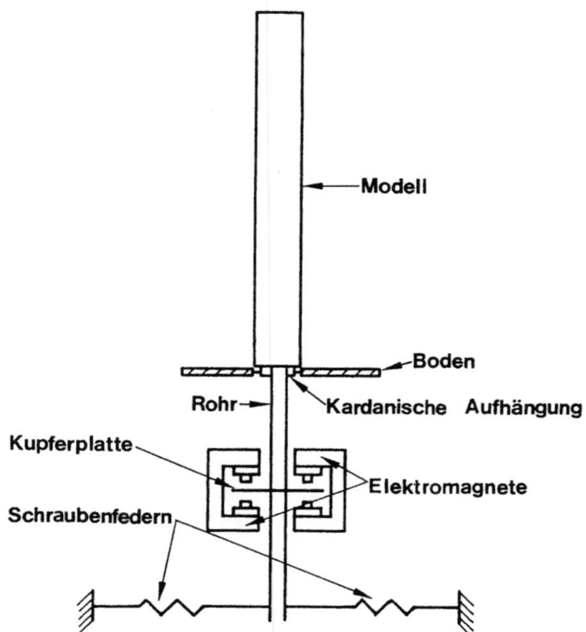

Bild 7.7

Windkanaleinrichtung für Schwingungsuntersuchungen [7.54]

haltung des Turbulenzgrades allein genügt i. allg. nicht (siehe Abschnitte 16.2 und 17.3).
Grundsätzlich kann man zwischen Versuchen mit Modellen der gesamten Konstruktion
und Teilmodellen unterscheiden. Bei diesen wird z. B. nur ein Abschnitt einer Brücke
oder eines Turmes untersucht. Im ersten Fall wird entweder ein aeroelastisches Modell
angefertigt, oder man verwendet, was wesentlich öfter geschieht, ein starres Modell, das
federnd und gedämpft gelagert wird (Bild 7.7). Der Nachteil des starren Modells ist, daß
die Schwingungsform auf diese Weise nicht richtig simuliert wird. Der Vorteil liegt darin,
daß Eigenfrequenz und Dämpfung durch Änderung der Federn bzw. der elektroma-
gnetischen Dämpfung leicht verändert werden können. Dabei ist vor allem die Flexi-
bilität in der Dämpfung wichtig, da diese für das Gesamtbauwerk nur näherungsweise
angegeben werden kann (Abschnitt 9.1). Bei Gebäuden werden die aeroelastischen Modelle aus starren mit Massen belegten Rahmen aufgebaut, die untereinander elastisch gekoppelt
werden [7.59]. Aeroelastische Modelle von Hängebrücken sind sehr schwierig herzustellen.
Daher hat man dort schon früher neben Gesamtmodellversuchen Experimente mit starren,
aber elastisch gedämpft gelagerten Teilmodellen durchgeführt. Die gute Übereinstimmung
der Ergebnisse beider Methoden ist ein Beweis für die Zuverlässigkeit von Experimenten
mit Teilmodellen [7.22]. Auch bei Versuchen zu wirbelerregten Schwingungen (Kap. 16)
und selbsterregten Schwingungen durch Anstelleffekt (Kap. 17) werden oft Teilmodelle
verwendet. Eine neue Versuchstechnik verwendet vorgespannte Drähte, auf denen das
leichte, flexible Brückendeck befestigt wird. Die Spannungen der Drähte werden dabei so
aufeinander abgestimmt, daß das Verhältnis von Biege- zu Torsionsfrequenz richtig ist
[7.61]. Der Vorteil liegt vor allem in der möglichen Simulation von Schräganströmungen,
was wichtig ist, da die Torsionserregung mit zunehmender Abweichung von der Normalanströmung stark abnimmt [7.62].

Bild 7.8
Anemometermast und Versuchsgebäude mit
variabler Dachneigung im Hintergrund [7.32]

7.5 Meßtechnik im natürlichen Wind

7.5.1 Meßobjekte

Bei Messungen an Originalbauten sind schon im Planungsstadium etwaige Meßeinrichtungen zu berücksichtigen, da eine spätere Installation meist erhebliche Betriebsstörungen
verursacht und außerdem sehr kostspielig ist. Es werden aber auch Häuser in Originalgröße oder in einem gewissen Maßstab nur für Versuchszwecke errichtet und im natürlichen Wind untersucht [7.23, 7.24]. Dabei handelt es sich jeweils um spezielle Aufgabenstellungen. Den verschiedenen Anforderungen entsprechend werden die unterschiedlichen
Meßmethoden hier getrennt angeführt.

7.5.2 Geschwindigkeitsmessung

Für die Messung der Windgeschwindigkeit werden, wie in der Meteorologie üblich, häufig
Schalenkreuzanemometer verwendet. Der im Wind rotierende Schalenkranz sitzt auf einer
gemeinsamen Achse mit einem Generator. Diese Windmesser werden auf Masten in verschiedenen Höhen über dem Boden montiert (Bild 7.8), um Aussagen über das Geschwindigkeitsprofil zu erhalten. Eine solche Anordnung ist nur im unverbauten Gelände möglich, da ja die Windgeschwindigkeiten dort gemessen werden müssen, wo der Wind von Hindernissen der unmittelbaren Umgebung noch nicht verfälscht wurde. Außerdem sollen die
Anemometer natürlich in Windrichtung vor dem Gebäude liegen, was bei variabler Windrichtung eine größere Anzahl von Anemometermasten erfordert.

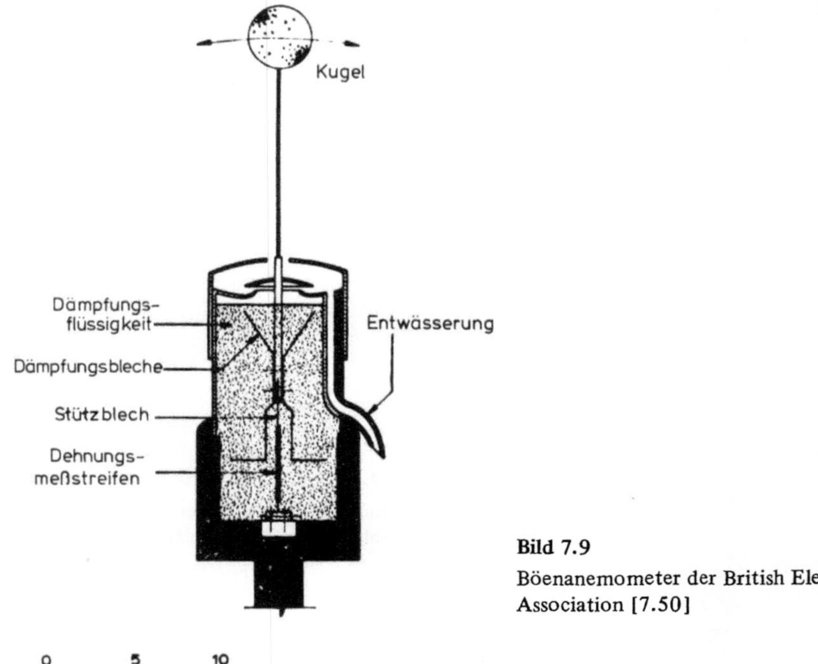

Bild 7.9
Böenanemometer der British Electrical Research
Association [7.50]

In Städten müßten diese hohen Maste auf den Dächern der höchsten umliegenden Gebäude montiert werden, was aber meist nicht möglich ist. Aus diesem Grunde begnügt man sich dort manchmal mit den von der nächstliegenden meteorologischen Station aufgezeichneten Windgeschwindigkeiten, was aber zu größeren Ungenauigkeiten führen kann [7.25].

Der Nachteil der Schalenkreuzgeräte ist ihre Trägheit, selbst bei kleinen und leichten Motoren liegt die Grenzfrequenz bei 0,5 Hz. Auch Anemometer, deren Laufräder einer Luftschraube ähneln, sind für Böenmessungen zu träge [7.28]. Für Böenmessungen sollte die Grenzfrequenz bei etwa 10 Hz liegen [7.28]. Aus diesem Grunde wurden eigene Böenanemometer entwickelt. Ein solcher Böenmesser ist im Prinzip eine perforierte Kugel auf einem elastischen Arm, dessen Deformationen mit Hilfe von Dehnungsmeßstreifen registriert werden [7.26, 7.50] (Bild 7.9). Bei einer von Neuerburg entwickelten Windkugel [7.27] wird die Verschiebung einer Kugel unter Windeinfluß gegen eine steife Halterung gemessen, wodurch sowohl Windgeschwindigkeit als auch Richtung erhalten werden.

7.5.3 Druckmessungen

Druckmessungen können im Prinzip auch bei Experimenten am Original so ausgeführt werden, wie sie in Abschnitt 7.4.4 bei den Modellversuchen beschrieben wurden. Das Ziel ist die Messung von Druckschwankungen bis etwa 10 Hz mit möglichst großer Genauigkeit. Die örtlichen Drücke im Bereich einer Bohrung sind aber hier weniger von Bedeutung, es interessieren die räumlichen Mittelwerte auf einer Fläche in der Größe einer Ver-

Bild 7.10 In eine Wand eingebaute Druckmeßdose [7.32]

kleidungsplatte. Für diese Zwecke wurde von BRS eine Druckmeßdose entwickelt, die diesen Anforderungen gerecht wird [7.30]. Die Dose hat einen Außendurchmesser von 140 mm und ist 30 mm tief (Bild 7.10). Die Bewegung einer kreisförmigen Druckplatte (100 mm) infolge der Druckänderungen wird durch Dehnungsmeßstreifen meßtechnisch erfaßt. Der Druckgeber wurde zunächst flach in die Wände eingebaut [7.32]. Weitere Experimente haben jedoch gezeigt, daß die Ergebnisse nicht verfälscht werden, wenn die Druckmeßdose auf die Wand aufgesetzt wird, was die Montage wesentlich erleichtert. Manchmal werden die Dosen auch hinter Bohrungen in die Wand gesetzt [7.34]. Dieser spezielle Druckgeber wurde für vertikale Wände entwickelt, wo er sich auch gut bewährt hat [7.30]. Bei Dächern können hingegen durch Verschmutzung und Eindringen von Wasser Schwierigkeiten auftreten [7.31].

Das Problem aller Druckmessungen an Originalen ist die Bereitstellung eines zuverlässigen Referenzdruckes, da ja stets nur Druckdifferenzen gemessen werden. Der Druck im Gebäude selbst, der Schwankungen unterworfen ist und von Geschoß zu Geschoß variieren kann, wird manchmal als Vergleichsdruck herangezogen [7.25] obwohl er dazu schlecht geeignet ist.

Falls der Wind in der Umgebung des Meßobjektes nicht durch Hindernisse gestört wird, kann der statische Druck durch einen entsprechenden Druckgeber (z. B. Staurohr in Windrichtung) auf einem Mast ermittelt werden. Eine andere Methode ist eine Grube im Boden, die durch einen Deckel mit einer Bohrung abgeschlossen wird [7.32]. Auch diese Meßeinrichtung muß in einer ungestörten Zone liegen. Bei Messungen an Türmen mit kreiszylindrischem Querschnitt kann der statische Druck auch näherungsweise dadurch bestimmt werden, daß die Lage des Nulldurchganges der Druckverteilung relativ zum Staupunkt angenommen wird. Aus der Lage des Staupunktes und der Größe des dort herrschenden Druckes kann dann der statische Druck ermittelt werden.

7.5.4 Kraft- und Momentenmessung

Kräfte und Momente werden meist mit Hilfe von Dehnungsmeßstreifen erfaßt [7.35, 7.36]. Die Meßstreifen werden dabei z. B. schon beim Bau an der Armierung des Betons angebracht, oder es werden beim Bau Betonspannungsmeßdosen einbetoniert [7.37]. Auch bei Messung der Beanspruchung von Glastafeln werden Dehnungsmeßstreifen eingesetzt [7.31]. Genauso wie bei Modellexperimenten (Abschnitt 7.4.5) ist es auch hier möglich, Kraft- und Momentenbeiwert durch Integration bei bekannter Druckverteilung zu ermitteln, wobei die Reibungskräfte vernachlässigt werden [7.34].

7.5.5 Schwingungsuntersuchungen

Zur Aufnahme der Schwingungen von Bauwerken, die vor allem bei Türmen und Schornsteinen auftreten, werden meist Beschleunigungsaufnehmer in zwei zueinander senkrechten Richtungen installiert [7.38, 7.41 bis 7.43]. Die Aufnehmer werden manchmal auch in mehreren Ebenen über dem Boden angeordnet, um die Form der Biegelinien zu erhalten [7.44, 7.45]. Andere Methoden zur Messung der Auslenkungen, z. B. mittels eines Lasers oder eines gespannten Drahtes, sind ebenfalls in der Literatur zu finden [7.46].
Ziel der Messungen kann die Untersuchung von winderregten Schwingungen und der Vergleich dieser experimentellen Ergebnisse mit verschiedenen theoretischen Ansätzen sein. Es kann sich aber auch um die Bestimmung der ersten Eigenfrequenzen, der Biegelinien und des logarithmischen Dämpfungsdekrements handeln, Größen die man für die theoretischen Untersuchungen benötigt. In diesem Falle muß die Konstruktion zu Schwingungen angeregt werden, was auf verschiedene Arten erfolgen kann [7.38]. Der bekannteste Fall ist wohl der, daß die Konstruktion statisch belastet und plötzlich entlastet wird, ein Vorgang, der z. B. durch Spannen eines Seiles und das Trennen einer Sicherung erfolgen kann. Oder die Konstruktion wird durch einen Schwingungserreger [7.44] in einer Eigenfrequenz erregt, wobei allerdings das plötzliche Abstoppen des Oszillators zu Schwierigkeiten führen kann [7.38]. Eine weitere Möglichkeit ist die Erregung durch eine Zufallskraft konstanter spektraler Dichte im Bereich der Eigenfrequenz der untersuchten Konstruktion. Die Anregung kann dabei durch elektronisch gesteuerten Schwingungserreger oder auch auf natürliche Weise z. B. durch den Wind [7.39] oder, bei einer Brücke, durch den fließenden Verkehr erfolgen [7.40]. Aus der zeitlichen Autokorrelationsfunktion (Abschnitt 4.2.4) der Schwingung können Eigenfrequenzen und Dämpfung bestimmt werden [7.39, 7.40]. Die nach verschiedenen Methoden bestimmten δ_K-Werte zeigen allerdings Abweichungen [7.41].

Literatur

[7.1] *Langhaar, H. L.:* Dimensional Analysis and Theory of Models, John Wiley & Son, 1951

[7.2] *Zierep, J.:* Ähnlichkeitsgesetze und Modellregeln der Strömungslehre, C. Braun, 1972

[7.3] *Whitbread, R. E.:* The use of scale models for the determination of wind effects on buildings and structures, VKI Lectures "Wind Effects on Building and Structures"; von Karman Inst. for Fluid Dynamics 1972

[7.4] *Peterka, J. A.:* Fluctuating-pressure tests for cladding designe, Proc. ASCE Nat. Struct. Eng. Conv. April 14–18, 1975, S. 1–20

[7.5] *Hunt, C. R., Fernholz, H.:* Wind-tunnel simulation of the atmospheric boundary layer, a report on Euromech 50, J. Fluid Mech. 70/3, S. 543–559 (1975)

[7.6] *Cook, N. J.:* On simulating the lower third of the urban adiabatic boundary layer in a wind tunnel, Atmos. Env. 7, S. 691–705 (1973)

[7.7] *Cook, N. J.:* A boundary layer wind tunnel for building aerodynamics, BRE Current Paper CP 49/75

[7.8] *Cermak, J. E.:* Laboratory simulation of the atmospheric boundary layer, AIAA J. 9/9, S. 1746–1754 (1971)

[7.9] *Bain, D. C., Baker, P. J., Rowat, M. J.:* Wind Tunnels. An Aid to Engineering Structure Design, BHRA, Cranfield 1971

[7.10] *Melbourne, W. H.:* Wind tunnel blockage correction for multiple building models tests, Proc. Fourth Australasian Conference on Hydraulics and Fluid Mech., Monash Univ., Melbourne, Australia 1971

[7.11] *Pope, A., Harper, J. J.:* Low-Speed Wind Tunnel Testing, John Wiley & Sons, 1966

[7.12] *Schulz, G.:* Die Verdrängungskorrekturen in Unterschallwindkanälen und die Grenzen ihrer Anwendbarkeit, Z. Flugwiss. 20/7, S. 261–268) (1972)

[7.13] *Wuest, W.:* Verdrängungskorrekturen für rechteckige Windkanäle bei exzentrischer Lage des Modells und verschiedenen Strahlbegrenzungen, Z. Flugwiss. 20/3, S. 117–118 (1972)

[7.14] *Counihan, J.:* A method of simulating a neutral atmospheric boundary layer in a wind tunnel, Proc. AGARD Conf. Nr. 48, Paper Nr. 14 (1969)

[7.15] *Gerhardt, H. J., Kramer, C.:* Atmosphärische Turbulenz und ihre Simulation im Windkanal. Koll. über Industrieaerodynamik, Aachen 1974, Teil 2, Bauwerksaerodynamik, S. 5–17

[7.16] *Stevenson, D. C.:* Simulation in wind-tunnels of the natural wind, Proc. Sem. Wind Effects on Buildings and Structures, Univ. of Auckland, New Zealand, 1971, Paper No. 3

[7.17] *Cowdrey, C. F.:* A simple method for the design of wind-tunnel velocity-profile grids, NPL Aero Note 1055 (1967)

[7.18] *Cermak, I. E.:* Aerodynamics of buildings, Annual Review of Fluid Mech. 8, S. 75–106 (1976)

[7.19] *Wuest, W.:* Strömungsmeßtechnik, Vieweg 1969

[7.20] *Cook, N. J.:* Adapting the DISA S1F32 low pressure transducer for use in pressure scanning switches, J. of Physics E., Scientific Instruments 8, S. 267–268 (1975)

[7.21] *Fejer, A. A.:* Flow visualization techniques for the study of the aerodynamics of bluff bodies and of unsteady flows, von Karman Institute for Fluid Dynamics, lectures series 45 "Wind effects on buildings and structures", 1972

[7.22] *Whitbread, R. E.:* Model simulation of wind effects on structures, Proc. of the Conference "Wind Effects on Buildings and Structures", Teddington 1963, S. 284–306

[7.23] *Eaton, K, Mayne, I. Cook, J.:* Wind loads on low-rise buildings – effects of roof geometry, Proc. 4th Int. Conf. on Wind Effects on Buildings and Structures, London 1975, S. 95–110

[7.24] *Torrance, V. B.:* Wind profiles over a suburban site and wind effects on a half full scale model building, Build. Sci. 7/1, S. 1–12 (1972)

[7.25] *Newberry, C. W., Eaton, K. J., Mayne, J. R.:* The nature of gust loading on tall buildings, Proc. Int. Res. Sem. "Wind Effects on Buildings and Structures", Ottawa 1967, S. 399–428

[7.26] *Morrison, J. G.:* The development of a miniature gust anemometer, Proc. Symp. Wind Effects on Buildings and Structures Loughborough 1968, Paper 30

[7.27] *Neuerburg, W.:* Meßgerät zur Bestimmung von Größe und Richtung einer stationären oder instationären Strömungsgeschwindigkeit DB-Patent Nr. 1 933009

[7.28] *Sachs, P.:* Wind Forces in Engineering, Pergamon Press, 1972

[7.29] *Grigg, P. F., Sexton, D. E.:* Experimental techniques for wind tunnel tests on model buildings, Building Res. Est. CP 43/74, 11 Seiten (1974)

[7.30] *Mayne, I. R.:* A wind-pressure transducer, Buildings Research Station CP 17/70 (1970)

[7.31] *Eaton, K. J., Mayne, J. R., Menzies, J. B., Buller, P. S. J.:* Full-scale fluid dynamic measurements, Building Res. Est. CP 71/74 (1974)

[7.32] *Eaton, K.J., Mayne, J. R.:* The measurement of wind pressures on two-storey houses at Aylesburg, Britisch Res. Est. CP 70/74 (1974)

[7.33] *Peterka, J. A.:* Fluctuating pressure tests for cladding design, Proc. ASCE National Struct. Eng. Conv., New Orleans 1975

[7.34] *Ruscheweyh, H.:* Beitrag zur Windbelastung hoher kreiszylinderähnlicher schlanker Bauwerke im natürlichen Wind bei Reynolds-Zahlen bis Re = 1,4 × 10^7, Diss. TH Aachen 1974

[7.35] *Eaton, K. J., Mayne, J. R.:* Strain measurements at the GPO Tower, London, Building Res. Station CP 29/71 (1971)

[7.36] *Smart, H. R., Stevens, L. K., Joubert, P. N.:* Dynamic structural response to natural wind, Proc. Int. Res. Sem. Wind Effects on Buildings and Structures, Ottawa 1967, S. 595–630

[7.37] *Schneider, F. X., Wittmann, F. H.:* Ergebnisse und Diskussion der Wind- und Schwingungsmessungen am Münchener Fernsehturm, Koll. über Industrieaerodynamik, Aachen 1972, Teil 2 Bauwerksaerodynamik, S. 47–62

[7.38] *Wootten, L. R.:* The estimation of the structural damping of civil engineering structures, Symp. on Applications of Experimental and Theoretical Dynamics, Southampton University 1972

[7.39] *Jeary, A. P., Winney, P. E.:* Determination of structural damping of a large multi-flue chimney from the response to wind excitation, I.C.E. Proceedings, Dec. 1972, Part 2, Technical Note 65

[7.40] *Kowalewski, J.:* Neuere Erkenntnisse über Schwingungen von Bauwerken im Wind, Rhein. Westf. Akademie der Wissenschaften, Vorträge N256, S. 7–50 (1976)

[7.41] *Burrough, H. L., Jeary, A. P., Wilson, J. M.:* Structural dynamics of large multi-flue chimneys, Proc. of the Fourth Int. Conf. Wind Effects on Buildings and Structures, Heathrow 1975, S. 497–514

[7.42] *Müller, F. P., Nieser, H.:* Messungen winderregter Schwingungen an einem Stahlbetonschornstein, Koll. über Industrieaerodynamik Aachen 1974, Teil 2, Bauwerksaerodynamik, S. 99–109

[7.43] *Ruscheweyh, H., Hirsch, H.:* Full scale measurements of the dynamic response of tower shaped structures, Proc. of the Fourth Int. Conf. Wind Effects on Buildings and Structures, Heathrow 1975, S. 133–142

[7.44] *Pacht, H.:* Schwingungsuntersuchungen an stählernen Turmbauwerken wie Maste und Schornsteine aus der Sicht der Praxis, VDI-Bericht Nr. 221, S. 127–133 (1974)

[7.45] *Shears, M.:* Report on the measurement of wind and vibration at the Emley Moor television tower, Int. Symp. on Vibration Problems in Industry, Keswick 1973, Paper No. 122

[7.46] *Paquet, J.:* Measurement and interpretation of wind effect on a 50 m high tower, Proc. of the Fourth Int. Conf. on Wind Effects on Buildings and Structures, Heathrow 1975, S. 537–547

[7.47] *Sharan, V.:* On the characteristics of flow around building models with a view to simulating the minimum fraction of the natural boundary layer, Int. J. mech. Sci. 17, S. 557–563 (1975)

[7.48] *Gandemer, J.:* Dynamic simulation of the atmospheric boundary layer in neutral stability large scale turbulence, Centre Scientifique et Technique de Batiment, Etablissement de Nantes

[7.49] *Teunissen, H. W.:* Simulation of the planetary boundary layer in a multiple-jet wind tunnel, UTIAS Rep. No. 182, University of Toronto (1972)

[7.50] *MacDonald, A.:* Wind Loading on Buildings, Appl. Science Publ. Ltd., 1975, S. 30–31

[7.51] *MacKeon, R. J., Melbourne, W. H.:* Wind Tunnel blockage effects and drag on bluff bodies in a rough wall boundary layer, Proc. of the 3rd Int. Conf. on Wind Effects on Buildings and Structures, Tokyo 1971, S. 263–272

[7.52] *Dalgliesh, W. A., Wright, W., Schriever, W. R.:* Wind pressure measurements on a full-scale high rise office building, Proc. Int. Res. Sem. Wind Effects on Buildings and Structures, Ottawa 1967, Vol. 1, S. 167–200

[7.53] *Schachel, R., Sockel, H., Horvat, M.:* Gesimsausbildung bei Hochbauten – Einfluß des Gesimses auf die Umströmung des Gebäudes, Österr. Inst. f. Bauforschung, Jahresbericht 1974, S. 56–60

[7.54] *Scruton, C.:* Aerodynamics of structures, Proc. Int. Res. Sem. Wind Effects on Buildings and Structures, Ottawa 1967, S. 117–161

[7.55] *Cook, N. J.:* On simulating the atmospheric boundary layer in wind tunnels, Building Res. Est. CP 71/78 (1978)

[7.56] *Beranek, W. J., van Koten, H.:* Visual techniques for the determination of wind environment, Proc. of the 3rd Colloquium on Industrial Aerodynamics, Aachen 1978, Buildings Aerodynamics, Part 3, S. 1–15

[7.57] *Nagib, H. M., Morkovin, M. V., Yung, J. T., Tan-atichat, J.:* On modeling of atmospheric surface layers by the counter-jet technique, AIAA J. 14/2, S. 185–190 (1976)

[7.58] *Vermeulen, P.:* Wind patterns close to building facades, Proc. of the 4th Coll. on Industrial Aerodynamics Aachen 1980, Buildings Aerodynamics, Part 1, S. 187–197

[7.59] *Templin, J. T., Cooper, K. R.:* Design and performance of a multidegree-of-freedom aeroelastic building model, Proc. of the 4th Coll. on Industrial Aerodynamics, Aachen 1980, Buildings Aerodynamics, Part 2, S. 124–135

[7.60] *Irwin, H. P., Cooper, K. R., Girard, R.:* Correction of distortion effects caused by tubing systems in measurements of fluctuating pressures, J. Ind. Aerod. 5, S. 93–107 (1979)

[7.61] *Davenport, A. G.:* The use of taut strip models in the prediction of the response of long span bridges to turbulent wind, Flow-induced Structural Vibrations, ed. E. Naudascher, Springer-Verlag 1974, S. 373–381

[7.62] *Davenport, A. G., Isyumov, N., Rothman, H., Tanaka, H.:* Wind induced response of suspension bridges – wind tunnel model and full scale observations, Proc. of the 5th Int. Conf. on Wind Eng., Fort Collins 1979, ed. J. E. Cermak, Vol. 2, S. 807–824

[7.63] *Vickery, P. J., Surry, D.:* The Aylesbury experiments revisited – further wind tunnel tests and comparisons, Proc. of the 5th Coll. on Industrial Aerodynamics, Aachen 1982, Building Aerodynamics Annex, S. 19–42

8 Windgeschwindigkeiten in der Umgebung von Bauwerken

8.1 Gefährliche und zumutbare Windgeschwindigkeiten

Gebäude, die die Bauwerke der Umgebung wesentlich überragen, können die Windverhältnisse in ihrer Umgebung stark beeinflussen, es können nicht nur unangenehme, sondern sogar Menschen gefährdende Windgeschwindigkeiten in Bodennähe auftreten. Penwarden [8.1] berichtet von zwei älteren Frauen, die im Jahre 1972 durch Böen in der Umgebung von Hochhäusern erfaßt wurden, stürzten, und als Folge dieser Unfälle starben. In einem Fall konnte aufgrund von meteorologischen Daten die Böengeschwindigkeit am Ort abgeschätzt werden, sie lag bei 30 m/s. Aber auch jüngere Leute können durch plötzliche Böen stürzen, so z. B. 2 Mädchen auf dem Universitätsgelände von Monash [8.2], wobei die Windgeschwindigkeit innerhalb von 2...3 s von 12 m/s auf 23 m/s anstieg. Diese letzte Geschwindigkeit entspricht bei Frontalanströmung einer Windkraft von rund 230 N auf den Körper [8.1]. Bei seitlicher Anströmung verringert sich dieser Wert um rund 30%. Die Luftkraft auf eine Person hängt außer von der Windgeschwindigkeit auch von Größe, Gewicht und Kleidung ab [8.12]. Der Widerstandsbeiwert für Personen ist ungefähr $c_W = 1,1$. Durch die Bewegung treten aber schwankende Kräfte auf, für diesen Fall gelten also höhere c_W-Werte. Der mittlere c_W-Wert beim Gehen liegt etwa 20% über dem beim Stehen, der maximale c_W-Wert liegt 40% darüber. Ein aufgespannter Schirm erhöht diesen Wert beachtlich [8.19]. Von Beobachtungen weiß man auch, daß Personen schon bei etwa 20 m/s arge Schwierigkeiten haben, das Gleichgewicht zu halten. Aus diesem Grunde kann man 20...23 m/s als Gefährdungsgrenze ansehen [8.2, 8.4]. Dieser Wert sollte höchstens einmal pro Jahr überschritten werden [8.2, 8.3].

Etwas schwieriger und daher auch umstrittener ist die Angabe von Werten für zumutbare Windgeschwindigkeiten. Denn hier spielt die Häufigkeit des Eintretens eine wesentliche Rolle. Es ist auch nicht gleichgültig, ob der Einfluß auf rasch gehende Fußgänger, auf Schaufensterbummler oder Leute in einem Terrassenrestaurant ins Auge gefaßt wird. Den ersteren wird man höhere Windgeschwindigkeiten zumuten als den letzteren. Außerdem ist auch die Lufttemperatur von Bedeutung, da im Sommer bei großer Hitze eine Windgeschwindigkeit noch als angenehm empfunden wird, die an einem kühlen Herbsttag bereits lästig ist. Dieser Temperatureinfluß ist noch wenig untersucht [8.1, 8.6], er wird daher im folgenden außer acht gelassen. Nach verschiedenen Untersuchungen [8.4, 8.5] wird ein Luftzug ab 5 m/s als unangenehm empfunden, denn er bringt bereits die Frisur in Unordnung und bewegt die Kleidung. Wind von 6 m/s wirbelt schon Staub und Papierfetzen auf, Geschwindigkeiten von 10 m/s werden als sehr unangenehm eingestuft. Bei dieser Geschwindigkeit spürt der Körper bereits die Windwirkung, es treten Schwierigkeiten mit Schirmen auf, größere Zweige werden bewegt.

Nach Penwarden [8.4] sollte das Ziel sein, die Luftgeschwindigkeiten während eines möglichst großen Zeitraumes unter 5 m/s zu halten. Dies ist sicher für Terrassenrestaurants,

Parks, also vor allem für Plätze an denen Leute sitzen, richtig. Als Richtwerte seien folgende Geschwindigkeiten empfohlen [8.2, 8.15]:

Tabelle 8.1
Grenzgeschwindigkeiten für Personen

Art der Tätigkeit	u_{zul} (maximale Böe)
Sitzen im Freien	5 m/s
langsames Gehen, Stehen	10 m/s
rasches Gehen	15 m/s
Gefährdungsgrenze	23 m/s

Nach umfangreichen Untersuchungen im Windkanal und im Freien sollte es sich bei den angegebenen Werten um Böenmittelwerte über ein Zeitintervall von 3 s handeln [8.15]. Diese Grenzgeschwindigkeiten (die Gefährdungsgrenze ausgenommen) dürfen im Mittel nur während eines Sturmes pro Woche überschritten werden, dabei können sie aber während dieses einen Sturmes die Werte öfter übersteigen, es kann also in Bodennähe mehrere Böen höherer Intensität geben. Der Anzahl der Stürme pro Zeiteinheit entsprechen nach [8.3] näherungsweise folgende Wahrscheinlichkeiten:

Tabelle 8.2
Wahrscheinlichkeiten P für eine mittlere
Wiederholungsfrequenz N

N	$P(\bar{u} > U)$
1/Jahr	$2 \cdot 10^{-4}$
1/Monat	$3 \cdot 10^{-3}$
1/Woche	$1{,}5 \cdot 10^{-2}$
1/Tag	$1{,}3 \cdot 10^{-1}$

Die Wahrscheinlichkeit, daß die Grenzwerte (ausgenommen die Gefährdungsgrenze) von Tabelle 8.1 überschritten werden, muß daher kleiner $1{,}5 \cdot 10^{-2}$, für die Gefährdungsgrenze kleiner $2 \cdot 10^{-4}$ sein.

Bei der Beurteilung der Wirkung von geplanten Neubauten auf die Umgebung ist aber unbedingt auch der bestehende Zustand zu untersuchen. Es ist ohne weiteres möglich, daß auch schom beim Bestehenden die obigen Grenzwerte überschritten werden und der Neubau keine wesentliche Verschlechterung der gegenwärtigen Situation bringt.

8.2 Kriterien und Beispiele

Sieht man von der Häufigkeit des Auftretens ab, kann als Kriterium für die Schutzwirkung einer Stelle der Quotient $R(\beta)$ herangezogen werden.

$$R(\beta) = \frac{u_{3600}(z_F, \beta)}{\bar{u}_{3600}(z_F)}. \tag{8.1}$$

$R(\beta)$ ist das Verhältnis des Stundenmittels bei Gelände mit Gebäuden $u_{3600}(z_F, \beta)$ zu dem ohne Gebäude $\bar{u}_{3600}(z_F)$ in gleicher Höhe z_F [8.1], eine Größe die man als Unbehaglichkeitskoeffizienten bezeichnen kann. Werte größer als 1 bedeuten eine Verschlechterung der örtlichen Windverhältnisse durch die Gebäudewirkung, Werte kleiner als 1 eine Schutzwirkung. Die R-Werte werden in Windkanalversuchen ermittelt, indem die Geschwindigkeitsmessungen einmal mit Gebäude bei verschiedenen Anströmrichtungen β und einmal ohne Gebäude ausgeführt werden. Natürlich wird dabei das den örtlichen Verhältnissen entsprechende Windprofil (Abschnitt 6.3) im Experiment nachgeahmt. Außerdem wird in einer Bezugshöhe z_B eine Bezugsgeschwindigkeit $u_{3600}(z_B)$ gemessen, sodaß auch das Verhältnis $\tilde{u}_{3600}(z_F)/u_{3600}(z_B)$ bekannt ist. Als für Fußgänger maßgebliche Höhe z_F wird häufig 2 m gewählt. Der Grund hierfür liegt darin, daß die Meßsonde im Versuch einen gewissen Mindestabstand vom Boden haben muß, um sie nicht zu beschädigen. Entsprechend dem Modellmaßstab ergeben sich dann in der Natur etwa 2 m.

Die Berechnung der in der Wirklichkeit auftretenden Stundenmittel mit Hilfe der Versuchsergebnisse geschieht in der Weise, daß zunächst aus den meteorologischen Angaben (z. B. $u_{3600}(10)$) das Stundenmittel $u_{3600}(z_B)$ in der Bezugshöhe ermittelt wird (Gl. (6.5)). Mit den aus dem Windkanalexperiment bekannten Werten von $R(\beta)$ und $\tilde{u}_{3600}(z_F)/u_{3600}(z_B)$ kann dann $u_{3600}(z_F, \beta)$ bestimmt werden. Wie aus diesen Stundenmittelwerten der Geschwindigkeiten die für die Behaglichkeit maßgeblichen Kurzzeitmittelwerte errechnet werden können, wird am Schluß des Kapitels dargestellt.

Streicht beispielsweise der Wind über eine Reihe von niedrigen Häusern, wie dies in älteren Stadtteilen der Fall ist, liegt der Zahlenwert von R zwischen 0,5 bis 0,7. Die Häuser schirmen den Fußgängerbereich ab. Für Häuser, die nicht mehr als doppelt so hoch sind als ihre Umgebung, bleibt R meist kleiner als 1 [8.3], obwohl sich natürlich Fälle angeben lassen, die dem widersprechen. Man kann allgemein sagen, daß Voraussagen ohne eingehende Experimente immer mit Unsicherheiten behaftet sind, da das Geschehen an einer Stelle nicht nur von dem einen Bau, sondern von der gesamten unmittelbaren Umgebung entscheidend beeinflußt wird. Die Angabe von R-Faktoren bezieht sich aber stets auf eine ganz bestimmte Anordnung von Bauten. Dennoch sind diese Faktoren und Beispiele wertvoll, da sie zeigen, wo windgefährdete Stellen auftreten können. Wenn ein Gebäude die umliegenden Bauten um mehr als das Vierfache überragt, erreichen die R-Werte 1,5...2,0. In Durchgängen werden Werte bis 3,0 gemessen, in speziellen Fällen können auch R-Werte bis 5,0 auftreten [8.3].

R-Werte größer als 1 treten also vor allem in der Umgebung von hohen Bauwerken auf. Die Ursache hierfür soll kurz skizziert werden. Die ankommende Strömung (Bilder 5.8 und 8.1) wird sowohl über das Dach als auch seitlich abgelenkt. Infolge der atmosphäri-

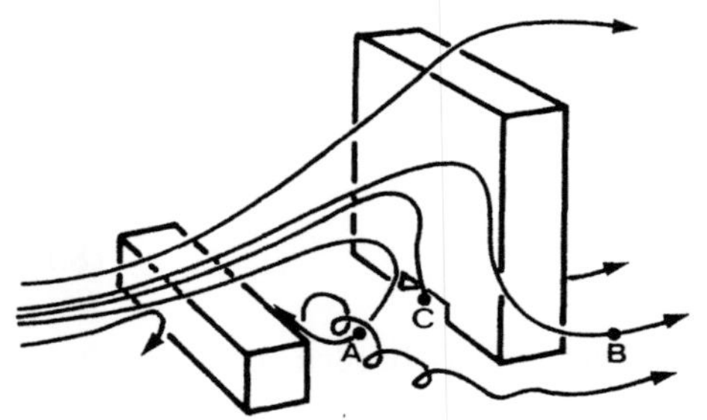

Bild 8.1
Strömungsverlauf um ein Scheibenhochhaus
[8.6]

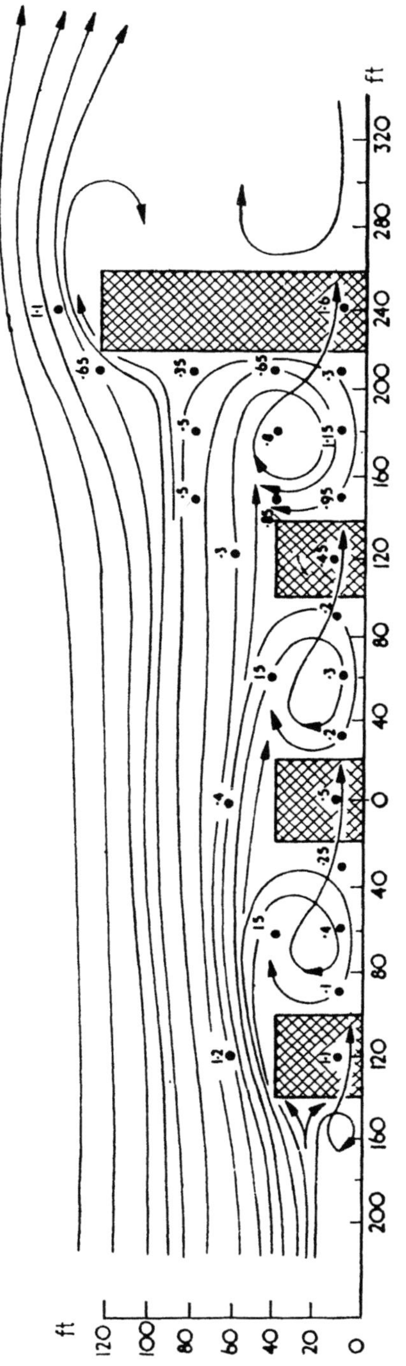

Bild 8.2 Luftströmung um eine Gruppe niedriger Gebäude und ein Scheibenhochhaus [8.10]

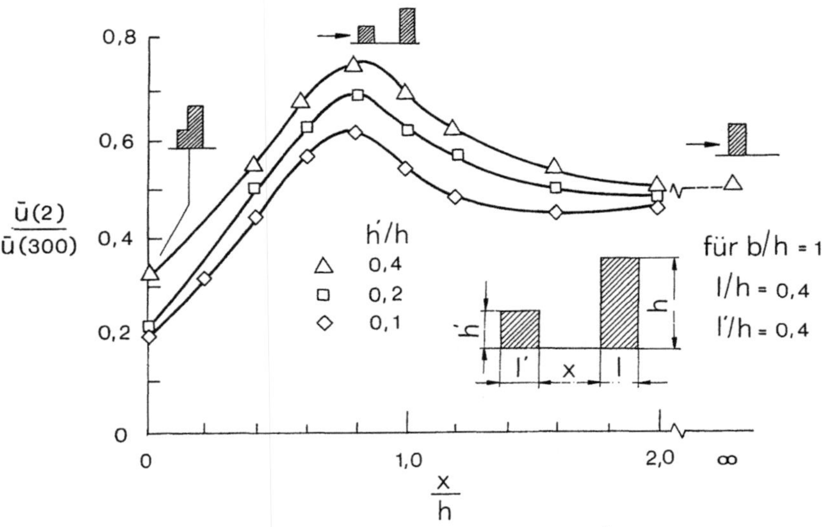

Bild 8.3 Maximalwerte der mittleren Geschwindigkeiten in Bodennähe im Bereich zwischen einem niederen und einem höheren Gebäude [8.2]

schen Grenzschicht entsteht außerdem eine Abwärtsströmung längs der Fassade. Der Staupunkt liegt bei 0,7...0,85 h. Dadurch gelangen Luftteilchen aus relativ hohen Schichten mit hoher Geschwindigkeit in Bodennähe und verursachen dort unangenehme Zugerscheinungen (Bereich A in Bild 8.1). Es ist daher verständlich, daß die Überhöhung der Windgeschwindigkeit in Bodennähe mit steigender Gebäudehöhe zunimmt. Die Abwärtsströmung beschleunigt aber auch die Strömung um die Seitenwände und verursacht dort in Bodennähe ebenfalls hohe Luftgeschwindigkeiten (Bereich B). Besonders ausgeprägt wird das Geschwindigkeitsmaximum im Bereich A durch niedrige Gebäude unmittelbar vor dem Scheibenhochhaus (Bild 8.2). Den Einfluß des Höhenverhältnisses h'/h der beiden Gebäude und ihres Abstandes x/h zeigt Bild 8.3 [8.2]. Auf der Ordinate ist das Verhältnis der mittleren Geschwindigkeit $\bar{u}(2)$ in Fußgängerhöhe zu der in 300 m Höhe aufgetragen. Ist nur das Scheibenhochhaus vorhanden ($x/h \to \infty$) so ist die Geschwindigkeit in Bodennähe halb so groß wie die in 300 m Höhe. Bei einem Abstand x/h = 0,8 ergeben sich für alle h'/h Maximalwerte, wobei diese mit wachsendem h'/h ansteigen. Der Ort wo die maximale Geschwindigkeit auftritt, liegt für 0,5 < x/h < 2 im Abstand x'/h = 0,5...0,6 vom höheren Gebäude.

Zwischen Luv- und Leeseite eines Gebäudes sind die Druckdifferenzen sehr hoch. Aus diesem Grunde enstehen Luftströmungen von den Überdruckbereichen zu den Unterdruckzonen, so z. B. durch enge Passagen zwischen Gebäuden, durch Durchgänge und Durchfahrten. Diese Druckdifferenzen zwischen Luv- und Leeseite steigen aber mit zunehmender Gebäudehöhe, weshalb die Luftgeschwindigkeiten in den gefährdeten Zonen dieselbe Tendenz zeigen. Bezieht man die Geschwindigkeiten in Bodennähe $\bar{u}_A$, $\bar{u}_B$, $\bar{u}_C$ (Bild 8.1) auf die mittlere Geschwindigkeit in Gebäudehöhe h, so ergeben sich für ein Ge-

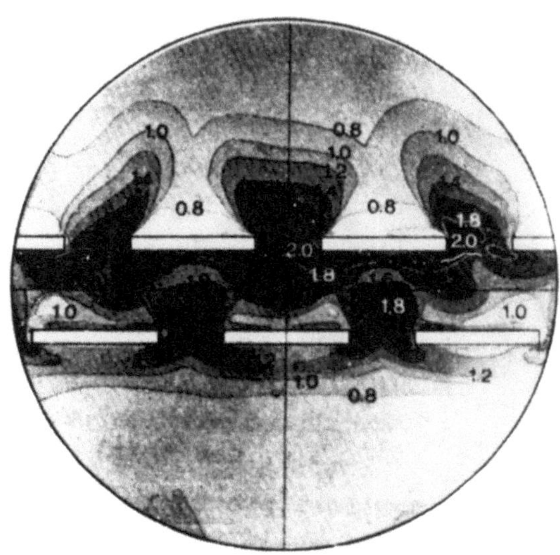

Bild 8.4
Geschwindigkeitsverhältnisse in der Umgebung einer Gruppe von Gebäuden bei Anströmung normal zur Frontfläche [8.16]

bäude, dessen Breite mindestens gleich der halben Höhe ist und dessen Höhe mehr als das Vierfache der Höhe der umliegenden Gebäude beträgt, folgende Werte

$$\frac{\bar{u}_A}{u_{3600}(h)} = 0,5; \qquad \frac{\bar{u}_B}{u_{3600}(h)} = 0,95; \qquad \frac{\bar{u}_C}{u_{3600}(h)} = 1,2. \qquad (8.2)$$

Es handelt sich dabei um Stundenmittel für einen Wind senkrecht zur Fassade. Bei Schräganströmung um $\pm 15°$ ändern sich die Werte nur wenig [8.6]. Ähnliche Messungen wurden auch von Melbourne und Joubert durchgeführt [8.2]. Nach Gl. (8.2) sind die Geschwindigkeiten in Bodennähe den Geschwindigkeiten in Dachhöhe direkt proportional, was eine Zunahme der Geschwindigkeiten mit der Gebäudehöhe mit dem Exponenten α_{3600} (Bild 6.6) bedeutet (Gl. (6.5)). Bild 8.4 [8.16] zeigt die gefährdeten Bereiche bei einer Gruppenanordnung von Gebäuden, wobei die Zahlenwerte nicht das Verhältnis der Stundenmittel sind, sondern, entsprechend der verwendeten Erosionstechnik (Abschnitt 7.4.2), das Verhältnis der Böenwerte in Bodennähe mit und ohne Gebäude bedeuten. Weitere Ergebnisse, die mit dieser Methode sowohl bei Einzelgebäuden als auch bei Gruppierungen erzielt wurden, findet man in [8.13, 8.14].

Die Eingänge von Hochhäusern sollten auf der von der Hauptwindrichtung abgekehrten Seite liegen und durch einen entsprechenden Windschutz, wie etwa durchbrochene Mauern abgeschirmt werden. Sind Eingänge auf der der Hauptwindrichtung zugekehrten Seite nicht zu vermeiden, so sollten diese unbedingt windgeschützt in die Fassade versetzt werden.

Wirén [8.8] untersuchte in einem Modellexperiment verschiedene Passagen zwischen Gebäuden (Bild 8.5), wobei sowohl die Gebäudedimensionen als auch die Anströmrichtungen β (Ausnahme Modell C) variiert wurden. Dabei zeigte sich bei allen Modellen ein starker Einfluß der Gebäudehöhe auf die R-Werte, während die Breite des Durchganges im untersuchten Bereich (4...6 m) die Ergebnisse nur geringfügig veränderte. Die R-Werte

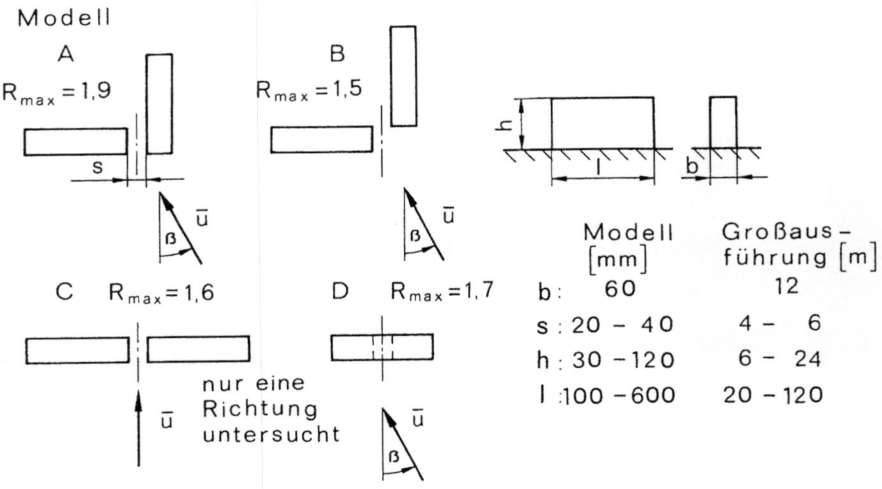

	Modell [mm]	Großaus-führung [m]
b :	60	12
s :	20 – 40	4 – 6
h :	30 –120	6 – 24
l :	100 –600	20 –120

Bild 8.5 R-Werte für verschiedene Passagen [8.8]

nehmen auch mit wachsender Frontbreite b zu. Die Werte R_{max} für die ungünstigsten Positionen für Passagen sind in Bild 8.5 angegeben, sie entsprechen den größten Gebäudehöhen. Die Werte von Anordnung C sind sicher zu niedrig, da sie nur für die Windrichtung normal zur Front bestimmt wurden, und bei Schräganblasung höhere Werte zu erwarten sind. Es ist zu beachten, daß Anordnung B wesentlich günstiger ist als Konfiguration A. Die hier vorliegenden Angaben für Passagen scheinen niedrig zu sein, da ja bereits erwähnt wurde, daß in solchen Fällen R = 3,0 möglich ist. Der Grund liegt darin, daß die maximale

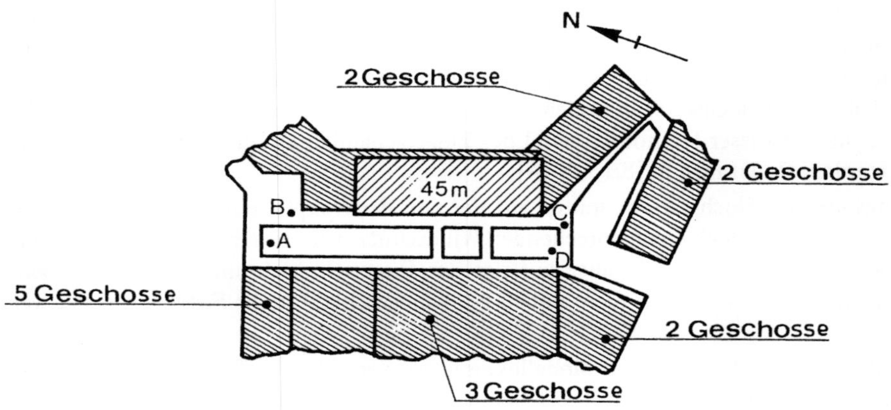

Bild 8 6 Grundriß des Leeds-Centre [8.4]

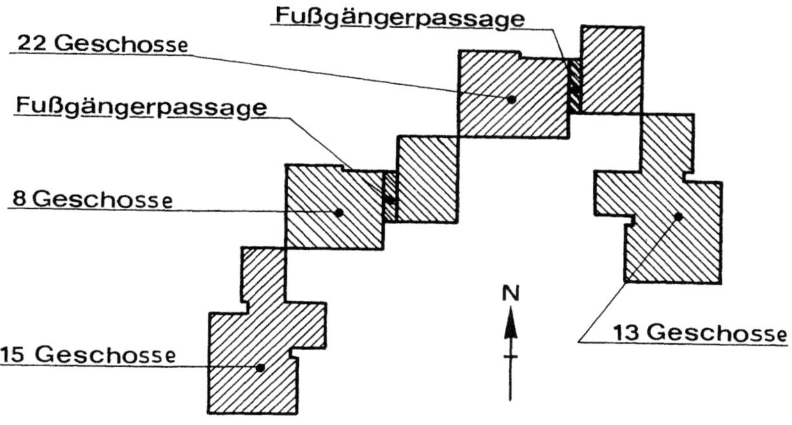

Bild 8.7 Plan einer geplanten Gebäudegruppe in Hull [8.7]

Gebäudehöhe bei den Experimenten nach Bild 8.5 einer Höhe in der Natur von 24 m entsprach und die R-Werte, wie schon bemerkt wurde, mit zunehmender Gebäudehöhe wachsen.

Zwei Beispiele von speziellen Gruppierungen sollen die Wichtigkeit von Modellexperimenten im Planungsstadium unterstreichen. Bild 8.6 zeigt den Grundriß des Leeds-Centre, das zur Zeit der Untersuchungen bereits in Betrieb war [8.4]. Die Leute beklagten sich über heftige Winde im Einkaufsbereich, die ihnen wesentlich stärker erschienen, als in den benachbarten Straßenzügen. Die Untersuchung brachte als Ergebnis, daß bei den vorherrschenden westlichen Winden in den Punkten A, B, C, D (Bild 8.6) R-Werte von 2,2 erreicht wurden. Das Übel wurde durch eine Überdachung des Bereiches beseitigt.

Beim zweiten Beispiel [8.7] handelt es sich um eine Untersuchung im Planungsstadium für einen Gebäudekomplex in Hull (Bild 8.7). Die geschlossene Form von 4 Blöcken mit Durchgängen erwies sich als sehr ungünstig. Im Hof erreichten die R-Werte 1,9, in den Durchgängen 2,1. Diese Messungen bewirkten eine vollständige Änderung der Planung, es wurden 3 getrennte Blöcke mit 17, 19 bzw. 22 Geschossen errichtet.

Der R-Wert wurde als Quotient von Stundenmitteln in gleicher Höhe definiert, er sagt nichts aus über die Stärke der Böen oder über die absoluten Spitzenwerte die an einer Stelle zu erwarten sind. Man kann und sollte auch hier bei einem Windkanalversuch eine statistische Verteilung der Geschwindigkeiten aufnehmen. In Bild 8.8 ist für den Punkt 1 für eine bestimmte Windrichtung eine solche Verteilung wiedergegeben [8.3]. Aus ihr ergeben sich der Langzeitmittelwert $\bar{u}$ (etwa Stundenmittel), der Effektivwert der Schwankung u_e und ein Mittelwert der Maximalwerte $\bar{u}_{max}$ aus 40 Meßreihen. Alle Werte sind auf ein Stundenmittel $\bar{u}_B = u_{3600}(z_B)$ in der Höhe z_B bezogen. Der Zusammenhang zwi-

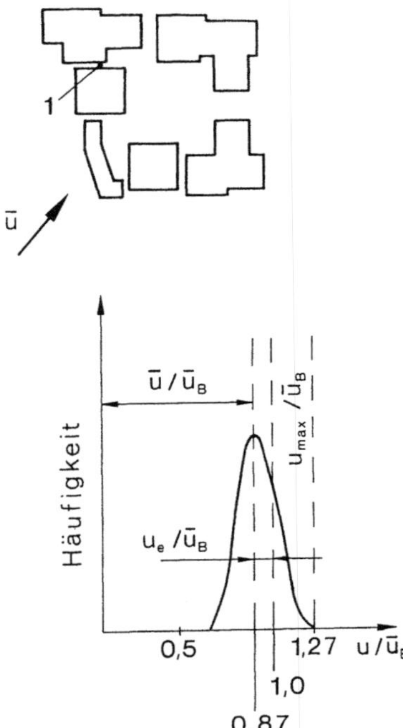

Bild 8.8

Commerce Court Plaza, Toronto (Kanada) und Häufigkeitsverteilung der Windgeschwindigkeit in Punkt 1 nach Modellmessungen [8.3]

schen den drei oben erwähnten Geschwindigkeiten ist mittels eines Spitzenfaktors g_s gegeben [8.3].

$$\frac{\bar{u}_{max}}{\bar{u}} = 1 + g_s \, \frac{u_e}{\bar{u}}. \tag{8.3}$$

Aus Bild 8.8 erhält man folgende Werte

$$\frac{\bar{u}}{\bar{u}_B} = 0{,}87; \quad \frac{u_e}{\bar{u}_B} = 0{,}13; \quad \frac{u_{max}}{\bar{u}_B} = 1{,}27 \Rightarrow \frac{u_e}{\bar{u}} = 0{,}15; \quad \frac{u_{max}}{\bar{u}} = 1{,}46; \quad g_s = 3{,}1.$$

An den Stellen, an denen hohe Geschwindigkeiten auftreten, ist meist $u_e/\bar{u}$ klein, was also relativ geringe Turbulenz bedeutet und im vorliegenden Beispiel auch zutrifft. Im Vergleich dazu sei daran erinnert, daß beim ungestörten Profil in einer effektiven Höhe von 30 m $u_e/u_{3600} = \alpha_{3600}$ ist (Gl. (6.7)), also am Stadtrand etwa 0,2, im Stadtzentrum 0,3 (Bild 6.6).

Tatsache ist, daß vor allem die plötzlichen Böen Menschen gefährden bzw. von diesen als unzumutbar empfunden werden. Als Vergleichsgeschwindigkeit zur Abschätzung der Zumutbarkeit nach Abschnitt 8.1 müssen daher die Maximalwerte u_{max} herangezogen werden. Die Meinungen über die Größe von g_s differieren sehr stark, die Wertangaben liegen zwischen 1 und 4 [8.9].

Allerdings darf man diese Faktoren nicht isoliert betrachten, sondern stets in Verbindung mit dem zweiten Faktor, dem Effektivwert der Geschwindigkeitsschwankungen (Gl. (8.3)).

Es zeigt sich nämlich oft, daß hohe u_e-Werte mit kleinen g_s-Werten und umgekehrt gekoppelt sind. Letztlich ist für den Maximalwert nur das Produkt dieser beiden Größen ausschlaggebend. Es wäre also vollkommen falsch die hohen Werte von $u_e/\bar{u}$ des ungestörten Profils mit hohen g_s-Faktoren zu multiplizieren. Wenn für einen speziellen Fall Windkanalergebnisse vorliegen, dann sind sowohl $u_e/\bar{u}$ als auch das Verhältnis $u_{max}/\bar{u}$ bekannt, und damit ist g_s gegeben (Gl. (8.3)). Will man aber aufgrund der in diesem Abschnitt angegebenen R-Werte die Maximalwerte abschätzen, dann ist dies mit einer größeren Unsicherheit verknüpft. Wählt man beispielsweise für $g_s = 3,0$ und verknüpft diesen Wert mit $u_e/\bar{u} = 0,15$, so folgt $u_{max}/\bar{u} = 1,45$. Nach [8.3] wird $g_s = 1,5$ vorgeschlagen, aber für $u_e/\bar{u}$ der Wert des ungestörten Profils eingesetzt (0,2...0,3). Mit dem zweiten Wert erhält man für $u_{max}/\bar{u}$ das gleiche Ergebnis. Da es sich nur um eine Abschätzung handelt, ist die zweite Stelle in der Angabe sicher sinnlos, es wird daher empfohlen, $u_{max}/\bar{u} = 1,4$ zu setzen. Dieser Wert wird aber nur näherungsweise an Stellen zutreffen, wo extrem hohe Geschwindigkeiten zu erwarten sind, bei anderen Positionen, vor allem wo die Studenmittel klein sind, kann er zu niedrige Maximalwerte liefern.

Gandemer [8.11] setzt $g_s = 1,0$ (Gl. (8.3)) und schlägt als Behaglichkeitsgrenze $u_{max} = 6$ m/s vor. Die maximale Geschwindigkeit setzt er ins Verhältnis zum entsprechenden Wert der ungestörten Strömung $\bar{\bar{u}} + \tilde{u}_e$ und definiert so einen „Komfortfaktor"

$$\psi = \frac{\bar{u}(z) + u_e(z)}{\bar{\bar{u}}(z) + \tilde{u}_e(z)}.$$

Diese Größe ψ ersetzt den sonst üblichen Unbehaglichkeitsfaktor R (Gl. (8.1)). Angaben für ψ-Werte für verschiedene Einzelgebäude und Gruppierungen findet man in [8.11, 8.17].

8.3 Berechnung der Windgeschwindigkeiten in Bodennähe

8.3.1 Erläuterungen des Rechenganges

Die in der Großausführung zu erwartenden Geschwindigkeiten werden mit speziellen Ergebnissen aus Windkanalversuchen oder mit allgemeinen Angaben nach Abschnitt 8.2 errechnet. Dazu braucht man natürlich auch die statistischen Verteilungen der mittleren Windgeschwindigkeiten in einer beliebigen Höhe z. Eine solche Verteilung erhält man von der zuständigen meteorologischen Station, etwa in der Form wie sie in Bild 8.9 dargestellt ist. Die Kurven in dieser Darstellung sind Linien konstanter Wahrscheinlichkeit, die Kreise sind die Linien konstanter Geschwindigkeit. Jeder Punkt in dem Diagramm gibt die Wahrscheinlichkeit $P\{u_{3600} > \bar{U}, \beta\}$ an, daß das Stundenmittel u_{3600} innerhalb eines Sektors von $\Delta\beta = 22,5°$ größer als $\bar{U}$ ist. Neuere Registrierungen verwenden häufig eine Unterteilung in 10°-Bereiche. Die Aufteilung in gewisse Winkelbereiche ist deshalb von Bedeutung, weil ja die R-Werte von β abhängen (Gl. (8.1)) und damit extrem hohe Luftgeschwindigkeiten örtlich nur dann auftreten, wenn ein hohes $R(\beta)$ mit einem hohen $P\{u_{3600} > \bar{U}, \beta\}$ kombiniert wird. Es kann ohne weiteres der Fall sein, daß aus einer für das Bauwerk ungünstigen Richtung keine starken Winde zu erwarten sind. Bei Bild 8.9 handelt es sich um den Wind in Gradientenhöhe, also 600 m, bei Berücksichtigung des ganzen Jahres. Natürlich kann man analoge Angaben auch für eine Jahreszeit oder für einige Monate bekom-

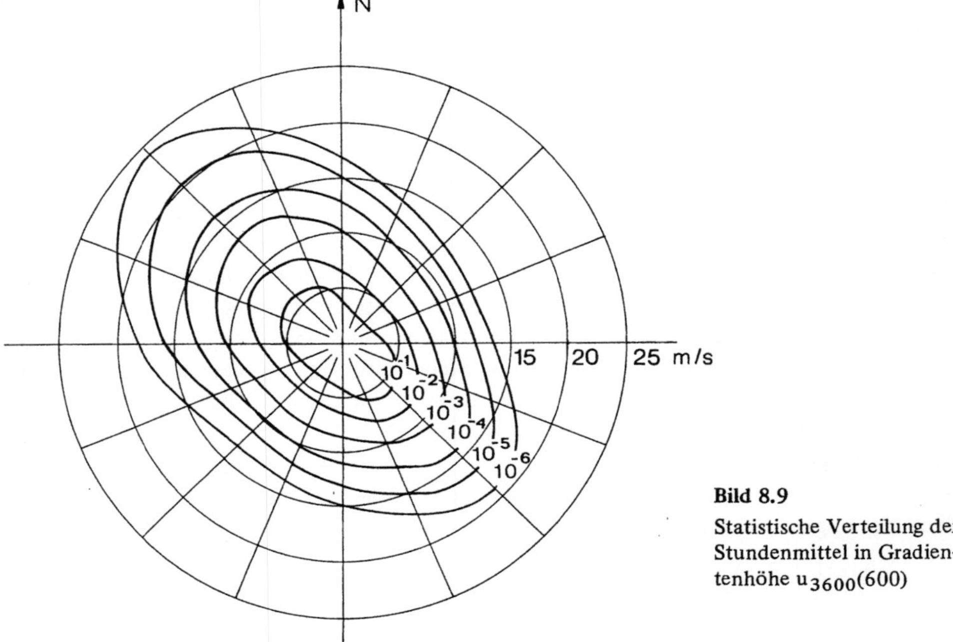

Bild 8.9
Statistische Verteilung der Stundenmittel in Gradientenhöhe $u_{3600}(600)$

men. Dies ist z. B. bei Terrassenrestaurants von Interesse, da die Werte der kalten Jahreszeit in einem solchen Fall bedeutungslos sind. Die meteorologischen Angaben können natürlich auch in Form einer Tabelle, oder in Form einer Gleichung (Gl. (6.21)) mit von β abhängigen Koeffizienten vorliegen.

Im folgenden wird der Rechengang unter der Voraussetzung des Vorliegens von detaillierten Ergebnissen aus Windkanalversuchen besprochen. Die erste zu klärende Frage ist; Welche maximale Geschwindigkeit u_{max} in Fußgängerhöhe ergibt sich bei einem vorgegebenen Stundenmittel $u_{3600}(z, \beta)$ in der Höhe z bei der mittleren Windrichtung β? Dazu muß zunächst das Stundenmittel in der den Windkanalmessungen entsprechenden Bezugshöhe z_B ermittelt werden, was mit dem Potenzgesetz (Gl. (6.5)) erfolgen kann. Das bedeutet eine Multiplikation der vorliegenden meteorologischen Daten mit dem Faktor $\left(\dfrac{z_{eB}}{z_e}\right)^{\alpha_{3600}}$ (z_e nach Gl. (6.1)). Die Bezugsgeschwindigkeit $\bar{u}_{3600}(z_F)$ in der Fußgängerhöhe z_F erhält man durch Multiplikation mit dem aus den Experimenten gegebenen Quotienten $\bar{u}_{3600}(z_F)/u_{3600}(z_B)$. Durch Multiplikation mit dem Faktor $R(\beta)$ (Gl. (8.1)) erhält man das Stundenmittel im Fußgängerbereich (Höhe z_F) in einem bestimmten Punkt. Für die Fußgänger ist aber die entscheidende Belästigung die Böe, daher ist nach Abschnitt 8.2 zur Berechnung von u_{max} dieser Wert noch näherungsweise mit 1,4 zu multiplizieren.

$$u_{max}(z_F, \beta) = 1{,}4\, u_{3600}(z, \beta)\left(\frac{z_{eB}}{z_e}\right)^{\alpha_{3600}} \frac{\bar{u}_{3600}(z_F)}{u_{3600}(z_B)}\, R(\beta). \tag{8.4}$$

Dieser Wert muß kleiner oder höchstens gleich einem nach Tabelle 8.1 vorgegebenen Wert u_{zul} sein:

$$u_{zul} \geqslant u_{max} = 1{,}4\, u_{3600}(z, \beta) \left(\frac{z_{eB}}{z_e}\right)^{\alpha_{3600}} \frac{\bar{u}_{3600}(z_F)}{u_{3600}(z_B)}\, R(\beta). \tag{8.5}$$

Wird nicht mit den $R(\beta)$-Werten, sondern mit von β abhängigen Faktoren analog Gl. (8.2) gearbeitet, dann wird zunächst das Stundenmittel in Gebäudehöhe h errechnet. Durch Multiplikation mit dem entsprechenden Faktor aus Gl. (8.2) erhält man das Stundenmittel in Fußgängerhöhe infolge des Gebäudeeinflusses. Dies bedeutet, daß in den Gln. (8.4) und (8.5) folgende Änderungen vorgenommen werden müssen:

$$\left(\frac{z_{eB}}{z_e}\right)^{\alpha_{3600}} \frac{\bar{u}_{3600}(z_F)}{u_{3600}(z_B)}\, R(\beta) \Rightarrow \left(\frac{z_{eh}}{z_e}\right)^{\alpha_{3600}} \frac{\bar{u}_{A,B,C}}{u_{3600}(h)}$$

Mittels Gl. (8.5) können zu vorgegebenen u_{zul} in Abhängigkeit vom Anströmwinkel β jene Geschwindigkeiten $u_{3600}(z, \beta)$ errechnet werden, die im Fußgängerbereich u_{zul} hervorrufen. In einem Polarendiagramm wird dann für jeden Winkel β der zugehörige Wert $u_{3600}(z, \beta)$ aufgetragen. Für ein quaderförmiges Gemäude sind diese Kurven in Bild 8.11 gezeichnet (Beispiel Kap. 8.3.2.1).

Nun müssen die zu den $u_{3600}(z, \beta)$ gehörenden Wahrscheinlichkeiten mit Hilfe der meteorologischen Angaben (Bild 8.9) bestimmt werden. Hierzu wird zweckmäßigerweise Bild 8.11 auf Transparentpapier gezeichnet und auf Bild 8.9 gelegt, wodurch die gewünschte Orientierung des Bauwerkes leicht einzustellen ist. Voraussetzung ist natürlich, daß die Geschwindigkeitsmaßstäbe beider Diagramme gleich sind und die Abhängigkeit der Windrichtung von der Höhe vernachlässigt wird. Für jeden Winkelbereich $2\Delta\beta = 22{,}5°$ ergibt sich aus dem Diagramm durch Interpolation die Wahrscheinlichkeit, daß $u_{3600}(z, \beta)$ überschritten wird. Analog kann rechnerisch nach Gl. (6.21) vorgegangen werden.

Um die Wahrscheinlichkeit zu erhalten, daß bei Wind aus beliebiger Richtung u_{zul} überschritten wird, sind die Werte aus allen Winkelbereichen (bei $2\Delta\beta = 22{,}5°$ sind es $\frac{360}{22{,}5} = 16$) zu summieren

$$\tag{6.22} P\{\bar{u} > \bar{U}\} = \sum_{\beta} P\{\bar{u} > \bar{U}, \beta\}.$$

Damit hat man die Wahrscheinlichkeit dafür, daß an einer gewissen Stelle in Bodennähe die Geschwindigkeit u_{zul} (es wurde ja das dem u_{zul} entsprechende $\bar{u}$ zunächst berechnet) überschritten wird. Ist dieser Wert kleiner als der entsprechende in Tabelle 8.2, dann ist alles in Ordnung. Wenn nicht, dann werden Maßnahmen auszuwählen sein, die eine Verminderung der zu hohen Geschwindigkeiten erwarten lassen (Abschnitt 8.4).

Der eben geschilderte Rechengang erfolgte unter der Voraussetzung, daß ein detaillierter Windkanalversuch gemacht wurde. Als nächstes soll nun gezeigt werden, wie man mit in der Literatur vorliegenden Meßwerten oder vor allem mit den Angaben aus Abschnitt 8.2 eine Abschätzung durchführen kann. Dabei wird vorausgesetzt, daß die meteorologischen Angaben in gleicher Weise vorliegen wie bei der vorherigen Rechnung. Es handelt sich daher im wesentlichen um eine Modifikation der eben beschriebenen Anwendung der

Gl. (8.5). Es wird angenommen, daß die Windkanaldaten entweder in der Form von Angaben nach Gl. (8.2) oder durch Angaben von R-Werten nach Bild 8.5 vorliegen. Im ersten Fall beziehen sich die Werte auf eine Anströmung normal zur Fassade mit einer Schwankung der Windrichtung mit $\pm 15°$. Im zweiten Fall liegen nur die Maximalwerte vor, aber es sind keine Anströmrichtungsbereiche angegeben, bei denen diese Werte zu erwarten sind.

Die ungünstigste Annahme ist, diese Werte für alle Richtungen gleich zu setzen, was sicher nicht zutrifft. Allerdings kann dann die Wirkung der Drehung des Gebäudes gegenüber den Hauptwindrichtungen, was aber eine sehr wirksame Maßnahme sein kann (Abschnitt 8.4), nicht beurteilt werden. Die R-Werte sind bei dieser Annahme von β unabhängig, und damit wird nach Gl. (8.5) u_{3600} bei vorgegebenem z zu einer Konstanten. Die Kurven in Bild 8.11 werden zu Kreisen, die Berechnung der Wahrscheinlichkeiten ist in gleicher Weise wie oben geschildert durchzuführen.

Etwas korrekter ist es wohl anzunehmen, daß die ungünstigen Verhältnisse nur in einem gewissen Winkelbereich auftreten und die restlichen Zonen keinen Beitrag liefern. Bei der Wahl der Winkelbereiche ist jedoch Vorsicht am Platze. Hohe Geschwindigkeiten vor einem Scheibenhochhaus sind bei Anströmung normal zur Fassade und auch bei geringer Schräganströmung zu erwarten, ein Winkelbereich von $45°$ bis $90°$ wird ausreichend sein. Bei Durchgängen und auch an Ecken ist zu beachten, daß die hohen Geschwindigkeiten auch bei um $180°$ gedrehter Windrichtung auftreten können.

8.3.2 Rechenbeispiele

8.3.2.1 Beispiel mit detaillierten Meßdaten aus Windkanalmessungen

Ein 24 m hohes, 80 m langes und 6 m breites Gebäude soll mit der Fassade nach NW orientiert werden. Bild 8.9 stellt die Wahrscheinlichkeitsverteilung der Stundenmittel in Gradientenhöhe (600 m) dar. Die Frage ist, ob Schaufenster in dem geplanten Durchgang angebracht werden sollen, oder ob zu hohe Geschwindigkeiten im Durchgang die Leute vom Betrachten der Auslagen abhalten werden. Für die Mittelwerte der Geschwindigkeiten an der ungünstigsten Stelle im Durchgang liegen Messungen aus Versuchen mit einem Einzelmodell ohne Nachbildung der Umgebung vor [8.8]. Diese Werte sollen zur Abschätzung verwendet werden. Die Meßwerte sind auf die ungestörte mittlere Geschwindigkeit in gleicher Höhe (2 m) bezogen, es handelt sich also um die R(β)-Werte (Gl. (8.1)) (Bild 8.10). Da keine Angaben über eine gemessene Bezugsgeschwindigkeit im Windkanal bzw.

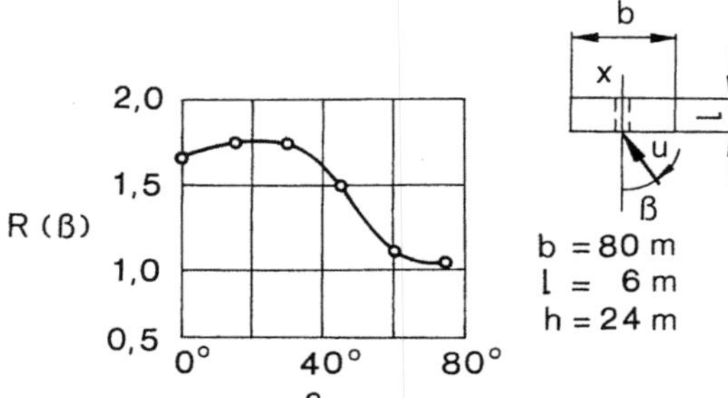

Bild 8.10

R(β) Werte bei verschiedenen Windrichtungen für einen Durchgang [8.8]

über das Verhältnis $\dfrac{\bar{u}_{3600}(z_F)}{u_{3600}(z_B)}$ vorliegen, muß das Stundenmittel in 2 m Höhe aus den Angaben in Gradientenhöhe errechnet werden. Da das Windprofil aber nur bis etwa 6 m über dem Boden gilt und darunter dieser Wert als maßgebend angesehen wird (Abschnitt 6.3), sei auch hier mangels anderer Angaben diese Annahme gemacht. Für Gelände 1 folgt daher $z_{eF} = z_{eB} = z_B = 6$ m und $\alpha_{3600} = 0,135$ (Bild 6.6).

$$(8.5) \qquad u_{3600}(600, \beta) = u_{zul} \left(\frac{600}{6}\right)^{0,135} \frac{1}{1,4 \cdot R(\beta)}.$$

Die Rechnung wird nun nicht bloß für den u_{zul}-Wert für den Schaufensterbummel, nämlich 10 m/s, sondern auch für rasches Gehen 15 m/s und für die Gefahrengrenze 23 m/s durchgeführt. Mit den $R(\beta)$-Werten aus Bild 8.10 folgt Tabelle 8.3

Tabelle 8.3 Windgeschwindigkeiten in Gradientenhöhe

β		0	15	30	45	60	75
$R(\beta)$		1,66	1,75	1,75	1,5	1,13	1,05
$u_{3600}(600,\beta)$ [m/s] für	$u_{zul} = 10$ m/s	8,0	7,6	7,6	8,9	11,8	12,7
	$u_{zul} = 15$ m/s	12,0	11,4	11,4	13,3	17,7	19,0
	$u_{zul} = 23$ m/s	18,4	17,5	17,5	20,4	27,0	29,1

Der Wert für 90° fehlt, aber bei diesem Winkel darf ja eigentlich keine Strömung durch den Durchgang vorhanden sein, da die Drücke bei beiden Eingängen gleich sein sollten, vorausgesetzt natürlich, daß es sich um ein Einzelgebäude handelt. In der Praxis werden durch die umliegenden Bauten die Verhältnisse geändert sein.

Man kann nun für beliebige Anströmrichtungen β die $u_{3600}(600, \beta)$-Werte in ein Polarendiagramm eintragen, was 3 Kurven ergibt (Bild 8.11). Der Geschwindigkeitsmaßstab in diesem Diagramm ist gleich dem in Bild 8.9. Es empfiehlt sich Bild 8.11 auf Transparentpapier zu zeichnen und es der vorgeschriebenen Orientierung entsprechend auf Bild 8.9 zu legen, die Richtung $\beta = 0$ fällt also in die NW-Richtung. Da jeder Punkt in Bild 8.9 der Wahrscheinlichkeit für einen Sektor von 22,5° entspricht, sind alle 22,5° die einer Geschwindigkeitskontur von Bild 8.10 (z. B. 10 m/s) entsprechenden Wahrscheinlichkeiten auf Bild 8.9 durch entsprechende Interpolation zu ermitteln. Man sieht sofort, daß die fehlenden Punkte zwischen 75° und 90° in Bild 8.10 einen unwesentlichen Beitrag zur Wahrscheinlichkeit liefern, ihre Vernachlässigung ist bedeutungslos. Es ergeben sich folgende Wahrscheinlichkeiten:

Tabelle 8.4
Wahrscheinlichkeiten des Auftretens der zulässigen Windgeschwindigkeiten

u_{zul} [m/s]	P
10	$1,18 \cdot 10^{-1}$
15	$6,4 \cdot 10^{-3}$
23	$8,4 \cdot 10^{-5}$

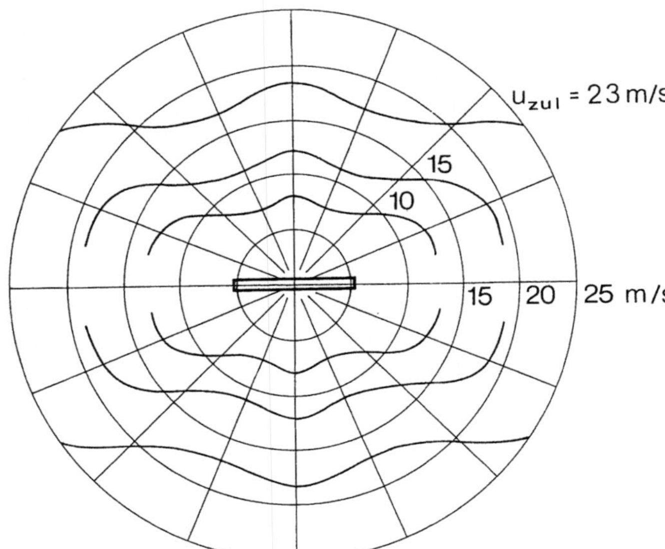

Bild 8.11

Stundenmittel in Gradientenhöhe $u_{3600}(600)$ für verschiedene Winkel β und u_{zul}-Werte für das Beispiel eines rechteckigen Gebäudes (Kap. 8.3.2.1)

Vergleicht man diese Wahrscheinlichkeiten mit den empfohlenen in Tabelle 8.2, so ergibt sich, daß der Durchgang keine Gefährdung darstellt, für rasches Gehen geeignet aber für einen Schaufensterbummel ungünstig ist, da der zulässige Wert im Mittel nahezu einmal pro Tag überschritten wird.

Der Vorteil, Bild 8.11 auf Transparent zu haben, ist, daß man leicht abschätzen kann, ob durch Drehen dieses Blattes gegenüber Bild 8.9 eine Verbesserung der Verhältnisse erreicht werden kann. Das ist dann der Fall, wenn die Konturpunkte der u_{zul}-Kurven in Gebiete geringerer Wahrscheinlichkeit zu liegen kommen. Das ist bei diesem Beispiel offenbar bei einer Drehung um $90°$ am günstigsten. Ermittelt man für diese Stellung die Wahrscheinlichkeit für $u_{zul} = 10$ m/s und summiert sie in der gleichen Weise wie vorhin, so ergibt sich $P = 1{,}9 \cdot 10^{-2}$, ein Wert der nur etwas größer als der in Tabelle 8.2 angegebene Grenzwert ($P = 1{,}5 \cdot 10^{-2}$) ist. Sind die Fronten eines Gebäudes nicht normal zu den Hauptwindrichtungen orientiert, ergibt sich also eine wesentliche Verbesserung der Windverhältnisse in Bodennähe.

Hier wurde nur die Rechnung für eine Stelle durchgeführt. Bei einem komplexen Modell, bei dem auch die Umgebung des Gebäudes nachgebildet ist, müssen allerdings viele Stellen einer eingehenden Betrachtung unterzogen werden. Nur eine detaillierte Windkanaluntersuchung ermöglicht eine zuverlässige Vorhersage der sich tatsächlich einstellenden Verhältnisse.

8.3.2.2 Beispiel einer Abschätzung mit Hilfe von Angaben aus Abschnitt 8.2

Die Angaben seien gleich mit denen in Abschnitt 8.3.2.1 mit folgenden Ausnahmen: Gebäudehöhe $h = 60$ m und das Bauwerk soll im verbauten Gelände mit einer mittleren Dachhöhe $h = 10$ m errichtet werden.

In Abschnitt 8.2 wurden für 3 markante Positionen (Bild 8.3) die Verhältnisse der mittleren Geschwindigkeiten an diesen Stellen bezogen auf die ungestörte Geschwindigkeit in Gebäudehöhe angegeben.

$$(8.2) \qquad \frac{\bar{u}_A}{u_{3600}(h)} = 0,5; \qquad \frac{\bar{u}_B}{u_{3600}(h)} = 0,95; \qquad \frac{\bar{u}_C}{u_{3600}(h)} = 1,2.$$

Es ist zu beachten, daß diese Werte eigentlich für Gelände 1 gelten und nur, da keine anderen Unterlagen zur Verfügung stehen, für Gelände 2 angewendet werden. Es handelt sich daher nur um eine Abschätzung. Ergibt diese eine Gefährdung, sollten Windkanalversuche folgen.

Bild 6.6: $\quad \alpha_{3600} = 0,22$

Gl. (6.1): $\quad z_e = z - 10$

Gl. (8.5) $\quad u_{3600}(600, \beta) = \dfrac{u_{zul}}{\left(\dfrac{50}{590}\right)^{0,22} \cdot 1,4} \cdot \dfrac{1}{\dfrac{\bar{u}_{A,B,C}}{u_{3600}(h)}}.$

Die Ergebnisse sind in Tabelle 8.5 zusammengestellt.

Tabelle 8.5 Windgeschwindigkeiten in Gradientenhöhe

	A			B			C		
	1	2	3	1	2	3	1	2	3
u_{zul} [m/s]	10	15	23	10	15	23	10	15	23
$u_{3600}(600)$ [m/s]	24,6	36,9	56,6	12,9	19,4	29,8	10,2	15,4	23,6

Da die ungünstigsten Werte von Gl. (8.2) für einen Winkelbereich von $\pm 15°$ bei Normalanströmung der Fassade gelten, muß abgeschätzt werden, welche Windrichtungen man einbezieht. Aus Sicherheitsgründen wird man wohl $\pm 45°$ nehmen, wobei natürlich in der um $180°$ gedrehten Richtung derselbe Bereich zu verwenden ist (Bild 8.12). Die entsprechenden Wahrscheinlichkeiten in diesen Winkelbereichen sind in Bild 8.9 zu summieren, wobei zunächst wieder die NW-Orientierung betrachtet wird. Die Bild 8.11 entsprechenden Kurven sind nun Kreissektoren von $90°$ Öffnungswinkel mit den Geschwindigkeiten der Tabelle 8.5 als Radien.

Bei Summation ist zu beachten, daß die Wahrscheinlichkeiten in Bild 8.9 jeweils für einen Sektor von $22,5°$ gelten, man kann daher hier die beiden Bereiche von $90°$ in jeweils 4 gleiche Sektoren teilen und für jeden Sektor den Wert auf der Mittellinie ablesen. Hat man sehr viele Geschwindigkeiten, wird man den Rechengang nur für einige Werte durchführen und in einem Diagramm die Wertepaare Geschwindigkeit-Wahrscheinlichkeit darstellen.

Die ungünstigsten Werte treten im Durchgang (Punkt C) und im Punkt B seitlich des Gebäudes auf. Im Falle von $u(600) \doteq 23,6$ m/s sieht man durch Übereinanderlegen der Bilder 8.12 und 8.9 daß die in Abschnitt 8.1 aufgestellte Forderung $p < 2 \cdot 10^{-4}$ erfüllt ist.

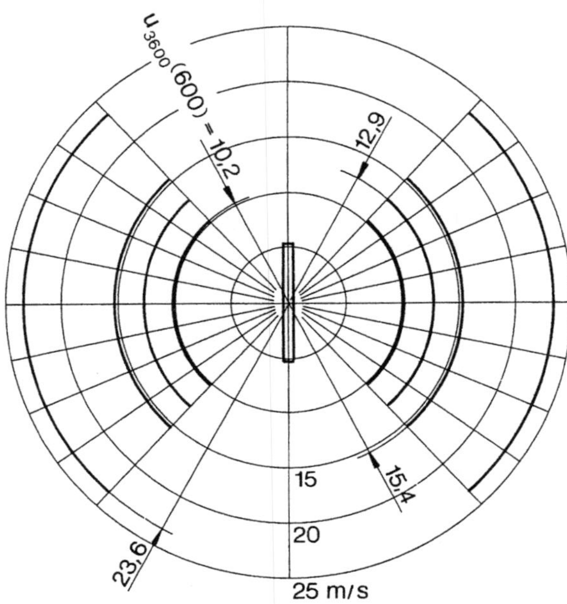

Bild 8.12
Stundenmittel in Gradientenhöhe $u_{3600}(600)$ für verschiedene u_{zul} nach Tab. 8.5

Auch für $\bar{u} = 19{,}6$ m/s ist $p < 1{,}5 \cdot 10^{-2}$ sicher gegeben. Daher werden nur drei Geschwindigkeitswerte bezüglich ihrer Wahrscheinlichkeit untersucht (Tab. 8.6).

Tabelle 8.6 Wahrscheinlichkeiten für das Auftreten von Windgeschwindigkeiten

$u_{3600}(600)$ [m/s]	10,2	12,9	15,4
P	$1{,}9 \cdot 10^{-2}$	$3{,}5 \cdot 10^{-3}$	$3{,}5 \cdot 10^{-4}$

Gemäß Abschnitt 8.1 ist nur für $u(600) = 10{,}2$ m/s die Grenze überschritten, die Zugverhältnisse in der Passage sind für einen Schaufensterbummel nicht geeignet. Da aber die Wahrscheinlichkeit mit $P = 1{,}9 \cdot 10^{-2}$ nur knapp über dem angegebenen Grenzwert $P = 1{,}5 \cdot 10^{-2}$ liegt, sollten Windkanalversuche durchgeführt werden. Ist eine Drehung des Gebäudes um 90° möglich, so führt dies, wie man nachprüfen kann, zu einer Verminderung der Wahrscheinlichkeit auf $P = 2{,}8 \cdot 10^{-3}$ bei $u = 10{,}2$ m/s. Eine Ausstattung des Durchganges mit Schaufenstern kann bei dieser Anordnung empfohlen werden.

Diese Rechnung wurde mit Ergebnissen aus Windkanalversuchen durchgeführt, die Werte treffen daher für spezielle Anordnungen zu. Bei der Anwendung auf andere Fälle können sich jedoch durch die spezielle Gestaltung der Umgebung davon wesentlich abweichende Werte ergeben. Nur Versuche mit einem kompletten Modell bieten eine ausreichende Grundlage für eine zuverlässige Vorhersage der wirklichen Verhältnisse. Bei der vorliegenden Rechnung handelt es sich nur um eine Abschätzung der zu erwartenden Verhältnisse.

8.4 Richtlinien zur Vermeidung hoher Windgeschwindigkeiten in Bodennähe

Die in Abschnitt 8.2 geschilderten Fälle zeigen, wo und weshalb hohe Windgeschwindigkeiten auftreten. Hier werden die wesentlichen Gesichtspunkte zusammengefaßt und durch konstruktive Vorschläge zur Herabsetzung der Windgeschwindigkeiten in Bodennähe ergänzt. Die Hauptursache sind Bauwerke, die die umliegenden Bauten um mehr als das Doppelte überragen. Daraus ergeben sich folgende Gesichtspunkte für die Planung.

1. Vermeidung von Höhen, die größer als das Doppelte der Höhen der umliegenden Bauten sind.

2. Je mehr sich der Grundriß eines Gebäudes der Kreisform nähert, desto günstiger werden die Verhältnisse am Boden, weil dadurch die Abwärtsströmung auf der Frontfläche (Abschnitt 8.2) wesentlich reduziert wird. Ungünstig ist hingegen das lange Rechteck als Grundriß, dessen Längsseite normal zur vorherrschenden Windrichtung liegt. Wird ein solcher Grundriß gewählt, dann sollte die Richtung, aus der häufig Winde zu erwarten sind, mit der Längsseite des Grundrisses zusammenfallen.

3. Falls ein Scheibenhochhaus normal zur Hauptwindrichtung errichtet wird, kann die Bodenzone durch Vorbauten oder Dächer abgeschirmt werden (Bild 8.13) [8.4]. Damit treten die hohen Windgeschwindigkeiten oberhalb des Daches auf. Durch zusätzliche offene Bereiche in der Fassade kann eine weitere Herabsetzung erzielt werden (Bild 8.14) [8.4]. Ist vor dem Scheibenhochhaus ein niedrigeres Gebäude und zwischen diesen Bauten eine Einkaufszone, so kann eine Überdachung zur Beseitigung der Mißstände führen (Bild 8.15) [8.4].

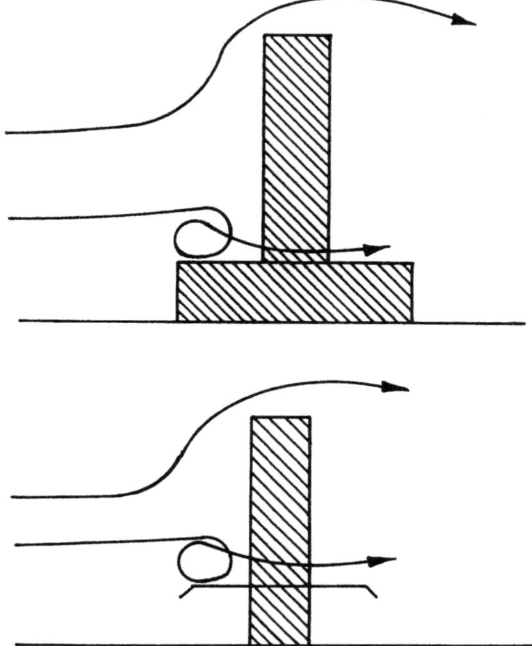

Bild 8.13
Wirkung eines Vorbaues bzw. einer Überdachung [8.4]

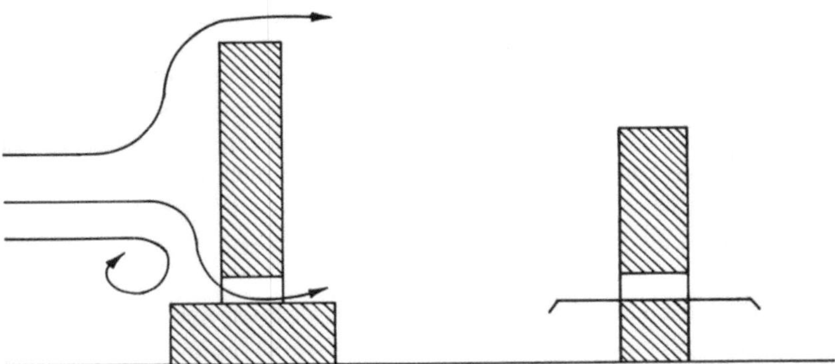

Bild 8.14 Einfluß von Durchlässen in Verbindung mit einem Vorbau [8.4]

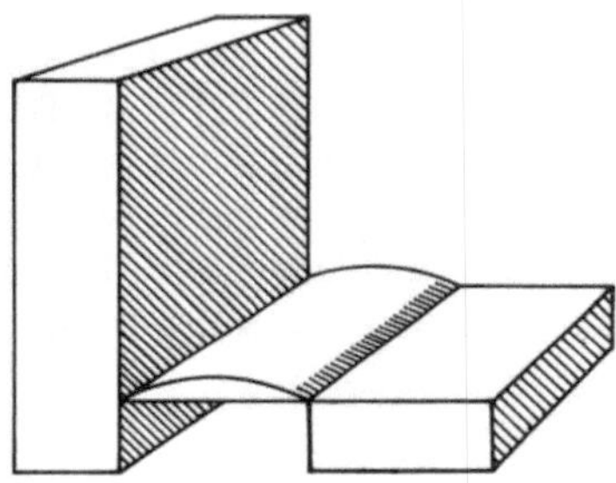

Bild 8.15
Überdachung von Einkaufszentren [8.4]

Bild 8.16 Einbau von versetzten Querwänden in Durchgängen [8.4]

4. Hohe Luftgeschwindigkeiten in Zwischenräumen zwischen Häusern der Anordnung Bild 8.5, Modell A, können durch eine Anordnung nach Bild 8.5, Modell B, oder durch eine Überdachung des Zwischenraumes (im unteren Bereich) abgemindert werden [8.8].
Zwischenräume zwischen Gebäuden und auch Durchgänge sollten nicht in der vorherrschenden Windrichtung orientiert sein. Auch Durchgänge, bei denen nur ein Portal in

der vorherrschenden Windrichtung liegt, während das andere Ende in eine andere Richtung weist, sollten vermieden werden [8.2].

5. Windschutzzäune oder ähnliche Maßnahmen vermögen wohl spezielle Bereiche abzuschirmen [8.18], verursachen aber dann meist hohe Geschwindigkeiten in anderen Zonen [8.6]. Das bedeutet, daß das Übel bloß verschoben, aber nicht behoben wird. In Durchgängen kann hingegen durch die geeignete Anordnung von Windschutzschirmen und auch von Bäumen eine Reduktion der Geschwindigkeiten erzielt werden (Bild 8.16) [8.3, 8.4].

Literatur

[8.1] *Penwarden, A. D.:* Acceptable wind speeds in towns, Building Res. Est. CP. 1/74 (1974)

[8.2] *Melbourne, W. H., Joubert, P. N.:* Problems of wind flow at the base of tall buildings, Proc. Third Int. Conf. on Wind Effects on Buildings and Structures, Tokyo 1971, S. 105–114

[8.3] *Isyumov, N., Davenport, A. G.:* The ground level wind environment in built up areas, Proc. 4th Int. Conf. on Wind Effects on Buildings and Structures, Heathrow 1975, S. 403–422

[8.4] *Penwarden, A. D.:* Wind environment around tall buildings, Building Res. Station Digest 141 (1972)

[8.5] *Colin, P. E., Olivari, D.:* Wind environment at ground level, Von Karman Institute for Fluid Dynamics, Course Wind Effects on Buildings and Structures 1972

[8.6] *Lawson, T. V., Penwarden, A. D.:* The effects of winds on people in the vicinity of buildings, Proc. 4th Int. Conf. on Wind Effects on Buildings and Structures, Heathrow 1975, S. 605–622

[8.7] *Wise, A. F.:* Wind effects due to groups of buildings, Building Research Station CP 23/70 (1970)

[8.8] *Wirén, B. C.:* A wind tunnel study of wind velocities in passages between and through buildings, Proc. 4th Int. Conf. Wind Effects on Buildings and Structures, Heathrow 1975, S. 465–476

[8.9] *Lawson, T. V.:* Discussion of session 5 – environmental effects, Proc. 4th Int. Conf. Wind Effects on Buildings and Structures, Heathrow 1975, S. 477–479

[8.10] *Wise, A. F., Sexton, D. E., Lillywhite, M. S. T.:* Studies of air flow round buildings, The Architects' Journal, Vol. 141, S. 1185–1189 (1965)

[8.11] *Gandemer, J.:* Inconfort dû au vent aux abords des bâtiments: Concepts aérodynamiques, Cahier du Centre Scientifique et Technique du Bâtiment No. 170, S. 1–27 (1976)

[8.12] *Penwarden, A. D., Grigg, P. F., Raymont, R.:* Measurements of wind drag on people standing in a wind tunnel, Building Res. Est. CP 74/78 (1978)

[8.13] *Beranek, W. H., Van Koten, H.:* Visual techniques for the determination of wind environment, Proc. of the 3rd Colloquium on Industrial Aerodynamics, Aachen 1978, Buildings Aerodynamics, Part 3, S. 1–14

[8.14] *Beranek, W. J., Van Koten , H.:* Visual techniques for the determination of wind environment, on Wind Eng., Fort Collins 1979, Vol. I., S. 225–234

[8.15] *Murakami, S., Uehara, K., Deguchi, K.:* Wind effects on pedestrians: New criteria based on outdoor observation of over 2000 persons, Proc. 5th Int. Conf. on Wind Eng., Fort Collins 1979, S. 277–288

[8.16] *Beranek, W. J.:* Determination of the wind environment around building configurations, Coll. Construire avec le vent, Nantes 1981, II-1, 15 S.

[8.17] *Gandemer, J., Guyot, A.:* Integration du phénomène vent dans la conception du milieu bati, guide méthodologique et conseils pratiques, Sécrétariat Général du Groups Central de Villes Nouvelles, Paris 1976, 129 S.

[8.18] *Gandemer, J., Guyot, A.:* La protection contre le vent, aérodynamique des brise-vent et conseils pratiques, Centre Scientifique et Technique du Bâtiment, Nantes 1981, 132 S.

[8.19] *Murakami, S., Deguchi, K.:* Masurements of drag force on people walking in wind tunnel, Coll. "Construire avel le vent", Nantes 1981, Pap. II-2, 15 S.

9 Statische Windlasten

9.1 Statische und dynamische Windlasten

Unter statischen Windlasten sollen hier alle stationären und instationären Lasten durch Windeinfluß verstanden werden, die nur so geringfügige Bewegungen der Konstuktion oder Konstruktionsteile hervorrufen, daß diese nicht berücksichtigt werden müssen. DIN 1055, Teil 4, spricht in diesem Fall von nicht schwingungsanfälligen Bauwerken und definiert diesen Begriff wie folgt: „Als nicht schwingungsanfällig im Sinne dieser Norm gelten Bauwerke, bei denen die Verformungen unter Berücksichtigung der dynamischen Wirkung der Windkräfte die Verformungen aus statisch wirkender Windlast um nicht mehr als 10% überschreiten".

Ein Nachweis für die Berechtigung der Annahme von rein statischen Lasten erfordert daher eine Ermittlung der Gesamtlast unter Berücksichtigung der Schwingungen. Dieser Nachweis wird aber nur für Sonderfälle gefordert, sowohl DIN- als auch ÖNORM enthal-

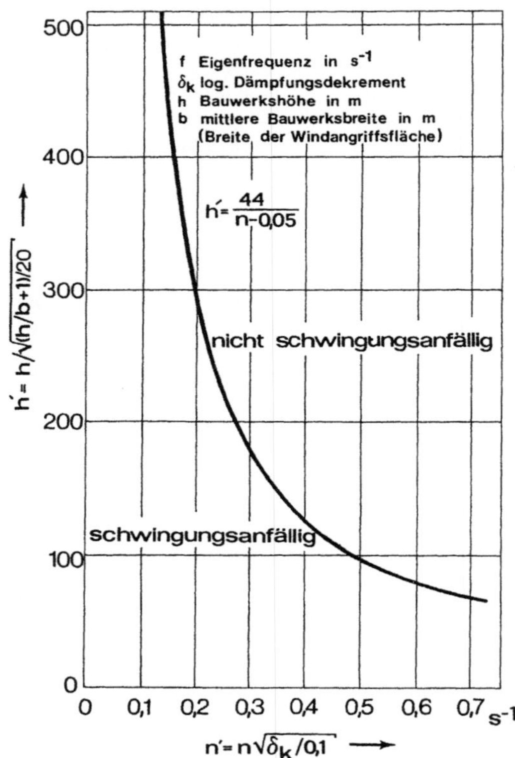

Bild 9.1

Grenze der Schwingungsanfälligkeit nach DIN 1055 Teil 4

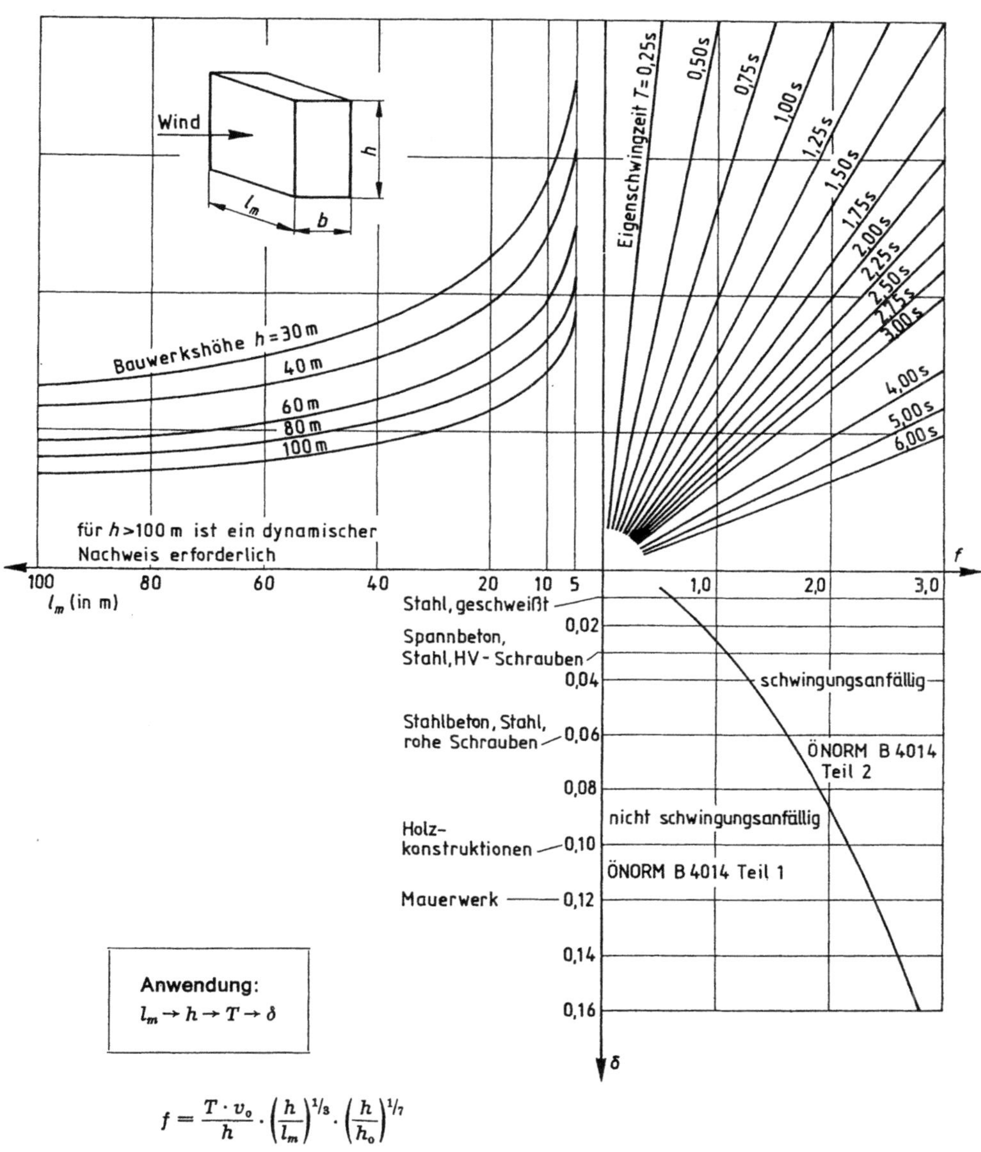

$$f = \frac{T \cdot v_0}{h} \cdot \left(\frac{h}{l_m}\right)^{1/3} \cdot \left(\frac{h}{h_0}\right)^{1/7}$$

f . . . Kennzahl der Schwingungsanfälligkeit
T . . . Eigenschwingungszeit der Grundschwingung (in s)
v_0 = 25,3 m/s
h . . . Bauwerkshöhe (in m)
l_m . . . mittlere Länge der dem Wind zugewandten Frontfläche (in m)
h_0 = 10 m
δ . . . logarithmisches Dämpfungsdekrement

Bild 9.2 Nomogramm zur Beurteilung der Schwingungsanfälligkeit für Bauten mit einer Höhe h ⩾ 30 (ÖNORM B4014 Teil 1)

ten Angaben über Bauwerke die ohne Nachweis nur auf statische Windlasten untersucht werden müssen. So schreibt z. B. DIN 1055, Teil 4, vor: „Ohne besonderen Nachweis dürfen in der Regel folgende Bauwerke als nicht schwingungsanfällig im Sinne dieser Norm angesehen werden: Wohn-, Büro-, und Industriegebäude mit einer Höhe bis zu 40 m und ihnen in Form oder Konstruktion ähnliche Gebäude.

Es darf auch davon ausgegangen werden, daß auch Krantragwerke — abgesehen von besonders gelagerten Ausnahmefällen — nicht schwingungsanfällig im Sinne dieser Norm sind. Für diese Krane gelten die angegebenen Windlastannahmen für den Zustand ‚außer Betrieb'.

Hinweis: Im übrigen dürfen als Kragträger wirkende Bauwerke als nicht schwingungsanfällig in Windrichtung angesehen werden, wenn sie mit ihren bezogenen Kenngrößen ‚bezogene Eigenfrequenz f''' und ‚bezogene Höhe h'' oberhalb der in Bild 9.1 angegebenen Kurve liegen. Sofern zur Berechnung der ‚bezogenen Eigenfrequenz f'' keine genaueren Werte des logarithmischen Dämpfungsdekrementes δ bekannt sind, dürfen die Werte nach Tabelle 9.1 verwendet werden."

Soweit der Wortlaut der DIN 1055, Teil 4. Für die als Kragträger wirkenden Bauwerke ist besonders der Zusatz zu beachten: „Nicht schwingungsanfällig in Windrichtung." Das bedeutet, daß nur die durch die Turbulenz des Windes, also durch Böen, erregten Schwingungen (Kap. 19) von dieser Abschätzung erfaßt werden. Auf die Gefahr von Schwingungen anderer Art, z. B. Schwingungen quer zur Windrichtung und auch von Torsionsschwingungen muß dennoch geachtet werden. Bezogene Eigenfrequenz f' und bezogene Höhe h' sind im Bild 9.1 definiert. Es handelt sich dabei um dimensionsbehaftete Größen. Die einzelnen Werte sind in den im Bild vermerkten Einheiten einzusetzen.

In der ÖNORM B4014, Teil 1, lautet der diesbezügliche Text:

„Als nicht gegen Schwingungen anfällige Bauwerke gelten Wohn-, Büro- und Industriegebäude und ihnen in Form oder Konstruktion ähnliche Bauwerke mit einer Schlankheit $h/b_1 \leqslant 4$... Hierin bedeutet h die Höhe und b_1 die kleinste Abmessung im Grundriß (Gebäudetiefe) der gegen Horizontalkräfte ausgesteiften Konstruktion... Außerdem gelten als nicht schwingungsanfällig gegen Böenerregung Hochbauten, die mit ihren Parametern Eigenschwingungszeit T der Grundschwingung und logarithmischem Dämpfungsdekrement δ_K links von der in Bild 9.2 gezeichneten Kurve liegen (für Bauten mit $h \geqslant 30$ m). Zur Abschätzung können dabei die δ_K-Werte der Tabelle 9.1 entnommen werden. ...

... Bei ausgesteiften Geschoßbauten mit normaler Dämpfung (siehe auch Tabelle 9.1) mit Aussteifungselementen aus Vertikalverbänden, Mauerwerk, Beton oder Stahlbeton darf die Eigenschwingungszeit T der Grundschwingung näherungsweise mit Hilfe folgender Formel abgeschätzt werden, wobei h und b_m in m einzusetzen sind...

$$T = \frac{0{,}08\,h}{\sqrt{b_m}}\ [s],$$

wobei b_m die in Windrichtung gemessene, über die Höhe arithmetisch gemittelte Breite der ausgesteiften Konstruktion bedeutet."

Die Abweichungen der tatsächlichen Eigenschwingungszeiten von denen, die mit diesen oder ähnlichen Näherungsformeln (Abschnitt 15.3.2.2) errechnet wurden, sind i. allg. groß.

Tabelle 9.1 Logarithmische Dämpfungsdekremente

Konstruktionsart		δ_K	
		DIN	ÖNORM
1	Stahlkonstruktionen geschraubt (rohe Schrauben)	0,05	0,06
	geschraubt (HV-Schrauben)	0,03	0,03
	geschweißt	0,02	0,01
	Zuschlag für dämpfende Einbauten (z. B. Ausmauerungen)	0,02	0,02
	Zuschlag für offene geschraubte Gitterkonstruktionen	0,02	
3	Beton- und Stahlbetonkonstruktionen		0,06
	Spannbetonkonstruktionen		0,03
	Zustand II	0,10	
	Zustand I (auch Spannbeton)	0,04	
	Zuschlag für dämpfende Einbauten	0,02	0,02
4	Mauerwerkkonstruktionen	0,12	0,12
5	Holzkonstruktionen	0,15	0,10

Die Grenzkurve zwischen schwingungsanfälligen und nicht schwingungsanfälligen Bauwerken beruht bei der ÖNORM auf denselben Rechnungen wie die der DIN-Norm — es werden als Kragträger wirkende Bauwerke vorausgesetzt — nur wird bei der ÖNORM eine dimensionslose Darstellung vorgezogen. Die Kennzahl f kann entweder mit Hilfe des Nomogrammes ermittelt oder mit der angegebenen Formel berechnet werden.

Für Hochbauten über 100 m Höhe sowie für Schlankheiten $h/b_1 \geqslant 20$ schreibt die ÖNORM einen dynamischen Nachweis vor.

Die SIA 160 enthält nur einige Hinweise auf die Möglichkeit von Überbeanspruchung durch Schwingungen. Die entsprechenden Zeilen lauten:

„Objekte die durch Windwirkung in Schwingungen geraten können, sind hinsichtlich Möglichkeit dynamischer Überbeanspruchung und Schwingungsanfachung rechnerisch, eventuell experimentell zu untersuchen.

Hier kommen in Frage:

Kirch- und Aussichtstürme, Hochkamine, Hochhäuser, Funktürme, Antennen, Freileitungen, Luftseilbahnen, Förderanlagen, Baukrane und dgl.

Als grobe Abschätzung kann gelten, daß Vorsicht geboten ist bei Eigenschwingungszeiten, die mehr als 1 Sekunde für eine volle Schwingung betragen.

Die Summe von statischer Windlast und dynamischer Zusatzbelastung kann in ungünstigen Fällen auf das Doppelte der statischen Windlast steigen."

9.2 Windlastrichtungen und Windrichtungen nach den Normen

Die Bauwerke sind auf Windlast im allgemeinen in Richtung ihrer Hauptachsen (nach DIN) bzw. normal zu den Hauptflächen (nach ÖNORM) zu untersuchen. Diese Vorschriften sind sinngemäß als gleich zu betrachten, sie beruhen auf den Erfahrungen einer großen Anzahl von Windkanalexperimenten. Nur in besonderen Fällen ist eine Berechnung mit Bezug auf andere Achsen („über Eck") erforderlich. Ein solcher Fall sind z. B. Gittermaste.

Die Windrichtung kann im allgemeinen als waagrecht angenommen werden. Nur in Sonderfällen wird die Neigung des Windes relativ zur Horizontalebene, bedingt z. B. durch die Geländeform, eine Rolle spielen. Dies ist beispielsweise bei horizontalen oder schwach geneigten Platten (z. B. freistehenden Dächern) der Fall. Bläst der Wind in der Plattenebene, so treten nur geringe Reibungskräfte auf, nimmt der Anstellwinkel zu, so werden Auftriebskräfte wirksam, die die Reibungswirkungen weit übertreffen. Solche Kraftwirkungen sind allerdings in den Beiwerten der Normen für die speziellen Fälle bereits berücksichtigt, so daß sowohl gemäß DIN als auch ÖNORM die Windrichtung horizontal angenommen werden darf.

9.3 Berechnung der statischen Windlasten

9.3.1 Druck-, Reibungs- und Gesamtlasten

In Kap. 5 wurden die Kraftwirkungen auf einen Körper in einer Luftströmung eingehend behandelt. Hier wird für diese Kräfte entsprechend DIN 1080/1 die Bezeichnung Last verwendet, weil es sich um Kräfte handelt, die von außen auf ein System einwirken. Diese Lasten werden durch Druck- und Reibungskräfte auf der Oberfläche eines Baukörpers infolge des Windes verursacht. Die Druck- und Reibungskräfte pro Flächeneinheit werden dem Staudruck q proportional gesetzt.

$$w = p - p_A = c_p \cdot q$$

(5.1) $\qquad w_R = c_R \cdot q.$ $\qquad\qquad\qquad\qquad\qquad\qquad\qquad$ (9.1)

w und w_R sind die örtlichen Normal- bzw. Tangentiallasten pro Flächeneinheit. Je nachdem ob c_p ein örtlicher oder mittlerer Druckbeiwert ist, ist w gleich dem Unterschied zwischen örtlichem oder mittlerem Druck auf der Oberfläche und dem Luftdruck p_A im ungestörten Wind in gleicher Höhe.

Falls die c_p oder c_R Werte als Ergebnisse eines Windkanalexperiments mit natürlicher atmosphärischer Grenzschicht vorliegen, ist stets anzugeben in welcher Höhe der Staudruck gemessen wurde, auf den die Beiwerte bezogen sind (z. B. Dachhöhe). Wurden die Versuche ohne Simulation des natürlichen Windes in Bodennähe, also mit konstanter Anströmgeschwindigkeit durchgeführt, dann liegt ohnedies nur ein q-Wert vor. Bei der Anwendung der Normen sind die q-Werte den Normen zu entnehmen, diese Vorgangsweise wurde in den Abschnitten 6.7.1 bis 6.7.3 erläutert. Es sei nochmals erwähnt, daß gemäß der ÖNORM der Staudruck mit einem Faktor s, der von der Größe der Fläche abhängt (Tabelle 6.3) zu multiplizieren ist. Das bedeutet für die ÖNORM, daß Gl. (9.1) lautet:

$$w = p - p_A = c_p \cdot s \cdot q$$

$$w_R = c_R \cdot s \cdot q.$$

$\qquad\qquad\qquad\qquad\qquad\qquad\qquad\qquad\qquad\qquad\qquad\qquad\qquad\qquad\qquad$ (9.1a)

Die Beiwerte c_p sind für verschiedene Bauwerksformen und für verschiedene Anströmrichtungen den folgenden Abschnitten, den Normen oder der Literatur zu entnehmen. Die Druckkräfte, und damit die Beiwerte c_p, können sowohl positiv als auch negativ sein, da es sich ja um Kräfte aus Druckdifferenzen handelt. Für positive Druckdifferenzen wird manchmal der Ausdruck Druck verwendet, während man bei negativen von Sog spricht

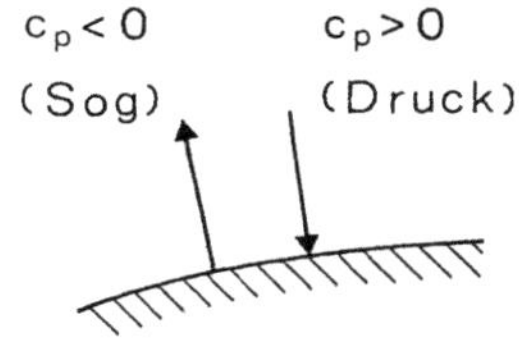

Bild 9.3 Druck- und Sogbeiwerte

(Bild 9.3). Hier wie auch in den Normen wird die Unterscheidung nach dem Vorzeichen vorgezogen, weil man bei der Angabe von c_p-Werten sofort am Vorzeichen erkennt, ob es sich um Druck oder Sog handelt.

Außerdem ist zu beachten, daß jede Wand- oder Dachfläche durch die Differenz zwischen Außen- und Innendruck belastet wird. Der Innendruck stellt sich dabei nach der vorwiegenden Lage der Undichtheiten (Fenster, Türen) ein, er kann daher positiv oder negativ sein (Abschnitt 10.3). Folglich ist für die Belastung einer Fläche der Differenzdruckbeiwert $c_{pd} = c_{pa} - c_{pi}$ maßgebend (Bild 9.4). Die zur Strömungsrichtung nahe der Oberfläche parallel wirkende Reibungskraft ist meist klein gegenüber den Druckkräften (Abschnitt 5.1.1) und daher vernachlässigbar.

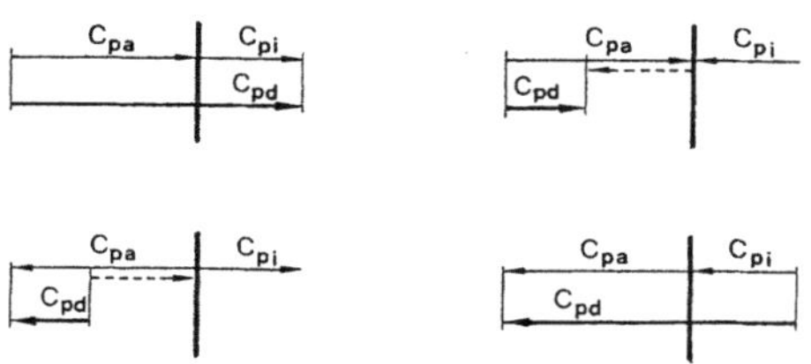

Bild 9.4 Außen- und Innendruckbeiwerte

Nur wenn Flächen in ihrer Ebene angeströmt werden, z. B. freistehende Dächer, können diese Tangentialkräfte für die Belastung relevant werden. Dabei sind folgende Werte zu verwenden:

Tabelle 9.2 Tangentialkraftbeiwerte c_R nach Normen

Norm	glatte Flächen (Stahlflächen, glatter Sichtbeton)	rauhe Flächen (schalungsrauher Beton, Pappeindeckung)	stark rauhe Flächen (Wellbelag, niedere Querbalken, Rippen, Fälze)
DIN	0,01	0,03	bis 0,05
ÖNORM	0,01	0,03	0,05
SIA	0,01	–	bis 0,05

Die Gesamtlast für ein Bauwerk kann entweder durch vektorielle Summation der Teillasten, die auf die Oberfläche wirken, ermittelt werden, oder sie wird mit Hilfe eines Beiwertes c für die gesamte Konstruktion bestimmt.

Bei Anströmung eines Baukörpers in beliebiger Richtung ergeben sich im allgemeinen Fall 3 Luftkraftkomponenten, Widerstand F_W in Anströmrichtung, Auftrieb F_A senkrecht nach oben und Querkraft F_Q normal zu den beiden anderen Komponenten (Bild 5.14), dementsprechend gibt es 3 Beiwerte c_W, c_A und c_Q (Abschnitt 5.2.1)

$$(5.2) \qquad c_{W,A,Q} = \frac{F_{W,A,Q}}{q \cdot A}.$$

Die Bezugsfläche A kann von Fall zu Fall verschieden sein und ist meist bei dem entsprechenden Beiwert in der Norm zu finden. Oft wird die Projektionsfläche des Körpers auf eine Ebene normal zur Windrichtung als Bezugsfläche gewählt.

Daß der Widerstand nicht unbedingt die dominierende Kraftkomponente sein muß, zeigt das einfache Beispiel der quadratischen Platte (Abschnitt 5.2.2). Die größte Windlast tritt nicht auf, wenn die Plattenebene normal zur Windrichtung steht, sondern wenn Platte und Windrichtung einen Winkel von ca. 40° einschließen (Bild 9.5). Die Luftkraft F steht

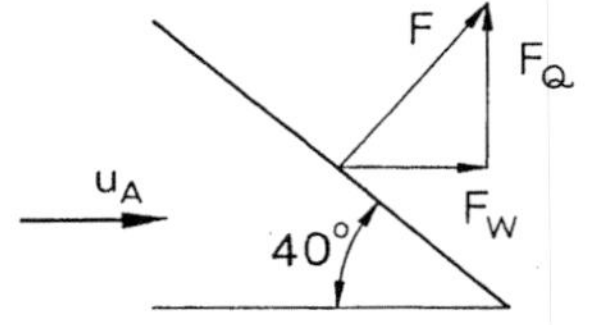

Bild 9.5 Kraftwirkung auf eine quadratische Platte bei 40° Anstellung gegenüber der Anströmung

wohl näherungsweise senkrecht zur Plattenebene, aber sie ist nicht parallel zur Anströmung; Widerstand und Querkraft sind etwa von gleicher Größe. Wie in Abschnitt 9.2 erläutert wurde, sind Bauwerke im allgemeinen in Richtung ihrer Hauptachse zu untersuchen. Im Falle des Beispieles sind somit die maximalen Kräfte senkrecht zur Plattenebene anzugeben, wobei die Windrichtung mit der Plattenebene keinen rechten Winkel einschließt.

Es ist daher zweckmäßig, in der Grundrißebene ein Koordinatensystem x, y zu wählen, das mit den Hauptachsen des Bauwerkes zusammenfällt (Bild 9.6). Nun werden die Kraftbeiwerte c_x und c_y für die x- und y-Richtung angegeben. Für den speziellen Fall bedeutet

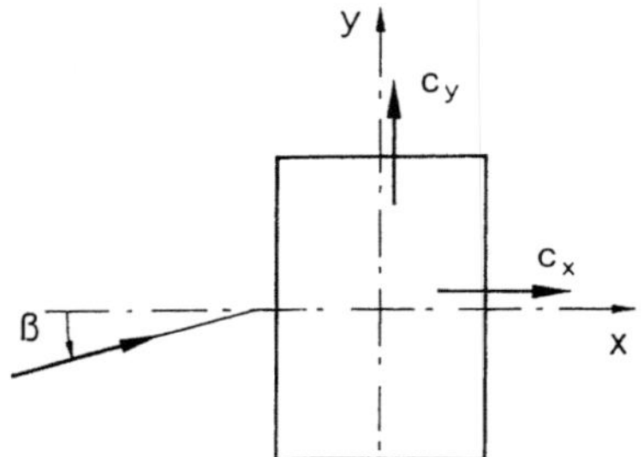

Bild 9.6 Kraftkomponenten in den Hauptachsenrichtungen

dies, daß für die Anströmwinkel $\beta = 0°$ und $\beta = 90°$ die Widerstandsbeiwerte angeführt werden. Die ÖNORM gibt nur einen c-Wert an und versteht darunter in der Regel den Widerstandsbeiwert. Ausnahmefälle in dieser Norm sind Fahnen mit festgespanntem Tuch, Platten und freistehende Dächer, wobei aber darauf hingewiesen wird, daß die Kraft senkrecht zu den entsprechenden Ebenen wirkt. Gl. (5.2) kann zur Berechnung der Windlasten für ein Bauwerk in den Hauptachsenrichtungen oder auch in beliebigen Richtungen den Normen entsprechend einfach so geschrieben werden, daß man die Indizes wegläßt. Außerdem wird gemäß ISO 3898 für die Windlast der Buchstabe W verwendet, der an die Stelle von F für die Kraft tritt.

$$(5.2) \qquad W = c \cdot q \cdot A \qquad\qquad (9.2)$$

Nach der ÖNORM ist der Staudruck auch hier mit einem Faktor s zu multiplizieren (Tabelle 6.3)

$$W = c \cdot s \cdot q \cdot A. \qquad\qquad (9.2a)$$

Das Berechnen der Windlasten besteht also praktisch darin, die für das spezielle Bauwerk maßgebenden c- bzw. c_p-Werte zu ermitteln. Das kann bei komplizierten Konstruktionen nur durch Windkanalexperimente geschehen, bei einfachen Formen kann man die Werte den Normen oder Veröffentlichungen entnehmen. Die Problematik der Anwendung von Beiwerten aus verschiedenen Unterlagen wird im nächsten Abschnitt noch ausführlich erörtert.

In den Normen ist die Staudruckverteilung entweder durch eine Funktion oder durch Angabe von Staudruckstufen vorgegeben. Daher ist der in Gl. (9.2) angegebene Staudruck q ein über die Fläche A gemittelter Staudruck, der entweder durch Integration oder durch Summation berechnet werden kann.

$$q \cdot A = \int_0^h q_N \cdot dA = \int_0^h q_N \cdot b\,dz = \sum_i q_{Ni}b_i\Delta z_i. \qquad\qquad (9.3)$$

Dabei ist q_N bzw. q_{Ni} die in der Norm vorgegebene Staudruckverteilung und b bzw. b_i die maßgebliche Breite quer zur Anströmung (Bild 10.3). Bei der Bildung der Momente um die Basis zur Bestimmung des Angriffspunktes der Windlast W sind entsprechend die Momente des Staudruckes zu ermitteln.

$$qAz_w = \int_0^h zq_N\,dA = \int_0^h zq_N \cdot b\,dz = \sum_i z_i q_{Ni}b_i\Delta z_i. \qquad\qquad (9.4)$$

Die Lage z_w des Angriffspunktes erhält man durch Division von Gl. (9.4) durch Gl. (9.3).

9.3.2 Zuverlässigkeit bei der Rechnung mit Beiwerten

In den Kapiteln 5 und 7 wurde eingehend besprochen, daß für eine gute Übereinstimmung zwischen den Windlasten der Großausführung und denen des Modellversuchs die tatsächlichen Verhältnisse möglichst genau simuliert werden müssen. Das bedeutet, daß das Profil der mittleren Geschwindigkeiten und die Turbulenzstruktur den Verhältnissen in der Natur entsprechen müssen, und daß ein großer Teil der Umgebung in das Modell einbezogen werden muß. Als Beispiele für den Umgebungseinfluß sei an die Messungen am Royex-House (Bild 5.26), für den Turbulenzeinfluß an die Messungen an Prismen (Bild 5.25) und für den Einfluß des Geschwindigkeitsprofils an die Bilder 5.9 und 5.10 erinnert. Eine solide Vorhersage der tatsächlich auftretenden Windlasten kann daher nur ein guter Modellversuch bringen. Allerdings bleibt dann noch die Frage offen: „Wie verändern sich die Lasten, wenn die Struktur der Umgebung verändert wird?" Daher ist zu empfehlen, Versuchswerte, die im Vergleich zu Erfahrungswerten viel zu niedrig sind, etwas anzuheben.

Die in den Normen angegebenen Werte beruhen auf Auswertungen von Messungen an Einzelkörpern in Windkanälen mit geringer Turbulenz bei meist konstanter Anströmgeschwindigkeit. Das bedeutet, daß mit diesen Beiwerten berechnete Windlasten mit den an einem bestimmten Bauwerk auftretenden höchstens zufällig übereinstimmen. Die in den Normen angegebenen Werte sind daher als Grenzwerte zu verstehen, die nur in wenigen Einzelfällen erreicht oder vielleicht sogar überschritten werden. Es zeigt sich tatsächlich, daß die Einflüsse des Geschwindigkeitsprofils und der Umgebung meist zu einer Verminderung der Gesamtlasten führen (Bilder 5.9, 5.10 und 5.26), während sich die Turbulenz auch umgekehrt auswirken kann (Bild 5.25). Daher ergibt ein Windkanalexperiment für ein spezielles Problem mit richtiger Simulation der atmosphärischen Grenzschicht der Umgebung meist niedrigere Werte als die der Norm. Das bedeutet bei größeren Projekten Ersparnisse bei den Baukosten, die ein Vielfaches der Ausgaben für den Versuch betragen können.

Unterschiede zwischen tatsächlichen Belastungen und Normbelastungen ergeben sich vor allem bei einzelnen Flächen, weil sich der Einfluß der Umgebung örtlich stark auswirkt. Die Differenzen in den Gesamtlasten sind meist etwas geringer. Es ist daher wohl nicht sinnvoll für eine große Anzahl von Gebäudeformen Beiwerte anzugeben, die unter vereinfachten Bedingungen gemessen wurden, da die speziellen Verhältnisse die Beiwerte beeinflussen. Genau dasselbe gilt natürlich auch für alle anderen Konstruktionen, für Brücken, Fachwerkkonstruktionen usw. Allgemeine Richtlinien, wie sie die Normen sind, sollen Werte enthalten, die für eine große Anzahl von Fällen Grenzwerte sind, im Einzelfall aber meist unterschritten werden. Das andere Extrem, nämlich ein Katalog mit vielen verschiedenen Formen bei verschiedenen Windprofilen, wobei in diesem Fall die Höhe der Gebäude als weiterer Parameter hinzukäme, enthielte auch nicht den Einfluß der unmittelbaren Umgebung, wäre also nur eine etwas bessere Näherung mit einem enormen Aufwand.

Die Angaben in den Normen beschränken sich meist auf geometrisch einfache Körper. Nach allem was in diesem Kapitel über Umgebungseinflüsse schon gesagt und im Abschnitt 5.2.5 detailliert behandelt wurde, ist es wohl klar, daß eine Zusammensetzung oder Gruppierung von Körpern zu anderen Ergebnissen bei Last- und Druckbeiwerten führt. Es kann dabei sowohl zu einer Verminderung als zu einer Erhöhung der Beiwerte kommen, wobei vor allem die örtlichen Druckbeiwerte stark abweichen können.

10 Beiwerte für prismatische Baukörper

10.1 Gesamtlastbeiwerte

10.1.1 Gesamtlastbeiwerte nach Experimenten

Es gibt sehr umfangreiche Modellmessungen über Druckverteilungen an elementaren Gebäudeformen, aus denen sich die Gesamtlastbeiwerte leicht ermitteln lassen [10.1, 10.2]. Auch für einige Hochhausformen liegen Ergebnisse vor [10.3]. Aber alle diese Messungen wurden in einem turbulenzarmen Luftstrom mit konstanter Geschwindigkeit durchgeführt. Der Einfluß von Turbulenz und Geschwindigkeitsprofil auf die Ergebnisse wurde in den Abschnitten 5.2.4 und 5.2.5 eingehend erörtert. Für quaderförmige Baukörper wurden Widerstandsbeiwerte c_W für Modelle in einem turbulenten Luftstrom angegeben (Bilder 5.24 und 5.25). Diese Werte entsprechen wohl der Wirklichkeit eher als die in turbulenzarmer Strömung gemessenen. Daher werden sie auch in Abschnitt 10.1.5 zum Vergleich mit den Angaben der Normen herangezogen.

In Abschnitt 5.2.5 wurden Messungen am Royex-House mit Modellmessungen mit und ohne Umgebung verglichen (Bild 5.26). Es handelt sich dabei um Ergebnisse für das 13. Geschoß. Für das Gesamthaus sind folgende Werte für Westwind angegeben [10.5]:

Tabelle 10.1 Widerstandsbeiwerte für das Royex House

	Großausführung	Modell		
		mit Umgebung und Grenzschicht	Grenzschicht	konstante Geschwindigkeit
c	0,84	0,91	1,08 (1,30)	1,45

Der Wert „mit Grenzschicht" wurde in zwei verschiedenen Kanälen gemessen, wobei der niedrigere Wert wahrscheinlich durch die höhere Turbulenz des Kanals bedingt ist. Es ist klar, daß die Umgebung die Windeinwirkung auf das Gebäude sehr reduziert. Bei diesen Messungen zeigte sich weiter, daß sowohl die Belastungen pro Geschoß als auch die Gesamtlast bei Kürzung des Mittelungsintervalls bis herab zu einer Sekunde zunnahmen (Bild 10.1). Bei einer Höhe des Gebäudes von 66 m ist dies wohl ein überraschendes Ergebnis. Man könnte daraus voreilig den Schluß ziehen, daß auch für die Gesamtbelastung das 1-s-Böenmittel genommen werden muß. Eine kurze Abschätzung anhand von Bild 10.1 wird zeigen, daß dies nicht erforderlich ist. Die Gesamtlast gemittelt über 1 s ist 1,37 mal der Last gemittelt über 20 s. Für das Verhältnis der entsprechenden Mittelwerte der Geschwindigkeiten in 10 m effektiver Höhe folgt aus Bild 6.9 für Gelände 3 etwa 1,31. Nimmt man

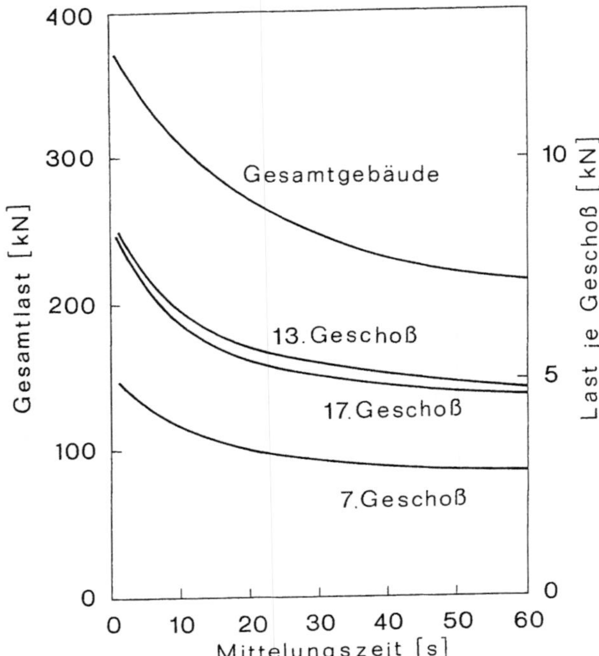

Bild 10.1

Abhängigkeit der Last vom Mittelungsintervall (Royex-House, London) [10.5]

weiter an, daß dieses Verhältnis für alle Höhen etwa gleich bleibt, was den gleichen Exponenten des Geschwindigkeitsprofils für beide Mittelwerte bedeutet und nur eine Näherung ist (Bild 6.6), dann wird das Staudruckverhältnis, wenn man es gleich dem Quadrat der Geschwindigkeitsverhältnisse setzt, 1,72 also größer als 1,37. Natürlich ist das Staudruckmittel nicht genau dem Quadrat des Geschwindigkeitsmittels proportional, weil der Mittelwert des Quadrates einer Größe nicht gleich dem Quadrat des Mittelwertes dieser Größe sein kann. Da aber meist keine statistischen Angaben über Staudruckmittelwerte vorliegen, muß man diese Näherung machen. Weil das Verhältnis der Lasten kleiner als das Staudruckverhältnis ist, folgt einfach aus Gl. (9.2), daß der Lastbeiwert c für das kürzere Zeitintervall kleiner als für das längere ist.

Das bedeutet eben, daß die Einsekundenböe wohl noch einen geringen Einfluß auf das Gebäude hat, daß man aber nicht mehr so rechnen kann, als träfe sie das gesamte Bauwerk. Diese Abhängigkeit der gemessenen Lastbeiwerte c vom Mittelungsintervall wurde auch in Großversuchen [10.6] an einem ca. 300 m hohen Gebäude bei Einwirkung verschiedener Taifune festgestellt (Bild 10.2).

Melbourne [10.13] wies ebenfalls eine gute Übereinstimmung zwischen Groß- und Modellversuchen bei den Gesamtlasten nach, bei den Verteilungen der mittleren Außendruckbeiwerte zeigten sich jedoch Diskrepanzen.

10.1.2 Gesamtlastbeiwerte nach DIN 1055 Teil 4

Für prismatische Baukörper gilt im allgemeinen, wenn b die Abmessung normal zum Wind und h die Höhe bedeuten, für $h/b \leqslant 5$: $c_f = 1,3$. Nur im Falle eines quadratischen Grund-

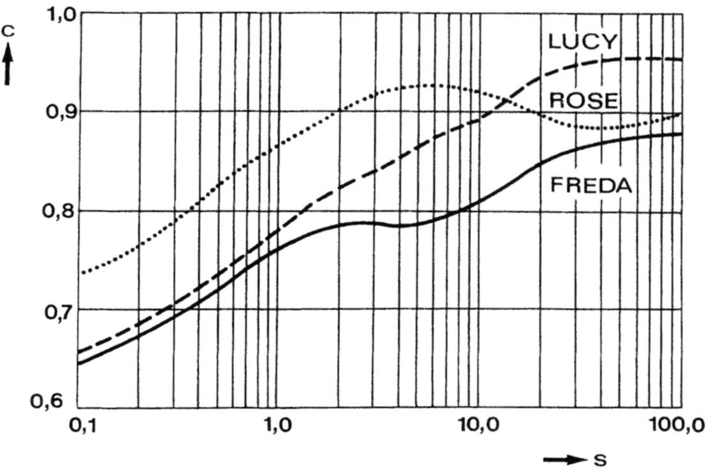

Bild 10.2 Abhängigkeit des Lastbeiwertes c vom Mittelungsintervall bei verschiedenen Taifunen [10.6]

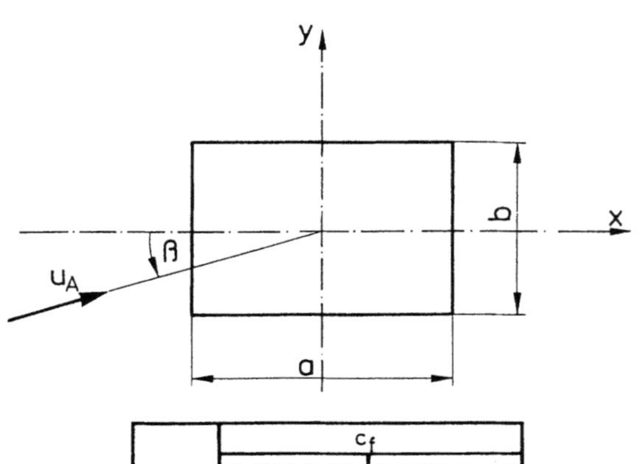

Bild 10.3

Windlasten eines prismatischen Baukörpers für $h/b \leqslant 5$ nach DIN 1055 Teil 4

risses ist für $h/b \leqslant 5$, $\beta = 45°$ $c_{fx} = c_{fy} = 0,8$ zu setzen (Bild 10.3). Bezüglich des Kraftangriffes ist noch eine mögliche Exzentrizität $e_x = 0,1a$ bzw. $e_y = 0,1b$ zu untersuchen.

10.1.3 Gesamtlastbeiwerte nach ÖNORM B4014 Teil 1

Im Abschnitt 5.2 der ÖNORM findet man die Gesamtkraftbeiwerte c abhängig von der Schlankheit h/l_m und der Grundrißform bzw. bei Rechtecken abhängig vom Seitenverhältnis l_m/b_m des Grundrisses (Tabelle 10.2). Darin bedeutet l_m die mittlere Länge normal zur Windrichtung, b_m die mittlere Breite in Windrichtung und h die Höhe des Baukörpers ohne Dach. Diese Beiwerte gelten für die Belastung in Windrichtung (normal l_m), für die Belastung normal b_m sind l_m und b_m entsprechend zu vertauschen. Bezugsfläche A ist dabei jeweils die Projektionsfläche des Baukörpers auf eine Ebene normal zur Windrichtung.

Für Baukörper, deren Abmessungen den Bedingungen

$$h/l_m \leqslant 2 \quad \text{und} \quad l_m/b_m \quad \text{beliebig}$$

$$\text{oder} \quad 2 < h/l_m \leqslant 10 \quad \text{und} \quad l_m/b_m \leqslant 0{,}25$$

genügen und bei denen für das Verhältnis $A_0/A_G \leqslant 0{,}05$ gilt (Abschnitt 10.3.3), darf vereinfacht nach Abschnitt 5.2.4 der ÖNORM der Gesamtkraftbeiwert $c = 1{,}3$ gesetzt werden. Dieser Wert ist in manchen Fällen höher als der nach Tabelle 10.2.

Tabelle 10.2 Abhängigkeit des Gesamtkraftbeiwertes c von der Schlankheit des Bauwerkes und seiner Grundrißform nach ÖNORM B4014 Teil 1

Schlankheit h/l_m	allgemeine Grundrißformen und Rechtecke $l_m/b_m \geqslant 0{,}50$	Rechtecke $l_m/b_m \leqslant 0{,}25$	regelmäßige n-Ecken		
			n = 6	n = 8	n = 10
$\leqslant 2$	1,30	1,00	1,00	0,90	0,85
4	1,45	1,00	1,10	1,00	0,95
10	1,75	1,05	1,30	1,25	1,15
$\geqslant 50$	2.00	1,10	1,50	1,40	1,30

Für Zwischenwerte von h/l_m bzw. l_m/b_m darf linear interpoliert werden

l_m mittlere Länge normal zur Windrichtung

b_m mittlere Breite in Windrichtung

h größte Höhe des Baukörpers (ohne Dach)

Bei der Anwendung von DIN und ÖNORM ist auf die unterschiedlichen Symbole zu achten. Die Abmessung normal zum Wind im Grundriß wird in der DIN mit b in der ÖNORM mit l_m bezeichnet. a ist in DIN und b_m in der ÖNORM die Erstreckung in Windrichtung (vgl. Bild 10.3 mit Tabelle 10.2). Die Lastbeiwerte der DIN sind auf Verhältnisse $h/b \leqslant 5$ beschränkt, die ÖNORM gibt Werte für beliebige Höhenverhältnisse an.

10.1.4 Gesamtlastbeiwerte nach SIA 160

Die SIA 160 enthält für Körper mit ebenen Oberflächen keine Gesamtlastbeiwerte, sondern nur Druckverteilungen für eine Anzahl verschiedener Gebäudeformen und für verschiedene Windrichtungen relativ zum Bauwerk. Durch Summation können aus diesen Angaben die Gesamtlasten errechnet werden (Abschnitt 10.2.4).

10.1.5 Ergebnisse aus Messungen im Vergleich mit Werten der Normen

Lastbeiwerte für Quader verschiedener Seitenverhältnisse in turbulenter Strömung sind Bild 5.25 entnommen und in Tabelle 10.3 eingetragen. In den weiteren Spalten der Tabelle findet man die Werte nach den Normen, wobei bei DIN die Begrenzung der Angaben bei $h/b = 5$ liegt. Da in der SIA 160 die vorgegebenen Gebäudeproportionen nicht enthalten sind, ist in den Anmerkungen festgehalten für welche Verhältnisse die angegebenen Werte gelten und in welchen Abschnitten der Norm die Angaben zu finden sind.

Für in Windrichtung lange Bauten ($b/a < 1$) sind die c-Werte der Normen stark überhöht, in diesen Fällen könnte ein Nachweis geringerer Werte durch Experimente zu wesentlichen Einsparungen führen. Für $h/b = 5$ und $b/a \geqslant 1$ liegen die DIN-Werte unter den Meßwerten. Es ist allerdings zu bedenken, daß die Werte der Norm nicht nur bei quaderförmigen Bauten, sondern auch bei komplizierten Grundrissen angewendet werden und daher der gewählte Vergleich ein sehr spezieller ist.

Tabelle 10.3 Lastbeiwerte c für Quader nach Experimenten und Normen

$\frac{h}{b}\left(\frac{h}{l_m}\right)$	$\frac{b}{a}\left(\frac{l_m}{b_m}\right)$	c				Anmerkung zu SIA 160
		Exp.	DIN	ÖNORM	SIA 160	
2	2,4	1,40	1,30	1,30	1,33	h:b ~1; b:a ~5; IX/37
	1,0	1,20	1,30	1,30	1,50	h:b ~2,5; b:a ~1; I/3
	0,42	0,72	1,30	1,20	1,30	h:b ~2; b:a ~0,5; II/8
5	2,4	1,78	1,30	1,50	–	
	1,0	1,60	1,30	1,50	–	
	0,42	0,90	1,30	1,35	–	
10	2,4	1,90	–	1,75	–	
	1,0	1,78	–	1,75	–	
	0,42	1,26	–	1,53	–	

10.2 Außendruckbeiwerte c_{pa} vertikaler Flächen

10.2.1 Außendruckbeiwerte nach Experimenten

In Abschnitt 10.1.1 wurde schon erwähnt, daß es sehr eingehende Untersuchungen über Druckverteilungen an Gebäuden gibt. Im Rahmen dieses Buches können natürlich nur einige Fälle herausgegriffen werden. In Kap. 5 wurden bereits Druckverteilungen angegeben (Bilder 5.2, 5.9, 5.10). Ein weiteres Beispiel ist in Bild 10.4 zu sehen, ein Haus mit den Längenverhältnissen $h:b:l = 0,5:2:1$ wird aus 3 verschiedenen Richtungen mit konstanter Geschwindigkeit angeblasen (turbulenzarme Strömung). Die Oberfläche des Gebäudes, dessen Dachneigung $15°$ beträgt, ist mit den Linien konstanten Druckbeiwertes c_p verebnet dargestellt [10.2]. Man erkennt sehr erhebliche Druckunterschiede auf den einzelnen Flächen, nur auf den Wänden im Nachlaufgebiet ist der Druck eher konstant. Bei Normalanströmung gibt es auf der Luvseite ausgedehnte Zonen, wo $c_{pa} \geqslant 0{,}9$ ist. Es sei daran erinnert, daß bei konstanter Anströmgeschwindigkeit $c_{pa} \leqslant 1$ gilt. Hingegen können die Unterdrücke sehr wohl $-1{,}0$ oder kleiner werden, was auch bei einigen Stellen der Fall ist.

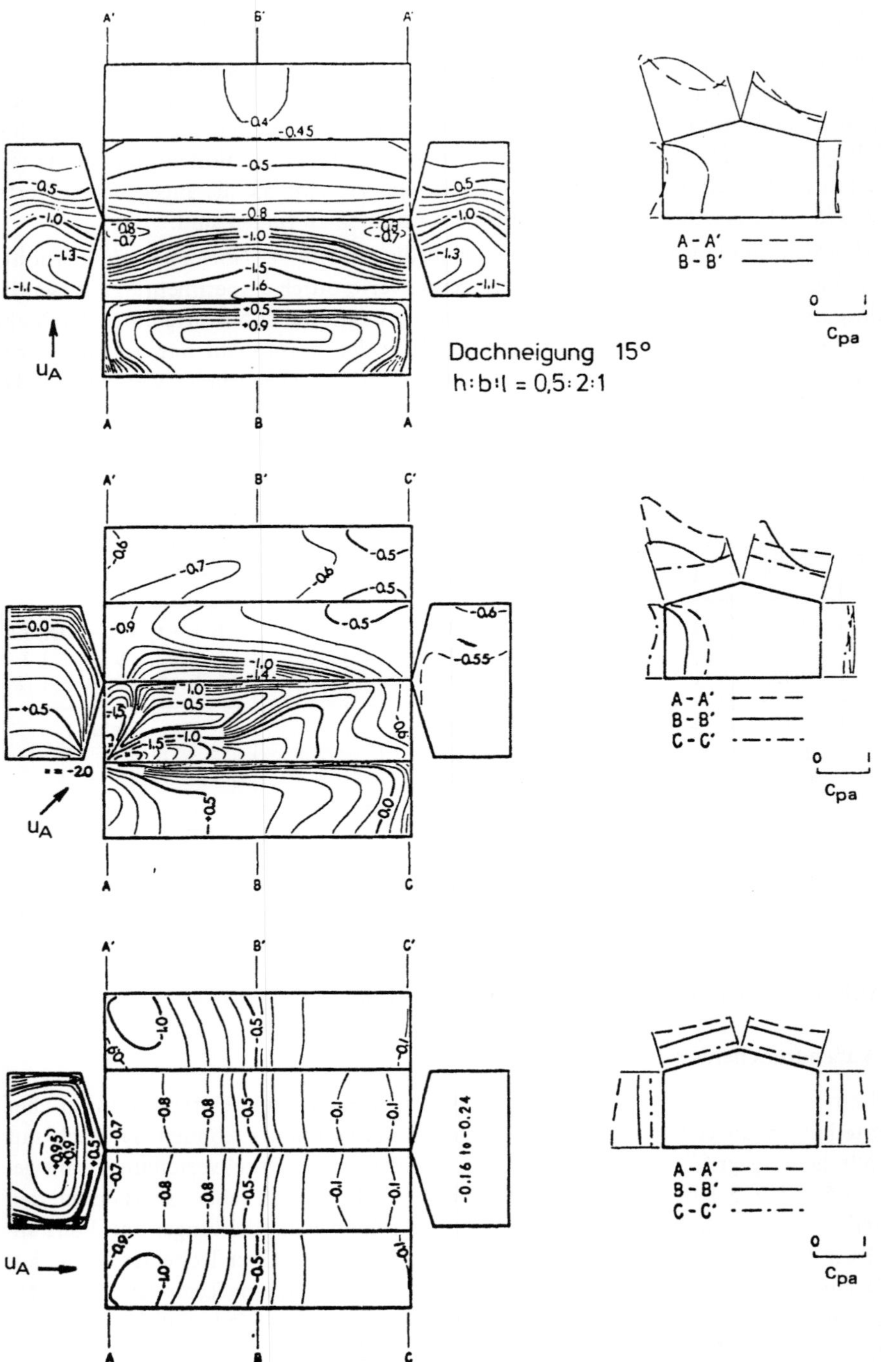

Bild 10.4 Druckverteilungen an einem Hause mit Giebeldach bei verschiedenen Anströmrichtungen [10.2]

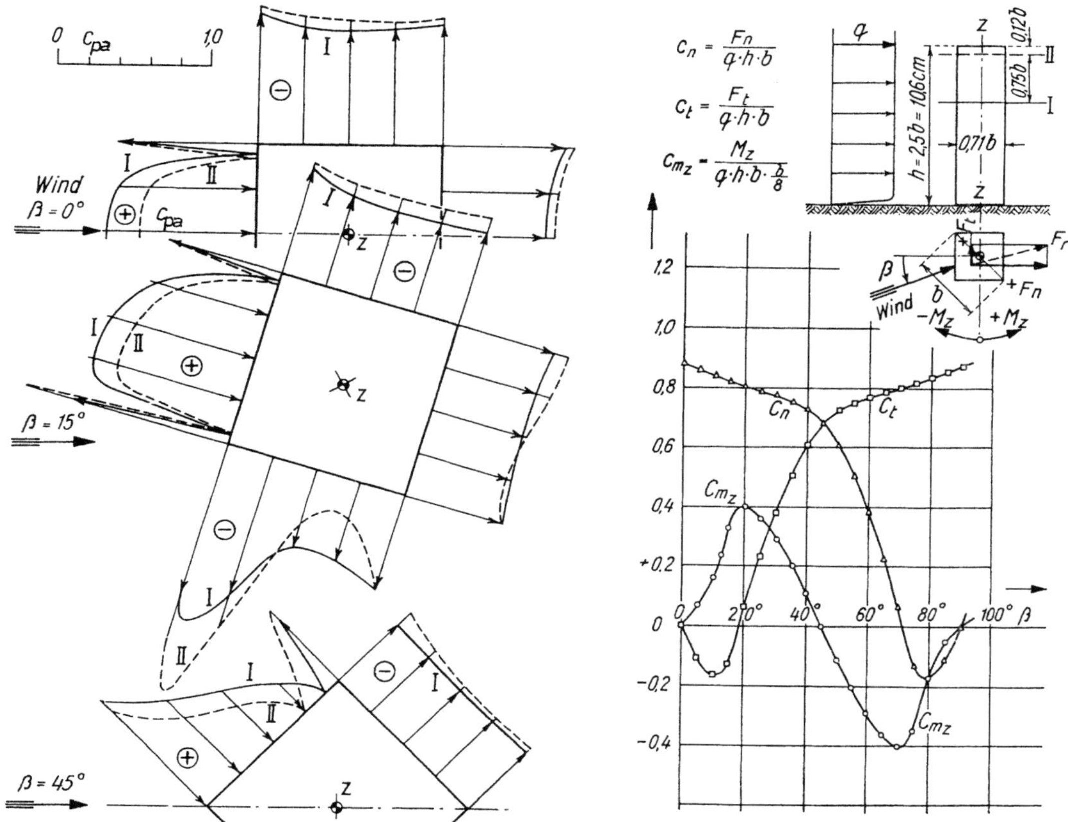

Bild 10.5 Druck- und Kraftbeiwerte eines Turmhauses mit quadratischem Querschnitt [10.3]

So treten bei Normalanströmung zu den Frontflächen auf den Giebelseiten Werte kleiner $-1,3$ auf, bei Anströmung normal zu den Giebelflächen wird auf den Frontflächen $c_{pa} = -1,0$. Diese besonders gefährdeten Zonen findet man meist in der Umgebung von vertikalen Kanten. Dabei treten aber die höchsten Unterdrücke dann auf, wenn der Wind gegen die Seitenfläche leicht geneigt ist, wie an einem anderen Beispiel (Bild 10.5) noch gezeigt wird. Sehr hohe Unterdrücke treten bei einer Anströmung unter 45° auf dem Dach auf, das Minimum ist $c_{pa} = -2,0$. Diese Erscheinung ist bei Dächern geringer Neigung besonders zu beachten, sie wird auch noch an anderen Beispielen erläutert werden. Wenn man die rechts im Bild dargestellten Druckverteilungen für verschiedene Schnitte ansieht, erkennt man die Ungleichförmigkeit der Verteilungen sehr deutlich. Die von den Normen angegebenen Mittelwerte für c_{pa} gelten daher nur für die Gesamtbelastung der Fläche, in einigen Bereichen können weitaus höhere Lasten auftreten.

In den Bildern 10.5 und 10.6 sind die Ergebnisse für 2 Hochhäuser wiedergegeben, eines mit quadratischem Grundriß, das andere mit einem gleichseitigen Dreieck als Basis [10.3]. Die Druckverteilungen sind für 2 verschiedene Höhen I und II über der Grundrißkontur aufgetragen. Alle Abmessungen einschließlich der Lage der Schnitte I, II können den Bil-

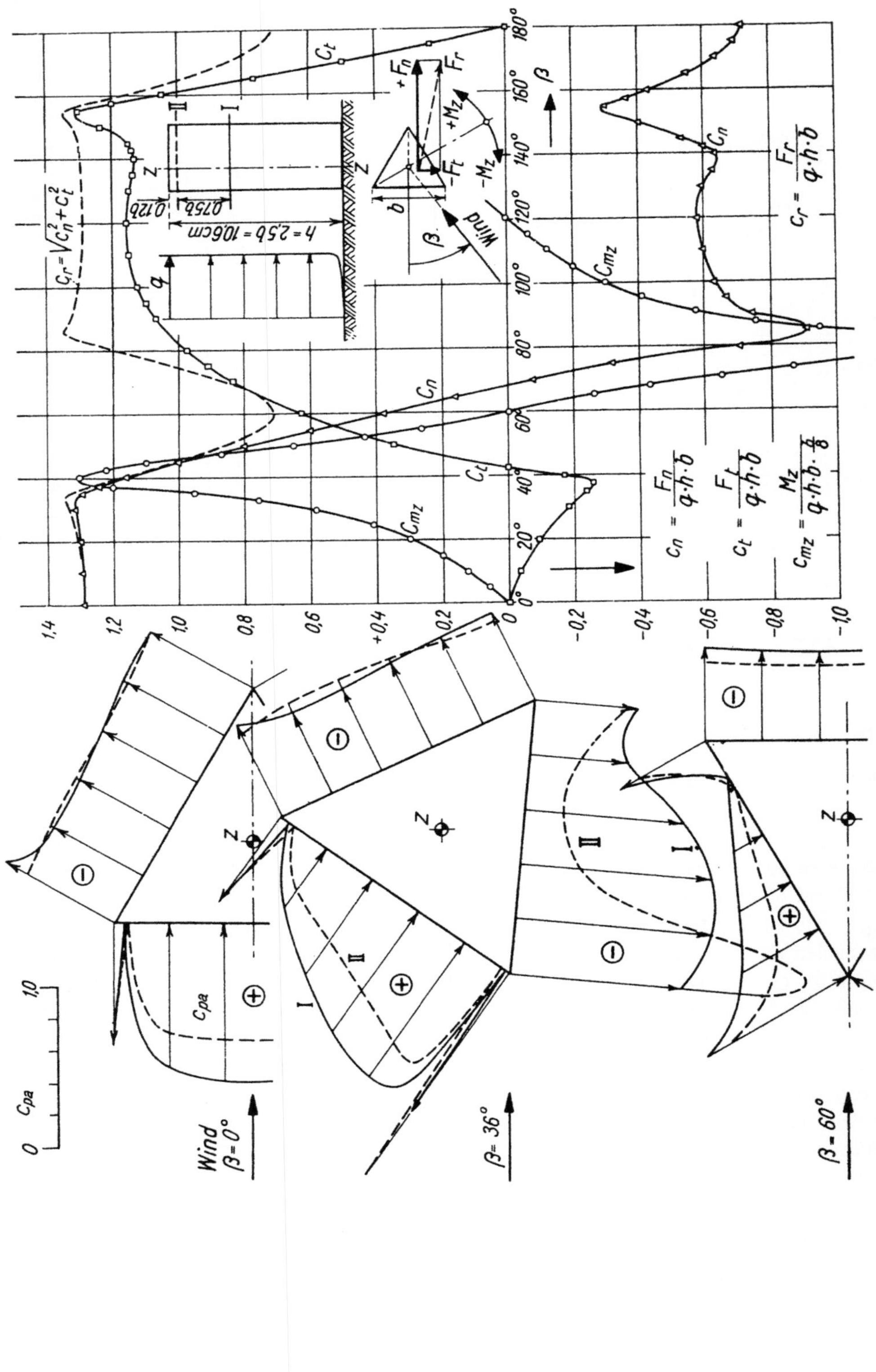

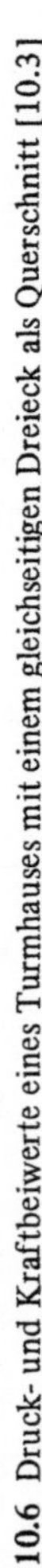

Bild 10.6 Druck- und Kraftbeiwerte eines Turmhauses mit einem gleichseitigen Dreieck als Querschnitt [10.3]

dern entnommen werden. Besonders zu beachten sind die Druckminima auf den Seitenflächen, wenn diese, wie vorhin erwähnt, gegen die Windrichtung leicht geneigt sind. In Bild 10.5 beträgt der Winkel 15°, in Bild 10.6 nur 6°. Die höchsten Unterdruckwerte treten dabei in der Meßebene II auf, für das Quadrat-Turmhaus liegt der Extremwert bei $c_{pa} = -1{,}69$. Dabei ist zu beachten, daß es sich um Mittelwerte über längere Zeitintervalle handelt, die momentanen Spitzen liegen sicher höher.

Die Bilder 10.5 und 10.6 enthalten auch noch die Kraft- und Momentenbeiwerte der beiden Gebäude abhängig vom Anströmwinkel β. Beim Quadrat-Turmhaus sind die Beiwerte auf die Diagonalfläche bezogen. Bei $\beta = 0°$ liest man $c_N = 0{,}88$ ab, was auf die Kantenlänge bezogen $c_N = 1{,}24$ ergibt.

Beim Dreieck-Turmhaus ist der maximale Normalkraftbeiwert $c_N = 1{,}3$. Ein Vergleich dieser Werte mit den entsprechenden Angaben in Abschnitt 10.1 zeigt, daß die DIN-Norm mit 1,3 für das Quadrat-Hochhaus gut liegt, während die ÖNORM mit 1,34 ($h/l_m = 2{,}5$) einen geringfügig höheren Wert für beide Fälle annimmt. Weitere Beiwerte für verschiedene Hochhausformen findet man in [10.15].

Von Jensen [10.4] wurden Modelle auch in einer Grenzschichtströmung untersucht. Als Beispiel wird ein Scheibenhochhaus herausgegriffen (Bild 10.7), wobei bei dem Experiment das Verhältnis Gebäudehöhe h zur Bodenrauhigkeit z_0 (Abschnitt 6.3) 6100 betrug. Die Lagen der Flächen relativ zur Windrichtung sind aus dem Bild zu entnehmen, die betroffenen Flächen sind durch eine dicke Linie gekennzeichnet. Der Druckbeiwert c_{pa} ist überall kleiner als 1, da die c_{pa}-Werte auf den Staudruck in Gebäudehöhe h bezogen sind. Die Drücke im Windschatten sind nahezu konstant. Bei Schräganströmung ergeben sich erhebliche Druckunterschiede auf den Flächen, wobei natürlich auch Werte $c_{pa} < -1{,}0$ auftreten.

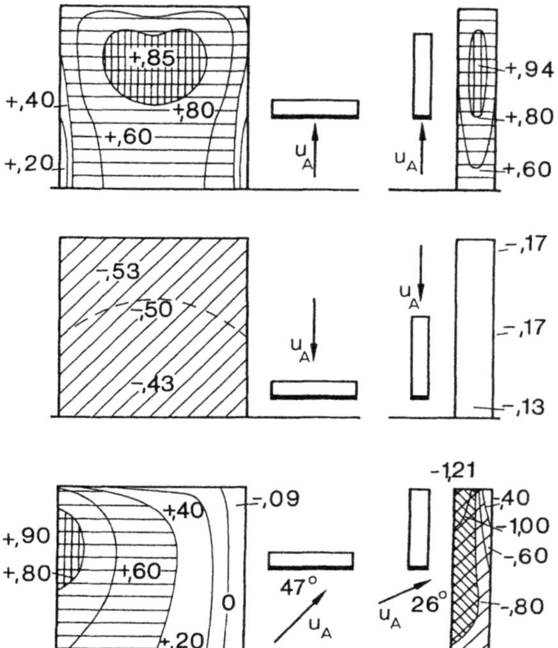

Bild 10.7

Druckverteilung bei einem Scheibenhochhaus [10.4]

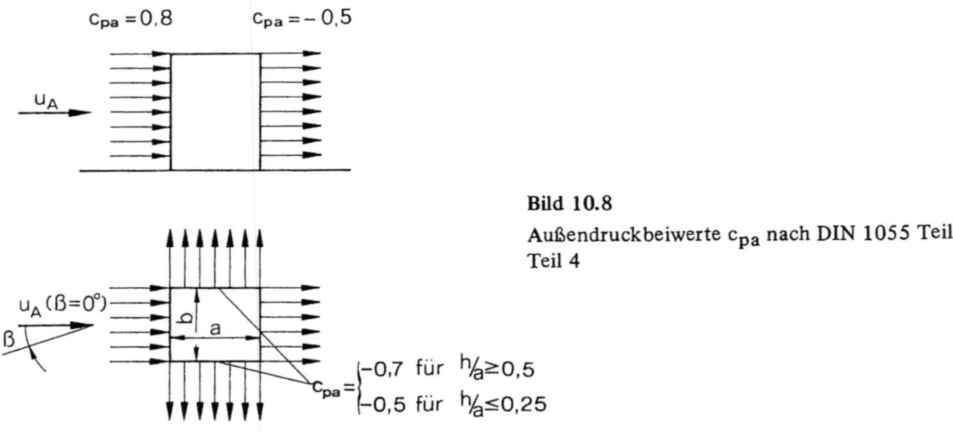

Bild 10.8

Außendruckbeiwerte c_{pa} nach DIN 1055 Teil
Teil 4

10.2.2 Mittlere Außendruckbeiwerte nach DIN 1055 Teil 4

Nach der Beiwertesammlung des DIN ist auf der Luvseite $c_{pa} = +0{,}8$ auf der Leeseite $c_{pa} = -0{,}5$ (Bild 10.8). Durch vektorielle Addition dieser Werte erhält man den Gesamtlastbeiwert $c = 1{,}3$ (Abschnitt 10.1.2). Die maximalen Unterdrücke ergeben sich jedoch fast ausschließlich dann, wenn eine Wand parallel zum Wind liegt. Die entsprechenden Werte sind von h/a abhängig, für Zwischenwerte darf linear interpoliert werden. Es handelt sich hier um Mittelwerte zur Ermittlung der Belastung der Gesamtfläche, die örtlichen Spitzenlasten werden in Abschnitt 10.4.3 erläutert.

10.2.3 Mittlere Außendruckbeiwerte nach ÖNORM B4014 Teil 1

Bei Baukörpern mit rechteckigen Grundrissen darf die Windlast auf die Außenfläche normal zur Windrichtung auf die luvseitige und die leeseitige Wand aufgeteilt werden. Der Druckbeiwert für die luvseitige Wand ist dabei stets $c_{pa} = +0{,}8$, die Beiwerte für die Leewand sind Tabelle 10.4 (Tab. 8 der ÖNORM) zu entnehmen. Die maximalen Unterdruckbeiwerte auf einer Außenfläche treten stets dann auf, wenn die Wand parallel zum Wind liegt. Auch hier handelt es sich um Mittelwerte der Gesamtfläche, die örtlichen Extremwerte werden in Abschnitt 10.4.4 behandelt.

Für Baukörper deren Abmessungen den Bedingungen

$$h/l_m \leq 2 \quad \text{und} \quad l_m/b_m \quad \text{beliebig}$$

$$\text{oder} \quad 2 < h/l_m \leq 10 \quad \text{und} \quad l_m/b_m \leq 0{,}25$$

genügen und bei denen für das Verhältnis $A_0/A_G \leq 0{,}05$ ist (Abschnitt 10.3.3) dürfen die Außendruckbeiwerte nach Abschnitt 5.2.4 der ÖNORM vereinfacht ermittelt werden. Für Überdruck gilt $c_{pa} = +0{,}8$, für Unterdruck $c_{pa} = -0{,}7$. Diese Werte sind bei manchen Gebäudeproportionen ungünstiger als die nach Tabelle 10.4. In der Norm selbst sind die Differenzdruckbeiwerte zwischen außen und innen angegeben, wobei $c_{pi} = \pm 0{,}2$ berücksichtigt wird (Abschnitt 10.3.3)

$$\text{Druck: } c_{pa} - c_{pi} = 1{,}00 \quad \text{Sog: } c_{pa} - c_{pi} = -0{,}90.$$

Tabelle 10.4 Außendruckbeiwerte c_{pa} nach ÖNORM B4014 Teil 1

Schlank-heit h/l_m	Luv-wand	allgemeine Grundrißformen und Rechtecke $l_m/b_m \geqslant 0,50$		Rechtecke $l_m/b_m \leqslant 0,25$	
		windparal-lele Wand	Lee-wand	windparal-lele Wand	Lee-wand
$\leqslant 2$	0,80	−0,70	−0,50	−0,50	−0,20
4	0,80	−0,70	−0,65	−0,60	−0,20
10	0,80	−0,95	−0,95	−0,70	−0,25
$\geqslant 50$	0,80	−1,20	−1,20	−0,80	−0,30

Für Zwischenwerte von h/l_m bzw. l_m/b_m darf linear interpoliert werden

l_m mittlere Länge normal zur Windrichtung
b_m mittlere Breite in Windrichtung
h größte Höhe des Baukörpers (ohne Dach)

10.2.4 Außendruckbeiwerte nach SIA 160

Die SIA 160 gibt für eine Vielzahl von Gebäuden Außendruckbeiwerte und Innendruckbeiwerte an. Zur Veranschaulichung werden 2 Beispiele herausgegriffen, ein geschlossenes Normalhaus und ein geschlossenes Hochhaus (Bild 10.9). Die Außendruckbeiwerte sind für verschiedene Anströmrichtungen angegeben, die Dachflächen sind außerdem in 4 Teilflächen E, F, G, H unterteilt. Die örtlichen Lasten in den Rand- und Eckbereichen der Dachflächen sind ebenfalls vermerkt. Da die Belastung einer Wand durch die Differenz zwischen Außen- und Innendruck zustande kommt, sind auch die Innendruckbeiwerte angegeben (Abschnitt 10.3).

Tabelle 10.5 Vergleich von c_{pa}-Werten nach verschiedenen Normen

Fläche	1	3	2, 4	2	4	1, 3
DIN	+0,80	−0,50	−0,70	+0,80	−0,50	−0,70
ÖNORM	+0,80	−0,50	−0,70	+0,80	−0,38	−0,62
SIA 160	+0,90	−0,50	−0,70	+0,90	−0,40	−0,50

3

Satteldächer 0÷15°

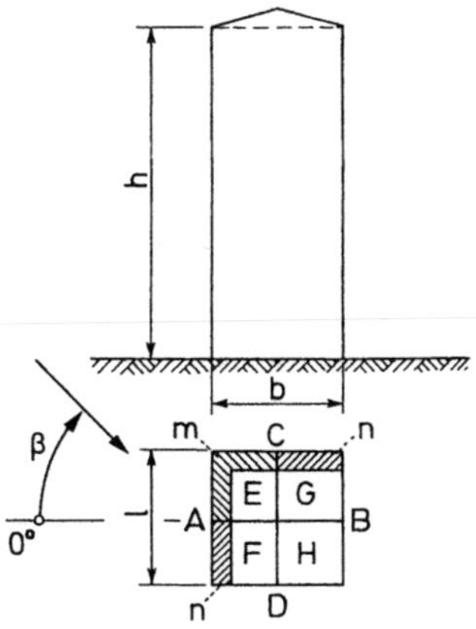

Außendruck-Beiwerte c_{pa} für $h:b:l = 2,5:1:1$

β	A	B	C	D	E	F	G	H
0°	+0,9	−0,6	−0,7	−0,7	−0,8	−0,8	−0,8	−0,8
15°	+0,8	−0,5	−0,9	−0,6	−0,8	−0,8	−0,7	−0,7
45°	+0,5	−0,5	+0,5	−0,5	−0,8	−0,7	−0,7	−0,5
45°	Für Teilfläche „m" $c_{pa}^{*} = -1,0$ „n" $c_{pa}^{*} = -0,8$							

Innendruck-Beiwerte c_{pi} für $\beta =$	0°	15°	45°
Undichtheit gleichmäßig verteilt	±0,2	±0,2	±0,2
Undichtheit Seite A vorherrschend	+0,8	+0,7	+0,4
Undichtheit Seite B vorherrschend	−0,5	−0,5	−0,4
Undichtheit Seite C vorherrschend	−0,6	−0,8	+0,4

6

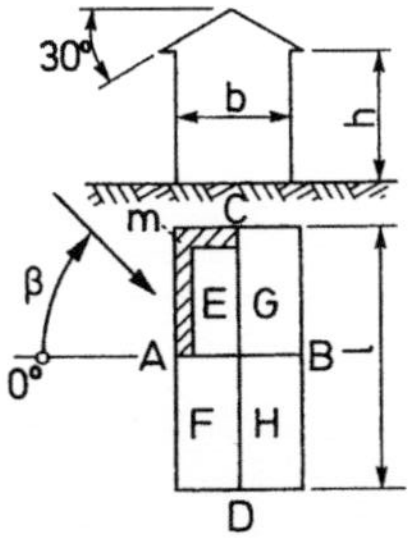

Außendruck-Beiwerte c_{pa} $h:b:l = 2,5:2:5$

β	A	B	C	D	E	F	G	H
0°	+0,9	−0,5	−0,7	−0,7	−0,6	−0,6	−0,5	−0,5
45°	+0,6	−0,5	+0,4	−0,4	−0,4	−0,5	−0,6	−0,7
90°	−0,5	−0,5	+0,9	−0,4	−0,7	−0,2	−0,7	−0,2
45°	Für Teilfläche „m" $c_{pa}^{*} = -1,2$							

Innendruck-Beiwerte c_{pi}			
Für Windrichtung $\beta =$	0°	45°	90°
Undichtheit gleichmäßig verteilt	±0,2	±0,2	±0,2
Seite A vorherrschend	+0,8	+0,5	−0,4
Seite B vorherrschend	−0,4	−0,4	−0,4
Seite C vorherrschend	−0,6	+0,3	+0,8

Bild 10.9 Druckbeiwerte für ein geschlossenes Hochhaus bzw. für ein geschlossenes Normalhaus nach SIA 160

Bei der SIA 160 sind die Gesamtkraftbeiwerte aus den Druckbeiwerten für die entsprechenden Flächen zu errechnen. Für das Normalhaus ($h:b:l = 2,5:2:5$) enthält Tabelle 10.5 einen Vergleich der Druckbeiwerte nach den drei Normen.

10.3 Innendruckbeiwerte

10.3.1 Innendruckbeiwerte nach Experimenten

Durch Öffnungen in den Wänden, wie sie z. B. Fenster und Türen darstellen, pflanzen sich die auf der Außenseite des Gebäudes herrschenden Drücke ins Innere fort. Je nach Lage der Undichtheiten können sich daher im Inneren unterschiedliche Drücke einstellen. Wäre nur eine Wand undicht, so würde sich im Innern der Druck einstellen, der am Ort der Undichtheit auf der Außenwand vorliegt. Durch Öffnungen an mehreren Wänden entstehen aber Strömungen innerhalb des Gebäudes und abhängig von diesen stellt sich der Innendruck ein (Abschnitt 4.6.2.3). Eine einfache rechnerische Überlegung zeigt, daß bei gleichmäßiger Verteilung der Undichtheiten auf allen Fronten der Druck im Innern keineswegs etwa gleich dem ungestörten statischen Druck ist. Die durch eine Öffnung A_{0j} der Wandfläche j pro Zeiteinheit strömende Luftmasse Q_j ist der Wurzel aus dem Betrag der Druckdifferenz zwischen außen und innen proportional. Anstatt der Druckdifferenzen selbst können aber auch die auf die Windgeschwindigkeiten u_A bezogenen Beiwerte c_{paj} und c_{pi} genommen werden.

$$(4.35, 36) \quad Q_j = u_A \epsilon_j A_{0j} |c_{paj} - c_{pi}|^{1/2} \frac{c_{paj} - c_{pi}}{|c_{paj} - c_{pi}|}.$$

Der Faktor ϵ_j berücksichtigt die Einschnürung der Strömung (Abschnitt 4.6.2.3), der Faktor $\frac{c_{paj} - c_{pi}}{|c_{paj} - c_{pi}|}$ wird für Einströmen +1 und für Ausströmen −1. Der Innendruckbeiwert c_{pi} wurde dabei vereinfachend als konstant angenommen, eine Voraussetzung die bei Vorhandensein von Zwischenwänden oder -decken nicht zutrifft, wie wohl jeder schon durch zuknallende Innentüren erfahren hat. Nimmt man außerdem an, daß, wie schon erwähnt, alle Wände die gleichen Öffnungen A_0 und die gleichen Kontraktionskoeffizienten ϵ haben, so gilt nach einer Verallgemeinerung der Kontinuitätsbeziehung (3.2), daß die Summe ein- und ausströmender Massen pro Zeiteinheit null ergeben muß.

$$\sum Q_j = u_A \epsilon A_0 \sum \frac{c_{paj} - c_{pi}}{|c_{paj} - c_{pi}|} |c_{paj} - c_{pi}|^{1/2} = 0.$$

Bei vorgegebenen Werten c_{paj} ergibt dies unabhängig von den Werten u_A, ϵ und A_0 eine transzendente Gleichung für c_{pi}, die iterativ gelöst werden kann. Für die in Bild 10.10 angegebenen Werte erhält man einen überraschend niedrigen Wert, nämlich $c_{pi} = -0,426$. Bei Zwischenwänden oder -decken treten in den einzelnen Räumen unterschiedliche Drücke auf, durch die sowohl die Innenwände als auch die Decken belastet werden [10.19].

Bild 10.11 zeigt Langzeitmittel $\bar{c}_{pi}$ und Kurzzeitmittel c_{pi} der Innendruckbeiwerte für ein Gebäude mit variabler Öffnung A_0 in der luvseitigen Frontwandfläche A. Die Anströmung erfolgt normal zur Wand, im Dach ist eine Öffnung mit $A_0/A = 0,005$ [10.19]. Die

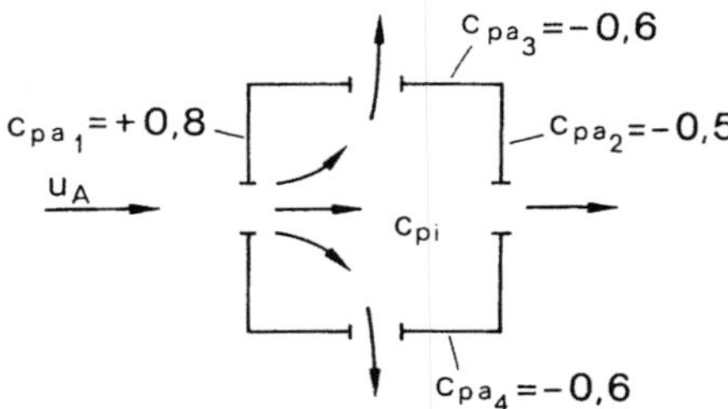

Bild 10.10

Durchströmung eines Gebäudes mit allseits gleichen Öffnungen

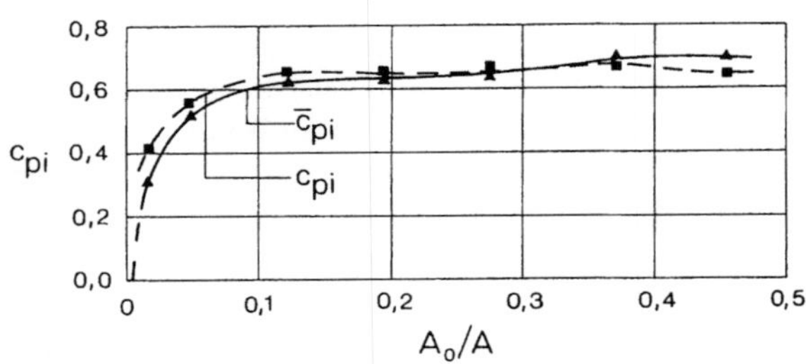

Bild 10.11

Änderung des Innendruckbeiwertes c_{pi} abhängig von der offenen Frontfläche A_0/A

Druckbeiwerte sind jeweils auf den Staudruck gebildet mit einer gemittelten Geschwindigkeit bezogen, wobei die Mittelungsintervalle für Druck und Geschwindigkeit identisch sind.

Das spezielle Ergebnis in Bild 10.11 aber auch andere Versuche [10.23, 10.24] zeigen, daß ein wesentlicher Einfluß von A_0/A nur für $A_0/A < 0,1$ gegeben ist. Die geometrischen Verhältnisse des Baukörpers, die Position der Öffnungen und die Windrichtung sind weitere Parameter die den Innendruck beeinflussen [10.23].

Infolge der Schwankungen der Drücke im Bereich der Öffnungen ändert sich auch die durchströmende Menge laufend. Eine Abschätzung der maximalen Menge, die bei natürlicher Lüftung für die Behaglichkeit ausschlaggebend ist, gibt Handa an [10.25].

10.3.2 Innendruckbeiwerte nach DIN 1055 Teil 4

DIN gibt nur Innendruckbeiwerte für ein- oder mehrseitig offene Baukörper an. Der Druckbeiwert c_{pi} ist bei einer fehlenden Wand sinngemäß gleich dem Außendruckbeiwert der fehlenden Wand zu setzen. Bei fehlender Frontfläche ist daher $c_{pi} = +0,8$ bei fehlender Leewand gilt $c_{pi} = -0,5$. Fehlen zwei oder drei Seitenwände des Gebäudes, so können die Innendruckbeiwerte Bild 10.12 entnommen werden.

10.3.3 Innendruckbeiwerte nach ÖNORM B4014 Teil 1

Der Innendruckbeiwert c_{pi} hängt vom Außendruckbeiwert c_{pa} der Wand ab, die das größte Verhältnis der offenen Wandfläche A_0 zur gesamten Wandfläche A_G besitzt. Von allen Flächen von Fenstern, Balkon- und Haustüren einer Wand sind 20% als gleichzeitig offen, Tore von Hallen, Garagen, Lagerräumen u. dgl. sind stets als insgesamt offen anzunehmen.

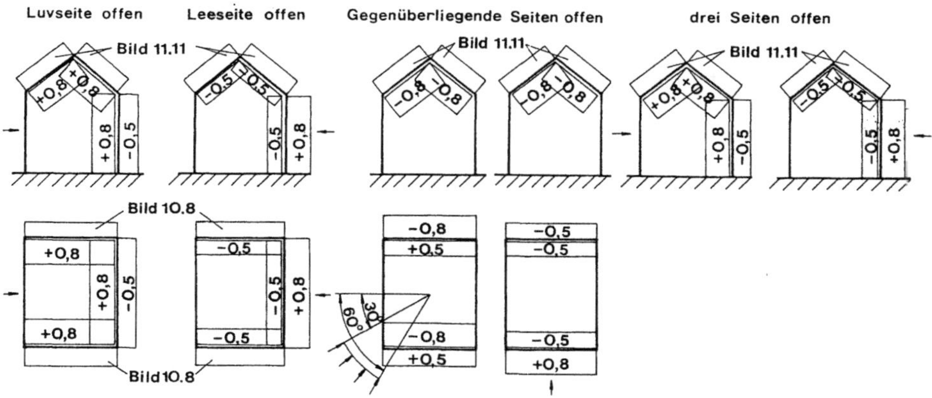

Bild 10.12 Innendruckbeiwerte nach DIN 1055 Teil 4

Je nach der Lage zum Wind dieser im Bezug auf die Öffnungen ungünstigsten Fläche kann der Außendruckbeiwert c_{pa} (Tabelle 10.5) und damit auch der Innendruckbeiwert c_{pi} positiv oder negativ sein.

$$c_{pi} = a \cdot c_{pa}.$$

Der Faktor a enthält die Abhängigkeit von A_0/A_G nach Bild 10.13. Dabei muß für den Fall eines Unterdruckes $c_{pi} \leqslant -0,2$ gelten.

Falls bei einer vorgehängten Fassade für den Innendruck keine Werte bekannt sind, ist im Kantenbereich $c_{pi} = +1,0$ zu setzen.

Da hier Tore stets als offen anzunehmen sind und der Innendruck mit dem Außendruck der Wand mit den größten Öffnungen gekoppelt ist, ergeben sich für diese Wand relativ geringere Belastungen. Eine Rechnung mit geschlossenen Öffnungen würde für diese Wand höhere Werte ergeben, sie sollte durchgeführt werden, obwohl dies in der ÖNORM B4014 Teil 1 nicht explizit steht.

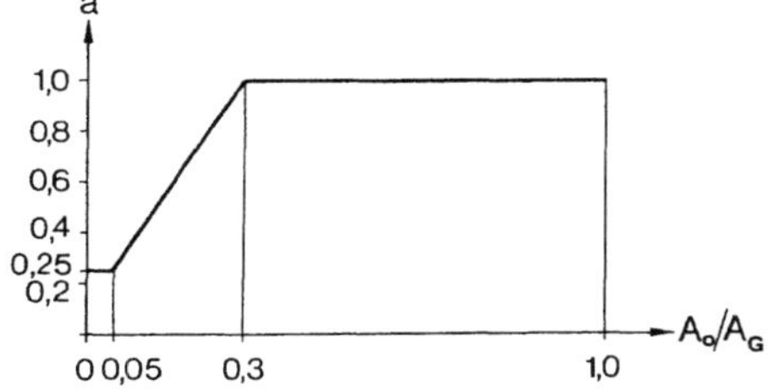

Bild 10.13

Innendruckbeiwerte nach ÖNORM B4014 Teil 1

10.3.4 Innendruckbeiwerte nach SIA 160

In den SIA Tabellen sind bei den einzelnen Gebäudeformen auch Innendruckbeiwerte angegeben (s. Bild 10.9). Bei gleichmäßig verteilten Undichtheiten ist mit $c_{pi} = \pm 0,2$ zu rechnen. Bei größeren offenen Flächen sind je nach der Lage dieser Flächen relativ zum Wind, positive Werte bis $c_{pi} = +0,8$ und negative bis $-0,7$ bei Anströmung in Richtung der Haupt-

15

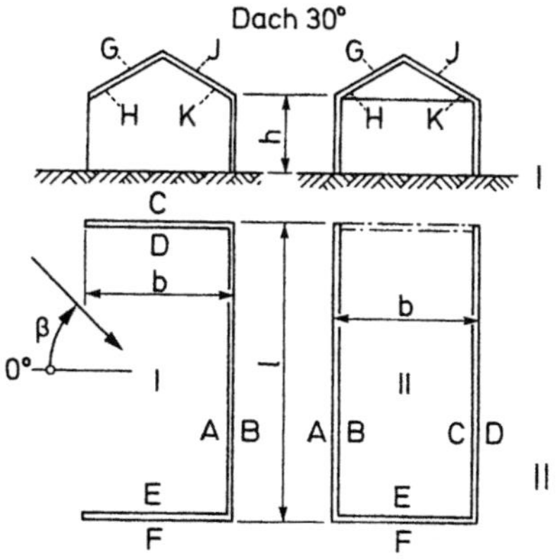

Druck-Beiwerte c_p für $h:b:l = 1:2:4$, 1 Längswand „offen"

β	A	B	C	D	E	F	G	H	J	K
0°	+0,8	−0,5	−0,7	+0,8	+0,8	−0,7	−0,3	+0,8	−0,4	+0,8
45°	+0,7	−0,6	+0,4	+0,6	+0,8	−0,4	−0,2	+0,6	−0,7	+0,7
60°	+0,3	−0,7	+0,7	+0,3	+0,4	−0,4	−0,3	+0,2	−0,6	+0,2
180°	−0,5	+0,9	−0,8	−0,5	−0,5	−0,8	−0,4	−0,5	−0,2	−0,5

Druck-Beiwerte c_p für $h:b:l = 1:2:4$, 1 Giebelwand „offen"

β	A	B	C	D	E	F	G	H	J	K
0°	+0,9	−0,7	−0,7	−0,4	−0,7	−0,8	−0,2	−0,7	−0,4	−0,7
45°	+0,5	+0,7	+0,8	−0,5	+0,7	−0,4	−0,3	+0,7	−0,6	+0,8
60°	+0,1	+0,9	+0,9	−0,6	+0,9	−0,4	−0,3	+0,9	−0,7	+0,9
90°	−0,5	+0,8	+0,8	−0,5	+0,8	−0,3	−0,4	+0,8	−0,4	+0,8

Bild 10.14 Druckbeiwerte für ein einseitig offenes Gebäude nach SIA 160

achsen angeben (Bild 10.14). Bei Schräganströmung (z. B. geschlossenes Hochhaus, $\beta = 15°$, $c_{pi} = -0,8$, Bild 10.9) oder bei zweiseitig offenen Gebäuden können auf einzelne Flächen auch größere Unterdrücke wirken.

10.4 Örtliche Druckbeiwerte für vertikale Flächen

10.4.1 Berechnung der örtlichen Maximallasten

Für die Bemessung von Fassadenverkleidungen, Fensterkonstruktionen und dgl. ist die Frage nach der Maximallast, die im Mittel einmal in einer bestimmten Anzahl von Jahren zu erwarten ist, sehr wesentlich. Es ist denkbar, daß man eine Wiederholungszeit von 50 a nur für den Bruch der Detailkonstruktion annimmt, und für die Ermittlung der Deformation ein kürzeres Zeitintervall, z. B. 15 a zuläßt. Dadurch geht man das Risiko ein, daß möglicherweise einige Fenster in längeren Zeiträumen undicht werden und ersetzt werden müssen. Das ist aber wahrscheinlich wirtschaftlicher, als alle Fenster wesentlich stärker auszuführen.

Die Belastung ergibt sich aus der Differenz zwischen Außen- und Innendruck, daher ist die Frage nach der maximalen Last mit der Frage nach der maximalen Druckdifferenz identisch. Da die Unterdrücke dem Betrage nach wesentlich größer sein können als die Überdrücke, tritt die größte Beanspruchung sicher bei äußerem Sog und Überdruck in Inneren auf. Es sind also die Druckminima auf der Außenseite besonders zu beachten. Bezieht man den Druck auf den Staudruck eines kurzzeitigen Böenmittels (Gl. (5.1)), so ergibt sich

$$(p - p_A) = c_{pa} \cdot q_t = c_{pa} \frac{\rho}{2} u_t^2.$$

$$(10.1)$$

c_{pa} ist hier negativ, weil es sich um einen Unterdruck gegenüber dem ungestörten Luftdruck p_A in gleicher Höhe handelt. Da z. B. bei Glastafeln im Ausmaß von 2,1 m² Druckmittelungszeiten von 0,25 s maßgebend sind [10.10], sind sehr kurze Mittelungszeiten wesentlich, wobei diese Zeiten natürlich von der Größe der Flächen abhängen. Dies zeigte sich ja schon bei der Ermittlung der für eine Fläche maßgeblichen Abmessung einer Böe (Abschnitt 6.4.3.2). Bei der Angabe von c_{pa} ist es wichtig hinzuzufügen, auf welches Geschwindigkeitsmittel (z. B. Sekundenmittel) in welcher Höhe (z. B. Dachhöhe) die Werte bezogen sind. Eine Angabe der Druckminima nach Gl. (10.1) wird in den Normen aber auch bei der Darstellung von experimentellen Ergebnissen häufig gewählt.

In letzter Zeit wird auch der augenblickliche Druck oft auf das Stundenmittel des Staudruckes q_{3600} bezogen, was vor allem bei einer statistischen Erfassung der Meßwerte zweckmäßig ist:

$$p - p_A = c_{pa} q_{3600}.$$

Der Druckbeiwert c_{pa} ist ein Kurzzeitmittel, dessen Wahrscheinlichkeitsverteilung durch eine Weibullverteilung analog zur Windgeschwindigkeit (Abschnitt 6.5) beschrieben werden kann [10.16, 10.20]. Damit erreicht man allerdings nur eine gute Näherung auf einer Seite der Verteilungskurve. Mit einer Weibullverteilung k-ter Ordnung kann man im ganzen Bereich eine gute Übereinstimmung der Kurven mit den Meßwerten erzielen

[10.21]. Die Extremwertverteilungen beider Grundverteilungen sind Fisher-Tippett I Verteilungen [10.21, 10.22], wie sie auch bei den Windgeschwindigkeiten angewendet werden (Abschnitt 6.6). Für die Bemessung sind nun vor allem die Extremwerte $c_{pa\,min}$ interessant, deren Auftreten ebenfalls mit einer gewissen Wahrscheinlichkeit verbunden ist. Manchmal wird dieser Extremwert auch auf den zeitlichen Mittelwert von $(c_{pa})_{3600}$ (Stundenmittel) im selben Punkt bezogen

$$c_{pa\,min} = G(c_{pa})_{3600}\,. \tag{10.3}$$

G wird dann als Böenfaktor bezeichnet [10.6]. Dabei zeigt sich, daß hohe G-Werte (bis 33) mit kleinen Beträgen von $(c_{pa})_{3600}$ gekoppelt sind und umgekehrt. Die Angabe der $c_{pa\,min}$-Werte selbst ist daher wohl sinnvoller.

Eine weitere Möglichkeit der Definition eines Böenfaktors für Drücke kann in der Weise erfolgen, daß der Minimalwert gleich dem Langzeitmittel minus einem Vielfachen des Effektivwertes gesetzt wird [10.8, 10.11].

$$(p - p_A)_{min} = p_{3600} - p_A - g_s p_e\,. \tag{10.4}$$

Auch hier zeigt sich, daß große Werte von g_s (bis 13) meist mit kleinen p_e gepaart sind und umgekehrt. g_s hängt natürlich vom Mittelungsintervall von p ab. Die theoretische Voraussetzung für einen Ansatz in der Form von Gl. (10.4) ist ein stationärer Gauß-Prozeß, was aber nach den Messungen nur für die Drücke auf der luvseitigen Frontfläche zutrifft [10.9, 10.16]. Auf dieser Fläche wird auch das Spektrum der Druckschwankungen wesentlich durch das Turbulenzspektrum des Windes bestimmt, während in Windschattenzonen die Verteilung anders ist [10.12, 10.17] (Abschnitt 15.4).

10.4.2 Örtliche Druckbeiwerte nach Experimenten; Schadensfälle

In Abschnitt 10.2.1 fallen bei den angeführten Beispielen die sehr starken Unterschiede bei den Drücken auf den einzelnen Flächen auf. Besonders hervorstechend sind die hohen Werte im Querschnitt II des Quadrat-Turmhauses bei $\alpha = 15°$ (Bild 10.5). Es handelt sich dabei um Langzeitmittel aus einem Modellversuch mit konstanter Anströmgeschwindigkeit. Das Auftreten von hohen Sogwerten auf Flächen, die gegen die Anströmung leicht geneigt sind, ist typisch, man findet es auch beim Dreieck-Turmhaus (Bild 10.6), wo die Fläche mit der Windrichtung einen Winkel von $6°$ einschließt. Beim Quadratturmhaus liegt das Minimum $c_{pa} = -1,7$ etwa in einem Abstand 0,1 b von der Kante, wenn b die Seitenlänge ist.

Nach dem was in Kap. 7 über Modellexperimente gesagt wurde, könnte man natürlich hier einwenden, daß die Bedingungen, unter denen die eben erwähnten Versuche durchgeführt wurden, keineswegs der natürlichen Atmosphäre entsprechen. Daher müssen zur Bestätigung wieder Ergebnisse von Experimenten im natürlichen Wind herangezogen werden. Als Beispiel werden neuerlich Details der Versuche am Royex-House, die schon beschrieben wurden (Abschnitt 5.2.5 und 6.4.3), mitgeteilt [10.7]. Es zeigt sich, daß eine Böe eine allmähliche Änderung des Strömungszustandes in den einzelnen Punkten der Fassade bewirkt, wobei sowohl das Einsetzen der Böe als auch das Auftreten der Maxima und Minima in den verschiedenen Punkten zu verschiedenen Zeiten registriert wird (Bild 10.15a). Die eingetragenen Zahlenwerte bedeuten dabei die Zeit in Sekunden vom Beginn der speziellen Messung. Die erste angegebene Zeit ist der Böenbeginn, die zweite Zahl bedeutet das Auftreten des Maximalwertes. Der Druckanstieg erfolgt auf der Seitenfläche wesent-

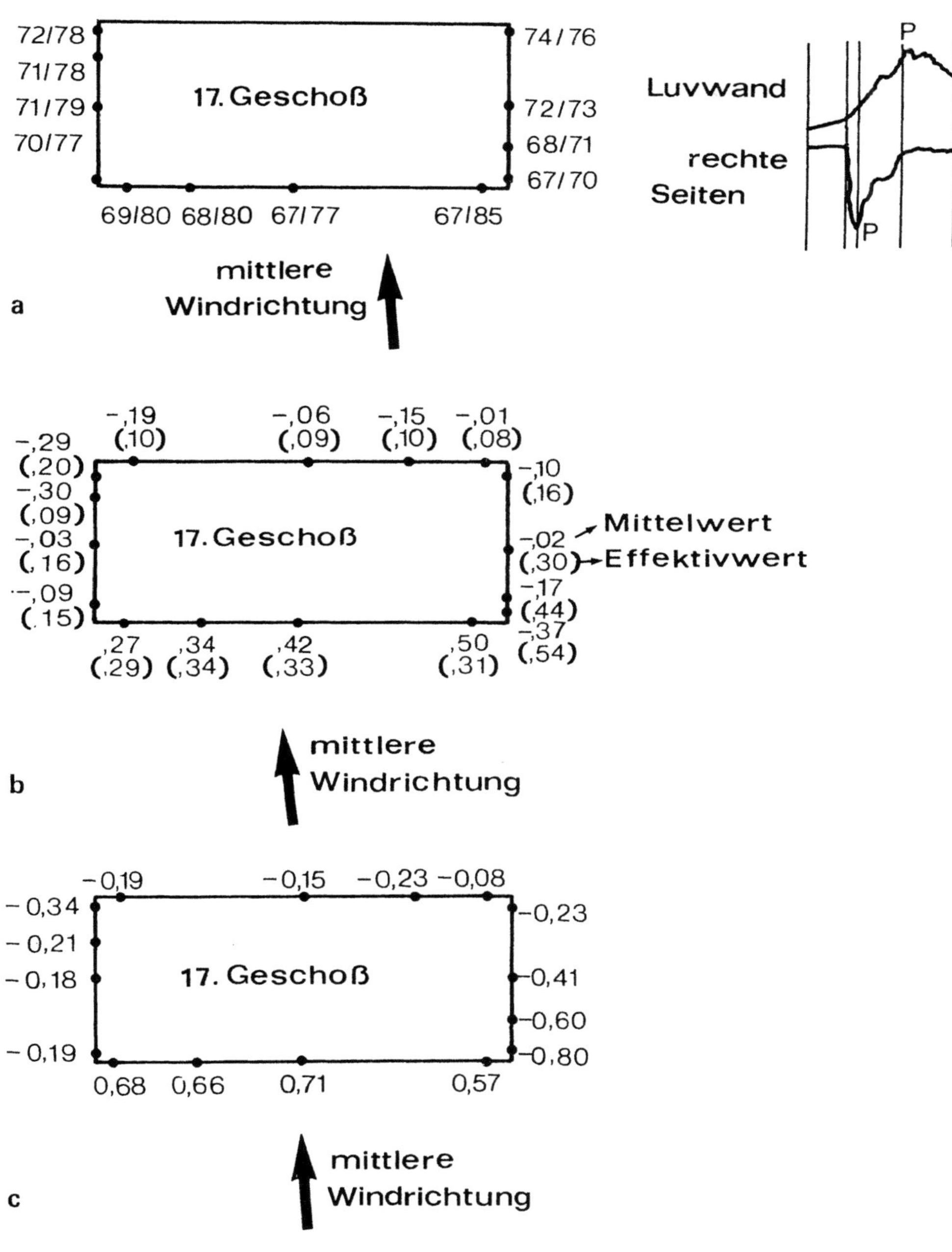

Bild 10.15 Böenwirkungen am Royex-House [10.7]
a) Zeitlicher Druckverlauf während einer Böe
b) Langzeitmittelwerte und Effektivwerte der Druckkoeffizienten
c) Maximale 3s-Mittelwerte der Druckkoeffizienten (bezogen auf 3s-Mittel der Windgeschwindigkeit in Dachhöhe

lich rascher als auf der Front, wie die Gegenüberstellung der zeitlichen Druckverläufe im rechten Teil von Bild 10.15a zeigt. Die langzeitigen Mittelwerte der Drücke und die zugehörigen Effektivwerte (Abschnitt 4.2.2) sind für die Meßpunkte im gleichen Geschoß in Bild 10.15b eingetragen. Man sieht, daß die Effektivwerte größer als die Absolutwerte der Mittelwerte sein können, es treten also sehr starke Schwankungen auf. Dabei sind auch entsprechend hohe Spitzenwerte zu erwarten, die im Bild 10.15c wiedergegeben sind. Allerdings handelt es sich um 3-Sekunden-Mittelwerte, die auf den Staudruck des Dreisekundenmittels der Windgeschwindigkeit in Dachhöhe bezogen sind. Das Minimum von c_{pa} liegt wieder an der Vorderkante der gegen den Wind leicht geneigten Fläche, ist aber mit −0,8 nicht sehr ausgeprägt. Der minimale Mittelwert über 1 s bezogen auf denselben Staudruck betrug $c_{pa} = -0,92$ für dieselbe Südfassade. Der Meßpunkt lag im Abstand 0,6 m von der vertikalen Kante (Bild 10.16). Bei der Auswahl der Druckmeßstellen hat man sicher nicht zufällig den Ort gewählt, in dem das Druckminimum bei der ganzen Fassade lag. Dies zeigen auch die Messungen auf der Westfassade, im Abstand von 3,4 m von der Kante, wo $c_{pa} = -2,2$ als minimales Sekundenmittel bezogen auf den Staudruck der Dreisekundenböe gemessen wurde. Es erscheint nun sinnvoll, als Bezugsgeschwindigkeit die Einsekundenböe zu nehmen, die nach Bild 6.9 in Gelände 3 etwa das 1,08fache der Dreisekundenböe in 10 m Höhe zeigt. Damit ist der auf die Einsekundenböe bezogenen Minimalwert $c_{pa} = -1,89$. Auch bei diesem Meßwert gilt, daß er sicher nicht das absolute Minimum von c_{pa} auf der Fassade ist. Weiterhin ist bemerkenswert, daß dieser Wert in einem relativ großen Abstand von der Gebäudekante gemessen wurde.

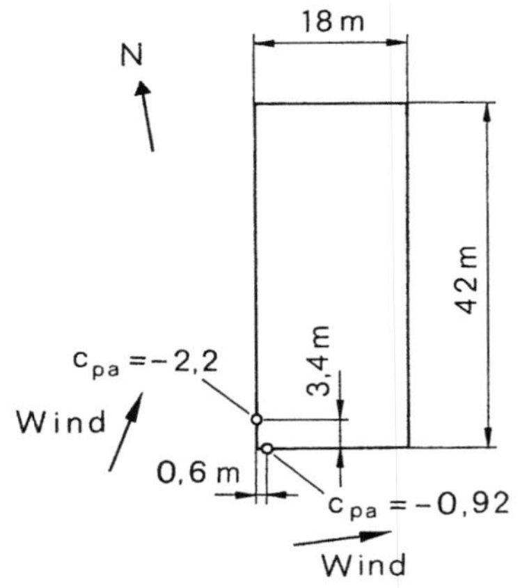

Bild 10.16
Minimale c_{pa}-Werte nach Messungen am Royex-House [10.7]

Weil diese hohen Unterdrücke bei der Bemessung der Befestigung von Fassadenplatten oder auch bei Fenstern zu wenig beachtet werden, treten im Bereich von vertikalen Kanten häufig Schäden auf. Diese Gefahren sollen 2 Bilder demonstrieren [10.8]. Bild 10.17 zeigt einen Schaden an einem 10stöckigen Gebäude in Brighton. Der Wind blies dabei von rechts nach links und es entstanden zwei Bereiche, von denen sich die Verkleidungsplatten lösten. Der erste ist ganz rechts im Bild nahe der luvseitigen Kante, der zweite dort, wo sich die Strömung nach der Ablösung wieder anlegte. Die Schäden zeigen sich vor allem in größeren Höhen entsprechend den dort herrschenden größeren Windgeschwindigkeiten.

Bild 10.17 Schaden an der Verkleidung
eines 10stöckigen Gebäudes [10.8]

Bild 10.18 Schaden an den Stegen einer
Verkleidung durch hohe Unterdrücke [10.8]

In Bild 10.18 ist ein Schaden an einer Verkleidung zu sehen. Der Wind blies von links; der vertikale Steg hielt der höheren Beanspruchung durch die Unterdrücke nicht stand.

Undichtheiten in der Verkleidung führen im allgemeinen zu einer Reduktion der Mittel- und Extremwerte des Differenzdruckes, wie dies bei Experimenten mit niedrigen Gebäuden nachgewiesen wurde [10.26, 10.28]. Bild 10.19 zeigt die maximalen Langzeitmittel der Differenzdruckbeiwerte auf der längeren Seitenwand eines niedrigen Gebäudes für verschiedene Anströmwinkel und Durchlässigkeiten c_D in turbulenzarmer Strömung. Bei scharfkantigen Fassadenelementen kann näherungsweise $c_D = \frac{1}{2}\left(\frac{A}{A_0}\right)^2$ gesetzt werden, wo-

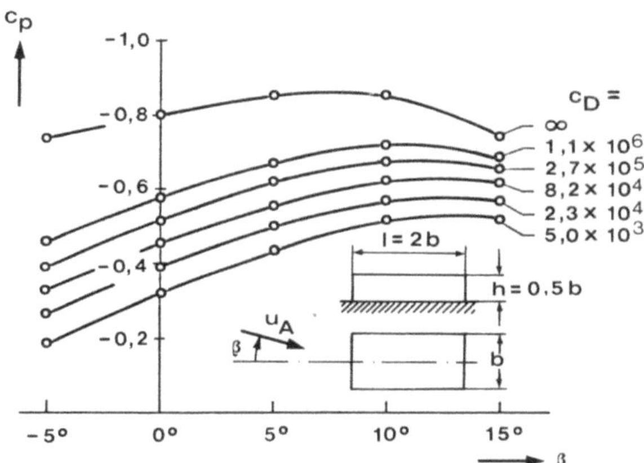

Bild 10.19 Maximale Differenzdruckbeiwerte c_p für verschiedene
Durchlässigkeiten c_D abhängig
vom Anströmwinkel β [10.27]

bei der Quotient A/A_0 das Verhältnis von Gesamtfläche zur Spaltfläche bedeutet. Aus dem Diagramm ist auch abzulesen, daß die höchsten Differenzdruckbeiwerte c_p bei einer Neigung β des Windes zur Fläche von etwa $10°$ auftreten. Der Strömungswiderstand im Zwischenraum zwischen Fassadenelement und Wand sollte möglichst hoch sein, vertikale Befestigungstege wirken sich sehr günstig aus.

An den vertikalen Gebäudekanten sollten die Eckverbindungen unbedingt luftdicht ausgeführt werden, um zu vermeiden, daß sich Überdrücke von der Frontseite (normal zum Wind) hinter den Fassadenelementen der Längswand (in Windrichtung) fortpflanzen und dort gepaart mit den Unterdrücken auf der Außenseite zu einer Erhöhung der Differenzdrücke im Vergleich zur undurchlässigen Fassade führen (Bild 10.20). Auch bei Fenstern im Eckbereich können, falls ein Fenster geschlossen ist und das andere offen steht, die Belastungen des geschlossenen Fensters infolge der ungünstigen Überlagerung von Innen- und Außendruck bis zum 3,5fachen des Wertes ansteigen, den die Außendruckbelastung allein bei geschlossenen Fenstern liefert [10.26].

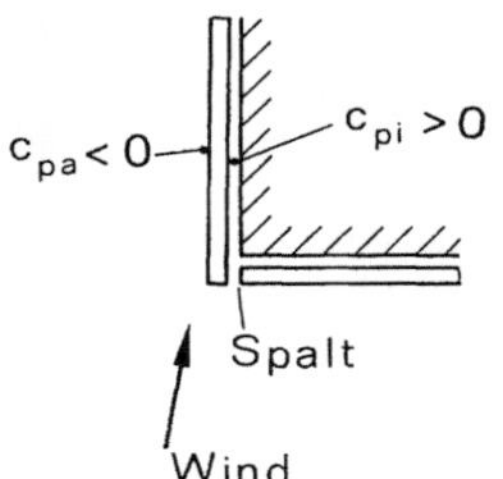

Bild 10.20 Zusammenwirken von Überdrücken und Unterdrücken bei Verkleidungen

Besonders Aufsehen erregte 1973 der Fall des John Hancock-Building in Boston (USA). Bei diesem 60stöckigen Bürogebäude mit rhombusförmigem Grundriß wurden noch vor Fertigstellung 600 der über 10000 Glasscheiben durch Windeinfluß zerbrochen. Auch hier traten die Schäden vornehmlich im Kantenbereich auf. Eine Anzahl von Scheiben wurde allerdings auch durch herabfallende Glassplitter zerstört.

Neben den hohen Unterdrücken im Bereich vertikaler Kanten sollten auch die Unterdrücke in Durchgängen (Abschnitt 4.6) und zwischen Gebäuden mehr Beachtung finden. In Windkanalexperimenten mit einem Grenzschichtprofil wurden auf den einander zugekehrten Seitenwänden zweier Modelle nahe der luvseitigen Kanten hohe Unterdrücke gemessen (Bild 10.21). Die Beiwerte hängen von den auf die Gebäudebreite b bezogenen Abstand s der Gebäude und vom Winkel β, den die Wände einschließen, ab. Für $\beta = 0°$ beträgt $c_{p\,min} = -1,26$, während bei $\beta = 4...6°$ und $s/b = 0,033...0,067$ $c_{p\,min}$ bis auf $-1,78$ absinkt.

Bei Versuchen mit Glastafeln unter Windeinfluß zeigte sich, daß herab bis zu Druckböen von 0,5 s Dauer die Glastafeln so reagierten, wie in einem rein statischen Belastungsexperiment bei gleicher Last. Es scheint daher, daß Resonanz kein wesentliches Problem bei Glastafeln ist, sofern die Eigenfrequenz der Tafel über 6 Hz liegt. Ermüdungserscheinungen bei Glas können daher auf die übliche Weise durch einen stetig ansteigenden Druck innerhalb eines gewissen Zeitintervalls bestimmt werden [10.10]. Ergebnisse von Experimenten in Japan bestätigen dies [10.14].

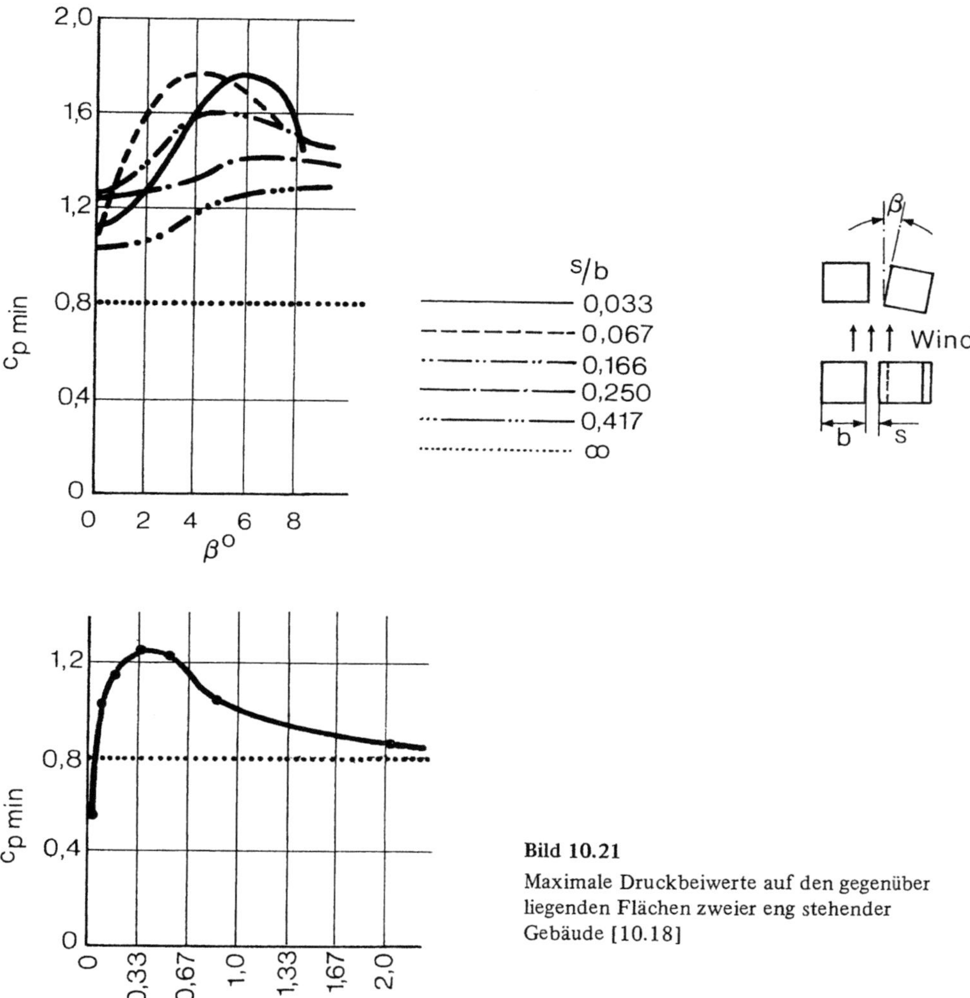

Bild 10.21
Maximale Druckbeiwerte auf den gegenüber
liegenden Flächen zweier eng stehender
Gebäude [10.18]

10.4.3 Örtliche Druckbeiwerte nach DIN 1055 Teil 4

Der diesbezügliche Text in DIN 1055 Teil 4 lautet:

„Bei der Anwendung des Abschnittes 6.3 (der Norm) ist zu beachten, daß die angegebenen
Druck- bzw. Sogbeiwerte Mittelwerte über die gekennzeichneten Bereiche sind. Deshalb sind
für einzelne Bauteile, z. B. Sparren, Pfetten, Wandstiele, Fassadenelemente usw., die Werte
für Druck um 1/4 zu erhöhen. Einzelne Bauteile in diesem Sinne liegen vor, wenn ihre Ein-
zugsfläche weniger als 15% der Fläche beträgt, über die der Beiwert gemittelt wurde. Bei unmittelbar durch Wind belasteten Einzelbauteilen, z. B. Wand- und Dachtafeln, sind an den
Schnittkanten von Wand- und Dachflächen prismatischer Körper zur Erfassung von Sogspitzen erhöhte Beiwerte nach 6.3.1 (der Norm) in den dort angegebenen Bereichen anzunehmen".

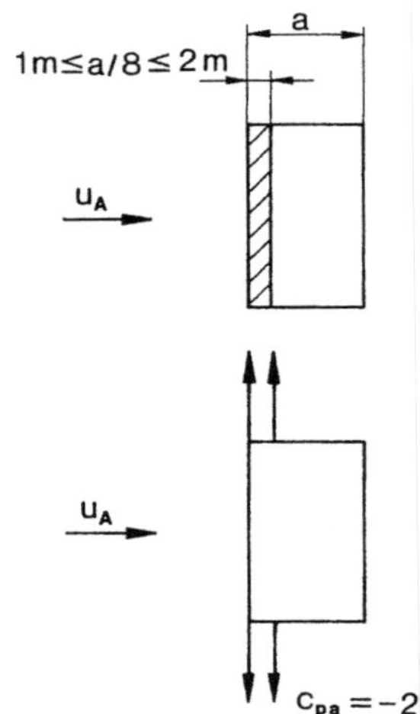

Bild 10.22

Unterdruckzonen an vertikalen Gebäudewänden nach DIN 1055
Teil 4

Für Teile die insgesamt innerhalb eines Streifens der Breite $1\,m \leqslant a_1 = a/8 \leqslant 2\,m$ liegen gilt $c_{pa} = -2,0$ (Bild 10.22).

10.4.4 Örtliche Druckbeiwerte nach ÖNORM B4014 Teil 1

Für einzelne Bauteile, deren Flächen kleiner als 15% der Gesamtfläche einer Wand sind, z. B. für Fenster, sowie für die zugehörigen einzelnen Tragglieder sind die für die ganze Fläche gültigen mittleren Außendruckbeiwerte (Abschnitt 10.2.3) mit dem Faktor 1,2 zu multiplizieren. Im Bereich der Schnittkanten zweier Wandflächen (Bild 10.23) sind im Wandbereich auf der Außenseite Sogkräfte mit dem Druckbeiwert $c_{pa} = -1,8$ in Rechnung zu stellen. Diese Kräfte sind nur für die Berechnung der durch sie betroffenen Einzelbauteile und deren Verankerungen zu berücksichtigen.

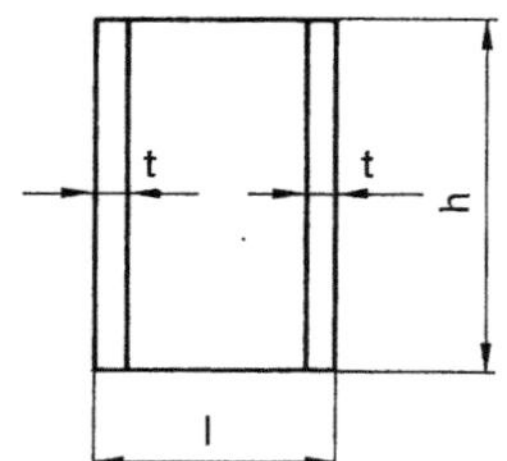

	h ≤ l	h > l
t	$0,1\sqrt{h\,l}$	$0,1l$

Bild 10.23

Unterdruckzonen an vertikalen Gebäudewänden nach ÖNORM B4014
Teil 1

Der Wert $c_p = -1,8$ scheint etwas niedrig zu sein. Es ist jedoch zu bedenken, daß der Staudruck, der in der ÖNORM dem Zweisekundenmittel entspricht, das im Mittel alle 50 Jahre zu erwarten ist, noch mit einem Faktor s (Gl. (9.1a)) multipliziert wird, der für kleine Flächen 1,08 beträgt (Tabelle 6.3). Damit wird aber nahezu der Wert von DIN erreicht.

Gemäß Abschnitt 5.2.4 der ÖNORM B4014 Teil 1 darf für Baukörper mit ebenen Oberflächen, deren Abmessungen den Bedingungen $h/l_m \leqslant 2$ und l_m/b_m beliebig oder $2 < h/l_m \leqslant$

$\leqslant 10$ und $l_m/b_m \leqslant 0{,}25$ genügen (s. Tabelle 10.4) und bei denen für das Verhältnis offener Fläche A_0 zur Gesamtfläche A_G gleich $A_0/A_G \leqslant 0{,}05$ gilt, eine vereinfachte Berechnung durchgeführt werden. Dabei sind für den örtlichen Differenzdruckbeiwert $c_{pd} = c_{pa} - c_{pi}$ allgemein $c_{pd} = +1{,}16$ (für Druck) bzw. $c_{pd} = -1{,}04$ (für Sog) zu setzen, im Kantenbereich ist $c_p = -2{,}00$ zu wählen.

10.4.5 Örtliche Druckbeiwerte nach SIA 160

In der SIA findet man örtliche Druckbeiwerte für vertikale Kanten nur für ein Scheibenhochhaus (Bild 10.24). In dem schraffierten Bereich ist auf den Flächen C_I und D_I im Mittel mit $c_{pa} = -1{,}3$ zu rechnen, das Maximum $c_{pa} = -1{,}7$ ist in dem mit einem Stern versehenen Bereich C_I^* des Aufrisses. Dabei handelt es sich um Mittelwerte über längere Zeitintervalle, zu denen noch die Schwankungsamplituden zu summieren sind. Für den Bereich C_I^* beträgt diese 0,4 bei $\alpha = 15°$ Anströmung, so daß sich dort ein c_{pa}-Minimum $= -2{,}1$ ergibt.

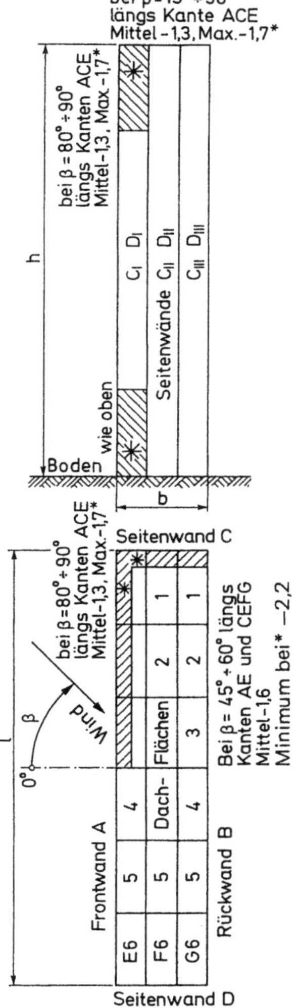

Bild 10.24 Unterdruckzonen an vertikalen Gebäudewänden nach SIA 160; Scheibenhochhaus $h:b:l \sim 5:1:5$ mit Flachdach ohne und mit niederen Aufbauten; Beiwerte $\bar{c}_{pa}$ für zeitlichen Mittelwert schwankender Außendrücke p_a

10.5 Rechenbeispiele

10.5.1 Turmhochhaus

Gegeben ist ein Turmhochhaus mit quadratischem Querschnitt (Seitenlänge $b = 10$ m) und der Höhe $h = 35$ m.

10.5.1.1 Berechnung nach DIN 1055 Teil 4

Staudruckbereiche (Abschnitt 6.7.1, Tab. 6.2), Bild 10.25, Tab. 10.6

Tabelle 10.6 Staudruckstufen nach DIN 1055 Teil 4

h [m]	0...8	8...20	20...35
q [kN/m²]	0,5	0,8	1,1

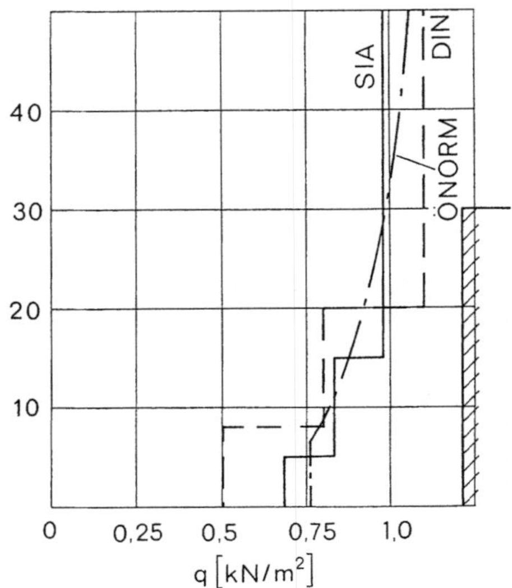

Bild 10.25
Staudruckprofile nach verschiedenen Normen für
Beispiel Kap. 10.5.1

Gesamtwindlast des Gebäudes (ohne Dach)

$$(9.3) \qquad q \cdot A = \sum q_{Ni} b_i \Delta z_i = 10(0,5 \cdot 8 + 0,8 \cdot 12 + 1,1 \cdot 15)\ kN = 301\ kN,$$

$$(9.4) \qquad q \cdot A \cdot z_W = \sum q_{Ni} z_i b_i \Delta z_i =$$
$$= 10(4 \cdot 8 \cdot 0,5 + 14 \cdot 12 \cdot 0,8 + 27,5 \cdot 15 \cdot 1,1)\ kNm = 6041\ kNm.$$

Angriffspunkt der Last: $\qquad z_W \quad = \dfrac{6041}{301}\ m = 20,1\ m,$

Gesamtlastbeiwert (Abschnitt 10.1.2): $\quad c_f = 1,3,$

Gesamtlast (Gl. (9.2)): $\qquad W \quad = 1,3 \cdot 301\ kN = 391,3\ kN,$

Moment um die Basis: $\qquad W \cdot z_W = c \cdot q \cdot A \cdot z_W = 7653\ Nm.$

Mittlere und örtliche Belastung einer Wand

Wegen der Symmetrie genügt die Berechnung für eine Anströmrichtung, dennoch werden
auch in diesem einfachen Fall besser Tabellen verwendet. In Tabelle 10.7 ist angegeben, aus
welchen Abschnitten und aus welchen Bildern oder Tabellen die eingetragenen Werte folgen.
Der Außendruckbeiwert c_{pa} (Bild 10.8) ist mit der Druckdifferenz $c_{pa} - c_{pi}$ identisch, da der
Innendruckbeiwert nur für ein- oder mehrseitig offene Baukörper von null verschieden ist
(Abschnitt 10.3.2). Bei örtlichen Belastungen sind zur Bemessung der Tragglieder die
Druckbeiwerte um 1/4 zu erhöhen, im Kantenbereich ist $c_{pa} = -2,0$ zu setzen (Abschnitt
10.4.3). Die mit diesen Druckbeiwerten berechneten Lasten sind in Tabelle 10.8 eingetra-
gen. Der Wert $q \cdot A$ ist mit dem bei der Berechnung der Gesamtlast des Gebäudes identisch.
Die Höhe z_W des Angriffspunktes der Wandlast über dem Boden ist gleich der bei der Ge-
samtlast. Für die örtlichen Belastungen wurde als Staudruck jener in der Höhe der Gebäudeoberkante gewählt, da in der Regel ein über die Höhe unterschiedliche Dimensionierung der
Tragglieder nicht gemacht werden wird. Für die Druckbelastungen ist dabei der örtliche
Beiwert, für die Sogbelastung der mittlere ($c_{pa} - c_{pi}$)-Wert aus Tabelle 10.7 zu entnehmen.

Tabelle 10.7

①		c_{pa}	c_{pi}	Mittel $c_{pa} - c_{pi}$	örtlich (Druck) $1{,}25\,c_{pa} - c_{pi}$	Kante $-2{,}0 - c_{pi}$
	Abschnitt	10.2.2	10.3.2	9.3.1	10.4.3	10.4.3
	Bild/Tab.	B. 10.8	B. 10.12	B. 9.4	–	B. 10.22
1		0,8	–	0,8	1,0	
2		–0,7	–	–0,7	–	–2,0
3		–0,5	–	–0,5	–	
4		–0,7	–	–0,7	–	–2,0

Tabelle 10.8

Wand	Gesamtlast $W = (c_{pa} - c_{pi}) \cdot q \cdot A$			örtliche Belastung Druck: $w = (1{,}25\,c_{pa} - c_{pi}) \cdot q$ Sog: $w = (c_{pa} - c_{pi}) \cdot q$			Kantenbereich $w = q \cdot (-2{,}0 - c_{pi})$		
	$q \cdot A$	W Drucklast	W Soglast	q	w Druck	w Sog	q	w Sog	t Breite
	–	–	–	–	–	–	–	–	B.10.22
	kN	kN	kN	kN/m²	kN/m²	kN/m²	kN/m²	kN/m²	m
1	301	240,8	–210,7	1,10	1,10	–0,77	1,10	–2,20	1,25

10.5.1.2 Berechnung nach ÖNORM B4014 Teil 1

Hier ist die Angabe des Standortes erforderlich, mit dem man aus den Tabellen der Norm den Grundwert (Zweisekundenmittel in 10 m Höhe) und nach der Entscheidung über das Gelände auch die Staudrücke in verschiedenen Höhenstufen ablesen kann. Eine andere Möglichkeit zur Ermittlung der Staudruckverteilung ist die Anwendung von Gl. (6.28), die hier vorgezogen wird. Der Grundwert der Geschwindigkeit $u_2(10) = 130$ km/h (z. B. Mondsee) und Geländeform 1 ($z_0 = 0{,}055$ m) werden angenommen. Aus Tabelle 3 der ÖNORM erhält man die Werte

$$q_2(6) = 0{,}77 \text{ kN/m}^2; \quad q_2(100) = 1{,}18 \text{ kN/m}^2.$$

Damit kann die Verteilung für Höhen über 10 m berechnet werden

$$(6.28) \qquad q_2(z) = 1{,}18 \, \frac{\ln\left(\dfrac{z}{0{,}055}\right)}{\ln\left(\dfrac{100}{0{,}055}\right)} = 0{,}157 \, \ln\left(\frac{z}{0{,}055}\right), \qquad z \geqslant 10 \text{ m.}$$

Unter 6 m Höhe ist stets mit $q_2(6)$ zu rechnen. Damit erhält man die in Bild 10.25 darge-stellte Kurve. Zur Vereinfachung der Rechnung ist eine Unterteilung in mehrere Bereiche mit konstanten Staudrücken möglich, wobei die treppenartige Ersatzkurve die gegebene Kurve nirgends unterschreiten darf, was zu einer Wahl wie der folgenden führen kann (Tabelle 10.9):

Tabelle 10.9
Staudruckstufen nach ÖNORM B4014
Teil 1

h [m]	0...6	6...20	20...35
q [kN/m^2]	0,77	0,92	1,01

Gesamtwindlast des Gebäudes (ohne Dach)

Der mittlere Staudruck q kann hier sowohl durch eine Integration von Gl. (6.28), wobei die Integrale in Gl. (6.29) gegeben sind, als auch durch eine Summation erfolgen. Hier werden beide Methoden gezeigt, um das Ausmaß der Verringerung der Belastung bei An-wendung der Integration aufzuzeigen. Da Formel (6.28) nur für Höhen über 10 m gilt, wird darunter mit dem Staudruck $q_2(10) = 0{,}82$ kN/m^2 gerechnet, den man aus der obigen Formel für $z = 10$ erhält. In der ÖNORM wird die Länge quer zum Wind mit l bezeichnet (im Gegensatz zum DIN), daher lauten die Formeln für den mittleren Staudruck q bzw. für dessen Moment um die Basis

$$(9.3) \atop (6.29) \qquad q \cdot A = \int_0^h l q_N \, dz = 10\left\{0{,}82 \cdot 10 + 0{,}157 \int_{10}^{35} \ln\left(\frac{z}{0{,}055}\right) dz \right\}$$

$$= 10\left\{8{,}2 + 0{,}157\left[35\left(\ln\frac{35}{0{,}055} - 1\right) - 10\ln\left(\frac{10}{0{,}055} - 1\right)\right]\right\} \text{kN} = 300{,}2 \text{ kN,}$$

$$(9.3) \qquad q \cdot A = \sum q_{N_i} l_i \Delta z_i = 10[0{,}77 \cdot 6 + 0{,}92 \cdot 14 + 1{,}01 \cdot 15] \text{ kN} = 326{,}5 \text{ kN,}$$

$$(9.4) \atop (6.29) \qquad q \cdot A \cdot z_W = \int_0^h z q_N l \, dz = 10\left[0{,}82 \cdot 10 \cdot 5 + 0{,}157 \int_{10}^{35} z \ln\left(\frac{z}{0{,}055}\right) dz \right]$$

$$= 10\left\{41 + 0{,}157\left[35^2\left(\frac{1}{2}\ln\frac{35}{0{,}055} - 0{,}25\right) - 50\left(\ln\frac{10}{0{,}055} - 0{,}5\right)\right]\right\} \text{kNm}$$

$$= 5768 \text{ kNm.}$$

Angriffspunkt der Last: $z_W = \dfrac{5768}{300,2}\,\text{m} = 19,2\ \text{m}.$

$$(9.4) \qquad q \cdot A \cdot z_W = \sum z_i q_{N_i} l_i \Delta z_i = 10(0,77 \cdot 3 \cdot 6 + 0,92 \cdot 13 \cdot 14 + 1,01 \cdot 27,5 \cdot 15)\ \text{kN}$$
$$= 5979\ \text{kN}$$

Angriffspunkt der Last: $z_W = \dfrac{5979}{326,5}\,\text{m} = 18,3\ \text{m}$

Der Unterschied bei den Momenten gerechnet nach beiden Arten ist geringer als der bei den Lasten, da der Angriffspunkt bei der genaueren Rechnung höher liegt.

Gesamtlastbeiwert (Abschnitt 10.1.3, Tabelle 10.2):

$$l_m/b_m = 1 > 0,5 \qquad \left.\begin{array}{l} h/l_m = 2 : c = 1,3 \\ h/l_m = 4 : c = 1,45 \end{array}\right\} h/l_m = 3,5 : c = 1,41.$$

Größenfaktor (Tabelle 6.3):	s	$= 1,0,$
Gesamtlast (Gl. (9.2a)):	W	$= s \cdot c \cdot q \cdot A = 1,41 \cdot 326,5\ \text{kN} = 460,4\ \text{kN},$
Moment um die Basis:	$W \cdot z_W =$	$c \cdot q \cdot A \cdot z_W = 8430\ \text{kNm}.$

Zur Berechnung der beiden letzten Größen hätten natürlich auch die kleineren Werte aus der Integration herangezogen werden können.

Mittlere und örtliche Belastungen der Wände

Der Innendruckbeiwert c_{pi} hängt vom Außendruckbeiwert c_{pa} der Wand ab, die das größte Verhältnis der offenen Wandfläche A_0 zur gesamten Wandfläche A_G besitzt (Abschnitt 10.3.3) und ist daher von der Stellung dieser Fläche zum Wind abhängig. Es ist daher zweckmäßig die für die Belastungen maßgebenden Differenzdruckbeiwerte mit Hilfe einer Tabelle zu berechnen (Tabelle 10.10). Im vorliegenden Beispiel wird angenommen, daß $A_0/A_G \leqslant 0,2$ ist, die Wand mit dem größten Öffnungsverhältnis erhält die Ziffer 1. Daher sind drei Anströmrichtungen zu untersuchen; die Werte für die vierte Richtung ergeben sich durch Vertauschen der Wände 2 und 4 bei Fall 2.

Im Kopf von Tabelle 10.10 sind die Abschnitte und die Tabellen angegeben, aus denen die eingetragenen Werte folgen. Zunächst wird nach Tabelle 10.4 der Außendruckbeiwert c_{pa} ermittelt, anschließend der Innendruckbeiwert c_{pi}, wobei zu beachten ist, daß für Sog $c_{pi} \leqslant -0,2$ gelten muß. Daher steht hier bei der zweiten und dritten Richtung jeweils $c_{pi} = -0,2$.

Die für jede Wand maßgeblichen Werte für Druck und Sog für die mittleren und örtlichen Lasten sind durch Einrahmen gekennzeichnet, da sie für die weitere Rechnung gebraucht werden. Die hohen Unterdrücke im Kantenbereich treten, wie die Experimente zeigen (Abschnitt 10.4.2) bei geringen Neigungswinkeln des Windes zu den Flächen auf. Daher sind z. B. bei Anströmung 1 die Vorderkanten der Fläche 2 und 4 betroffen. Die maximalen Sogbeiwerte für den Kantenbereich einer Wand sind in Tabelle 10.10 ebenfalls durch Einrahmen hervorgehoben.

Mit den maximalen Differenzdruckbeiwerten $c_{pa} - c_{pi}$ aus Tabelle 10.10 und der bereits berechneten Größen $q \cdot A$ ergeben sich die maximalen Druck- und Soglasten der Wände, wobei bei Fläche 1 die Öffnung in der Fläche A nicht berücksichtigt wurde. Die Höhe z_W des

Tabelle 10.10 Druckbeiwerte der Wände nach ÖNORM B4014 Teil 1

① $\rightarrow 1\ \square\ 3$ (Wand 2 oben, 4 unten) $\dfrac{h}{l_m} = 3,5$ $\dfrac{l_m}{b_m} = 1$

Wand		c_{pa}	c_{pi}	Mittel $c_{pa} - c_{pi}$	örtlich $1,2\,c_{pa} - c_{pi}$	Kante $-1,8 - c_{pi}$
	Abschnitt	10.2.3	10.3.3	9.3.1	10.4.4	10.4.4
	Bild/Tab.	T. 10.4	B. 10.13	B. 9.4	–	–
1		+0,80	+0,20	+0,60	+0,76	–
2		−0,70	+0,20	−0,90	−1,04	−2,00
3		−0,61	+0,20	−0,81	−0,93	–
4		−0,70	+0,20	−0,90	−1,04	−2,00

② $1\ \square\ 3$ (Wand ↓2 oben, 4 unten) $\dfrac{h}{l_m} = 3,5$ $\dfrac{l_m}{b_m} = 1$

Wand		c_{pa}	c_{pi}	Mittel $c_{pa} - c_{pi}$	örtlich $1,2\,c_{pa} - c_{pi}$	Kante $-1,8 - c_{pi}$
	Abschnitt	10.2.3	10.3.3	9.3.1	10.4.4	10.4.4
	Bild/Tab.	T. 10.4	B. 10.13	B. 9.4	–	–
1		−0,70	−0,20	−0,50	−0,64	−1,60
2		+0,80	−0,20	+1,00	+1,16	–
3		−0,70	−0,20	−0,50	−0,64	−1,60
4		−0,61	−0,20	−0,41	−0,53	–

③ $1\ \square\ 3 \leftarrow$ (Wand 2 oben, 4 unten) $\dfrac{h}{l_m} = 3,5$ $\dfrac{l_m}{b_m} = 1$

Wand		c_{pa}	c_{pi}	Mittel $c_{pa} - c_{pi}$	örtlich $1,2\,c_{pa} - c_{pi}$	Kante $-1,8 - c_{pi}$
	Abschnitt	10.2.3	10.3.3	9.3.1	10.4.4	10.4.4
	Bild/Tab.	T. 10.4	B. 10.13	B. 9.4	–	–
1		−0,61	−0,20	−0,41	−0,53	–
2		−0,70	−0,20	−0,50	−0,64	−1,60
3		+0,80	−0,20	+1,00	+1,16	–
4		−0,70	−0,20	−0,50	−0,64	−1,60

Tabelle 10.11 Belastungen der Wände nach ÖNORM B4014 Teil 1

Wand	Gesamtlast $W = s \cdot (c_{pa} - c_{pi}) \cdot q \cdot A$				örtliche Belastung $w = s \cdot q \cdot (1{,}2c_{pa} - c_{pi})$				Kantenbereich $w = s \cdot q \cdot (-1{,}8 - c_{pi})$			
	s	$q \cdot A$	W Drucklast	W Soglast	s	q	w Druck	w Sog	s	q	w sog	t Breite
	Tab. 6.3	–	–	–	Tab. 6.3	–	–	–	Tab. 6.3	–	–	B.10.23
	–	kN	kN	kN	–	kN/m^2	kN/m^2	kN/m^2	–	kN/m^2	kN/m^2	m
1	1,0	326,5	195,9	−163,3	1,08	1,01	0,83	−0,70	1,08	1,01	−1,75	1,00
2, 4	1,0	326,5	326,5	−293,9	1,08	1,01	1,27	−1,13	1,08	1,01	−2,18	1,00
3	1,0	326,5	326,5	−264,5	1,08	1,01	1,27	−1,01	1,08	1,01	−1,75	1,00

Angriffspunktes der Last über dem Boden ist gleich der bei der Gesamtwindlast des Gebäudes.

Bei der Ermittlung der örtlichen Belastungen in Tabelle 10.11 wurde der Staudruck in der Höhe der Gebäudeoberkante $q_2(35) = 1{,}01$ kN/m² eingesetzt. Die Breite t des Kantenbereiches beträgt nach Bild 10.23 $t = 0{,}1 \cdot l = 1$ m. Da die Wände sicher gleich ausgeführt werden, sind in Tabelle 10.11 die maximalen Lasten unabhängig von der Wandfläche eingerahmt.

Eine vereinfachte Ermittlung der Beiwerte ist für diesen Baukörper mit $h/l_m = 3{,}5$ und $l_m/b_m = 1{,}0$ nicht zulässig, da diese Wertekombination außerhalb des Anwendungsbereiches der vereinfachten Ermittlung liegt (Abschnitt 10.2.3)

10.5.1.3 Berechnung nach SIA 160

Tabelle 10.12
Staudruckbereiche nach Tab. 6.4
(Bild 10.25)

h [m]	0...5	5...15	15...35
q [kN/m²]	0,687	0,834	0,981

Gesamtlast (Abschnitte 10.1.4 und 10.2.4)

Bild 10.9: $c = 1{,}5$ (Proportionen stimmen nicht ganz überein).

$$(9.3) \qquad W = 1{,}5 \cdot 10(5 \cdot 0{,}687 + 10 \cdot 0{,}834 + 0{,}981 \cdot 20) \text{ kN} = 470{,}9 \text{ kN}.$$

Moment um Basis

$$(9.4) \qquad W \cdot z_W = 1{,}5 \cdot 10(5 \cdot 2{,}5 \cdot 0{,}687 + 10 \cdot 10 \cdot 0{,}834 + 20 \cdot 25 \cdot 0{,}981) \text{ kNm} =$$
$$= 8737 \text{ kNm}.$$

Angriffspunkt

$$z_W = \frac{8737}{470{,}9} \text{ m} = 18{,}6 \text{ m}.$$

Belastung einer Wand

Bild 10.9: $c_{pa} = \pm 0{,}9$; $c_{pi} = \pm 0{,}2 \Rightarrow c_{pa} - c_{pi} = \pm 1{,}1$

$$W = \pm 1{,}1 \cdot 10(0{,}687 \cdot 5 + 0{,}834 \cdot 10 + 0{,}981 \cdot 20) \text{ kN} = 345{,}3 \text{ kN}.$$

Der Angriffspunkt liegt auch hier in der gleichen Höhe $z_W = 18{,}6$ m wie der der Gesamtlast.

Örtliche Lasten (Abschnitt 10.4.5)

Die SIA enthält für vertikale Wände nur spezielle Angaben für ein Scheibenhochhaus, für das vorliegende Gebäude sind keine Beiwerte enthalten.

10.5.1.4 Vergleich der Norm-Werte mit experimentellen Ergebnissen

In Bild 10.5 sind experimentelle Ergebnisse für ein quadratisches Turmhochhaus angegeben. Der Beiwert $c = 0{,}88$ für Normalanströmung ist auf die Diagonale bezogen, was $c = 1{,}24$ mit der Seite als Bezugslänge ergibt. Wegen der speziellen Versuchsbedingungen (konstante Anströmgeschwindigkeit) wird mit einem Staudruck für das ganze Gebäude gerechnet, wobei die Berechnung jeweils für die Staudrücke in Dachhöhe erfolgt. Die so erhaltenen Kräfte bzw. Momente werden mit den in Abschnitt 10.5.1 berechneten verglichen (Tabelle 10.13).

Tabelle 10.13 Vergleich von Belastungen nach Normen und Experimenten

Norm	q [kN/m²] in Dachhöhe	W [kN] $c = 1{,}24$	W [kN] nach Norm	$W \cdot z_W$ [kNm] $c = 1{,}24$	$W \cdot z_W$ [kNm] nach Norm
DIN	1,1	477,4	391,3	8355	7653
ÖNORM	1,01	438,3	460,4	7671	8430
SIA	0,981	425,8	470,9	7451	8737

Obwohl der Staudruck in Dachhöhe nach den SIA-Bestimmungen der niedrigste ist, erhält man nach dieser Norm die höchsten Kräfte und Momente, bedingt durch den hohen Beiwert von 1,5, während es bei DIN genau umgekehrt ist.

10.5.2 Gebäude mit offener Giebelwand

Gegeben ist das Gebäude in Bild 10.26, wobei eine Wand praktisch vollständig offen ist.

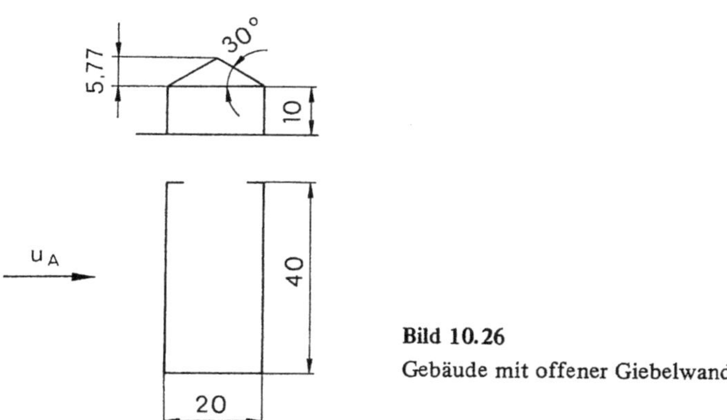

Bild 10.26
Gebäude mit offener Giebelwand

10.5.2.1 Berechnung nach DIN 1055 Teil 4

Staudruckbereiche (Abschnitt 6.7.1, Tabelle 6.2)

Tabelle 10.14
Staudruckbeiwerte nach DIN 1055 Teil 4

h [m]	0...8	8...20
q [kN/m²]	0,5	0,8

Gesamtwindlast des Gebäudes (ohne Dach)

1. Wind normal zur Längswand

(9.3)
$$q \cdot A = \sum q_{N_i} b_i \Delta z_i = 40(0{,}5 \cdot 8 + 0{,}8 \cdot 2)\ kN = 224\ kN,$$

$$q \cdot A \cdot z_W = \sum q_{N_i} z_i b_i \Delta z_i = 40(0{,}5 \cdot 8 \cdot 4 + 0{,}8 \cdot 2 \cdot 9)\ kNm = 1216\ kNm.$$

Angriffspunkt: $\qquad z_W = \dfrac{1216}{224}\ m = 5{,}43\ m,$

Gesamtlastbeiwert (Abschnitt 10.1.2): $c = 1{,}3,$

Gesamtlast (Gl. (9.2)): $W = 1{,}3 \cdot 224\ kN = 291{,}2\ kN,$

Moment um die Basis: $W \cdot z_W = 1581\ kNm,$

2. Wind normal zur Giebelwand (offene Wand)

(9.3)
$$q \cdot A = \sum q_{N_i} b_i \Delta z_i = \left[0{,}5 \cdot 8 \cdot 20 + 0{,}8\left(2 \cdot 20 + \frac{5{,}77 \cdot 20}{2}\right)\right] kN = 158{,}2\ kN,$$

$$q \cdot A \cdot z_W = \sum q_{N_i} z_i b_i \Delta z_i = \left[0{,}5 \cdot 8 \cdot 20 \cdot 4 + 0{,}8\left(2 \cdot 20 \cdot 9 + \frac{5{,}77 \cdot 20}{2} 11{,}92\right)\right] kN$$

$$= 1158\ kNm.$$

$$z_W = \frac{1158}{158{,}2}\ m = 7{,}32\ m.$$

Gesamtlastbeiwert (Abschnitt 10.1.2): $c = 1{,}3,$

Gesamtlast (Gl. (9.2a)): $W = 1{,}3 \cdot 158{,}2\ kN = 205{,}7\ kN,$

Moment um die Basis: $W \cdot z_W = c \cdot q \cdot A \cdot z_W = 1505\ kNm.$

Mittlere und örtliche Belastung der Wände

Da mehrere Anströmrichtungen untersucht werden müssen, ist zum Erlangen eines besseren Überblicks eine Berechnung in Tabellenform vorzuziehen (Tabellen 10.15 und 10.16). Es sind nur drei Anströmrichtungen zu beachten, die Werte für die vierte Richtung ergeben sich durch Vertauschen der Wände 2 und 4 bei Fall 2. Die Außendruckbeiwerte c_{pa} und die Innendruckbeiwerte c_{pi} sind außerdem in Bild 10.27 dargestellt (die Werte in Klammern beziehen sich auf die ÖNORM). Aus welchen Abschnitten bzw. aus welchen Bildern die Werte in Tabelle 10.15 folgen ist im Kopf der Tabelle angegeben. Bei der örtlichen Belastung sind zur Bemessung der Tragglieder nur die Druckbeiwerte um 1/4 zu erhöhen, während die Sogbeiwerte gleich den mittleren Druckdifferenzbeiwerten zu setzen sind. Die für die Berechnung der Belastung in Tabelle 10.16 maßgeblichen Druckdifferenzbeiwerte in Tabelle 10.15 sind durch Einrahmen hervorgehoben. Der Wert $q \cdot A$ ist mit dem bei der Gesamtwindlast des Gebäudes identisch, die Höhe z_W des Angriffspunktes über dem Boden bleibt ebenfalls unverändert. Für die örtlichen Belastungen wurde der Staudruck gleich dem in der Höhe der Gebäudeoberkante gesetzt. Die maximalen Werte der örtlichen Belastungen sind in Tabelle 10.16 eingerahmt.

Tabelle 10.15 Druckbeiwerte der Wände nach DIN 1055 Teil 4

①

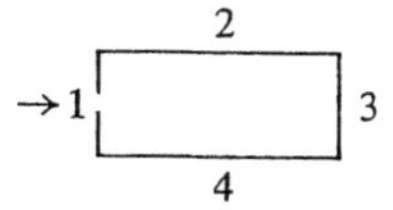

Wand		c_{pa}	c_{pi}	Mittel $c_{pa} - c_{pi}$	örtlich (Druck) $1{,}25\,c_{pa} - c_{pi}$	Kante $-2{,}0 - c_{pi}$
	Abschnitt	10.2.2	10.3.2	9.3.1	10.4.3	10.4.3
	Bild/Tab.	B. 10.8	B. 10.12	B. 9.4	–	B. 10.22
1		+0,8	0,8	0,0	0,2	–
2		−0,5	0,8	−1,3	–	−2,8
3		−0,5	0,8	−1,3	–	–
4		−0,5	0,8	−1,3	–	−2,8

②

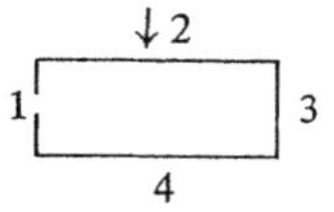

Wand		c_{pa}	c_{pi}	Mittel $c_{pa} - c_{pi}$	örtlich (Druck) $1{,}25\,c_{pa} - c_{pi}$	Kante $-2{,}0 - c_{pi}$
	Abschnitt	10.2.2	10.3.2	9.3.1	10.4.3	10.4.3
	Bild/Tab.	B. 10.8	B. 10.12	B. 9.4	–	B. 10.22
1		−0,7	–	−0,7	–	−2,0
2		0,8	–	0,8	1,0	–
3		−0,7	–	−0,7	–	−2,0
4		−0,5	–	−0,5	–	–

③

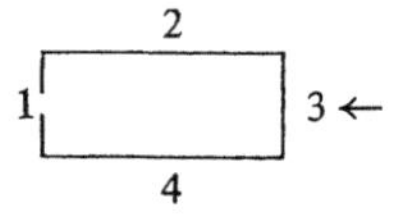

Wand		c_{pa}	c_{pi}	Mittel $c_{pa} - c_{pi}$	örtlich (Druck) $1{,}25\,c_{pa} - c_{pi}$	Kante $-2{,}0 - c_{pi}$
	Abschnitt	10.2.2	10.3.2	9.3.1	10.4.3	10.4.3
	Bild/Tab.	B. 10.8	B. 10.12	B. 9.4	–	B. 10.22
1		−0,5	−0,5	0,0	–	
2		−0,5	−0,5	0,0	–	−1,5
3		+0,8	−0,5	1,3	1,5	
4		−0,5	−0,5	0,0	–	−1,5

Tabelle 10.16 Belastungen der Wände nach DIN 1055 Teil 4

Wand	Gesamtlast $W = (c_{pa} - c_{pi}) \cdot q \cdot A$			örtliche Belastung Druck: $w = (1{,}25\,c_{pa} - c_{pi}) \cdot q$ Sog: $w = (c_{pa} - c_{pi}) \cdot q$			Kantenbereich $w = q \cdot (-2{,}0 - c_{pi})$		
	$q \cdot A$	W Drucklast	W Soglast	q	w Druck	w Sog	q	w Sog	t Breite
	–	–	–	–	–	–	–	–	B.10.22
	kN	kN	kN	kN/m²	kN/m²	kN/m²	kN/m²	kN/m²	m
1				0,8	0,16	−0,56	0,8	−1,60	2,0
2, 4	224	179,2	−291,2	0,8	0,80	−1,04	0,8	−2,24	2,0
3	158,2	205,7	−205,7	0,8	1,20	−1,04	0,8	−1,60	2,0

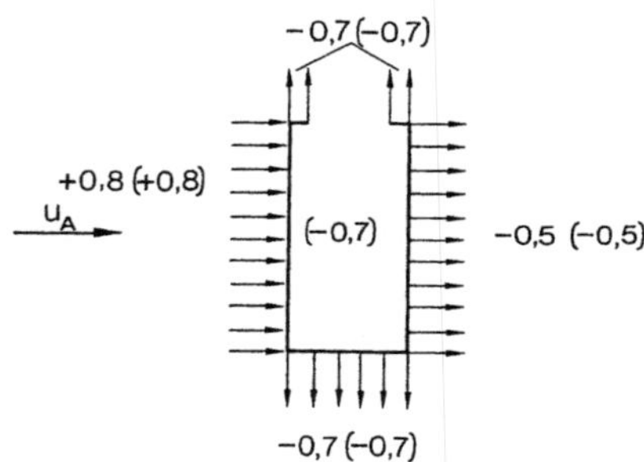

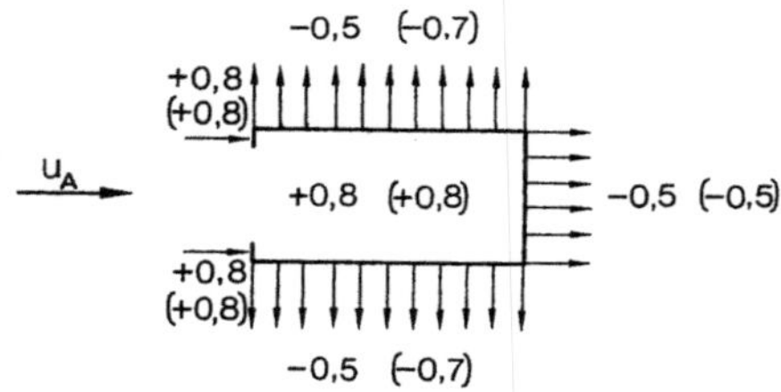

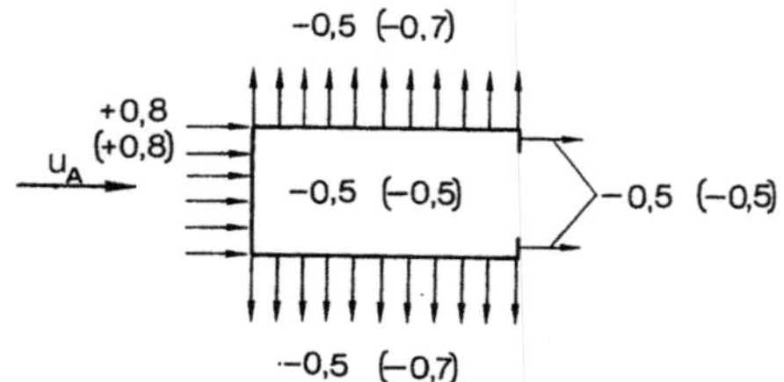

Bild 10.27

Druckbeiwerte c_p am Gebäude mit offener Giebelwand für verschiedene Anströmrichtungen nach DIN und ÖNORM

10.5.2.2 Berechnung nach ÖNORM B4014 Teil 1

Für einen Grundwert von 120 km/h (z. B. Graz) erhält man aus Tabelle 3 der Norm für Gelände 1 ($z_0 = 0,055$ m)

$$q_2(6) = 0,64 \text{ kN/m}^2; \quad q_2(100) = 1,00 \text{ kN/m}^2.$$

Damit kann q_2 für Höhen über 10 m berechnet werden

$$(6.28) \qquad q_2(z) = 1,0 \frac{\ln\left(\dfrac{z}{0,055}\right)}{\ln\left(\dfrac{100}{0,055}\right)} = 0,133 \ln\left(\frac{z}{0,055}\right), \quad z \geqslant 10 \text{ m}.$$

Da die Längswände 10 m hoch sind, werden die Staudruckstufen $q_2(6)$ und $q_2(10)$ gewählt. Nach Bild 10.26 ist die Höhe der Giebelflächen 15,77 m, dafür erhält man aus der obigen Gleichung $q_2(15,77) = 0,75$ kN/m^2. Als Unterteilung werden auch hier nur 2 Stufen gewählt, $q_2(6)$ und $q_2(15,77)$.

Gesamtlast des Gebäudes (ohne Dach)

1. Wind normal zur Längswand

Die Ermittlung des mittleren Staudruckes erfolgt durch Summation, wobei die Längen quer zum Wind der ÖNORM entsprechend mit l bezeichnet werden.

$$(9.3) \qquad q \cdot A = \sum q_{N_i} l_i \Delta z_i = 40(0,64 \cdot 6 + 0,69 \cdot 4) \text{ kN} = 264,0 \text{ kN}$$

$$(9.4) \qquad q \cdot A \cdot z_W = \sum z_i q_{N_i} l_i \Delta z_i = 40(0,64 \cdot 6 \cdot 3 + 0,69 \cdot 4 \cdot 8) \text{ kNm} = 1344 \text{ kNm}$$

$$z_W = \frac{1344}{264,0} \text{ m} = 5,09 \text{ m}$$

Gesamtlastbeiwert (Abschnitt 10.1.3, Tabelle 10.2): $c = 1,3$,

Größenfaktor (Tabelle 6.3): $s \quad = 1,0$,

Gesamtlast (Gl. (9.2a)): $W \quad = s \cdot c \cdot q \cdot A = 1,3 \cdot 264,0 \text{ kN} = 343,2 \text{ kN}$,

Moment um die Basis: $W \cdot z_W = c \cdot q \cdot A \cdot z_W = 1747 \text{ kNm}$.

2. Wind normal zur Giebelfläche

$$(9.3) \qquad q \cdot A = \sum q_{N_i} l_i \Delta z_i = 0,64 \cdot 6 \cdot 20 + 0,75\left(4 \cdot 20 + \frac{20 \cdot 5,77}{2}\right) \text{ kN} = 180,0 \text{ kN},$$

$$(9.4) \qquad q \cdot A \cdot z_W = \sum z_i q_{N_i} l_i \Delta z_i =$$

$$= 0,64 \cdot 6 \cdot 20 \cdot 3 + 0,75\left[4 \cdot 20 \cdot 8 + \frac{20 \cdot 5,77}{2}\left(10 + \frac{5,77}{3}\right)\right] \text{ kNm} =$$

$$= 1226 \text{ kNm},$$

$$z_W = \frac{1226}{180} = 6,81 \text{ m}.$$

Gesamtlastbeiwert (Abschnitt 10.1.3, Tabelle 10.2): $c = 1{,}3$,

Größenfaktor (Tabelle 6.3): s $= 1{,}0$

Gesamtlast (Gl. (9.2a)): W $= s \cdot c \cdot q \cdot A = 1{,}3 \cdot 180{,}0 \text{ kN} = 234{,}0 \text{ kN}$

Moment um die Basis: $W \cdot z_W = c \cdot q \cdot A \cdot z_W = 1594 \text{ kNm}$.

Mittlere und örtliche Belastung der Wände

Da mehrere Anströmrichtungen untersucht werden müssen, wird die Rechnung in Tabellenform durchgeführt.

Die Abschnitte, Tabellen und Bilder, aus denen die Werte folgen, sind in den Köpfen der Tabellen 10.17 und 10.18 vermerkt. Zunächst werden die Außendruckbeiwerte $c_{pa}(h/l_m \leqslant 2$; $l_m/b_m \geqslant 0{,}5)$ und die Innendruckbeiwerte c_{pi} bestimmt, die in diesem Fall jeweils gleich dem Außendruckbeiwert der fehlenden Wand sind ($a = 1$). Damit erhält man die in Tabelle 10.17 eingetragenen und in Bild 10.27 in Klammern angegebenen Werte.

Bei den Belastungen im Kantenbereich ist zu beachten, daß sie nur bei geringen Winkeln des Windes zu den Flächen auftreten. Daher sind z. B. bei der Anströmrichtung 1 die Flächen 2 und 4 betroffen.

Die für die weitere Berechnung maßgeblichen Differenzdruckbeiwerte sind in Tabelle 10.17 durch Rahmen hervorgehoben.

Die $q \cdot A$-Werte in Tabelle 10.18 und die Höhen z_W der Angriffspunkte der mittleren Lasten über dem Boden wurden bereits bei der Bestimmung der Gesamtwindlast ermittelt. Für die örtlichen Lasten wurden wegen der verschiedenen Höhen von Längs- und Giebelwand auch verschiedene Staudrücke eingesetzt. Bei der Belastung im Kantenbereich ist wegen deren Höhe von 10 m der Wert $q_2(10) = 0{,}69 \text{ kN/m}^2$ genommen worden.

Die maximalen Werte für die mittlere Gesamtlast der Wände 2, 3, 4 und die maximalen örtlichen Belastungen und Lasten im Kantenbereich sind unabhängig von der Fläche wieder durch Rahmen hervorgehoben. Eine vereinfachte Berechnung der Beiwerte ist nicht zulässig, da das Verhältnis $A_0/A_G > 0{,}05$ (Abschnitt 10.2.3).

10.5.2.3 Berechnung nach SIA 160

Die Druckbeiwerte für das vorliegende Gebäude findet man in Bild 10.14 (offene Giebelwand). Für mäßig hohe Objekte ($h < 15$ m) ist für das ganze Objekt mit einem gleichmäßigen Staudruck zu rechnen. Da nach SIA 160 die Höhe gleich der Baukörperhöhe und nicht der Firsthöhe ist (z. B. Bild 10.14), ist nach Abschnitt 6.7.3 der maßgebliche Staudruck $0{,}834 \text{ kN/m}^2$.

Gesamtlast

Wind normal Frontseite: $c = 1{,}3$

$$W = 1{,}3 \cdot 0{,}834 \cdot 40 \cdot 10 \text{ kN} = 433{,}7 \text{ kN}$$

Wind normal Giebelwand: $c = 1{,}1$

$$W = 1{,}1 \cdot 0{,}834 \left(20 \cdot 10 + \frac{20}{2} \cdot 5{,}77 \right) \text{ kN} = 236{,}4 \text{ kN}$$

Tabelle 10.17 Druckbeiwerte der Wände nach ÖNORM B4014 Teil 1

①

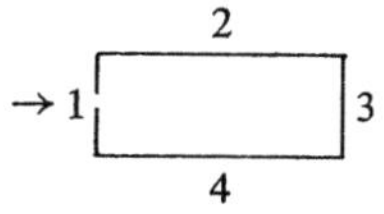

$\frac{h}{l_m} = 0{,}5$ $\frac{l_m}{b_m} = 0{,}5$

Wand		c_{pa}	c_{pi}	Mittel $c_{pa} - c_{pi}$	örtlich $1{,}2\,c_{pa} - c_{pi}$	Kante $-1{,}8 - c_{pi}$
	Abschnitt	10.2.3	10.3.3	9.3.1	10.4.4	10.4.4
	Bild/Tab.	T. 10.4	B. 10.13	B. 9.4	–	–
1		+0,80	+0,80	0,00	0,16	–
2		−0,70	+0,80	−1,50	−1,64	−2,60
3		−0,50	+0,80	−1,30	−1,40	–
4		−0,70	+0,80	−1,50	−1,64	−2,60

②

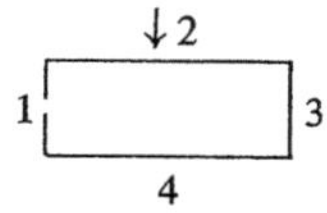

$\frac{h}{l_m} = 0{,}25$ $\frac{l_m}{b_m} = 2{,}0$

Wand		c_{pa}	c_{pi}	Mittel $c_{pa} - c_{pi}$	örtlich $1{,}2\,c_{pa} - c_{pi}$	Kante $-1{,}8 - c_{pi}$
	Abschnitt	10.2.3	10.3.3	9.3.1	10.4.4	10.4.4
	Bild/Tab.	T. 10.4	B. 10.13	B. 9.4	–	–
1		−0,7	−0,7	0,00	−0,14	−1,10
2		+0,8	−0,7	1,50	+1,66	–
3		−0,7	−0,7	0,00	−0,14	−1,10
4		−0,5	−0,7	+0,20	+0,10	–

③

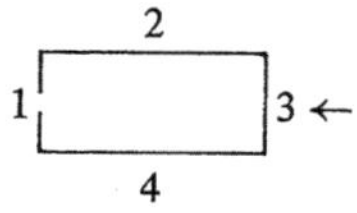

$\frac{h}{l_m} = 0{,}5$ $\frac{l_m}{b_m} = 0{,}5$

Wand		c_{pa}	c_{pi}	Mittel $c_{pa} - c_{pi}$	örtlich $1{,}2\,c_{pa} - c_{pi}$	Kante $-1{,}8 - c_{pi}$
	Abschnitt	10.2.3	10.3.3	9.3.1	10.4.4	10.4.4
	Bild/Tab.	T. 10.4	B. 10.13	B. 9.4	–	–
1		−0,5	−0,5	0,00	−0,10	–
2		−0,7	−0,5	−0,20	−0,34	−1,3
3		+0,8	−0,5	+1,30	+1,46	–
4		−0,7	−0,5	−0,20	−0,34	−1,3

Tabelle 10.18 Belastungen der Wände nach ÖNORM B4014 Teil 1

Wand	Gesamtlast $W = s \cdot (c_{pa} - c_{pi}) \cdot q \cdot A$				örtliche Belastung $w = s \cdot q \cdot (1{,}2\,c_{pa} - c_{pi})$				Kantenbereich $w = s \cdot q \cdot (-1{,}8 - c_{pi})$			
	s	q · A	W Drucklast	W Soglast	s	q	w Druck	w Sog	s	q	w Sog	t Breite
	Tab. 6.3	–	–	–	Tab. 6.3	–	–	–	Tab. 6.3	–	–	B.10.24
	–	kN	kN	kN	–	kN/m²	kN/m²	kN/m²	–	kN/m²	kN/m²	m
1	–	–	–	–	1,08	0,75	0,13	–0,11	1,08	0,69	–0,82	1,41
2, 4	1,0	264,0	396,0	–396,0	1,08	0,69	1,24	–1,22	1,08	0,69	–1,94	2,00
3	1,0	180,0	234,0	–234,0	1,08	0,75	1,18	–1,13	1,08	0,69	–0,82	1,41

Belastung der Wände

Längswand:

Hierzu sind die größten Differenzen der Werte AB bzw. CD zu ermitteln.

$$\beta = 0° : c = c_{pA} - c_{pB} = 1{,}6,$$

$$W = 1{,}6 \cdot 0{,}834 \cdot 40 \cdot 10 \text{ kN} = 533{,}8 \text{ kN},$$

$$z_W = 5{,}0 \text{ m},$$

$$W \cdot z_W = 533{,}8 \cdot 5{,}0 = 2669 \text{ kNm}.$$

Giebelwand:

$$\beta = 90° : c = c_{pE} - c_{pF} = 1{,}3,$$

$$W = 1{,}3 \cdot 0{,}834 \left[20 \cdot 10 + \frac{20}{2} \cdot 5{,}77 \right] \text{ kN} = 279{,}4 \text{ kN},$$

$$W \cdot z_W = 1{,}3 \cdot 0{,}834 \left[20 \cdot 10 \cdot 5 + \frac{20}{2} \cdot 5{,}77 \left(10 + \frac{5{,}77}{3} \right) \right] \text{ kNm} = 1830 \text{ kNm},$$

$$z_W = 6{,}55 \text{ m}.$$

Örtliche Belastungen

Für örtliche Belastungen sind in der SIA 160 keine Angaben zu finden.

Literatur

[10.1] *Lusch, G.:* Windkanaluntersuchungen an Gebäuden von rechteckigem Grundriß mit Flach- und Satteldächern, Ber. aus d. Bauforschung Nr. 41 (1964)

[10.2] *Ning Chien, Yin Feng, Hung-Ju Wang, Tien-To Siao:* Wind tunnel studies of pressure distribution of elementary building forms, IOWA Inst. of Hydraulic Res., State University of Iowa, Iowa City, 113 S.

[10.3] *Ackeret, J., Egli, J.:* Über die Verwendung sehr kleiner Modelle für Winddruck-Versuche, Schweizerische Bauzeitung 84/1, S. 3–7 (1966)

[10.4] *Jensen, M., Franck, N.:* Model-scale tests in turbulent wind, Part II, Danish Technical Press, Copenhagen 1965

[10.5] *Newberry, C. W.:* The measurements of wind pressure on buildings, von Karman Inst. for Fluid Dynamics, Lectures Series 45, Wind effects on buildings and structures, 1972

[10.6] *Lam, R. P., Lam, L. C.:* Wind loading for cladding design, Proc. Fourth Int. Symp. Wind Effects on Buildings and Structures, Heathrow 1975, S. 111–120

[10.7] *Newberry, C. W., Eaton K. J., Mayne, J. R.:* Wind loading on tall buildings, further results from Royex House, Building Research Establishment Current Paper CP 29/73 (1973)

[10.8] *Eaton, K. J.:* Cladding and the wind, Building Research Establishment CP 47/75 (1975)

[10.9] *Eaton, K. J., Mayne, J. R., Cook, N. J.:* Wind loads on low-rise buildings – effects of roof geometry, Proc. Fourth Int. Conf. on Wind Effects on Buildings and Structures, Heathrow 1975, S. 95–110

[10.10] *Mayne, J. R., Walker, G. R.:* The response of glazing to wind pressure, Building Research Establishment CP 44/76 (1976)

[10.11] *Dalgliesh, W. A.:* Statistical treatment of peak gusts on cladding, ASCE Journ. of the Struct. Div. 97, Nr. ST9, S. 2173–2187 (1971)

[10.12] *Cermak, J. E., Sadeh, W. Z.:* Pressure fluctuations on buildings, Proc. of the 3rd Int. Conf. on Wind Effects on Buildings and Structures, Tokyo 1971, S. 189–198

[10.13] *Melbourne, W. H.:* Comparison of pressure measurements made on a large isolated building in full and model scale, Proc. of the 3rd Int. Conf. on Wind Effects on Buildings and Structures, Tokyo 1971, S. 253–262

[10.14] *Miyoshi, S., Ida, M., Miura, T.:* Wind pressure coefficients on exterior wall elements of tall buildings, Proc. of the 3rd Int. Conf. on Wind Effects on Buildings and Structures, Tokyo 1971, S. 273–284

[10.15] *Schneider, K. M.:* Zur Gesamtwindlast von Punkthochhäusern, Beton und Stahlbetonbau 11/76, S. 266–270

[10.16] *Peterka, J. A., Cermak, J. E.:* Wind pressures on buildings – probability densities, J. of the Struct. Div., Proc. ASCE Vol. 101, No. ST6, S. 1255–1266 (1975)

[10.17] *Vickery, B. J., Kao, K. H.:* Drag or along-wind response of slender structures, J. of the Struct. Div., Proc. ASCE Vol. 98, No. ST1, S. 21–36 (1972)

[10.18] *Sachs, P.:* Wind Forces in Engineering, Pergamon Press, 1972

[10.19] *Aynsley, R. M., Melbourne, W., Vickery, B. J.:* Architectural Aerodynamics, Appl. Science Publ. Ltd., 1977

[10.20] *Tielemann, H. W., Reinhold, T. A.:* Wind tunnel investigation for basic dwelling geometries, College of Eng. Virginia Polytechnic Inst. & State Univ., Blacksburg, Dept. of Eng. Science & Mech., VPI-E-76-8, 157 S. (1976)

[10.21] *Sockel, H.:* Local pressure fluctuations, Proc. Fifth Int. Conf. on Wind Eng., Fort Collins 1979, Vol. 1, S. 509–518

[10.22] *Mayne, J. R., Cook, N. J.:* On design procedures for wind loading, Building Res. Est. CP 25/78, 29 S. (1978)

[10.23] *Kramer, C., Gerhardt, H. J., Scherer, S.:* Wind pressure on block-type buildings, Proc. of the 3rd Coll. on Industrial Aerodynamics, Aachen 1978, Buildings Aerodynamics, Part 1, S. 241–254

[10.24] *Stathopoulos, T., Surry, D., Davenport, A. G.:* Internal pressure characteristics of lowrise buildings due to wind action, Proc. 5th Int. Conf. on Wind Eng., Forth Collins 1979, Vol. 1, S. 451–464

[10.25] *Handa, K.:* Wind induced natural ventilation, Swedish Council for Building Research, Document D10: 1979, 87 S.

[10.26] *Gerhardt, H. J., Kramer, C.:* Wind pressure on surfaces of low-rise buildings, Coll. "Construire avec le vent", Nantes 1981, Paper IV/2, 16 S.

[10.27] *Peterka, J. A., Cermak, J. E.:* Cladding loads with operable windows, Coll. "Construire avec le vent", Nantes 1981, Paper IV-7, 16 S.

[10.28] *Gerhardt, H. J., Kramer C.:* Wind loads on wind-permeable facades, Proc. of the 5th Coll. on Industrial Aerodynamics, Aachen 1982, Building Aerodynamics, Part 1, S. 39–58

11 Beiwerte für Dächer

11.1 Sattel-, Pult- und Flachdächer

11.1.1 Außendruckbeiwerte nach Experimenten

In einigen Abschnitten wurden bereits Bilder (Bilder 5.2, 5.9, 5.10, 10.4) von Druckverteilungen auf Dächern nach Modellexperimenten wiedergegeben. Solche Druckverteilungen hängen natürlich von sehr vielen Parametern ab, z. B. vom Verhältnis der Gebäudedimensionen, von Dachform und -neigung, vom Windprofil, von der Turbulenzstruktur in Bodennähe und natürlich auch vom Einfluß der unmittelbaren Umgebung. In allen Versuchsserien war es daher nur möglich, einige Größen zu variieren, während die anderen konstant gehalten wurden. Auch hier können nur einige Ergebnisse herausgegriffen werden, die typische Erscheinungen aufweisen.

Bild 10.4, das Ergebnisse aus Experimenten mit konstanter Anströmgeschwindigkeit in turbulenzarmer Strömung enthält, zeigt bereits die Stellen, an denen im allgemeinen hohe Unterdrücke zu erwarten sind. Bei Anströmung normal zur Front bildet sich nahe der Dachkante eine Zone mit $c_{pa} < -1{,}6$, längs der Kante gilt $c_{pa} < -1{,}5$. Ähnlich niedrige Werte von c_{pa} findet man bei Anströmung unter $45°$ auf der leeseitigen Dachfläche nahe des Firstes ($c_{pa} < -1{,}4$). Besonders gefährdet scheint aber die luvseitige Dachdecke mit Werten $c_{pa} < -2{,}0$ zu sein; für ausgedehnte Zonen gilt $c_{pa} < -1$. Sowohl auf der luvseitigen als auch auf der leeseitigen Dachfläche ist nur in kleinen Bereichen $c_{pa} > -0{,}5$, was zeigt, daß auch die über die Fläche gemittelten c_{pa}-Werte sehr niedrig sind. Man kann allgemein sagen, daß die stärksten Unterdrücke an luvseitigen Kanten und Ecken sowie auf der Leeseite in Firstnähe auftreten. Dabei dominiert bei steileren Dächern i. a. der Unterdruck in Firstnähe, während bei geringeren Dachneigungen die Rand- bzw. Eckzonen mehr gefährdet sind [11.15].

Weshalb bei Schräganströmung so niedrige c_{pa}-Werte auftreten, zeigt anschaulich das Beispiel eines Würfels, der in Richtung der Diagonalen angeströmt wird [11.1] (Bild 11.1). Durch die Ablösung (Abschnitt 4.5.5) der Strömung an den luvseitigen Kanten der Dachflächen bilden sich zwei Wirbel aus, deren Achsen gegen die Kanten leicht geneigt sind. Die hohen Geschwindigkeiten im Wirbel verursachen entsprechend niedrige c_{pa}-Werte, wie man aus der Verteilung dieser Größen auf der Dachfläche sieht. Das Minimum beträgt $c_{pa} = -5{,}0$. Bei den angegebenen Werten handelt es sich um Mittelwerte über längere Zeit. Für die Belastung von Verkleidungen und Dachplatten sind aber die kurzzeitigen Spitzen und vor allem deren räumliche Ausdehnung von Bedeutung [11.9]. Die über eine Fläche über ein kurzes Zeitintervall gemittelten Extremwerte nehmen jedoch mit wachsender Flächengröße stark ab [11.14, 11.15, 11.24].

Es liegt die Frage nahe, ob vergleichbare Minimalwerte auch in Experimenten im natürlichen Wind gemessen wurden. Das Building Research Establishment errichtete in Aylesbury, nahe London, ein zweigeschossiges Versuchsgebäude mit verstellbarer Dachneigung zwi-

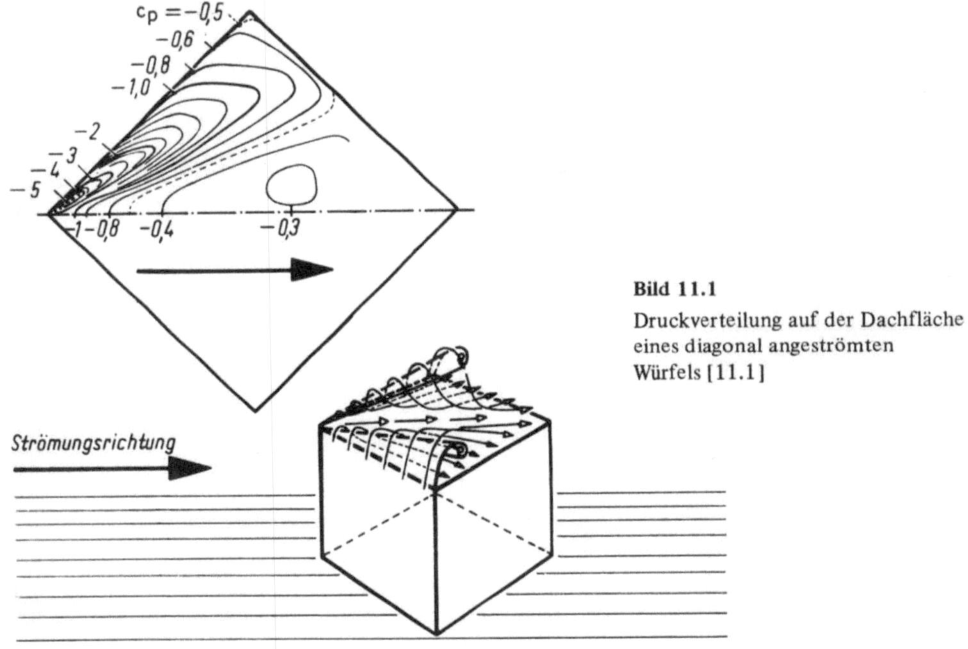

Bild 11.1
Druckverteilung auf der Dachfläche
eines diagonal angeströmten
Würfels [11.1]

Bild 11.2 Versuchsgebäude in Aylesbury (England) des Building Research
Establishment mit variabler Dachneigung [11.2]

schen $5°$ und $45°$ (Bild 11.2) [11.2]. Das Dach des Gebäudes ist mit zahlreichen Druckmeßstellen versehen, die in Bild 11.3 durch Punkte gekennzeichnet sind. Die Extremwerte des Druckbeiwertes c_{pa} gemittelt über $1/32$ s und bezogen auf das Zweisekundenmittel der Windgeschwindigkeit in Firsthöhe, zeigen bei dieser speziellen Windrichtung und $15°$ Dachneigung im Randbereich Werte bis $c_{pa} = -1,75$. Interessant ist vor allem eine Zusammen-

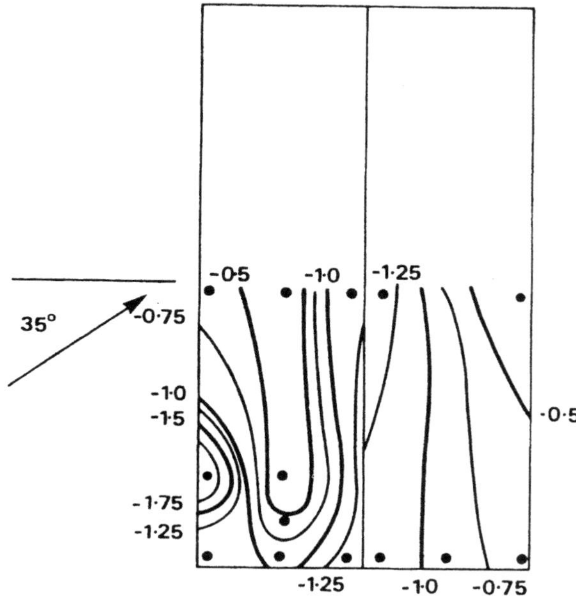

Bild 11.3

c_{pa}-Mittelwerte über 1/32 s bezogen auf das Geschwindigkeitsmittel über 2 s in 10 m Höhe beim Haus in Aylesbury bei 15°Dachneigung [11.2]

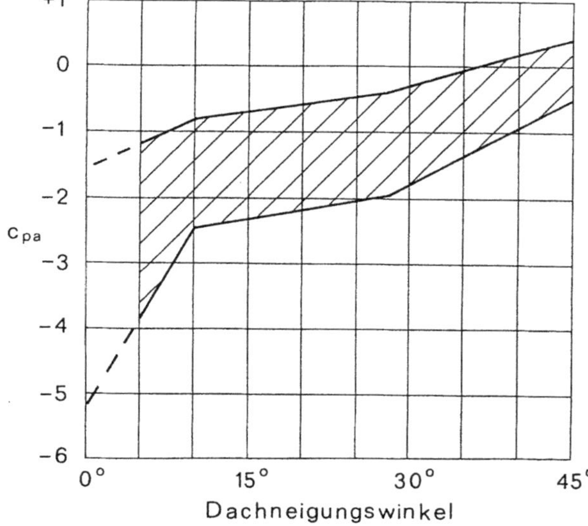

Bild 11.4

Bereich von gemessenen c_{pa}-Werten in Aylesbury abhängig vom Dachneigungswinkel [11.3]

stellung aller im Randbereich gemessenen lokalen c_{pa}-Werte gemittelt über 1/32 s und bezogen auf dasselbe Geschwindigkeitsmittel wie vorhin (Bild 11.4) [11.3]. Es zeigt sich ein deutliches Absinken der Minimalwerte für Dachneigungen unter 10°, wobei diese Minima in den Ecken auftreten. Bedauerlicherweise konnten wegen des Verstellmechanismus des Daches Neigungen unter 5° nicht verwirklicht werden. Extrapoliert man die Begrenzung der Minima bis 0° Dachneigung, dann erhält man einen Wert, der knapp unter −5,0 liegt, also mit dem Wert aus dem Modellversuch (Bild 11.1) überraschend gut übereinstimmt. Modellexperimente in verschiedenen Windkanälen mit dem Haus von Aylesbury [11.17, 11.22] haben im allgemeinen eine befriedigende Übereinstimmung mit den Großversuchen gezeigt. Alle Experimente zeigen, daß die Eckzone bei Dächern geringer Neigung besonders gefährdet ist, daß aber auch in den Randbereichen sehr niedrige c_{pa}-Werte auftreten können. Bei Windkanalversuchen mit natürlicher Grenzschicht [11.4] wurden auch beachtliche Unterdrücke im Firstbereich gemessen, ein Ergebnis ähnlich dem, das anhand von Bild 10.4 besprochen wurde. Bild 11.5 zeigt die Druckverteilung auf einem Dach von 20° Neigung bei einer Schräganströmung unter 45°. Das Verhältnis Gebäudehöhe h zur Rauhigkeit z_0 (Abschnitt 6.3) betrug 4600.

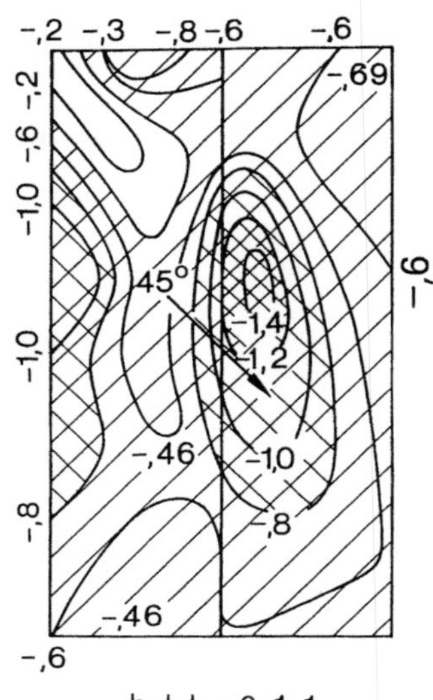

Bild 11.5
Druckverteilung auf einem 20° geneigten Satteldach bei Schräganströmung unter 45° in turbulenter Strömung [11.4]

Die Druckminima in den Ecken von Flachdächern können durch eine Attika stark reduziert werden [11.5, 11.16]. Bild 11.6 [11.16] zeigt den Einfluß einer Attika, deren Höhe 2% der Höhe des Gebäudes mit rechteckigem Grundriß ist, auf die Verteilung der mittleren Druckbeiwerte c_{pm} in einer Grenzschichtströmung auf einem Flachdach. Durch die Attika wurden die extremen Unterdruckzonen praktisch abgebaut, die Druckdifferenzen auf dem Dachteil sind sehr gering, das Minimum liegt etwa bei $c_p = −1,0$ gegenüber dem örtlichen Wert von $c_{pa} = −3,0$ ohne Attika. Eine ähnliche Reduktion ergibt sich auch für die kurzzeitigen Extremwerte des Druckkoeffizienten [11.16].

Dieselbe Wirkung einer Attika wurde auch bei einer hyperbolisch-parabolisch geformten Dachfläche nachgewiesen [11.6]. Bei niedrigen Gebäuden kann allerdings eine zu niedrige Attika zu einer Erhöhung der mittleren Unterdrücke und der Extremwerte führen [11.12, 11.25]. Bei niedrigen Gebäuden (etwa unter 30 m) wird eine Attika erst ab einer Höhe von 2,5 m wirksam, bei höheren Gebäuden ist mit zunehmender Höhe der Attika stets eine Verbesserung der Wirkung verbunden [11.27]. Eine relativ starke Rauhigkeit des Daches kann auch zur Verminderung der Sogspitzen im Eckbereich führen [11.23].

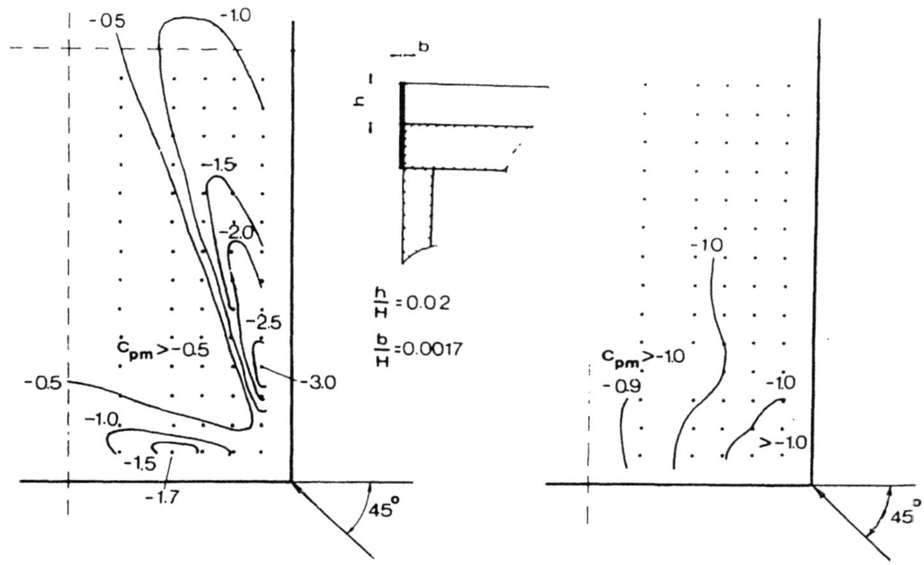

Bild 11.6 Einfluß einer Attika auf die mittleren Druckbeiwerte auf einem Flachdach [11.16]

Bei Pultdächern zeigt sich ein deutlicher Einfluß des Dachvorsprunges auf die Druckverteilung im Eckbereich, vor allem auf die Minimalwerte von c_{pa} (Bild 11.7). Bemerkenswert ist, daß bei einer Dachneigung von 10° bei größeren Dachvorsprüngen das Minimum nicht in der Eckzone, sondern im benachbarten Randbereich auftritt. Unterdrücke mit $c_{pa} < -5{,}0$ wurden allerdings im Eckbereich und bei Dachneigungen von 0 bis 2° bei allen Vorsprüngen gemessen. Hier ist außerdem zu beachten, daß zusätzlich zu den hohen Unterdrücken im Kantenbereich auf der Oberseite auch erhebliche Überdrücke $c_{pa} > 0$ von unten wirken können, die sich zu einer hohen Gesamtbelastung des Dachvorsprunges addieren.

Die Belastung der Dachhaut entsteht durch die Druckdifferenz zwischen Ober- und Unterseite. Handelt es sich um eine undurchlässige oder kaum poröse Dachhaut, dann ist bei äußerem Unterdruck die Belastung geringer als die Außenbelastung, da die Haut vom Dachkörper etwas abgehoben wird, wodurch darunter ebenfalls ein Unterdruck entsteht [11.19]. Wesentlich hierfür ist die Dichtheit der Dachhaut, wobei besonders auf die Kantenbereiche zu achten ist. Liegt auf der undurchlässigen Schicht eine durchlässige, z. B. Platten, so verursacht die äußere Druckverteilung eine Strömung durch die Spalten zwischen und unter den Platten. Die Strömungswiderstände werden dabei hauptsächlich durch die Verhältnisse zwischen Platte und darunter liegender Haut bestimmt [11.19, 11.20]. Die Außendruckverteilung unterscheidet sich auch hier wesentlich von der unterhalb der mehr oder weniger porösen Schicht, auch hier sind die resultierenden Lasten geringer als die, die man aus der Außendruckverteilung allein erhält.

Bei Ziegeldächern tritt der Druckausgleich zwischen Ober- und Unterseite relativ rasch auf [11.19]. Die Differenzdruckverteilung auf einem Element der Dachhaut hat mehrere Ursachen. Die erste ist die Außendruckverteilung, verursacht durch die Gebäudeform und

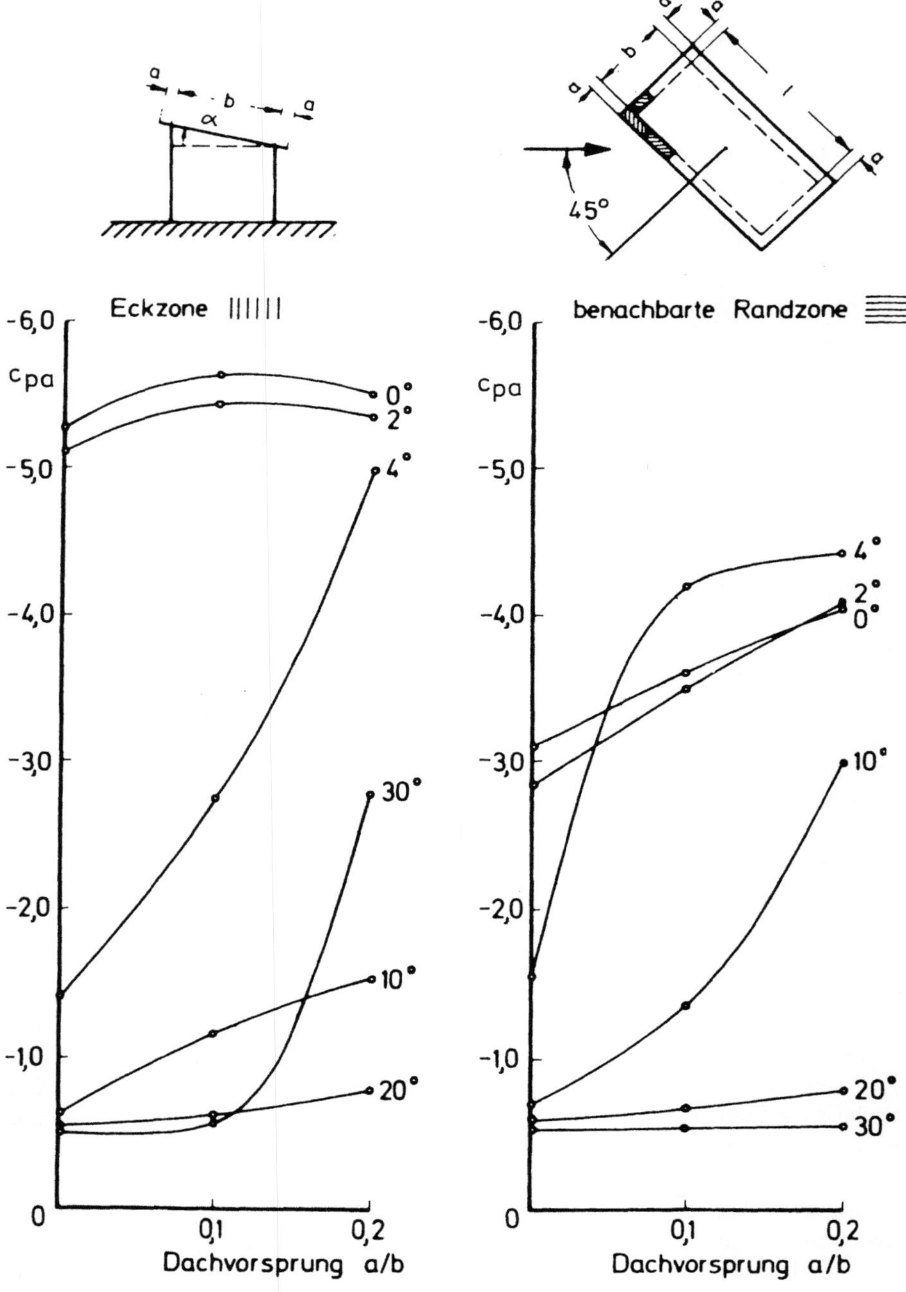

Bild 11.7 Minimale Druckbeiwerte c_{pa} im Eck- bzw. Randbereich eines Pultdaches [11.13]

die örtliche Lage des Elementes, die zweite die Strömung entlang der Dachhaut und die dritte der Innendruck. Dieser hängt aber auch stark mit der örtlichen Außenströmung zusammen [11.26]. Durch die Strömung entlang der Dachfläche ergeben sich vor allem durch die Kantenumströmung sehr hohe Druckunterschiede auf der Oberseite des Dachziegels (Bild 11.8) [11.21]. Die Druckbeiwerte c_{pa} sind auf den örtlichen Staudruck (außerhalb der Grenzschicht) auf der Dachoberfläche bezogen. Es ergibt sich ein Moment, das die Ziegel bei örtlichen Geschwindigkeiten ab 45...55 m/s abhebt [11.21].

Die auftretenden Schäden an Dächern unterstreichen die Notwendigkeit der besonderen Beachtung der gefährdeten Zonen. Bild 11.9 zeigt den Schaden an der luvseitigen Ecke

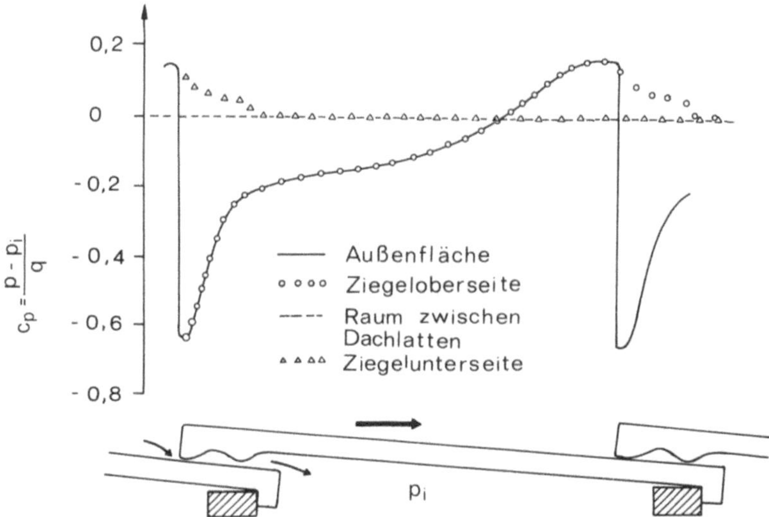

Bild 11.8 Druckverteilung auf von Dachziegeln zufolge der örtlichen Strömung [11.21]

Bild 11.9 Dachschaden durch Windeinwirkung [11.10]

eines Hauses [11.10], bei dem nicht nur das Dach, sondern auch die Giebelwand durch hohe Unterdrücke beschädigt wurde. Der Schornstein an der Ecke hat sicher auch einen ungünstigen Einfluß gehabt, da sich auch im Abströmbereich von Schornsteinen und anderen vertikalen Aufbauten niedrige c_{pa}-Werte auf Dächern einstellen können. In allen diesen Fällen ist daher eine konstruktive Berücksichtigung der Unterdrücke erforderlich.

Bis jetzt wurde hauptsächlich auf die örtlichen Extrema der Druckbeiwerte hingewiesen, die für die Befestigung der Dachhaut von Bedeutung sind. Durch Mittelung der Druckbeiwerte über die Dachfläche erhält man mittlere Druckbeiwerte zur Berechnung der Belastung der gesamten Dachfläche. Hier werden nur die Außendruckbeiwerte angegeben, die Drücke im Innern sind entsprechend Abschnitt 10.3 zu berücksichtigen.

Lusch [11.7] hat sehr umfangreiche Modellexperimente an Normalhäusern bei konstanter, turbulenzarmer Anströmung durchgeführt. Er hat die mittleren Druckbeiwerte aller Flächen, also sowohl die des Baukörpers als auch die des Daches, in ein Diagramm eingetragen. Die Versuche wurden für einen Anströmwinkelbereich von $90°$ und für Dachwinkel von $0...60°$ durchgeführt. Alle diese mittleren Druckbeiwerte sind in ein Diagramm eingetragen (Bild 11.10), wobei die Abszisse der Neigungswinkel γ der Fläche zum Wind ist. Wie dies z. B. für einen Wind senkrecht zur Front zu verstehen ist, zeigt die kleine Skizze in Bild 11.10. Für $\gamma < +17°$ treten nur Unterdrücke auf, für die Bemessung sind die minimalen Werte maßgebend. Im Bereich $17° \leqslant \gamma \leqslant 40°$ können sowohl positive als auch negative c_{pa}-Werte auftreten, während für $\gamma > 40°$ nur positive c_{pa}-Werte zu erwarten sind. Das Minimum von c_{pa} abhängig von γ liegt nicht bei $0°$, sondern bei ungefähr $\gamma = +10°$. Ähnliche Diagramme findet man zur Errechnung der mittleren Druckbeiwerte für Dächer in verschiedenen Normen wieder (z. B. DIN und ÖNORM).

Liegt ein Dach teilweise im Windschatten eines anderen Gebäudes, so kann dies sowohl günstige als auch ungünstige Auswirkungen auf die Maximalwerte haben. Im ungünstigsten Falle wurde bei der Messung von Mittelwerten über längere Zeitintervalle eine Verdreifachung der c_{pa}-Werte festgestellt [11.11]. Im Eckbereich, bei Anströmung unter $45°$ zu den Frontflächen, fiel der Unterdruck auf $c_{pa} = -3{,}66$ ($c_{pa} = -2{,}5$ ohne Nachbargebäude).

11.1.2 Außendruckbeiwerte nach DIN 1055 Teil 4

Für die mittleren Außendruckbeiwerte bei Sattel- und Pultdächern gilt sowohl für geschlossene als auch für offene Baukörper Bild 11.11. Für einzelne Bauteile, deren Einzugfläche weniger als 15% der Gesamtfläche beträgt, sind die Werte für Druck um 1/4 zu erhöhen (s. Abschnitt 10.4.3).

In den Mittenbereichen (d. h. in Bereichen außerhalb der angegebenen Rand- und Eckbereiche) von Dächern mit Neigungswinkeln $\alpha \leqslant 25°$ können bei Baukörpern mit einem Verhältnis von Höhe zu kleiner Grundrißseite größer als 0,4 die auf die Dachhaut und etwaige Aufbauten auf der Dachfläche wirkenden örtlichen Sogspitzen Beiwerte von $c_{pa} = -0{,}8$ haben.

Die Rand- und Eckbereiche und die dort in Rechnung zu stellenden Druckbeiwerte folgen aus Bild 11.12. Bei Dächern mit Überstand sind die Abmessungen des Dachgrundrisses zugrunde zu legen. Bei Wohn- und Bürogebäuden sowie bei geschlossenen Hallen mit a $\leqslant$ 30 m darf die Breite des Randbereiches auf 2 m begrenzt werden.

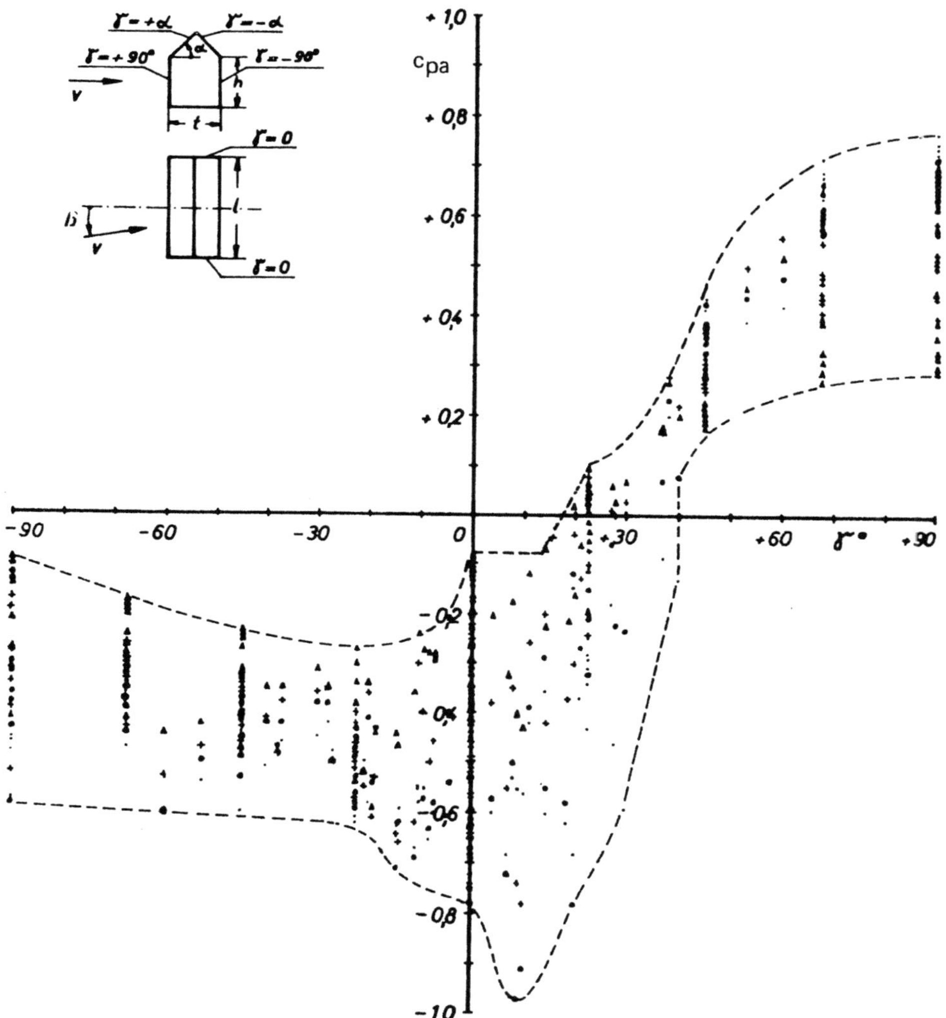

Bild 11.10 Mittlere Außendruckbeiwerte c_{pa} der verschiedenen Flächen eines Gebäudes mit rechteckigem Grundriß abhängig vom Winkel des Windes gegenüber den Flächen [11.7]

Bei Flachdächern ($\alpha \approx 0°$) ohne Attika dürfen die Sogspitzen für die Rand- und Eckbereiche bzw. die Abmessungen dieser Bereiche auch Bild 11.13 entnommen werden. Mit b ist hier unabhängig von der Windrichtung die größere Seitenlänge bezeichnet. Bezüglich Attiken bemerkt DIN bloß, daß die Sogspitzen durch sie veringert werden können. Es sind aber keine Zahlenwerte angegeben.

Die Unterseite eines Dachvorsprunges ist wie ein einseitig offener Baukörper zu behandeln, auf der Luvseite ist $c_{pa} = +0{,}8$, auf der Leeseite $c_{pa} = -0{,}5$ zu setzen.

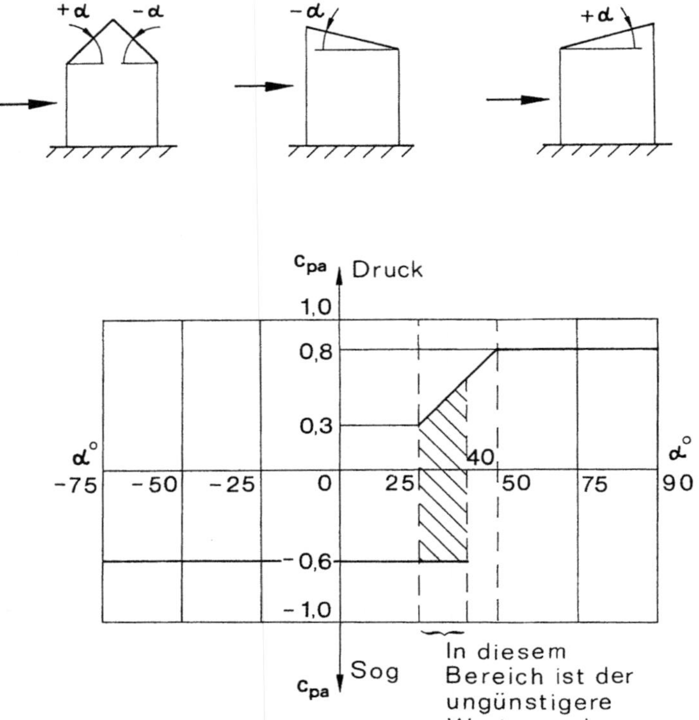

Bild 11.11 Beiwerte c_{pa} für Sattel- und Pultdächer nach DIN 1055 Teil 4

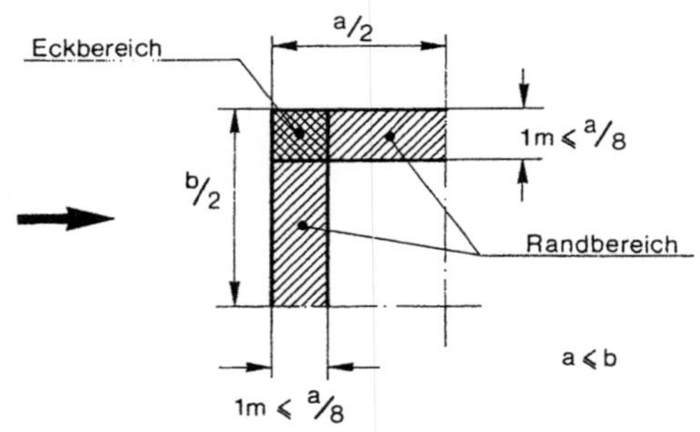

DACHNEIGUNG	c_{pa}	
	ECKBEREICH	RANDBEREICH
$\alpha \leqslant 25°$	−3,2	−1,8
$25° < \alpha \leqslant 35°$	−1,8	−1,1
$\alpha > 35°$	keine „Sogspitzen"	

Bild 11.12

Abmessungen der Rand- bzw. Eckbereiche in denen Druckminima
auftreten nach DIN 1045 Teil 4

für $b \le 1{,}5a$ 　　　　　für $b > 1{,}5a$

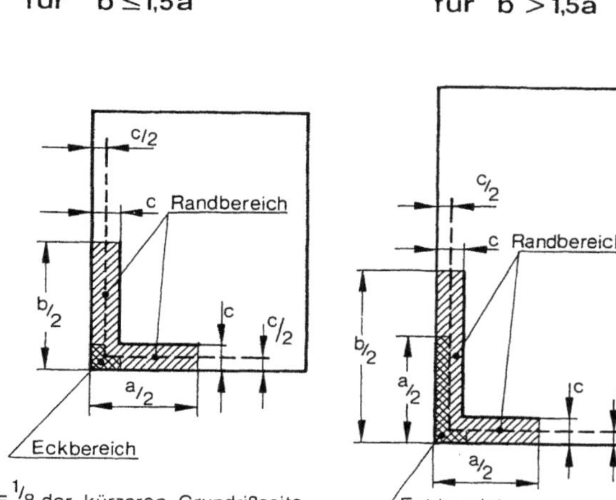

Verhältnis von		c_{pa}	
großer zu kleiner Grundrißseite	Höhe zu kleiner Grundrißseite	ECKBEREICH	RANDBEREICH
$\le 1{,}5$	$\le 0{,}40$	$-2{,}0$	$-1{,}0$
	$> 0{,}40$	$-2{,}8$	$-1{,}5$
$> 1{,}5$	$\le 0{,}40$	$-2{,}5$	$-1{,}0$
	$> 0{,}40$	$-3{,}0$	$-1{,}7$

Bild 11.13
c_{pa}-Werte für Rand und Eckbereiche für spezielle Gebäudeformen nach DIN 1045 Teil 4

11.1.3 Außendruckbeiwerte nach ÖNORM B4014 Teil 1

Das Schaubild zur Berechnung der Außendruckbeiwerte c_{pa} für Dächer in der ÖNORM ist ähnlich dem der DIN, berücksichtigt jedoch zusätzlich das Verhältnis h/b_m bei den c_{pa}-Werten der Luvseite (Bild 11.14).

Bei Sheddächern mit n Sheds (Bild 11.15) ist die Belastung des ersten windseitigen Sheds nach Bild 11.14 zu berechnen. Die Sogbelastung der Fläche $\bar{A}_1$ ist dabei maßgebend für die maximale Soglast aller weiteren Dachflächen. Für die Horizontalbelastung ist für das zweite und letzte Shed $c = 0{,}3$, für alle Zwischensheds ist $c = 0{,}1$ zu setzen.

Bei Dachüberständen und Vordächern ist der Druckbeiwert für die Dachoberseite Bild 11.14 zu entnehmen, zusätzlich muß auf der Luvseite ein von unten gegen die Fläche wirkender Druck mit dem Beiwert $c_{pa} = 0{,}8$ berücksichtigt werden.

Für einzelne Tragglieder (Sparren, Pfeiler u. dgl.) sind die für die ganze Fläche gültigen Außendruckbeiwerte c_{pa} mit 1,2 zu multiplizieren. Für die örtlichen Belastungen in Eck-, Rand- und Firstbereichen sind die c_{pa}-Werte in Tabelle 11.1 enthalten. Die Abmessungen der Zonen für Satteldächer folgen aus Bild 11.16, für Walmdächer aus Bild 11.17. Bei Vordächern sind die Randbereiche, die nicht an die vertikale Wand anschließen, in analoger Weise festzulegen.

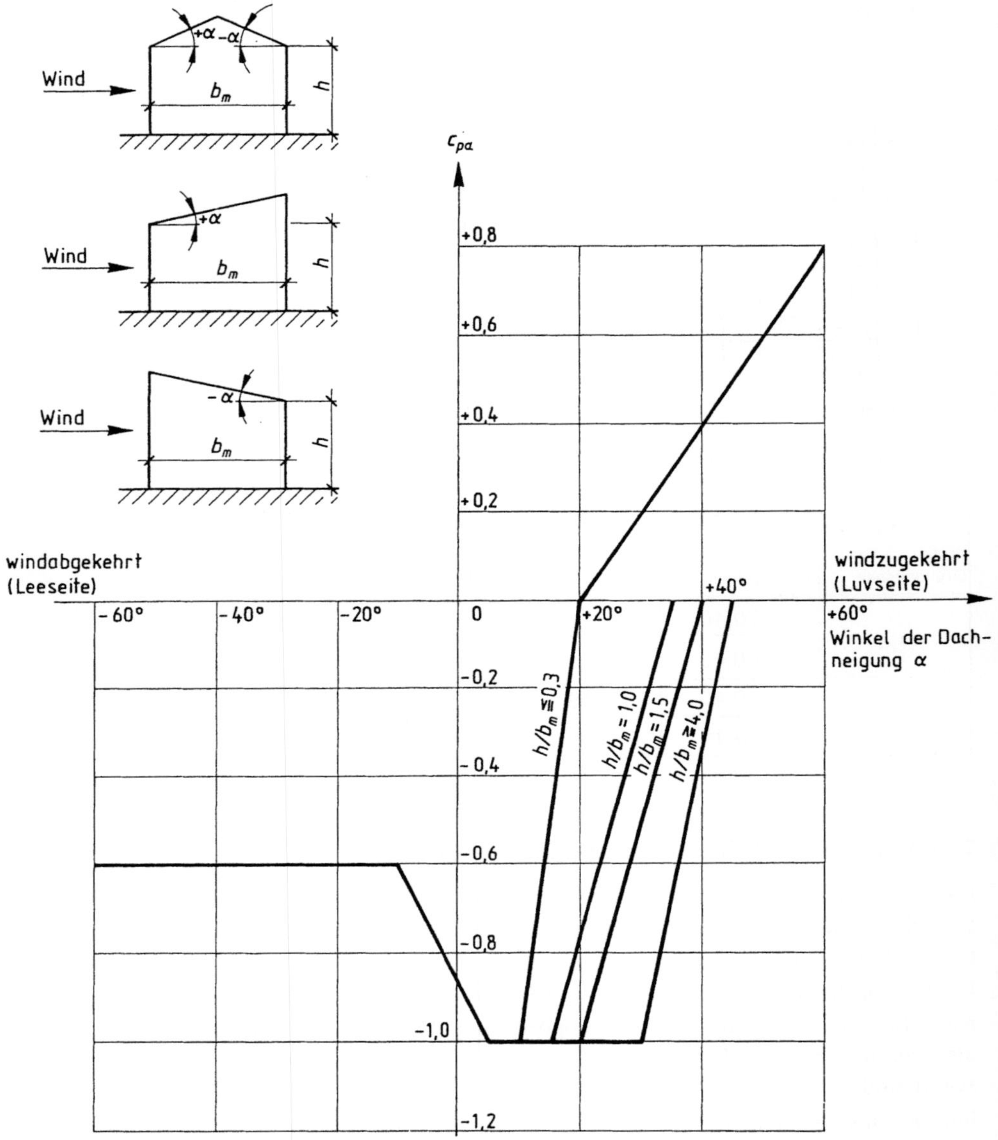

Bild 11.14 Außendruckbeiwerte für Dächer nach ÖNORM B4014 Teil 1

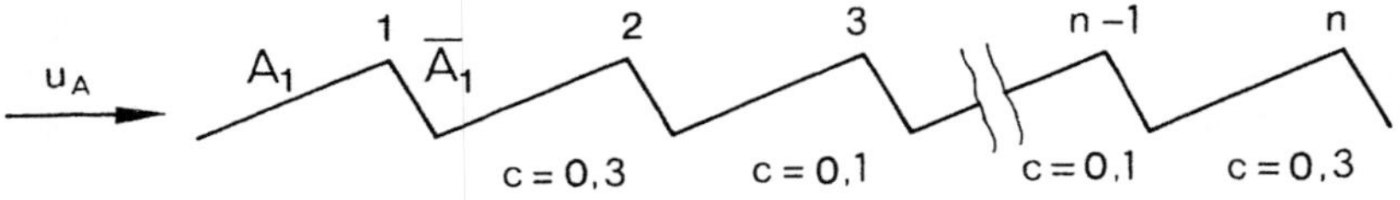

Bild 11.15 Lastbeiwerte c für die Horizontallast bei Sheddächern nach ÖNORM B4014 Teil 1

Schnitt A—A

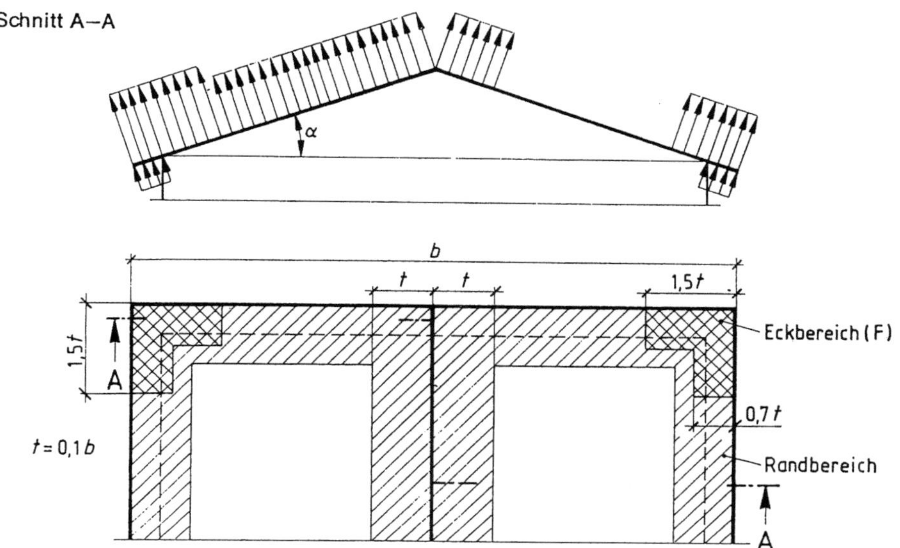

Bild 11.16 Dachkanten- und Eckbereiche bei Satteldächern nach ÖNORM B4014 Teil 1

Schnitt B—B

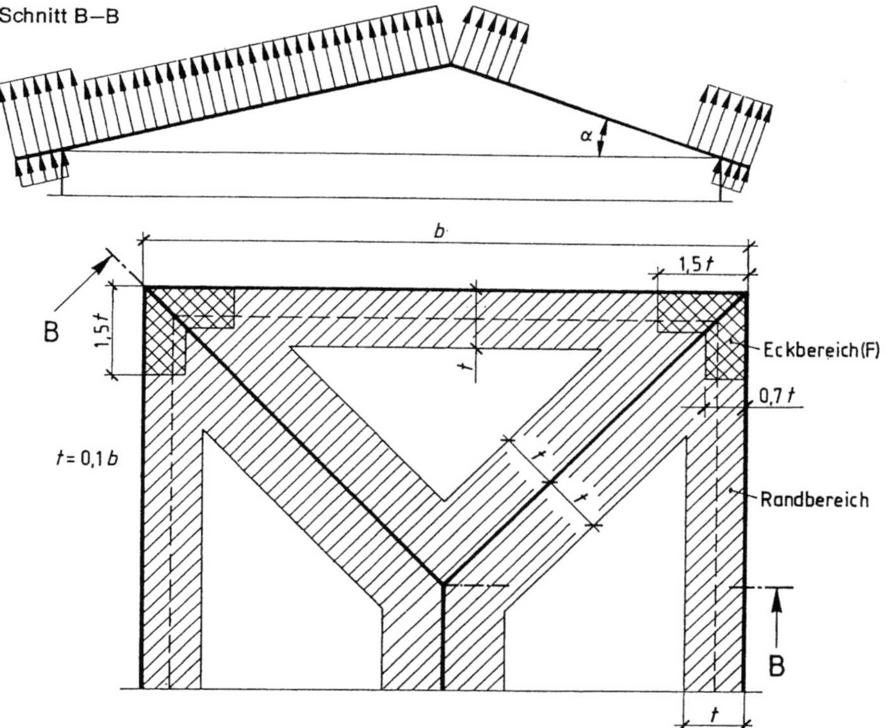

Bild 11.17 Dachkanten- und Eckbereiche bei Walmdächern nach ÖNORM B4014 Teil 1

Tabelle 11.1 Druckbeiwerte c_{pa} für Dachkantenbereiche

Dachneigung $\alpha^1)$	c_{pa}		
	First- und Gratbereich	Randbereich	Eckbereich[2]
$0°...10°$	$-1{,}0 - 0{,}07\,\alpha$	$-2{,}45 + 0{,}025\,\alpha$	$-4{,}0 + 0{,}1\,\alpha$
über $10°...30°$	$-1{,}7$	$-2{,}45 + 0{,}025\,\alpha$	$-3{,}5 + 0{,}05\,\alpha$
über $30°$	$-1{,}7$	$-1{,}7$	$-2{,}0$

[1]) α ist in Grad einzusetzen.
[2]) Bei Attiken (nicht aber bei Balustraden) mit einer Mindesthöhe von 2% der Gebäudehöhe darf auch für den Eckbereich der c_{pa}-Wert der Randbereiche in Rechnung gestellt werden.

Für die Belastung des Eckbereiches kann anstelle dieser Flächenbelastung auch mit einer im Schwerpunkt des Eckbereiches angreifenden Kraft gerechnet werden, die sich aus Flächenbelastung mal der tatsächlichen Bereichsfläche (*nicht* Projektion) ergibt. Die Projektionsfläche ($A_p = 1{,}61\,t^2 = 1{,}61 \cdot 10^{-2}\,b^2$) ist daher noch durch $\cos\alpha$ zu dividieren. Der Schwerpunkt liegt im Abstand $0{,}61\,t$ von der Kante (Bild 11.16). Dabei handelt es sich stets nur um Belastungen durch den Außendruck, ein allfällig wirkender Innendruck ist zusätzlich zu berücksichtigen.

Die ÖNORM weist auch auf die Unterdruckzonen hin, die sich auf horizontalen oder schwach geneigten Flächen im Abströmbereich von vertikalen Kanten von Aufbauten ausbilden können, und empfiehlt, ohne Angaben über die Ausdehnung dieser Bereiche zu machen, dort $c_{pa} = -1{,}7$ zu setzen.

Für Dächer von Baukörpern mit ebenen Oberflächen, deren Abmessungen den Bedingungen $h/l_m \leqslant 2$ und l_m/b_m beliebig oder $2 < h/l_m \leqslant 10$ und $l_m/b_m \leqslant 0{,}25$ (s. Tabelle 10.4) genügen und bei denen das Verhältnis der offenen Fläche A_0 zur Gesamtfläche A_G $A_0/A_G \leqslant 0{,}05$ ist, darf eine vereinfachte Berechnung durchgeführt werden. In Tabelle 11.2 sind die Differenzdruckbeiwere $c_{pd} = c_{pa} - c_{pi}$ für diesen Fall angegeben. Sowohl bei Vordächern als auch bei Dachüberständen muß im Luvbereich zusätzlich ein von unten gegen die Fläche wirkender Druck mit dem Beiwert $c_{pa} = +0{,}8$ berücksichtigt werden.

Tabelle 11.2 Differenzdruckbeiwerte $c_{pa} - c_{pi}$ für Dächer

Neigung	Druck		Sog		First und Grat	Rand	Eck
	mittlerer	örtlicher	mittlerer	örtlicher			
$0° \leqslant \alpha \leqslant 20°$	$+0{,}20$	$+0{,}20$	$-1{,}20$	$-1{,}40$	$-1{,}90$	$-2{,}65$	$-4{,}20$
$20° < \alpha \leqslant 35°$	$+0{,}50$	$+0{,}56$	$-1{,}20$	$-1{,}40$	$-1{,}90$	$-2{,}15$	$-2{,}70$
$\alpha > 35°$	$+1{,}00$	$+1{,}16$	$-0{,}80$	$-0{,}95$	$-1{,}90$	$-1{,}90$	$-2{,}20$

11.1.4 Außendruckbeiwerte nach SIA 160

In der SIA 160 sind die Außendruckbeiwerte für die Dachflächen und für den Baukörper jeweils für eine spezielle Form in einer Tabelle vereinigt (Bild 10.9). Als weiteres Beispiel, zeigt Bild 11.18 die maßgeblichen Beiwerte für ein Gebäude mit einem Sheddach. Bei

Bild 11.18

11

Dachreibung für
$\beta = 45° \dots 135°$
siehe Tab. 9.2

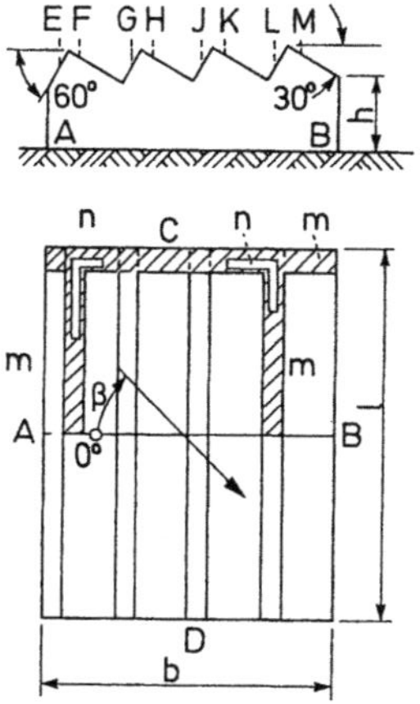

Außendruck-Beiwerte c_{pa} für $h:b:l = 1:4:5$

β	A	B	C	D	E	F	G	H	J	K	L	M
0°	+0,9	−0,3	−0,4	−0,4	+0,6	−0,6	−0,6	−0,5	−0,5	−0,4	−0,3	−0,3
45°	+0,5	−0,4	+0,5	−0,3	+0,2	−0,8	−0,5	−0,4	−0,2	−0,4	−0,2	−0,5
90°	−0,4	−0,4	+0,9	−0,3	−0,3	−0,4	−0,4	−0,4	−0,4	−0,4	−0,4	−0,3
180°	−0,3	+0,9	−0,3	−0,3	−0,2	−0,3	−0,3	−0,4	−0,4	−0,6	−0,6	−0,1
0°…180°	Für Teilfläche „m" $c_{pa}^* = -1{,}3$, Teilflächen „n" $c_{pa}^* = -2{,}0$											

Innendruck-Beiwerte c_{pi} für Windrichtung $\beta =$	0°	45°	90°	180°
Undichtheit gleichmäßig verteilt	±0,2	±0,2	±0,2	±0,2
Undichtheit Seite A vorherrschend	+0,8	+0,4	−0,3	−0,2
Undichtheit Seite B vorherrschend	−0,2	−0,3	−0,3	+0,8
Undichtheit Seite C vorherrschend	−0,3	+0,4	+0,8	−0,2

Bild 11.18 Außendruckbeiwerte c_{pa} für ein Gebäude mit Sheddach nach SIA 160

$\beta = 0°$ sind die Druckbeiwerte für die Flächen F und G, H und J paarweise gleich, eigentlich sollte dasselbe auch für K und L gelten, da es sich um Nachlaufgebiete handelt. Dadurch daß L und M in der Tabelle gleich sind, liefern für diesen Lastfall nur E und K Beiträge bei der Berechnung der Horizontallast des Daches. Für die Sogbelastung der Flächen F, H, K, M ist $(c_{pa})_{min} = -0,8$, für E, G, J, L gilt $(c_{pa})_{min} = -0,6$. Eine Zusammenfassung der gleichartigen Flächen ist wohl sinnvoll, da man sie konstruktiv sicher gleich ausführt und daher die Bemessung nach dem niedrigsten c_{pa} vornehmen wird.

Die c_{pa}-Werte für die Randbereiche liegen allgemein höher (dem Betrage nach sind sie also kleiner) als die entsprechenden Werte bei DIN und ÖNORM.

11.2 Freistehende Dächer

11.2.1 Beiwerte nach Experimenten

Jensen [11.4] machte auch umfangreiche Experimente mit verschiedenen freistehenden Dächern. Es handelt sich dabei um zweidimensionale Versuche, da das Modelldach von einer Kanalwand zur anderen reichte. Die Meßergebnisse werden daher in der Mitte von langen Dächern gut zutreffen. Demnach bleiben als geometrische Parameter das Verhältnis Dachbreite b zur Höhe h über dem Boden und der Neigungswinkel des Daches α. Außerdem wurden alle Experimente nur mit der Dachfläche allein durchgeführt, Stützen oder sonstige Versperrungen unterhalb des Daches wurden nicht berücksichtigt. Die genannten Verhältnisse beeinflussen die Druckverteilungen wesentlich. Bild 11.19 zeigt den Einfluß des Verhältnisses h/b und der Dachneigung α auf den Kraftbeiwert c_n und den auf b bezogenen Abstand e des Angriffspunktes der Kraft von der luvseitigen Kante bei einem Pultdach. Der Normalkraftbeiwert c_n steigt mit zunehmenden Betrag von α an. Eine Reduktion des Bodenabstandes bringt ebenfalls eine Erhöhung des Wertes c_n. Der Angriffspunkt der resultierenden Kraft liegt etwa bei 0,3...0,4 b von der Vorderkante. Bei der vorliegenden

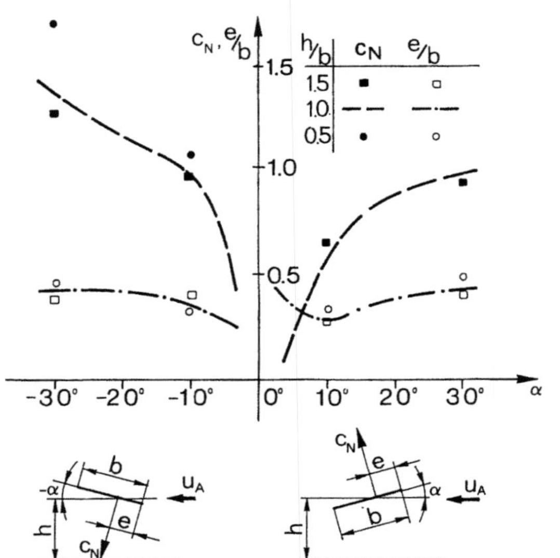

Bild 11.19
Normalkraftbeiwerte eines Pultdaches
[11.4]

Darstellung der Versuchsergebnisse ist zu beachten, daß ein positives c_n bei positivem α nach oben, bei negativem α aber nach unten gerichtet ist. Die Ergebnisse beziehen sich auf eine Anströmung mit einem stärkerem Turbulenzgrad.

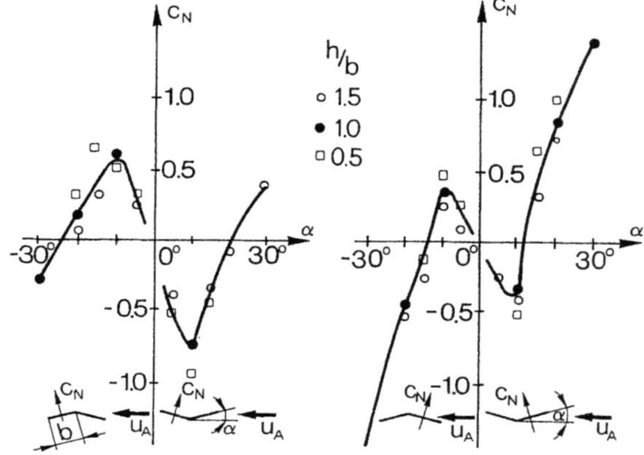

Bild 11.20
Normalkraftbeiwerte eines symmetrischen freistehenden Daches [11.4]

Die entsprechenden Resultate für ein symmetrisches freistehendes Dach bei einer Strömung mit kleinem Turbulenzgrad zeigt Bild 11.20. Hier ist b die Breite einer Dachhälfte. Die c_n-Werte sind die Kraftbeiwerte für jeweils eine Dachhälfte (durch Pfeile gekennzeichnet). Der Einfluß der Höhe über dem Boden, gekennzeichnet durch die verschiedenen Meßpunktsymbole im Diagramm, ist relativ gering, die Abhängigkeit vom Dachneigungswinkel ist hingegen sehr stark.

Den großen Einfluß von Versperrungen unter einem Dach zeigen sehr deutlich die Versuchsergebnisse einer Tribünenüberdachung die denen des Daches allein gegenübergestellt sind (Bild 11.21) [11.8]. Das Seitenverhältnis des Daches, das in einer Grenzschichtströmung untersucht wurde, betrug 6. Der Kurvenparameter im Diagramm ist der Völligkeitsgrad φ, das Verhältnis tatsächlicher Rückwandfläche zu deren Umrißfläche. Die Kurve $\varphi = 0$ gibt also die Ergebnisse für das Dach allein wider. $\varphi = 1{,}0$ bedeutet volle Rückwand. Auf der Ordinate ist der Normalkraftbeiwert c_N für das Mittelfeld aufgetragen, auf der Abszisse der Dachneigungswinkel α. Nach diesen Ergebnissen bewirken negative Dachneigungen eine wesentliche Reduktion des Kraftbeiwertes. Dies widerspricht aber Resultaten von Mankau [11.18], der für negative α die höchsten Belastungen erhielt, wobei die Experimente allerdings ohne Grenzschichtsimulation und für ein unendliches Seitenverhältnis (zweidimensionale Strömung) durchgeführt wurden.

Versperrende Massen unter einem Flugdach haben, wie man sieht, einen wesentlichen Einfluß auf die aerodynamischen Kraftwirkungen. Es darf daher nicht aus Messungen mit Dächern allein auf die in der Praxis auftretenden Windkräfte geschlossen werden. Das bedeutet, daß die versperrende Masse unter dem Dach ein weiterer entscheidender Parameter ist, der zu den bereits erwähnten geometrischen hinzukommt. Die Angaben in den Normen sollten sich daher auf die ungünstigsten Fälle beziehen, die aber nur selten zutreffen werden. Man wird daher speziell bei Flugdächern in einem Experiment für einen konkreten Fall wesentlich geringere Windlasten erhalten.

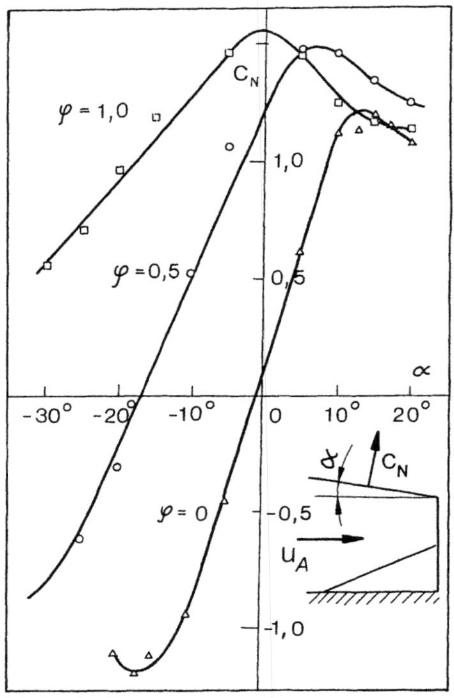

Bild 11.21

Einfluß des Völligkeitsgrades φ einer Rückwand auf den Normalkraftbeiwert c_N einer Überdachung [11.8]

Bei einer Anströmung in Dachlängsrichtung sind nur die Reibungskräfte zu beachten (Abschnitt 9.3.1).

11.2.2 Beiwerte nach DIN 1055 Teil 4

In dieser Norm findet man Druckbeiwerte für die Dachober- und Unterseiten für die Dachneigungen $\alpha = \pm 10°$ für die Dachproportionen $0,5 \leqslant h/a \leqslant 1$ und $1 \leqslant b/a \leqslant 5$, worin a die Tiefe des Daches und b dessen Länge bedeuten (Bild 11.22). Weiterhin darf die Querschnittshöhe der Dachscheibe 0,03 a nicht überschreiten. Für Dachneigungen $-10° < \alpha < +10°$ darf zwischen den Druckbeiwerten für $\alpha = -10°$ und $\alpha = +10°$ linear interpoliert werden. In den angegebenen Beiwerten für Dächer ohne Versperrung ist eine mögliche Versperrung bis zu 15% berücksichtigt. Bei Anströmung in Richtung der Längsachse des Daches können die tangentialen Windkräfte (Tabelle 9.2) von Bedeutung sein. Für Belastungen in den Rand- und Eckbereichen gilt auch hier Bild 11.12.

11.2.3 Beiwerte nach ÖNORM B4014 Teil 1

Nach der ÖNORM sind freistehende Dächer für mehrere Lastfälle zu untersuchen, die beim Pultdach bereits berücksichtigen, daß der Wind sowohl von links als auch von rechts kommen kann. (Tabelle 11.3). Zur Momentenberechnung sind die Angriffspunkte in die Mitte der einzelnen Dachflächen zu legen. Für die örtlichen Belastungen sind die für die Gesamtfläche gültigen Beiwerte mit 1,2 zu multiplizieren, außerdem ist der Größenfaktor s nach Tabelle 6.3 zu beachten. Die Rand-, First- und Eckbereiche werden entsprechend

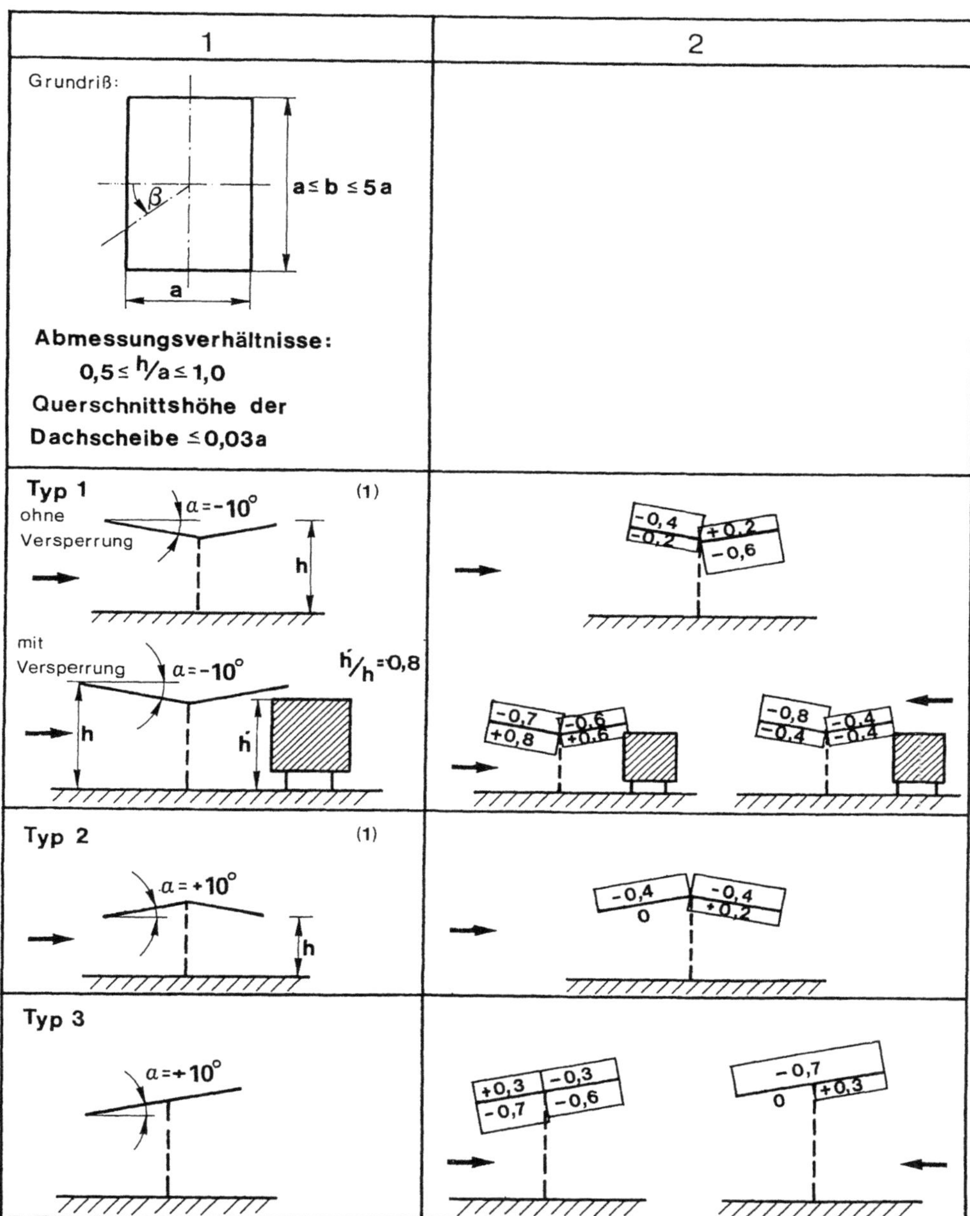

(1) Hinweis: Für Dachneigungen $-10° < \alpha < +10°$ darf zwischen den Druckbeiwerten für $\alpha = -10°$ und $\alpha = +10°$ linear interpoliert werden; in den Beiwerten ist eine mögliche Versperrung der durchströmten Fläche unterhalb des Daches bis zu 15% berücksichtigt.

Bild 11.22 Druckbeiwerte c_p für freistehende Dächer nach DIN 1055 Teil 4

Tabelle 11.3 Beiwerte für freistehende Dächer nach ÖNORM B4014 Teil 1

Dachart	Dachneigung	Last-fall	c_1 [1]	c_2 [1]
	$\alpha \leqslant 30°$	1	$+1,0 + \dfrac{\alpha}{40}$	–
		2	$-1,8$	–
	$\alpha \leqslant 15°$	1	$+1,0 + \dfrac{\alpha}{30}$	$-1,0$
		2	$-2,1$	$-1,4$
	$15° < \alpha \leqslant 30°$	1	$+1,0 + \dfrac{\alpha}{30}$	$-1,0 + \dfrac{\alpha - 15}{15}$
		2	$-1,0 + \dfrac{\alpha}{30}$	
		3	$-2,1 + \dfrac{2(\alpha - 15)}{25}$	$-1,4$
	$\alpha \leqslant 15°$	1	$-1,0 - \dfrac{\alpha}{30}$	$+1,0$
		2	$+1,0 - \dfrac{\alpha}{30}$	
		3	$-2,1 + \dfrac{7\alpha}{150}$	$-1,4$
	$15° < \alpha \leqslant 30°$	1	$-1,0 - \dfrac{\alpha}{30}$	$+1,0 - \dfrac{\alpha - 15}{15}$
		2	$+1,0 - \dfrac{\alpha}{30}$	
		3	$-1,4$	$-1,4$

[1]) α ist in Grad einzusetzen

Bild 11.16 gewählt, die c_{pa}-Werte für die Dachoberseite im Rand- und Eckbereich sind Tabelle 11.1 zu entnehmen. Zusätzlich muß ein von unten wirkender Druck mit $c_{pa} = 0,4$ in Rechnung gestellt werden.

Im Firstbereich treten nur bei nach außen fallenden Dächern höhere Sogwerte auf (Bild 11.23). Hier ist der für die ganze Fläche geltende, dem Betrage nach größte negative c-Wert aus Tabelle 11.3 mit dem Faktor 1,4 zu multiplizieren. Bei zur Mitte fallenden freistehenden Dächern wirken im Ichsenbereich Kräfte nach unten (Bild 11.23). Hier ist der für die ganze Fläche geltende, größte positive c-Wert aus Tabelle 11.3 mit dem Faktor 1,4 zu multiplizieren.

Bild 11.23 First- und Ichsenbelastung an freistehenden Dächern nach ÖNORM B4014 Teil 1

11.2.4 Beiwerte nach SIA 160

Die SIA 160 enthält Angaben für symmetrische Dächer mit $\pm 10°$ und $+30°$ Neigung. Als Beispiel sind hier zwei Fälle wiedergegeben (Bild 11.24). Ähnlich wie bei den anderen Dächern sind auch hier die Angaben sehr detailliert.

11.3 Beispiele

11.3.1 Geschlossenes Gebäude mit Satteldach

Die Abmessungen des Gebäudes gehen aus Bild 11.25 hervor. Die für die Wahl der Windgeschwindigkeit maßgebliche Firsthöhe beträgt 18,5 m, das Ausmaß einer Dachflächenhälfte innerhalb des Gebäudes beträgt 207,8 m^2, des Überstandes einer Seite 34,6 m^2.

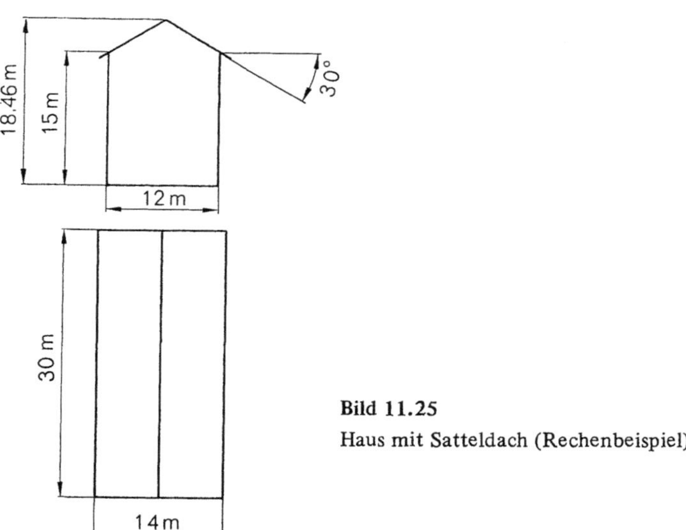

Bild 11.25
Haus mit Satteldach (Rechenbeispiel)

18

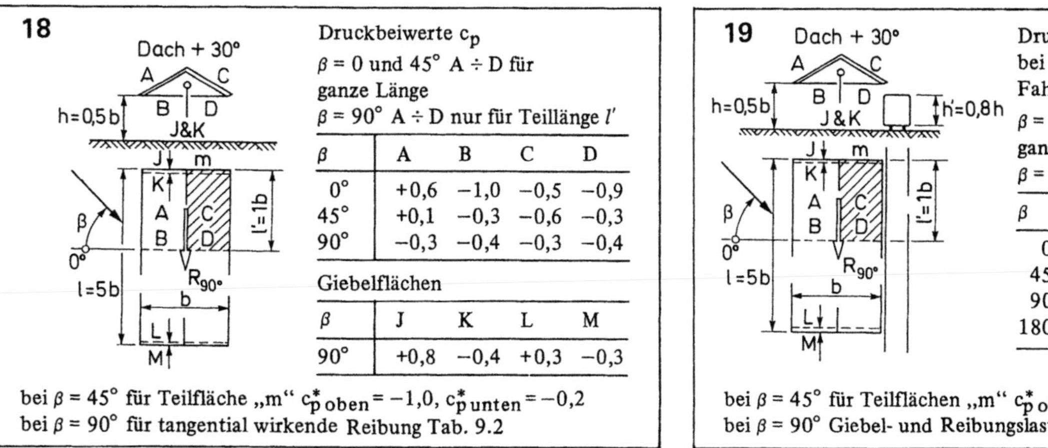

Dach + 30°

Druckbeiwerte c_p

$\beta = 0$ und 45° A ÷ D für ganze Länge

$\beta = 90°$ A ÷ D nur für Teillänge l'

β	A	B	C	D
0°	+0,6	−1,0	−0,5	−0,9
45°	+0,1	−0,3	−0,6	−0,3
90°	−0,3	−0,4	−0,3	−0,4

Giebelflächen

β	J	K	L	M
90°	+0,8	−0,4	+0,3	−0,3

bei $\beta = 45°$ für Teilfläche „m" $c^*_{p\,oben} = -1,0$, $c^*_{p\,unten} = -0,2$
bei $\beta = 90°$ für tangential wirkende Reibung Tab. 9.2

19

Dach + 30°

Druckbeiwerte c_p

bei Stauwirkung von Fahrzeugen oder Lagergut

$\beta = 0°$, 45°, 180° A ÷ D für ganze Länge

$\beta = 90°$ A ÷ D nur für Teillänge l'

β	A	B	C	D
0°	+0,1	+0,8	−0,7	+0,9
45°	−0,1	+0,5	−0,8	+0,5
90°	−0,4	−0,5	−0,4	−0,5
180°	−0,3	−0,6	+0,4	−0,6

bei $\beta = 45°$ für Teilflächen „m" $c^*_{p\,oben} = -1,5$, $c^*_{p\,unten} = +0,5$
bei $\beta = 90°$ Giebel- und Reibungslast Tab. 9.2

20

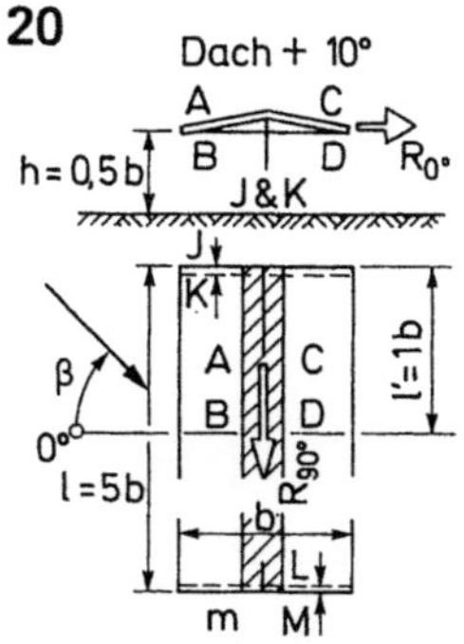

Dach + 10°

Druckbeiwerte c_p

$\beta = 0$, 45° A ÷ D für ganze Länge

$\beta = 90°$ A ÷ D nur für Teillänge l'

β	A	B	C	D
0°	−1,0	+0,3	−0,5	+0,2
45°	−0,3	+0,1	−0,3	+0,1
90°	−0,3	0	−0,3	0

Giebelflächen

β	J	K	L	M
90°	+0,8	−0,6	+0,3	−0,4

bei $\beta = 0°$ für Teilflächen „m" $c^*_{p\,oben} = -1,0$, $c^*_{p\,unten} = +0,4$
bei $\beta = 0 \div 90°$ tangential wirkende Reibung Tab. 9.2

21

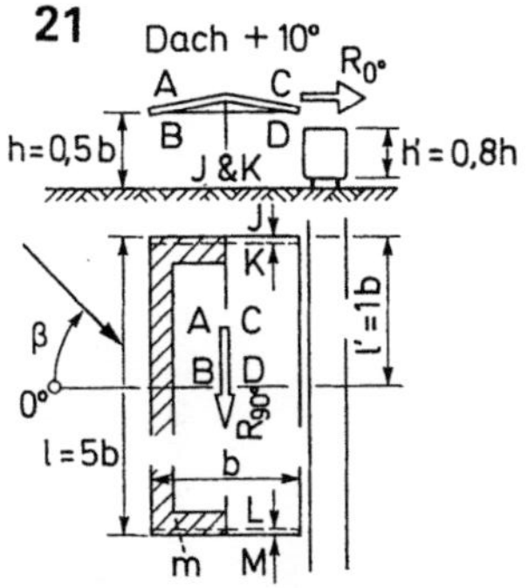

Dach + 10°

Druckbeiwerte c_p

bei Stauwirkung von Fahrzeugen oder Lagergut

$\beta = 0°$, 45°, 180° A ÷ D für ganze Länge

$\beta = 90°$ A ÷ D nur für Teillänge l'

β	A	B	C	D
0°	−1,3	+0,8	−0,6	+0,7
45°	−0,5	+0,4	−0,3	+0,3
90°	−0,3	0	−0,3	0
180°	−0,4	−0,3	−0,6	−0,3

bei $\beta = 0°$ für Teilfläche „m" $c^*_{p\,oben} = -1,6$, $c^*_{p\,unten} = +0,9$
bei $\beta = 0° \div 180°$ Giebel und Reibungslast Tab. 9.2

Bild 11.24 Druckbeiwerte c_p für freistehende Dächer nach SIA 160

11.3.1.1 Berechnung nach DIN 1055 Teil 4

Staudruck (Tabelle 6.2): $q = 0,8$ kN/m^2

Die mittleren Außendruckbeiwerte c_{pa} (Abschnitt 11.1.2, Bild 11.11) sind in Bild 11.26 dargestellt, wobei auf der Luvseite zwei verschiedene Belastungsfälle zu beachten sind. Auf der Unterseite des Dachvorsprunges ist luvseitig $c_p = +0,8$, leeseitig $c_{pa} = -0,5$.

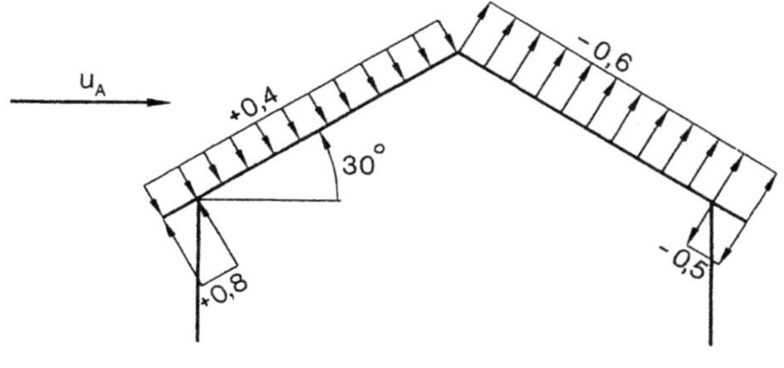

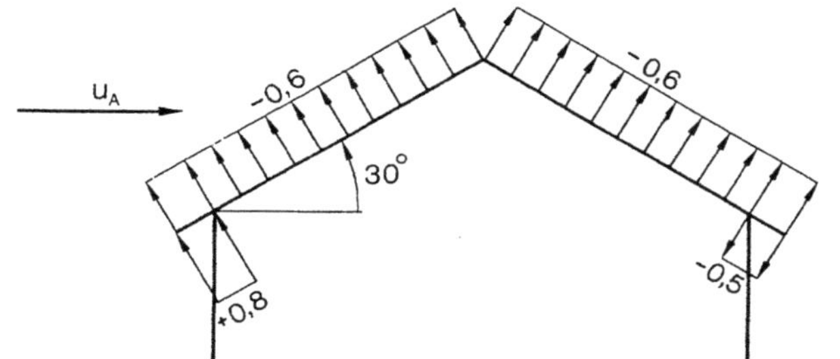

Bild 11.26

Druckbeiwerte für das Satteldach nach DIN 1055 Teil 4 (Rechenbeispiel)

Für die horizontale Gesamtlast in Windrichtung ergibt Druck auf der Luv- und Sog auf der Leeseite den ungünstigeren Belastungsfall.

$$W = \{[+0,4 - (-0,6)]\,207,8 + \{[+0,4 - (+0,8)] - [-0,6 - (-0,5)]\} \cdot 34,6\}\,0,8\,\sin 30° \text{ kN}$$

| Dachfläche innerhalb Gebäude | Vorsprung Luvseite | Vorsprung Leeseite |

$W = 79,0$ kN

Für die maximalen Druck- bzw. Soglasten einer Dachfläche erhält man folgende Werte (Bild 11.26)

Druckbelastung: $W = \{0,4 \cdot 207,8 + [0,4 - (+0,8)] \cdot 34,6\}\,0,8$ kN $= 55,4$ kN

                    Dachfläche innerhalb Gebäude   Vorsprung

Sogbelastung: $W = [-0,6 \cdot 207,8 - (0,6 + 0,8) \cdot 34,6]\,0,8$ kN $= -138,5$ kN

                    Dachfläche innerhalb Gebäude   Vorsprung

Für die Druckbelastung von Sparren und Pfetten sind die c_{pa}-Werte für Druck um 25% zu erhöhen, was hier nur innerhalb des Gebäudes zu einer höheren örtlichen Belastung führt

$$w = 1{,}25 \cdot 0{,}4 \cdot 0{,}8 \ \mathrm{kN/m^2} = 0{,}4 \ \mathrm{kN/m^2}.$$

Da der Neigungswinkel des Daches größer als 25° ist, sind örtliche Sogspitzen nicht zu beachten (Abschnitt 11.1.2).

Für die Sogbelastung der Randzonen ist Bild 11.12 heranzuziehen. Die maßgebliche Streifenbreite $a/8 = (14/8)$ m = 1,75 m, die größte Belastung tritt im Bereich des Dachüberstandes luvseitig auf (Bild 11.27).

Randbereich: $w = q \cdot c_p = 0{,}8(-1{,}1 - 0{,}8) \ \mathrm{kN/m^2} = -1{,}52 \ \mathrm{kN/m^2}$,

Eckbereich: $w = q \cdot c_p = 0{,}8(-1{,}8 - 0{,}8) \ \mathrm{kN/m^2} = -2{,}08 \ \mathrm{kN/m^2}$.

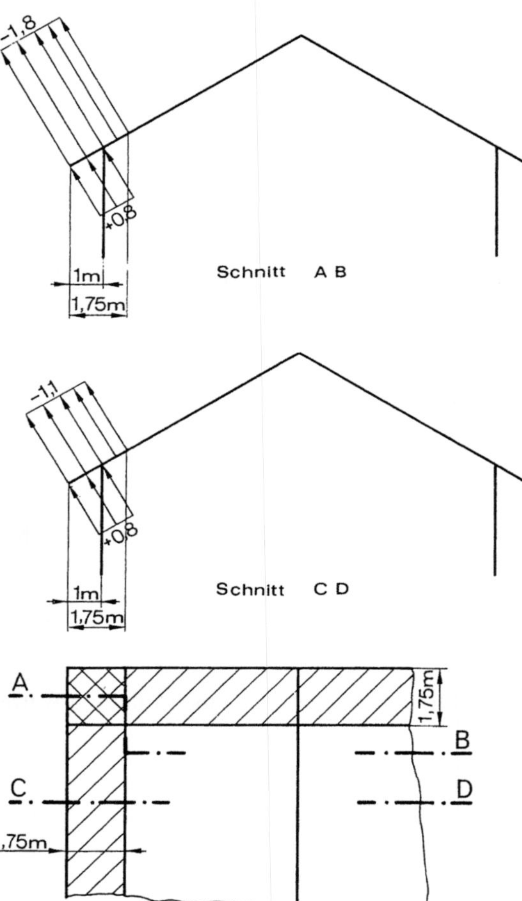

Bild 11.27

Randzonen mit erhöhter Sogbelastung beim Satteldach nach DIN 1055 Teil 4 (Rechenbeispiel)

11.3.1.2 Berechnung nach ÖNORM B 4014 Teil 1

Aus der Angabe des Standortes wird aus den Tabellen der Norm der Grundwert (Zweise-kundenmittel in 10 m Höhe) und nach der Entscheidung über die Geländeform auch der für die Rechnung mit Gl. (6.28) notwendige Staudruckwert in 100 m Höhe $q_2(100)$ abgelesen. Für $u_2(100) = 140$ km/h (z. B. Wien) folgt für Gelände 2 ($z_0 = 0,60$ m) der Wert $q_2(100) = 1,30$ kN/m^2 und damit der Staudruck in Giebelhöhe $z = 18,5$ m, der für das ganze Dach als maßgebend angenommen wird.

$$(6.28) \qquad q_2(18,5) = 1,30 \cdot \frac{\ln \frac{18,5}{0,6}}{\ln \frac{100}{0,6}} \text{ kN/m}^2 = 0,871 \text{ kN/m}^2.$$

Da zur Ermittlung der maßgeblichen Windlasten mehrere Anströmrichtungen untersucht werden müssen, ist eine Berechnung in Tabellenform übersichtlicher (Tabelle 11.4). Die Beachtung von drei Anströmrichtungen genügt, der vierte Fall ergibt sich durch Vertauschen der Flächen A und B bei Fall 2. Aus welchen Kapiteln bzw. Bildern oder Tabellen die Werte folgen, ist im Kopf der Tabelle 11.4 vermerkt. Für die Anströmung parallel zum First sind die Außendruckbeiwerte c_{pa} für die Leeseite des Daches zu nehmen. Die Innen-druckbeiwerte werden bei der Berechnung der Windlasten des Baukörpers ermittelt und von dort übernommen. Da diese Rechnung bei dem vorliegenden Beispiel noch nicht erfolgt ist, muß dies nun zusätzlich durchgeführt werden. Dabei wird angenommen, daß die Wand-fläche 1 die größten Öffnungen enthält, aber $A_0/A_G \leqslant 0,05$ ist. Der Innendruck hängt daher vom Außendruckbeiwert c_{pa_1} der Fläche 1 ab, der abhängig von den Seitenverhältnis-sen h/l_m und l_m/b_m Tabelle 10.4 zu entnehmen ist. Die Resultate sind für jede Anström-richtung bei der entsprechenden Skizze in Tabelle 11.4 angegeben. Der Innendruckbei-wert ist $c_{pi} = a \cdot c_{pa}$ (Abschnitt 10.3.3, wobei $a = 0,25$) (Bild 10.13). Bei Vorliegen von Sog im Inneren dürfen jedoch die c_{pi}-Werte nicht größer als $-0,2$ gesetzt werden (Ab-schnitt 10.3.3) womit in diesem Beispiel bei Sog stets $c_{pi} = -0,2$ zu nehmen ist (Anström-richtungen 2 und 3).

Für die horizontale Gesamtlast in Windrichtung ergibt Druck auf der Luv- und Sog auf der Leeseite den ungünstigsten Belastungsfall (Anströmung 2), wobei die Belastung innerhalb des Gebäudes allein durch den Außendruck verursacht wird (Bild 11.28). Der Größenfak-tor s ist nach Tabelle 6.3 für die mittleren Lasten stets gleich eins.

$$W = \{[+0,2 - (-0,6)] \cdot 207,8 + [+0,2 - (+0,8) - (-0,6)]34,6\}\,0,871 \sin 30° \text{ kN,}$$

| Dachfläche innerhalb Gebäude | Vorsprung Luvseite | Vorsprung Leeseite |

$$W = 72,4 \text{ kN.}$$

Die für die mittleren bzw. örtlichen Belastungen maßgeblichen Differenzdruckbeiwerte sind in Tabelle 11.4 gerahmt. Damit erhält man (Bild 11.28).

Druckbelastung: $W = \{0,4 \cdot 207,8 + [0,2 - (+0,8)] \cdot 34,6\}\,0,871 \text{ kN} = 54,3 \text{ kN,}$

Sogbelastung: $\quad W = -0,8(207,8 + 34,6) \cdot 0,871 \text{ kN} = -169 \text{ kN.}$

Tabelle 11.4 Druckbeiwerte nach ÖNORM B4014 Teil 1

①	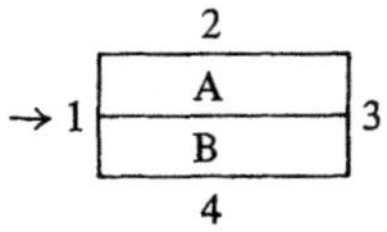		$\frac{h}{l_m} = \frac{15}{12} = 1{,}25$ $\frac{l_m}{b_m} = \frac{12}{30} = 0{,}4$		$\frac{h}{b_m} = \frac{15}{30} = 0{,}5$ $c_{pa_1} = 0{,}8$
Fläche		c_{pa}	c_{pi}	Mittel $c_{pa} - c_{pi}$	örtlich $1{,}2c_{pa} - c_{pi}$
	Abschnitt	11.1.3	aus Rechng. f. Bauk.	9.3.1	11.1.3
	Bild/Tab.	B. 11.14		B. 9.4	–
A		–0,60	+0,20	**–0,80**	**–0,92**
		–	–	–	–
B		–0,60	+0,20	**–0,80**	**–0,92**
		–	–	–	–
②	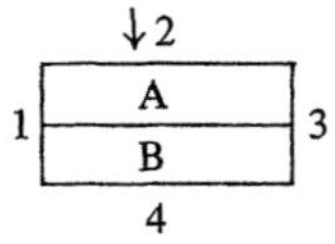		$\frac{h}{l_m} = \frac{15}{30} = 0{,}5$ $\frac{l_m}{b_m} = \frac{30}{12} = 2{,}5$		$\frac{h}{b_m} = \frac{15}{12} = 1{,}25$ $c_{pa_1} = -0{,}70$
Fläche		c_{pa}	c_{pi}	Mittel $c_{pa} - c_{pi}$	örtlich $1{,}2c_{pa} - c_{pi}$
	Abschnitt	11.1.3	aus Rechng. f. Bauk.	9.3.1	11.1.3
	Bild/Tab.	B. 11.14		B. 9.4	–
A		+0,20	–0,20	**+0,40**	**+0,44**
		–0,40	–0,20	–0,20	–0,28
B		–0,6	–0,20	–0,40	–0,52
		–	–	–	–
③	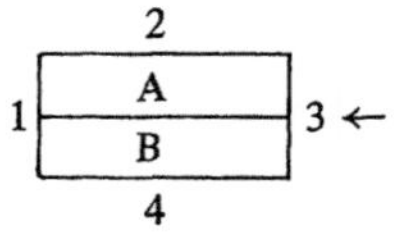		$\frac{h}{l_m} = \frac{15}{12} = 1{,}25$ $\frac{l_m}{b_m} = \frac{12}{30} = 0{,}4$		$\frac{h}{b_m} = \frac{15}{30} = 0{,}5$ $c_{pa_1} = -0{,}38$
Fläche		c_{pa}	c_{pi}	Mittel $c_{pa} - c_{pi}$	örtlich $1{,}2c_{pa} - c_{pi}$
	Abschnitt	11.1.3	aus Rechng. f. Bauk.	9.3.1	11.1.3
	Bild/Tab.	B. 11.14		B. 9.4	–
A		–0,6	–0,2	–0,4	–0,52
		–	–	–	–
B		–0,6	–0,2	–0,4	–0,52
		–	–	–	–

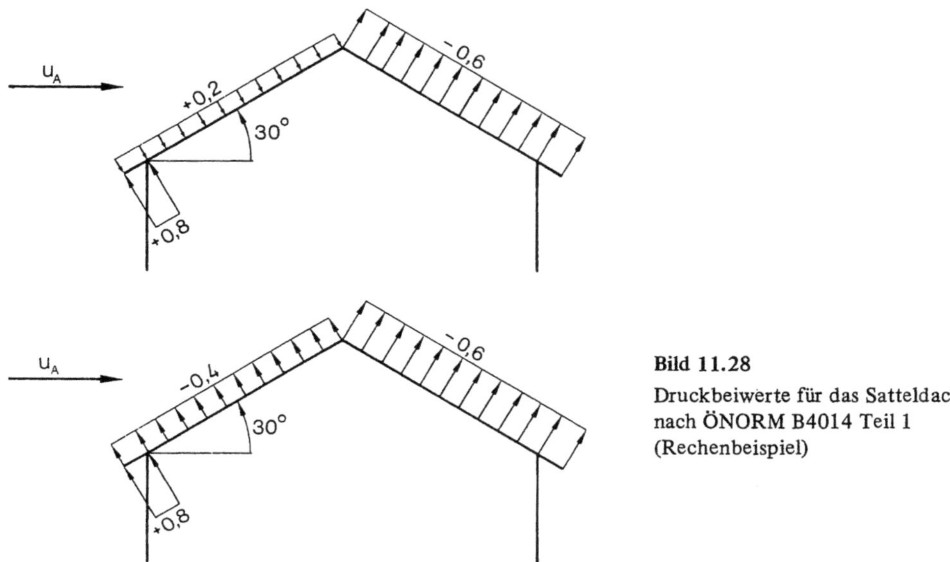

Bild 11.28

Druckbeiwerte für das Satteldach
nach ÖNORM B4014 Teil 1
(Rechenbeispiel)

Tabelle 11.5 Druckbeiwerte nach ÖNORM B4014 Teil 1

Dachbereich		Dachüberstand allgemein	innerhalb Gebäude	Dachüberstand luvseitig
		c_{pa}	$c_{pa} - c_{pi}$	$c_{pa} - 0,8$
	Abschnitt	11.1.3	9.3.1	11.1.3
	Bild/Tab.	T. 11.1	B. 9.4	–
First		−1,70	−1,90	–
Rand		−1,70	−1,90	−2,50
Eck		−2,00	−2,20	−2,80

Die maximalen örtlichen Belastungen, abgesehen vom Rand- First- und Eckbereich, sind.

Druck: $w = 0,44 \cdot 0,871 \; kN/m^2 = 0,38 \; kN/m^2$.

Sog: $w = -0,92 \cdot 0,871 \; kN/m^2 = -0,80 \; kN/m^2$.

Für Rand- First- und Eckbereiche sind die entsprechenden Beiwerte in Tabelle 11.5 zusammengestellt. Die Außendruckbeiwerte c_{pa} (Tabelle 11.1) allein sind auch für Dachüberstände, abgesehen vom Luvbereich für die Belastungsrechnung, zu verwenden. Innerhalb des Gebäudes sind diese Werte mit den ungünstigsten Innendruckbeiwerten c_{pi} (aus Tabelle 11.4) zu kombinieren. Beim Dachüberstand luvseitig ist von unten wirkend $c_{pa} = +0,8$ einzusetzen (Abschnitt 11.1.3). Die Bereiche für die diese erhöhten örtlichen Druckbeiwerte gelten folgen aus Bild 11.16 und sind in Bild 11.29 dargestellt.

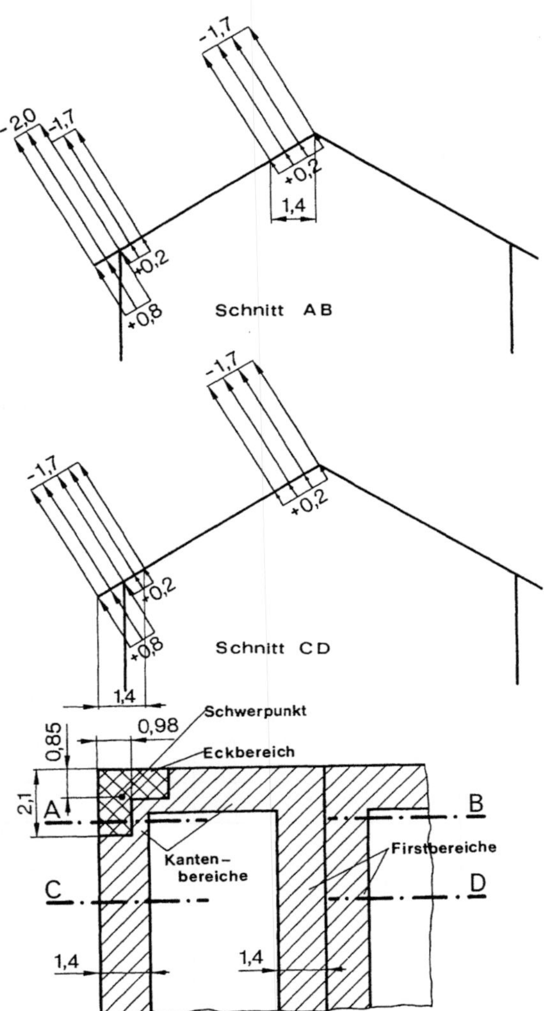

Bild 11.29
Randzonen mit erhöhter Sogbelastung
beim Satteldach nach ÖNORM B4014
Teil 1 (Rechenbeispiel)

Gemäß Abschnitt 11.1.3 kann anstatt der Flächenbelastung auf der Dachoberseite im Eckbereich auch mit einer Einzelkraft gerechnet werden, die im Schwerpunkt des Eckbereiches angreift.

$$\frac{A_p}{\cos \alpha} = \frac{1{,}61 \cdot 10^{-2}\, b^2}{\cos 30°} = \frac{1{,}61 \cdot 10^{-2} \cdot 14^2}{\cos 30°}\, m^2 = 3{,}64\ m^2,$$

$$W = s \cdot c_{pa} \cdot q \frac{A_p}{\cos \alpha} = -1{,}08 \cdot 2{,}0 \cdot 0{,}871 \cdot 3{,}64\ kN = -6{,}85\ kN.$$

Die Lage des Angriffspunktes ist $0{,}61\ t = 6{,}1 \cdot 10^{-2}\, b = 6{,}1 \cdot 10^{-2} \cdot 14\ m = 0{,}85\ m$ von der Kante (Bild 11.29). Zusätzlich zu dieser Einzelkraft ist im Überstandsbereich der von unten wirkende Druck mit $c_{pa} = +0,8$, im Bereich innerhalb des Gebäudes der Innendruck $c_{pi} = +0,2$ zu berücksichtigen.

Da für das Gebäude $h/l_m < 2$ gilt (Tab. 11.4), kann auch das vereinfachte Verfahren der Norm angewendet werden. Mit Tabelle 11.2 folgen die in Tabelle 11.6 den genaueren Werten aus den Tabellen 11.4 und 11.5 gegenübergestellten Werte. Im Luvbereich des Dachüberstandes ist hier ebenfalls von unten wirkend $c_{pa} = +0,8$ zusätzlich zu berücksichtigen.

Tabelle 11.6 Differenzdruckbeiwerte c_{pd}

| | Druck | | Sog | | innerhalb Gebäude | | | Luvbereich | |
	mittel	örtlich	mittel	örtlich	First	Rand	Eck	Rand	Eck
exakt	0,40	0,44	−0,80	−0,92	−1,90	−1,90	−2,20	−2,50	−2,80
vereinfacht	0,50	0,56	−1,20	−1,40	−1,90	−2,15	−2,70	−2,95	−3,50

Die maximalen örtlichen Lasten im Rand- und Eckbereich treten luvseitig auf.

Eckbereich: $w = -2,80 \cdot 0,871 \, \text{kN/m}^2 = -2,44 \, \text{kN/m}^2$,

Randbereich: $w = -2,50 \cdot 0,871 \, \text{kN/m}^2 = -2,18 \, \text{kN/m}^2$,

Firstbereich: $w = -1,90 \cdot 0,871 \, \text{kN/m}^2 = -1,65 \, \text{kN/m}^2$.

Bei der Berechnung der Lasten selbst (Gl. (9.2a)) darf der Größenfaktor $s = 1,08$ (Tabelle 6.3) nicht vergessen werden.

11.3.1.3 Berechnung nach SIA 160

Der maßgebliche Staudruck (Abschnitt 6.3.3) ist $0,981 \, \text{kN/m}^2$. Nach Bild 10.9b folgt für die Horizontallast bei $\beta = 0°$ eine Kraft gegen die Windrichtung (Bild 11.30). Es ist daher zu prüfen, ob nicht bei anderen Anströmrichtungen größere Horizontallasten in positiver Windrichtung auftreten. Bei $\beta = 45°$ erhält man durch Mittelung über die Flächenteile EF bzw. GH die c_{pa}-Werte des Bildes 11.30 ($\beta = 45°$) die eine größere Horizontallast ergeben.

$$W = [-0,45 - (-0,65)] \cdot (207,8 + 34,6) \cdot 0,981 \cdot \sin 30° \, \text{kN} = 23,8 \, \text{kN}.$$

Die hier errechneten Werte sind wesentlich kleiner als die entsprechenden, nach DIN bzw. ÖNORM berechneten Größen. Für die Belastung der einzelnen Dachflächen sind nur Soglasten anzusetzen, wobei entsprechend Bild 10.9b für eine Dachfläche zwei Werte angegeben sind.

Die Minima von c_{pa} haben für die Flächen G und H die Werte $-0,6$ bzw. $-0,7$ bei $\beta = 45°$, im Mittel also $-0,65$. Die Innendruckbeiwerte sind $c_{pi} = \pm 0,2$, daher folgt für die maximale Soglast einer Dachfläche

$$W = (-0,65 - 0,2) \cdot (207,8 + 34,6) \cdot 0,981 \, \text{kN} = -202,1 \, \text{kN}.$$

Für die örtliche Belastung der Rand- und Eckzonen ist $c_{pa} = -1,2$

$$w = c_p \cdot q = -1,2 \cdot 0,981 \, \text{kN/m}^2 = -1,18 \, \text{kN/m}^2.$$

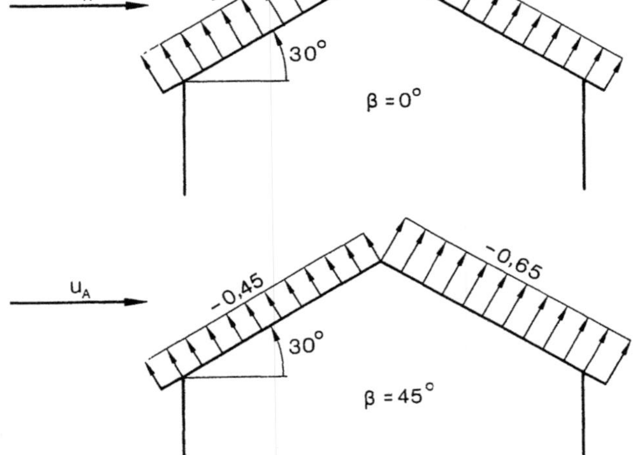

$\beta = 0°$

$\beta = 45°$

Bild 11.30
Druckbeiwerte für das Satteldach nach SIA 160 (Rechenbeispiel)

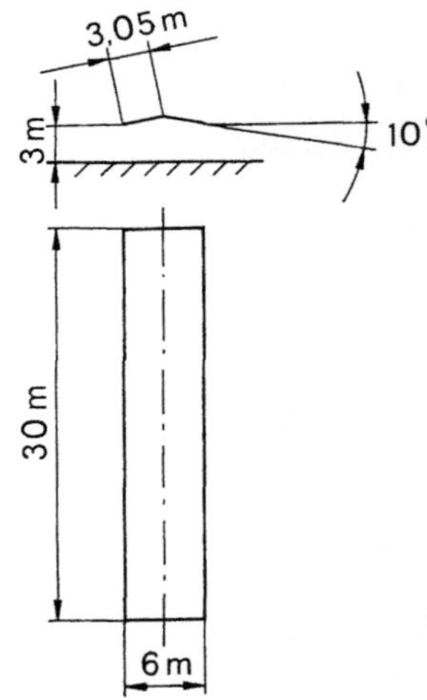

Bild 11.31
Flugdach (Rechenbeispiel)

11.3.2 Flugdach

Die Windkräfte auf das Flugdach nach Bild 11.31 sind zu
ermitteln.

11.3.2.1 Berechnung nach DIN 1055 Teil 4

Staudruck: Tabelle 6.2: $q = 0,5$ kN/m^2

Die linke Dachhälfte wird mit dem Index 1 versehen, die rechte mit dem Index 2. Entsprechende Indizes erhalten die auf sie wirkenden Kräfte bzw. auch die Momente. Aus
Bild 11.22 folgen die in Bild 11.32 eingetragenen Werte.

Last der Dachflächen 1 und 2: $W_1 = -0,4 \cdot 0,5 \cdot 3,05 \cdot 30$ kN $= -18,3$ kN,
(minus, da Sogkraft)

$$W_2 = -0,6 \cdot 0,5 \cdot 3,05 \cdot 30 \text{ kN} = -27,5 \text{ kN}.$$

Vertikallast: $(W_1 + W_2) \cos 10° = -45,1$ kN,

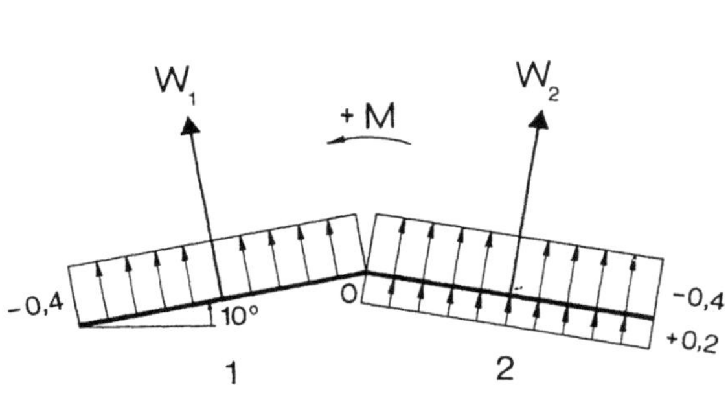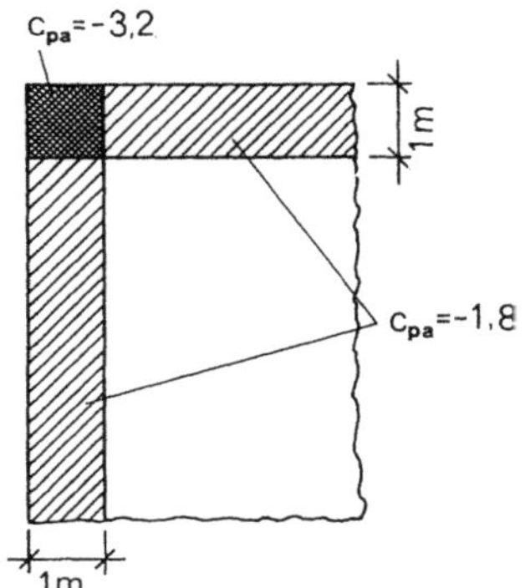

Bild 11.32 Lastbeiwerte für Flugdach nach DIN 1055 Teil 4 (Rechenbeispiel)

Bild 11.33 Randzonen mit erhöhter Sogbelastung beim Flugdach nach DIN 1055 Teil 4 (Rechenbeispiel)

Moment um 0:

$$M_1 = -18,3 \frac{3,05}{2} \text{ kNm} = -27,9 \text{ kNm},$$

$$M_2 = 27,5 \frac{3,05}{2} \text{ kNm} = 41,9 \text{ kNm},$$

resultierendes Moment:

$$M_1 + M_2 = +14,0 \text{ kNm}.$$

Da in diesem Fall auf der Dachoberseite nur Soglasten wirken, sind die örtlichen Lasten nur in den Randzonenbereichen zu ermitteln (Bild 11.12), womit man die Angaben in Bild 11.33 erhält. Bei um 90° gedrehter Windrichtung ist mit einer Tangentiallast infolge Reibung (Abschnitt 9.3.1) zu rechnen. Für die glatte Oberseite gilt $c_R = 0,01$ (Tabelle 9.2). Da auf der Unterseite niedrige Träger laufen, wird für diese Seite $c_R = 0,05$ gesetzt, was die Summe 0,06 ergibt.

$$W_R = 0,06 \cdot 0,5 \cdot 2 \cdot 3,05 \cdot 30 \text{ kN} = 5,49 \text{ kN}.$$

11.3.2.2 Berechnung nach ÖNORM B4014 Teil 1

Als Grundwert wird 140 km/h angenommen, außerdem wird Gelände 1 vorausgesetzt. Für die Firsthöhe von 3,18 m folgt aus den Tabellen der ÖNORM der maßgebliche Staudruck $q = 0,89 \text{ kN/m}^2$. Aus Tabelle 11.3 folgen die in Bild 11.34 angegebenen c-Werte. Damit können wieder die Lasten auf die Dachflächen 1 und 2, die Vertikallasten und die Momente berechnet werden, wobei der Größenfaktor $s = 1$ ist (Tabelle 6.3). Man erhält folgende Maximalwerte (Tabelle 11.7):

Tabelle 11.7 Kräfte und Momente nach ÖNORM B4014 Teil 1

Last-fall	W_1 kN	W_2 kN	$(W_1 + W_2) \cos 10°$ kN	M_1 kNm	M_2 kNm	$M_1 + M_2$ kNm
1	108,3	−81,4	26,5	165,2	124,1	289,3
2	−171,0	−114,0	−280,7	−260,8	+173,9	−86,9

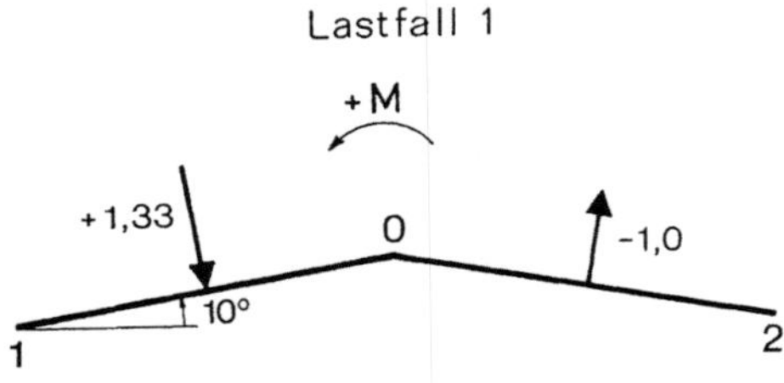

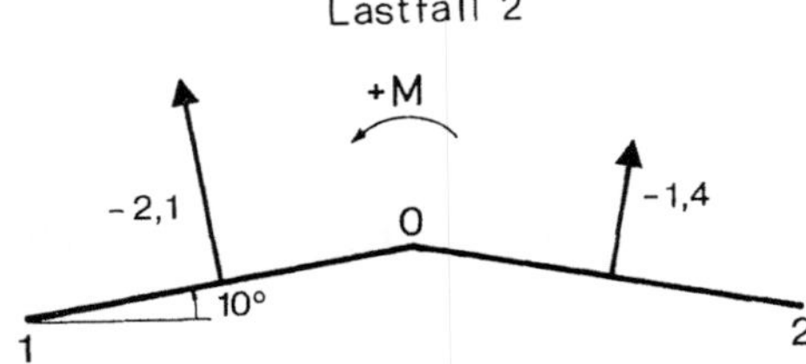

Bild 11.34

Lastbeiwerte für Flugdach nach ÖNORM B4014
Teil 1 (Rechenbeispiel)

Vertikallasten: $W = \begin{cases} +\ \ 26{,}5\ \text{kN} \\ -280{,}7\ \text{kN,} \end{cases}$

Last pro Fläche: $W = \begin{cases} +108{,}3\ \text{kN} \\ -171{,}0\ \text{kN,} \end{cases}$

Resultierendes Moment: $M = 289$ kNm.

Diese Werte liegen wesentlich über denen die nach DIN 1055 Teil 4 errechnet wurden, da
die ÖNORM beliebige Versperrungen unter der Dachfläche berücksichtigt, während DIN
nur 15% zuläßt.

Für örtliche Last sind die c-Werte in Bild 11.34 mit 1,20 zu multiplizieren. Außerdem ist
der Größenfaktor nun s = 1,08 (Tabelle 6.3)

$$w = 1{,}08 \cdot 1{,}20 \cdot c \cdot q = \begin{cases} \ \ 1{,}08 \cdot 1{,}20 \cdot 1{,}33 \cdot 0{,}89\ \text{kN/m}^2 = +1{,}53\ \text{kN/m}^2 \\ -1{,}08 \cdot 1{,}20 \cdot 2{,}1 \cdot 0{,}89\ \text{kN/m}^2 = -2{,}42\ \text{kN/m}^2. \end{cases}$$

Hinsichtlich der örtlichen Randbelastung gelten für die Druckbeiwerte c_{pa} auf der Dachoberseite Bild 11.16 und Tabelle 11.1. Zusätzlich ist von unten wirkend $c_{pa} = +0{,}4$ in Rechnung zu stellen. Damit folgen die in Bild 11.35 eingetragenen Werte. Für den Firstbereich
ist der größte negative Sogwert, der für die ganze Fläche gilt (Bild 11.34: $c_1 = -2{,}1$), mit
1,4 zu multiplizieren. Auch dieser Wert ist in Bild 11.35 eingetragen.

Bei um 90° gedrehter Windrichtung ist eine Horizontallast infolge Reibung anzusetzen
(Abschnitt 9.3.1). Für glatte Flächen gilt $c_R = 0{,}01$, für rauhe wird c_R bis 0,05 (Tabelle
9.2). Da auf der Unterseite niedere Träger laufen, ist für diese Seite $c_R = 0{,}05$ anzusetzen,
für die Oberseite wird mit $c_R = 0{,}01$ gerechnet, was als Summe 0,06 ergibt.

$$W_R = 0{,}06 \cdot 0{,}89 \cdot 2 \cdot 30 \cdot 3{,}05\ \text{kN} = 9{,}77\ \text{kN}.$$

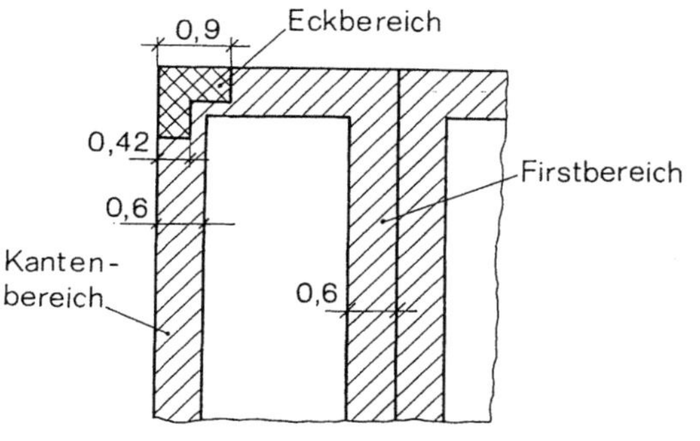

Bild 11.35
Randzonen mit erhöhter Sogbelastung beim
Flugdach nach ÖNORM B4014 Teil 1

		First	Kante	Eck
c_p	—	-2,94	-2,6	-3,4
c_p s q	kN/m²	-2,83	-2,5	-3,27

11.3.2.3 Berechnung nach SIA 160

Staudruck (Tabelle 6.4): $q = 0,687$ kN/m².
Beiwerte nach Bild 11.24, $\beta = 0°$.

Tabelle 11.8
Differenzdruckbeiwerte nach SIA 160

	ohne Fahrzeug	mit Fahrzeug
$c_{pA} - c_{pB}$	$-1,3$	$-2,1$
$c_{pC} - c_{pD}$	$-0,7$	$-1,3$

Die höheren Beiwerte treten für den Fall auf, daß ein Fahrzeug unter dem Dach steht. Für
diesen Fall folgt mit den Bezeichnungen nach Bild 11.32

Last der Dachflächen 1 und 2: $\quad W_1 = -2,1 \cdot 0,687 \cdot 30 \cdot 3,05$ kN $= -132,0$ kN,

$$W_2 = -1,3 \cdot 0,687 \cdot 30 \cdot 3,05 \text{ kN} = -81,7 \text{ kN},$$

Vertikallast: $\quad (W_1 + W_2) \cos 10° = -210,5$ kN,

Moment um 0: $\quad M_1 = -132 \dfrac{3,05}{2}$ kNm $= -201,3$ kNm,

$$M_2 = -81,7 \dfrac{3,05}{2} \text{ kNm} = 124,6 \text{ kNm},$$

resultierendes Moment: $\quad M_1 + M_2 = -76,7$ kNm.

Für die Belastung im Firstbereich gilt für den Fall ohne Fahrzeug Bild 11.24

$$c^*_{p\,oben} = -1,0; \quad c^*_{p\,unten} = +0,4,$$

$$w_o = c^*_{p\,oben} \cdot q = -0,687 \text{ kN/m}^2; \quad w_u = c^*_{p\,unten} \cdot q = 0,27 \text{ kN/m}^2.$$

Für die Belastung im Kantenbereich für den Fall mit Fahrzeug:

$$c^*_{p\,oben} = -1,6; \quad c^*_{p\,unten} = +0,9$$

$$w_o = c^*_{p\,oben} \cdot q = -1,10 \text{ kN/m}^2; \quad w_u = c^*_{p\,unten} \cdot q = 0,62 \text{ kN/m}^2.$$

Bei um $90°$ gedrehter Windrichtung ist die Tangentialkraft mit $c_R = 0,01$ für glatte Flächen zu rechnen. Auf der Unterseite ist wegen der niedrigen Träger $c_R = 0,05$ zu setzen, was in Summe 0,06 ergibt (Abschnitt 9.3.1).

$$W_R = 0,06 \cdot 0,687 \cdot 2 \cdot 30 \cdot 3,05 \text{ kN} = 7,54 \text{ kN}.$$

Literatur

[11.1] *Ackeret, J.:* Anwendungen der Aerodynamik im Bauwesen, Zeitschrift für Flugwissenschaften 13/4, S. 109–122 (1965)

[11.2] *Eaton, K. J., Mayne, J. R.:* The measurement of wind pressures on two-storey houses at Aylesbury, BRE CP70/74 (1974)

[11.3] *Eaton, K. J., Mayne, J. R., Cook, N. J.:* Wind loads on low-rise buildings – effects of roof geometry, Proc. Fourth Int. Conf. on Wind Effects on Buildings and Structures, Heathrow 1975, S. 95–110.

[11.4] *Jensen, M., Franck, N.:* Model-scale tests in turbulent wind, part II, The Danish Technical Press, Copenhagen 1965

[11.5] *Kramer, C.:* Untersuchung zur Windbelastung von Flachdächern, Der Bauingenieur 50, S. 125–132 (1975)

[11.6] *Scruton, C.:* Introductory review of wind effects on buildings and structures Proc. Symp. Wind Effects on Buildings and Structures, Teddington 1963, S. 10–25

[11.7] *Lusch, G.:* Windkanaluntersuchungen an Gebäuden von rechteckigem Grundriß mit Flach- und Satteldächern. Ber. aus d. Bauforschung Nr. 41 (1964)

[11.8] *Barnard, R. H.:* Winds loads on cantilevered roof structures, Proc. of the 4 th Coll. on Industrial Aerodynamics, Aachen 1980, Buildings Aerodyn. 1, S. 63–73

[11.9] *Thomann, H.:* Bestimmung instationärer Lasten auf Gebäude und Gebäudeteile, Schweizerische Bauzeitung 89/27, S. 683–693 (1971)

[11.10] *Building Research Establishment:* Effect of wind loading on typical buildings, Building Research Est. slide package

[11.11] *Kelnhofer, J.:* Influence of a neighbouring building on flat roof wind loading, Proc. of the 3rd Int. Conf. on "Wind Effects on Buildings and Structures", Tokyo 1971, S. 221–230

[11.12] *Kramer, C., Gerhardt, H. J.:* Windlasten auf Flachdächern, Bundesbaublatt 1977/11, S. 496–499

[11.13] *Frimberger, R.:* Aerodynamik bei hohen Bauwerken und leichten Flächentragwerken, VDI-Berichte Nr. 142, S. 65–73 (1970)

[11.14] *Stathopolous, T., Davenport, A. G., Surry, D.:* The assessment of effective wind loads acting on flat roofs, Proc. of the 3 rd Coll. on Industrial Aerodynamics, Aachen 1978, part 1, S. 225–239

[11.15] *Stathopolus, T., Surry, P., Davenport, A. G.:* Some general characteristics of turbulent wind effects on low-rise structures, Proc. of the 3rd Coll. on Industrial Aerodynamics, Aachen 1978, part 1, S. 211–224

[11.16] *Sockel, H., Taucher, R.:* The influence of a parapet on local pressure fluctuations, 4th Coll. on Industrial Aerodynamics, Aachen 1980, Building Aerodynamics, Part 1, S. 107–118

[11.17] *Tieleman, H. W., Akins, R. E., Sparks, P. R.:* A comparison of wind tunnel and fullscale wind pressure measurements on low-rise structures, Proc. of the 4 th Coll. on Industrial Aerodynamics, Aachen 1980, Buildings Aerodynamics, Part 1, S. 1–16

[11.18] *Mankau, H.:* Investigation of flow induced oscillations of a cantilever roof model, Proc. of the 4th Coll. on Industrial Aerodynamics, Aachen 1980, Buildings Aerodynamics, Part 1, S. 75–84

[11.19] *Kramer, C., Gerhardt, H. J., Küster, H. W.:* On the wind-loading mechanism of roofing elements, J. of Ind. Aerodyn. 4, S. 415–427 (1979)

[11.20] *Kind, R. J., Wardlaw, R. L.:* Failure mechanisms of loose-laid roof insulation systems, Proc. of the 4 th Coll. on Industrial Aerodynamics, Aachen 1980, Buildings Aerodynamics, Part 1, S. 97–106

[11.21] *Hazelwood, R. A.:* The interaction of the two principal forces on roof tiles, Proc. of the 4th Coll. on Industrial Aerodynamics, Part 1, S. 119–130

[11.22] *Apperley, L., Surrey, D., Stathopoulos, T., Davenport, A. G.:* Comparative measurements of wind pressure on a model of the full-scale experimental house at Aylerbury, England, J. of. Ind. Aerodynamics 4, S. 207–228 (1979)

[11.23] *Kramer, C., Gerhardt, J. J., Scherer, S.:* Wind pressure on block-type buildings, Proc. of the 3rd Coll. on Industrial Aerodynamics, Aachen 1978, Buildings Aerodynamics, Part 1, S. 241–254

[11.24] *Surry, D., Stathopoulos, T., Davenport, A. G.:* Wind loading on low rise buildings, Canadian Struct. Eng. Conf. 1978, 55 S.

[11.25] *Stathopoulos, T.:* The effect of parapets of wind loads of low-rise buildings, Coll. "Construire avec le vent" Nantes 1981, Paper IV-3, 16 S.

[11.26] *Kuster, H. W., Kramer, C., Gerhardt, H. J.:* Some results of an investigation into the wind loading of cladding elements, Proc. of the 5 th Coll. on Industrial Aerodynamics, Aachen 1982, Building Aerodynamics Part 1, S. 115–126

[11.27] *Lythe, G., Surry, D.:* Wind loading of flat roofs with and without parapets, Proc. of the 5th Coll. on Industrial Aerodynamics Aachen 1982, Building Aerodynamics Annex, S. 43–62

12 Baukörper mit Kreisquerschnitt; Seile; Kugeln

12.1 Beiwerte nach Experimenten

12.1.1 Zylindrische Baukörper allgemein; Seile

Die Umströmung des Kreiszylinders, insbesonders die Ablösung der Grenzschicht und der Nachlauf, wurden in den Abschnitten 4.5.5 und 4.5.6 behandelt. Das Strömungsbild ändert sich stark mit der Reynolds-Zahl (Abschnitt 4.4). Daher hängen auch die Druckverteilung (Bild 5.3) und die Kraftbeiwerte (Bild 5.20) stark von dieser Kennzahl ab. Die Reynolds-Zahl ist aber nicht die einzige Größe, die das Strömungsbild beeinflußt. Auch die Turbulenz des Luftstromes (Bild 12.1) [12.1] und die Oberflächenrauhigkeit (Bild 5.20) verändern die

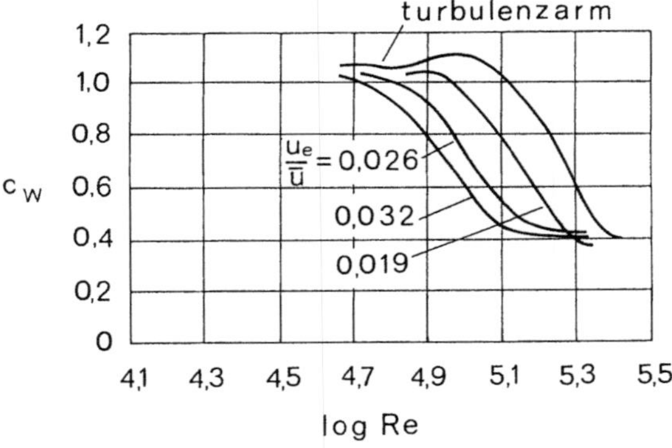

Bild 12.1
Einfluß der Turbulenzintensität auf den Widerstandsbeiwert eines Zylinders [12.1]

Beiwerte. Das Problem liegt vor allem darin, daß es in Modellexperimenten praktisch nicht möglich ist, die Reynolds-Zahl von Türmen zu erreichen (Abschnitte 4.4 und 7.2.5). Dies veranschaulicht eine Zusammenstellung von gemessenen Widerstandsbeiwerten (Bild 12.2), in der auch Ergebnisse von Originalmessungen an einem Fernmeldeturm enthalten sind [12.4]. Der Verlauf des Beiwertes in dem für turmartige Bauwerke interessanten Bereich von $Re = 10^7 ... 10^8$ ist sehr unsicher, die Meßwerte des Fernmeldeturmes sind niedrig. Weitere Angaben findet man in [12.15 bis 12.18, 12.21, 12.25, 12.26].

Die bisherigen Betrachtungen in diesem Abschnitt beziehen sich auf einen sehr langen, theoretisch unendlich langen Zylinder, aber sie treffen auch auf einen Zylinder zwischen zwei festen Wänden zu (Abschnitt 5.2.7). Den Einfluß der endlichen Länge, der Umströmung einer oder beider Endflächen, wird näherungsweise durch die Einführung der Strekkung Λ Rechnung getragen (Bild 5.32). Für endliche Werte von Λ ist der Widerstandsbeiwert c_{w_0} des theoretisch unendlich langen Zylinders mit einem Abminderungsfaktor λ (Bild 5.33) zu multiplizieren.

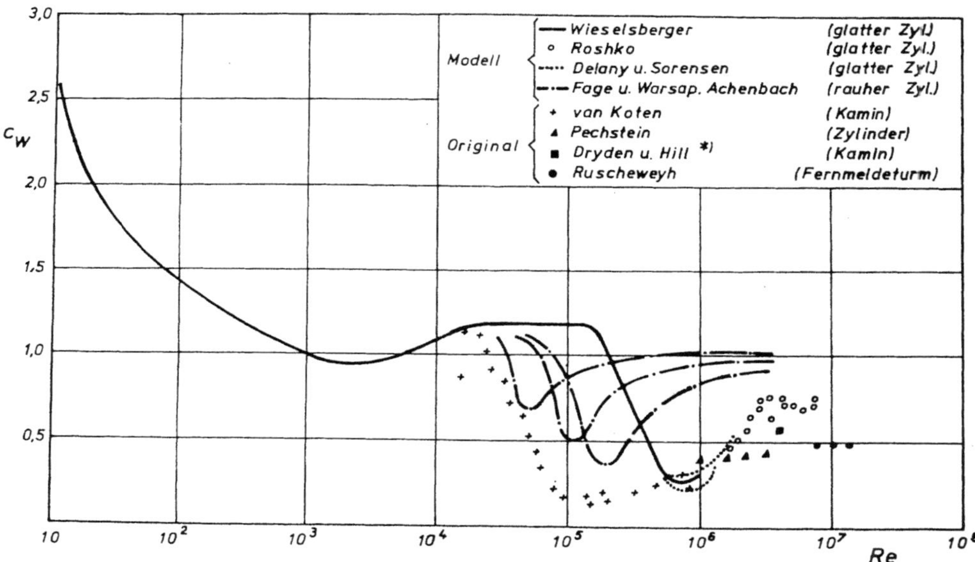

Bild 12.2 Widerstandsbeiwert des Zylinders als Funktion der Reynolds-Zahl [12.4]

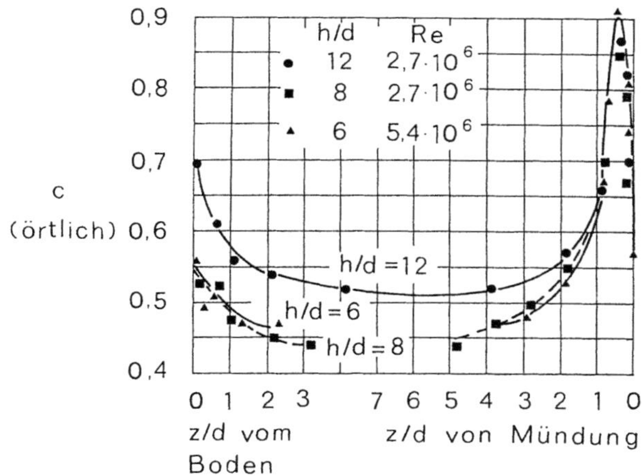

Bild 12.3
Örtliche Lastbeiwerte von
Kaminen [12.5]

Die Last ist auch keinesfalls längs der Zylinderhöhe gleichmäßig verteilt, was Messungen an
Schornsteinmodellen zeigen [12.5]. In Bild 12.3 sind für drei verschiedene Verhältnisse h/d,
abhängig vom Bodenabstand bzw. vom Mündungsabstand z/d, die örtlichen Lastbeiwerte c
aufgetragen. Es handelt sich um Ergebnisse bei Kaminen bei konstanter Anströmgeschwindigkeit ohne Ausblasen. Besonders gravierend ist wohl der starke Anstieg des Beiwertes nahe
der Mündung, der Anstieg gegen den Boden ist unerwartet. Wird anstatt der konstanten
Geschwindigkeit ein Grenzschichtprofil verwendet, so verschwindet wohl das Maximum
in Bodennähe, aber das bei der Mündung bleibt erhalten [12.5]. Die Druckverteilung längs
des Umfanges für den Fall h/d = 12 bei zwei verschiedenen Höhen z/d gibt Bild 12.4

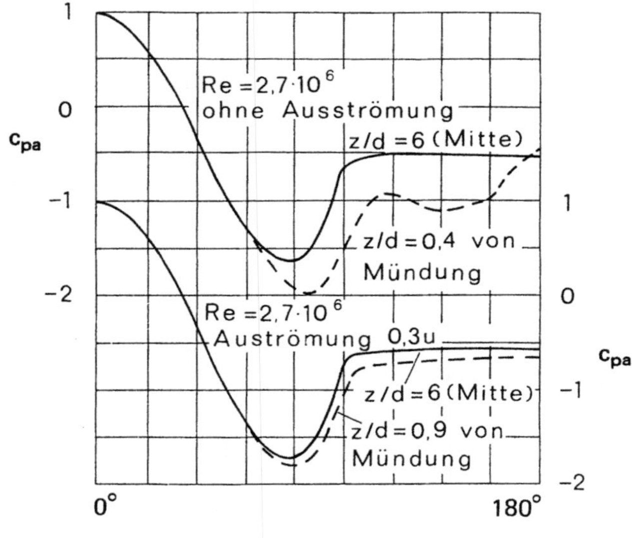

Bild 12.4
Druckverteilung längs eines Kaminumfanges in zwei verschiedenen Höhen und Einfluß der Rauchfahne [12.5]

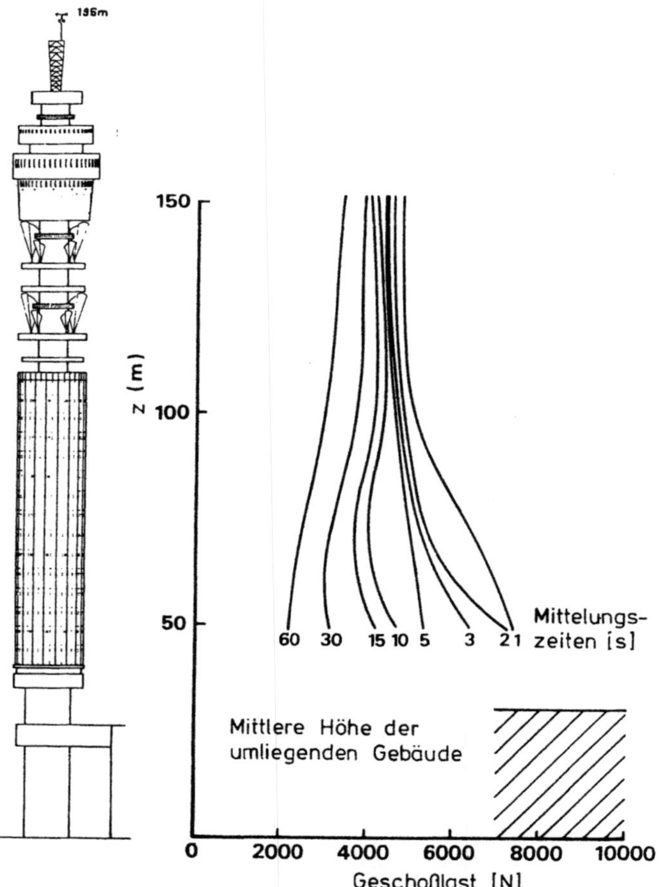

Bild 12.5
Post Office Tower (London) und Windlasten pro Geschoß für verschiedene Mittelungsintervalle [12.6]

wieder (oberes Kurvenpaar). Man sieht, daß der hohe Widerstand nahe der Mündung vor allem durch den wesentlich niedrigeren Druck im Nachlauf zustandekommt. Eine Rauchfahne am Schornstein (unteres Kurvenpaar) wirkt wie eine scheinbare Erhöhung des Schornsteines, es ist nahezu kein Unterschied zwischen den Druckverteilungen nahe der Mündung und der in Schornsteinmitte. Eine ähnliche Wirkung der Rauchfahne ergibt sich auch bei dynamischen Effekten (Abschnitt 16.2, Bild 16.8).

Bei Originalversuchen mit zylindrischen Türmen zeigt sich ein Ansteigen der über kurze Zeiten gemittelten Belastungen nach unten. Der Grund hierfür liegt wohl in den starken Böen, die in Stadtzentren in geringen Höhen auftreten. Bild 12.5 zeigt die Ergebnisse vom Post Office Tower (Höhe 195 m) in London [12.6]. Die zugehörigen Druckverteilungen zeigen, daß wohl die Überdrücke auf der Luvseite mit der Höhe z über dem Boden zunehmen, aber die Unterdrücke auf der Leeseite zu einem gegenläufigen Ansteigen der Last führen. Besonderes Augenmerk ist auf die Schwingungsanfälligkeit von zylindrischen Türmen zu legen (Kap. 16).

Bei vertikalen zylindrischen Konstruktionen liegt die Windrichtung praktisch stets normal zur Zylinderachse, da die Neigung des Windes zur Horizontalen klein ist. Bei horizontalen Zylindern, z. B. bei Rohrleitungen im Freien, ist für die Druckverteilung näherungsweise nur die Windgeschwindigkeitskomponente normal zur Achse ausschlaggebend (Abschnitt 5.2.7). Bei kurzen horizontalen Zylindern wird der Einfluß der Deckflächen mit wachsendem d/l und mit zunehmender Abweichung von der Normalanströmung größer.

Kabel, die aus mehreren Seilen gewickelt sind, wirken wie ein rauher Zylinder (Bild 12.6) [12.12]. Bei Schräganströmung ist allerdings Vorsicht am Platze. Da die Windungen auf der Ober- und Unterseite nicht den gleichen Winkel zur Windrichtung haben (Bild 12.7),

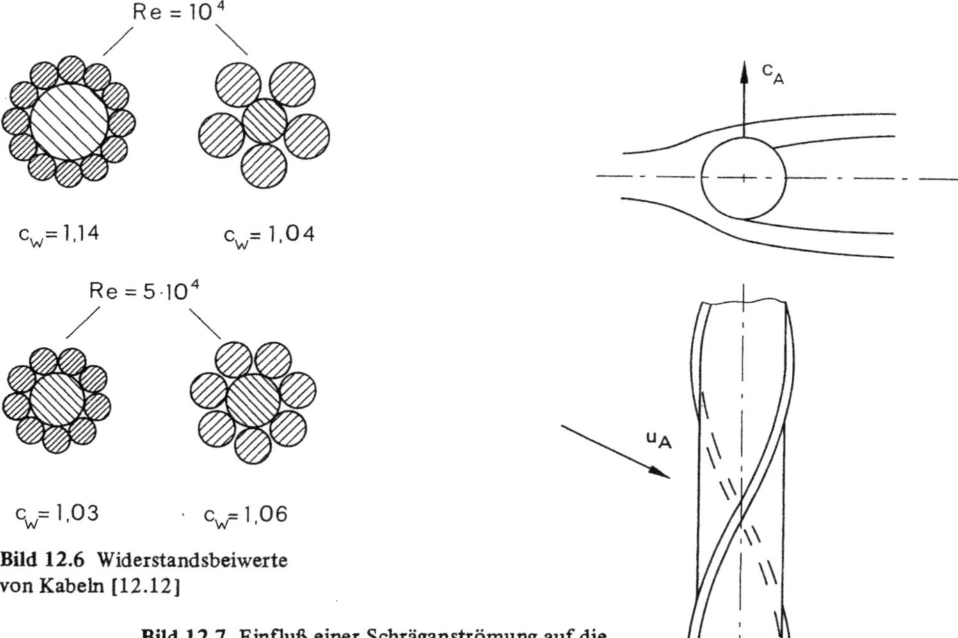

Bild 12.6 Widerstandsbeiwerte von Kabeln [12.12]

Bild 12.7 Einfluß einer Schräganströmung auf die Kraftwirkung auf ein Seil

kann es zu Unsymmetrien in der Strömung kommen, die vor allem im überkritischen Re-Zahlbereich (Abschnitt 4.5.6.2) auftreten, wo die Strömung gegen Änderungen von Re sehr empfindlich ist. Die Folge ist eine Kraft vertikal zur Ebene die von Wind- und Seilrichtung gebildet wird. Diese Auftriebskräfte sind zwar kleiner als die Widerstandskräfte [12.3], können aber die Ursache für selbsterregte Schwingungen von Leitungen sein (Kap. 17). Allerdings neigen auch glatte Rohrleitungen zu Schwingungen, nur ist die Ursache der Erregung in diesem Fall eine andere (Kap. 16). Bei Schräganströmung von Seilen können Widerstands- und Querkraftbeiwert Bild 12.8 entnommen werden [12.23], wobei allerdings für $\beta = 90°$, also für Normalanströmung, c_W höher liegt als nach den Angaben von Bild 12.6.

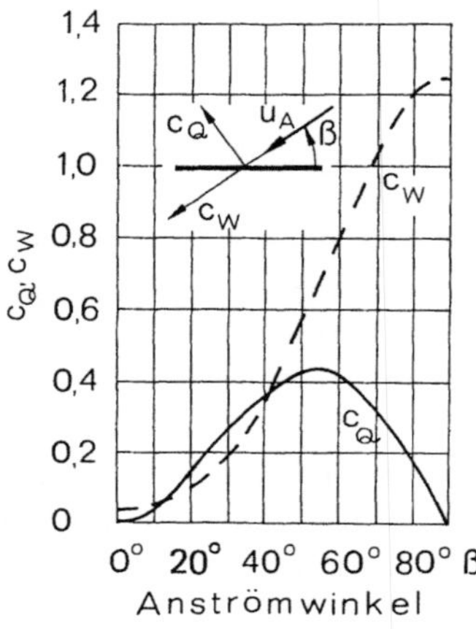

Bild 12.8
Auftriebs- und Widerstandsbeiwerte bei einem Seil abhängig vom Anströmwinkel [12.23]

12.1.2 Zylindrische Behälter

Versuche mit offenen und geschlossenen Silos [12.13] haben gezeigt, daß im Falle von offenen Behältern, also im Zustand der Bauphase, im Innern sehr niedrige Drücke auftreten. Dadurch steigt die örtliche Belastung der Schale, für die die Differenz $c_{pa} - c_{pi}$ maßgebend ist, stark an. Bild 12.9 zeigt Druckverteilungen für zwei Behälter verschiedener Höhe mit und ohne Dach, die sich nur durch das Vorhandensein bzw. Fehlen einer Einfüllöffnung unterscheiden. In Bild 12.9b sieht man, daß $c_{pa} - c_{pi} = 2,0$ erreicht, die Druckbelastung also gleich dem doppelten Staudruck wird. Bemerkenswert ist, daß durch den niedrigen Innendruck auch die resultierende Belastung auf der Leeseite nach innen wirkt. Auf dem Dach des höheren Behälters treten örtlich Druckbeiwerte bis $c_{pa} = -1,638$ auf (Bild 12.10). Das Außerachtlassen der hohen Differenzdrücke bei Behältern während der Bauphase kann zu argen Windschäden führen, wie das Beispiel eines Ölbehälters zeigt (Bild 12.11) [12.14]. Die natürliche Grenzschicht bewirkt i. a. eine Reduktion der Druckbeiwerte gegenüber einer Anströmung mit konstanter Geschwindigkeit [12.28].

12.1.3 Kühltürme

Für die Druckverteilung c_{pa} im Mittelteil eines Kühlturmes sind in Bild 12.12 Ergebnisse aus Modellexperimenten für verschiedene Rauhigkeiten einem Resultat aus Originalmessungen (Re = $6{,}5 \cdot 10^7$, k/d = $3{,}5 \cdot 10^{-4}$) gegenübergestellt [12.7].

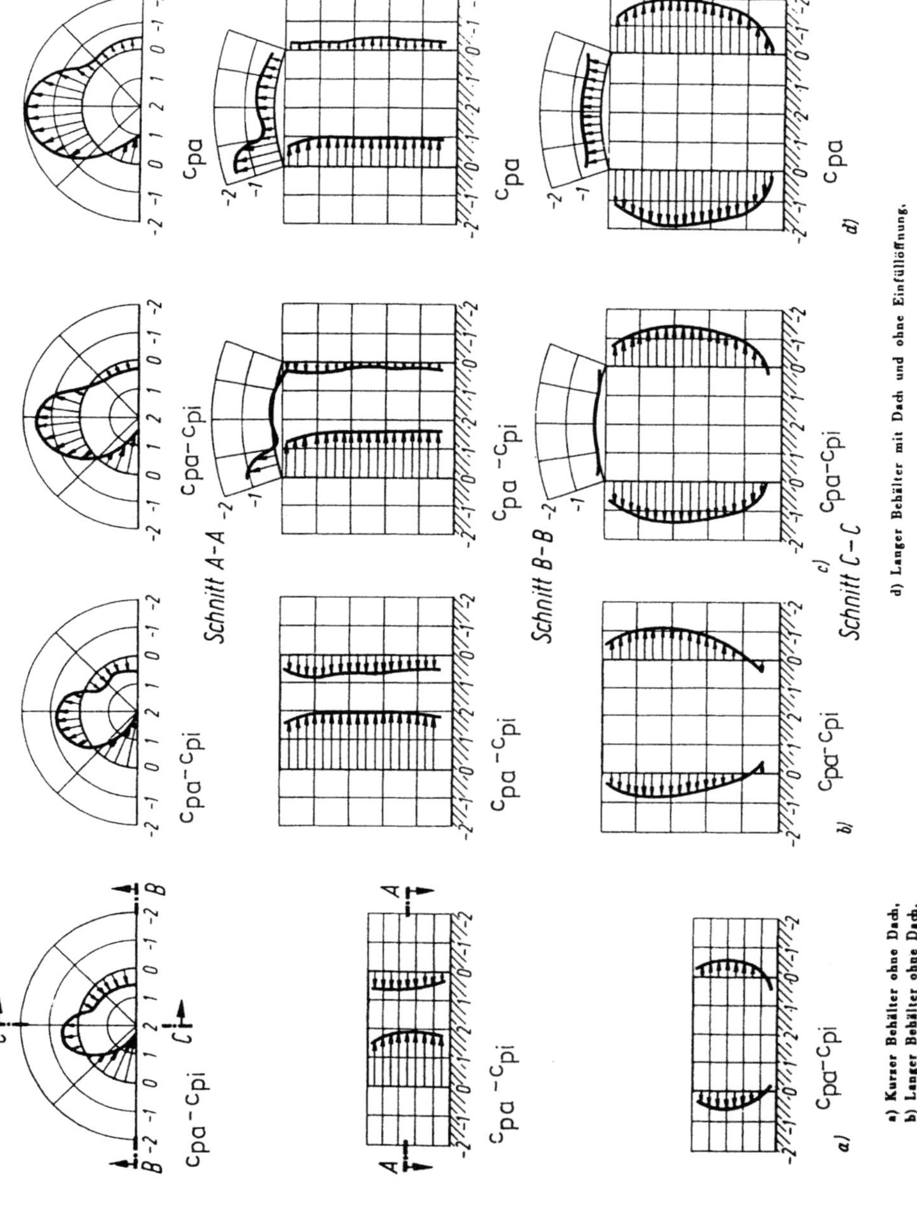

Bild 12.9 Windbelastung verschiedener Behälter [12.13]

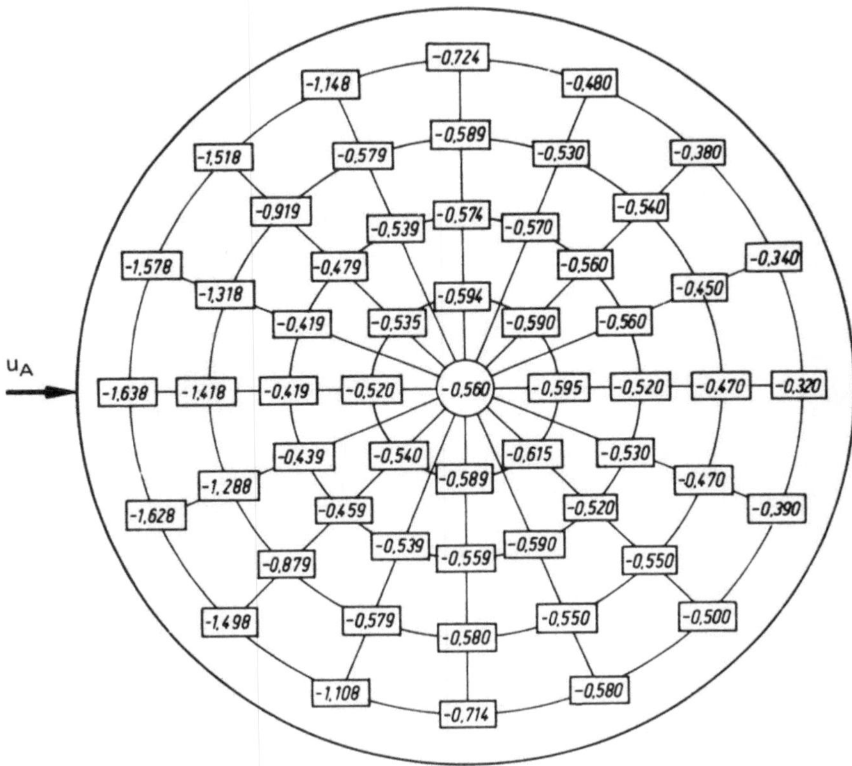

Bild 12.10 Druckbeiwerte auf der Deckfläche des hohen Behälters von Bild 12.9 [12.13]

Bild 12.11 Windschaden an einem Behälter in der Bauphase [12.14]

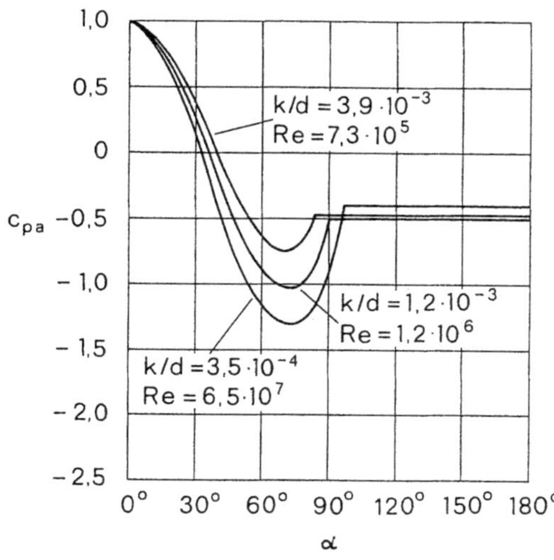

Bild 12.12

Druckverteilungen im Mittelteil eines Kühlturmes bei verschiedenen Rauhigkeiten und Reynolds-Zahlen [12.7]

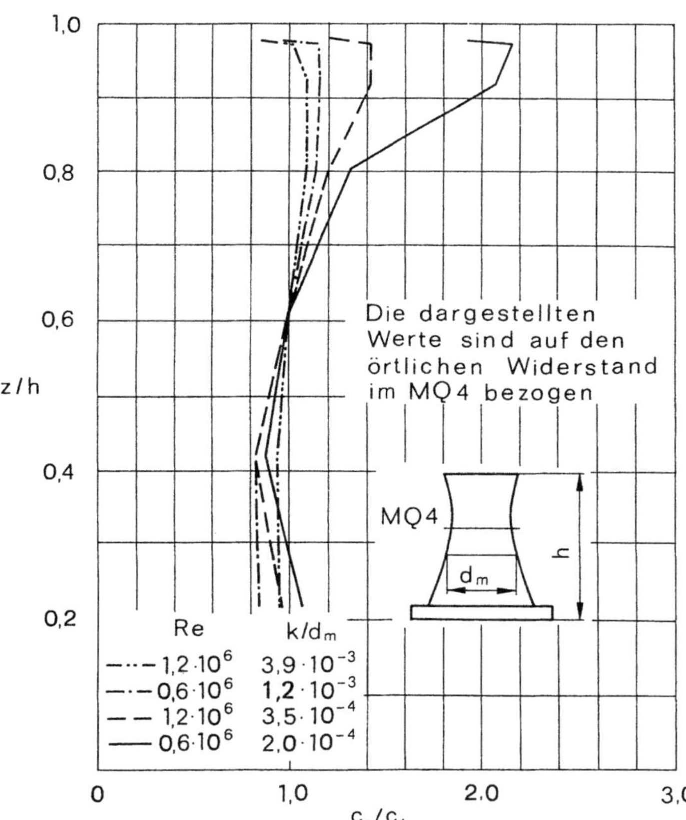

Bild 12.13 Verlauf des örtlichen Widerstandes über der Kühlturmhöhe für verschiedene Rauhigkeit [12.2] (d_m ist der mittlere Durchmesser)

Auch bei Modellmessungen an Kühltürmen mit einem Verhältnis $h/d_m = 2$ zeigt sich bei glatter Oberfläche ein starkes Ansteigen der Lastbeiwerte gegen das obere Kühlturmende (Bild 12.13) [12.2]. Auch im unteren Bereich ist ein leichter Anstieg zu erkennen. Mit zunehmender Rauhigkeit gleichen sich jedoch die Differenzen in den örtlichen Beiwerten aus. Bei diesen Experimenten ergab sich für den Nachlauf ein für große Reynolds-Zahlen von der Rauhigkeit nahezu unabhängiger Druckwert $c_{pa} = -0,47$. Dieser Wert hängt sicher vom Verhältnis h/d_m ab und ist daher nur für etwa gleiche Verhältnisse wie im Versuch richtig.

Eine Kühlturmschale wird örtlich auch durch den Innendruck beansprucht. Von Modellversuchen liegen folgende Meßwerte vor (Tabelle 12.1) [12.7]:

Tabelle 12.1
Innendruckbeiwerte von Kühltürmen [12.7]

Quelle	c_{pi}
Schuring [12.8]	−0,25
Paduart [12.9]	−0,5
Rothert [12.10]	−0,68...−0,52

Der Wind beeinflußt auch die Wirkung eines Naturzugkühlturmes, er reduziert die durchgesetzte Kühlluftmenge. Durch aerodynamische Leitvorrichtungen kann dieser Nachteil beseitigt werden [12.27].

12.1.4 Hangare

Ning Chien und seine Mitarbeiter führten detaillierte Experimente mit Hangarmodellen mit insgesamt 4 verschiedenen Verhältnissen von Länge/Durchmesser durch [12.19]. Die maximale Reynolds-Zahl bei den Versuchen betrug nur $2 \cdot 10^5$, die Grenzschicht wurde jedoch durch künstliche Rauhigkeiten, wie Stolperdrähte, turbulent gemacht. Damit konnte wohl ein transkritischer Zustand erreicht werden, es bleibt aber fraglich, ob die Ergebnisse mit jenen für Reynolds-Zahlen der Großausführung übereinstimmen. Vergleiche mit Originalexperimenten liegen nicht vor.

Die maximalen Unterdrücke an der Dachfläche treten bei einer Windrichtung von $\beta = 30°$ zur Normalen der Längsachse auf. Für diesen Fall ist die Druckverteilung für $l/d = 4$ in Bild 12.14 wiedergegeben. Bei dieser Anströmrichtung ergaben sich auch die höchsten Beiwerte für Auftrieb c_A und Normalkraft c_N senkrecht zur Achse (Bild 12.15). Für eine Anströmung unter $\beta = 90°$ (Längsanströmung) beträgt der Beiwert für die axiale Belastung $c_t = 1,12$.

Grillaud [12.32] hat in Original- und Modellversuchen an einer Traglufthalle festgestellt, daß die Deformation keinen Einfluß auf die Druckverteilung hat und die dynamischen Effekte schwach sind. Auch Versuche an Glashäusern, die mit Plastikfolien gedeckt waren, zeigten, daß eine quasistationäre Betrachtung ausreichend ist [12.33].

12.1.5 Kugeln

Widerstandsbeiwerte c_W für Kugeln verschiedener Rauhigkeit abhängig von der Reynolds-Zahl nach Messungen von Achenbach gibt Bild 5.21 wieder. Natürlich hat auch die Tur-

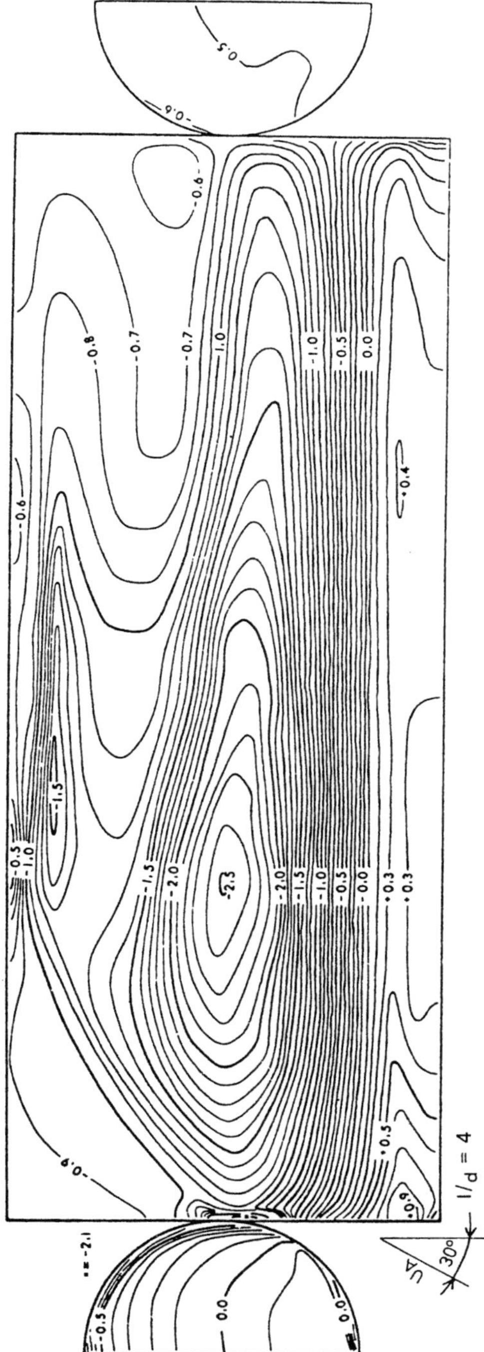

Bild 12.14 Druckverteilung auf einem zylindrischen Hangardach bei Schräganströmung [12.19]

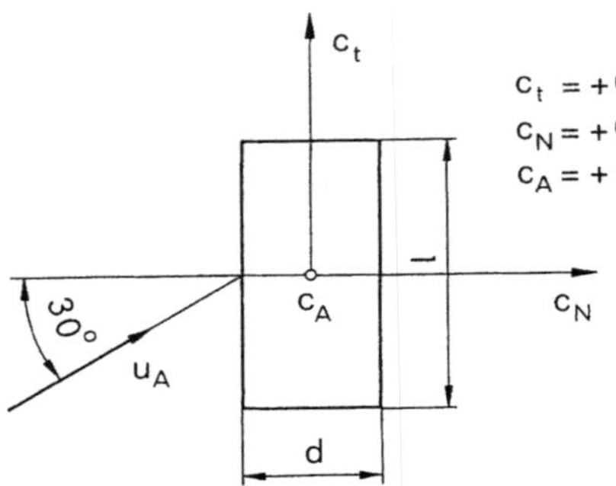

$$c_t = +0{,}65 \text{ bezogen auf } \frac{d^2\pi}{8}$$
$$c_N = +0{,}37 \text{ bezogen auf } ld$$
$$c_A = +0{,}54 \text{ bezogen auf } ld$$

Bild 12.15
Normalkraft-Tangentialkraft- und Auftriebsbeiwert für einen zylindrischen Hangar bei
30° Schräganströmung [12.19]

bulenz der Anströmung einen entscheidenden Einfluß auf den Widerstand, vor allem bestimmt sie den kritischen Bereich (Bild 5.23). Druckverteilungen c_{pa} auf glatten Kugeln für verschiedene Reynolds-Zahlenbereiche findet man auch bei Achenbach [12.11, 12.20]. Besonders zu beachten ist bei Kugeln der Anstieg des Widerstandsbeiwertes c_W durch die Nähe des Bodens bzw. einer Wand und durch etwaige Halterungen. In diesen Fällen wirkt auch ein Auftrieb bzw. eine Querkraft. Bei Modellmessungen an einer Kugel für eine Ausstellung (Bild 12.16) ergaben sich die Werte der Tabelle 12.2 [12.12].

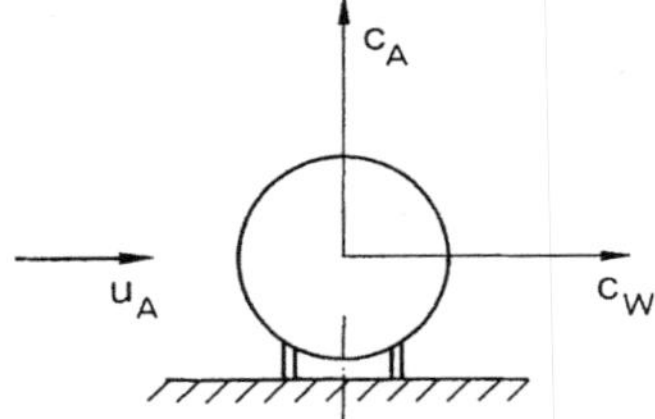

Bild 12.16
Kugel in Bodennähe [12.12]

Tabelle 12.2
Beiwerte für kugelförmige Behälter

Kugelaufstellung	c_W	c_A
ohne Boden	0,19	0
mit Boden	0,30	0,03
auf 4 Stützen	0,49	0,29
mit Boden und Stützring	0,58	0,41
den Boden berührend	0,70	

Leider fehlen genaue geometrische Angaben über Bodenabstand usw. Aber dennoch sind die Daten sehr wertvoll, da sie zeigen, daß die Luftkräfte durch die Bodennähe auf ein Vielfaches ansteigen können. Für auf dem Boden liegende kugelkalottenförmige Baukörper wurden Messungen in verschiedenen Grenzschichten im Reynolds-Zahlbereich $1 \cdot 10^6$ bis $2{,}7 \cdot 10^6$ gemacht [12.24]. Als Auswahl aus den Ergebnissen sind in Tabelle 12.3 die maximalen Widerstandsbeiwerte c_W und Auftriebsbeiwerte c_A abhängig vom Verhältnis der Höhe h zum Basiskreisdurchmesser d angegeben. Die Beiwerte sind auf die Basisfläche und auf den Staudruck in der Höhe h bezogen.

Tabelle 12.3
Beiwerte für kugelkalottenförmige Baukörper

h/d	c_W	c_A
0,125	0,007	0,21
0,250	0,048	0,31
0,500	0,164	0,62

Weitere Angaben über kugelkalottenförmige Baukörper, auch in Verbindung mit Zylindern und Kegeln, findet man in [12.29 bis 12.31].

12.2 Beiwerte nach Normen

12.2.1 Beiwerte nach DIN 1055 Teil 4

Nach DIN setzt sich der aerodynamische Kraftbeiwert c eines zylindrischen Baukörpers aus 2 Faktoren zusammen, die den Einfluß von Reynolds-Zahl Re, Rauhigkeit k und Längenverhältnis l/d bzw. die Lage im Raum berücksichtigen.

$$c_f = c_{f_0} \cdot \lambda. \tag{12.1}$$

Der Grundwert c_{f_0} ist der Lastbeiwert eines Zylinders der Streckung $\Lambda = \infty$ (Abschnitt 5.2.7), er hängt von der Reynolds-Zahl und von der relativen Rauhigkeit k/d ab (Bild 12.17). Die Oberflächenrauhigkeit ist abhängig vom Material und kann Tabelle 12.4 entnommen werden.

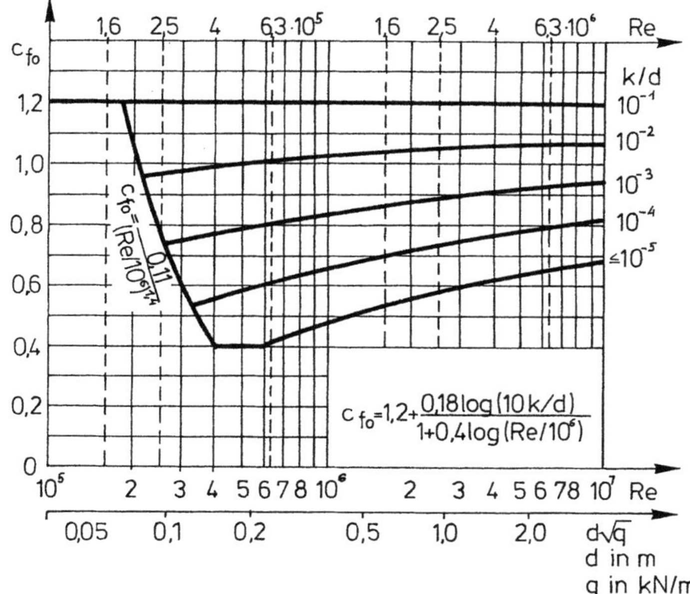

Bild 12.17 Widerstandsbeiwert des Zylinders ($\Lambda = \infty$) als Funktion von Reynolds-Zahl und relativer Rauhigkeit nach DIN 1055 Teil 4

Tabelle 12.4
Rauhigkeiten k für
verschiedene Oberflächen
nach DIN 1055 Teil 4

Oberfläche	k in m
Mauerwerk	0,005
Beton	0,003
Holz	0,002
Stahl	0,001
gerippte Oberfläche mit Rippenabstand a $2\,h_R \leqslant a \leqslant 6\,h_R$	Rippenhöhe[1] h_R

[1] Für einzeln stehende Rippen mit einem Rippenabstand $a > 6\,h_R$ ist die vorstehende Rauhigkeitsdefinition nicht mehr anwendbar (siehe auch Abschnitt 6.2.5 der Norm)

Anstatt Re kann auch der Ausdruck $d \cdot \sqrt{q}$ genommen werden, wie man sich leicht überlegen kann.

$$(4.14) \qquad Re = \frac{u \cdot d}{\nu}$$

$$(3.8) \qquad d\sqrt{q} = d\sqrt{\frac{\rho}{2}\,u^2} = d \cdot u \cdot \sqrt{\frac{\rho}{2}}$$

$$Re = \frac{d\sqrt{q}}{\nu\sqrt{\frac{\rho}{2}}}$$

Da im Rahmen der Norm $\nu = 1{,}5 \cdot 10^{-5}\ m^2/s$ und $\rho = 1{,}25\ kg/m^3$ Konstante sind, folgen als Umrechnungsformel je nachdem ob q in N/m^2 oder kN/m^2 eingesetzt wird

$$Re = 0{,}843 \cdot 10^5\ d\sqrt{q} \qquad d\ in\ m;\ q\ in\ N/m^2,$$
$$Re = 26{,}67 \cdot 10^5\ d\sqrt{q} \qquad d\ in\ m;\ q\ in\ kN/m^2. \tag{12.2}$$

Die Verwendung der Reynolds-Zahl Re ist vorteilhaft, da sie dimensionslos ist, während man bei $d\sqrt{q}$ stets auf die verwendete Einheit achten muß.

Der Schlankheitsfaktor λ berücksichtigt die Länge des Zylinders bzw. eine etwaige Umströmung der Endflächen. Zur strömungstechnischen Erfassung dieses Einflusses wurde in Abschnitt 5.2.7 die Streckung Λ eingeführt. Nach DIN ist diese Streckung Λ dem Bild 12.18 zu entnehmen. Mit diesem Wert erhält man anschließend aus Bild 12.19 den Faktor λ.

Für Rohre, Drähte, Stangen und Seile sind die c_f-Werte in Tabelle 12.5 enthalten, falls $Re \leqslant 1{,}067 \cdot 10^6\ (d\sqrt{q} \leqslant 0{,}4\ kN)^{1/2}$ gilt. Für $Re > 1{,}067 \cdot 10\ (d\sqrt{q} > 0{,}4\ kN^{1/2})$ ist die Berechnung gleich der für zylindrische Baukörper entsprechend Gl. (12.1) durchzuführen. Für $Re < 4{,}0 \cdot 10^5\ (d\sqrt{q} < 0{,}15\ kN^{1/2})$ ist $c_f = 1{,}2$ zu setzen. Bei einem Winkel $\beta \neq 90°$ zwischen Windrichtung und Achsenrichtung müssen die Werte noch mit $\sin\beta$ multipliziert werden.

Für $Re \approx 10^6$ enthält die Norm auch Diagramme über die Druckverteilung c_{pa} auf dem Zylinderumfang für sehr große Streckung ($\Lambda \to \infty$, Bild 12.18) bei geringer Rauhigkeit

	Lage des Baukörpers	Streckung Λ
1	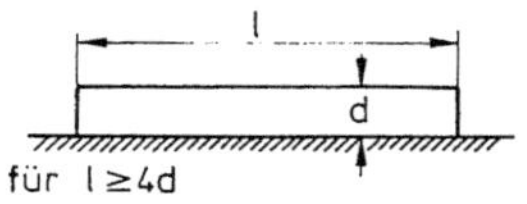 für $l \geq 4d$	l/d
2	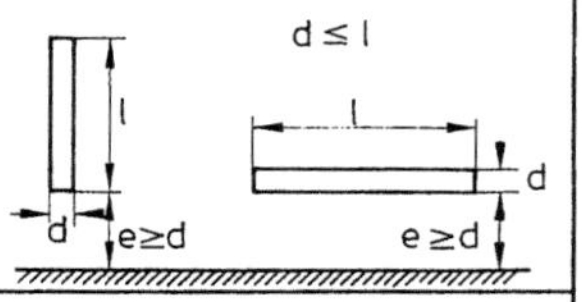 $d \leq l$	Min $(1{,}4\, l/d, 70)$ für $l \geqslant 50$ m Min $(2\ \ l/d, 70)$ für $l \leqslant 15$ m
3	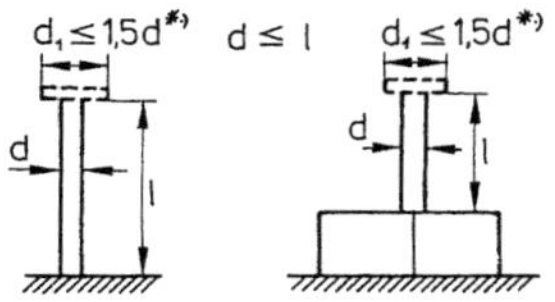 $d_1 \leq 1{,}5d^{*)}$ $d \leq l$ $d_1 \leq 1{,}5d^{*)}$	für Kreiszylinder: Min $(0{,}7\, l/d, 70)$ für $l \geqslant 50$ m Min $(\ \ l/d, 70)$ für $l \leqslant 15$ m
4	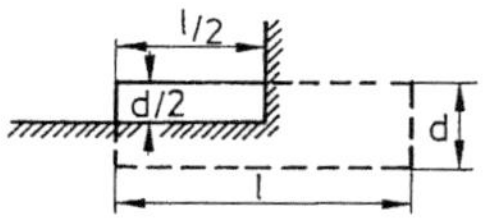	Zwischenwerte linear interpolieren
5	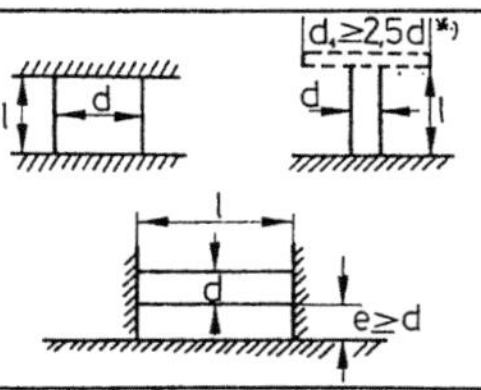 $d_1 \geq 2{,}5d^{*)}$	Max $(0{,}7\, l/d, 70)$ für $l \geqslant 50$ m Max $(l/d, 70)$ für $l \leqslant 15$ m Zwischenwerte linear interpolieren

Bild 12.18

Streckung Λ in Abhängigkeit von der Lage im Raum nach DIN 1055 Teil 4.

*) Für $1{,}5 < \dfrac{d_1}{d} < 2{,}5$ sind Λ-Werte sowohl nach Zeile 3 ($\Lambda = $ Min $(l/d, 70)$ als auch Zeile 5 ($\Lambda = $ Max $(l/d, 70)$ zu ermitteln und damit aus Bild 12.19 zwei λ-Werte zu errechnen. Zwischen diesen λ-Werten darf dem $\dfrac{d_1}{d}$-Wert entsprechend linear interpoliert werden. Interpolationen sind nun für $l \leqslant 50$ m notwendig

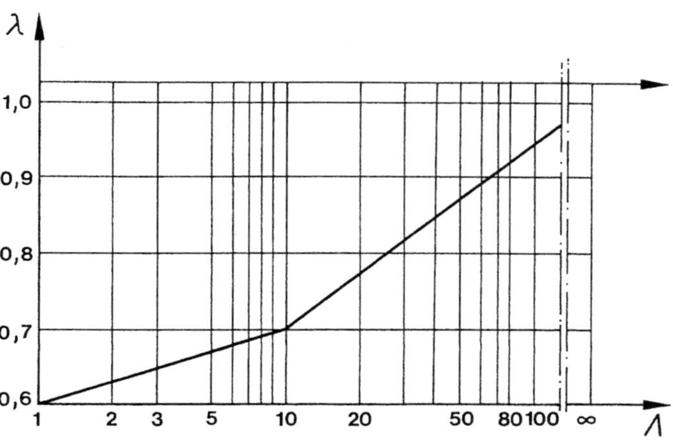

Bild 12.19

Schlankheitsfaktor λ in Abhängigkeit von der Streckung Λ nach DIN 1055 Teil 4

Tabelle 12.5 Lastbeiwerte für Rohre, Stangen, Drähte und Seile nach DIN 1055 Teil 4

		$d\sqrt{q} \leqslant 0{,}10$	$0{,}15 \leqslant d\sqrt{q} \leqslant 0{,}4$
Rohre, Stangen, Drähte	glatte Oberfläche	1,2	0,5
	mäßig rauhe Oberfläche	1,2	0,7
Seile	feindrähtig	1,2	0,9
	grobdrähtig	1,2	1,1

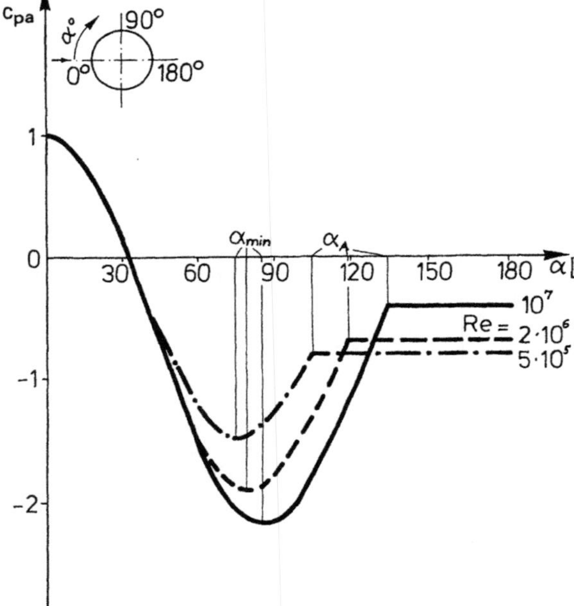

Bild 12.20

Druckbeiwerte c_{pa} längs des Zylinderumfanges für $\Lambda \rightarrow \infty$, $k/d \leqslant 10^{-4}$ für verschiedene Reynolds-Zahlen nach DIN 1055 Teil 4

($k/d \leqslant 10^{-5}$) und verschiedene Reynolds-Zahlen (Bild 12.20). Zwischenwerte der Reynolds-Zahl können durch logarithmische Interpolation genommen werden.

Bei kugelförmigen Baukörpern ist für $Re \leqslant 2{,}67 \cdot 10^5$ ($d\sqrt{q} \leqslant 0{,}10\ kN^{1/2}$) der Widerstandsbeiwert $c_f = 0{,}6$, für $Re > 4{,}0 \cdot 10^5$ ($d\sqrt{q} > 0{,}15\ kN^{1/2}$) $c_f = 0{,}35$ von der Rauhigkeit unabhängig. Für Zwischenwerte im Bereich $2{,}67 \cdot 10^5 \leqslant Re < 4{,}0 \cdot 10^5$ darf linear interpoliert werden. Weiter wird vorausgesetzt, daß der Abstand e der Kugel von der Bodenfläche mindestens einen Radius beträgt, da in Bodennähe wesentlich höhere Kraftbeiwerte auftreten können (Abschnitt 12.1.5). Für $e \leqslant \frac{d}{2}$ wird für c_f das 1,6fache der obigen Werte empfohlen, zusätzlich ist aber eine Vertikalkraft (Auftrieb) mit $c_A = 0{,}6$ zu berücksichtigen.

12.2.2 Beiwerte nach ÖNORM B4014 Teil 1

Der Lastbeiwert c ist hier analog zu DIN aus einem Faktor c_0, der für den unendlich langen Zylinder gilt, aber die Einflüsse von Rauhigkeit und Reynolds-Zahl enthält, und einem Faktor λ zur Berücksichtigung der Streckung Λ zusammengesetzt (Abschnitt 5.2.7):

$$(12.1) \qquad c = c_0 \cdot \lambda. \tag{12.3}$$

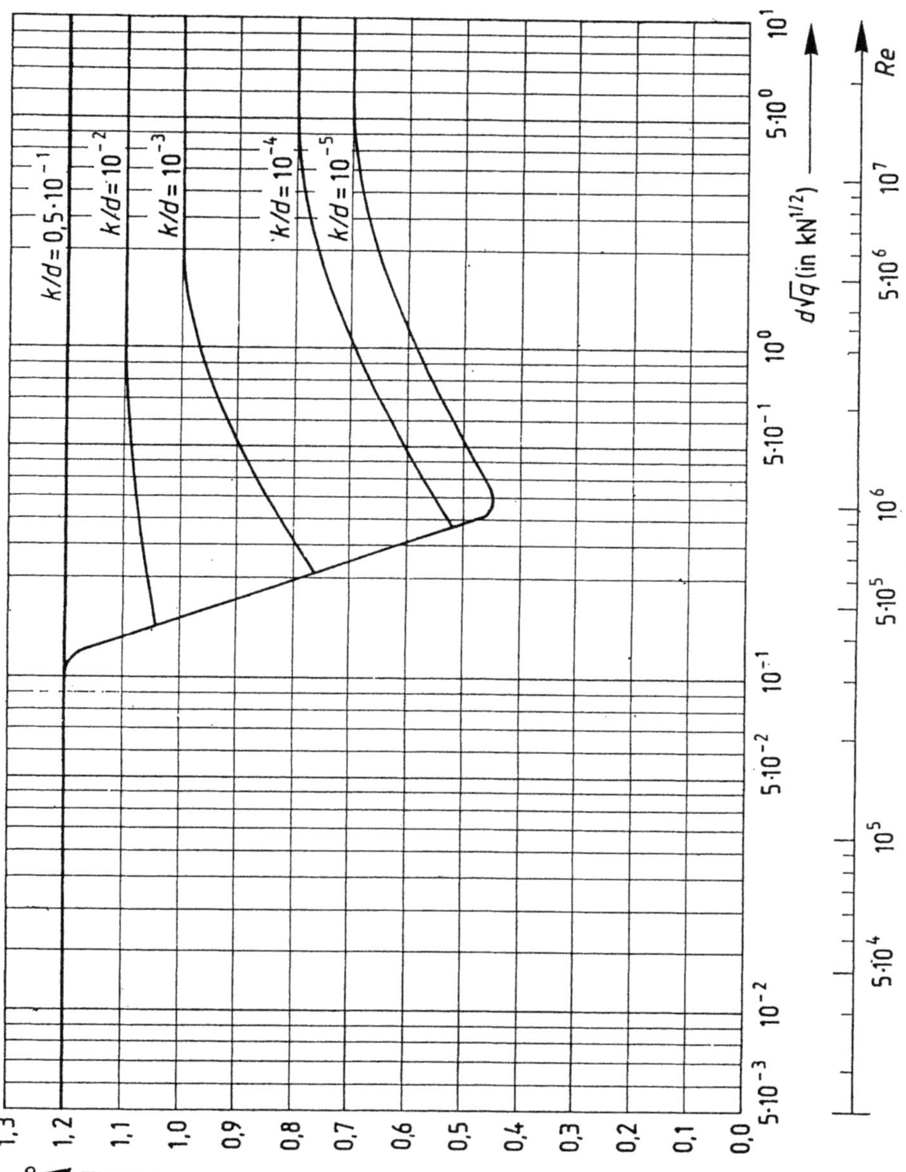

Bild 12.21 Widerstandsbeiwert c_0 für den unendlich langen Zylinder als Funktion von Reynolds-Zahl und Rauhigkeit nach ÖNORM B4014 Teil 1

Lage des Baukörpers	Streckung Λ
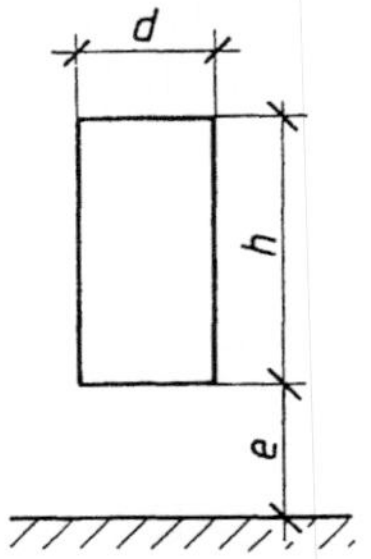	$e \geqq h:\quad \Lambda = \dfrac{h}{d}$ $e = 0:\quad \Lambda = \dfrac{2\,h}{d}$ für $0 < e < h$ lineare Interpolation der Streckungen Λ
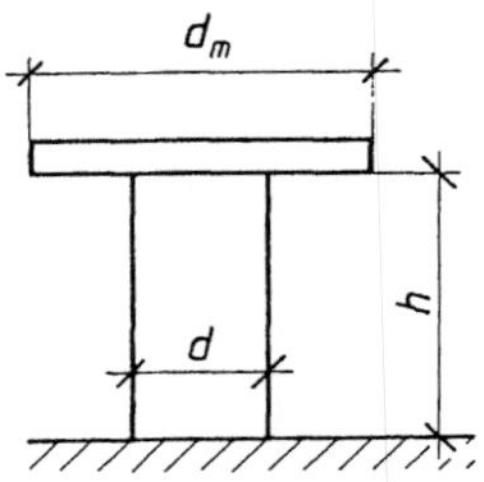	$\dfrac{d_m}{d} \geqq 2,5:\quad \Lambda = \infty$ $\dfrac{d_m}{d} \leqq 1,5:\quad \Lambda = \dfrac{2\,h}{d}$ für $1,5 < \dfrac{d_m}{d} < 2,5$ lineare Interpolation der für $\Lambda = \infty$ und $\Lambda = \dfrac{2\,h}{d}$ ermittelten c-Werte

Bild 12.22 Streckung Λ in Abhängigkeit von der Lage des Baukörpers im Raum nach ÖNORM B4014 Teil 1

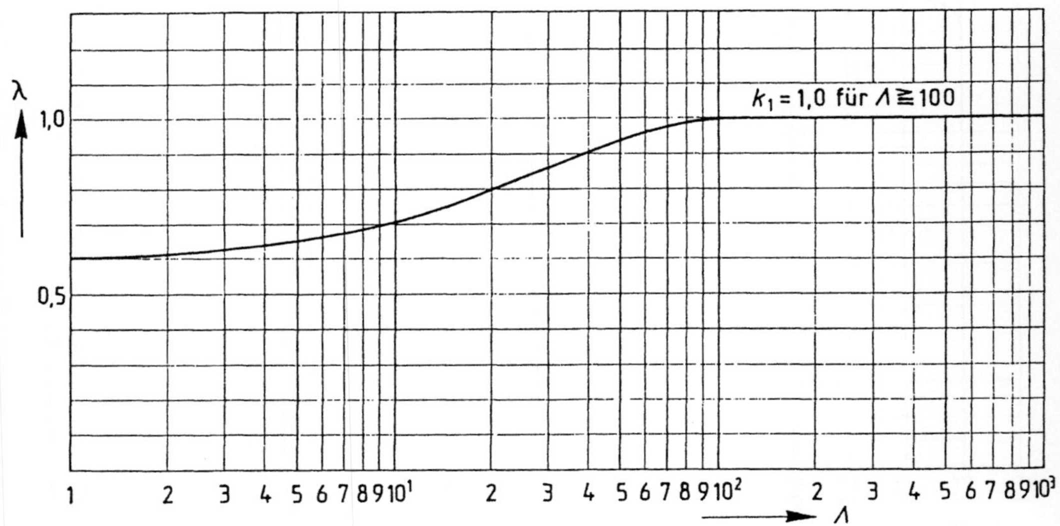

Bild 12.23 Schlankheitsfaktor λ in Abhängigkeit von der Streckung Λ nach ÖNORM B4014 Teil 1

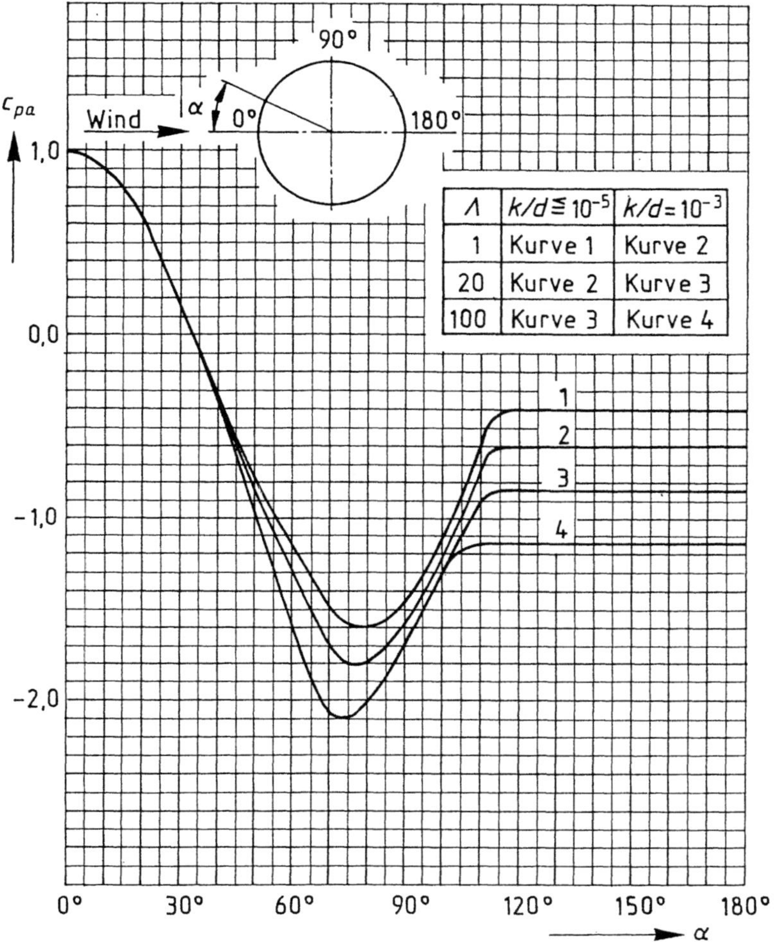

Bild 12.24 Druckbeiwerte c_{pa} längs des Zylinderumfanges für verschiedene Rauhigkeiten k/d und Streckungen Λ für Re $\geqslant 8 \cdot 10^6$ (d $\sqrt{q} \geqslant 3$ kN$^{1/2}$) nach ÖNORM B4014 Teil 1

c_0 ist für verschiedene dimensionslose Rauhigkeiten (k/d) abhängig von d$\sqrt{q}$ (bzw. Re) Bild 12.21 zu entnehmen. Es ist zu beachten, daß d$\sqrt{q}$ in kN$^{1/2}$, also d in m und q in kN/m^2 einzusetzen sind. Die Streckung Λ erhält man entsprechend der Lage im Raum aus Bild 12.22 und λ aus Bild 12.23. Die Rauhigkeiten können Tabelle 12.6 entnommen werden.

Die Druckverteilung c_{pa} längs des Umfanges eines Kreiszylinders gibt abhängig von der relativen Rauhigkeit k/d und der Streckung Bild 12.24 wieder. Es handelt sich dabei um Verteilungen in dem Bereich d$\sqrt{q} > 3$ kN$^{1/2}$, in dem der Beiwert c_0 praktisch konstant ist (Bild 12.21). Die Einflüsse von Rauhigkeit und Streckung spiegeln sich im wesentlichen in den verschiedenen Drücken im Nachlaufgebiet, also auf der Leeseite des Zylinders, wieder.

Tabelle 12.6
Richtwerte für die Rauhigkeiten k
verschiedener Oberflächen
nach ÖNORM B4014 Teil 1

Oberfläche	k (in m)
Holz	0,003
Mauerwerk	
unverputzt oder rauh verputzt	0,01
glatt	0.005
Beton	
rauh	0,01
glatt	0,005
Stahl	
mit Rostansatz	0,002
verzinkt, gestrichen	0,001
Rippen	Rippenhöhe

Bei kugelförmigen Körpern hängt der Beiwert sowohl von der Reynolds-Zahl (bzw. $d\sqrt{q}$) als auch von der Rauhigkeit ab (Bild 12.25). Es ist besonders darauf zu achten, daß $d\sqrt{q}$ in $kN^{1/2}$ einzusetzen ist (d in m und q in kN/m^2). Für Zwischenwerte der Rauhigkeit darf linear interpoliert werden. Die Druckverteilung auf einem Großkreis einer Kugel für Werte $d\sqrt{q} > 1{,}5\ kN^{1/2}$ zeigt Bild 12.26.

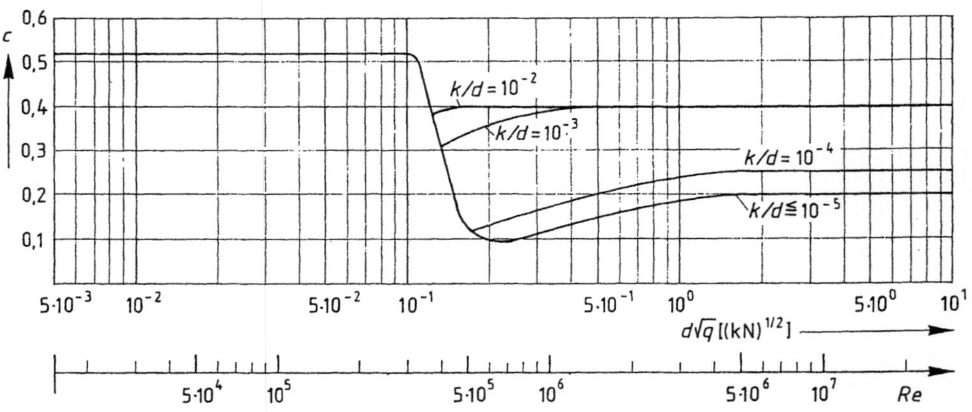

Bild 12.25 Widerstandsbeiwerte für die Kugel als Funktion von Reynolds-Zahl und Rauhigkeit nach ÖNORM B4014 Teil 1

12.2.3 Beiwerte nach SIA 160

Für drei verschiedene Schlankheiten h/d und für verschiedene Rauhigkeiten sind in Bild 12.27 die Lastbeiwerte c für stehende zylindrische Baukörper angegeben. Die Werte gelten für $d\sqrt{q} > 1{,}5\ kp^{1/2}$ (d ist in m und q in kp/m^2 einzusetzen). Bei mäßig glatten Oberflächen gelten dabei für den Außendruckbeiwert c_{pa} die Verteilungen nach Bild 12.28, die von der Schlankheit h/d abhängen.

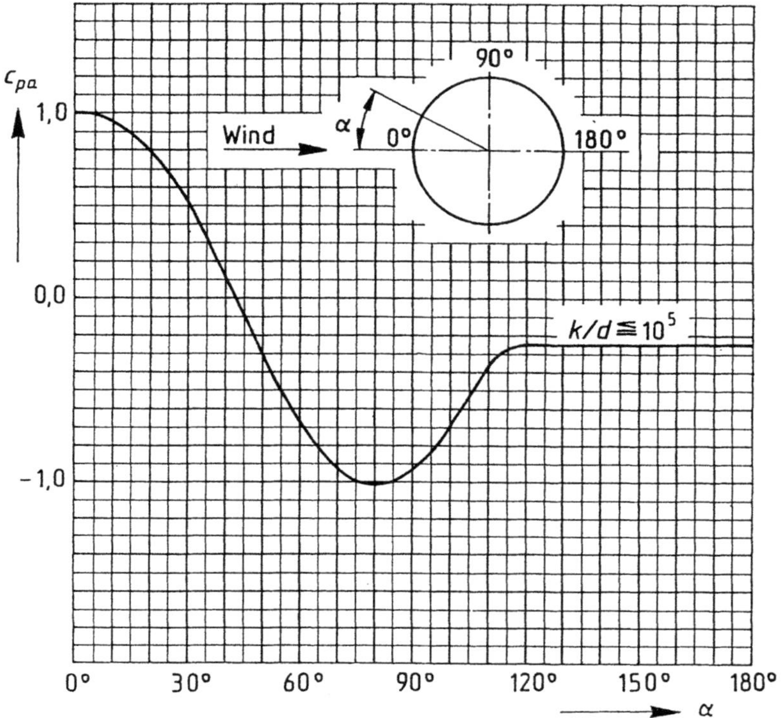

Bild 12.26 Druckbeiwert c_{pa} längs des Großkreises einer Kugel für $Re \geqslant 4 \cdot 10^6$ ($d\sqrt{q} \geqslant 1,5\ kN^{1/2}$) nach ÖNORM B4014 Teil 1

Für Drähte, Leitungs- und Drahtseile, Stangen und Rohre gelten für $l/d > 100$ die Werte nach Bild 12.29, wobei $d\sqrt{q} = 1,5\ kp^{1/2}$ als Grenze zwischen zwei Wertebereichen von c gesetzt ist.

Für eine mäßig glatte Kugel im Bereich $d\sqrt{q} > 7,5\ kp^{1/2}$ ist $c = 0,2$ zu setzen, die Druckverteilung abhängig vom Winkel α ist in der Tabelle des Bildes 12.28 enthalten.

Die SIA 160 enthält außerdem noch Angaben über Druckverteilungen bei einem Hangar mit Bogendach. Bei einem geschlossenen Behälter ist für die Dachbelastung $c_{pa} = -1,0$ zu setzen.

26

Schlankheit h/d =		25	7	1
Stehende Zylinder c für $d\sqrt{q} > 1{,}5 \ kp^{1/2}$		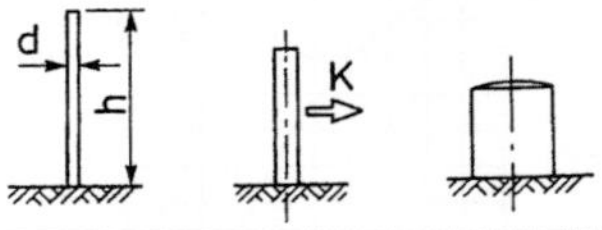		
Querschnitt und Rauhigkeit		c	c	c
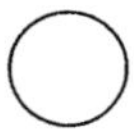 ◯	mäßig glatte Oberfläche (Blech, Holz, Beton)	0,55	0,5	0,45
	mäßig rauhe Oberfläche (runde Rippen h/d = 0,02)	0,9	0,8	0,7
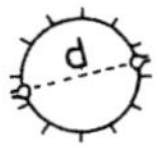	sehr rauhe Oberfläche (kantige Rippen h/d = 0,08)	1,2	1,0	0,8
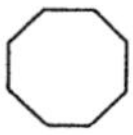	glatte und rauhe Oberfläche (scharfkantige Form)	1,4	1,2	1,0

Bild 12.27 Widerstandsbeiwerte für stehende Zylinder verschiedener Rauhigkeit nach SIA 160

28

Beiwerte für $l/d > 100$	$d\sqrt{q} \ [kp^{1/2}]$ Beiwert	< 1,5 c	> 1,5 c
glatte Drähte und Stangen, Rohre	o	1,2	0,5
mäßig rauhe Drähte und Stangen	O	1,2	0,7
feindrähtige Leitungs- und Tragseile		1,2	0,9
grobdrähtige Leitungs- und Tragseile		1,3	1,1

Bild 12.29 Widerstandsbeiwerte für Drähte, Stangen, Rohre und Seile nach SIA 160

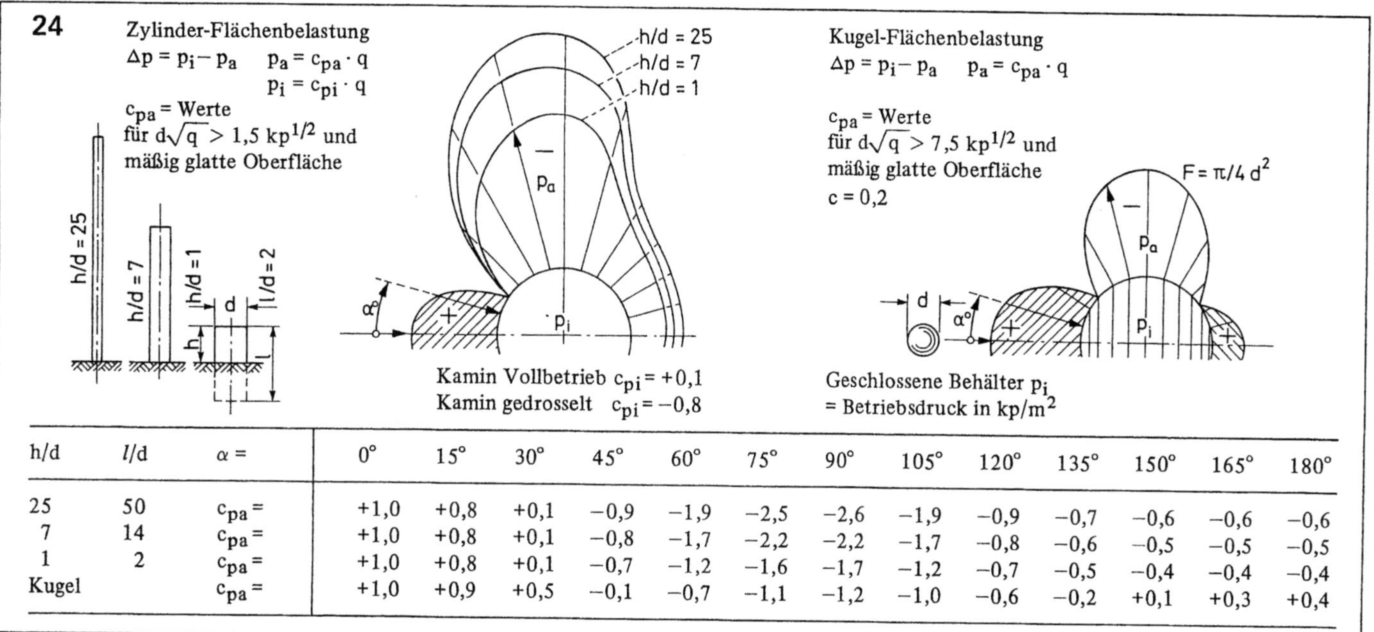

24 Zylinder-Flächenbelastung

$\Delta p = p_i - p_a \qquad p_a = c_{pa} \cdot q$
$\qquad\qquad\qquad p_i = c_{pi} \cdot q$

$c_{pa} =$ Werte
für $d\sqrt{q} > 1{,}5\ \mathrm{kp}^{1/2}$ und
mäßig glatte Oberfläche

Kugel-Flächenbelastung

$\Delta p = p_i - p_a \qquad p_a = c_{pa} \cdot q$

$c_{pa} =$ Werte
für $d\sqrt{q} > 7{,}5\ \mathrm{kp}^{1/2}$ und
mäßig glatte Oberfläche
$c = 0{,}2$

$F = \pi/4\,d^2$

Kamin Vollbetrieb $c_{pi} = +0{,}1$
Kamin gedrosselt $c_{pi} = -0{,}8$

Geschlossene Behälter p_i
= Betriebsdruck in $\mathrm{kp/m}^2$

h/d	l/d	$\alpha =$	$0°$	$15°$	$30°$	$45°$	$60°$	$75°$	$90°$	$105°$	$120°$	$135°$	$150°$	$165°$	$180°$
25	50	$c_{pa} =$	+1,0	+0,8	+0,1	−0,9	−1,9	−2,5	−2,6	−1,9	−0,9	−0,7	−0,6	−0,6	−0,6
7	14	$c_{pa} =$	+1,0	+0,8	+0,1	−0,8	−1,7	−2,2	−2,2	−1,7	−0,8	−0,6	−0,5	−0,5	−0,5
1	2	$c_{pa} =$	+1,0	+0,8	+0,1	−0,7	−1,2	−1,6	−1,7	−1,2	−0,7	−0,5	−0,4	−0,4	−0,4
Kugel		$c_{pa} =$	+1,0	+0,9	+0,5	−0,1	−0,7	−1,1	−1,2	−1,0	−0,6	−0,2	+0,1	+0,3	+0,4

Bild 12.28 Druckbeiwerte für Zylinder und Kugel nach SIA 160

12.3 Beispiel.

Für einen zylindrischen Betonturm mit dem Durchmesser d = 10 m, der Höhe h = 100 m sind die Windlasten zu ermitteln. Die Eigenschwingungszeit des Turmes beträgt 1,5 s.

12.3.1 Berechnung nach DIN 1055 Teil 4

Zunächst ist festzustellen, ob eine Berechnung nach DIN 1055 Teil 4 zulässig ist, wozu Bild 9.1 herangezogen wird. Das logarithmische Dämpfungsdekrement δ_K ist für Stahlbeton nach Tabelle 9.1 $\delta_K = 0,04$, die Eigenfrequenz

$$n = \frac{1}{T_e} = \frac{1}{1,5}\, s^{-1} = 0,6\, s^{-1}$$

$$n' = n\sqrt{\delta_K/0,1} = 0,6\sqrt{0,04/0,1}\, s^{-1} = 0,38\, s^{-1}$$

$$h' = h/\sqrt{(h/b + 1)/20} = 100/\sqrt{(100/10 + 1)/20}\, m = 134,8\, m$$

$$\frac{44}{n' - 0,05} = \frac{44}{0,38 - 0,05} = 133,3 < 134,8.$$

Eine Berechnung nach DIN 1055 Teil 4 ist daher zulässig.

Nach Tabelle 6.2 ist mit folgenden Staudrücken zu rechnen:

Tabelle 12.7
Staudrücke nach DIN 1055 Teil 4
(Tab 6.2)

h[m]	0...8	8...20	20...100
$q[kN/m^2]$	0,5	0,8	1,1

Rauhigkeit nach Tabelle 12.4: $k = 0,003\, m; k/d = 3 \cdot 10^{-4}$

Streckung Λ nach Bild 12.18: $\Lambda = 0,7\,\frac{h}{d} = 0,7\,\frac{100}{10} = 7,0,$

Schlankheitsfaktor nach Bild 12.19: $\lambda = 0,68,$

(12.2) $Re = 26,67 \cdot 10^5\, d\sqrt{q} = 26,67 \cdot 10^5 \cdot 10\sqrt{1,1} = 2,8 \cdot 10^7,$

Grundbeiwert c_0 aus Bild 12.17: $c_{f_0} = 1,2 + \dfrac{0,18 \log (10\, k/d)}{1 + 0,4 \log (Re/10^6)} = 0,91$

(12.1) $c_f = \lambda c_{f_0} = 0,68 \cdot 0,91 = 0,62.$

Damit folgt die Gesamtlast

$$W = 0,62 \cdot 10[0,5 \cdot 8 + 0,8 \cdot 12 + 1,1 \cdot 80]\, kN,$$

$$W = 630\, kN$$

und für das Einspannmoment an der Basis

$$W \cdot z_W = 0{,}62 \cdot 10[0{,}5 \cdot 8 \cdot 4 + 0{,}8 \cdot 12 \cdot 14 + 1{,}1 \cdot 80 \cdot 60] \text{ kNm},$$

$$W \cdot z_W = 33668 \text{ kNm},$$

$$z_W = 53{,}44 \text{ m}.$$

12.3.2 Berechnung nach ÖNORM B4014 Teil 1

Für Bauten bis 100 m ist eine Berechnung nach der ÖNORM B4014 Teil 1 zulässig, falls sich nach Bild 9.2 ergibt, daß das Bauwerk nicht schwingungsanfällig ist.

$$f = \frac{T \cdot v_0}{h}\left(\frac{h}{l_m}\right)^{1/3}\left(\frac{h}{h_0}\right)^{1/7} = \frac{1{,}5 \cdot 25{,}3}{100}\left(\frac{100}{10}\right)^{1/3}\left(\frac{100}{10}\right)^{1/7}$$

$$f = 1{,}136$$

$$\delta_K = 0{,}06.$$

Der durch dieses Wertepaar festgelegte Punkt liegt in dem Bereich, der im Bild 9.2 als nicht schwingungsanfällig gekennzeichnet ist, daher kann die ÖNORM B4014 Teil 1 angewendet werden. Allerdings besagt dies nur, daß keine Gefahr für Schwingungen in Windrichtung (Böenerregung) besteht, hingegen kann der Turm sehr wohl zu Schwingungen quer zur Windrichtung angeregt werden (Kap. 16).

Für die Ermittlung der statischen Windkräfte werden Gelände 1 ($z_0 = 0{,}055$ m) und als Grundgeschwindigkeit $u_2(10) = 130$ km/h angenommen. Aus Tabelle 3 der Norm erhält man $q_2(100) = 1{,}18$ kN/m^2, damit kann mit Gl. (6.28) die Staudruckverteilung im Bereich $10 \text{ m} \leqslant z \leqslant 150 \text{ m}$ berechnet werden.

$$(6.28) \qquad q_2(z) = q_2(100)\frac{\ln\left(\dfrac{z}{z_0}\right)}{\ln\left(\dfrac{100}{z_0}\right)}.$$

Im Bereich unterhalb 10 m werden entsprechend Tabelle 3 der Norm folgende Stufen gewählt

$$z \leqslant 6 \text{ m} \qquad q = 0{,}77 \text{ kN/m}^2$$

$$6 < z < 10 \text{ m} \qquad q = 0{,}82 \text{ kN/m}^2.$$

Die Gesamtkraft ergibt sich durch Integration über die Höhe

$$(9.2\text{a}, 9.3) \quad W = c \cdot s \cdot d \int\limits_0^{100} q(z)\,dz = c \cdot s \cdot d\left\{0{,}77 \cdot 6 + 0{,}82 \cdot 4 + \frac{q_2(100)}{\ln\left(\dfrac{100}{z_0}\right)}\int\limits_{10}^{100}\ln\left(\frac{z}{z_0}\right)dz\right\}$$

$$(6.29) \qquad \int\limits_{10}^{100}\ln\left(\frac{z}{z_0}\right)dz = 100\left(\ln\frac{100}{0{,}055} - 1\right) - 10\left(\ln\frac{10}{0{,}055} - 1\right) = 608{,}5.$$

Mit den oben angegebenen Werten für z_0 und $q_2(100)$ erhält man

$$W = 103,6 \cdot c \cdot s \cdot d.$$

Das Moment um die Basis ist

$$W \cdot z_W = c \cdot s \cdot d \int\limits_0^{100} z \cdot q_2 \cdot dz =$$

$$= c \cdot s \cdot d \left\{ 0,77 \cdot 6 \cdot 3 + 0,82 \cdot 8 \cdot 4 + \frac{q_2(100)}{\ln\left(\frac{100}{z_0}\right)} \int\limits_{10}^{100} z \ln\left(\frac{z}{z_0}\right) dz \right\}$$

$$(6.29) \qquad \int\limits_{10}^{100} z \ln \frac{z}{z_0}\, dz = 100^2 \left(\frac{1}{2} \ln \frac{100}{0,055} - \frac{1}{4} \right) - 10^2 \left(\frac{1}{2} \ln \frac{10}{0,055} - \frac{1}{4} \right)$$

$$= 34\,793$$

$$W \cdot z_W = 5510 \cdot c \cdot s \cdot d.$$

Der Angriffspunkt der Kraft liegt im Abstand z_W vom Boden

$$z_W = \frac{5510}{103,6}\, m = 53,2\ m$$

Der Größenfaktor ist nach Tabelle 6.3 $s = 0,92$. Zur Berechnung des Beiwertes c muß zunächst die Rauhigkeit $k = 0,01$ m aus Tabelle 12.6 und die Streckung $\Lambda = \dfrac{2h}{d} = \dfrac{200}{10} = 20$ nach Bild 12.22 bestimmt werden. Mit diesem letzten Wert erhält man aus Bild 12.23 den Schlankheitsfaktor $\lambda = 0,80$. Mit der dimensionslosen Rauhigkeit $\dfrac{k}{d} = \dfrac{0,01}{10} = 10^{-3}$ und $d\sqrt{q} = 10\sqrt{1,12} = 10,6$ wird $c_0 = 1,0$ (Bild 12.21).

$$(12.3) \qquad c = \lambda \cdot c_0 = 0,80 \cdot 1,0 = 0,80.$$

Mit den Zahlenwerten von c, s und d können die Kraft W und das Moment $W \cdot z_W$ berechnet werden.

$$W = 103,6 \cdot c \cdot s \cdot d = 103,6 \cdot 0,80 \cdot 0,92 \cdot 10 = 762,5\ kN,$$

$$W \cdot z_W = 5510 \cdot c \cdot s \cdot d = 5510 \cdot 0,80 \cdot 0,92 \cdot 10 = 40\,554\ kNm.$$

12.3.3 Berechnung nach SIA 160

Die Staudruckverteilung ist nach Tabelle 6.4 anzusetzen. Für den Beiwert c folgt für Beton und $h/d = 10$ aus Bild 12.27 $c = 0,51$. Daraus ergibt sich für die Gesamtlast

$$W = 0,51 \cdot 10[0,687 \cdot 5 + 0,834 \cdot 10 + 0,981 \cdot 25 + 1,177 \cdot 40 + 1,472 \cdot 20]\ kN$$

$$W = 575,4\ kN$$

und für das Einspannmoment an der Basis:

$$W \cdot z_W = 0{,}51 \cdot 10[0{,}687 \cdot 5 \cdot 2{,}5 + 0{,}834 \cdot 10 \cdot 10 + 0{,}981 \cdot 25 \cdot 27{,}5 +$$
$$+ 1{,}177 \cdot 40 \cdot 60 + 1{,}472 \cdot 20 \cdot 90]\ kNm$$

$$W \cdot z_W = 31828\ kNm$$

$$z_W = 55{,}3\ m.$$

Für die Druckverteilung darf in Bild 12.28 zwischen den Kurven für $h/d = 7$ und $h/d = 25$ interpoliert werden.

Literatur

[12.1] *Fage, A., Warsap, J. H.:* The effects of turbulence and surface roughness on the drag of a circular cylinder. Aero. Res. Counc. Lond. R and M No. 1283, 1929

[12.2] *Niemann, H. J.:* Zur stationären Windbelastung rotationssymmetrischer Bauwerke im Bereich transkritischer Reynolds-Zahlen. Mitt. Nr. 71-2, Inst. f. Konstruktiv. Ingenieurbau, Ruhr-Universität Bochum (1971)

[12.3] *Sachs, P.:* Wind Forces in Engineering, Pergamon Press 1972

[12.4] *Ruscheweyh, H.:* Beitrag zur Windbelastung hoher kreiszylinderähnlicher schlanker Bauwerke im natürlichen Wind bei Reynolds-Zahlen bis $Re = 1{,}4 \cdot 10^7$, Diss. TH Aachen 1974

[12.5] *Gould, R. W. F., Raymer, W. G., Ponsford, P. J.:* Wind tunnel tests on chimneys of circular section at high Reynolds numbers, Proc. Symp. Wind Effects on Buildings and Structures, Loughborough Univ. of Technology 1968, Paper 10, 17 S

[12.6] *Newberry, C. W., Eaton, K. J., Mayne, J. R.:* Wind pressure and strain measurements at the Post Office Tower, Building Research Establ. Current Paper CP 30/73

[12.7] *Braun, R., Jasch, E.:* Die Entwicklung von Naturzug- Trockenkühltürmen in vorgespannter Seilnetzkonstruktion unter Berücksichtigung der Bauwerksaerodynamik, Techn. Mitt. Krupp-Werksberichte Bd. 33/1, S. 237–240 (1975)

[12.8] *Schuring, G.:* Kühlturmschlote unter Windbelastung, Diss. TH Karlsruhe 1964

[12.9] *Paduart, A.:* Stabilité des tours de refrigération. Génie Civ. 115, S. 25–35, 100–112 (1968)

[12.10] *Rothert, H.:* Naturzugkühltürme, ihre Festigkeitsberechnung und Konstruktion, Konstr. Ing. Bau Ber. H 1 S. 105–109 (1968)

[12.11] *Achenbach, E.:* Experiments on the flow past spheres at very high Reynolds numbers. J. Fluid Mech. 54 S. 565–575 (1972)

[12.12] *Hoerner, S. F.:* Fluid Dynamic Drag, Hoerner-Fluid Dynamics, Bricktown 1965

[12.13] *Eßlinger, M., Ahmed, S. R., Schroeder, H. H.:* Stationäre Windbelastung offener und geschlossener kreiszylindrischer Silos, Der Stahlbau 40/12, S. 361–368 (1971)

[12.14] *Menzies, J. B.:* Wind damage to buildings in the United Kingdom 1962–1969, Building Research Station CP 35/71 (1971)

[12.15] *Achenbach, E.:* Distribution of local pressure and skin friction around a circular cylinder in cross-flow up to $Re = 5 \cdot 10^6$, J. Fluid Mech. 34/4, S. 625–639 (1968)

[12.16] *Achenbach, E.:* Influence of surface roughness on the crossflow around a circular cylinder, J. Fluid Mech. 46/2, S. 321–335 (1971)

[12.17] *Roshko, A.:* Experiments on the flow past a circular cylinder at very high Reynolds number. J. Fluid Mech. 10/3, S. 345–357 (1961)

[12.18] *Van Nunen, J. W. G.:* Pressures and forces on a circular cylinder in a cross flow at high Reynolds numbers, JUTAM Symp. Karlsruhe 1972, Flow-induced structural vibrations. S. 748–754

[12.19] *Ning Chien, Yin Feng, Hung-Ju Wang, Tien-To Siao:* Wind tunnel studies of pressure distribution of elementary building forms, Iowa Inst. of Hydraulic Res., State University of Iowa, Iowa City, 113 S.

[12.20] *Achenbach, E.:* The effects of surface roughness and tunnel blockage on the flow past spheres, J. Fluid Mech. 65/1, S. 113–125 (1974)

[12.21] *Szechenyi, E.:* Supercritical Reynolds number simulation for two dimensional flow over circular cylinders, J. Fluid Mech. 70/3, S. 529–542 (1975)

[12.22] *Ackeret, J.:* Anwendungen der Aerodynamik im Bauwesen, Zeitschr. f. Flugwissenschaften 13/4, S. 109–122 (1965)

[12.23] *Cohen, E., Perrin, H.:* Design of multi-level guyed towers: Wind loading, Journ. of the Struct. Div. Proc. ASCE 83, No. ST5, Pap. 1355, 29 S. (1957)

[12.24] *Blessmann, J.:* Pressures on domes with several wind profiles, Proc. of the 3rd Int. Conf. on "Wind Effects on Buildings and Structures", Tokyo 1971, S. 317–326

[12.25] *Warschauer, K. A., Leene, J. A.:* Experiments on mean and fluctuating pressures of circular cylinders at cross flow at very high Reynolds numbers, Proc. of the 3rd Int. Conf. on "Wind Effects on Buildings and Structures", Tokyo 1971, S. 305–315

[12.26] *Schnabel, W.:* Full scale and wind-tunnel results on pressures acting on a tower, Proc. of the 4th Coll. on Industrial Aerodynamics, Aachen 1980, Buildings Aerodynamics, Part 1, S. 171–185

[12.27] *Leene, J. A.:* Draught reduction of hyperbolic natural-draught cooling towers as a result of wind, Proc. of the 4th Coll. on Industrial Aerodynamics, Aachen 1980, Buildings Aerodynamics, Part 2, S. 71–82

[12.28] *Scruton, C.:* An Introduction to wind effects on structures, Eng. Design Guides 40, Oxford Univ. Press 1981, 78 S.

[12.29] *Maher, F. J.:* Wind loads on basic dome shapes, J. of the Struct. Div., Proc. Am. Soc. Civ. Engs. 91, ST3, S. 219–228 (1965)

[12.30] *Maher, F. J.:* Wind loads on dome-cylinder and dome-cone shapes, J. of the Struct. Div., Proc. Am. Soc. Civ. Engs. 92, ST5, S. 79–96 (1966)

[12.31] *Toy, N., Moss, W. D., Savory, E.:* Wind tunnel studies on a dome in turbulent boundary layers, Proc. of the 5th Coll. on Industrial Aerodynamics Aachen 1982, Building Aerodynamics Part 1, S. 151–162

[12.32] *Grillaud, C.:* Effets du vent sur une structure gonflable, Coll. "Construire avec le vent", Nantes 1981, Pap. V-4, 12 S.

[12.33] *Hoxey, R. P., Richardson, G. M.:* Wind loads on film plastic greenhouses, Proc. of the 5th Coll. on Industrial Aerodynamics Aachen 1982, Building Aerodynamics Part 1, S. 175–187

13 Profile, Fachwerke

13.1 Beiwerte nach Experimenten

13.1.1 Das Einzelprofil

Beiwerte für verschiedene Profile sind sowohl in DIN 1055 Teil 4 als auch in der SIA 160 enthalten, wobei auch verschiedene Anströmrichtungen berücksichtigt werden. Als Beispiel für die Abhängigkeit der Kraftbeiwerte vom Anströmwinkel β sind im Bild 13.1 die Beiwerte c_{x0} und c_{y0} in den Richtungen x und y für einen ungleichschenkeligen Winkel wiedergegeben [13.2]. Beide Beiwerte sind dabei auf die Abmessung des längeren Steges des Winkels und auf die Längeneinheit bezogen. Der Index 0 in den Beiwerten deutet an, daß es sich um Werte für einen Stab der Streckung $\Lambda = \infty$ handelt. Der Einfluß der endlichen Länge kann mit Bild 5.33 abgeschätzt werden. c_{x0} erreicht Werte um 2,0, c_{y0} ist kleiner, da es auf dieselbe Fläche wie c_{x0} bezogen ist. Nach Flachsbart [13.6] liegen die Beiwerte einer großen Anzahl von kantigen Profilen im Bereich $1,8 < c_0 \leqslant 2,2$, der Mittelwert liegt also etwa bei 2,0. Geringere Werte treten vor allem bei Stäben mit polygonalem Querschnitt auf, wie auch die entsprechenden Angaben in DIN 1055 Teil 4 zeigen. Aber auch bei anderen Profilen kommen niedrigere Werte vor. Der Wert $c = 2,0$ liegt daher, von

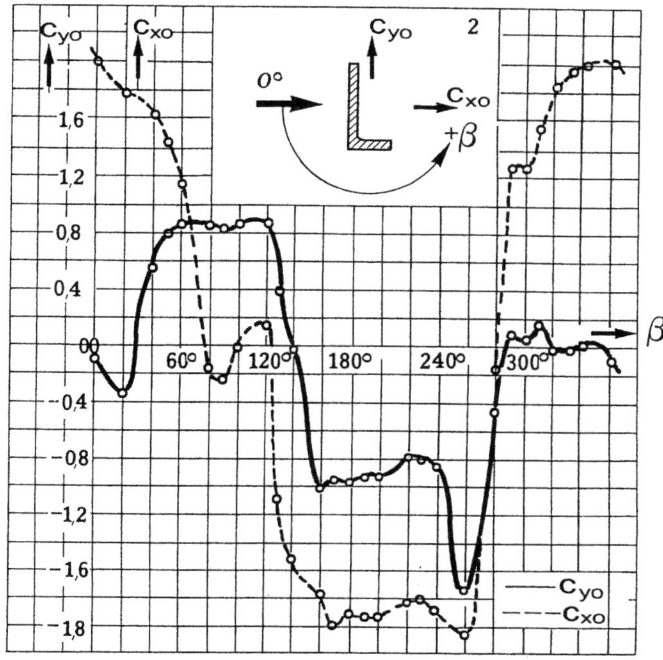

Bild 13.1
Kraftbeiwerte für einen ungleichschenkligen Winkel für verschiedene Anströmrichtungen [13.2]

wenigen Ausnahmen abgesehen, auf der sicheren Seite. Bei der Berechnung von Fachwerkwänden mit verschiedenen kantigen Profilen wird dieser Wert oft als Ausgangsgröße verwendet.

Bis jetzt wurde stillschweigend vorausgesetzt, daß die Anströmung normal zur Stabachse erfolgt, was natürlich in der Praxis nur selten zutreffen wird. In Abschnitt 5.2.7 wurde schon erläutert, daß für den Fall, daß ein sehr langer Stab nicht normal, sondern schräg zu seiner Achse angeströmt wird, in erster Näherung vor allem bei geringen Abweichungen von der Normalanströmung, nur die Geschwindigkeitskomponente normal zur Achse für die Windlast maßgebend ist. Sowohl für kleine Winkel zwischen Anströmung und Stabachse als auch für kleine Streckungen ist diese Näherung schlecht, weil dann die Umströmung der Stabenden einen wesentlichen Einfluß hat.

Die Beiwerte sind in allen Tabellen auf einen Stab mit der Streckung $\Lambda = \infty$ bezogen. Der Einfluß der endlichen Streckung kann mittels Bild 5.33, Kurve 1 berechnet werden.

13.1.2 Fachwerkswände

Profile in einem Verband beeinflussen gegenseitig ihre Umströmung. In Abschnitt 5.2.6 wurden bereits derartige wechselseitige Einflüsse von Bauten, Verdrängungseffekte und Windschatteneffekte, besprochen. Bei Wind normal zu einer Fachwerksebene liegen reine Verdrängungseffekte vor, bei einer Schräganströmung können hingegen auch Windschatteneffekte auftreten. Das Windschattenproblem spielt aber vor allem bei mehreren hintereinanderliegenden Fachwerksebenen eine Rolle, so z. B. bei Türmen. Die wesentliche Einflußgröße für den Verdrängungseffekt ist der Völligkeitsgrad

$$\varphi = \frac{A}{A_u},\tag{13.1}$$

wobei A die Projektionsfläche des Gitters oder Tragwerkes auf die Tragwerksebene ist (Summe der Stabansichtsflächen) und A_u die Gesamtfläche, also die von den Begrenzungslinien des ebenen Tragwerks eingeschlossene Fläche (Bild 13.2).

Genau wie beim Einzelkörper (Abschnitt 5.2.7) spielt bei der Fachwerkswand das Seitenverhältnis der Wand l/h und die Lage im Raum eine Rolle, was auch hier näherungsweise durch das Streckungsverhältnis Λ ausgedrückt werden kann (Bild 13.3). Für das Windschattenproblem ist natürlich der relative Abstand der Träger e/h wesentlich. Wie schon

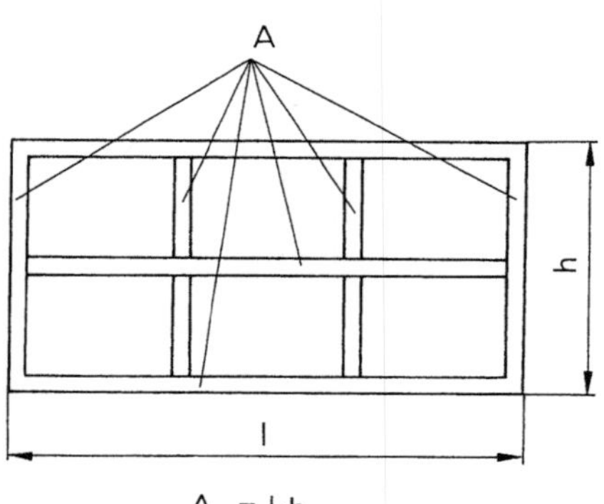

Bild 13.2
Projektionsfläche des Gitters A und Gesamtfläche A_u

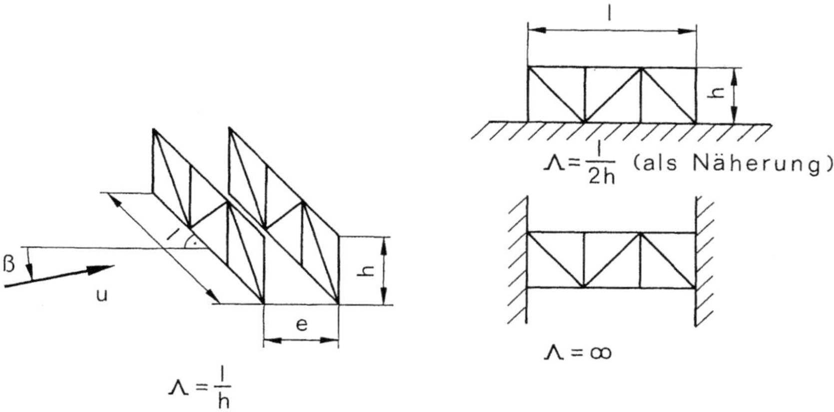

Bild 13.3 Abmessungen und Streckungsverhältnis Λ von Tragwerkswänden ·

erwähnt, ändert auch ein Abweichen von der Normalanströmung (Winkel β in Bild 13.3) die Verhältnisse. Bei der Berechnung von Fachwerken sind daher die folgenden Parameter maßgebend:

1. Form der Stäbe,
2. Völligkeitsgrad φ,
3. Streckungsverhältnis Λ,
4. Anströmwinkel β,
5. Trägerabstand e/h und relative Lage (bei mehreren Trägern).

Bei Fachwerken ist es üblich, die Kräfte auf die Projektionsfläche A zu beziehen (Gl. 13.2). Unter F versteht man in der Regel die Kraftkomponente F_N normal zur Fachwerksebene. Die Kraftkomponenten in der Ebene sind meist auch bei Schräganströmung vernachlässigbar klein [13.4], daher wird im folgenden nur die Normalkraftkomponente F_N behandelt.

$$F_N = c_N \cdot q \cdot A. \tag{13.2}$$

Es ist üblich, die Abhängigkeit des Normalkraftbeiwertes c_N vom Streckungsverhältnis Λ und die Abschirmung durch etwaige davor liegende Fachwerksebenen durch Faktoren zu berücksichtigen.

$$c_N = c_{N0} \cdot \lambda \cdot \eta. \tag{13.3}$$

c_{N0} ist der Normalkraftbeiwert des theoretisch unendlich langen ($\Lambda \to \infty$) nicht abgeschirmten Fachwerkträgers, λ berücksichtigt das Streckungsverhältnis und η die Abschirmung. c_{N0} hängt von der Profilform und vom Völligkeitsgrad φ ab. Dabei zeigt sich, daß bei kantigen Profilen die Abhängigkeit von der speziellen Profilform nicht groß ist, was mit den schon erwähnten Ergebnissen für einzelne kantige Stäbe übereinstimmt. Auch der Einfluß der Knotenbleche ist gering, er führt eher zu einer Abminderung des Beiwertes [13.6]. Daher gilt genügend genau $c_{N0} = c_{N0}(\varphi)$. Bild 13.4 zeigt den Streubereich der Werte aus einem großen Meßprogramm mit Trägern verschiedener Völligkeitsgrade und mit verschiedenen Profilquerschnitten [13.6] sowie Meßwerte von Whitbread [13.11]. $\varphi = 0$ entspricht dem Einzelstab, der entsprechende c_{N0}-Werte hängt daher von der Querschnitts-

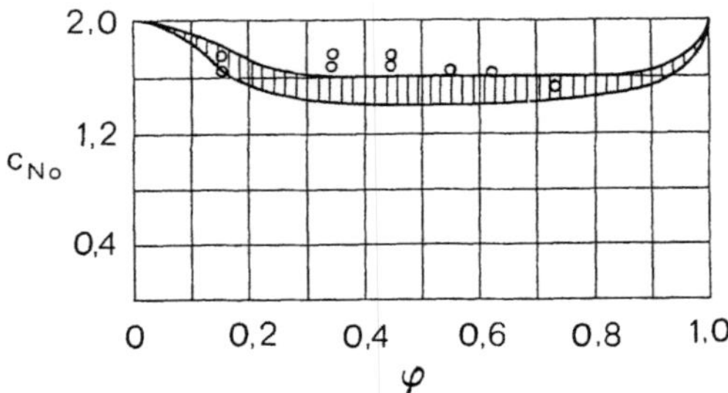

Bild 13.4

Normalkraftbeiwert c_{No} für Tragwerkswände
mit kantigen Profilen als Funktion des
Völligkeitsgrades φ [13.6, 13.11]

form des Profiles ab, liegt aber im Mittel bei $c_{No} = 2{,}0$ (Abschnitt 13.1.1). $\varphi = 1{,}0$ ist die
volle Platte, ihr Normalkraftbeiwert liegt ebenfalls bei 2,0. Die Ergebnisse von Whitbread
zeigen, daß der in vielen Normen übliche Wert $c_{No} = 1{,}6$, der auf den Messungen von
Flachsbart beruht, für die gebräuchlichen Völligkeitsgrade zu niedrig ist.

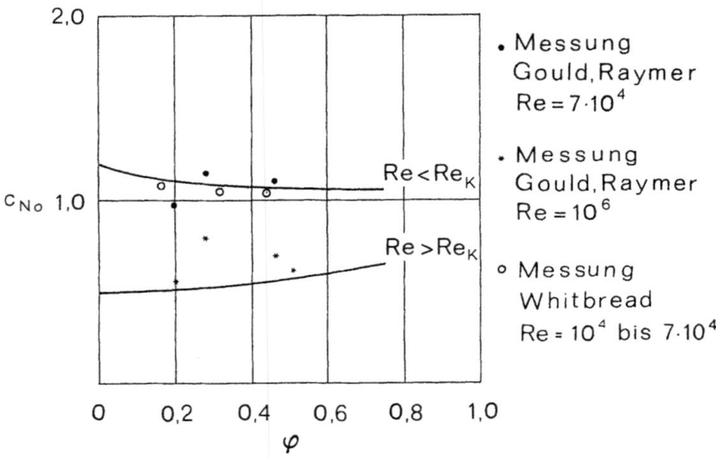

Bild 13.5 Normalkraftbeiwerte c_{No} für Tragwerkswände aus kreisrunden
Stäben [13.5, 13.11]

Bild 13.5 zeigt die Normalkraftwerte abhängig vom Völligkeitsgrad für Fachwerkträger
aus runden Stäben [13.5]. Die Kurven wurden auf der Grundlage von umfangreichen Meßergebnissen nach zwei verschiedenen Methoden berechnet. Die Angaben für $Re < Re_k$,
also für den unterkritischen Bereich (Abschnitt 4.5.6.2), setzen für den Einzelstab $c_W = 1{,}2$
voraus, während für den überkritischen bzw. transkritischen Bereich $c_W = 0{,}5$ angenommen wurde. Der erste Wert ist in einem gewissen Re-Bereich gesichert (Bild 12.2), das c_W
des Einzelstabes hängt jedoch in der überkritischen bzw. transkritischen Zone sowohl von
Re als auch von der Rauhigkeit (Bild 5.20) ab. Für einen anderen c_W-Wert für $\varphi = 0$ wird
daher eine Parallelverschiebung der Kurve erforderlich. Die Meßwerte von Gould und
Raymer [13.10] entsprechen für $Re = 7 \cdot 10^4$ einem $c_W = 1{,}08$, bzw. für $Re = 10^6$ einem
$c_W = 0{,}67$ für den Einzelstab. Aus diesem Grunde liegen die letzten Werte beachtlich über
der gezeichneten Kurve. Bei Whitbreads Messungen war beim Einzelstab $c_W = 1{,}2$.

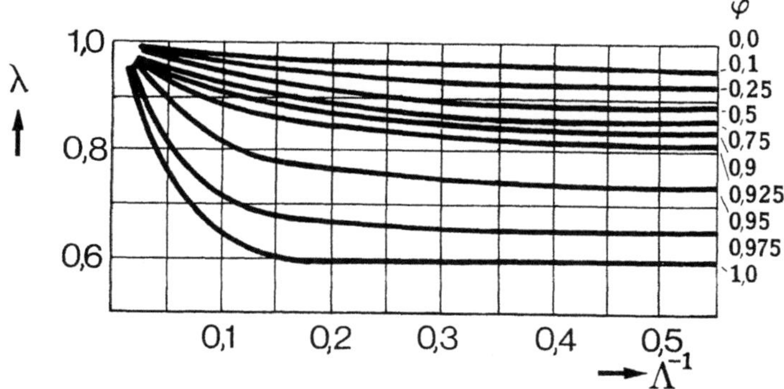

Bild 13.6 Beiwert λ zur Berücksichtigung der Streckung Λ [13.6]

Der Beiwert λ in Gl. (13.3) berücksichtigt das Streckungsverhältnis Λ, hängt aber auch vom Völligkeitsgrad φ ab. Bild 13.6 zeigt die Kurven $\lambda = \lambda(\Lambda, \varphi)$ mit φ als Scharparameter [13.6]. Bei den in der Praxis häufig auftretenden φ-Werten liegen die zugehörigen λ-Werte nahe 1.

Die Abschirmwirkung ergibt sich durch eine Verringerung der Anströmgeschwindigkeit auf die im Nachlauf der luvseitigen Tragwand angeordneten Fachwerksebenen. Die Minderung der Geschwindigkeit hängt aber, wie man durch Impulsbetrachtungen zeigen kann, direkt mit dem Widerstand des luvseitigen Trägers zusammen, und damit ergibt sich eine Abhängigkeit sowohl vom Profilbeiwert c als auch vom Völligkeitsgrad φ. Weiter spielt der Trägerabstand e/h und bei mehr als 2 Trägern auch die Position eine Rolle. Um die Anzahl der Parameter nicht weiter zu erhöhen, wird angenommen, daß alle Fachwerksebenen gleich gestaltet sind und bei mehr als zwei Ebenen die Abstände e/h gleich sind. Außerdem wird angenommen, daß das Seitenverhältnis $\Lambda = \infty$ ist, da sich sonst vor allem bei großen φ-Werten das Seitenverhältnis auch auf η auswirkt [13.7]. Die Hinzunahme einer weiteren Fachwerksebene auf der Leeseite beeinflußt die Belastungen aller davor liegenden Ebenen nur geringfügig und kann daher vernachlässigt werden [13.7, 13.11].

Für kantige Profile und zwei Träger ist der Abschirmungsfaktor $\eta = \eta(\varphi, e/h)$. Die auf umfangreichen Versuchen beruhenden Empfehlungen von Flachsbart [13.7], die Eingang in viele Normen fanden, wurden durch neue Untersuchungen von Whitbread korrigiert, was i. a. zu einer Reduktion der η-Werte führt. Beide Empfehlungen sind auch durch Formeln darstellbar (Bild 13.7).

Flachsbart

$$\left.\begin{array}{ll} \eta = 1{,}15\,[1{,}0 - 1{,}45\,\varphi\,(e/h)^{-0{,}25}]; & \eta \leqslant 1; \varphi \leqslant 0{,}6 \\ \eta = \eta_{\varphi=0{,}6}\,; & 0{,}6 < \varphi \leqslant 1; \end{array}\right\} e/h \geqslant 1 \qquad (13.4)$$

Whitbread

$$\begin{array}{ll} \eta = 1 - [\varphi^{0{,}45}\,(e/h)^{(\varphi - 0{,}5)}]; & 0 < \varphi < 0{,}5 \\ \eta = \eta_{\varphi=0{,}5} = 0{,}268; & 0{,}5 \leqslant \varphi \leqslant 1. \end{array} \qquad (13.5)$$

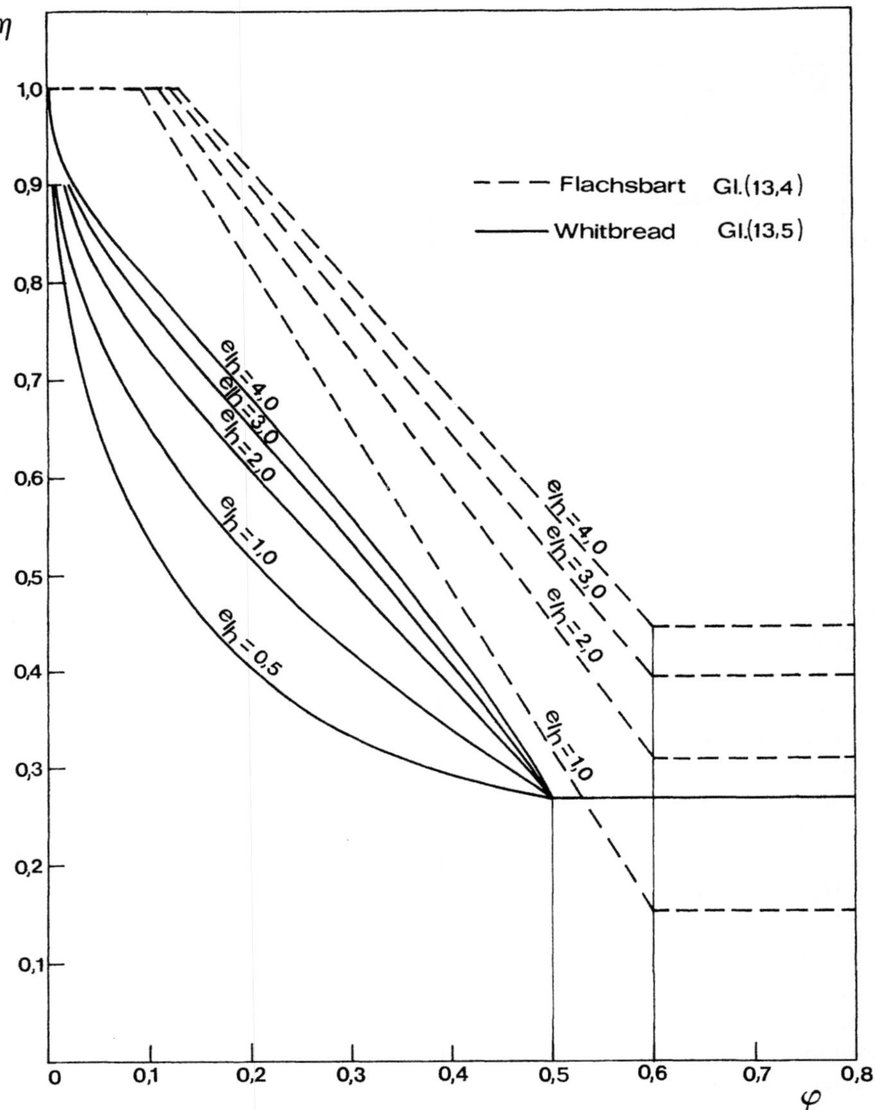

Bild 13.7 Abschirmfaktoren η für Tragwerkswände aus kantigen Profilen [13.7, 13.11]

Ergibt sich nach der Formel von Flachsbart $\eta > 1$ so ist $\eta = 1$ zu setzen. Im Bereich $0,6 < \varphi \leqslant 1,0$ sind die Versuchsergebnisse nach [13.7] sehr unsicher, es können bei kleinen Abständen sogar Kraftwirkungen entgegengesetzt zur Windrichtung auftreten. Aus diesem Grunde werden für die praktische Anwendung für große φ-Werte von diesen unabhängige η-Werte empfohlen.

Für Rohre ist, wie schon erwähnt, die Abhängigkeit von der Re-Zahl wesentlich. Besonders im über- und transkritischen Bereich führt der kleine c-Wert des Zylinders zu einer stark verringerten Abschirmwirkung. Schulz [13.5] zeigt durch einfache Überlegungen, daß das Produkt c · φ maßgebend ist. Für den Nahbereich (e/h $\leqslant$ 2) schlägt er vor,

$$\eta = 1 - c\varphi + \frac{1}{4}(c\varphi)^2 \tag{13.6}$$

zu setzen. Etwas willkürlich wird für e/h = 15 der Wert η = 1 gesetzt. Für den Zwischenbereich 2 < e/h < 15 empfiehlt Schulz linear zu interpolieren.

Whitbread [13.11] zeigt hingegen, daß die in Bild 13.7 angegebenen und für kantige Profile geltenden Werte auch für runde Profile verwendet werden können, wenn anstatt des wirklichen Völligkeitsgrades φ mit einem scheinbaren Völligkeitsgrad φ_s gerechnet wird. Die von Whitbread angegebene Kurve kann gut durch die Formel

$$\varphi_s = 1{,}5\,\varphi^2, \quad \text{für} \quad \varphi \leqslant 0{,}5; \quad Re < Re_k \tag{13.7}$$

genähert werden.

Liegen mehrere Fachwerksebenen hintereinander auf Deckung, dann ist die Abschirmwirkung, die die (n + 1)-Ebene erfährt, etwas größer als die der n-ten Ebene [13.11], während Sachs [13.1] empfiehlt, den η-Wert für die zweite Wand auch für alle übrigen zu verwenden. Whitbread [13.11] hat die von ihm angegebene Gl. (13.5) erweitert und gibt einen Faktor $\bar\eta$ an, der alle (n − 1) im Windschatten gelegenen Fachwerkebenen summarisch berücksichtigt.

$$\bar\eta = (n - 1)\,\{1 - \varphi^{0{,}45}(e/h)^{(\varphi - 0{,}5)}(n-1)^{0{,}1}\}; \quad \begin{matrix} 0 \leqslant \varphi \leqslant 0{,}5 \\ n = 2, 3, 4, 5 \end{matrix} \tag{13.8}$$

$$c_N = c_{N0}(1 + \bar\eta).$$

c_N ist hier der Beiwert zur Berechnung der Kraftwirkung auf alle n Träger gemeinsam. Der Vergleich mit Gl. (13.5) zeigt, daß die Abnahme der Widerstandsbeiwerte mit wachsender Trägerzahl nur durch den Faktor $(n-1)^{0{,}1}$ berücksichtigt wird. Würde dieser Faktor eins gesetzt, erhielte man einen der Anzahl der abgeschirmten Träger (n − 1) direkt proportionalen η-Wert und man wäre damit wieder beim Konzept der gleichen Kraftwirkung auf alle (n − 1) abgeschirmten Wände, das etwas höhere Werte liefert.

Eine Abweichung von der Normalanströmung (β = 0°, Bild 13.3) führt beim luvseitigen Träger im allgemeinen zu einer Reduktion der Normalkraft, während beim Tragwerk im Windschatten auch eine geringfügige Erhöhung auftreten kann [13.1, 13.3, 13.6, 13.7]. Bild 13.8 zeigt Ergebnisse für einen Träger mit dem Völligkeitsgrad φ = 0,27 (Kurve B_1) und für einen im Abstand e/h = 1,5 liegenden abgeschirmten Träger derselben Konstruktion (Kurve B_2). Auf der Ordinate ist das Verhältnis der Normalkraftbeiwerte für Anströmung unter dem Winkel β zu den für β = 0° aufgetragen. Nach [13.1] ist das Diagramm allgemein für kantige und runde Stäbe anwendbar; andere Arbeiten zeigen davon etwas abweichende Resultate [13.3, 13.6]. Bei mehr als zwei Trägern hintereinander nehmen jedoch die Abweichungen mit der Anzahl der Träger und mit dem Völligkeitsgrad φ stark zu [13.8]. Bei mehreren Platten (φ = 1,0) hintereinander kann die Kraftwirkung bei Schräganströmung ein Vielfaches jener bei Normalanströmung zur Plattenebene betragen [13.8].

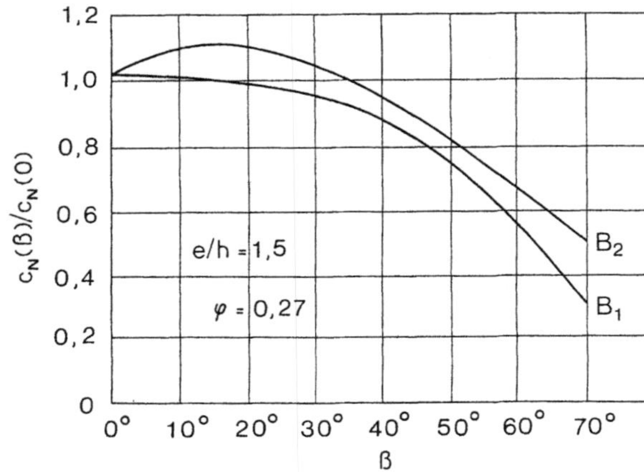

Bild 13.8
Einfluß einer Schräganströmung auf den Normalkraftbeiwert der luvseitigen (B_1) bzw. der abgeschirmten Tragwand (B_2) [13.1]

13.1.3 Räumliche Fachwerke

13.1.3.1 Räumliche Fachwerke mit Rechteckquerschnitt

Die Berechnung der Windlasten von Fachwerktürmen kann mittels der für Fachwerkwände in Abschnitt 13.1.2 angegebenen Werte durchgeführt werden. Wenn bei einem Turm mit Rechteckquerschnitt der Wind normal zu einer Seitenwand bläst ($\beta = 0°$), dann ist der auf die Fläche A einer Seitenwand bezogene Gesamtkraftbeiwert c_{TN}

$$c_{TN} = c_{N0}\lambda(1 + \eta), \tag{13.9}$$

wobei c_{N0} der Normalkraftbeiwert einer Seitenwand für $\Lambda \to \infty$ ist (Bilder 13.4 und 13.5). λ ist wegen des großen Streckenverhältnisses nahe an 1 (Bild 13.6).

Der Abschirmungsfaktor η kann bei kantigen Profilen aus Gl. (13.4) oder Gl. (13.5) berechnet werden, bei runden Profilen sind entweder Gl. (13.8) und Gl. (13.7) oder es ist Gl. (13.6) zu verwenden. Diese Berechnung setzt voraus, daß der Beitrag der in Windrichtung liegenden Flächen unbedeutend ist, was auch tatsächlich zutrifft [13.1, 13.7].

Für den wichtigen Fall der Türme mit kantigen Profilen und quadratischem Grundriß wurde die Rechnung mit den c_{N0}-Werten der oberen Grenzkurve von Flachsbart (Bild 13.4) durchgeführt. λ wurde 1 gesetzt, die η-Werte wurden ebenfalls nach Flachsbart (Gl. (13.4)) gerechnet. Das Ergebnis ist in Bild 13.9 mit einer Anzahl von Meßwerten verglichen [13.3]. Alle Meßpunkte liegen unter der Kurve, sie kann daher als sichere Grundlage für die Berechnungen empfohlen werden. Eine Durchrechnung mit den η-Werten nach Gl. (13.5) ergibt kleinere c_{TN}-Werte.

Für quadratische Türme mit Rohrfachwerk wurde die Berechnung ebenfalls nach Gl. (13.9) durchgeführt ($\lambda = 1$). Der Beiwert c_{N0} wurde Bild 13.5 entnommen. Der Abschirmfaktor η wurde nach Gl. (13.6) bestimmt. Das Ergebnis ist gemeinsam mit einem Resultat nach der Knotenpunktmethode [13.5] in Bild 13.10 für $5 \cdot 10^2 < Re < 2 \cdot 10^5$ dargestellt. Für den überkritischen Bereich ($Re > Re_k$) ist in demselben Bild eine Kurve nach Angaben von Schulz [13.5] enthalten ($c_W = 0{,}5$ für den Einzelstab). Weitere Versuchsergebnisse über Fachwerktürme mit Rechteckquerschnitt findet man in [13.9].

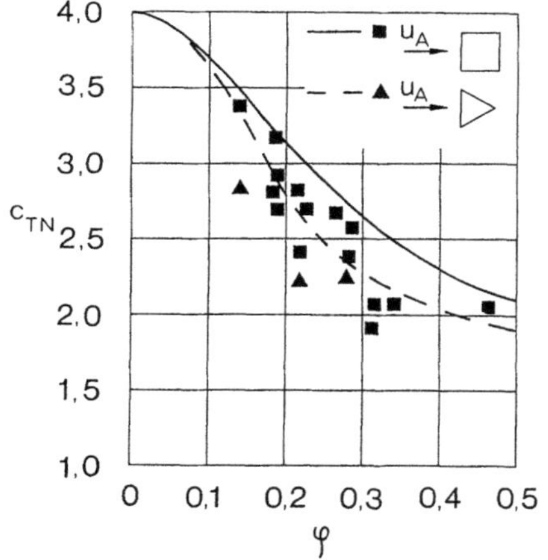

Bild 13.9

Widerstandsbeiwert c_{TN} für Fachwerktürme aus kantigen Profilen und Meßwerte nach [13.3] abhängig vom Völligkeitsgrad φ

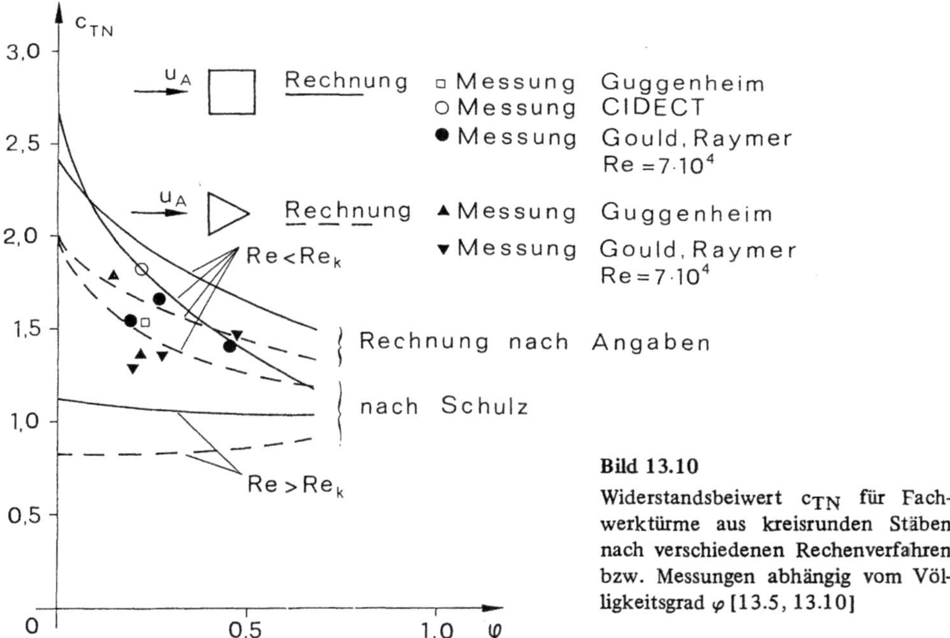

Bild 13.10

Widerstandsbeiwert c_{TN} für Fachwerktürme aus kreisrunden Stäben nach verschiedenen Rechenverfahren bzw. Messungen abhängig vom Völligkeitsgrad φ [13.5, 13.10]

Die maximale Belastung bei diesen Fachwerktürmen tritt allerdings nicht bei Anströmung normal zu einer Seitenfläche, sondern bei Schräganströmung im Bereich $\beta = 20°..35°$ auf. Bild 13.11 zeigt den Kraftbeiwert c abhängig vom Anströmwinkel β im Verhältnis zum selben Beiwert für $\beta = 0°$ [13.1]. In das Bild sind außerdem zwei Gerade eingetragen, die Vorschläge zur Ermittlung bei Belastung infolge Schräganströmung darstellen.

13.1.3.2 Räumliche Fachwerke mit einem gleichseitigen Dreieck als Querschnitt

Für den Fall, daß ein räumliches Fachwerk mit einem gleichseitigen Dreieck als Querschnitt normal zu einer Seitenfläche angeströmt wird (Bild 13.12) werden die beiden ab-

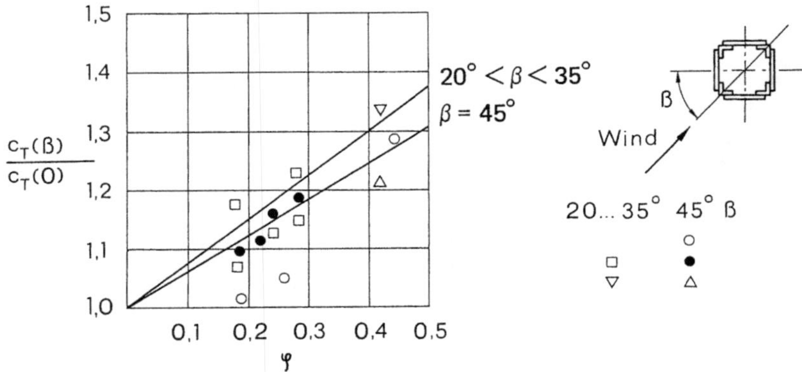

Bild 13.11 Einfluß der Schräganströmung abhängig vom Völligkeitsgrad φ auf den Kraftbeiwert eines Fachwerkturmes [13.1]

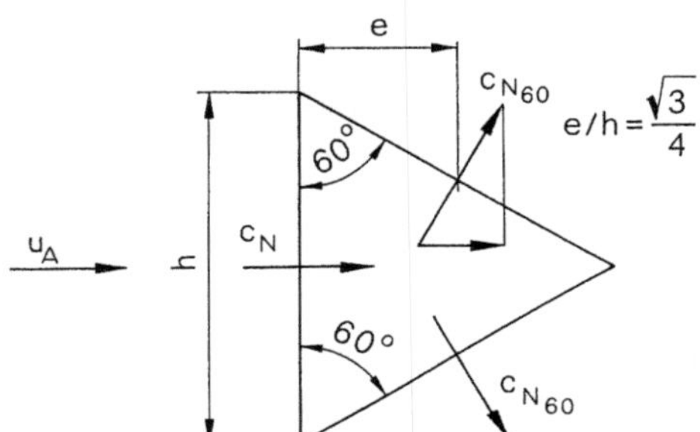

Bild 13.12

Abschirmverhältnisse bei einem Fachwerturm mit einem gleichseitigen Dreieck als Grundriß

geschirmten Flächen in einem Winkel von 60° zu ihren Normalen angeströmt. Analog zu Gl. (13.9) gilt daher für den Beiwert:

$$c_{TN} = \lambda(c_{N0} + 2c_{N60}\eta \cos 60°) = \lambda c_{N0}\left(1 + \frac{c_{N60}}{c_{N0}}\eta\right).$$

Für ein Fachwerk mit kantigem Profil kann $\dfrac{c_{N60}}{c_{N0}} = 0{,}67$ Bild 13.8 entnommen werden. Die Problematik liegt in der Festlegung von η. Die mittlere Entfernung zwischen abgeschirmter und luvseitiger Tragwand beträgt $e/h = \dfrac{\sqrt{3}}{4}$ (Bild 13.12). Die Abschirmfaktoren nach Gl. (13.4) bzw. (13.5) gelten nur für Parallele Tragwände, Gl. (13.4) setzt außerdem $e/h \geqslant 1$ voraus. Deshalb wurden die η-Werte aus Gl. (13.4) für $e/h = 1$ berechnet, die c_{N0}-Werte der oberen Begrenzungskurve von Flachsbart Bild 13.4 entnommen, λ wurde 1 gesetzt. Der Vergleich mit den Meßergebnissen in Bild 13.9 zeigt eine gute Übereinstimmung und damit eine Berechtigung für die Annahmen. Eine analoge Rechnung wurde von Cohen [13.3] durchgeführt, er setzt $\dfrac{c_{N60}}{c_{N0}} = 0{,}8$, nimmt aber dafür kleinere η-Werte.

Für Rohrfachwerke wurden die η-Werte mit Gl. (13.6) bestimmt, c_{N0} kann Bild 13.5 entnommen werden. Die Ergebniskurve für $5 \cdot 10^2 < \mathrm{Re} < 2 \cdot 10^5$ ($\lambda = 1$) ist in Bild 13.10 gestrichelt eingetragen, alle Meßpunkte liegen unterhalb der Kurve [13.3, 13.10]. Die entsprechende von Schulz [13.5] nach dem Knotenpunktverfahren berechnete Kurve liegt etwas tiefer, so daß zwei Meßpunkte darüber liegen. Für überkritische Verhältnisse ($Re > Re_k$) ist eine Kurve nach Schulz [13.5] angegeben, wobei der Widerstandsbeiwert des Einzelrohres mit $c_W = 0,5$ vorausgesetzt wird.

Der Streubereich der experimentellen Ergebnisse ist bei Rohrfachwerken wesentlich größer als bei Fachwerken mit kantigen Stäben, der Einfluß der Reynolds-Zahl macht sich hier stark bemerkbar, was auch ausführliche experimentelle Ergebnisse im überkritischen Bereich zeigen [13.10].

Bei Türmen mit einem gleichseitigen Dreieck als Querschnitt treten bei Schräganströmung keine höheren Lasten als bei Normalanströmung auf [13.1, 13.3, 13.5].

13.2 Beiwerte nach Normen

13.2.1 Beiwerte nach DIN 1055 Teil 4

13.2.1.1 Einzelprofile und räumliche Fachwerke allgemein

Diese Norm enthält eine ausführliche Beiwertsammlung verschiedener Profile bzw. Stäbe, die in Tabelle 13.1 wiedergegeben ist. Es handelt sich um Beiwerte für Stäbe großer Streckung ($\Lambda > 100$), für kleinere Λ-Werte sind die Werte noch mit dem Schlankheitsfaktor λ (Bild 13.14), der von der Streckung Λ des Stabes (Bild 12.18) abhängt, zu multiplizieren. Für die Windlast normal zur Fachwerkebene ist

(13.2) $\qquad W = c_f \cdot q \cdot A,$

(13.3) $\qquad c_f = c_{f0} \cdot \lambda(1 + \bar{\eta}),$ $\hfill$ (13.10)

wobei allerdings in Anlehnung an die Norm anstatt des Index N der Index f gesetzt wurde, und anstatt F der in der Norm für die Windlast gebräuchliche Buchstabe W. Abweichend von Gl. (13.2) handelt es sich aber hier bei n parallelen Ebenen mit annähernd gleichen Einzelbaukörpern nicht um die Belastung einer dieser Wände, sondern um die Gesamtwirkung auf alle n Tragwände. Das bedeutet, daß bei einer Tragwand $\bar{\eta} = 0$, bei zwei $\bar{\eta} = \eta$ und bei mehr als zwei Tragwänden

$$\bar{\eta} = \eta + (n - 2)\eta^2, \quad n \geqslant 2 \hfill (13.11)$$

gilt. η ist der Abschattungsfaktor für die zweite Wand bei zwei Tragwänden und kann aus Bild 13.15 abgelesen werden.

Die Bezugsfläche A ist bei Fachwerken aus kantigen Stäben die gesamte Projektionsfläche der Stäbe und Knotenbleche. Bei Stäben aus zylindrischen Rohren muß zwischen der Berechnung der Last (Gl. (13.10)) und des Völligkeitsgrades $\varphi = \dfrac{A}{A_u}$ (Gl. (13.1)) unterschieden werden. Im ersten Fall ist die Fläche A in die Fläche der Stäbe und der Knotenbleche aufzuspalten, wobei für diese $c_f = 1,6$ zu nehmen ist. Im zweiten Fall also bei der Berechnung des Völligkeitsgrades φ, ist aber für A die gesamte Projektionsfläche der Stäbe und Knotenbleche zu verwenden. Besteht das Fachwerk sowohl aus Stäben mit kantigem als auch kreiszylindrischem Querschnitt, dann ist

$$A = A_1 + 0,75 A_2, \hfill (13.12)$$

Tabelle 13.1a Lastbeiwerte für Stäbe aus L-, T- und I-Profilen sowie für Scheiben nach DIN 1055 Teil 4

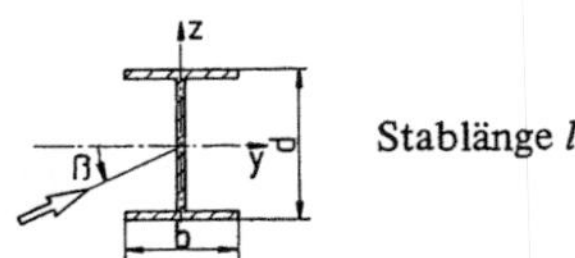

Stablänge l

Form und Lage des Baukörpers			Bezugs-fläche A	Kraftbeiwert c_{f0}	
Baukörper	Abmessungs-verhältnisse	Wind-winkel β in Grad		c_{f0y}[1])	c_{f0z}[1])
1a	1b	1c	2	3a	3b
1) Hinweis: gilt auch für Scheiben (Tafeln)	$\dfrac{b}{d} \leqslant 0{,}1$	0 ± 45 90	$d \cdot l$	2,0 1,3 0	0 ± 0,13 0,1
2)	$\dfrac{b}{d} = 1$	0 ± 45 ± 90	$d \cdot l$	1,65 2,2 1,3	0 ± 1,0 2,1
3)	$\dfrac{b}{d} = 1$	0 ± 45 ± 90	$d \cdot l$	2,0 1,15 − 1,3	0 ± 0,8 2,1
4)	$\dfrac{b}{d} = 0{,}5$	0 + 45 − 45 90	$d \cdot l$	2,0 1,8 1,3 1,75	1,0 0,8 − 0,2 1,25
5)	$\dfrac{b}{d} = 0{,}5$	0 + 45 − 45 90	$d \cdot l$	2,0 1,55 1,55 − 0,25	− 0,1 0,7 − 0,8 0,8
6)	$\dfrac{b}{d} = 1$	0 + 45 90	$d \cdot l$	1,8 1,8 2,0	2,0 1,8 1,8

Tabelle 13.1a (Fortsetzung)

Form und Lage des Baukörpers			Bezugs-fläche A	Kraftbeiwert c_{f0}	
Baukörper	Abmessungs-verhältnisse	Wind-winkel β in Grad		c_{f0y}[1]	c_{f0z}[1]
1a	1b	1c	2	3a	3b
7) 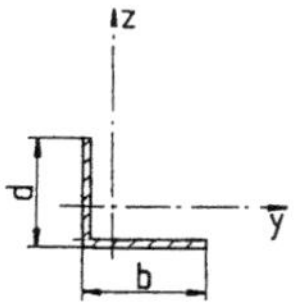	$\dfrac{b}{d} = 1$	0 + 45 − 45 90	$d \cdot l$	1,9 1,4 0,7 − 0,2	− 0,2 1,4 1,8 1,9
8) 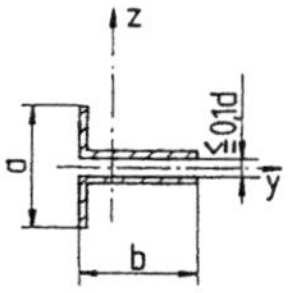	$\dfrac{b}{d} = 0,9$	0 ± 45 ± 90	$d \cdot l$	2) 1,6 1,4 − 0,9	2) 0 0 0,7
9) 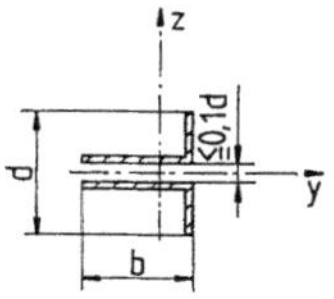	$\dfrac{b}{d} = 0,9$	0 ± 45 ± 90	$d \cdot l$	2) 1,4 0,4 0,9	2) 0 ± 1,0 0,7
10) 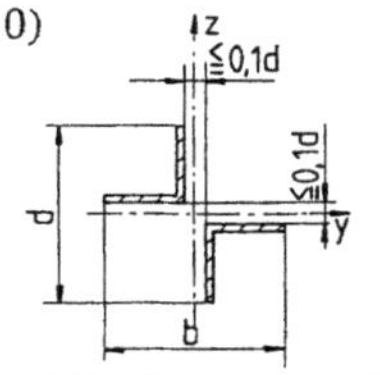	$\dfrac{b}{d} = 1$	0 ± 45 90	$d \cdot l$	2) 1,7 0,85 0	2) 0 ± 0,85 1,7
11) 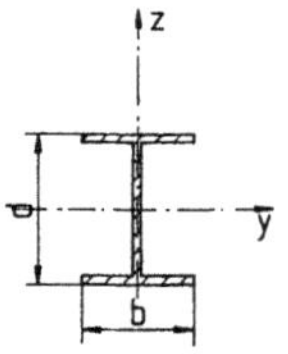	$\dfrac{b}{d} = 0,5$	0 ± 45 ± 90	$d \cdot l$	2,0 1,8 0	0 ± 0,6 0,8
	$\dfrac{b}{d} = 0,66$	0 ± 45 ± 90	$d \cdot l$	1,85 1,7 0	0 ± 1,0 1,2
	$\dfrac{b}{d} = 1$	0 ± 45 ± 90	$d \cdot l$	1,7 1,5 0	0 ± 1,5 1,7
12) 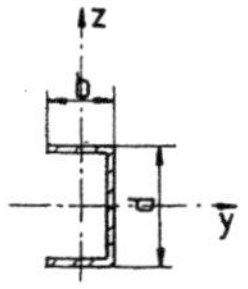	$\dfrac{b}{d} = 0,5$	0 ± 45 ± 90	$d \cdot l$	2,1 1,8 0	0 ± 0,6 0,7

Tabelle 13.1a (Fortsetzung)

Form und Lage des Baukörpers			Bezugs-fläche A	Kraftbeiwert c_{f0}	
Baukörper	Abmessungs-verhältnisse	Wind-winkel β in Grad		c_{f0y}[1])	c_{f0z}[1])
1a	1b	1c	2	3a	3b
13)	$\dfrac{b}{d} = 0{,}5$	0 ± 45 ± 90	$d \cdot l$	1,8 1,8 0	0 ± 0,5 0,7
14)	$\dfrac{b}{d} = 0{,}6$	0 ± 45 ± 90	$d \cdot l$	2) 2,1 1,6 0	2) 0 ± 1,2 1,2

[1]) Hinweis: Die für Stäbe und Scheiben gegebenen Werte gelten auch bei Abweichungen bis zu ± 10° von den in Spalte 1c angegebenen Windwinkeln β.

[2]) Hinweis: Die Beiwerte erfassen den Einfluß von Bindeblechen, deren Gesamtlänge kleiner als 20% der Stablänge ist. Die Flächen dieser Bindebleche brauchen bei der Ermittlung der Gesamtfläche nicht berücksichtigt zu werden.

Tabelle 13.1b Lastbeiwerte für Stäbe mit polygonalem Querschnitt nach DIN 1055 Teil 4

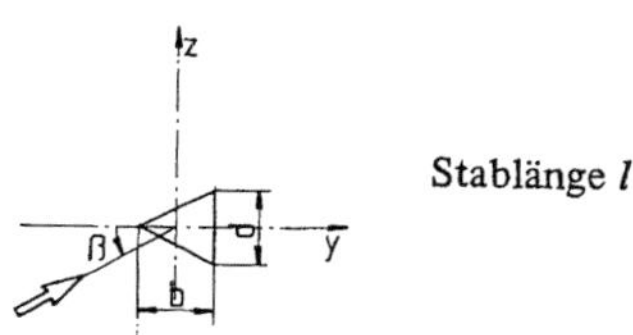

Stablänge l

Form und Lage des Baukörpers			Bezugs-fläche A	Kraftbeiwert c_{f0}
Baukörper	Abmessungs-verhältnisse	Wind-winkel β in Grad		
1a	1b	1c	2	3
1)	$1,0 \leqslant \dfrac{b}{d} \leqslant 1,4$	0	$d \cdot l$	1,2
2)	$1,0 \leqslant \dfrac{b}{d} \leqslant 1,4$	0	$d \cdot l$	2,0
3)	$\dfrac{b}{d} = 0,5$	0	$d \cdot l$	2,1
	$\dfrac{b}{d} = 1,0$	0	$d \cdot l$	1,9
	$\dfrac{b}{d} = 2,0$		$d \cdot l$	1,5
	$\dfrac{b}{d} = 3,0$	0	$d \cdot l$	1,3
	$\dfrac{b}{d} = 4,0$		$d \cdot l$	1,0
4)	$\dfrac{a}{d} = 0,5;\ \dfrac{b}{d} = 2$		$2d \cdot l$	1,6
	$\dfrac{a}{d} = 1,0;\ \dfrac{b}{d} = 2$	0	$2d \cdot l$	1,5
	$\dfrac{a}{d} = 2,0;\ \dfrac{b}{d} = 2$		$2d \cdot l$	1,4
5)	$\dfrac{b}{d} = 0,5$	0	$d \cdot l$	1,9
	$\dfrac{b}{d} = 1,0$	0	$d \cdot l$	1,5
	$\dfrac{b}{d} = 2,0$	0	$d \cdot l$	1,1

Tabelle 13.1b (Fortsetzung)

| Form und Lage des Baukörpers | | | Bezugs-fläche A | Kraftbeiwert c_{f0} |
Baukörper	Abmessungs-verhältnisse	Wind-winkel β in Grad		
1a	1b	1c	2	3
6) 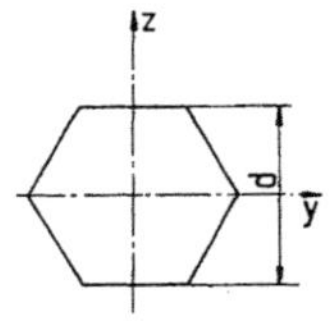		0	$d \cdot l$	1,5
7) 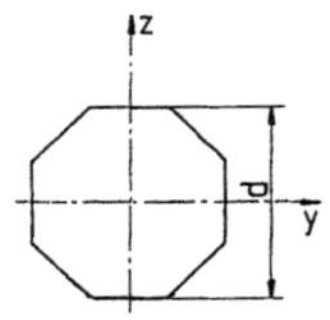		0	$d \cdot l$	1,4
8) 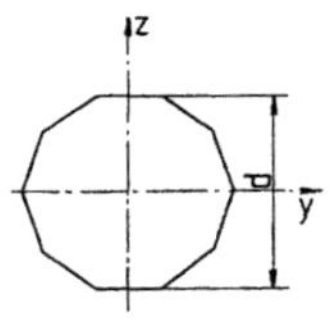		0	$d \cdot l$	1,3
9) 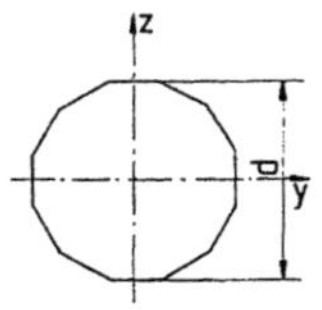		0	$d \cdot l$	für $d\sqrt{q}$ [1]) — $\leqslant 0,2$: 1,25 — $\geqslant 2,0$: 1,0
10) 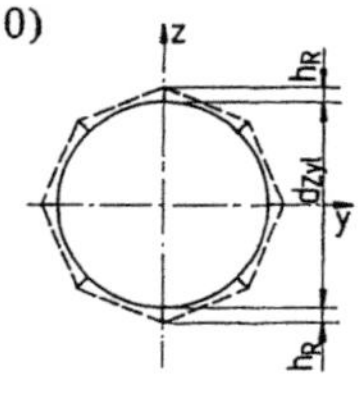		0	Werte wie für das umschriebene n-Eck entsprechend den Zeilen 6 bis 9; dabei darf vereinfachend $d = d_{zyl} + 2 h_R$ gesetzt werden.	

[1]) Hinweis: Dabei ist d in m un q in kN/m^2 einzusetzen; für $0,2 < d\sqrt{q} < 2,0$ darf linear interpoliert werden.

wobei A_1 die Projektionsfläche der kantigen Stäbe und der Knotenbleche ist und A_2 die der Kreiszylinderrohre. Sowohl die Kraftwirkung nach Gl. (13.10) als auch der Völligkeitsgrad nach Gl. (13.2) sind mit dieser fiktiven Fläche A zu bestimmen.

Sind die n hintereinanderliegenden Fachwerkwände nur annähernd gleich, ist als Bezugsfläche die größte Fläche A zu nehmen, bei unterschiedlichen Abständen der Wände darf deren größter Wert zugrundegelegt werden.

Der Beiwert c_{f0} kann für Fachwerke mit kantigen Profilen als auch für Fachwerke mit sowohl kantigen als auch runden Profilen abhängig vom Völligkeitsgrad $\varphi = \dfrac{A}{A_u}$ (Gl. (13.1)) Bild 13.13 entnommen werden, einem zu Bild 13.4 analogem Schaubild. Dem geringeren Widerstand der Rohre wird durch die fiktive Fläche in Gl. (13.12) Rechnung getragen.

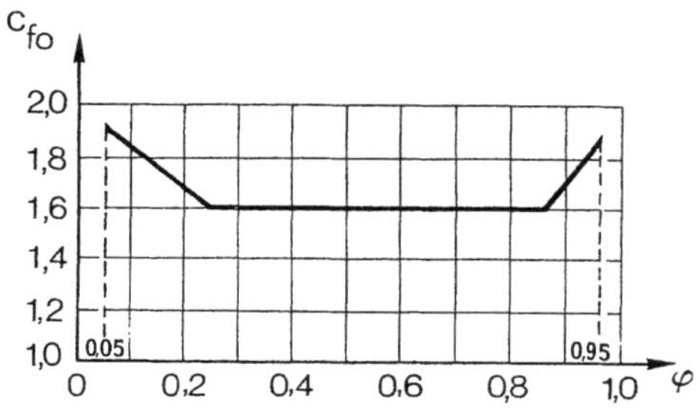

Bild 13.13
Grundbeiwert c_{f0} für Fachwerkwände in Abhängigkeit vom Völligkeitsgrad φ nach DIN 1055 Teil 4

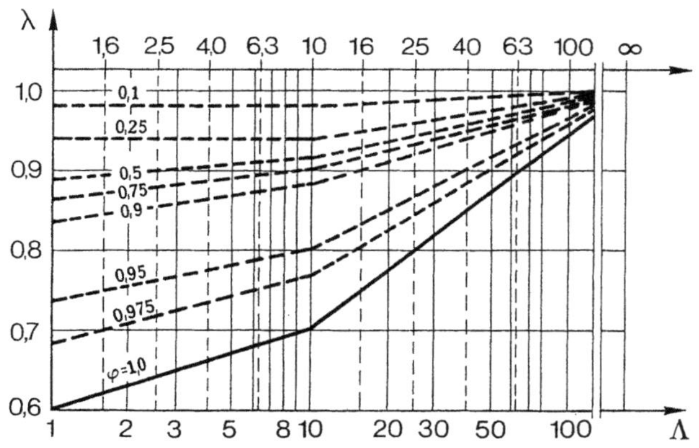

Bild 13.14
Schlankheitsfaktor λ für Stäbe, Tafeln und Fachwerke nach DIN 1055 Teil 4

Für Fachwerke aus Kreiszylinderrohren folgt c_{f0} abhängig von der Reynolds-Zahl, die mit dem Durchmesser d des Gurtes zu bilden ist, (bzw. $d\sqrt{q}$), und dem Völligkeitsgrad φ aus Bild 13.16. Diese Abbildung enthält auch ein Diagramm für den Fall, daß die Windrichtung in die Fachwerkebene fällt, es handelt sich also hier um eine Tangentialkraft, aber der Beiwert ist in der Norm ebenfalls mit c_{f0} bezeichnet. Das bedeutet, daß im Falle von Kreiszylinderrohren auch die in Windrichtung liegenden Fachwerkebenen berücksichtigt werden müssen, was bei kantigen Stäben nicht notwendig ist.

Die Streckung Λ wird aus Bild 12.18 abgelesen, und mit diesem Wert und dem Völligkeitsgrad φ kann der Schlankheitsfaktor λ Bild 13.14 entnommen werden (analog Bild 13.6).

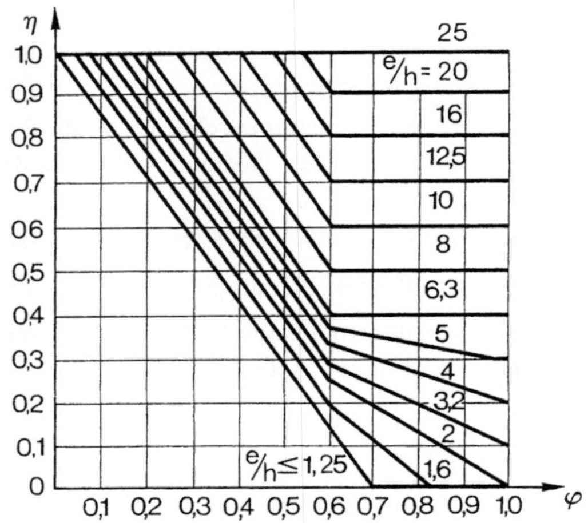

Bild 13.15

Abschattungsfaktor η für hintereinander liegende Tragwände nach DIN 1055 Teil 4

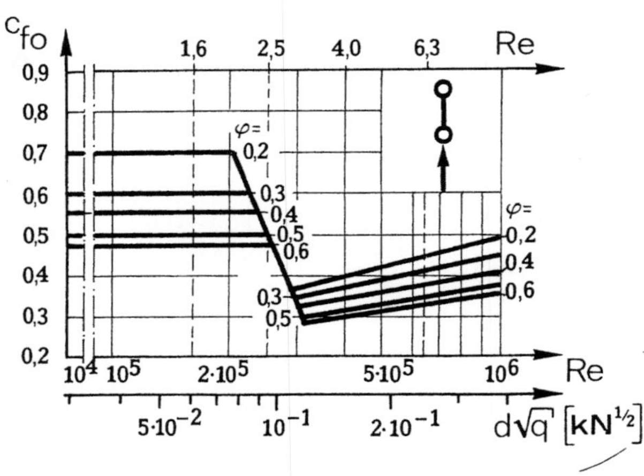

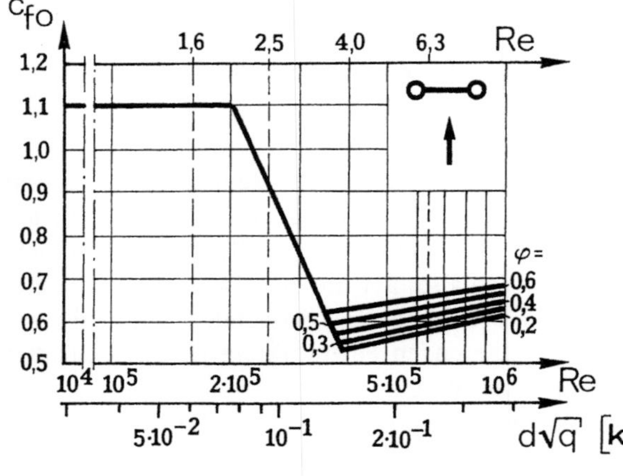

Bild 13.16

Grundbeiwerte c_{f0} für ebene Fachwerke aus Kreiszylinderrohren nach DIN 1055 Teil 4

Die auf übliche Einbauten wie Leitern, Laufstege, Leitungen wirkende Windlast wird, solange die Bezugsfläche der Einbauten nicht größer als 25% der Bezugsfläche des Fachwerkes ist, getrennt und mit dem jeweiligen Kraftbeiwert unter Beachtung der Streckung berechnet und mit 80% bei der Ermittlung der Gesamtwindlast berücksichtigt. Ist durch Einbauten eine erhebliche Veränderung bei der Umströmung des Fachwerkes zu erwarten, sind gesonderte Windkanalversuche erforderlich.

Bei mehreren parallelen Tragwänden wird $l/h \geq 10$ vorausgesetzt (Bild 13.3) und die Einschränkung gemacht, daß die Berechnungen nur für Normalanströmung zur Trägerebene und Abweichungen dazu von $\pm 5°$ gültig sind.

13.2.1.2 Spezielle räumliche Fachwerke (Querschnitt Quadrat oder gleichseitiges Dreieck)

Für räumliche Fachwerke mit einem Quadrat oder einem gleichseitigen Dreieck als Querschnitt sind in der Norm Widerstandsbeiwerte c_{f0} angegeben. Diese Beiwerte sind auf die Bezugsfläche einer Wand bezogen, wobei diese nach den Erläuterungen des vorausgehenden Abschnittes 13.2.1.1 zu berechnen sind. Mit Gl. (13.1) kann der Völligkeitsgrad φ ermittelt werden. Die Streckung Λ folgt aus Bild 12.18 und damit erhält man aus Bild 13.14 den Schlankheitsfaktor λ. Der aerodynamische Widerstand ist dann gegeben durch

$$(13.10) \qquad W = c_{f0} \cdot \lambda \cdot q \cdot A. \qquad\qquad (13.13)$$

Für räumliche Fachwerke aus kantigen Stäben kann c_{f0} aus Bild 13.17a, für Fachwerke aus Rohren Bild 13.17b entnommen werden, wobei die Re-Zahl bzw. $d\sqrt{q}$ mit dem Durchmesser des Gurtes zu bilden sind. Bei Fachwerken, die sowohl kantige Stäbe als zylindrische Rohre enthalten ist Gl. (13.12) bei der Bestimmung der Bezugsfläche heranzuziehen, c_{f0} ist Bild 13.17a (für kantige Profile!) zu entnehmen. Zur Berücksichtigung von Einbauten wird auf den vorangehenden Abschnitt verwiesen.

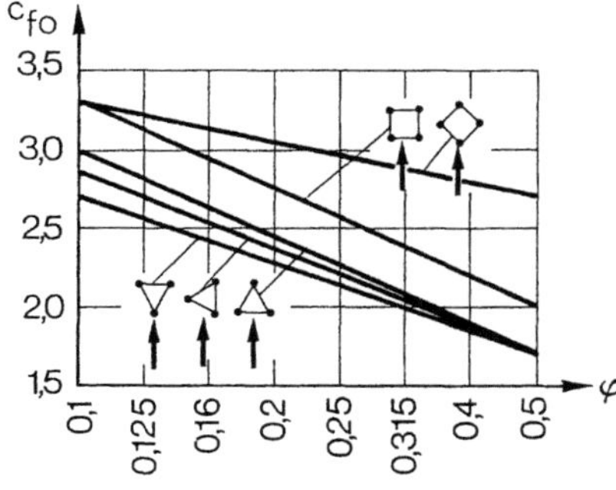

Bild 13.17a

Grundbeiwert c_{f0} für räumliche Fachwerke aus kantigen Stäben nach DIN 1055 Teil 4

13.2.2 Beiwerte nach ÖNORM B4014 Teil 1

13.2.2.1 Einzelprofile und räumliche Fachwerke allgemein

Der Beiwert für einen kantigen Stab großer Streckung ($\Lambda > 100$) ist nach der ÖNORM unabhängig von der Querschnittsform des Stabes 2,0 zu setzen, soweit nicht genauere Versuchsergebnisse vorliegen. Für Stäbe mit Kreisquerschnitt ist c_0 Bild 12.21 zu entnehmen.

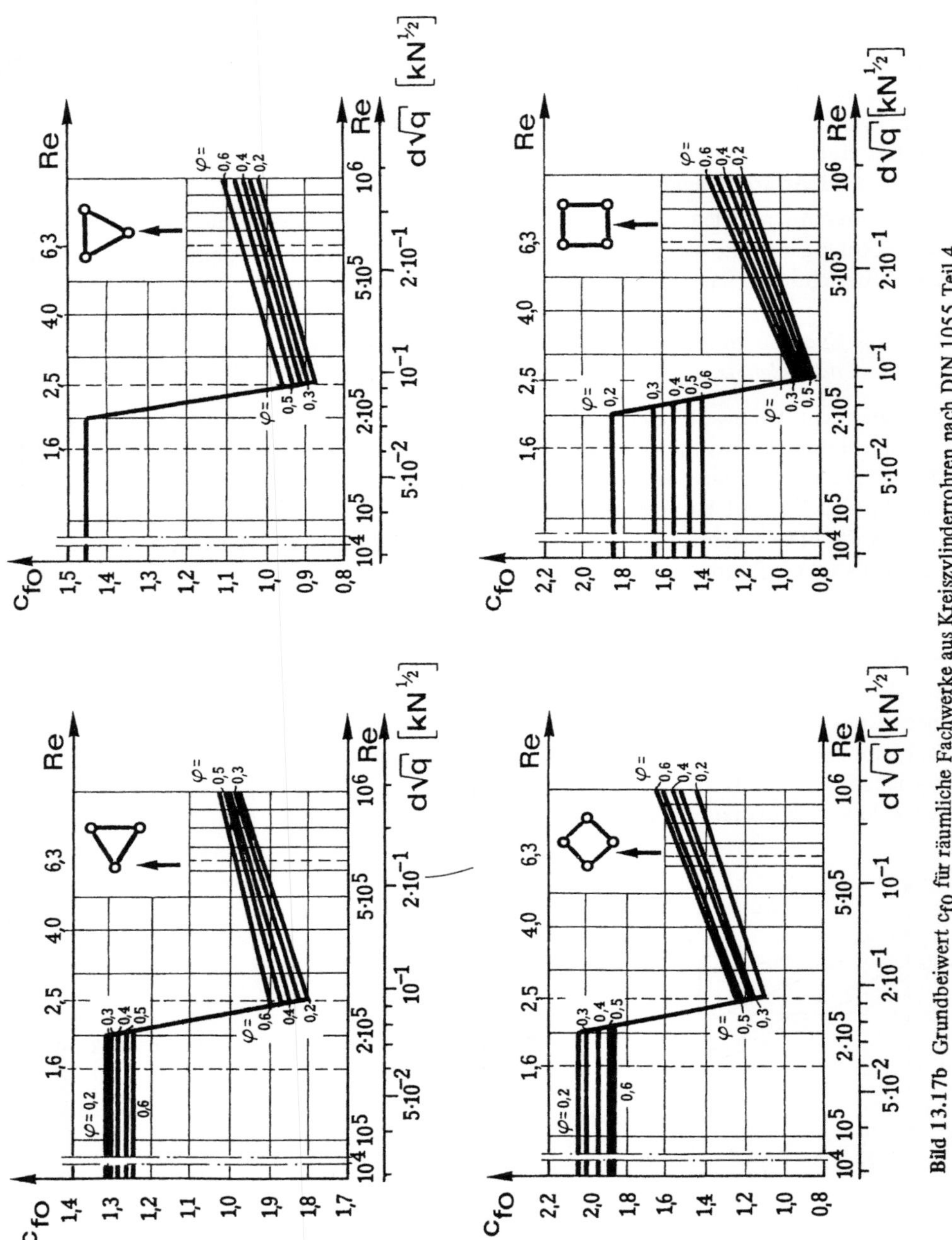

Bild 13.17b Grundbeiwert c_{fo} für räumliche Fachwerke aus Kreiszylinderrohren nach DIN 1055 Teil 4

Maßgebend für die Belastung ist nur die Komponente des Windes normal zur Stabachse. Allgemeine räumliche Fachwerke sind durch Summation der auf die einzelnen Stäbe entfallenden Windlasten zu berechnen. Für die Streckung Λ ist dabei in der Regel l/d zu setzen (Bild 12.22), wobei l die Stablänge und d die größte Querschnittsdimension normal zur Windrichtung bedeuten. Der Schlankheitsfaktor λ folgt aus Bild 12.23.

Bei kantigen Profilen kann die Fläche der Knotenbleche zu den Stabflächen geschlagen werden, bei Rohrfachwerken sind die Knotenblechflächen mit dem Beiwert $c = 1{,}6$ zu berücksichtigen. Einbauten sind zusätzlich mit den ihren Formen entsprechenden Beiwerten zu berücksichtigen.

Ebene und spezielle räumliche Fachwerke können auch nach der ÖNORM vereinfacht berechnet werden. Es wird dabei jeweils die Last in Windrichtung, der Widerstand, bestimmt, wobei allerdings anstatt F gemäß ISO 3898 der Buchstabe W steht.

$$(13.2) \qquad \begin{aligned} W &= c \cdot s \cdot q \cdot A \\ c &= c_0 \cdot \eta, \quad (\lambda = 1). \end{aligned} \qquad (13.14)$$

Der Größenfaktor s (Tabelle 6.3) beim Staudruck q berücksichtigt die Größe der Konstruktion. Der Schlankheitsfaktor λ tritt in der ÖNORM in der Gleichung für c nicht auf, da es sich um eine Größe handelt, die in der Mehrzahl der Fälle zwischen 0,9 und 1,0 liegt und deshalb hier 1 gesetzt wird.

Für Tragwände mit kantigen oder runden Profilen ($d\sqrt{q} < 0{,}25 \ kN^{1/2}$) ist c_0 abhängig vom Völligkeitsgrad φ Bild 13.18 zu entnehmen; der Abschirmfaktor $\eta = \eta(\epsilon, e/h)$ ist für die erste Tragwand $\eta = 1$ zu setzen, für alle folgenden im Windschatten liegenden Tragwände wird er mit Bild 13.19 bestimmt. Die Hilfsgröße ϵ ist dabei direkt der Völligkeit φ proportional und hängt zusätzlich von der Profilform bzw. bei Rohrfachwerken auch von der Reynolds-Zahl ab. Damit wird näherungsweise berücksichtig, daß die Abschirmung vom Widerstand des luvseitig gelegenen Fachwerkträgers abhängt.

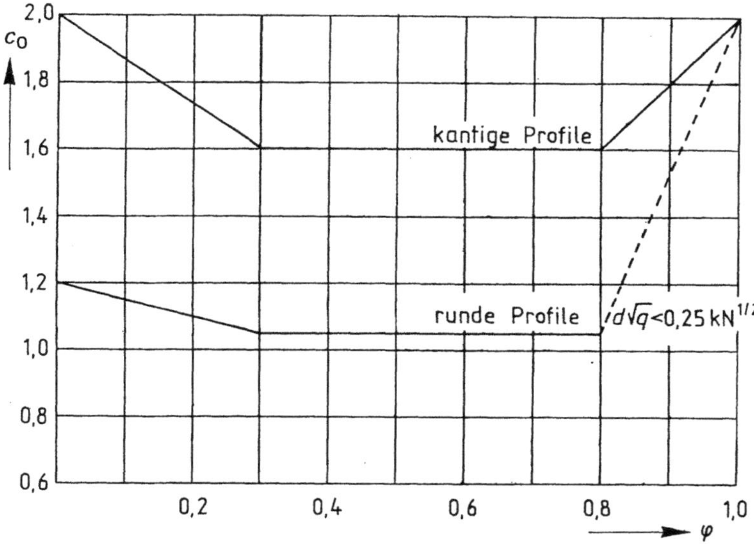

Bild 13.18 Grundbeiwerte c_0 für Tragwände nach ÖNORM B4014 Teil 1

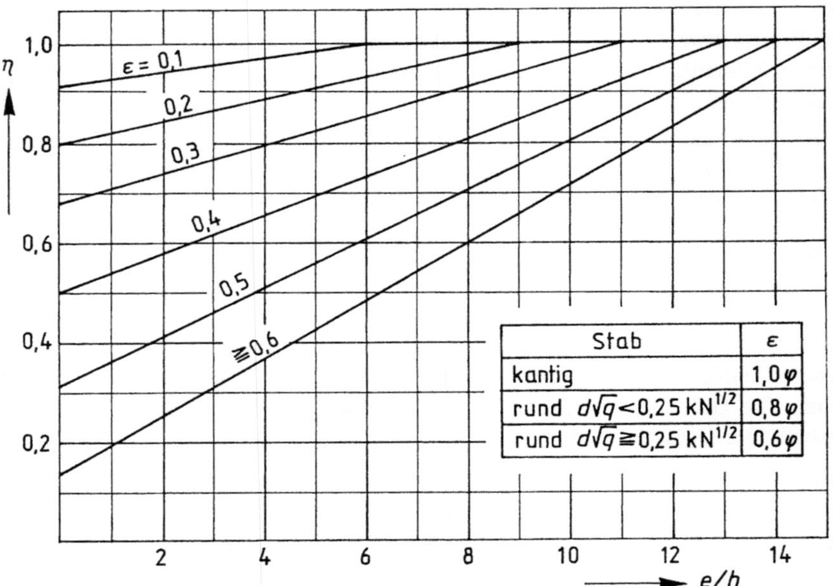

Bild 13.19 Abschattungsfaktoren η für Tragwände nach ÖNORM B4014 Teil 1

13.2.2.2 Spezielle räumliche Fachwerke (Querschnitt Quadrat oder gleichseitiges Dreieck)

Bei drei und vierstieligen Fachwerktürmen mit einem gleichseitigen Dreieck oder einem Quadrat als Querschnitt, kann auch eine vereinfachte Rechnung durchgeführt werden, falls die Wände annähernd gleich ausgeführt und weniger als $20°$ gegenüber der Lotrechten geneigt sind. Voraussetzung ist, daß es sich um kreiszylindrische Profile ($d\sqrt{q} < 0{,}25$ kN$^{1/2}$) oder beliebige kantige Profile handelt. Da die ÖNORM bei Fachwerken die Schlankheit nicht berücksichtigt, ist der Widerstandsbeiwert c, der auf die Projektionsfläche A einer Seitenwand bezogen ist, nur von φ abhängig und kann Bild 13.20 entnommen werden, wobei auf die Ähnlichkeit mit den entsprechenden Kurven in den Bildern 13.9 und 13.10 hingewiesen sei. Bei den räumlichen Fachwerken wird Gl. (13.14) um den Faktor κ_1 erweitert.

$$(13.14) \qquad W = \kappa_1 \cdot c \cdot q \cdot s \cdot A. \qquad\qquad (13.15)$$

Der Faktor κ_1 berücksichtigt die Schräganströmung, er ist für eine Windrichtung normal zu der Seitenwand stets 1. Auch für Türme mit einem gleichseitigen Dreieck als Querschnitt ist $\kappa_1 = 1$ zu setzen. Nur bei Fachwerktürmen mit quadratischem Querschnitt führt eine Abweichung um den Winkel β von der Normalanströmung zu höheren Lasten. Für diesen Fall gelten für κ_1 folgende Werte:

$$
\begin{aligned}
0° \leqslant \beta < 20°: &\quad \kappa_1 = 1 + 0{,}03\ \varphi \cdot \beta \\
20° \leqslant \beta \leqslant 45°: &\quad \kappa_1 = 1 + 0{,}6\ \varphi.
\end{aligned}
\qquad (13.16)
$$

β ist in diesen Beziehungen in Graden einzusetzen, φ ist der Völligkeitsgrad (Gl. (13.1)).

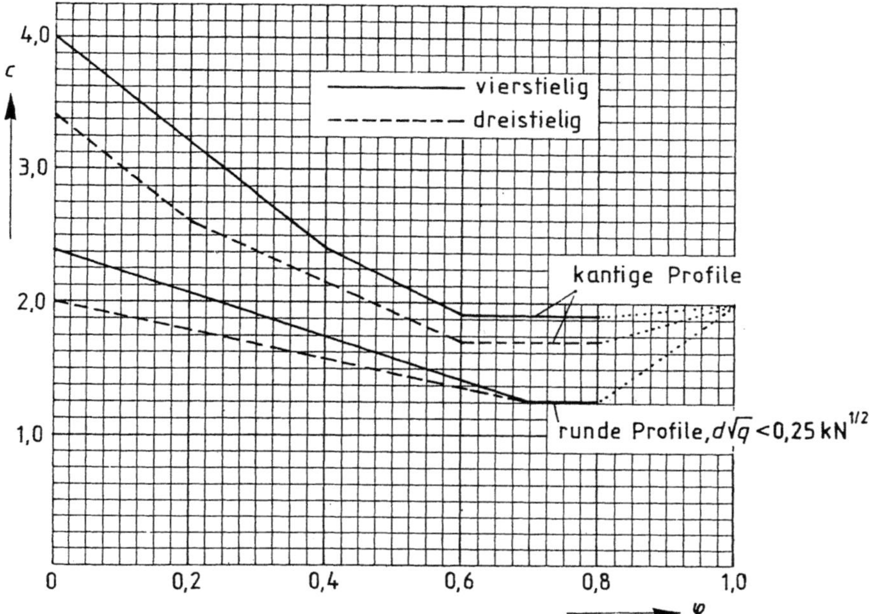

Bild 13.20 Beiwerte für Fachwerktürme und -maste nach ÖNORM B4014 Teil 1

Bei Schräganströmung kann die Windlast zwischen den dem Wind zugewandten und den im Windschatten liegenden Wänden im Verhältnis 4 : 3 aufgeteilt werden.

Für mehrere gleichartige Fachwerktürme hintereinander ergibt sich die Windlast der abgeschirmten Türme durch Multiplikation der des ersten Turmes mit $2\eta/(1 + \eta)$, mit η nach Bild 13.19, wobei für h die Seitenlänge des Turmes einzusetzen ist. Der Abstand e der Türme darf dabei nicht größer als h sein.

13.2.2.3 Fachwerktürme mit gemischten Profilen

Besteht ein Fachwerkträger oder -turm sowohl aus kantigen als auch aus runden Profilen, dann ist die Berechnung des Gesamtbeiwertes c einmal so durchzuführen, als ob es sich um ein Fachwerk mit kantigen Profilen handelte (Ergebnis c_1) und einmal so, als wäre es ein Fachwerk aus runden Profilen (Ergebnis c_2). Ist A_1 die Projektionsfläche der kantigen und A_2 die der runden Profile, so daß $A_1 + A_2 = A$ ist, dann folgt für die Windkraft:

$$W = (c_1 A_1 + c_2 A_2) \cdot s \cdot q. \tag{13.17}$$

13.2.3 Berechnung nach SIA 160

Die SIA 160 enthält ähnlich DIN eine umfangreiche Sammlung von Beiwerten für Profile für die Streckung $\Lambda \to \infty$. Zur Berücksichtigung der Stablänge wird das Streckungsverhältnis gleich dem Seitenverhältnis l/d gesetzt. Der Schlankheitsfaktor λ für verschiedene l/d-Werte ist in Tabelle 13.2 enthalten. Diese λ-Werte gelten jedoch nicht für kreiszylindrische Stäbe im Bereich $d\sqrt{q} > 1{,}5\,kp^{1/2}$, für diese ist $\lambda = 0{,}9$ bei $l/d = 25$.

Tabelle 13.2 Schlankheitsfaktoren für Stäbe nach SIA 160

l/d	5	10	20	25	50	100	∞
λ	0,60	0,65	0,75	0,85	0,90	0,95	1,00

Bei einer Abweichung von der Normalanströmung um den Winkel β ist bei Stäben mit kreiszylindrischem Querschnitt der Wert c_0 für Normalanströmung (1,2 für $d\sqrt{q} < 1,5 \text{ kp}^{1/2}$ bzw. 0,6 für $d\sqrt{q} > 1,5 \text{ kp}^{1/2}$) näherungsweise mit $K_\beta = \cos\beta$ zu multiplizieren (die genauen Werte sind der Norm zu entnehmen). Für kantige Stäbe sind die entsprechenden Faktoren K_β Tabelle 13.3 zu entnehmen.

Tabelle 13.3 Faktor K_β zur Berücksichtigung der Stabneigung bei kantigen Stäben nach SIA 160

β	0°	15°	30°	45°	60°
K_β	1,00	0,98	0,93	0,88	0,80

Für jeden Stab gilt für die Windlast normal zur Stabachse:

$$W = K_\beta \cdot c_0 \cdot \lambda \cdot \eta \cdot q \cdot A. \tag{13.18}$$

Für ebene Fachwerke aus kantigen Profilen gelten abhängig vom Völligkeitsgrad φ die c_0-Werte nach Tabelle 13.4

Tabelle 13.4 Lastbeiwerte c_0 für Fachwerkwände

φ	0	0,1	0,15	0,2	0,3...0,8	0,95	1,0
c_0	2,0	1,9	1,8	1,7	1,6	1,8	2,0

Der Schlankheitsfaktor λ hängt sowohl von φ als auch vom Seitenverhältnis l/h des Trägers ab (Tabelle 13.5)

Tabelle 13.5
Schlankeitsfaktoren λ für Tragwände
nach SIA 160

φ	0,25	0,5	0,9	0,95	1,0
$l/h = 5$	0,96	0,91	0,87	0,77	0,60
$l/h = 20$	0,98	0,97	0,94	0,89	0,75
$l/h = 50$	0,99	0,98	0,97	0,95	0,90
$l/h = \infty$	1,0	1,0	1,0	1,0	1,0

Die Abschirmfaktoren η für Träger im Windschatten sind hier in Form einer Tabelle als Funktion des bezogenen Abstandes e/h (Bild 13.3) und des Völligkeitsgrades φ angegeben (Tabelle 13.6). Sie gelten für beliebige Querschnitte mit Ausnahme der kreiszylindrischen Stäbe im Bereich $d\sqrt{q} > 1,5 \text{ kp}^{1/2}$, für die $\eta = 0,95$ zu nehmen ist.

Tabelle 13.6 Abschirmfaktoren η für Tragwände aus kantigen Profilen nach SIA 160

φ	0,1	0,2	0,3	0,4	0,5	0,6	0,8	1,0
$e/h = 1/2$	0,93	0,75	0,56	0,38	0,19	0	0	0
$e/h = 1$	0,99	0,81	0,65	0,48	0,32	0,15	0,15	0,15
$e/h = 2$	1,00	0,87	0,73	0,59	0,44	0,30	0,30	0,30
$e/h = 4$	1,00	0,90	0,78	0,65	0,52	0,40	0,40	0,40
$e/h = 6$	1,00	0,93	0,83	0,72	0,61	0,50	0,50	0,50

Für jede Fachwerkwand gilt dann:

$$W = c_0 \cdot \lambda \cdot \eta \cdot q \cdot A. \qquad (13.19)$$

Für die vorderste, nicht abgeschirmte Tragwand ist natürlich $\eta = 1$ zu sezten.

13.3 Beispiel: Vierkantmast

Gegeben ist ein Vierkantmast mit kantigen Stäben mit den in Bild 13.21 wiedergegebenen Abmessungen. Der Völligkeitsgrad ist $\varphi = \dfrac{A}{A_u} = 0{,}25$. Der Mast steht in einem exponierten Gelände, daher wurde ein Gutachten mit folgendem Ergebnis eingeholt: Das maximale Zweisekundenmittel in 10 m Höhe, das im Mittel einmal in 50 a zu erwarten ist, beträgt 160 km/h = 44,44 m/s.

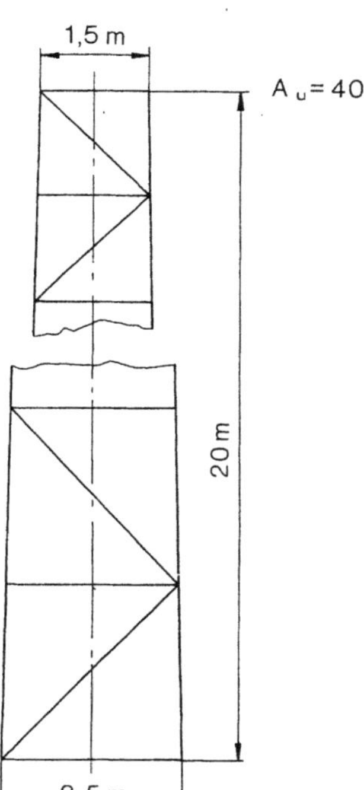

Bild 13.21
Vierkantmast

Zunächst ist zu prüfen, ob die Zweisekundenböe maßgebend ist, oder ein anderes Mittelungsintervall gewählt werden muß. Auskunft darüber gibt Bild 6.18. Da in diesem Diagramm auf der Abszisse das Stundenmittel aufgetragen ist, muß dieses zunächst errechnet werden. Für Gelände 1, $z_0 = 4 \cdot 10^{-2}$ m folgt aus Bild 6.9

$$\frac{u_2(10)}{u_{3600}(10)} = 1{,}46 \Rightarrow u_{3600}(10) = 30{,}4 \text{ m/s.}$$

Bild 6.18 zeigt, daß für 20 m Längserstreckung die Dreisekundenböe ausreichend ist. Aus diesem Grund wird aus den Angaben über die Zweisekundenböe mit Hilfe von Bild 6.9 die Dreisekundenböe errechnet.

$$\frac{u_3(10)}{u_{3600}(10)} = 1{,}43; \quad \frac{u_3(10)}{u_2(10)} = \frac{1{,}43}{1{,}46} = 0{,}98 \Rightarrow u_3(10) = 0{,}98 \cdot 44{,}44 = 43{,}6 \text{ m/s.}$$

Die Abminderung ist also sehr gering. Für das Böenprofil ist in Bild 6.6 der Exponent $\alpha_3 = 0{,}083$:

$$(6.5) \qquad \frac{u(z_e)}{u(z_{e_1})} = \left(\frac{z_e}{z_{e_1}}\right)^{\alpha_3}.$$

Da der Turm im freien Gelände steht, ist $d_0 = 0$; $z_e = z$

$$\frac{u_3(z)}{u_3(10)} = \left(\frac{z}{10}\right)^{0{,}083}.$$

Die Auswertung der Formel ergibt, wenn man gleichzeitig die dazugehörigen Staudrücke mit Gl. (3.8) berechnet, die Werte in Tabelle 13.7 ($\rho = 1{,}25$ kg/m^3).

Tabelle 13.7
Staudruckverteilung

z in m	6	10	15	20
u_3 in m/s	41,8	43,6	45,1	46,2
q in kN/m^2	1,09	1,19	1,27	1,33

Die Unterschiede sind gering, es wird daher nur mit zwei Staudruckstufen gerechnet. Die Umrißflächen A_u für die beiden Bereiche ergeben sich leicht aus Bild 13.21, die Stabflächen erhält man durch Multiplikation mit dem Völligkeitsgrad φ. Bei einer genaueren Rechnung wäre der unterschiedliche Völligkeitsgrad in den beiden Bereichen zu berücksichtigen.

Tabelle 13.8
Staudrücke und Flächen
für die Berechnung

Bereich	z m	q kN/m^2	A m^2	$q_i A_i$ kN
1	0–10	1,19	5,625	6,69
2	10–20	1,33	4,375	5,82

$$\Sigma q_i A_i = 12{,}51 \text{ kN}$$

13.3.1 Berechnung nach DIN 1055 Teil 4

(13.13) $\quad W = c_{f0} \cdot \lambda \cdot q \cdot A = c_{f0}\,\lambda[q_1 A_1 + q_2 A_2] = 12{,}51\,c_{f0}\,\lambda,$

Bild 12.18: $\quad \Lambda = \dfrac{1{,}91\,h}{d} = \dfrac{1{,}91 \cdot 20}{2} = 19{,}1 \quad \left(\dfrac{1{,}4\,h}{d}\ \text{für } h = 50\ \text{m}; \dfrac{2\,h}{d}\ \text{für } h = 15\ \text{m};\right.$

$$\text{lineare Interpolation:}\ \dfrac{1{,}91\,h}{d}\ \text{für } h = 20\ \text{m} \Bigg)$$

Bild 13.14: $\quad \lambda = 0{,}95$

Bild 13.17a: $\quad \begin{aligned}&c_{f0} = 2{,}55 \qquad &\text{für Normalanströmung,}\\ &c_{f0} = 2{,}95 \qquad &\text{für Anströmung über Eck,}\end{aligned}$

$$W = \begin{cases} 30{,}3\ \text{kN} & \text{für Normalanströmung,} \\ 35{,}1\ \text{kN} & \text{für Anströmung über Eck.} \end{cases}$$

13.3.2 Berechnung nach ÖNORM B4014 Teil 1

Die ÖNORM gibt als Grundwert die maximale Zweisekunden-Böe an, die im Mittel einmal in 50 a zu erwarten ist. Die Berücksichtigung der Größe der Konstruktion erfolgt mit dem Größenfaktor s nach Tabelle 6.3. Daher muß hier das Geschwindigkeitsprofil für das Zweisekundenmittel berechnet werden.

(6.5) $\quad \dfrac{u_2(z)}{u_2(10)} = \dfrac{u_2(z)}{44{,}44} = \left(\dfrac{z}{10}\right)^{\alpha_2};$

mit $\alpha_2 = 0.081$ aus Bild 6.6. Ermittelt man damit die Staudrücke in 10 m und 20 m Höhe, so ergibt sich $q(10) = 1{,}23\ \text{kN/m}^2$ und $q(20) = 1{,}38\ \text{kN/m}^2$. Diese Werte sind anstelle der in Tabelle 13.8 zur Berechnung der $q_i A_i$-Werte beziehungsweise deren Summe heranzuziehen, was $\Sigma\,q_i A_i = 12{,}96\ \text{kN}$ ergibt, einen geringfügig höheren Wert.

(13.15) $\quad W = \kappa_1 \cdot c \cdot s \cdot q \cdot A = \kappa_1 \cdot c \cdot s\,\Sigma\,q_i A_i = 12{,}96\,\kappa_1 \cdot s \cdot c\ \text{kN}$

(13.16) $\quad 0° \leqslant \beta < 20°: \quad \kappa_1 = 1 + 0{,}03\,\varphi \cdot \beta$

$\qquad\qquad\quad 20° \leqslant \beta \leqslant 45°: \quad \kappa_1 = 1 + 0{,}6\,\varphi,$

Bild 13.20: $\quad c = 3{,}00,$

Tabelle 6.3: $\quad s = 1{,}0,$

$\qquad\qquad \beta = 0°: \quad W = 3{,}0 \cdot 12{,}96\ \text{kN} = 38{,}9\ \text{kN},$

$\qquad\qquad 20° \leqslant \beta \leqslant 45°: \quad W = (1 + 0{,}6 \cdot 0{,}25) \cdot 3 \cdot 12{,}96\ \text{kN} = 44{,}7\ \text{kN}.$

13.3.3 Berechnung nach SIA 160

Die Windlast ergibt sich durch Summation der Wirkungen des Windes auf die luvseitige und die abgeschirmte Wand.

(13.19) $\quad W = c_0 \cdot \lambda \cdot q \cdot A(1 + \eta) = c_0 \cdot \lambda(1 + \eta)(q_1 A_1 + q_2 A_2),$

Tabelle 13.4: $\quad c_0 = 1{,}65,$

Tabelle 13.5: $h/l = 10$: $\quad \lambda = 0{,}97$,

Tabelle 13.6: $e/h = 1$; $\quad \varphi = 0{,}25$: $\quad \eta = 0{,}73$,

$$W = 1{,}65 \cdot 0{,}97 \cdot (1 + 0{,}73) \cdot 12{,}51 \text{ kN} = 34{,}6 \text{ kN}.$$

Für Schräganströmung ($\beta \neq 0°$) muß jeder Stab einzeln gerechnet werden, wobei die Winkel zwischen Windrichtung und der Normalen zur jeweiligen Stabachse zu beachten sind. Das Verfahren ist also sehr aufwendig.

13.3.4 Berechnung nach Ergebnissen von Experimenten

In Bild 13.9 sind experimentelle Ergebnisse für unendlich große Streckung Λ eingetragen. Der Einfluß des endlichen Wertes dieser Größe ist aber in diesem Beispiel gering (DIN: $\lambda = 0{,}95$; SIA: $\lambda = 0{,}97$). Da die Streuung der Meßwerte groß ist, wird zur Demonstration der Schwankungsbreite mit zwei c_{TN}-Werten gerechnet. Die Faktoren für die Schräganströmung stammen aus Bild 13.11.

$$20° < \beta < 35°: \quad \frac{c_T(\beta)}{c_T(0)} = 1 + 0{,}76\,\varphi = 1{,}19,$$

$$\beta = 45°: \quad \frac{c_T(\beta)}{c_T(0)} = 1 + 0{,}64\,\varphi = 1{,}16.$$

Tabelle 13.9
Windlasten nach experimentellen Werten

c_{TN} $\diagdown$ β	W in kN		
	0°	30°	45°
2,4	30,0	35,7	34,8
2,7	33,8	40,2	39,2

Aus dem Vergleich dieser Daten mit denen, die nach verschiedenen Normen errechnet wurden, folgt, daß praktisch alle nach den Vorschriften errechneten Werte im Bereich der Versuchsergebnisse liegen (Tab. 13.9).

Literatur

[13.1] *Sachs, P.:* Wind Forces in Engineering, Pergamon Press 1972

[13.2] *Prandtl, L., Betz, A.:* Ergebnisse der Aerodynamischen Versuchsanstalt zu Göttingen, III. Lieferung (2. Aufl.), R. Oldenbourg 1935

[13.3] *Cohen, E., Perrin, H.:* Designe of multi-level guyed towers: wind loading, Journ. of the Struct. Div. Proc. of the ASCE 83, Nr. ST5, S. 1355 (1957)

[13.4] *Flachsbart, O.:* Winddruck auf vollwandige Bauwerke und Gitterfachwerke, Intern. Assn. for bridge and Struct. Eng. Zürich, Vol. 1 (1932)

[13.5] *Schulz, G.:* Der Widerstand von Fachwerken aus zylindrischen Stäben (Rohren) und seine Berechnung, CIDECT- Bericht Nr. 69/21G (1971)

[13.6] *Flachsbart, O.:* Modellversuche über die Belastung von Gitterfachwerken durch Windkräfte, 1. Teil: Einzelne ebene Gitterträger, Der Stahlbau 7/9, S. 65–69, 7/10, S. 73–79 (1934)

[13.7] *Flachsbart, O., Winter, H.:* Modellversuche über die Belastung von Gitterfachwerken durch Windkräfte, 2. Teil: Räumliche Gitterfachwerke, Der Stahlbau 8/8, S. 57−63, 8/9, S. 65−69, (1935)

[13.8] *Georgiou, P. N., Vickery, B. J.:* Wind loading on building frames, Proc. 5th Int. Conf. on Wind Eng., Fort Collins 1979, S. 421−434

[13.9] *Žurańsky, J.:* Windbelastung von Bauwerken und Konstruktionen. Rudolf Müller Verlagsges. 1969

[13.10] *Gould, R. W. F., Raymer, W. G.:* Measurements over a wide range of Reynolds numbers of the wind forces on models of lattice frameworks with tubular members, NPL Mar. Sci. Rep. No. 5−72 (1972)

[13.11] *Whitbread, R. E.:* The influence of shielding on the wind forces experienced by arrays of lattice frames, Proc. Fifth Int. Conf. on Wind Eng., Forth Collins 1979, S. 405−420

14 Verschiedene Bauten

14.1 Tafeln und Fahnen

Ein festgespanntes Tuch ist strömungstechnisch einer ebenen Tafel mit denselben Abmessungen ähnlich, wenn man von der Krümmung und der Durchlässigkeit des Fahnentuches absieht. Aus diesem Grunde werden Fahnen und Tafeln gemeinsam behandelt.

14.1.1 Experimentelle Ergebnisse

In Abschnitt 5.2.2 wurden einige Platten als Beispiele besprochen (Bild 5.19). Für eine ebene Platte mit dem Streckungsverhältnis $\Lambda \to \infty$ gilt $c_W = 2{,}0$; für andere Λ-Werte kann c_W mit Bild 5.33 berechnet werden (Abschnitt 5.2.7).

Der Widerstandsbeiwert für Flaggen setzt sich aus einem Anteil infolge Oberflächenreibung und einem Flatteranteil zusammen, wobei der zweite weitaus überwiegt. Dieser hängt, wie Dimensionsbetrachtungen zeigen und wie durch Experimente bestätigt wurde, von zwei dimensionslosen Ausdrücken, nämlich von $\frac{A^2}{h}$ und $\frac{m}{\rho h}$ ab [14.5]. A und h bedeuten Fläche und Höhe der Flagge (Bild 14.1), m die Flaggenmasse pro Flächeneinheit und ρ die Dichte der Luft. Die Auftragung der Versuchsergebnisse von rechteckigen und dreieckigen Flaggen in dimensionsloser Darstellung zeigt, daß alle Meßpunkte längs einer Kurve liegen, die durch eine einfache Beziehung beschrieben werden kann

$$c_W = 0{,}012 + 0{,}39 \, \frac{m}{\rho h} \left(\frac{h^2}{A}\right)^{1,25} . \tag{14.1}$$

Es handelt sich dabei um einen mittleren c_W-Wert. Bei den Versuchen wurden bei den rechteckigen Flaggen Schwankungen um den Mittelwert bis zu $\pm 30\%$ und bei den dreieckigen bis zu $\pm 6\%$ festgestellt.

Die kritische Raynols-Zahl, ab der Flattern der Fahnen auftritt, liegt bei etwa 10^4, wobei als charakteristische Länge die Abmessung in Windrichtung zu nehmen ist. Dieser Wert

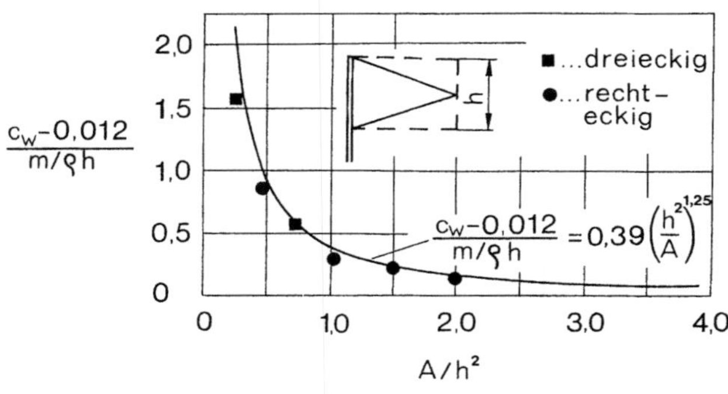

Bild 14.1
Widerstandsbeiwert c_W von Flaggen nach Experimenten [14.5]

scheint von anderen Parametern nahezu unabhängig zu sein [14.7]. In dieser Arbeit sind auch Widerstandsbeiwerte für Fahnen angegeben, die aber offensichtlich infolge der gewählten Darstellung stark streuen.

14.1.2 Beiwerte nach Normen

14.1.2.1 Beiwerte nach der DIN 1055 Teil 4

Für Tafeln ist der Lastbeiwert c_{f0} Tabelle 13.1a zu entnehmen, der Schlankheitsfaktor λ ist abhängig von der Streckung (Bild 12.18) mit Bild 12.19 zu ermitteln.

Für Fahnen mit rechteckiger Fläche folgt der Lastbeiwert c_f abhängig vom Seitenverhältnis h/b aus Tabelle 14.1 (h ist dabei die Höhe der Fahne wie in Bild 14.1 und b die Länge).

Tabelle 14.1
Lastbeiwerte c_f für Fahnen
nach DIN 1055 Teil 4

	c_f
h/b < 5	1,2
h/b ≥ 5	1,6

Als Fläche ist bei gespanntem Tuch die gesamte Fahnenfläche A einzusetzen, bei Fahnen mit losem Tuch nur A/4.

14.1.2.2 Beiwerte nach der ÖNORM B4014 Teil 1

Für freistehende Wände und Tafeln sowie für Fahnen mit gespanntem Tuch gilt allgemein c = 1,8. Die Luftkraft wirkt dabei normal zur Fläche.

Für Fahnen mit losem Tuch (Flaggen) ist

$$\frac{h^2}{A} \geq 0{,}25: \quad c_W = 0{,}014 + 0{,}47\,\frac{m}{\rho h}\left(\frac{h^2}{A}\right)^{1,25}. \tag{14.2}$$

Die Koeffizienten sind etwa um 20% höher als in Gl. (14.1), wodurch die Kraftschwankungen berücksichtigt werden. Die einzelnen Größen wurden bei Gl. (14.1) bereits erklärt. Für m ist die Masse des nassen Fahnentuches pro Flächeneinheit einzusetzen. Die Kraft wirkt hier in Windrichtung. Für Werte $h^2/A < 0{,}25$ ist $h^2/A = 0{,}25$ zu setzen.

Für punktweise aufgehängte Fahnen ist der Beiwert c zunächst ebenfalls mit Gl. (14.2) zu bestimmen, das Ergebnis ist jedoch zusätzlich mit dem Faktor 1,4 zu multiplizieren.

14.1.2.3 Beiwerte nach SIA 160

Bild 14.2 gibt Beiwerte und Lage des Angriffpunktes der Last für Tafeln und freistehende Schutz- und Gebäudewände wieder. In der SIA 160 sind auch Werte für gewölbte Wände und Bänder zu finden. Für frei flatternde Fahnen gilt mit den gleichen Symbolen wie in Gl. (14.1)

$$c = 0{,}024 + K\frac{m}{\rho h}, \tag{14.3}$$

wobei K von A/h^2 abhängt (Tabelle 14.2). m ist auch hier die Masse des nassen Fahnentuches pro Flächeneinheit.

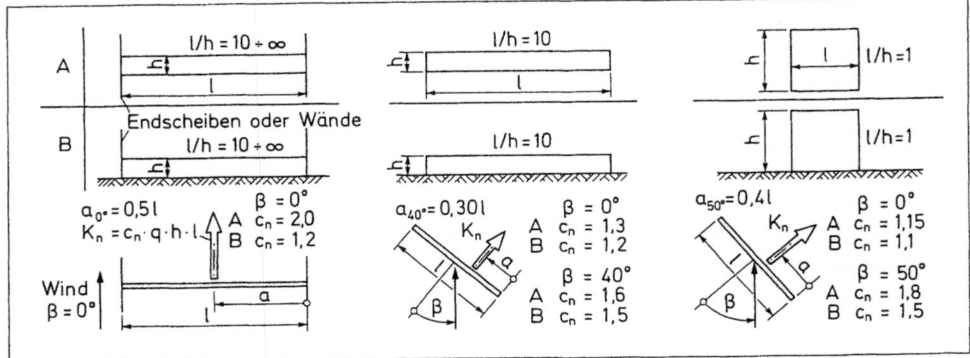

Bild 14.2 Kraftbeiwerte c für freistehende Wände und Tafeln nach SIA 160

Tabelle 14.2 Flatterbeiwert K nach SIA 160

A/h^2	0,1	0,2	0,4	0,6	1	2	4	6	10
K	10	4,6	2,2	1,4	0,8	0,36	0,17	0,11	0,06

Die Schwankungen um die Mittelwerte des Flatteranteiles betragen bei rechteckiger Form der Fahnenfläche ±30%, bei dreieckiger ±10%.

14.2 Gitter, Siebe

Gitter und Siebe sind ihrer strömungsmechanischer Wirkung nach einem Fachwerkträger ähnlich (Abschnitt 13.1.2). Aus diesem Grund wird der Normalkraftbeiwert hier wie bei den Fachwerken auf die Ansichtsfläche A und nicht, wie in der Strömungsmechanik üblich, auf die Umrißfläche A_u bezogen (Bild 13.2).

$$F_N = c_N A\rho \frac{u_A^2}{2} = c_N A_u \varphi \frac{\rho}{2} u_A^2. \tag{14.4}$$

$\varphi = \dfrac{A}{A_u}$ ist wieder der Völligkeitsgrad (Gl. (13.1)). Der Normalkraftbeiwert c_N für Anströmung normal zur Gitterebene ($\beta = 0°$) hängt vom Völligkeitsgrad φ, von der Profilform und vom Streckungsverhältnis Λ (Abschnitt 5.2.7) ab (Bild 14.3).

Für kleine φ-Werte ist die Abhängigkeit von Λ unbedeutend, für größere φ-Werte gelten die nach Angaben von [14.6] gerechneten Kurven nur für $\Lambda \sim 1$, da der Grenzwert bei $\varphi = 1{,}0$ der ebenen Kreisplatte entspricht. Für kreisrunde Querschnitte der Gitterprofile ist die Anwendung auf den Bereich beschränkt, in dem der Widerstandsbeiwert des Kreiszylinders $c_W = 1{,}2$ konstant ist, was etwa einem Reynolds-Zahlbereich $5 \cdot 10^2 \leqslant Re \leqslant 2 \cdot 10^5$ entspricht, wobei Re mit dem Profil-(Draht)durchmesser zu bilden ist (Gl. (4.14)). Beim Vergleich von Bild 14.3 mit dem analogen Bild für Fachwerkwände ($\Lambda \to \infty$) (Bild 13.4) fällt hier der Anstieg bei kleinen φ-Werten auf.

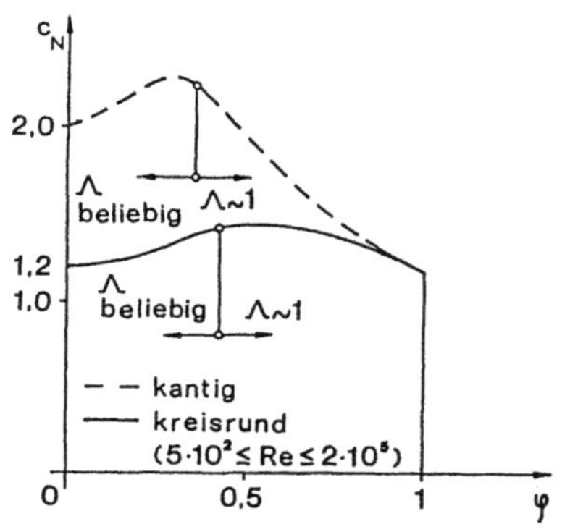

Bild 14.3
Normalkraftbeiwerte c_N für Gitter [14.6]

Bei Schräganströmung unter dem Winkel β zur Normalen der Gitterebene tritt eine Abnahme des c_N-Wertes auf. Bei $\beta = 75°$ beträgt bei runden Profilen $\dfrac{c_N(75)}{c_N(0)} = 0,5$, bei kantigen $\dfrac{c_N(75)}{c_N(0)} = 0,3$ [14.1]. Für Winkel zwischen $0°$ und $75°$ kann näherungsweise mit einem linearen Verlauf gerechnet werden, was nur eine grobe Näherung der stark streuenden Meßwerte ist.

14.3 Brücken

14.3.1 Experimentelle Ergebnisse

Bild 14.4 [14.1] zeigt den resultierenden Luftkraftvektor für drei Brückenquerschnitte bei verschiedenen Windrichtungen normal zur Brückenlängsachse. Der Betrag des Vektors entspricht dabei dem Kraftbeiwert c der auf die Ansichtsfläche der Brücke und den Staudruck bezogen ist. Kleine Änderungen des Anströmwinkels bewirken beachtliche Abweichungen in Lage, Richtung und Betrag der Luftkraft, wobei bei großem Überhang der große Normalabstand zwischen Querschnittsflächenschwerpunkt und Kraftvektor auffällt.

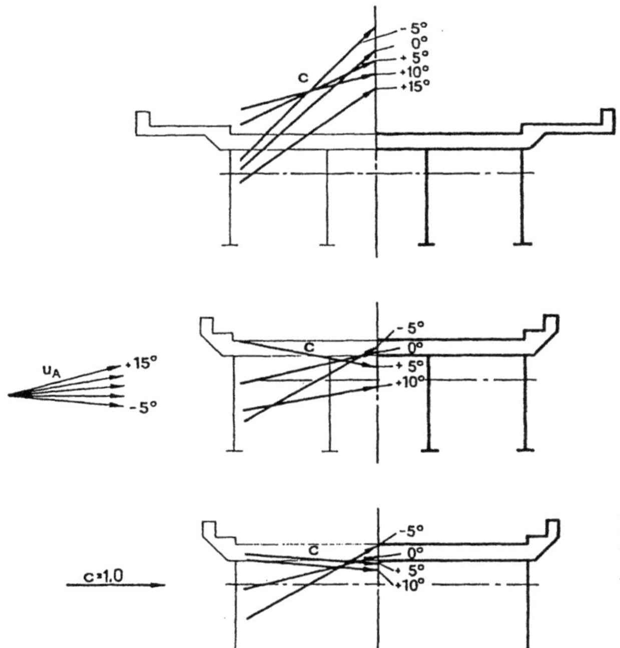

Bild 14.4

Vektordarstellung der Kraftbeiwerte von Balkenbrücken [14.1]

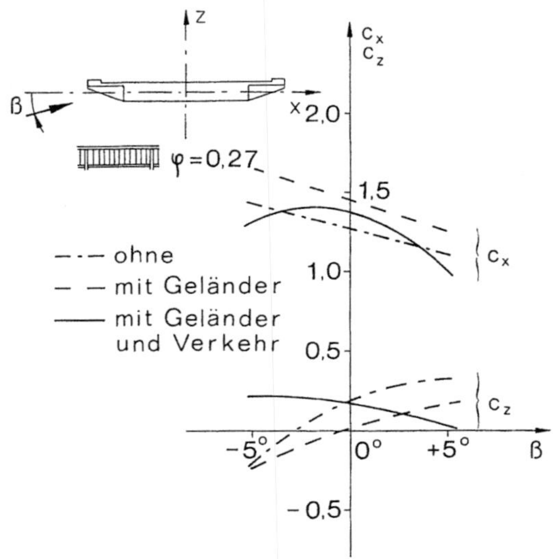

Bild 14.5
Beiwerte für Horizontal- und Vertikalkomponenten der Luftkräfte für Brücken
[14.2, 14.3]

Beachtenswert sind auch die Vertikalkomponenten, die bei Schräganströmung zur Brük-
kenachse noch größer sein können [14.1]. Die inneren Träger haben nur wenig Einfluß
auf die Strömungskräfte, wie der Vergleich der Werte der Brücke mit 2 und der mit 4 Trägern zeigt.

Bild 14.5 zeigt einige Daten nach englischen Messungen [14.2, 14.3]. Dabei ist besonders
zu beachten, daß die Horizontalkomponente c_x und die Vertikalkomponente c_z der Luftkraft auf die Projektionsfläche normal zu x bzw. z, also auf unterschiedliche Flächen bezogen sind, und daher nicht direkt verglichen werden können. Die Daten „mit Verkehr"
entsprechen dabei einer speziellen Anordnung von Kraftfahrzeugen auf der Fahrbahn. Der
Völligkeitsgrad φ (Gl. (13.1)) des Geländers ist 0,27.

Alle Messungen bestätigen, daß allgemeine Aussagen nur schwer zu machen sind und kleine
Details die Beiwerte stark beeinflussen. Für spezielle Fälle wird daher auf die Meßwerte
der Literatur [14.2 bis 14.4] verwiesen.

14.3.2 Beiwerte nach Normen

14.3.2.1 *Beiwerte nach DIN 1072*

Da im vorliegenden Entwurf der DIN 1055 Teil 4 die Beiwerte für Brücken noch nicht enthalten sind, werden die Vorschriften der DIN 1072, die derzeit noch in Kraft sind, angegeben. Nach diesen ist bei Lastfällen ohne Verkehrslasten mit einer Windlast $w = 250 \text{ kp/m}^2$
zu rechnen. Bei Lastfällen mit Verkehrslasten ist bei Straßenbrücken mit $w = 125 \text{ kp/m}^2$
zu rechnen, bei Geh- und Radwegbrücken mit $w = 75 \text{ kp/m}^2$. Diese Annahmen gelten
auch für Pfeiler und Stützen.

Als Windangriffsflächen sind im wesentlichen alle vom Wind getroffenen Flächen anzusehen, wobei das Verkehrsband bei Straßenbrücken mit 2 m und bei Geh- und Radwegbrük-
ken mit 1,8 m Höhe zu berücksichtigen ist. Für Details bezüglich der Windangriffsflächen
wird auf den Text der Norm verwiesen.

Ein Entwurf für eine Neufassung der DIN 1072 liegt bereits vor.

14.3.2.2 Beiwerte nach ÖNORM B4002 und B4003

Die neue Windnorm B4014 Teil 1 enthält keine Angaben für Brücken, daher sind für Straßenbrücken die ÖNORM B4002 und für Eisenbahnbrücken die ÖNORM B4003 maßgebend.

Nach diesen Vorschriften ist für unbelastete Brücken der Staudruck $q = 110$ kp/m^2 und für belastete Brücken $q = 55$ kp/m^2.

Der Lastbeiwert ist im allgemeinen $c = 1,6$, dieser Wert gilt auch für den ersten Hauptträger. Für alle weiteren Hauptträger ist für die über und unter dem Fahrbahnrand liegenden Flächen $c = 1,2$.

Als Windangriffsflächen zählen die Fläche des Fahrbahnbandes, die Flächen der Hauptträger und die der Verkehrslast. Das Verkehrsband ist bei Straßenbrücken 2,50 m, bei Fußgänger- und Radwegbrücken 1,60 m und bei Eisenbahnbrücken 4,00 m hoch. Bezüglich Details sollten die einschlägigen Normentexte herangezogen werden.

Auch für die B4003 liegt bereits ein Entwurf für eine Neuauflage vor.

14.3.2.3 Beiwerte nach SIA 160

Für den Fall ohne Verkehrsband sind die Windlasten der Träger nach den in Abschnitt 13.2.3 angegebenen Regeln der SIA 160 für Fachwerk- und Vollwandträger zu ermitteln. Zusätzlich ist eine Horizontallast des Fahrbahnbandes mit dem Lastbeiwert $c = 1,0$ anzusetzen. Die vertikale Windlast des Fahrbahnbandes kann sowohl nach oben als auch nach unten wirken, für sie ist $c = 0,6$; der Angriffspunkt dieser Vertikallast liegt im Abstand $0,4b$ von der Vorderkante, wobei b die Deckbreite ist.

Bei dem Fall mit Verkehrsband sind die Windlasten der Träger in gleicher Weise wie bei der Belastung ohne Verkehrsband zu rechnen. Für Verkehrsbänder gelten die in Tabelle 14.3 eingetragenen Werte. Die Windlast des Teiles des Verkehrsbandes das unterhalb der Oberkante des Hauptträgers liegt wird mit 2/3 multipliziert in Rechnung gestellt.

Tabelle 14.3
Abmessungen und Beiwerte
für Verkehrsbänder
nach SIA 160

	Höhe m	Beiwert c
Eisenbahnen	3,8	1,5
Straßenfahrzeuge	3,0	1,2
Fußgänger	1,7	1,0

Für die Horizontallast der Fahrbahn ist $c = 1,2$, für die Vertikallast gilt $c = 0,8$, wobei diese Last sowohl nach oben als auch nach unten wirken kann. Der Angriffspunkt dieser Last liegt wie bei der Brücke ohne Verkehrsband im Abstand $0,4b$ von der Vorderkante.

Literatur

[14.1] *Sachs, P.:* Wind Forces in Engineering, Pergamon Press 1972
[14.2] *Cowdrey, C. F.:* Time-average aerodynamic forces on bridges, NPL Aero Rep. 1327 (1971)
[14.3] *Cowdrey, C. F.:* Time-average aerodynamic forces on bridges (second series), NPL Aero Rep. No. 1.72 (1972)

[14.4] *Vincent, G. S.:* Investigation of wind forces on Highway Bridges, Highway Res. Board Special
       Rep. 10, No. 272 (1953)
[14.5] *Fairthorne, R. A.:* Drag of flags, Rep. and Mem. of the Aeronautical Res. Council no. 1345,
       S. 887–892 (1930)
[14.6] *Hoerner, S. F.:* Fluid Dynamic Drag, Hoerner, Bricktown 1965
[14.7] *Taneda, S.:* Waving motions of flags, J. of the Phys. Soc. of Japan, Vol. 24/2, S. 392–401
       (1968)

15 Schwingungstechnische Grundlagen

15.1 Allgemeine Bedeutung der Schwingungen von Konstruktionen

Bis zur Katastrophe der Tacoma-Brücke im Jahre 1940 wurden nur statische Windlasten berücksichtigt [15.1]. Erst 30 Jahre später fanden einfache Berechnungsverfahren von dynamischen Windlasten Eingang in die Normen. Die Notwendigkeit dazu ergab sich nicht allein durch schwingungsgefährdete Brücken, sondern vor allem durch hohe, schlanke Bauwerke, wie etwa Funk- oder Fernsehtürme. Es handelt sich also i. a. um Konstruktionen, deren Längsabmessung wesentlich größer als ihre Querdimension ist, Konstruktionen, die man als trägerartig bezeichnen kann. Aus diesem Grund werden hier vorwiegend aeroelastische Schwingungen von als Trägern wirkenden Konstruktionen erörtert, für allgemeinere Fälle wird auf die Literatur verwiesen [15.2].

Neben der Gefahr des Versagens der Konstruktion infolge winderregter Schwingungen muß auch der menschliche Komfort beachtet werden. Bei Schwingungen von Hochhäusern können Beschleunigungswerte auftreten, die von Personen als unangenehm wahrgenommen werden. Dabei spielt natürlich eine entscheidende Rolle, wie oft gewisse Grenzwerte überschritten werden.

Bild 15.1 zeigt die Wahrnehmungsschwelle a_s für die Horizontalbeschleunigung, abhängig von der Eigenfrequenz des Gebäudes n_b [15.21]. Der Quotient der tatsächlich auftretenden Beschleunigung a_g zum Schwellwert a_s ist ein Maß für die Belästigung. In Bild 15.2 [15.21] sind Quotienten a_g/a_s, die für 2% bzw. 10% der Leute noch annehmbar sind, abhängig vom Kehrwert der mittleren Wiederholungszeit aufgetragen. Falls der entsprechende Wert für ein Projekt in dem Diagramm über der 10% Kurve liegt, ist mit Schwierigkeiten zu rechnen. Der Schwellwert sollte im Mittel pro Jahr höchstens 10 mal erreicht werden. Auch von der ISO wurden Empfehlungen für Grenzwerte von Beschleunigungen im Bereich 1...80 Hz ausgearbeitet.

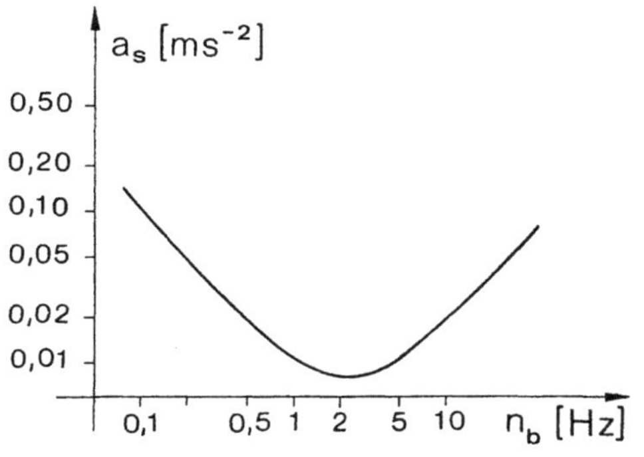

Bild 15.1
Schwellwert a_s der Horizontalbeschleunigung der von 50% der Bevölkerung verpürt wird in Abhängigkeit von der Eigenfrequenz des Bauwerkes [15.21]

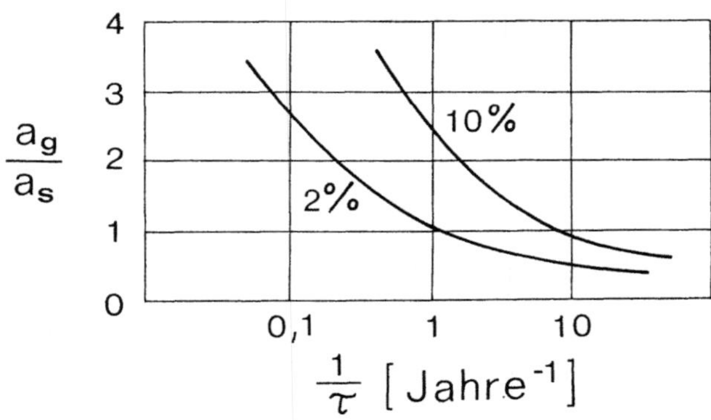

Bild 15.2
Grenzwerte für Beschleunigungen a_g/a_s in Abhängigkeit von der mittl. Frequenz
[15.21]

15.2 Instationäre aerodynamische Kräfte

In Abschnitt 4.5.6 wurde bei der Besprechung der Ablösung der Grenzschicht darauf hingewiesen, daß das Nachlaufgebiet eine stark turbulente Zone ist, also ein instationärer Strömungsbereich, der sich auch bei stationärer Anströmung ausbildet. Am Beispiel des Kreiszylinders wurde erläutert, daß sich Wirbel abwechselnd links und rechts vom Zylindermantel ablösen können, so daß eine Unsymmetrie im Strömungsfeld und damit auch in den Kraftwirkungen auftritt. Dieser Effekt kann bereits am starren Zylinder meßtechnisch nachgewiesen werden und kann beim elastischen Zylinder Schwingungen quer zur Anströmung hervorrufen. Dies ist nur eine Erregungsursache. Auch der Bewegungszustand des Körpers selbst verursacht wechselnde aerodynamische Kräfte und kann zu Instabilitäten führen. Das Feld des ungestörten Windes ist turbulent, an einem Ort ändern sich mit der Zeit sowohl Betrag als auch Richtung der Geschwindigkeit, was natürlich zu entsprechenden Schwankungen bei den aerodynamischen Kräften führt. Ein einfaches Beispiel soll diese Wirkung erläutern.

Ein Körper habe die Möglichkeit sich in der x-Richtung, die identisch mit der mittleren Windrichtung ist, zu bewegen, wobei eine federnd gedämpfte Lagerung vorausgesetzt wird (Bild 15.3). Die Schwankungen u' der Geschwindigkeit der Anströmung in x-Richtung werden berücksichtigt, die in den anderen Richtungen aber vernachlässigt. Es wird also eine konstante Windrichtung angenommen, was in Wirklichkeit nicht zutrifft, für die Erläuterungen aber keine Einschränkung darstellt.

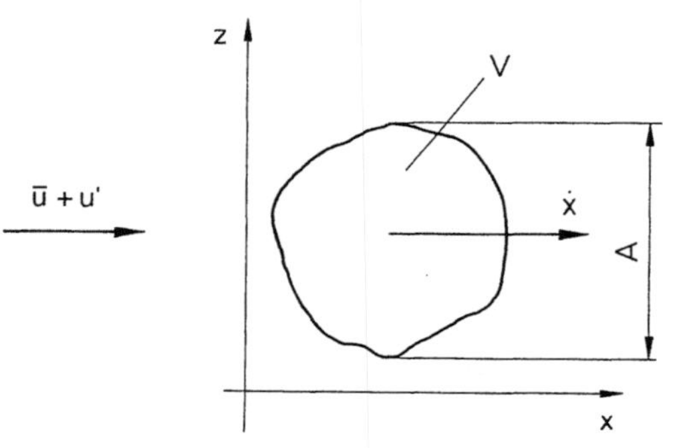

Bild 15.3
In Windrichtung x schwingender Körper

$$u = \bar{u} + u'(t),$$

$$x = \bar{x} + x'(t). \tag{15.1}$$

Bei den quergestrichenen Größen handelt es sich um zeitliche Mittelwerte, bei den mit einem Strich versehenen Größen um die von der Zeit abhängigen Schwankungen um diese Mittelwerte (Abschnitt 4.2.1). $\frac{dx}{dt} = \dot{x} = \dot{x}'$ ist die momentane Bewegungsgeschwindigkeit des Körpers (Bild 15.3). Die für die Kraftwirkungen auf einen Körper in instationärer Strömung maßgebende Geschwindigkeit ist die Relativgeschwindigkeit u_R zwischen strömenden Medium und Körper.

$$(15.1) \qquad u_R = u - \dot{x} = \bar{u} + u' - \dot{x}. \tag{15.2}$$

Für einen in einem ruhenden Medium beschleunigten Körper gilt für den Widerstand

$$F_W(t) = \frac{1}{2}\rho A c_W u_R^2 + c_{Wb} V \rho \dot{u}_R; \tag{15.3}$$

mit A als Querschnittsfläche und V als Volumen des Körpers. Zu dem ersten Term, der aus der stationären Strömung bekannt ist (Abschnitt 5.2), kommt hier ein der Relativbeschleunigung $\dot{u}_R$ proportionaler Ausdruck hinzu, der der Masse $V\rho$ des verdrängten Mediums Rechnung trägt. Die Beschleunigung selbst beeinflußt sicher auch den Ablösungsvorgang und damit die Beiwerte. Bei einer rein formalen Transformation von Gl. (15.3) für eine bewegte Grundströmung wären die Störungen von unendlicher Ausdehnung. In Wirklichkeit sind die Abmessungen der Turbulenzelemente räumlich begrenzt. Diese Längen im Verhältnis zur Körpergröße sind für die Kraftwirkungen von Bedeutung (Abschnitt 4.2.4). Aber auch der zeitliche Ablauf der Bewegung des Körpers verändert das Strömungsbild und die durch die Strömung hervorgerufenen Kraftwirkungen. Begnügt man sich mit einem Ansatz analog zu Gl. (15.3), der die quadratischen Terme der Relativgeschwindigkeit Gl (15.2)) enthält, so müssen vor die einzelnen Glieder unterschiedliche Koeffizienten gesetzt werden.

$$F_W(t) = \frac{1}{2}\rho A c_W\left(\bar{u}^2 + \frac{c_{W1}}{c_W}u'^2 + \frac{c_{W2}}{c_W}\dot{x} + 2\frac{c_{W3}}{c_W}\bar{u}u' - 2\frac{c_{W4}}{c_W}\bar{u}\dot{x}\right.$$

$$\left. - 2\frac{c_{W5}}{c_W}u'\dot{x}\right) + c_{Wb}\rho V(\dot{u}' - \ddot{x}). \tag{15.4}$$

Der Widerstand ist also auch vom Bewegungszustand des Körpers ($\dot{x}$, $\ddot{x}$) abhängig. Bei einer Verallgemeinerung von Gl. (15.4) auf andere Kraftkomponenten bzw. auf andere Bewegungen (z. B. Torsionsschwingungen) ist zu beachten, daß zu der Abhängigkeit von Geschwindigkeit und Beschleunigung auch eine von der Auslenkung selbst hinzukommen kann. So entspricht beispielsweise bei Torsionsschwingungen dem x eine Verdrehung um den Winkel α, die aber eine Änderung der Luftkraft hervorruft, wie das Beispiel der ebenen Platte zeigt (Abschnitt 5.2.2). Daher kann man für den Vektor der Luftkraft allgemein schreiben

$$\vec{F} = \vec{F}(t, x_i, \dot{x}_i, \ddot{x}_i). \tag{15.5}$$

Die Anzahl der x_i ist in dieser Beziehung gleich der Anzahl der Schwingungsfreiheitsgrade, z. B. bei gekoppelten Torsionsbiegeschwingungen gleich 2. Allerdings können auch mit diesem Ansatz die durch Wirbelablösung verursachten Schwingungen nicht befriedigend beschrieben werden, wie eingehender in Kap. 16 besprochen wird.

Der spezielle Fall (Gl. (15.4)) wird wegen seiner praktischen Bedeutung noch eingehender behandelt. Der Ausdruck $\rho A c_W \bar{u} \dot{x}$ bedeutet eine aerodynamische Dämpfung. Dieser Term ist wohl der wichtigste, da er auch sein Vorzeichen ändern kann und damit zur aerodynamischen Anregung wird. Der Ausdruck $c_{Wb} \rho V(\dot{u}' - \ddot{x})$ erweist sich gegenüber dem Beschleunigungsterm des Baukörpers wegen dessen wesentlich größerer Masse meist als unbedeutend. Experimente erhärten die Berechtigung dieser Annahme [15.8]. Unter der Voraussetzung $u' \cong \dot{x} \ll \bar{u}$ können alle Quadrate und Produkte von $\bar{u}'$ und $\dot{x}$ vernachlässigt werden.

$$(15.4) \qquad F_W(t) = \underbrace{\frac{1}{2} \rho A c_W \bar{u}^2}_{\substack{\bar{F}_W \\ \text{Mittelwert}}} + \underbrace{\rho A c_W' \bar{u} u'}_{\substack{F_W' \\ \text{Schwankung} \\ \text{infolge} \\ \text{Turbulenz}}} - \underbrace{\rho A c_{W4} \bar{u} \dot{x}}_{\substack{C_{ba} \dot{x} \\ \text{aerodynamische} \\ \text{Dämpfungskraft}}}. \qquad (15.6)$$

Im zweiten Term wurde hier anstatt c_{W3} ein c_W' gesetzt. Dies soll darauf hinweisen, daß dieses c_W' von der Frequenz der turbulenten Schwankungen abhängt, während das c_W in $\bar{F}_W$ eine Konstante ist. Gl. (15.6) wurde unter den vereinfachenden Annahmen für Schwingungen in Windrichtung abgeleitet. Sie gilt aber ziemlich allgemein, nur bei Torsionsschwingungen tritt, wie schon erwähnt, ein von x abhängiger Ausdruck hinzu, wobei x dann gleich dem Verdrehungswinkel α zu setzen ist. Aber in den meisten Fällen sind die von x und $\ddot{x}$ abhängigen aerodynamischen Ausdrücke gegenüber Steifigkeits- bzw. Trägheitsterm der Konstruktion vernachlässigbar klein. Das bedeutet, daß bei einem linearen Schwinger i. a. die Eigenfrequenz des Systems durch die aerodynamischen Einflüsse praktisch nicht geändert wird, was auch durch zahlreiche Experimente bestätigt wird (z. B.: Bild 16.4).

15.3 Die lineare Schwingungsgleichung

15.3.1 System mit einem Freiheitsgrad

Bei der Besprechung der Modelltechnik für Schwingungsuntersuchungen (Abschnitt 7.4.6) wurde darauf hingewiesen, daß oft starre Modelle verwendet werden, die federnd und gedämpft in einem Windkanal montiert sind. Die gute Übereinstimmung der Resultate aus solchen Versuchen mit denen, die mit elastischen Modellen durchgeführt wurden, zeigt, daß oft Schwingungsvorgänge durch eine einfache lineare Schwingungsgleichung dargestellt werden können. Für ein System im Vakuum handelt es sich dabei um eine homogene Schwingungsgleichung.

$$m\ddot{x} + C_b \dot{x} + K_b x = 0. \qquad (15.7)$$

x, m, C_b und K_b bedeuten Auslenkung, Masse, Dämpfung und Steifigkeit. Der Index b verweist darauf, daß an eine reine Biegeschwingung gedacht wird. Für einen Körper im

Luftstrom tritt auf die rechte Gleichungsseite die Luftkraft F, ein Ausdruck der Form von Gl. (15.5), was für einen eindimensionalen Schwinger

$$m\ddot{x} + C_b\dot{x} + K_b x = F(x, \dot{x}, \ddot{x}, t) \qquad (15.8)$$

ergibt. Häufig genügt dabei, wie in Abschnitt 15.2 erläutert wurde, die Annahme einer linearen Abhängigkeit der Luftkraft F von $\dot{x}$ und die Vernachlässigung des Einflusses von x und $\ddot{x}$. Zur Verallgemeinerung wird der Index W weggelassen, es muß sich also nicht unbedingt um eine Kraft bzw. eine Schwingung in Strömungsrichtung handeln.

$$(15.6) \qquad F = \bar{F} + F' - C_{ba}\dot{x} = F(t) - C_{ba}\dot{x}, \qquad (15.9)$$

$$\begin{matrix}(15.8)\\(15.9)\end{matrix} \qquad m\ddot{x} + (C_b + C_{ba})\dot{x} + K_b x = F(t). \qquad (15.10)$$

Interessant ist dabei vor allem der Fall, bei dem die Gesamtdämpfung durch ein negatives C_{ba}, also durch eine aerodynamische Erregung, reduziert wird.

15.3.1.1 Die homogene Schwingungsgleichung

Die Gleichung

$$(15.10) \qquad m\ddot{x} + (C_b + C_{ba})\dot{x} + K_b x = 0 \qquad (15.11)$$

hat für den Fall der schwachen Dämpfung $(C_b + C_{ba})^2 \ll 4\,K_b m$ die Lösung [15.20]

$$x = \exp\left(-\frac{C_b + C_{ba}}{2m}\,t\right)(A_1 \cos \omega_b t + A_2 \sin \omega_b t)$$

$$\omega_b = \sqrt{\frac{K_b}{m}} = 2\pi n_b. \qquad (15.12)$$

Die Schwingung erfolgt näherungsweise mit der Eigenfrequenz ω_b des ungedämpften Schwingers. Der Dämpfungsfaktor D, das Verhältnis zweier aufeinanderfolgender Größtausschläge nach derselben Seite ist

$$D = \exp\left[-\frac{\pi(C_b + C_{ba})}{\sqrt{K_b m}}\right]. \qquad (15.13)$$

Daraus folgt definitionsgemäß das logarithmische Dekrement

$$(15.12) \qquad \delta_b = \delta_{bK} + \delta_{ba} = -\ln D = \frac{\pi(C_b + C_{ba})}{\sqrt{K_b m}} = \frac{C_b + C_{ba}}{2mn_b} = \frac{2\pi(C_b + C_{ba})}{C_k}$$

$$C_k = 2\sqrt{K_b m}. \qquad (15.14)$$

und die kritische Dämpfung C_k, die dem aperiodischen Grenzfall entspricht, bei dem keine Schwingung mehr auftritt. C_k wird manchmal als Bezugsgröße für die C-Werte verwendet.

15.3.1.2 Die inhomogene Schwingungsgleichung

Für die Erregerkraft F(t) wird in üblicher Weise der Fall einer periodisch veränderlichen Kraft

$$(15.10) \qquad m\ddot{x} + (C_b + C_{ba})\dot{x} + K_b x = F(t) = F_0 \cos \omega_e t \qquad (15.15)$$

untersucht, da jede beliebige periodische Funktion durch eine Fourier-Reihe dargestellt werden kann. Die Lösung ergibt sich dann für ein beliebiges F(t) durch Summation der Teillösungen. Die stationäre Lösung von Gl. (15.15) lautet [15.5, 15.20]

$$x = \chi_m \frac{F_0}{K_b} \cos(\omega_e t - \lambda) = x_0 \cos(\omega_e t - \lambda)$$

$$\chi_m = \frac{K_b}{\sqrt{(K_b - m\omega_e^2)^2 + \omega_e^2(C_b + C_{ba})^2}} \; ; \quad \tan\lambda = \frac{\omega_e(C_b + C_{ba})}{K_b - m\omega_e^2}, \qquad (15.16)$$

Die erzwungene Schwingung eilt der Erregerkraft um einen Phasenwinkel λ nach. Bei einer statischen Last der Größe F_0 wäre die Auslenkung des Systems F_0/K_b, bei der Schwingung ist die Amplitude x_0 gleich der statischen Auslenkung mal dem Faktor χ_m, der dynamischen Vergrößerungsfunktion, die weiter umgeformt werden kann.

$$\begin{matrix}(15.12)\\(15.14)\\(15.16)\end{matrix} \qquad \chi_m = \frac{1}{\sqrt{\left(1 - \dfrac{\omega_e^2}{\omega_b^2}\right)^2 + \dfrac{\omega_e^2}{\omega_b^2}\dfrac{(C_b + C_{ba})^2}{K_b m}}} = \frac{1}{\sqrt{\left(1 - \dfrac{n_e^2}{n_b^2}\right)^2 + \dfrac{\delta_b^2}{\pi^2}\dfrac{n_e^2}{n_b^2}}}. \qquad (15.17)$$

Da $(C_b + C_{ba})^2 \ll 4 K_b m$ vorausgesetzt wurde, tritt der Fall der Resonanz, also das Maximum von χ_m bei $n_e = n_b$ auf, der Phasenwinkel λ ist dann $\pi/2$. Für χ_m folgt

$$(15.17) \qquad n_e = n_b: \quad \chi_m = \frac{\pi}{\delta_b} . \qquad\qquad\qquad (15.18)$$

Der Ausschlag des Schwingers wird durch eine Erregung mit der Eigenfrequenz um den Faktor π/δ_b erhöht.

15.3.1.3 Dimensionslose Größen

Für die Darstellung von Versuchsergebnissen ist es zweckmäßig, in den Gln. (15.10) und (15.11) dimensionslose Größen einzuführen, die mit einem Stern gekennzeichnet werden. Es wird dabei angenommen, daß es sich bei den eben verwendeten Bewegungsgleichungen um solche für einen Körper der Länge 1 und daher bei der Masse m um eine Masse pro Längeneinheit handelt. Diese Festlegung erscheint für noch folgende Verallgemeinerungen sinnvoll.

$$x^* = \frac{x}{b}; \quad t^* = t \cdot n_b; \quad m^* = \frac{m}{\rho b^2}; \quad c_{A,W,Q} = \frac{F_{A,W,Q}}{\rho \dfrac{u_A^2}{2} b}$$

$$C_b^* = \frac{C_b}{\rho n_b b^2}; \quad C_{ba}^* = \frac{C_{ba}}{\rho n_b b^2}; \quad K_b^* = \frac{K_b}{\rho n_b^2 b^2}; \quad u_A^* = \frac{u_A}{b n_b}. \qquad (15.19)$$

b ist eine charakteristische Abmessung des Körpers, die Eigenfrequenz n_b ist nach Gl. (15.12) gegeben, ρ ist die Dichte der Luft, c ist ein aerodynamischer Kraftbeiwert (Gl. (5.2)). Als weitere Kenngröße tritt dabei die reduzierte Geschwindigkeit u_A^* auf, der Kehrwert, der schon in Gl. (7.1) erwähnten reduzierten Frequenz $n_b b/u_A$. Im gleichen Abschnitt wurde auch bereits auf die dimensionslose Masse m* hingewiesen (Gl. (7.2)). Mit diesen Größen kann Gl. (15.10) wie folgt geschrieben werden:

$$m^* \frac{d^2 x^*}{dt^{*2}} + (C_b^* + C_{ba}^*) \frac{dx^*}{dt^*} + K_b^* x^* = \frac{c_Q}{2} u_A^{*2}. \tag{15.20}$$

Die logarithmischen Dekremente lassen sich als Quotienten von dimensionslosen Dämpfungen und Massen m* darstellen, die dimensionslose Steifigkeit K_b^* ist m* direkt proportional

$$\begin{matrix}(15.14)\\(15.19)\end{matrix} \quad \delta_{bK} = \frac{C_b}{2m\,n_b} = \frac{\rho b^2}{2m} C_b^* = \frac{C_b^*}{2m^*},$$

$$\delta_{ba} = \frac{C_{ba}}{2m\,n_b} = \frac{\rho b^2}{2m} C_{ba}^* = \frac{C_{ba}^*}{2m^*}, \tag{15.21}$$

$$\begin{matrix}(15.12)\\(15.19)\end{matrix} \quad K_b^* = 4\pi^2 m^*.$$

Für eine Schwingung, die durch Gl. (15.20) beschrieben werden kann, sind also vier unabhängige Größen maßgebend, nämlich u_A^*, m*, C_b^* und C_{ba}^*, wobei die beiden letzten Größen durch die entsprechenden logarithmischen Dekremente ersetzt werden können.

15.3.2 System mit mehreren Freiheitsgraden

15.3.2.1 Die Schwingungsgleichung

Als schwingendes System wird nun ein gerader Balken angenommen (Bild 15.4). Es werden dabei die üblichen Annahmen gemacht: Schubverformung und Rotationsträgheit sind vernachlässigbar [15.2]. Die Masse pro Längeneinheit sei m(z), die aerodynamische Kraft bestehe aus einem geschwindigkeitsproportionalen Dämpfungsterm und einer Erregerkraft

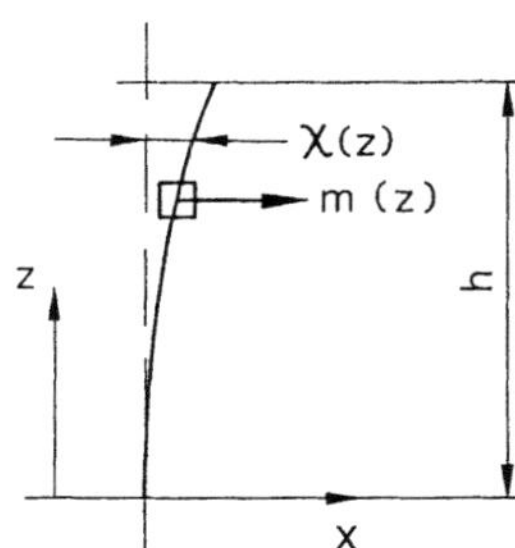

Bild 15.4
Schwingender Balken

pro Längeneinheit $F_1(z, t)$. Für die Auslenkung infolge Biegung wird in üblicher Weise ein Produktansatz der Form

$$\chi(z, t) = \sum_n f_n(z) g_n(t) \tag{15.22}$$

herangezogen. Die Eigenformen $f_n(z)$ müssen dabei alle Randbedingungen erfüllen. Für die Biegeschwingung mit der n-ten Eigenfrequenz läßt sich dann folgende Differentialgleichung schreiben, falls die Dämpfungsmatrix proportional der Steifigkeits- oder Massenmatrix ist, was insbesonders für eindimensionale homogene elastomechanische Systeme zutrifft [15.1, 15.2].

$$m_n\ddot{g}_n(t) + (C_{bn} + C_{ban})\dot{g}_n(t) + K_{bn}g_n(t) = F_n(t). \tag{15.23}$$

Die generalisierte Masse m_n, die generalisierte Steifigkeit K_{bn} und die generalisierte Kraft F_n sind dabei durch die folgenden Gleichungen gegeben.

$$m_n = \frac{\int\limits_0^h m(z)f_n^2(z)\,dz}{\int\limits_0^h f_n^2(z)\,dz}, \qquad K_{bn} = \frac{\int\limits_0^h EI_a[f_n''(z)]^2\,dz}{\int\limits_0^h f_n^2(z)\,dz}, \tag{15.24}$$

$$F_n(t) = \frac{\int\limits_0^h F(z,t)f_n(z)\,dz}{\int\limits_0^h f_n^2(z)\,dz}.$$

I_a ist das achsiale Flächenträgheitsmoment und E bedeutet den Elastizitätsmodul.

Die generalisierte Steifigkeit K_{bn} und die generalisierte Dämpfung C_{bn} der Konstruktion können durch die Eigenfrequenz ω_{bn} und das logarithmische Dekrement δ_{bn} ersetzt werden.

$$\begin{matrix} (15.12) \\ (15.21) \\ (15.23) \end{matrix} \qquad m_n\ddot{g}_n(t) + \frac{\delta_{bKn} + \delta_{ban}}{\pi}\,m_n\omega_{bn}\dot{g}_n(t) + \omega_{bn}^2 m_n g_n(t) = F_n. \tag{15.25}$$

Gl. (15.25) unterscheidet sich von Gl. (15.10) nur dadurch, daß anstelle der Auslenkung x hier die generalisierte Koordinate g_n steht, und daß alle Koeffizienten generalisierte Größen sind. Außerdem gilt Gl. (15.25) nur für eine Frequenz und die Lösungen für alle Frequenzen n sind nachher nach Gl. (15.22) zu überlagern. Wenn man mit generalisierten Größen arbeitet, kann alles, was in den Abschnitten 15.3.1.1 und 15.3.1.2 über die Lösung der homogenen bzw. inhomogenen Schwingungsgleichung für einen Freiheitsgrad ausgeführt wurde, direkt für eine bestimmte Eigenfrequenz des Schwingers mit mehreren Freiheitsgraden übernommen werden.

Eine Überlagerung mehrerer Schwingungsformen ist nur dann notwendig, wenn die Erregerfrequenz nicht nahe einer Eigenfrequenz liegt, weil in diesem Fall mehrere Frequenzen ansprechen. Wenn aber der Unterschied zwischen Erreger- und Eigenfrequenz gering ist, dann wird der Schwingungsvorgang praktisch durch eine Eigenform beschrieben. In der Gebäudeaerodynamik genügt in den meisten Fällen eine Analyse der Grundschwingung, eine Berücksichtigung der Schwingungen mit der zweiten oder dritten Eigenfrequenz ist eher ein Ausnahmefall (Kap. 18 und 19) [15.3].

15.3.2.2 Eigenfrequenzen, Eigenformen, logarithmische Dekremente

Da im Rahmen dieses Buches der Einfluß der Aerodynamik auf das Schwingungsverhalten besprochen wird, werden die mechanischen Koeffizienten m_n, δ_{bKn} und ω_{bn} der Schwingungsleichung (15.25) als gegeben angenommen. Für Träger mit konstantem Querschnitt und konstanter Massenverteilung lassen sich die ersten Eigenformen und -frequenzen leicht angeben [15.1, 15.2].

Bei Trägern mit veränderlichen Querschnittsverhältnissen kann die erste Eigenfrequenz nach der Näherungsformel

$$n_1^2 = \frac{1}{4\pi^2} \; \frac{g \sum\limits_k m_k f_k}{\sum\limits_k m_k f_k^2}$$

bestimmt werden. Die m_k sind feldweise zusammengefaßte Massen und f_k sind die Durchbiegungen in den Feldmittelpunkten infolge der Belastung durch das Eigengewicht.

Auch Bauwerke mit annähernd konstanter Steifigkeit können durch einen Träger approximiert werden. Als solche Konstruktionen kommen etwa Schornsteine, Gittermaste, Gebäude mit aussteifenden Querwänden, mit Platten oder mit Rahmenkonstruktionen mit Diagonalaussteifung in Frage [15.3]. Bei Gebäuden mit hoher Schub- und Biegefestigkeit ist die erste Eigenform mit guter Näherung eine Gerade (Bild 15.5) [15.14, 15.22]. Dabei zeigt sich eine Koppelung zwischen Translations- und Torsionsschwingungen, falls sich die zugehörigen Eigenfrequenzen nicht wesentlich unterscheiden. Zu Torsionsschwingungen neigen Scheibenhochhäuser, bei denen die aussteifenden Scheiben über die Länge gleichmäßig verteilt oder in der Mitte konzentriert sind. Befinden sich die aussteifenden Wände hauptsächlich an den Enden, ist die Gefahr solcher Schwingungen geringer [15.21]. Viele Angaben über dynamische Messungen an zahlreichen Gebäuden findet man in [15.14]. Für Träger mit von z abhängigen Massen und Steifigkeiten können meist auch einfache Eigenformen angegeben werden und damit ist eine Berechnung der generalisierten Größen möglich (Gl. (15.24)).

Zur Bestimmung der niedrigsten Eigenfrequenzen von Hochhäusern wurden schon zahlreiche Messungen gemacht [15.6, 15.7, 15,14]. Ruscheweyh gibt neben Meßresultaten auch Formeln zur näherungsweisen Ermittlung an (Bild 15.6). Für Stahlrahmenkonstruktionen zwischen 5 und 25 Geschossen liegen sowohl experimentelle als auch rechnerische Ergebnisse vor, die unter verschiedenen vereinfachenden Annahmen erhalten wurden. Die beste Übereinstimmung ergab sich mit der Voraussetzung starrer Horizontalträger. Die theoretisch gefundene Formel für die Eigenschwingungszeit T stimmt dabei nach geringer Modifikation der Konstanten gut mit den experimentellen Werten überein.

$$T = 0,5 \sqrt{N} - 0,4.$$

N ist darin die Anzahl der Geschosse. Allerdings wird als nahezu gleich gut die bekannte Formel

$$T = 0,1 \, N$$

empfohlen. Die tatsächlichen Eigenfrequenzen bzw. Eigenperioden weichen von denen, die mit einfachen Abschätzungsformeln errechnet wurden, manchmal bis zu 50% ab [15.3,

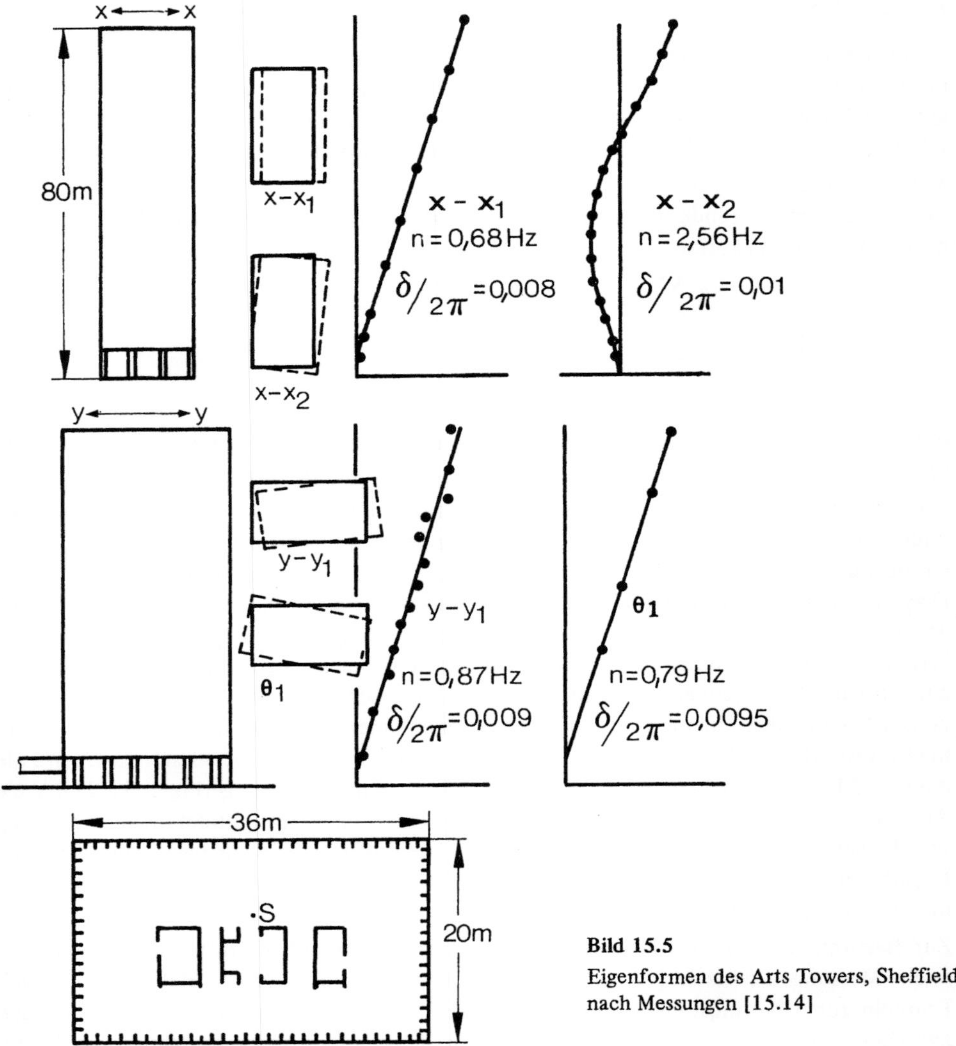

Bild 15.5
Eigenformen des Arts Towers, Sheffield
nach Messungen [15.14]

15.24]. Ellis [15.24] empfiehlt für Gebäude mit rechteckigem Grundriß $n_0 = \dfrac{46}{h}$ nach der Auswertung von Messungen an 146 Gebäuden und bemerkt, daß die mit dieser einfachen Formel berechneten Eigenfrequenzen oft besser mit dem Experiment übereinstimmen als die Ergebnisse aufwendiger Rechenmodelle. Eine Berücksichtigung des Bodeneinflusses bei hohen Gebäuden hält Ellis für von sekundärer Bedeutung, da die Ungenauigkeit bei der Rechnung mit fester Einspannung wesentlich höher ist als der Einfluß des Bodens.

Für Schornsteine gibt Nußbaumer [15.13] ein Diagramm zur Ermittlung der ersten Eigenfrequenz an, Näherungsformeln sind in Abschnitt 16.6 zu finden.

Falls keine Angaben über Dämpfungen vorliegen, können die logarithmischen Dekremente δ_K zur näherungsweisen Rechnung Tabelle 9.1 entnommen werden. Weitere Angaben findet

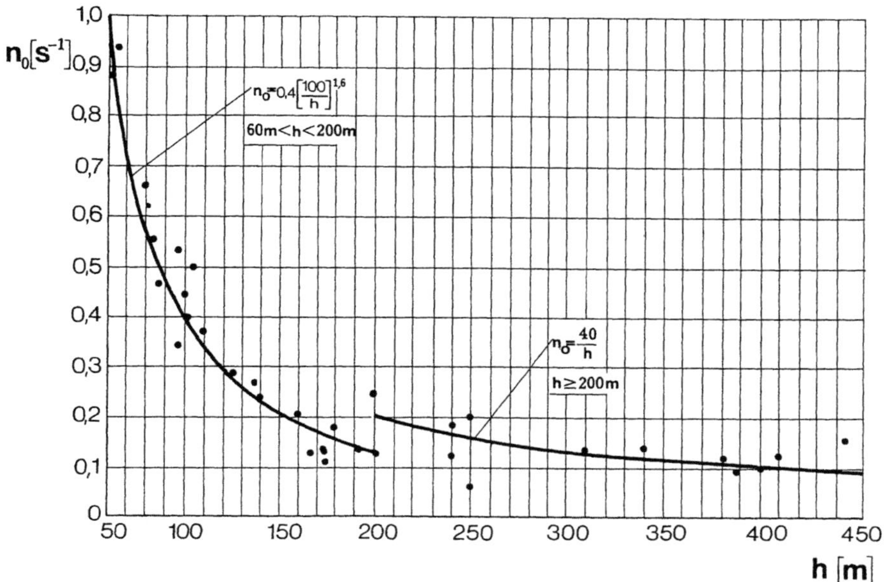

Bild 15.6 Erste Eigenfrequenzen von Hochhäusern nach Messungen (von Dr. Ruscheweyh, Aachen, zur Verfügung gestellt)

man beispielsweise in [15.6], für Schornsteine in [15.12]. Die logarithmischen Dekremente hängen allerdings auch von der Eigenform, der Amplitude und von der Frequenz ab (z. B. Tabelle 18.1), was meist aus Mangel an entsprechenden Werten nicht beachtet wird. Für Schwingungen in verschiedenen Richtungen können die logarithmischen Dekremente bei ein- und demselben Bauwerk unterschiedlich sein [15.14]. In derselben Arbeit wird aufgrund zahlreicher Messungen für den Entwurf von Stahlbetonbauten ein logarithmisches Dekrement von 0,06 vorgeschlagen (Die Messungen lagen im Bereich $0,03 \leq \delta_{bK} \leq 0,09$).

15.4 Zufallerregte Schwingungen

Die Böigkeit des Windes ist ein Zufallsprozeß, der nur mit stochastischen Methoden beschrieben werden kann. Die Struktur der atmosphärischen Grenzschicht wurde in Kap. 6 eingehend besprochen und die gebräuchlichen Begriffe wie Mittelwert, Effektivwert der Schwankungen, Spektrum und Korrelationsfunktion wurden dort bzw. bei der Besprechung der Turbulenz in Abschnitt 4.2 erläutert. Da die Schwankungen des Windes Zufallscharakter haben, handelt es sich auch bei den durch sie verursachten Schwingungen um Zufallsschwingungen, sie können ebenfalls nur stochastisch beschrieben werden. Das bedeutet, daß man nicht den zeitlichen Verlauf der Auslenkung, sondern nur gemittelte Größen, wie etwa Mittelwert und Effektivwert der Schwankungen und das Spektrum, angeben kann.

Die Schwingungen des Bauwerkes sollen wieder durch eine lineare Schwingungsgleichung (Gl. (15.10)) beschrieben werden. Die Zufallskraft F setzt sich aus Mittelwert und Schwankung um diesen Mittelwert zusammen. Zur Vereinfachung der Darstellung werden nur Schwingungen in Windrichtung angenommen, obwohl in praktischen Fällen auch die

Amplituden in der Richtung quer zum Wind von entscheidender Bedeutung sein können [15.23].

(15.9)
(15.10)
$$m\ddot{x} + (C_b + C_{ba})\dot{x} + K_b x = \bar{F} + F'. \qquad (15.26)$$

Durch Mittelung dieser Beziehung über ein längeres Zeitintervall erhält man den Mittelwert der Auslenkung.

$$\bar{x} = \frac{\bar{F}}{K_b}. \qquad (15.27)$$

Ersetzt man in Gl. (15.26) x durch die Summe aus Mittelwert plus Schwankung (Gl. (15.1)) und beachtet, daß alle zeitlichen Ableitungen der Mittelwerte verschwinden, so erhält man eine Differentialgleichung für die Schwankung x′

(15.1)
(15.26)
(15.27)
$$m\ddot{x}' + (C_b + C_{ba})\dot{x}' + K_b x' = F'. \qquad (15.28)$$

Wäre F' eine determinierte Größe und ihr zeitlicher Verlauf bekannt, so könnte man F' durch eine Fourier-Reihe approximieren und für jede Frequenz die Lösung in der Form von Gl. (15.16) anschreiben. Dieser Fall soll zunächst anhand eines Beispieles besprochen werden. Wir nehmen an, daß F' aus Schwingungen dreier diskreter Kreisfrequenzen ω_e besteht (Bild 15.7), so daß das Spektrum der Kraft aus drei diskreten Werten aufgebaut ist. Die dynamische Vergrößerungsfunktion χ_m (Gl. (15.17)) ist von n_e/n_b abhängig, und da n_b (Gl. (15.12)) gegeben ist, kann χ_m berechnet werden. Damit ergeben sich aber die

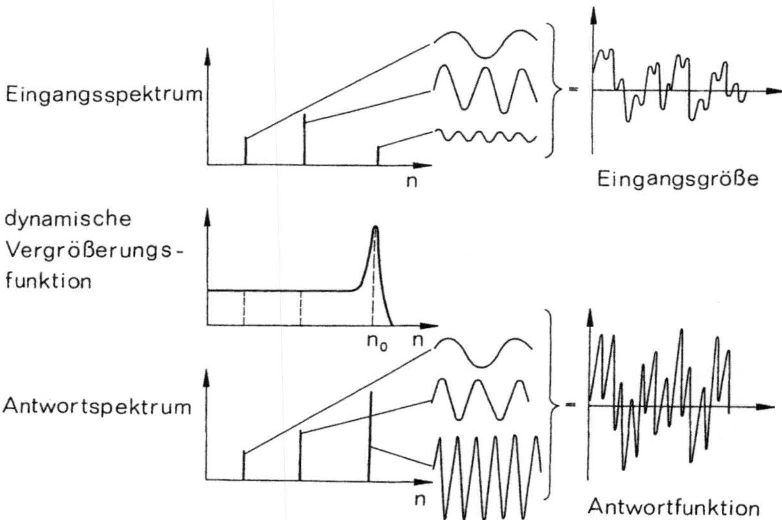

Bild 15.7 Berechnung der Antwortfunktion bei bekannter determinierter Eingangsfunktion mittels der Spektren [15.3]

Amplituden x_0' der Auslenkungen aus den Amplituden der Kraftschwankungen F_0'

$$(15.16) \qquad x_0' = \frac{\chi_m}{K_b} F_0'. \qquad\qquad (15.29)$$

Phasenverschiebung und die Antwort auf jede einzelne der drei Erregerfunktionen erhält man dann aus Gl. (15.16). Damit kann die Antwortfunktion x' für diesen speziellen Fall leicht angegeben werden (Bild 15.7).

In Analogie dazu läuft nun auch der Berechnungsvorgang bei Zufallsschwingungen ab, was aber hier nur erläutert wird, für Beweise wird auf die einschlägige Literatur verwiesen [z. B. 15.9, 15.10, 15.17 bis 15.19].

Als Eingangsgröße liegt aber nicht der zeitliche Verlauf von F', sondern nur das Spektrum $S_F(n)$ vor. Damit ist auch der Effektivwert der Schwankung der Kraft F_e gegeben, ganz analog zu den Geschwindigkeiten (Abschnitt 4.2.3).

$$F_e^2 = \int_0^\infty S_F(n)\,dn. \qquad\qquad (15.30)$$

Entsprechend ist zu erwarten, daß man auch für die Ausgangsgröße x' nur deren Spektrum $S_x(n)$ und damit x_e erhält.

$$x_e^2 = \int_0^\infty S_x(n)\,dn. \qquad\qquad (15.31)$$

Anstatt des diskontinuierlichen Eingangsspektrums in Bild 15.7 liegt nun ein kontinuierliches vor (Bild 15.8). Das Antwortspektrum erhält man durch Multiplikation mit dem Quadrat der dynamischen Vergrößerungsfunktion und Division durch K_b^2

$$S_x(n) = \frac{\chi_m^2}{K_b^2} S_F(n). \qquad\qquad (15.32)$$

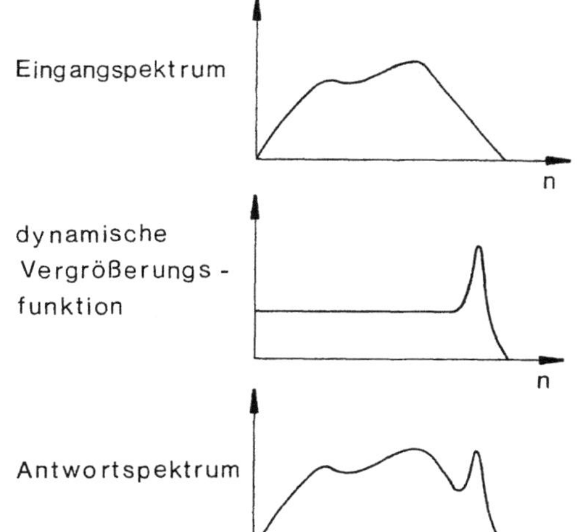

Bild 15.8
Berechnung des Antwortsspektrums bei bekanntem Eingangsspektrum bei stochastischer Erregung [15.3]

Daß hier das Quadrat der Vergrößerungsfunktion steht, folgt daraus, daß es sich auch bei den zugehörigen Spektren, wenn man die Dimensionen ins Auge faßt, um die Quadrate von Eingangsgröße bzw. Ausgangsgröße handelt. Der tiefere Grund ist natürlich komplizierter und es sei nochmals auf die weiter oben zitierte Literatur verwiesen. Für den Effektivwert x_e folgt

(15.31)
(15.32)
$$x_e^2 = \frac{1}{K_b^2} \int_0^\infty \chi_m^2 \, S_F(n)\,dn. \qquad (15.33)$$

Die praktische Schwierigkeit liegt bei der Auswertung des uneigentlichen Integrals (Gl. (15.33)) in der Darstellung von $S_F(n)$ für große n. Meist wird, da ja sowohl χ_m als auch $S_F(n)$ für große n rasch abklingen, nur bis zu einer endlichen Grenze integriert.

Bis jetzt wurde so verfahren, als wäre $S_F(n)$ bekannt, was aber nicht zutrifft. $S_F(n)$ ist wohl das Eingangsspektrum für die Schwingungsgleichung, aber die eigentliche Ursache sind die Geschwindigkeits- und Richtungsschwankungen des Windes. In Abschnitt 15.1 wurde für einen Körper, der in Strömungsrichtung schwingt, für geringe Turbulenz ein linearisierter Ausdruck für die Widerstandsschwankung abgeleitet

$$(15.6) \qquad \frac{F_W'}{\bar{F}_W} = 2\frac{c_W'}{c_W}\frac{u'}{\bar{u}} = \frac{F'}{\bar{F}}.$$

Zur Erläuterung der Vorgangsweise bei turbulenzerregten Schwingungen, beschränken wir uns hier auf die Beziehung für turbulenzerregte Schwingungen in Windrichtung. Zur Verallgemeinerung wird jedoch der Index W bei der Kraft wieder weggelassen. Durch Quadrieren dieser Gleichung erhält man

$$\frac{F'^2}{\bar{F}^2} = 4\frac{c_W'^2}{c_W^2}\frac{u'^2}{\bar{u}^2}.$$

F' und u' sind hierin Augenblickswerte. Nun wird aus dem ganzen Frequenzbereich ein schmales Band der Breite Δn herausgegriffen und der zeitliche Mittelwert für dieses Band bestimmt.

$$\overline{F'^2}\,\Big|_{n\pm\frac{\Delta n}{2}} = 4\,\frac{\bar{F}^2}{\bar{u}^2}\,\frac{c_W'^2}{c_W^2}\,\overline{u'^2}\,\Big|_{n\pm\frac{\Delta n}{2}}.$$

c_W' hängt nicht von der Zeit, sondern nur von einer reduzierten Frequenz ab und ist daher bei der Mittelung über die Zeit als Konstante zu betrachten. Andererseits gilt für die Quadrate der Effektivwerte die Spektraldarstellung

(4.4)
(4.15)
$$\overline{u'^2}\,\Big|_{n\pm\frac{\Delta n}{2}} = S_u(n)\Delta n, \quad \overline{F'^2}\,\Big|_{n\pm\frac{\Delta n}{2}} = S_F(n)\Delta n$$
(4.30)

und damit folgt als Beziehung zwischen den Spektren

$$S_F(n) = 4\,\frac{\bar{F}^2}{\bar{u}^2}\,\frac{c_W'^2}{c_W^2}\,S_n(n). \qquad (15.34)$$

Vergleicht man diese Beziehung mit Gl. (15.32), die ebenfalls einen Zusammenhang zwischen Spektren wiedergibt, so fällt die Ähnlichkeit der Ausdrücke auf. Es liegt daher nahe, eine aerodynamische Vergrößerungsfunktion χ_a in Analogie zur dynamischen Vergrößerungsfunktion χ_m einzuführen.

$$4 \frac{c_W'^2}{c_W^2} \frac{\bar{F}^2}{\bar{u}^2} = 4\chi_a^2 \frac{\bar{F}^2}{\bar{u}^2}.$$

Zwischen Kraft- und Geschwindigkeitsspektren folgt damit der Zusammenhang

(15.34) $$S_F(n) = 4 \frac{\bar{F}^2}{\bar{u}^2} \chi_a^2 \, S_u(n). \tag{15.35}$$

Die Funktion χ_a berücksichtigt wie c_W' die räumliche Struktur der Turbulenz, deren Einfluß sich auch bei den Windlasten starrer Körper bereits zeigte (Abschnitt 6.4.3). χ_a hängt von dem Verhältnis Gebäudeabmessung zur charakteristischen räumlichen Abmessung L_{Kl} einer Böe ab. L_{Kl} ist der Frequenz n der Böe umgekehrt proportional (Abschnitt 6.4.3.1).

(6.14) $$L_{Kl}(n) = \frac{\bar{u}}{C_l \cdot n}.$$

Eine Böe wird nur dann einen entscheidenden Einfluß auf die Belastung haben, wenn ihre Abmessung L_{Kl} quer zur Windrichtung nicht wesentlich kleiner als die Gebäudedimension dieser Richtung ist. Nimmt man beispielsweise die Gebäudehöhe h als charakteristische Höhe, so ist das Längenverhältnis h/L_{Kz} maßgebend, oder mit Gl. (6.14) kann man sagen, daß die entscheidende Veränderliche der Quotient $h \cdot n/\bar{u}$ ist. Entsprechendes gilt natürlich auch für die horizontale Richtung quer zum Wind, anstelle von h tritt b und die entsprechende Variable ist $bn/\bar{u}$. Nun kann man diese aerodynamische Vergrößerungsfunktion χ_a, die natürlich genau genommen auch von der speziellen Gestalt des Bauwerkes abhängt, nur experimentell für eine bestimmte geometrische Form erhalten. Messungen und theoretische Überlegungen zeigen jedoch, daß man in vielen Fällen mit relativ einfachen Ansätzen auskommt. So gibt Vickery [15.11] aufgrund von zahlreichen Messungen mit Platten normal zum Wind und mit Prismen, die empirische Beziehung

$$\chi_a = \frac{1}{1 + \left(\frac{2n\sqrt{A}}{\bar{u}} \right)^{4/3}} \tag{15.36}$$

an, wobei A die Plattenfläche oder die Prismenfläche normal zum Wind bedeutet. Eine weitere, aufgrund von theoretischen Überlegungen gewonnene Form wird in Kap. 19 angegeben.

Da χ_a praktisch die Ausdehnung der Fläche berücksichtigt wird für die örtliche Kraftwirkung, also für den Druck $\chi_a = 1$ und es folgt für den Zusammenhang des Druckspektrums mit dem Geschwindigkeitsspektrum

(15.35) $$S_p(n) = 4 \frac{\bar{p}^2}{\bar{u}^2} \, S_u(n). \tag{15.37}$$

Dieser lineare Zusammenhang zwischen Druck- und Geschwindigkeitsspektrum wird durch Messungen nur auf Flächen normal zum Wind auf der Luvseite bestätigt. Die Ablösungen und Wirbelbildungen am Baukörper bewirken jedoch eine Änderung des Druckspektrums für Punkte die auf anderen Flächen liegen (z. B. Leeseite) [15.8, 15.15]. In der aerodynamischen Vergrößerungsfunktion χ_a in Gl. (15.36) werden nur die Korrelationen auf der luvseitigen Frontfläche berücksichtigt. Zusätzlich steckt in dieser Beziehung die Annahme, daß Druckschwankungen auf Front- und Rückfläche voll korreliert sind. Das stimmt aber nur für große Turbulenzelemente, deren Wellenlänge die zehnfache Gebäudebreite quer zum Wind übertrifft [15.8].

Durch Kombination der Gln. (15.32) und (15.35) kann nun bei gegebenem Windspektrum $S_u(n)$ das Schwingungsspektrum $S_x(n)$ angegeben werden.

$$
\begin{array}{l}
(15.27)\\
(15.32)\\
(15.35)
\end{array}
\qquad
\frac{S_x(n)}{\bar{x}^2} = 4\chi_a^2\chi_m^2\,\frac{S_u(n)}{\bar{u}^2}. \tag{15.38}
$$

Für den Effektivwert der Schwankungen folgt:

$$
(15.31) \qquad \frac{x_e^2}{\bar{x}^2} = 4 \int_0^\infty \chi_a^2\,\chi_m^2\,\frac{S_u(n)}{\bar{u}^2}\,dn. \tag{15.39}
$$

Die hier dargestellte Ableitung berücksichtigt wohl durch die aerodynamische Vergrößerungsfunktion χ_a die Abmessungen des Körpers, setzt aber eigentlich eine konstante Geschwindigkeit $\bar{u}$ voraus, was natürlich in der atmosphärischen Grenzschicht nicht zutrifft. Wenn es sich daher insbesonders um einen Schwinger mit mehreren Freiheitsgraden in einer Grenzschicht handelt, so erfährt die obige Beziehung noch eine Änderung, die man durch eine geeignete Definition von χ_a berücksichtigen kann (Abschnitt 19.2). Gl. (15.39) liegt gemäß der Ableitung die Annahme zugrunde, daß die Kraft F eine reine Fremderregung ist und keine von der Körperschwingung selbst abhängigen Terme enthält. Das ist sicher nicht der Fall, da, wie sich bei den zahlreichen Arten von selbsterregten aeroelastischen Schwingungen zeigt, (Kap. 16 bis 18) ein der Bewegungsgeschwindigkeit proportionaler Kraftterm eine bedeutende Rolle spielt. Dieser Term ist sicher bei turbulenzerregten Schwingungen auch vorhanden, er kann aber näherungsweise durch eine Änderung der mechanischen Dämpfung in der mechanischen Vergrößerungsfunktion berücksichtigt werden. Diese aerodynamische Dämpfung hängt aber genau genommen auch von der Größe der aerodynamischen Kraft und daher auch vom Geschwindigkeitsspektrum selbst ab.

Literatur

[15.1] *Sachs, P.:* Wind Forces in Engineering, Pergamon Press 1972
[15.2] *Försching, H. W.:* Grundlagen der Aeroelastik, Springer-Verlag 1974
[15.3] *Macdonald, A. J.:* Wind Loading on Buildings, Appl. Science Publ. Ltd. 1975
[15.4] *Theodorsen, T.:* General theory of aerodynamic instability and the machnism of flutter, NACA-Report 496 (1935)
[15.5] *Parkus, H.:* Mechanik der festen Körper, 2. Auflage, Springer-Verlag 1966

[15.6] *Kowalewski, J.:* Neuere Erkenntnisse über Schwingungen von Bauwerken im Wind, Rhein.-Westf. Akademie der Wissenschaften, Vorträge N 256, S. 7–42 (1976)

[15.7] *Housner, C. W., Brady, A. G.:* Natural periods of vibrations of buildings, J. of the Eng. Mech. Div. Proc. of ASCE 89, No. EM4, 1963

[15.8] *Vickery, D. J., Kao, K. H.:* Drag or along-wind response of slender structures, Journ. of the Struct. Div. Proc. of the ASCE, Vol. 98, ST1, S. 21–36 (1972)

[15.9] *Papoulis, A.:* Probability, Random Variables and Stochastic Processes, McGraw-Hill Book Comp. 1965

[15.10] *König, G., Zilch, K.:* Ein Beitrag zur Berechnung von Bauwerken im böigen Wind, Mitt. Institut für Massivbau, Techn. Hochschule Darmstadt, Heft 15, Wilh. Ernst & Sohn 1970

[15.11] *Vickery, B. J.:* Load fluctuations on bluff shapes in turbulent flow, Eng. Sc. Res. Rep. BLWT-4-67, Faculty of Eng. Sc. Univ. of Western Ontario, London, Canada (1967)

[15.12] *Żurański, J.:* Windbelastung von Bauwerken und Konstruktionen, Verlagsges. R. Müller 1969

[15.13] *Nußbaumer, H.:* Betrachtungen zur Konstruktion und Berechnung von Stahlbeton-Sammelschornsteinen, Der Bauingenieur 46/10, S. 349–355 (1971)

[15.14] *Jeary, A. P., Sparks, P. R.:* Some observations of the dynamic sway characteristics of concrete structures, Building Res. Est. CP 7/78 (1977)

[15.15] *Cermak, J. E., Sadeh, W. H.:* Pressure fluctuations on buildings, Proc. of the 3rd Int. Conf. on Wind Effects on Buildings and Structures, Tokyo 1971, S. 189–198

[15.16] *Saul, W. E., Jayachandran, P., Peyrot, A. H.:* Response to stochastic wind of N-degree tall buildings, J. of the Struct. Div., Proc. ASCE 102, No. ST5, S. 1059–1075 (1976)

[15.17] *Lin, Y. K.:* Probabilistic Theory of Structural Mechanics, McCraw Hill 1967

[15.18] *Parkus, H.:* Random Processes in Mechanical Sciences, Springer 1969

[15.19] *Bolotin, V. V.:* Statistical Methods in Structural Mechanics, Holden-Day, San Francisco 1969

[15.20] *Magnus, K.:* Schwingungen, Teubner, 3. Aufl. 1976, LAMM Bd. 3

[15.21] *Aynsley, R. M., Melbourne, W., Vickery, B. J.:* Architectural Aerodynamics, Appl. Science Publ. Ltd. 1977

[15.22] *Jeary, A. P.:* The dynamic behaviour of the Arts Tower, Univ. of Sheffield, and its implications to wind loading and occupant reaction, Building Res. Est. CP 48/78 (1978)

[15.23] *Reinhold, T. A., Sparks, P. R.:* The influence of wind direction in the response of a square section tall building, Proc. of the 5th Int. Conf. on Wind Eng., Fort Collins 1979, Vol. 2, S. 685–698

[15.24] *Ellis, B. R.:* An assessment of the accuracy of predicting the fundamental natural frequencies of buildings and the implications concerning the dynamic analysis of structures, Proc. Instn. Civ. Engrs. 69, S. 763–776 (1980)

16 Wirbelerregte Schwingungen

16.1 Strouhal-Zahl; kritischer Geschwindigkeitsbereich

Die Wirbelerregung ist in der Gebäudeaerodynamik von großer Bedeutung, sie ist die häufigste Ursache von Bauwerkschwingungen [16.1]. Am Beispiel des Kreiszylinders wurde in Abschnitt 4.5.6.2 die Ausbildung von periodischen Wirbeln im Nachlaufgebiet eines Körpers besprochen. Die Ablösung der Wirbel an den Seiten des Körpers erfolgt alternierend (Bild 4.21), so daß eine periodische Schwingung der Strömung entsteht, die periodische Kräfte auf den Körper vor allem quer zur Anströmung zur Folge hat. Es treten wohl auch kleine Kraftwirkungen in Windrichtung auf, die aber für das Gebiet der Gebäudeaerodynamik bedeutungslos sind [16.2]. Auch bei kantigen Körpern, z. B. bei Türmen mit rechteckigem oder vieleckigem Querschnitt, treten Schwingungen im Nachlaufgebiet und ausgeprägte Wirbelfrequenzen auf. Für einen gegebenen Querschnitt und für eine bestimmte Anströmrichtung relativ zu diesem Querschnitt, ist die Wirbelablösefrequenz n_W durch die Strouhal-Zahl S (Abschnitt 4.5.6.2)

$$(4.26) \qquad S = \frac{n_W \cdot b}{u_A}.$$

gegeben, wobei b eine charakteristische Querschnittsabmessung und u_A die Anströmgeschwindigkeit ist. Da die Strouhal-Zahl von der Breite des Nachlaufgebietes abhängt, wird als charakteristische Länge manchmal auch die Projektionslänge b' normal zur Anströmung gewählt (z. B. Bilder 16.2 und 16.3). Beim Kreiszylinder ist S eine Funktion der Reynolds-Zahl Re (Bild 4.22), während bei kantigen Querschnitten diese Abhängigkeit sehr gering ist [16.4]. Dafür ist hier die Abhängigkeit vom Anströmwinkel zu beachten.

Die Strouhal-Zahl S für Kreiszylinder kann im unterkritischen Bereich S = 0,2, im überkritischen S = 0,23 gesetzt werden (Abschnitt 4.5.6.2). Beobachtungen an Türmen für Re > $> 10^6$ zeigen allerdings einen weiten Streubereich dieser Kennziffer, nämlich $0,14 \leqslant S \leqslant$ $\leqslant 0,28$ (Bild 4.22). Für die Kugel gilt im unterkritischen Bereich $2 \cdot 10^4 < Re < 2 \cdot 10^5$ etwa S = 0,18 [16.3]. Angaben für andere gerundete Querschnitte (z. B. Ellipsen) findet man in [16.4]. Für Rechteckquerschnitte liegen zahlreiche, zum Teil auch voneinander abweichende Angaben vor. Bei Normalanströmung zu einer Seitenfläche ($\beta = 0°$) hängt bei scharfkantigen Rechteckquerschnitten S vom Seitenverhältnis l/b ab (Bild 16.1) [16.7]. Für Seitenverhältnisse zwischen 1 und 2 ist die Abhängigkeit vom Anströmwinkel in Bild 16.2 wiedergegeben [16.5]. Bei einer Rundung der Kanten tritt im allgemeinen mit zunehmendem Abrundungsradius ein Anstieg von S auf [16.5, 16.6]. Durch die Rundung kommt aber auch eine Abhängigkeit von der Reynolds-Zahl hinzu [16.4].

Bei Vielecken ist eine Abhängigkeit vom Anströmwinkel β vorhanden (Bild 16.3). Für ein Zwölfeck und Anströmung normal zu einer Seite ist S = 0,19 [16.11]. Für Brückenquerschnitte liegen zahlreiche Meßergebnisse vor [16.8], wobei von einigen Ausnahmen abgesehen, S zwischen 0,12 und 0,15 liegt. Ähnliche Werte gelten auch für Profile [16.9, 16.65],

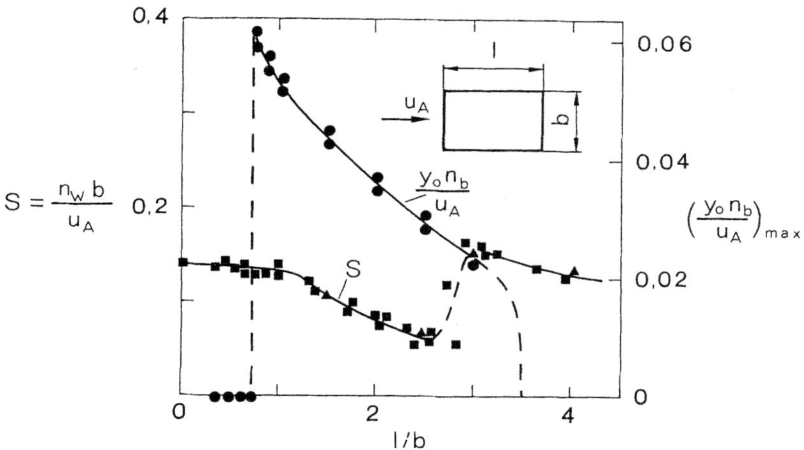

Bild 16.1 Strouhal-Zahl S und dimensionslose Amplitude $\dfrac{y_0 \cdot n_b}{u_A}$ für Rechtecke mit verschiedenen Seitenverhältnissen [16.7]

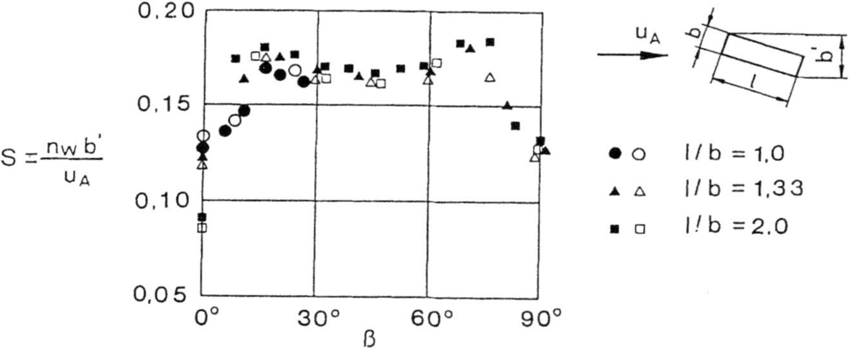

Bild 16.2 Einfluß des Anströmwinkels auf die Strouhal-Zahl bei Rechtecken [16.5]

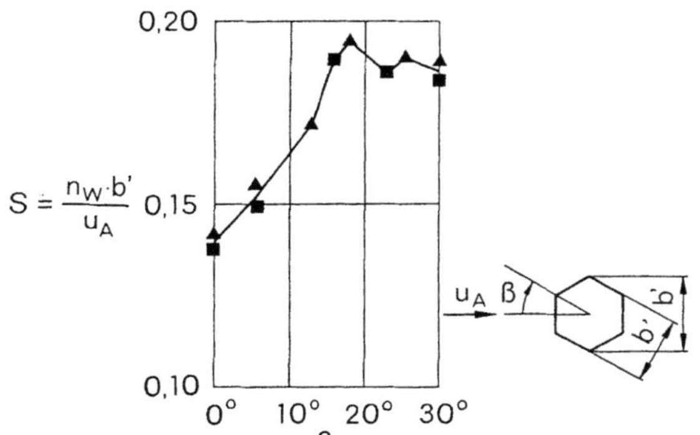

Bild 16.3

Einfluß des Anströmwinkels auf die Strouhal-Zahl bei Sechsecken [16.5]

wobei bei bestimmten Anströmwinkeln ein Sprung in der Strouhal-Zahl auftreten kann [16.56].

Da es sich bei einer wirbelerregten Schwingung eines Bauwerkes um eine Resonanzerregung handelt ist der kritische Fall der, bei dem die Biegeeigenfrequenz n_b des Bauwerkes und die Wirbelablösefrequenz n_W identisch sind. Damit kann aber bei Vorliegen von Strouhal-Zahl S und Eigenfrequenz n_b die kritische Geschwindigkeit u_{AK}, bei der Resonanz auftritt, errechnet werden.

$$(4.26) \qquad u_{AK} = \frac{n_b \cdot b}{S}. \qquad\qquad\qquad (16.1)$$

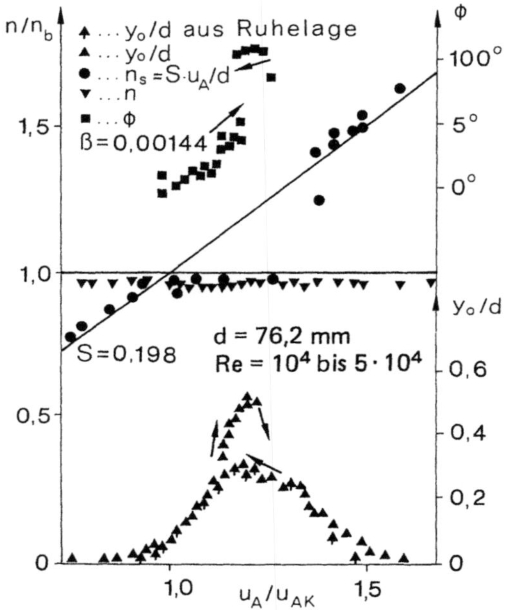

Bild 16.4

Amplitude $\dfrac{y_0}{d}$ Frequenz $\dfrac{n}{n_b}$ und Phasenwinkel ϕ eines Kreiszylinders als Funktion des Geschwindigkeitsverhältnisses u_A/u_{AK} [16.10]

Bild 16.4 zeigt die Ergebnisse der Messungen des Schwingungsverhaltens eines Kreiszylinders im Reynolds-Zahlbereich $1,0 \cdot 10^4 ... 5,0 \cdot 10^4$ [16.10]. Auf der Abszisse ist das Verhältnis u_A/u_{AK} aufgetragen. Schwingungen treten etwa im Bereich $1 < u_A/u_{AK} < 1,5$ auf, die maximale Amplitude liegt bei $u_A/u_{AK} = 1,2$. In einem gewissen Bereich gibt es zwei Amplituden, eine wird im Experiment nur bei zunehmender Geschwindigkeit, die andere bei abnehmender erreicht. Dies weist auf den dynamischen Fall einer harten Erregung hin. Allerdings gibt es auch sehr viele experimentelle Ergebnisse von wirbelerregten Schwingungen, die dieses Phänomen nicht zeigen. In Bild 16.4 sieht man weiter, daß im Resonanzbereich die Wirbelablösefrequenz n_W praktisch gleich n_b bleibt bis etwa $u_A/u_{AK} = 1,4$. Die Wirbelablösung wird also durch die Schwingung selbst gesteuert. Die kritische Windgeschwindigkeit u_{AK} aus Gl. (16.1) gibt praktisch die untere Grenze des Resonanzbereiches an. Falls daher die für die Berechnung von u_{AK} verwendete Strouhal-Zahl S nur ungefähr vorliegt, wird man eher einen höheren Wert von S wählen, um eine sichere untere Schranke für u_{AK} zu erhalten.

Um eine Schwingung eines Bauwerkes anzufachen, muß die Windgeschwindigkeit über längere Zeit im Resonanzbereich liegen, es muß sich also um einen Wind mit geringer Böigkeit handeln. Eine Bestätigung dafür liefert die Erfahrung, daß z. B. von zehn konstruktiv identischen Türmen, die an verschiedenen Orten errichtet wurden, nur einer schwingt, weil eben nur dort die Windverhältnisse entsprechend sind. Wirbelerregte Schwingungen treten häufig bei relativ kleinen Windgeschwindigkeiten auf (15...30 km/h). Bei einem Winkelprofil, bei dem sich Torsions- und Biegeeigenfrequenz wesentlich unterscheiden, so daß kein Flattern im engeren Sinne auftritt (Abschnitt 18.1), kann die Wirbelerregung sowohl Anlaß von Biege- als auch Torsionsschwingungen sein [16.65]. Dabei kann, im Gegensatz zu den wirbelerregten Biegeschwingungen, bei den Torsionsschwingungen die Frequenz der Körperschwingungen im Resonanzbereich der Wirbelablösefrequenz angepaßt sein.

16.2 Experimentelle Ergebnisse

Eine Lösung des aeroelastischen Problems eines wirbelerregten Schwingers, ausgehend von den Grundgleichungen der Aeroelastik und der Strömungsmechanik, ist auch mit dem heutigen Stand der Rechentechnik nicht möglich. Es gibt selbst für einen starren Zylinder nur Lösungen für sehr kleine Reynolds-Zahlen, die für die Aerodynamik der Bauwerke nicht von Interesse sind.

Die Schwingungen des Bauwerkes selbst seien wieder durch eine lineare Schwingungsgleichung (Gl. (15.10)) darstellbar, wobei diese Gleichung auch mit generalisierten Größen geschrieben werden kann (Gl. 15.25)). Anstelle der Koordinate x in diesen Gleichungen schreiben wir nun y, da es sich ja hier um Schwingungen quer zur Windrichtung handelt. Wir gehen von der dimensionslosen Darstellung der Schwingungsgleichung aus.

$$
\begin{aligned}
(15.19) \quad & \frac{d^2 y^*}{dt^{*2}} + 2(\delta_{bK} + \delta_{ba})\frac{dy^*}{dt^*} + 4\pi^2 y^* = \frac{c_Q}{2m^*}\;\underbrace{\frac{u_A^2}{b^2 n_W^2}}_{S^{-2}}\;\frac{n_W^2}{n_b^2} \qquad (15.2) \\
(15.20) \\
(15.21) \\
(4.26) \\
& \hspace{9.5cm} = \frac{1}{2m^* S^2}\,\frac{n_W^2}{n_b^2}\, c_Q .
\end{aligned}
$$

Der einfachste Ansatz nimmt die Wirbelerregung als eine negative aerodynamische Dämpfung an, setzt also die rechte Gleichungsseite identisch 0. Damit handelt es sich um ein Stabilitätsproblem, bei dem für Stabilität

$$\delta_{bK} + \delta_{ba} > 0 \qquad (16.3)$$

gelten muß. Aufgrund von Messungen in Windkanälen lassen sich damit Stabilitätskurven angeben. Für einen Kreiszylinder mit dem Streckungsverhältnis $\Lambda = \infty$ (Abschnitt 5.2.7), also ohne Umströmung der Enflächen, sind die Ergebnisse in Bild 16.5 dargestellt [16.12]. Die Stabilitätsgrenze hängt von den beiden Kenngrößen u_a^* und C_b^* (Gl. (15.19)) ab. Das Diagramm enthält außerdem die maximalen Amplituden, die bei $u_a^* = 5$ auftreten, was $S = 0{,}2$ entspricht (Gl. (16.1)). Für Werte vor $C_b^* > 30$ tritt wohl auch noch eine Anregung auf, die Amplituden sind jedoch unbedeutend. Bild 16.6 zeigt die entsprechenden Ergebnisse für einen Kegelstumpf [16.12]. Durch den unterschiedlichen Durchmesser erfolgt die

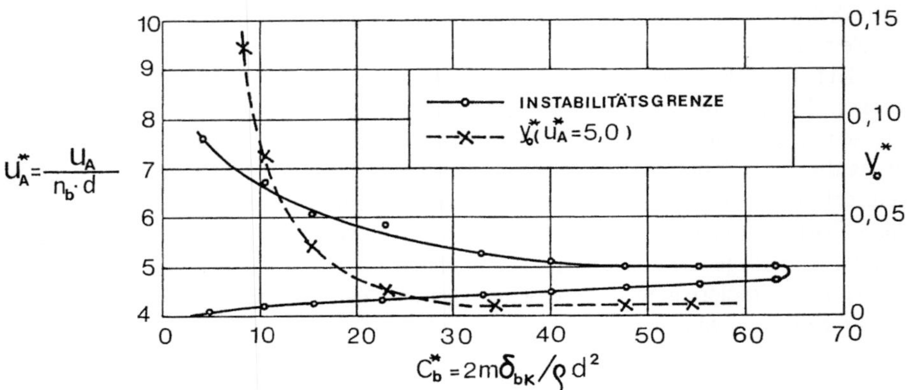

Bild 16.5 Instabilitätsgrenze und dimensionslose Amplitude y_0^* eines Kreiszylinders als Funktion der dimensionslosen Dämpfung C_b^* [16.12]

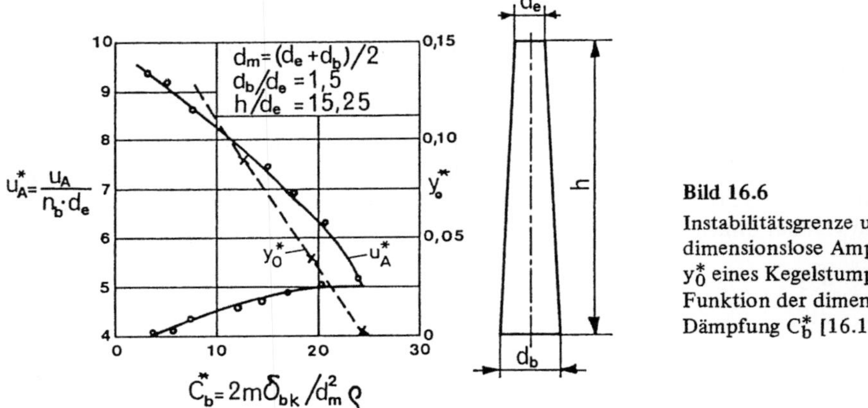

Bild 16.6

Instabilitätsgrenze und dimensionslose Amplitude y_0^* eines Kegelstumpfes als Funktion der dimensionslosen Dämpfung C_b^* [16.12]

Anregung nicht auf der ganzen Länge gleichzeitig, was eine Verbreiterung des Instabilitätsbereiches zur Folge hat. Allerdings reichen bereits geringere C_b^*-Werte als beim Zylinder für eine vollkommene Dämpfung aus.

Entscheidend ist natürlich, ob die Anregung auf der ganzen Länge des Zylinders gleichzeitig erfolgt, ob also die Wirbel gleichzeitig längs einer Erzeugenden ablösen. Mit zunehmender Größe der Amplitude eines schwingenden Zylinders erfolgt eine stärkere Koppelung der Wirbelbildung, was Druckkorrelationsmessungen auch zeigen [16.13, 16.60]. Bild 16.7 zeigt den Druckkorrelationskoeffizienten (Abschnitt 6.4.2) in Abhängigkeit von dem auf den Durchmesser d bezogenen Abstand r der Meßpunkte längs der Erzeugenden des Zylinders. Mit wachsender Amplitude y_0 steigt bei gleichem Punktabstand r/d der Korrelationskoeffizient an. Die Turbulenz des Luftstromes stört dabei die Koppelung, so daß im turbulenten Luftstrom die Korrelation bei gleicher Amplitude schwächer ist. Diese Aussage darf aber nicht generalisiert werden, da der Effekt der Turbulenz auf eine wirbelerregte Schwingung sowohl vom Turbulenzgrad (Abschnitt 4.2.2) als auch von der relativen

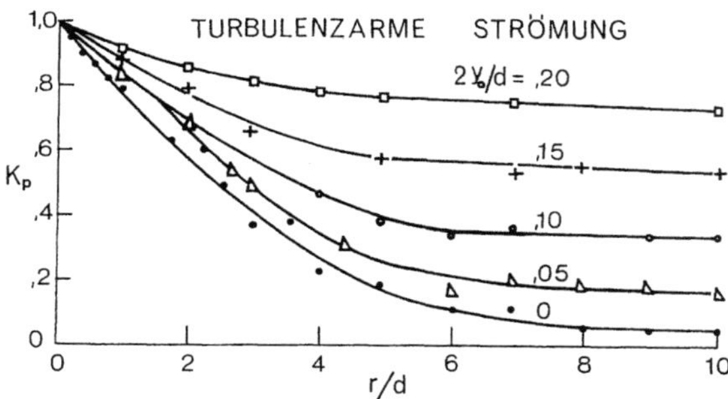

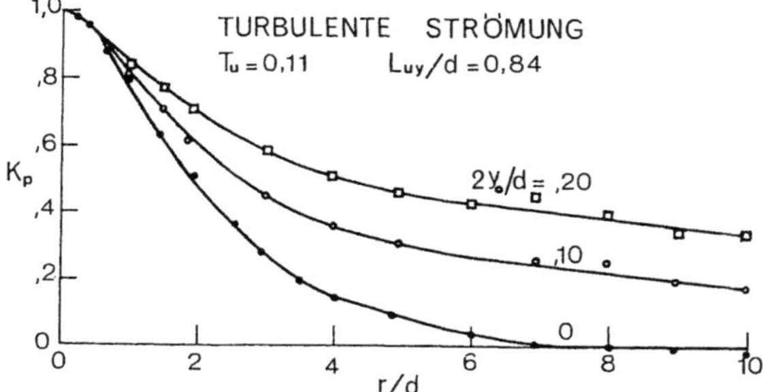

Bild 16.7
Einfluß der Amplitude eines Kreiszylinders auf die Druckkorrelationen
längs einer Erzeugenden in turbulenzarmer und turbulenter Strömung
[16.13]

Größe der Turbulenzelemente im Verhältnis zum Baukörper, also vom Verhältnis Integrallänge L_u (Abschnitt 4.2.4) zum Durchmesser d abhängt. Bei Verhältnissen $L_u/d > 1$ ist im allgemeinen eine Reduktion der Anregung durch die Turbulenz zu erwarten (Bild 16.7). Daß dies nicht immer zutrifft, sieht man an den Messungen an einem Modellschornstein (h/d = 10) in verschiedenen Grundströmungen (Bild 16.8) [16.16]. Während in turbulenzarmer Strömung mit konstanter Anströmgeschwindigkeit der Effektivwert der Auslenkung y_e sehr gering ist, bewirkt die Turbulenz eine Erhöhung. Im Grenzschichtprofil sind die Amplituden wieder geringer als bei konstanter mittlerer Anströmgeschwindigkeit mit Turbulenz. Durch die ungleiche Geschwindigkeit längs der Zylinderachse ist auch die Wirbelablösefrequenz unterschiedlich, und damit erfolgt die Anregung in einem breiteren Frequenzband. Mit denselben Modellen wurden aber auch Experimente mit einer Rauchfahne des Schornsteins durchgeführt, was wesentlich höhere Amplituden ergab.

Die Ausströmung aus der Schornsteinmündung wirkt ähnlich wie ein etwas höherer Schornstein, strömungstechnisch kann man daher von einer scheinbaren Erhöhung sprechen. Handelt es sich um eine im Verhältnis zur Bauwerkabmessung feine Turbulenzstruktur, ($L_u/d \ll 1$), dann kann durch die Turbulenz eine Beeinflussung der Lage des Ablösepunktes über die Grenzschicht auftreten [16.5]. Der Einfluß der Turbulenz kann daher nicht allgemein vorausgesagt werden. Bei Experimenten zur Darstellung von wirbelerregten Schwingungen ist es deshalb angebracht, die atmosphärische Grenzschicht im Windkanal möglichst genau zu simulieren.

Das Stabilitätsdiagramm 16.5 zeigt deutlich die Reduktion der maximalen Amplitude mit zunehmendem C_b^*. Bild 16.9 gibt den dimensionslosen Effektivwert der Amplitude y_e/d

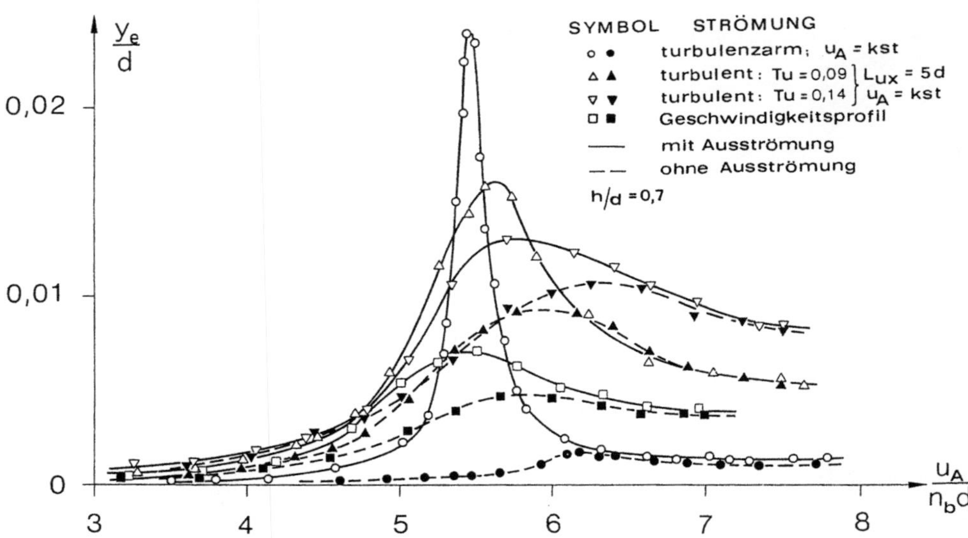

Bild 16.8 Effektivwert der Amplitude eines Modellschornsteins unter verschiedenen Bedingungen [16.16]

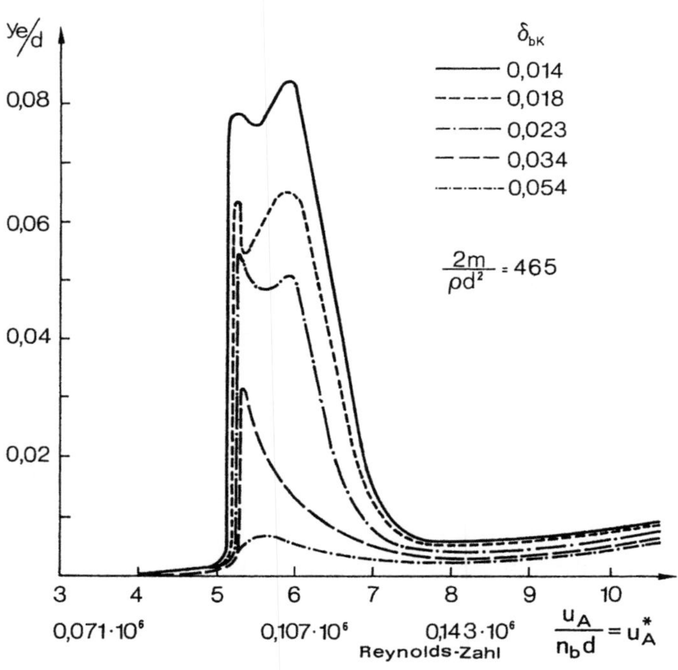

Bild 16.9

Effektivwerte der Amplitude y_e/d eines Modellschornsteines (h/d = 10) in Abhängigkeit vom logarithmischen Dämpfungsdekrement δ_{bK} und u_A^* [16.2]

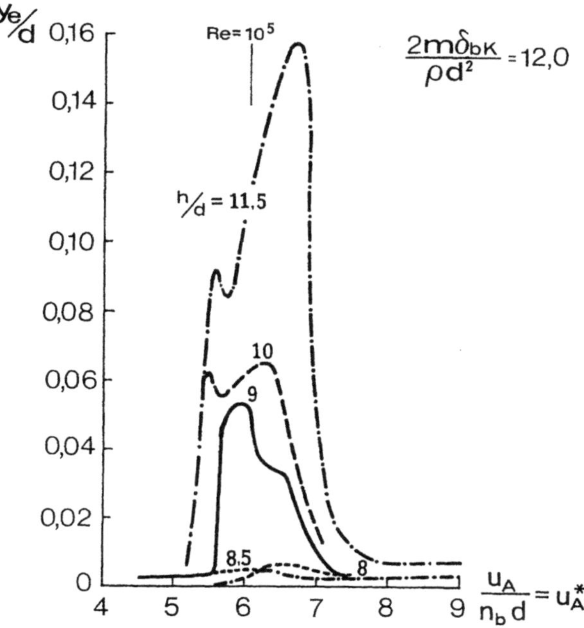

Bild 16.10

Einfluß des Verhältnisses h/d auf den Effektivwert der Amplitude eines Modellschornsteines im unterkritischen Re-Zahl-Bereich [16.2]

eines Modellschornsteins (h/d = 10) wieder. Durch die Erhöhung des logarithmischen Dekrementes δ_{bK} kann eine erhebliche Reduktion der Schwingungsamplituden erzielt werden. In Bild 16.10 ist auf der Ordinate ebenfalls der dimensionslose Effektivwert der Amplitude y_e/d abhängig von der dimensionslosen Geschwindigkeit u_A^* aufgetragen, Parameter der Kurven ist h/d. Man sieht, daß für h/d < 8,5 praktisch keine Schwingungen auftreten. Untermauert von zahlreichen Experimenten geben Lyons und Wootton [16.17] an, daß Schornsteine stabil sind, wenn mindestens eine der folgenden Voraussetzungen erfüllt ist.

$$h/d \leqslant 8 \quad \text{oder} \quad C_b^* = \frac{2m\delta_{bK}}{\rho d^2} \geqslant 25. \tag{16.4}$$

Diese Grenzwerte hängen natürlich streng genommen von der Reynolds-Zahl ab. Für die üblichen Durchmesser von Schornsteinen und ähnlichen zylindrischen Bauwerken kann man jedoch die obigen Werte verwenden, wenn auch manchmal etwas höhere Grenzwerte zu finden sind [16.4]. Für quadratische Querschnitte gibt Whitbread [16.4] als Grenzwert für den Dämpfungsparameter $C_b^* > 150$ an.

16.3 Mathematische Beschreibung

16.3.1 Erregerkraft

Den folgenden Betrachtungen wird Gl. (16.2) zugrundegelegt

$$\begin{array}{l}(16.2)\\(15.19)\end{array} \quad \frac{d^2 y^*}{dt^{*2}} + 2(\delta_{bK} + \delta_{ba}) \frac{dy^*}{dt^*} + 4\pi^2 y^* = \frac{c_Q}{2m^*} \frac{u_A^2}{b^2 n_b^2} = \frac{c_Q}{2m^*} u_A^{*2}.$$

In Abschnitt 16.2 wurde schon erwähnt, daß die rechte Gleichungsseite manchmal null gesetzt wird und der Einfluß der Wirbelerregung einfach als aerodynamische Anregung aufgefaßt wird. Daß dies nicht zutrifft, sieht man in Bild 16.7. Auch bei fixiertem Zylinder besteht eine Druckkorrelation längs der Achse und auch bei Messungen hat man Kraftwirkungen quer zur Anströmung für diesen Fall ermittelt. Es müssen eigentlich beide Terme berücksichtigt werden [16.16]. In anderen Arbeiten, und dies findet man auch in verschiedenen Normen [16.46], wird $\delta_{ba} = 0$ gesetzt und die aerodynamische Kraft als äußere Kraft quer zur Anströmung aufgefaßt. Die Amplitude der pro Längeneinheit wirkenden Querkraft ist

$$F_0 = c_Q \rho \, \frac{u_A^2}{2} \cdot b.$$

Handelt es sich um ein System mit einem Freiheitsgrad, so ist die Amplitude der Auslenkung für den Resonanzfall

(15.16)
(15.18) $$y_0 = \chi_m \frac{F_0}{K_b} = \frac{\pi}{\delta_{bK}} \frac{1}{K_b} c_Q \rho \, \frac{u_A^2}{2} \cdot b.$$
(15.19)

Die pro Längeneinheit wirkende statische Ersatzlast, die die gleiche Auslenkung y_0 hervorruft, ist daher

$$F_{st} = \frac{\pi}{\delta_{bK}} c_Q \rho \, \frac{u_A^2}{2} \cdot b. \tag{16.5}$$

Auch im Falle eines Systems mit mehreren Freiheitsgraden wird diese statische Ersatzlast näherungsweise zur Ermittlung der Beanspruchungen bei Schwingungen in der ersten Eigenform herangezogen [16.46].

Dieser Rechengang ist nicht nur aus aerodynamischer Sicht nicht einwandfrei, sondern vor allem deswegen, weil eine Dauerwechselbeanspruchung durch eine statische Belastung ersetzt wird. Trotz dieser Vorbehalte werden einige c_Q-Werte angegeben, wobei die vorhandene Amplitudenabhängigkeit dieser Werte nicht berücksichtigt wird.

Bild 16.11 [16.62] stellt zahlreichen gemessenen c_Q-Werten für den glatten Zylinder, die als Funktion der Reynolds-Zahl aufgetragen sind, den Vorschlag der DIN 1055 Teil 4 für c_Q-Werte gegenüber. Vandeghen [16.18] empfiehlt $c_Q = 0,1$ für den Einzelschornstein, für Schornsteinreihen mit Mittenabständen $e/d < 7$ wird $c_Q = 0,2$ angegeben. Für den quadratischen Querschnitt kann man $c_Q = 0,5$, für ein Zwölfeck $c_Q = 0,4$ setzen [16.9].

Bei konischen Bauwerken wird empfohlen, die Anregung nur auf einer Länge anzusetzen, längs der die Querschnittsdurchmesser von ihrem Mittelwert um $\pm 5\%$ abweichen [16.46] (Abschnitt 16.6).

Novak [16.20] verwendet neben einer Einzelkraft mit einer bestimmten Frequenz ein kontinuierliches Spektrum als Erregerfunktion, wobei das Verhältnis der Anteile der beiden von der Reynolds-Zahl abhängt. Mit diesen beiden Eingangsfunktionen wird das Schwingungsverhalten des Zylinders ermittelt.

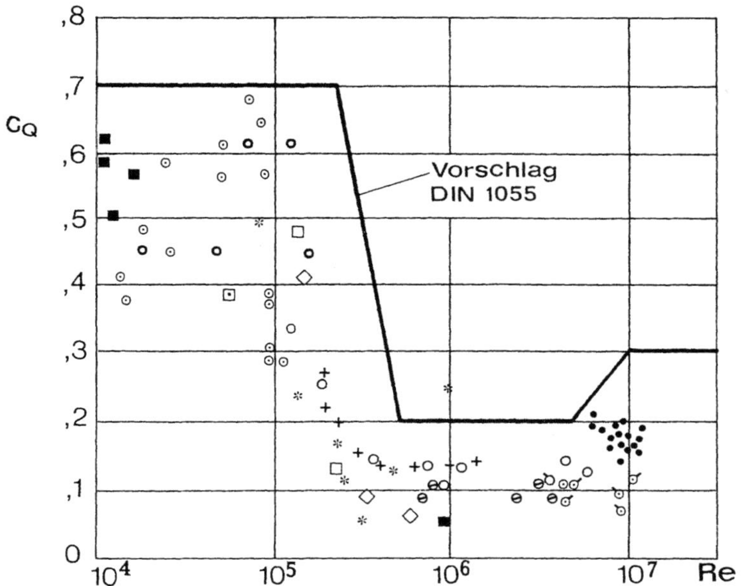

□ Novak, ○Scruton, *Wootton, ■Bishop/Hassan,
○McGregor, ○Chen, ⊖Nunen, +Fung, •Ruscheweyh,
⊘Jones/Cincotta/Walker, ○Warren, ⊡Bardowicks,
◇ Funakawa/Umakoski, ○Boetke/Brust

Bild 16.11 Querkraftbeiwert des Kreiszylinders als Funktion der Reynolds-Zahl [26.62]

16.3.2 Erregerkraft und aerodynamische Dämpfung

Die Berücksichtigung eines aerodynamischen Dämpfungsterms und einer Erregerkraft wurde, wie schon erwähnt, von Tunstall [16.16] durchgeführt. Von der Erregerkraft wurde dabei angenommen, daß ihre Spektralfunktion bekannt ist. Bei dieser Spektralverteilungsfunktion hat sich dann Tunstall auf zwei wesentliche Fälle beschränkt.

Fall 1: Das Spektrum besteht nur aus einem schmalen ausgeprägten Maximum im Resonanzbereich, was der Wirbelerregung gut zu entsprechen scheint. Damit erhält man für den Effektivwert der Amplitude [16.16]

$$(15.21) \qquad y_e^* = \frac{u_A^{*2}}{4\pi m^*} \frac{C_1}{\delta_{bK} + \delta_{ba}} = \frac{u_A^{*2}}{2\pi C_b^*} \frac{C_1}{1 + \frac{C_{ba}^*}{C_b^*}} \qquad\qquad (16.6)$$

C_1 und C_{ba}^* sind dabei aus Modellexperimenten zu ermitteln. Wesentlich ist aber, daß die mittlere Schwankung der Amplitude, ähnlich wie die Amplitude selbst, bei der Annahme einer rein geschwindigkeitsproportionalen aerodynamischen Anregung bei gegebener geometrischer Form nur von u_A^* und C_b^* abhängt (Bild 16.5). Eine Reduktion der Amplitude kann also, da die Strouhal-Zahl $S = \dfrac{1}{u_A^*}$ praktisch festliegt, nur durch eine Erhöhung von C_b^* erreicht werden.

Fall 2: Durch den Einfluß der Dreidimensionalität der Strömung, nämlich der Umströmung eines Zylinderendes, wenn z. B. der zylindrische Körper auf dem Boden steht, tritt eine Verbreiterung im Spektralbereich ein. Auch die bodennahe Grenzschicht wirkt ähnlich [16.16]. Daher erscheint es sinnvoll, auch mit einer breitbandigen Anregung zu rechnen. Für diesen Fall erhält man für den Effektivwert der Amplitude [16.16]

$$(15.21) \qquad y_e^* = \frac{u_A^{*2}}{(2\pi)^{3/2} m^*} \frac{C_2}{(\delta_{bK} + \delta_{ba})^{1/2}} = \frac{2\delta_{bK}^{1/2} u_A^{*2}}{(2\pi)^{3/2} C_b^*} \frac{C_2}{\left(1 + \dfrac{C_{ba}^*}{C_b^*}\right)^{1/2}}. \qquad (16.7)$$

Werden C_2 und C_{ba}^* den Modellexperimenten angeglichen, so ergibt sich eine gute Übereinstimmung im Kurvenverlauf. Die mittlere Schwankung der Amplitude hängt aber nun sowohl von C_b^* als auch von δ_{bK} ab. δ_{bK} ist natürlich auch in C_b^* enthalten.

$$(15.21) \qquad C_b^* = 2m^* \delta_{bK}.$$

Daraus folgt, daß eine Erhöhung von m^* wirkungsvoller ist als eine prozentuelle gleiche Anhebung von δ_{bK}, da diese letzte Größe auch noch im Zähler auftritt. Das bedeutet für die Praxis, wo diese Anregung eher zutrifft als Fall 1, daß man in erster Linie m^* vergrößern sollte. Bei Tunstall ist das aerodynamische Dämpfungsdekrement δ_{ba} eine konstante Größe, während Vickery [16.61] δ_{ba} von der Amplitude abhängig macht und damit eine nichtlineare Differentialgleichung erhält. Mit diesem Modell kann vor allem auch das stark amplitudenabhängige Verhalten dieser Art von Schwingungen gut beschrieben werden. Der Querkraftbeiwert c_Q in Gl. (16.2) ist auch bei Vickery eine Zufallsgröße.

16.3.3 Luftkraftoszillator

Die geschilderten linearen mathematischen Modelle können nicht die in den Experimenten auftretenden nichtlinearen Erscheinungen in den Amplituden-Diagrammen, z. B. zwei stabile Amplituden (Bild 16.4), Unstetigkeiten und Hystereseeffekte beschreiben. Aus diesem Grunde hat man, da eine allgemeine mathematische Lösung des Problems derzeit noch nicht möglich ist, versucht, mathematische Ansätze zu finden, die den Versuchsergebnissen gerecht werden. Dabei wurde auf eine Idee von Birkhoff [16.22] zurückgegriffen, der für die Wirbelbildung am ruhenden Zylinder einen „Strömungsoszillator" vorschlug.

Die Schwingungsgleichung (16.2) des Körpers bleibt dabei unverändert, nur der Einfluß der aerodynamischen Kraft wird allein durch das auf der rechten Gleichungsseite stehende c_Q repräsentiert und dementsprechend $\delta_{ba} = 0$ gesetzt.

$$(16.2) \qquad \frac{d^2 y^*}{dt^{*2}} + 2\delta_{bK} \frac{dy^*}{dt^*} + 4\pi^2 y^* = \frac{c_Q}{2m^*} \frac{u_A^2}{b^2 n_W^2} \frac{n_W^2}{n_b^2} = \frac{c_Q}{2m^* S^2} \Omega^2.$$

$$\Omega^2 = \frac{n_W^2}{n_b^2} \qquad\qquad\qquad (16.8)$$

Die Wirbelbildung ist ein selbsterregender Vorgang, bei dem sich ein stationärer Zustand einstellt. Außerdem muß für die Eigenfrequenz die Strouhal-Bedingung (Gl. (4.26)) gelten und im Falle eines schwingenden Zylinders eine Koppelung zwischen der Differentialgleichung des Luftkraft-Oszillators und der Bewegungsgleichung des Zylinders (16.8) vorliegen. Zur Erfüllung dieser Forderung ist in der Differentialgleichung für c_Q mindestens ein Glied dritter Ordnung notwendig (Van der Pol-Gleichung) und deshalb ergibt sich folgender Ansatz [16.21].

$$\frac{d^2 c_Q}{dt^{*2}} - C_1 \frac{dc_Q}{dt^*} + C_2 \left(\frac{dc_Q}{dt^*}\right)^3 + C_3 c_Q = C_4 \frac{dy^*}{dt^*}. \tag{16.9}$$

Die Koeffizienten C_1 bis C_4 in dieser Beziehung sind unbekannt, sie müssen den Experimenten angepaßt werden. Die Lösung erfolgt durch das Verfahren der harmonischen Balance [16.53], in dem sowohl für y^* als auch für c_Q Ansätze in der Form

$$y^* = y_0^* \sin \omega_0^* t^*; \quad c_Q = c_{Q0} \sin (\omega_0^* t^* + \phi) \tag{16.10}$$

gemacht werden. Diese Lösungen geben eine qualitativ richtige Übereinstimmung mit den experimentellen Amplitudenkurven, sie führen aber nicht auf zwei Amplituden und dergleichen. Durch eine Änderung des Ansatzes für c_Q, in dem auch die Lösung für die freie Schwingung ($C_4 = 0$) des Oszillators hinzugenommen wird [16.23], erhält man auch in einem gewissen Bereich zwei Amplituden und Hystereseeffekte. Ein Gl. (16.9) ähnliches Oszillatormodell, das ebenfalls Glieder bis zur 3. Ordnung berücksichtigt und daher qualitativ auch ähnliche Lösungen wie die Differentialgleichung (16.9) ergibt, wurde von Skop [16.24] vorgeschlagen. Landl [16.25] erweiterte Gl. (16.9) zur Darstellung der Hystereseerscheinungen um ein Glied 5. Ordnung. Berger [16.52] setzt für den Kreisquerschnitt in Gl. (16.9) $C_2 = 0$ und $C_1 = C_1(c_Q)$, wobei er Glieder höherer Ordnung berücksichtigt. Damit ist ein Koeffizient der Differentialgleichung von der Bewegung abhängig, es handelt sich um eine parametererregte Schwingung [16.53]. Für einen nichtkreisförmigen Querschnitt nimmt Berger zusätzlich eine Abhängigkeit der Größen δ und C_4 von Ω an.

Alle diese auf Experimenten fußenden Ansätze, wurden speziell für Kreiszylinder unendlicher Streckung im unterkritischen Reynolds-Zahlbereich gemacht. Die Herleitung einer Differentialgleichung für einen Strömungsoszillator aus den strömungsmechanischen Grundgleichungen wurde von Iwan durchgeführt. Es gelang ihm auch eine Lösung für endliche Kreiszylinder für den Fall der Resonanz anzugeben, wobei die errechneten Amplituden im Reynolds-Zahlbereich $2 \cdot 10^2 < Re < 2 \cdot 10^5$ gut mit den gemessenen Werten übereinstimmen [16.54].

16.4 Maßnahmen zur Vermeidung der Schwingungen

16.4.1 Mechanische Maßnahmen

Die mechanischen Größen, die eine Rolle spielen, wurden bereits in den vorangehenden Abschnitten angeführt, es sind dies die kritische Geschwindigkeit u_{AK}, die dimensionslose Masse m^* und das logarithmische Dekrement der Konstruktion δ_{bK}

$$\begin{array}{ll} (15.19) \\ (16.1) \end{array} \qquad u_{AK} = \frac{n_b \cdot b}{S}; \quad m^* = \frac{m}{\rho b^2}; \quad \delta_{bK}. \tag{16.11}$$

Die Strouhal-Zahl S liegt dabei durch die Wahl der Querschnittsform praktisch fest (Abschnitt 16.1). Man kann versuchen, durch Erhöhung der Eigenfrequenz n_b und der charakteristischen Abmessung b die kritische Geschwindigkeit u_{AK} so groß zu machen, daß sie über dem Maximalwert der Geschwindigkeit liegt, der im Bereich des Bauwerkes zu erwarten ist. Korrekt muß man bei der Angabe der Geschwindigkeit natürlich hinzufügen, um welchen Mittelwert es sich dabei handelt. Da die Masse der Bauwerke meist sehr groß ist, dauert der Aufschaukelungsvorgang solcher Schwingungen relativ lange. Buscheweyh [16.19] schlägt beispielsweise zur Abschätzung der Mittelungszeit t_m, ausgehend vom Einschwingvorgang einer erzwungenen Schwingung, die folgende Beziehung vor:

$$t_m = \frac{1}{\delta_{bK} \cdot n_b}. \tag{16.12}$$

Wegen der langen Dauer des Aufschaukelns und der Tatsache, daß starke Winde mit intensiver Böigkeit behaftet sind, sieht der Entwurf der DIN 1055 Teil 4 vor, daß für $u_{AK} > 30$ m/s eine Berücksichtigung der Querschwingungen nicht erforderlich ist.

Falls eine ausreichende Erhöhung von u_{AK} durch konstruktive Änderungen nicht möglich ist, wird man eine Erhöhung von m^* oder δ_b anstreben, wobei es nach Gl. (16.4) auf das Produkt der beiden Größen, also auf C_b^* ankommt. Durch eine andere mathematische Beschreibung in Abschnitt 16.3.2 wurde allerdings gezeigt, daß eine Anhebung von m^* wirkungsvoller ist als eine prozentuell gleich große von δ_{bK}. Eine Erhöhung von m^* durch eine Zusatzmasse (wobei es sich natürlich um generalisierte Massen nach Gl. (15.24) handelt) reduziert allerdings die Eigenfrequenz n_b, da sich die Biegesteifigkeit K_b nicht ändert, was eine Herabsetzung von u_{AK} zur Folge hat.

$$\begin{matrix}(15.12)\\(15.19)\end{matrix} \qquad \frac{n_{b1}}{n_{b2}} = \sqrt{\frac{m_2}{m_1}} = \frac{C_{b2}^*}{C_{b1}^*}. \tag{16.13}$$

Die Änderung des Dämpfungsparameters C_b^* ist nur der Wurzel aus dem Massenverhältnis proportional.

Falls durch konstruktiven Maßnahmen an dem Bauwerk selbst keine Sanierung erreicht werden kann, sollte an zusätzliche Dämpfungsglieder gedacht werden. Solche sind z. B. bei einem Turm zusätzliche Verspannungen mit Kabeln, die mit hydraulischen oder anderen Stoßdämpfern ausgestattet sind [16.18].

Gute Erfolge hat man mit gedämpft schwingenden Zusatzmassen erzielt. Eine detaillierte mathematische Beschreibung eines ungedämpften, harmonisch erregten Einmassenschwingers mit einem optimalen Zusatzsystem gibt Den Hartog [16.51]. Nach dieser Darstellung sind die optimale Frequenz n_{opt} und das optimale logarithmische Dekrement δ_{opt} des Tilgers

$$n_{opt} = n_b \, \frac{1}{1 + \dfrac{m_z}{m_1}} \doteq n_b \, ; \qquad \delta_{opt} = 2\pi \left[\frac{3 \dfrac{m_z}{m_1}}{8\left(1 + \dfrac{m_z}{m_1}\right)} \right]^{1/2}.$$

n_b ist die Eigenfrequenz und m_1 die reduzierte Masse des Grundsystems. m_z ist die Masse des Tilgers. In der Praxis ist meist $m_z/m_1 \leqslant 0{,}1$, da größere Zusatzmassen nur unbedeutende Verbesserungen bringen [16.64]. Bei diesem Zahlenwert handelt es sich um das Verhältnis der Zusatzmasse m_z zu der auf den Ort der Zusatzmasse reduzierten Masse m_1 des Systems. Das Verhältnis der Zusatzmasse zur Gesamtmasse der schwingenden Konstruktion ist wesentlich kleiner und liegt bei Werten $\leqslant 0{,}01$ [16.47]. Daraus folgt aber, daß n_{opt} praktisch gleich der Eigenfrequenz des Grundsystems ist. Während sich nach Den Hartogs Abschätzung bereits geringe Abweichungen von der optimalen Frequenz in einer merklichen Verschlechterung der effektiven Dämpfung auswirken, zeigen neuere Untersuchungen [16.47], daß Abweichungen bis zu 20% keinen wesentlichen Einfluß haben. Abweichungen in der Dämpfung beeinträchtigen die Wirkungsfähigkeit des Schwingungstilgers noch weniger [16.47, 16.50].

Bei Türmen kann die Zusatzmasse als umgekehrtes Pendel an der Turmspitze montiert werden oder auch im Innern des Turmes Platz finden. Bei Seilen sind solche Dämpfer als Seilklappern bekannt [16.51]. Zylindrische Türme und Schornsteine wurden mit gutem Erfolg mit gedämpften Ringpendeln ausgestattet (Bild 16.12). Durch geeignete Optimierung der Pendelparameter Masse, Frequenz und Dämpfung ist eine Dämpfung mehrerer

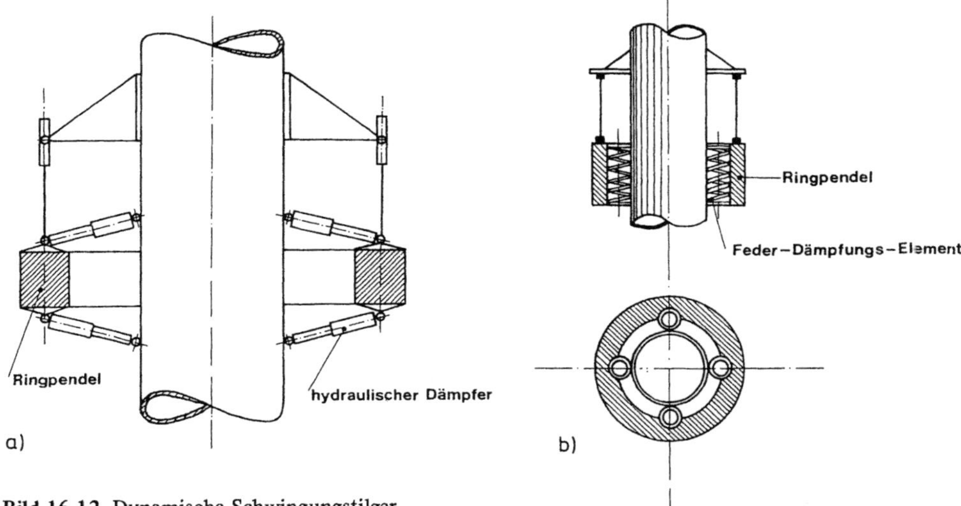

Bild 16.12 Dynamische Schwingungstilger
a) Dynamischer Schwingungstilger nach Reutlinger [16.27]
b) Dynamischer Schwingungstilger System Ka-Be [16.58]

Eigenformen mit einem Pendel möglich [16.26, 16.27, 16.50]. Diese dynamischen Schwingungstilger haben sich in speziellen Fällen als wirkungsvoller erwiesen als eine Scruton-Wendel (Abschnitt 16.4.2.1) [16.48] bzw. als eine perforierte Ummantelung (Abschnitt 16.4.2.2) [16.49].

In der Literatur findet man auch zahlreiche andere Dämpfungsmechanismen, so z. B. Flüssigkeitsbehälter, deren Wellenfrequenz auf die Eigenfrequenz des Turmes abgestimmt ist, oder Flüssigkeitsbehälter mit perforierten Zwischenwänden zur Dämpfung der Flüssigkeitsbewegung [16.18, 16.59]. Bei der infolge Wirbelerregung schwingenden Longs Creek Bridge (Kanada) wurden 1967 als Sofortmaßnahmen mit Felsklötzen gefüllte Behälter ins Wasser abgehängt, was die Amplitude auf ein Maß reduzierte, das nicht mehr als störend empfunden wurde [16.28]. Aber auch bei Brücken und einzelnen Traggliedern von Brücken wurden dynamische Schwingungstilger angewendet [16.48].

In neuerer Zeit werden auch Versuche mit aktiver Schwingungstilgung gemacht, bei der die Zusatzmasse direkt durch die Bewegung des Bauwerkes gesteuert wird [16.58]. Für weitere Details über passive und aktive Schwingungstilger sei auf das Buch von J. B. Hunt hingewiesen [16.63].

16.4.2 Aerodynamische Maßnahmen

Ziel aller aerodynamischen Beeinflussungen ist, das gleichzeitige Ablösen der Wirbel längs einer Erzeugenden eines Zylinders oder eines Prismas zu verhindern, also die Korrelation der Wirbelablösung möglichst gering zu halten. Da aber diese Korrelation der Wirbelablösung von der Amplitude abhängt, wie z. B. Druckmessungen zeigen, (Bild 16.7), können Maßnahmen, die am starren Zylinder zu einer Reduktion der Erregung führen, am schwingenden Zylinder wirkungslos sein, da eine Steuerung der Wirbelbildung durch die mechanische Schwingung erfolgen kann. Infolgedessen ist die Einhaltung der relativen Größe der Amplitude bei Experimenten besonders wichtig. Einen Überblick über viele aerodynamische Maßnahmen und eine Beschreibung von deren Vor- und Nachteilen findet man in [16.55].

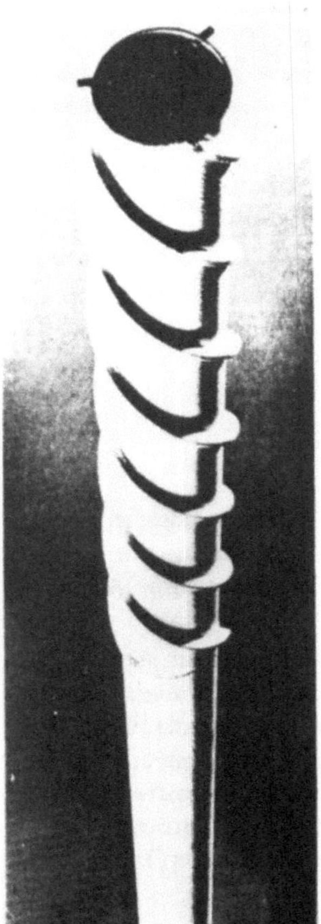

Bild 16.13
Modellschornstein mit Scruton-Wendel [16.2]

16.4.2.1 Scruton-Wendel und andere Störelemente

Als gut dämpfend für Kreiszylinder hat sich die unter der Leitung von Scruton entwickelte und nach ihm benannte Scruton-Wendel erwiesen [16.29]. Es handelt sich dabei um drei um 120° versetzte Wendeln rechteckigen Querschnittes mit der Ganghöhe 4,8 d und der Höhe $h_1 = 0{,}088$ d über dem Zylindermantel (Bild 16.13). In umfangreichen Versuchsserien, wobei als Parameter Höhe, Steigung und Anzahl der Wendeln verändert wurden, hat sich diese Anordnung als optimal erwiesen [16.30]. Eine Reduktion der Wendelhöhe auf $h_1 = 0{,}059$ d bringt bereits eine aerodynamische Anregung im ganzen Amplitudenbereich, bei einer Erhöhung auf $h_1 = 0{,}118$ d bleibt hingegen die dämpfende Wirkung erhalten.

Die Wirksamkeit der Wendel hängt allerdings vom Dämpfungsparameter C_b^* und der relativen Länge l der Wendel im Verhältnis zur Höhe h des Bauwerkes ab. Bild 16.14 [16.57]

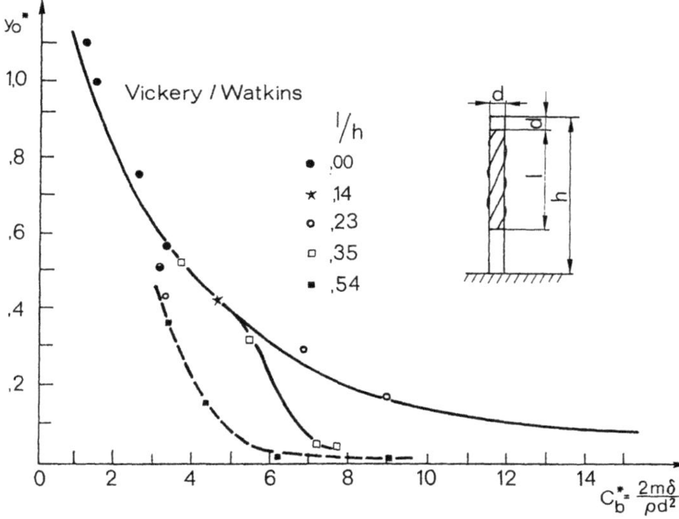

Bild 16.14
Amplitude y_0^* eines Modellschornsteines abhängig vom Dämpfungsparameter C_b^* bei verschiedenen relativen Längen l/h der Scruton-Wendel [16.57]

zeigt die dimensionslose Amplitude y_0^* abhängig vom Dämpfungsparameter C_b^* für verschiedene Verhältnisse l/h. Eine Wendel deren Länge etwa ein Drittel der Bauwerkhöhe beträgt, was häufig empfohlen wird [16.31], ist erst für $C_b^* > 7{,}5$ wirksam, während bei längerer Wendel der dämpfende Effekt bereits bei etwas kleineren C_b^*-Werten einsetzt. Die gute dämpfende Wirkung dieser aerodynamischen Maßnahmen, die zunächst im Modellversuch nachgewiesen wurden, ist durch zahlreiche Großausführungen bestätigt worden (Bild 16.15). Die Wirkung der Wendel, abhängig von ihrer relativen Länge l/h, zeigt sich auch an der Abnahme des effektiven Querkraftbeiwertes c_{Qe} mit zunehmender Wendellänge (Bild 16.16). Auch hier ist eine Abhängigkeit von Dämpfunsparameter C_b^* vorhanden [16.62]. Bei gewähltem Verhältnis von Wendellänge l zu Bauwerkhöhe h ist die optimale Position der Wendel bezüglich eines minimalen Effektivwertes des Momentes an der Basis c_{Me} nicht an der Turm- bzw. Schornsteinspitze, sondern um die Länge a tiefer (Bild 16.17) [16.44]. Eine Rauchfahne wirkt, wie schon in Abschnitt 16.2 erwähnt wurde, wie eine scheinbare Erhöhung des Schornsteins, in diesem Fall sollte die Wendel etwas höher sitzen. Eine

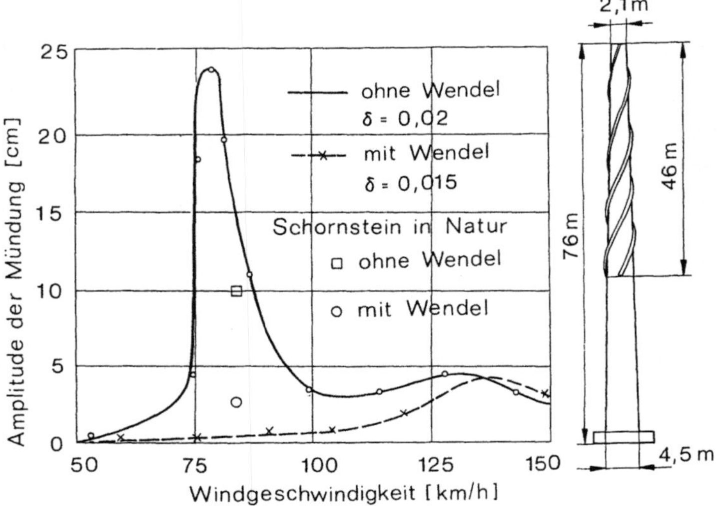

Bild 16.15 Vergleich der Amplituden der Schornsteinmündung eines 76 m hohen Schornsteins mit und ohne Scruton-Wendel [16.31]

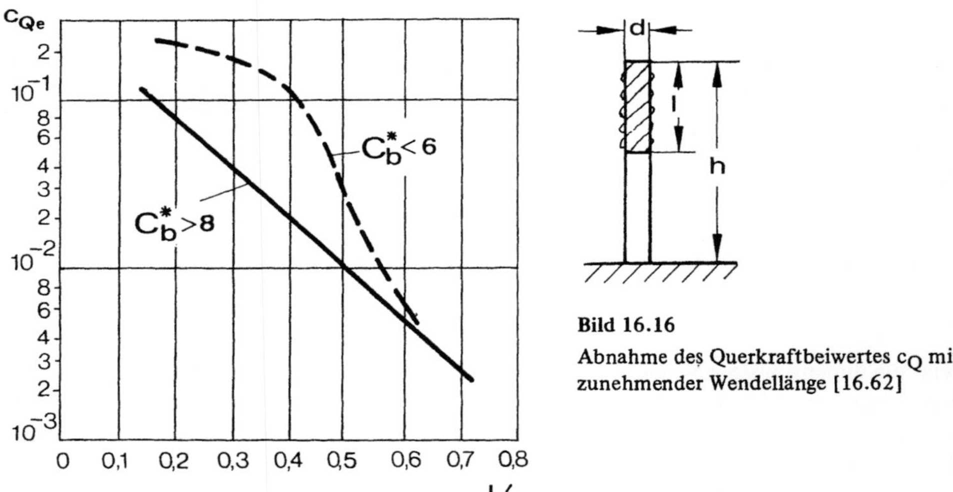

Bild 16.16

Abnahme des Querkraftbeiwertes c_Q mit zunehmender Wendellänge [16.62]

Scruton-Wendel erweist sich auch bei nicht glatten Oberflächen, z. B. bei Zylindern mit Sicken, als stabilisierend [16.32].

Allerdings hat die Scruton-Wendel auch einen wesentlichen Nachteil: Ihr Widerstandsbeiwert bezogen auf den Zylinderdurchmesser ist vor allem im über- und transkritischen Bereich (Abschnitt 4.5.6.2) wesentlich höher als der des glatten Zylinders. Für eine Scruton-Wendel auf einem Zylinder, dessen Endflächen nicht umströmt werden ($\Lambda = \infty$; Abschnitt 5.2.7), kann etwa $c_W = 1{,}4$ gesetzt werden, ein Wert der sich mit der Reynolds-Zahl nur

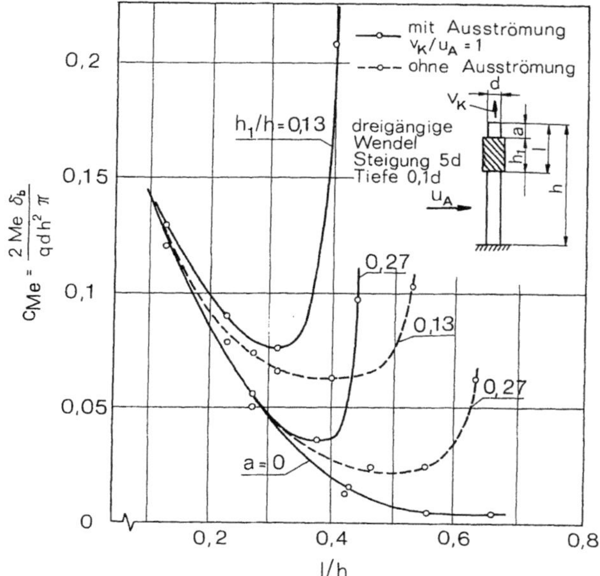

Bild 16.17
Einfluß der Position und der Abmessungen der Wendel auf den effektiven Momentenbeiwert an der Basis eines Schornsteins (Modell $h/d = 16{,}4$; $Re = 4 \cdot 10^4$ bis $5{,}1 \cdot 10^4$) [16.44]

geringfügig ändert [16.2]. Diese Erhöhung der Luftkraft bei hohen Windgeschwindigkeiten führt vor allem bei der Ausstattung bestehender kreiszylindrischer Bauwerke mit Scruton-Wendeln häufig zu nicht leicht lösbaren Festigkeitsproblemen. Man hat daher versucht, durch Wendeln mit kreiszylindrischem Querschnitt wirbelerregte Schwingungen zu verhindern [16.33]. Es zeigte sich dabei wohl eine Reduktion der Amplitude, was bedeutet, daß die aerodynamische Anregung etwas geringer wurde, aber dennoch vorhanden blieb.

Eine der Scruton-Wendel ähnliche Anordnung ist die von vertikalen Störleisten von der Länge $0{,}7 \cdot d$ bis $0{,}9 \cdot d$ und der Höhe $0{,}09\,d$. Aufeinanderfolgende Ringe von jeweils 4 Störleisten sind um $30°$ gegeneinander versetzt. Durch eine solche Anordnung konnte die Schwingungsamplitude von Schornsteinen auf 1/3 reduziert werden. Der Widerstandsbeiwert c_W bezogen auf den Kernzylinder beträgt allerdings 1,36 und ist damit praktisch gleich dem der Scruton-Wendel [16.18, 16.45].

16.4.2.2 Gittermantel, Perforation

Gute Erfolge wurden mit einer perforierten Ummantelung des Zylinders erzielt (Bild 16.18) [16.34]. Bei einer Optimierung dieser Anordnung zeigte sich ein Abstand von 0,12 d vom Zylinder und ein Verhältnis der Öffnungen zur Gesamtfläche von $\varphi = 0{,}2...0{,}36$ als am besten wirksam [16.35]. Bei dem speziellen Versuch des Bildes bestand die Perforation aus Quadraten mit 0,07 d Seitenlänge und einem Mittenabstand von 0,117 d. Die Perforation kann aber auch rechteckig sein und der Mantel sollte sich von der Oberkante des Zylinders über eine Länge von etwa 25% der Bauwerkshöhe nach unten erstrecken. Ein bezüglich Perforation nahezu gleicher Mantel wie der eben angegebene erwies sich auch bei quadratischen Türmen als wirkungsvoll [16.36].

Bild 16.18
Kreiszylinder mit perforiertem Mantel
[16.40]

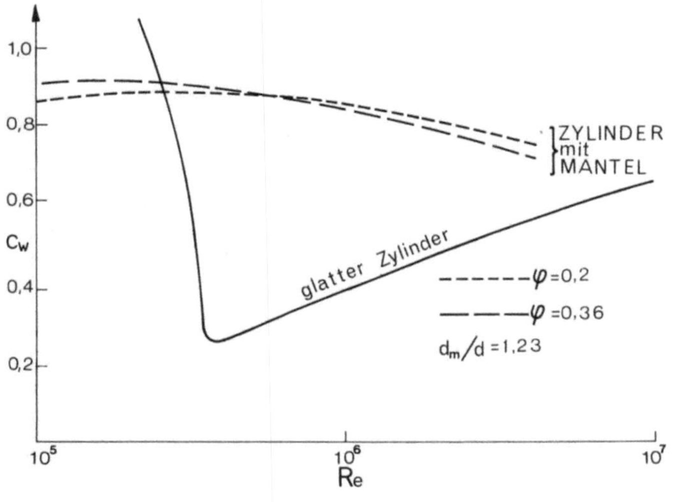

Bild 16.19
Widerstandsbeiwerte des
glatten Zylinders und von
Zylindern mit einer
Ummantelung verschiedener
Völligkeit φ (c_W bezogen
auf d) [16.2]

Der Vorteil einer perforierten Ummantelung liegt darin, daß der Widerstandsbeiwert c_w bei großen Reynolds-Zahlen praktisch gleich dem des glatten Zylinders ist (Bild 16.19) und bei $Re = 10^5$ sogar niedriger liegt [16.2]. Eine beachtliche Reduktion der Amplitude wird aber nur bei einer ausreichenden Dämpfung der Konstruktion selbst erzielt [16.37]. Das zeigt offensichtlich, daß auch der ummantelte Zylinder noch eine geringe aerodynamische Anregung erfährt. Der Nachteil des Mantels ist die Vereisungsgefahr im Winter, wodurch die Maßnahme ihre Wirkung verliert. Bei mehreren zylindrischen Baukörpern gleicher Abmessungen in Windrichtung hintereinander sind perforierte Ummantelungen wenig wirksam, wobei hier der gegenseitige Einfluß sogar zu größeren Amplituden als beim Einzelkörper führen kann [16.37].

Eine ähnliche Ummantelung in der Art eines umgebenden Käfigs aus vertikalen kreiszylindrischen Stäben (rund 100) wurde von Zdravkovich vorgeschlagen [16.38], wobei Abstand vom Zylindermantel und Porosität im optimalen Fall die gleichen Werte haben wie bei dem vorher geschilderten Mantel. Mit Hilfe dieser Ummantelung können auch Schwingungen von Zylindern in Tandemanordnung unterdrückt werden [16.39].

Die Perforation der Außenfläche einer Konstruktion bewirkt eine Durchströmung des Bauteiles und erweist sich ebenfalls als eine wirksame Maßnahme zur Unterdrückung von Schwingungen. Dies wird auch durch die Erfahrung bestätigt, daß Fachwerkkonstruktionen als ganzes nicht angeregt werden. So wurden beispielsweise aufgrund von Windkanalexperimenten die quadratischen Trägertürme für den britischen Pavillon bei der Weltausstellung 1970 durchbrochen ausgeführt. Dabei erwies sich die Perforation auf der Fläche normal zur Windrichtung als wirksam zur Unterdrückung der wirbelerregten Schwingungen, während die durchbrochenen Wände in Windrichtung Schwingungen durch aerodynamische Instabilität (Kapitel 17) verhinderten [16.40].

16.4.2.3 Maßnahmen bei Brücken

In Abschnitt 16.4.1 wurde schon erwähnt, daß bei der 1967 fertiggestellten Long's Creek Bridge (Kanada) (Bild 16.20) Biegeschwingungen durch Wirbelerregung auftraten. Umfangreiche Untersuchungen im Windkanal zeigten, daß kleine Veränderungen am Querschnitt und auch die relative Höhe über dem Wasserspiegel einen Einfluß auf die Schwingungen haben. Es gelang schließlich durch geeignete Verkleidungen (Bild 16.21) eine Stabilisierung im Modellversuch zu erlangen. Bei der Großausführung wurden die im Versuch gewonnen Erkenntnisse voll bestätigt, nach dem Anbringen der Verkleidungen traten keine nennenswerten Schwingungen mehr auf [16.28]. Bei diesen Experimenten wurde auch festgestellt, daß eine volle Abdeckung der Geländer, was in der Praxis durch Schnee verursacht werden kann, zu einer Erhöhung der Amplituden führt. Auch bei der Severn-Brücke (England) konnte durch konstruktive Änderungen eine Stabilisierung erzielt werden [16.41].

16.5 Querschnittsdeformationsschwingungen (Ovalling)

Der Mechanismus der Wirbelablösung kann auch Deformationsschwingungen einer dünnen Schale hervorrufen, die beispielsweise an freien Enden von Stahlschornsteinen beobachtet wurden [16.42]. Aber auch Behälter im Bauzustand, bei denen die Aussteifungen noch fehlen, sind der Gefahr solcher Schwingungen ausgesetzt. Der englische Ausdruck „ovalling" besagt eigentlich, was bei dieser Schwingung geschieht: Kreisförmige Querschnitte werden zu ovalen verformt. Für eine kreiszylindrische Schale kann die radiale Deforma-

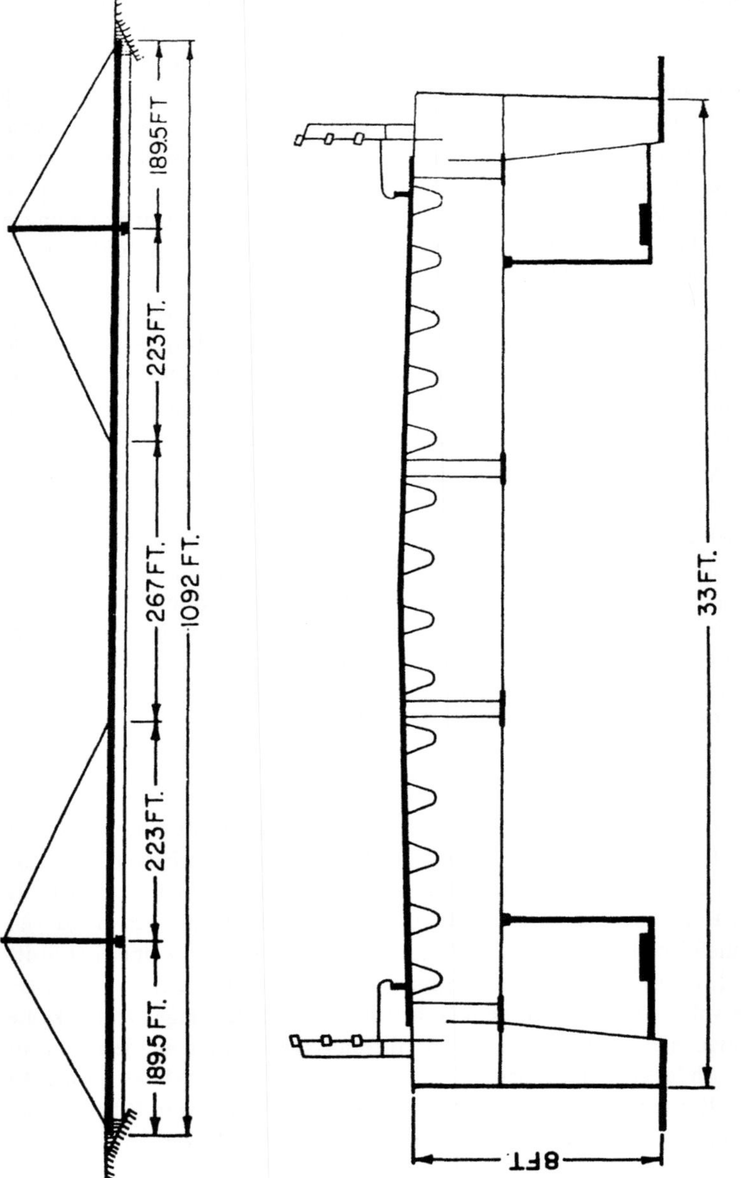

Bild 20 Longs's Creek Brücke, Kanada [16.28]

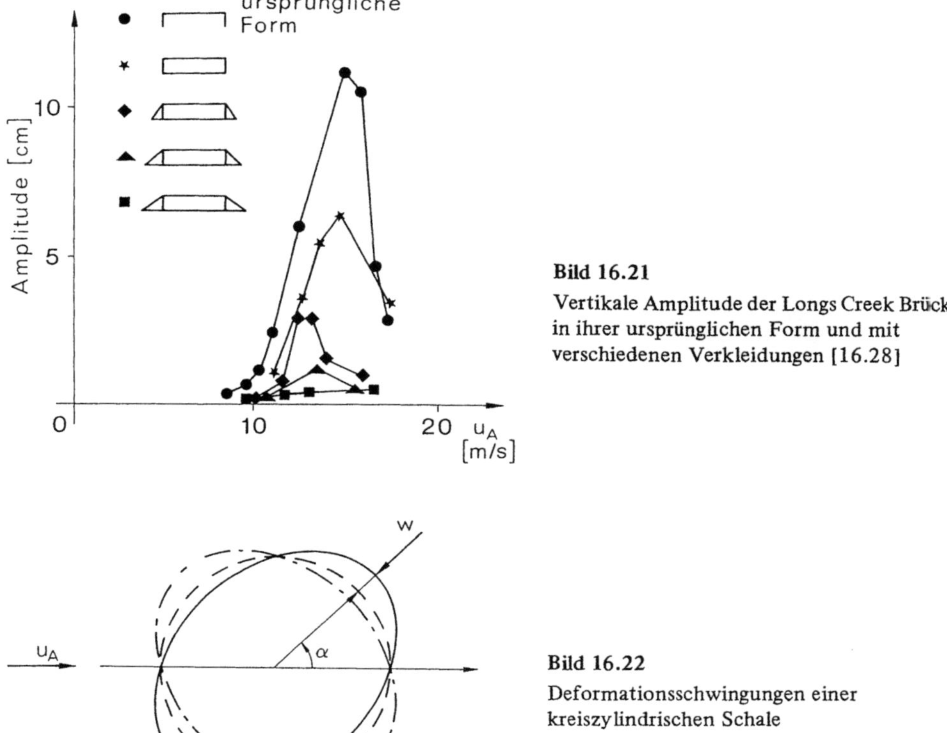

Bild 16.21
Vertikale Amplitude der Longs Creek Brücke
in ihrer ursprünglichen Form und mit
verschiedenen Verkleidungen [16.28]

Bild 16.22
Deformationsschwingungen einer
kreiszylindrischen Schale

tion, die sich natürlich in axialer Richtung ändert, in folgender Weise angesetzt werden
(Bild 16.22) [16.42].

$$w = f(z) \cos K\alpha \sin 2\pi n_0 t, \quad K \geqslant 2.$$

Für jeden Wert K ergeben sich, wenn für f(z) wieder geeignete Eigenformen angesetzt werden, die Eigenfrequenzen n_0, wobei für die genaue Rechnung auf [16.42] verwiesen wird. Modellversuche, die eine gute Übereinstimmung zwischen gerechneten und gemessenen Frequenzen ergaben, zeigen, daß die Schwingungen meist in der ersten Eigenform auftreten [16.43]. Bild 16.23 zeigt die beim Versuch aufgenommenen Schwingungen in der in Bild 16.22 skizzierten Form (K = 2). Für den einfachsten Fall einer unendlich langen, zylindrischen Schale ohne Aussteifungen erhält man die erste Eigenfrequenz [16.42].

$$n_{01} = 0{,}493 \sqrt{\frac{E}{\rho_K(1-\mu_q^2)}} \; \frac{e}{d^2}.$$

Darin bedeuten e die Wanddicke, d den Durchmesser, ρ_K die Dichte, E den Elastizitätsmodul und μ_q die Querdehnungszahl der Schale. Für die Berechnung höherer Eigenfrequenzen und die Berücksichtigung von Aussteifungen wird auf die Literatur verwiesen [16.42].

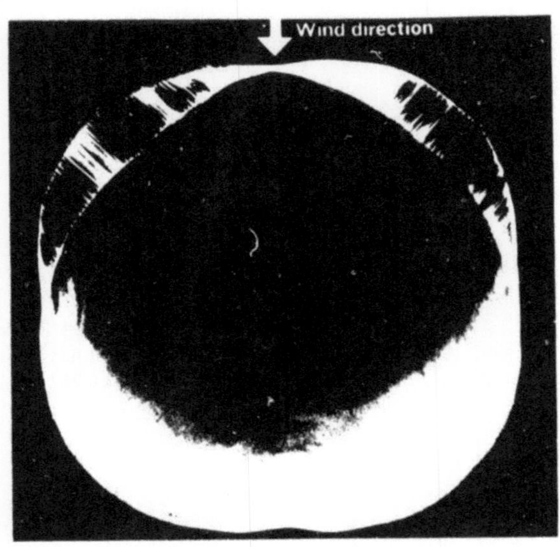

Bild 16.23
Deformationsschwingungen einer
kreiszylindrischen Schale im
Experiment [16.43]

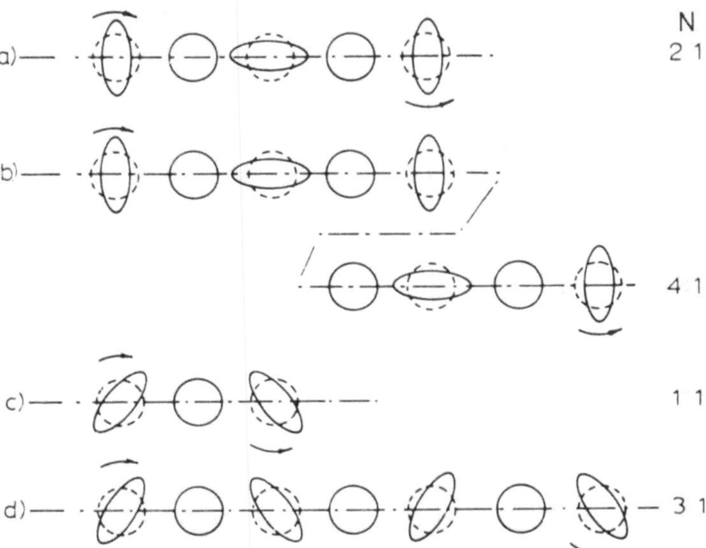

Bild 16.24 Verhältnis von Eigenfrequenz einer Schale und der
Wirbelablösefrequenz [16.43]

Die Ablösefrequenz der Wirbel n_w muß dabei aber nicht gleich der Eigenfrequenz n_0 sein, sondern sie kann mit ihr in einem ganzzahligen Verhältnis N stehen.

$$\frac{n_0}{n_w} = N \quad (N = 1, 2, 3 \ldots). \tag{16.14}$$

Die Verhältnisse zwischen Schwingungszustand und Wirbelablösung für N = 1, 2, 3, 4 zeigt Bild 16.24. Setzt man statt der Wirbelablösefrequenz n_w die Strouhal-Zahl S ein

(Gl. (4.26)), so erhält man die kritischen Windgeschwindigkeiten u_{AK} bei denen Querschnittsdeformationsschwingungen auftreten

(16.14)
(4.26)
$$u_{AK} = \frac{n_0 \cdot d}{S \cdot N} \quad (N = 1, 2, 3 \ldots).$$
(16.15)

Windkanalexperimente mit zylindrischen Schalen (2 h/d = 8...30) zeigten Schwingungen für K = 2, 3, 4 und für N bis 6. Niedrigere Schalen (2 h/d = 2) wurden erst bei K = 6...8 erregt und die N-Werte lagen im Bereich von 7...14. Diese letzten Ergebnisse scheinen aber wegen des starken Endeffektes nicht ganz sicher [16.43]. Beobachtungen von Schornsteinschwingungen in der Natur lassen höchstens Werte von N = 1...2 vermuten [16.43]. Die Experimente berechtigen zu der Annahme, daß die dimensionslose Dämpfung C_b^* (Gl. (15.19)), die bei Biegeschwingungen einen bedeutenden Einfluß hat, hier nur eine untergeordnete Rolle spielt [16.43].

16.6 Rechenbeispiel

Ein Stahlbetonschornstein ($\rho_K = 2300 \text{ kg/m}^3$, $E = 3 \cdot 10^7 \text{ kN/m}^2$) mit den Abmessungen von Bild 16.25 und konstanter Wanddicke e = 0,25 m soll bezüglich winderregter Schwingungen untersucht werden. Das maximale Stundenmittel mit einer Wiederholungszeit von

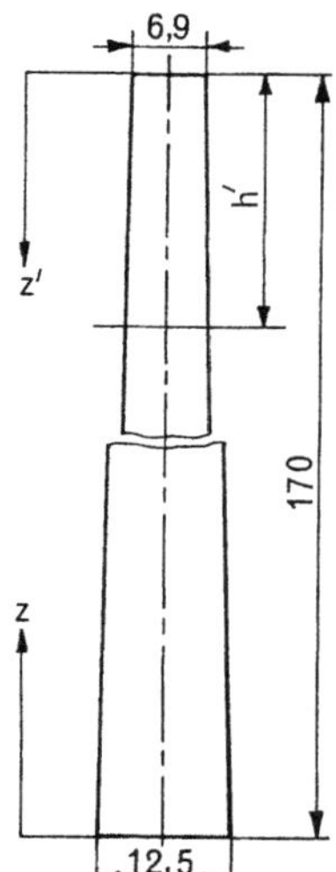

Bild 16.25
Konischer Stahlbetonschornstein

50 a in 10 m Höhe beträgt 25 m/s. Der Schornstein wird am Rand einer besiedelten Zone errichtet, also ist mit Gelände 1 zu rechnen (Abschnitt 6.3). Für die erste Eigenform $f_1(z)$ der Schwingung wird eine Potenzreihe gewählt, die die Bedingungen der Einspannung ($z = 0 : f_1 = f_1' = 0$) und des freien Endes ($z = h : f_1'' = f_1''' = 0$) erfüllt.

$$f_1(z) = h \frac{z^2}{h^2} \left(6 - 4 \frac{z}{h} + \frac{z^2}{h^2} \right); \quad f_1''(z) = \frac{12}{h} \left(1 - 2 \frac{z}{h} + \frac{z^2}{h^2} \right)$$

Der mittlere Wanddurchmesser $d_m = d_a - s$ genügt der Beziehung:

$$\frac{d_m}{h} = \frac{d_{m0}}{h} - c \frac{z}{h} = 0{,}07206 - 0{,}0329 \frac{z}{h}.$$

Das Flächenträgheitsmoment I_a und die Masse pro Längeneinheit m' sind

$$I_a = e \, \frac{d_m^3}{8} \, \pi \,; \quad m' = d_m \, \pi \, e \rho_K \,.$$

Damit können generalisierte Masse und Steifigkeit ermittelt werden.

$$(15.24) \quad m_1 = \frac{\displaystyle\int_0^h m'(z) f_1^2(z)\,dz}{\displaystyle\int_0^h f_1^2(z)\,dz} \,; \quad K_{b1} = \frac{\displaystyle\int_0^h EI_a[f_1''(z)]^2\,dz}{\displaystyle\int_0^z f_1^2(z)\,dz} \,.$$

Es sind folgende Integrale zu berechnen.

$$I_1 = \int_0^h m'(z) f_1^2(z)\,dz = \pi e \rho_K h^4 \int_0^1 \left(\frac{d_{m0}}{h} - c\frac{z}{h}\right)\left(6\,\frac{z^2}{h^2} - 4\,\frac{z^3}{h^3} + \frac{z^4}{h^4}\right)^2 d\!\left(\frac{z}{h}\right)$$

$$= \pi e \rho_K h^4 \left(2{,}311\,\frac{d_{m0}}{h} - 1{,}854\,c\right) = 0{,}1055\,\pi e \rho_K h^4,$$

$$I_2 = \int_0^h EI_a[f_1''(z)]^2\,dz = \frac{1}{8} Ee\pi h^2 \int_0^1 \left(\frac{d_{m0}}{h} - c\,\frac{z}{h}\right)^3 \left(12 - 24\,\frac{z}{h} + 12\,\frac{z^2}{h^2}\right)^2 d\!\left(\frac{z}{h}\right)$$

$$= \frac{1}{8} Ee\pi h^2 \left[28{,}8\left(\frac{d_{m0}}{h}\right)^3 - 14{,}4\left(\frac{d_{m0}}{h}\right)^2 \cdot c + 4{,}114\,\frac{d_{m0}}{h} \cdot\right.$$

$$\left. \cdot\,c^2 - 0{,}514\,c^3\right]$$

$$= 0{,}001077\,Ee\pi h^2,$$

$$I_3 = \int_0^h f_1^2(z)\,dz = h^3 \int_0^1 \left(6\,\frac{z^2}{h^2} - 4\,\frac{z^3}{h^3} + \frac{z^4}{h^4}\right)^2 d\!\left(\frac{z}{h}\right)$$

$$= 2{,}311\,h^3.$$

Damit wird:

$$m_1 = \frac{I_1}{I_3} = 0{,}04565\,\pi\rho_K eh = 14019\ \text{kg/m},$$

$$K_{b1} = \frac{I_2}{I_3} = 0{,}0004660\,\frac{Ee\pi}{h} = 64587\ \text{N/m}^2,$$

$$(15.12) \quad n_b = \frac{1}{2\pi}\sqrt{\frac{K_{b1}}{m_1}} = 0{,}342\ \text{s}^{-1}.$$

Zur näherungsweisen Ermittlung der ersten Eigenfrequenz kann aber auch die in DIN 1056 enthaltene Formel für Schornsteine in Massivbauart herangezogen werden.

$$\frac{1}{n_b} = \frac{0,05}{1 + 2\left(1 - \frac{d_o}{d_u}\right)^2} \sqrt{\frac{\rho_K g}{E}} \sqrt{\frac{G}{G_1}} \frac{h^2}{d_{mi}}$$

d_o und d_u sind obere bzw. untere Außendurchmesser, G_1 ist die Eigenlast des Schaftes und G die Eigenlast von Schaft, Futter und Einbauten. Zu beachten ist, daß E in KN/m^2 und ρ_K in kg/m^3 einzusetzen sind.

Im vorliegenden Fall wird näherungsweise $G_1 = G$ angenommen und der maßgebliche mittlere Durchmesser $d_{mi} = \frac{d_o + d_u}{2}$ gesetzt.

$$\frac{1}{n_b} = \frac{0,05}{1 + 2\left(1 - \frac{6,9}{12,5}\right)^2} \sqrt{\frac{2,3 \cdot 9,81}{3 \cdot 10^4} \frac{170^2}{\frac{12,5 + 6,9}{2}}} \, s = 2,92 \, s \Rightarrow n_b = 0,343 \, s^{-1}$$

Die Übereinstimmung mit der genauen Rechnung ist also ausgezeichnet.

Als nächstes wird die kritische Windgeschwindigkeit, bei der Wirbelerregung zu erwarten ist, ermittelt. Für den Durchmesser wird dabei der der Mündung eingesetzt, da er die kleinste kritische Geschwindigkeit liefert und vor allem dort die Anregung gefährlich ist.

$$(16.1) \qquad u_{AK} = \frac{n_b \cdot d}{S} = \frac{0,342 \cdot 6,9}{0,23} \, m/s = 10,26 \, m/s$$

$$(S = 0,23: \text{Abschnitt } 16.1).$$

Dieser Wert wird sicher überschritten, da das Stundenmittel in 10 m Höhe bereits 25 m/s beträgt. Dennoch soll abgeschätzt werden, welches Zeitmittel der Geschwindigkeit als Vergleichswert zu nehmen ist, da dies vielleicht für andere Fälle von Bedeutung ist. Das für die Berechnung notwendige logarithmische Dämpfungsdekrement δ_{bK} wird nach Tabelle 9.1 mit 0,06 gewählt. Das maßgebliche Mittelungsintervall t_m erhält man aus Abschnitt 16.4.1:

$$(16.12) \qquad t_m = \frac{1}{\delta_{bK} \cdot n_b} = \frac{1}{0,06 \cdot 0,342} \, s = 48,7 \, s.$$

Aus Sicherheitsgründen wäre wohl das Einminutenmittel zu nehmen. Im vorliegenden Fall erübrigt sich eine weitere Rechnung, da, wie bereits erwähnt, das Stundenmittel in 10 m Höhe bereits über dem kritischen Wert der Geschwindigkeit liegt. Trotz dieser Tatsache könnte noch der Schornstein stabil sein, wenn eines der Kriterien (16.4) erfüllt wäre. Dies ist daher noch zu untersuchen. Als Außendurchmesser wird dabei der in halber Höhe ($d_a = 9,7$ m) eingesetzt.

$$\frac{h}{d_a} = \frac{170}{9,7} = 17,5 > 8,$$

$$C_b^* = \frac{2m_1 \delta_{bK}}{\rho d_a^2} = \frac{2 \cdot 14019 \cdot 0,06}{1,25 \cdot 9,7^2} = 14,3 < 25.$$

Beide Bedingungen sind nicht erfüllt, daher sind Maßnahmen nach Abschnitt 16.4 zu treffen, um die Schwingungen zu verhindern.

Eine grobe Abschätzung der Belastung kann nach Abschnitt 16.3.1 gemacht werden. Da es sich um eine konische Konstruktion handelt, kann die Anregung auf einer Länge angesetzt werden, längs der sich die Durchmesser um $\pm 5\%$ von einem mittleren Außendurchmesser d_{am} in diesem Bereich unterscheiden. Es wird wieder die Anregung im Mündungsbereich untersucht. Für den mittleren Außendurchmesser d_{am} und für den Außendurchmesser d_{au} am unteren Ende des Bereiches erhält man

$$d_{am} = \frac{6,9}{0,95}\ m = 7,26\ m; \quad d_{au} = d_{am} \cdot 1,05 = 7,62\ m.$$

Bezeichnet man mit z' den Abstand von der Mündung, so erhält man für die Außendurchmesser in diesem Bereich die lineare Beziehung:

$$d_a = 6,9 + 0,03294\ z',$$

die leicht überprüft werden kann, da sich für $z' = 170\ m$ der Wert $d_a = 12,5\ m$ ergeben muß (Bild 16.25). Für $d_a = 7,62\ m$ erhält man $z' = h' = 21,9\ m$. Für den mittleren Außendurchmesser $d_{am} = 7,26\ m$ ist die kritische Geschwindigkeit

$$(16.1) \qquad u_{AK} = \frac{n_b \cdot d}{S} = \frac{0,342 \cdot 7,26}{0,23}\ m/s = 10,8\ m/s.$$

Für die statische Ersatzlast pro Längeneinheit wird der Querkraftbeiwert $c_Q = 0,20$ nach Bild 16.11 gewählt, dem Vorschlag der DIN 1055 Teil 4 entsprechend ($Re \doteq 5 \cdot 10^6$).

$$(16.5) \qquad F_{st} = \frac{\pi}{\delta_{bK}}\, c_Q \rho\ \frac{u_A^2}{2}\, d_a = \frac{\pi}{0,06}\, 0,20 \cdot 1,25 \frac{(10,8)^2}{2}\, d_a = 763\ d_a\ N/m.$$

Da sich der Durchmesser d_a mit der Höhe ändert, ist auch die Belastung höhenabhängig. Zu der Querbelastung kommt noch die statische Last in Windrichtung hinzu, die allerdings klein gegenüber der ersten ist. Dies soll nun gezeigt werden. Nach DIN 1055 Teil 4 erhält man für den Schornstein $c_f = 0,62$ ($c_{f0} = 0,85$ nach Bild 12.17, $\lambda = 0,735$ nach den Bildern 12.18 und 12.19). Damit ergibt sich für die Belastung pro Längeneinheit

$$F_W = c_W \rho\ \frac{u_A^2}{2}\, d_a = 0,62 \cdot 1,25\ \frac{(10,8)^2}{2}\, d_a = 45,2\ d_a\ N/m.$$

Die vektorielle Zusammensetzung dieser Last mit der Querbelastung bringt nahezu keine Änderung gegenüber der Querbelastung.

Diese dynamische Belastung wird nun noch mit der maximalen statischen Last auf dem betroffenen Teil der Länge h' verglichen, die bei einem Wind mit einer mittleren Wiederholungszeit von 50 a auftritt. Eigentlich sollte zum Vergleich die dynamische Belastung unter Berücksichtigung der Böenwirkung herangezogen werden, was aber erst mit den Angaben in Abschnitt 19.2 möglich ist.

Für die maßgebliche Mittelungszeit (Bild 6.18) ist das Stundenmittel in der Höhe $z =$ $= (170 - 21,9/2)\ m = 159,1\ m$ zu ermitteln. Mit $\alpha_{3600} = 0,145$ (Bild 6.6), $z_0 = 4 \cdot 10^{-2}\ m$ und $d_0 = 0$ ergibt sich:

$$(6.5) \quad \frac{u_{3600}(159,1)}{u_{3600}(10)} = \left(\frac{159,1}{10}\right)^{0,145} \Rightarrow u_{3600}(159,1) = 37,3 \text{ m/s,}$$

$$\text{Bild 6.18:} \quad t_m = \frac{4,4 \cdot l}{u_{3600}} = \frac{4,4 \cdot 21,9}{37,3} \text{ s} = 2,6 \text{ s} \sim 3 \text{ s.}$$

Für die Umrechnung von Stunden auf Dreisekundenmittel der Geschwindigkeit in 10 m Höhe erhält man aus Bild 6.9 den Faktor 1,42 ($z_0 = 4 \cdot 10^{-2}$ m)

$$u_3(10) = 1,42 \cdot u_{3600}(10) = 1,42 \cdot 25 = 35,5 \text{ m/s.}$$

Der Exponent des Geschwindigkeitsprofiles für das Dreisekundenmittel ist Bild 6.6 zu entnehmen: $\alpha_3 = 0,084$:

$$(6.5) \quad \frac{u_3(159,1)}{u_3(10)} = \left(\frac{159,1}{10}\right)^{0,084} \Rightarrow u_3(159,1) = 44,8 \text{ m/s.}$$

Damit kann die statische Windlast F pro Längeneinheit für einen extremen Wind berechnet werden.

$$F = c_W \rho \frac{u_A^2}{2} d_a = 0,62 \cdot 1,25 \frac{(44,8)^2}{2} d_a = 778 \, d_a \text{ N/m.}$$

Diese Belastung ist der durch Wirbelerregung praktisch gleich. Daher werden auf jeden Fall Maßnahmen zur Vermeidung der Schwingungen nach Abschnitt 16.4 empfohlen, da es sich um eine Dauerwechselbeanspruchung handelt.

Literatur

[16.1] *Scruton, C.:* Wind effects on structures, James Clayton Lecture, Proc. Inst. of Mech. Eng. 185/23, S. 301–317 (1971)

[16.2] *Wootton, L. R., Scruton, C.:* Aerodynamic stability, Reprints to CIRIA Sem. on the Modern Design of Wind Sensitive Structures, London 1970, Paper 5, S. 65–81

[16.3] *Achenbach, E.:* The effect of surface roughness and tunnel blockage on the flow past spheres, J. Fluid Mech. 65/1, S. 113–125 (1974)

[16.4] *Whitbread, R. E.:* Practical solutions to some windinduced vibration problems, Nat. Phys. Lab. NPL Rep. Sci. R 124 (1975)

[16.5] *Huthloff, E.:* Windkanaluntersuchungen zur Bestimmung der periodischen Kräfte bei der Umströmung schlanker scharfkantiger Körper, Der Stahlbau 44/4, S. 97–103 (1975)

[16.6] *Žuranski, J.:* Windbelastung von Bauwerken und Konstruktionen, Verlagsges. R. Müller, 1969

[16.7] *Parkinson, G. V.:* Wind-induced instability of structures, Phil. Trans. Roy. Soc. Lond. A169, S. 395–409 (1971)

[16.8] *Klöppel, K., Thiele, F.:* Modellversuche im Windkanal zur Bemessung von Brücken gegen die Gefahr winderregter Schwingungen, Der Stahlbau 36/12, S. 353–365 (1967)

[16.9] *Sachs, P.:* Wind Forces in Engineering, Pergamon Press 1972, S. 141

[16.10] *Parkinson, G. V., Feng, C. C., Ferguson, N.:* Mechanisms of vortex-excited oscillation of bluff cylinders, Proc. Symp. on Wind Effects on Buildings and Structures, Loughborough 1968, Paper 27

[16.11] *Scruton, C.:* Wind effects on structures, Proc. of the Institution of Mech. Eng. 185, 23/71, S. 301–317 (1971)

[16.12] *Scruton, C.:* On the wind-excited oscillations of stacks, towers and masts, Proc. Symp. Wind Effects on Buildings and Structures, Teddington 1963, S. 798–832

[16.13] *Novak, M., Tanaka, H.:* Pressure correlations on a vibrating cylinder, Proc. of the Fourth Int. Conf. on Wind Effects on Buildings and Structures, Heathrow 1975, S. 227–232

[16.14] *Scruton, C., Rogers, E. W. E.:* Wind Effects on Buildings and Structures, Phil. Trans. Roy. Soc. Lond. A 269, S. 353–383 (1971)

[16.15] *Mair, W. A., Maull, D. J.:* Bluff bodies and vortex shedding – a report on EUROMECH 57, J. Fluid Mech. 45/2, S. 209–224 (1971)

[16.16] *Tunstall, M. J.:* The cross-wind vibration of chimneys Preprints Int. Symp. Vibration Problems in Industry, Keswick 1973, Paper No. 123

[16.17] *Lyons, R. A., Wootton, L. R.:* Wind-induced oscillations of steel chimney stacks, Chimney Design Symp. Edinburgh 1973, publ. von Atkins Res. & Dev., Surrey

[16.18] *Vandeghen, A., Alexandre, M.:* Vibration des grandes cheminées en acier sous l'action du vent, Ass. Int. des ponts et charpentes, Memoires vol. 29/1, S. 95–132 (1969)

[16.19] *Ruscheweyh, H.:* Beitrag zur Windbelastung hoher kreiszylindrischer schlanker Bauwerke im natürlichen Wind bei Reynolds-Zahlen bis Re = 1,4 · 10^7, Diss. TH Aachen 1974

[16.20] *Novak, M.:* On problems of wind-induced lateral vibrations of cylindrical structures, Proc. Res. Sem. Wind Effects on Buildings and Structures, Ottawa 1967, S. 429–457

[16.21] *Hartlen, R. T., Currie, I. G.:* Lift-oscillator model of vortex-induced vibration, Proc. A.S.C.E. E.M. 5, S. 577–591 (1970)

[16.22] *Birkhoff, G., Zarantonello, E. H.:* Jets, Wakes and Cavities, Appl. Mathem. and Mech., Vol. 2, S. 291–292, Academic Press 1957

[16.23] *Oey, H. L., Currie, I. G., Leutheusser, H. J.:* On the double-amplitude response of circular cylinders excited by vortex shedding, Proc. of the Fourth Int. Conf. on Wind Effects on Buildings and Structures, Heathrow 1975, S. 233–240

[16.24] *Skop, R. A., Griffin, O. M.:* A model for the vortex-excited resonant response of bluff cylinders, Journ. Sound Vibr., Vol. 27(2), S. 225–233 (1973)

[16.25] *Landl, R.:* Ein Modell für strömungserregte Schwingungen, DLR-Forschungsber. 74–42 (1974)

[16.26] *Pacht, H.:* Schwingungsuntersuchungen an stählernen Turmbauwerken wie Maste und Schornsteine aus der Sicht der Praxis, VDI Bericht Nr. 221, S. 127–133 (1974)

[16.27] *Ruscheweyh, H., Hirsch, G.:* Full scale measurements of the dynamic response of tower shaped structures, Proc. of the Fourth Int. Conf. on Wind Effects on Buildings and Structures, Heathrow 1975, S. 133–142

[16.28] *Wardlaw, R. L., Ponder, C. A.:* Wind tunnel investigations of the aerodynamic stability of bridges, Nat. Res. Council of Canada, Lab. Techn. Rep. LTR-LA-47 (1970)

[16.29] *Scruton, C., Walshe, D. E. J.:* A means for avoiding wind excited oscillations of structures with circular or nearly circular cross section, NPL/Aero/335 (1957)

[16.30] *Woodgate, L., Maybrey, J. F. M.:* Further experiments on the use of helical strakes for avoiding wind excited oscillations of structures with circular or near circular cross-section, NPL/Aero/381 (1959)

[16.31] *Scruton, C., Flint, A. R.:* Wind excited oscillations of structures, Proc. Inst. Civ. Engrs. 27, S. 673–702 (1964)

[16.32] *Kluwick, A., Sockel, H.:* Schwingung kreiszylindrischer Bauwerke im Wind, Der Bauingenieur 49, S. 58–62 (1974)

[16.33] *Nakagawa, K.:* An experimental study of aerodynamic devices for reducing wind-induced oscillatory tendencies of stacks, Proc. of a Symp. on Wind Effects on Buildings and Structures, Teddington 1963, S. 773–795

[16.34] *Price, P.:* Suppression of fluid-induced vibration of circular cylinders, J. of the Eng. Mech. Div. Proc. ASCE Vol. 82, No. EM3 Paper 1030, S. 1–22 (1956)

[16.35] *Walshe, D. E., Bearman, P. W.:* The aerodynamic investigation for the proposed 850-ft high chimney stack for Drax Power Station, NPL Aero Rep. 1227 (1967)

[16.36] *Walshe, D. E.:* The use of perforated shrouds for suppressing vortex excitation of cylinders of square section, NPL Mar Sci TECH MEMO 2–71 (1971)

[16.37] *Walshe, D. E., Cowdrey, C. F.:* A brief study of the effect of shrouds on buffet amplitudes of chimney stacks, NPL Mar Sci Tech Memo 2–72 (1972)

[16.38] *Zdravkovich, M. M.:* Circular cylinder enclosed in various shrouds, ASME Vibration Conf., Toronto 1971

[16.39] *Zdravkovich, M. M.:* Flow-induced vibrations of two cylinders in tandem and their suppression, in: Naudascher (ed.), Flow-induced structural vibrations, S. 630–639, Springer 1974

[16.40] *Scruton, C.:* James Clayton Lecture "Wind effects on structures", Proc. Inst. Mech. Engrs., vol. 185, part 1, S. 301–317 (1971)

[16.41] *Scruton, C.:* An experimental investigation of the aerodynamic stability of suspension bridges with special reference to the proposed Severn Bridge, Proc. Inst. of Civil Engrs., vol. 1/1, S. 189–222 (1952)

[16.42] *Johns, D. J., Allwood, R. J.:* Wind induced ovalling oscillations of circular cylindrical shell structures such as chimneys, Proc. of a Symp. on Wind Effects on Buildings and Structures, Loughborough 1968, Pap. 28, 17 S.

[16.43] *Johns, D. J., Sharma, C. B.:* On the mechanism of windinduced ovalling vibrations of thin circular cylindrical shells, in: Naudascher (ed.), Flow induced structural vibrations, IUTAM-JAHR Symp., Karlsruhe 1972, S. 650–662

[16.44] *Hirsch, G., Ruscheweyh, H., Zutt, H.:* Schadensfall an einem 140 m hohen Stahlkamin infolge winderregter Schwingungen quer zur Windrichtung, Stahlbau 44/2, S. 33–41 (1975)

[16.45] *Alexandre, M.:* Etude éxperimentale de l'action des tourbillons sur des cylindres munis d'aillette soudées longitudinalement, Centre de Rech. Scient. et Techn. de l'Industrie des Fabrications Metall, MT 69 (1971)

[16.46] *Canadian Structural Design Manual 1970, Supplement No 4 to the Nat.* Building Code of Canada, Ass. Committee on the Nat. Building Code, Nat. Res. Council of Canada, Ottawa

[16.47] *Amyot, J. R., Cooper, K. R., Wardlaw, R. L., Van Blokland, G. P.:* Computer studies of a vibration damper for wind induced motion of a tall building, Nat. Res. Council Canada, Div. of Mech. Eng. LTR-AN-8 (1977)

[16.48] *Wardlaw, R. L., Cooper, K. R.:* Dynamic vibration absorbers for suppressing wind-induced motion of structures, Proc. of the 3rd Colloquium on Industrial Aerodynamics, Buildings Aerodynamics, Aachen 1978, Part 2, S. 205–220

[16.49] *Cooper, K. R.:* A wind tunnel study of the aeroelastic response of a truss supported elevator shaft, Nat. Res. Council Canada, Nat. Aero. Est. LTR-LA-190 (1975)

[16.50] *Hirsch, G., Wahle, M.:* Dynamischer Breitband-Schwingungsdämpfer für schwach gedämpfte elastische Strukturen unter Berücksichtigung einer der Massenverteilung nicht proportionalen Zusatzdämpfung, 3rd Colloquium on Industrial Aerodynamics, Buildings Aerodynamics, Aachen 1978

[16.51] *Den Hartog, I. P.:* Mechanische Schwingungen, Springer 1952

[16.52] *Berger, E.:* On some progress in fluid-oscillator-theory, Vortrag 3rd Coll. on Ind. Aerodynamics, Aachen 1978

[16.53] *Magnus, K.:* Schwingungen, Teubner Studienbücher, 3. Aufl. 1976

[16.54] *Blevins, R. D.:* Flow-induced vibration, Van Nostrand Reinhold Comp. 1977

[16.55] *Zdravkovich, M. M.:* Review and assessment of effectiveness of various aero- and hydrodynamic means for suppressing vortex shedding, Proc. of the 4th Coll. on Industrial Aerodynamics, Aachen 1980, Buildings Aerodynamics, Part 2, S. 29–46

[16.56] *Grant, I., Barnes, F. H.:* The vortex shedding and drag associated with structural angles, Proc. of the 4th Coll. on Industrial Aerodynamics, Aachen 1980, Buildings Aerodynamics, Part 2, S. 47–57

[16.57] *Ruscheweyh, H.:* Straked in-line steel stacks with low mass damping parameter, Proc. of the 4th Coll. on Industrial Aerodynamics, Aachen 1980, Buildings Aerodynamics, Part 2, S. 195–204

[16.58] *Hirsch, G.:* Control of wind-induced vibrations of civil engineering structures, Proc. of the 4th Coll. on Industrial Aerodynamics, Aachen 1980, Buildings Aerodynamics, Part 2, S. 237–256

[16.59] *Modi, V. J., Sun, J. L. C., Shupe, L. S., Solyomvari, A. S.:* Nutation damping of wind induced instabilities, Proc. of the 4th Coll. on Industrial Aerodynamics, Aachen 1980, Buildings Aerodynamics, Part 2, S. 271–282

[16.60] *Howell, J. F., Novak, M.:* Vortex shedding from circular cylinders in turbulent flow, Proc. 5th Int. Conf. on Wind Eng., Fort Collins 1979, Vol. 1, S. 619–630

[16.61] *Vickery, B. J.:* Across-wind buffeting in a group of four-in-line model chimneys, Proc. of the 4th Coll. on Ind. Aerodynamics, Aachen 1980, Buildings Aerodynamics, Part 2, S. 169–182

[16.62] *Ruscheweyh, H.:* Schwingungen von Bauwerken im Wind, Informationsseminar ,,Regeln zur Erfassung der Windeinwirkungen auf Bauwerke" des VDI Bildungswerkes, Düsseldorf-Ratingen 1980, 32 S.

[16.63] *Hunt, J. B.:* Dynamic vibration absorbers, Mech. Eng. Publ. Ltd., London 1979, 117 S.

[16.64] *Hirsch, G.:* Kontrolle der wind- und erdbebenerregten Schwingungen weitgespannter Schrägseilbrücken, VDI-Berichte Nr. 419, S. 101−109 (1981)

[16.65] *Modi, V. J., Slater, J. E.:* Unsteady aerodynamics and vortex induced aeroelastic instability of a structural angle section, Proc. 5th Coll. on Industrial Aerodynamics, Aachen 1982, Building Aerodynamics, Part 2, S. 49−62

17 Biegungsschwingungen durch aerodynamische Instabilität (galloping)

17.1 Der Erregungsmechanismus

Wie bei den wirbelerregten Schwingungen handelt es sich auch hier um Biegeschwingungen quer zur Anströmung. Ein Beobachter eines schwingenden Prismas, das bezüglich beider Arten von Schwingungen instabil sein kann, wäre ohne rechnerische Überlegung nicht in der Lage zu sagen, welche der beiden Ursachen zutrifft. Ein wesentlicher Unterschied liegt allerdings in der Größe der Amplituden. Während bei wirbelerregten Schwingungen die Amplitude stets kleiner als die Querdimension des Körpers ist, kann sie bei einer aerodynamischen Instabilität ein Vielfaches betragen. Solche Beobachtungen wurden beispielsweise bei vereisten Freileitungen gemacht, und von dorther rührt auch die englische Bezeichnung galloping [17.1]. Bei Freileitungen handelt es sich häufig um Biegeschwingungen in zwei Richtungen, wobei ein gleichzeitiges Auftreten von Torsionsschwingungen möglich ist [17.14].

Die aerodynamische Instabilität rührt daher, daß eine Querbewegung des Körpers in y-Richtung eine aerodynamische Kraft in der Bewegungsrichtung hervorruft und so die Bewegung anfacht. Diese Art der Erregung tritt bei Prismen, also bei kantigen Körpern auf und wird anhand des quadratischen Prismas als Beispiel erläutert. Dabei bedienen wir uns einer quasistationären Betrachtungsweise, das bedeutet, daß wir die Strömung in jedem Augenblick als stationäre Relativströmung zum Körper ansehen, was zulässig ist [17.2], wie die Übereinstimmung mit Experimenten zeigt. In Bild 17.1 ist die Druckver-

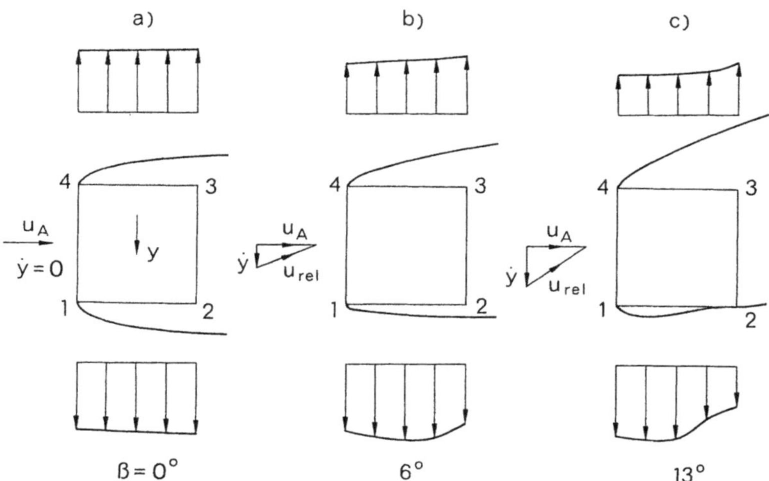

Bild 17.1 Druckverteilungen bei einem quadratischen Querschnitt bei Querschwingungen [17.1]

teilung auf den Seitenflächen des Quadratquerschnittes für verschiedene Anströmge-schwindigkeiten u_{rel} wiedergegeben. Die Relativgeschwindigkeiten resultieren aus der konstanten Windgeschwindigkeit u_A und der Bewegungsgeschwindigkeit des Körpers $\dot{y} = dy/dt$. Durch die Änderungen des relativen Anströmwinkels ändern sich nicht nur die Ablösungsgebiete sondern auch die Druckverteilungen sehr stark. Der Unterdruck auf der, in Windrichtung gesehen, rechts liegenden Seite wächst, während der auf der links liegenden Seite abnimmt. Dadurch entsteht eine resultierende Kraftkomponente in y-Richtung, also in Bewegungsrichtung. Die Luftkraft pro Längeneinheit F_y in y-Richtung wird wieder durch einen Beiwert c_y ausgedrückt (Abschnitt 5.2.1), wobei als Bezugsgrößen die Windgeschwindigkeit u_A und die charakteristische Querdimension b des Körpers dienen.

$$F_y = c_y \cdot b \cdot \rho \; \frac{u_A^2}{2}. \tag{17.1}$$

Der Beiwert c_y wird als Funktion des Anströmwinkels β aus Windkanalexperimenten (also stationär) ermittelt. Bild 17.2 zeigt den Verlauf für den Quadratquerschnitt [17.1]. Manchmal liegen aber nicht die c_y-Werte vor, sondern Widerstands- und Querkraftbeiwerte. Diese Größen sind aber definitionsgemäß stets auf die relative Anströmgeschwindigkeit bezogen (Bild 17.3)

$$(5.2) \qquad F_W = c_W \cdot b\rho \; \frac{u_{rel}^2}{2}; \quad F_Q = c_Q b\rho \; \frac{u_{rel}^2}{2} \quad (\text{Länge} \equiv 1).$$

Die Querkraft wird dabei in der Regel als positiv angesehen, wenn sie bei positivem Winkel β in die gestrichelt gezeichnete Richtung weist. Dies erklärt sich aus den Verhältnissen an der Platte, die in Abschnitt 5.2.2 besprochen wurde. Im vorliegenden Fall wird daher F_Q negativ. Aus Bild 17.3 liest man ab

$$F_y = - F_Q \cos \beta - F_W \sin \beta.$$

Geht man mit Hilfe der obigen Beziehung von Gl. (17.1) auf die Beiwerte über, unter Beachtung von $u_A = u_{rel} \cdot \cos \beta$, so erhält man

$$c_y = - (c_Q \cos \beta + c_W \sin \beta) \; \frac{1}{\cos^2 \beta}. \tag{17.2}$$

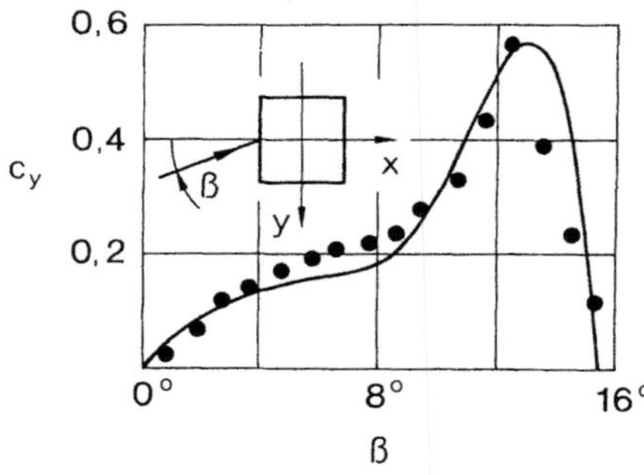

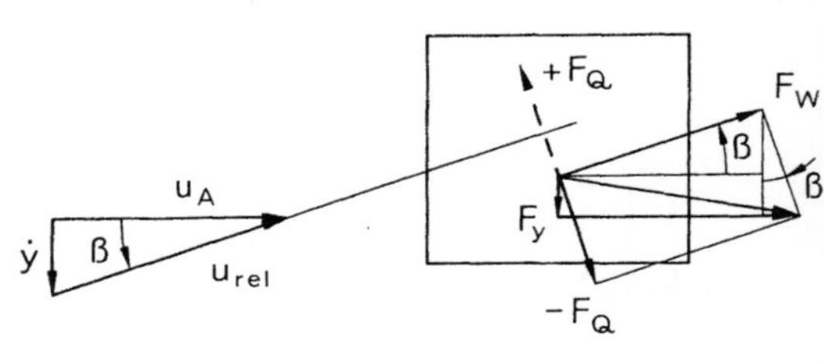

Bild 17.2 Kraftbeiwert c_y für einen quadratischen Querschnitt als Funktion des Anströmwinkels β [17.1]

Bild 17.3 Kraftkomponenten bei Schräganströmung

Die Ableitung von c_y an der Stelle $\beta = 0$ ist

$$\left(\frac{dc_y}{d\beta}\right)_{\beta=0} = -\left[\left(\frac{dc_Q}{d\beta}\right)_{\beta=0} + (c_W)_{\beta=0}\right]. \tag{17.3}$$

17.2 Die Schwingungsgleichung

Als mechanisches System, auf das diese aerodynamische Erregung wirkt, wird wieder ein lineares System (Gl. (15.8)) gewählt, wobei hier wegen der Bewegung quer zur Anströmung anstelle von x die Variable y steht. Auf der rechten Seite der Gleichung ist die Luftkraft nach Gl. (17.1) einzusetzen.

$$m\ddot{y} + C_b\dot{y} + K_b y = c_y(\beta)b\rho\,\frac{u_A^2}{2}. \tag{17.4}$$

Der Kraftbeiwert c_y hängt dabei nach Abschnitt 17.1 von β ab. Da nach Bild 17.3

$$\tan\beta = \frac{\dot{y}}{u_A} \tag{17.5}$$

gilt, kann man auch schreiben $c_y = c_y(\dot{y}/u_A)$. Daraus sieht man, daß durch diese Art der Erregung ein nichtlineares Problem entsteht.

Auch hier läßt sich wieder analog zu Abschnitt 15.3.2.1 ein System mit mehreren Freiheitsgraden durch Einführung von generalisierten Größen auf Gl. (17.4) mit einem Freiheitsgrad zurückführen. Generalisierte Masse, Steifigkeit und Luftkraft sind dabei nach Gl. (15.24) gegeben, wobei die Luftkraft wohl einer zusätzlichen Erläuterung bedarf. Im Falle eines schwingenden Turmes hängen nämlich b, c_y, u_A und auch der relative Anströmwinkel β von der Höhe z über dem Boden ab. Als Bezugsgröße für die generalisierte Luftkraft sind daher eine Länge $b(z_0)$ und die Geschwindigkeit $u_A(z_0)$ in einer frei wählbaren Höhe z_0 zu nehmen.

$$\begin{matrix}(17.4)\\(15.24)\end{matrix}\qquad F_n(t) = \frac{c_{yn}\rho b(z_0)u_A^2(z_0)}{2} = \frac{\displaystyle\int_0^h c_y(z,\beta)b(z)\rho\,\frac{u_A^2(z)}{2}f_n(z)dz}{\displaystyle\int_0^h f_n^2(z)dz}. \tag{17.6}$$

$f_n(z)$ ist dabei die n-te Eigenform, die man auf $f_n(z_0)$ bezieht. $u_A(z)$ wird ebenfalls auf den entsprechenden Wert im Punkt z_0 bezogen.

$$(15.22)\qquad \begin{aligned} y_n(z,t) &= f_n(z)g_n(t) = f_n^*(z)\cdot f_n(z_0)g_n(t)\\ u_A(z) &= u_A^*(z)\cdot u_A(z_0). \end{aligned} \tag{17.7}$$

c_y hängt außer von z auch von β und damit von $\dot{y}_n(z,t)$ und $u_A(z)$ ab.

$$\begin{matrix}(17.5)\\(17.7)\end{matrix}\qquad \begin{aligned}\tan\beta &= \frac{\dot{y}_n(z,t)}{u_A} = \frac{f_n^*(z)}{u_A^*(z)}\,\frac{f_n(z_0)\dot{g}_n(t)}{u_A(z_0)}\\ &= \frac{f_n^*(z)}{u_A^*(z)}\,\frac{\dot{y}_n(z_0,t)}{u_A(z_0)}.\end{aligned} \tag{17.8}$$

Anstatt des Winkels β als Argument von c_y kann daher auch der letzte Ausdruck verwendet werden. Für den Beiwert c_{yn} für die n-te Eigenfrequenz folgt:

$$(17.6) \quad (17.7) \quad (17.8) \qquad c_{yn}\left(\frac{\dot{y}_n(z_0,t)}{u_A(z_0)}\right) = \frac{\displaystyle\int_0^h c_y\left(\frac{\dot{y}_n(z_0,t)}{u_A(z_0)}\frac{f_n^*(z)}{u_A^*(z)}, z\right)\frac{u_A^2(z)}{u_A^2(z_0)}\frac{b(z)}{b(z_0)}f_n(z)\,dz}{\displaystyle\int_0^h f_n^2(z)\,dz}. \qquad (17.9)$$

Da c_y nur als Meßkurve vorliegt, kann die Auswertung des Integrals nur numerisch erfolgen. Das Ergebnis ist die links stehende Funktion c_{yn}. Damit läßt sich aber der Fall von mehreren Freiheitsgraden auch mit Gl. (17.4) behandeln, die einzelnen Größen sind nur durch die generalisierten Größen bzw. durch die Bezugswerte in der Höhe z_0 (wofür man beispielsweise die Gesamthöhe wählt) zu ersetzen. Es genügt daher, die weiteren Ausführungen, insbesonders die Beschreibung des Lösungsweges auf Gl. (17.4) zu beschränken.

Durch Einführung von dimensionslosen Größen (Gl. 15.19), die durch einen Stern gekennzeichnet sind, erhält man:

$$m^*\ddot{y}^* + C_b^*\dot{y}^* + K_b^*y^* = c_y\left(\frac{\dot{y}^*}{u_A^*}\right)\frac{u_A^{*2}}{2}. \qquad (17.10)$$

Die Punkte bedeuten hier die Ableitung nach der dimensionslosen Zeit $t^* = tn_b$. c_y ist nach den Gln. (17.4) und (17.5) eine Funktion von $\dfrac{\dot{y}}{u_A} = \dfrac{\dot{y}^*}{u_A^*}$. Zur Lösung der nichtlinearen Differentialgleichung (17.10) haben Försching und Manea ein graphisch-numerisches Verfahren angegeben [17.9]. Die nichtlinearen Glieder der Differentialgleichung werden dabei durch eine Treppenfunktion genähert, die Lösung wird in der Phasenebene gewonnen. Hier wird jedoch ein von Novak [17.3] angegebenes Verfahren beschrieben, da es besonders deutlich den Einfluß der Nichtlinearität demonstriert und eine rein rechnerische Methode ist. Die experimentell vorgegebene Kurve $c_y\left(\dfrac{\dot{y}^*}{u_A^*}\right)$ wird dabei durch eine Potenzreihe genähert, was für kleine Werte des Argumentes sicher ausreichend ist.

$$m^*\ddot{y}^* + C_b^*\dot{y}^* + K_b^*y^* = c_y\frac{u_A^{*2}}{2} \qquad (17.11)$$

$$(17.10) \qquad = \frac{u_A^{*2}}{2}\left\{A_1\frac{\dot{y}^*}{u_A^*} + A_2\left(\frac{\dot{y}^*}{u_A^*}\right)^2 \operatorname{sign}\dot{y}^* + A_2\left(\frac{\dot{y}^*}{u_A^*}\right)^3 + \ldots\right\}$$

Der lineare Fall (nur $A_1 \neq 0$) wurde bereits von Den Hartog behandelt [17.4]. Eine Instabilität tritt in diesem Fall auf, wenn die Gesamtdämpfung null wird. Da $C_b^* > 0$ gilt, kann dies nur eintreten, wenn $A_1 > 0$ ist. Berücksichtigt man, daß für kleine Werte von $\dfrac{\dot{y}}{u_A}$ die Ableitung nach diesem Argument gleich der Ableitung nach dem Winkel β ist (Gl. (17.5)), so gilt für das Auftreten einer Instabilität die Bedingung:

$$(17.3) \qquad A_1 = \left[\frac{dc_y}{d\left(\dfrac{\dot{y}^*}{u_A^*}\right)}\right]_{\dot{y}^*=0} = \left[\frac{dc_y}{d\beta}\right]_{\beta=0} = -\left[\left(\frac{dc_Q}{d\beta}\right)_{\beta=0} + (c_W)_{\beta=0}\right] > 0. \qquad (17.12)$$

In der Literatur findet man bei $\left(\dfrac{dc_y}{d\beta}\right)_{\beta=0}$ oft ein negatives Vorzeichen, was damit zusammenhängt, daß die y-Achse entgegengesetzt orientiert ist (Bild 17.2).

Die Grenzgeschwindigkeit u_{A0}^*, oberhalb der Schwingungen auftreten, erhält man durch Nullsetzen der Gesamtdämpfung:

$$(17.11) \atop (15.21) \qquad u_{A0}^* = \frac{2}{A_1}\, C_b^* = \frac{4\,m^*\delta_b K}{A_1}. \qquad (17.13)$$

Das Kriterium (17.13) enthält auch der Entwurf der DIN 1055 Teil 4. Durch Mitnahme von mehreren Gliedern der Entwicklung von c_y (Gl. (17.11)) läßt sich zeigen, daß $A_1 > 0$ nur eine hinreichende Bedingung für das Auftreten einer Instabilität ist, daß aber daraus nicht geschlossen werden kann, daß $A_1 \leq 0$ Stabilität bedeutet.

Falls eine stationäre Lösung y^* von Gl. (17.11) existiert, muß die Arbeit der Dämpfungskräfte über eine Periode null sein.

$$(17.11) \qquad \oint \left\{ \frac{C_b^*\dot{y}^*}{u_A^{*2}} - \frac{1}{2}\left[A_1 \frac{\dot{y}^*}{u_A^*} + A_2\left(\frac{\dot{y}^*}{u_A^*}\right)^2 \text{sign } \dot{y}^* + A_3\left(\frac{\dot{y}^*}{u_A^*}\right)^3 + \dots \right] \right\} dy^* = 0. \qquad (17.14)$$

Für y^* wird ein Ansatz der Form

$$y^* = y_0^* \cos 2\pi t^*; \quad \dot{y}^* = \frac{dy^*}{dt^*} = -2\pi y_0^* \sin 2\pi t^* \qquad (17.15)$$

gemacht. Damit erhält man:

$$(17.14) \atop (17.15) \qquad \int_0^1 \left\{ \left(\frac{C_b^*}{u_A^*} - \frac{A_1}{2}\right)\left(-\frac{2\pi y_0^*}{u_A^*}\sin 2\pi t^*\right) + 2\pi^2 A_2 \frac{y_0^{*2}}{u_A^{*2}}\sin^2 2\pi t^* \text{ sign }(\sin 2\pi t^*) + \right.$$

$$\left. + 4\pi^3 A_3 \frac{y_0^{*3}}{u_A^{*3}}\sin^3 2\pi t^* + \dots \right\}\left[-\frac{2\pi y_0^*}{u_A^*}\sin 2\pi t^*\right] dt^* = 0.$$

Für die Amplitude y_0^* ergibt sich eine algebraische Gleichung [17.3]

$$1 - \frac{1}{2}A_1 \frac{u_A^*}{C_b^*} - \frac{8}{3}A_2 \frac{y_0^*}{C_b^*} - \frac{3}{2}\pi^2 A_3 \frac{C_b^*}{u_A^*}\frac{y_0^{*2}}{C_b^{*2}} - \dots = 0. \qquad (17.16)$$

Allgemein läßt sich daher für eine Querschnittsform die bezogene Amplitude $\dfrac{y_0^*}{C_b^*}$ als Funktion von u_A^*/C_b^* darstellen

$$\frac{y_0^*}{C_b^*} = f\left(\frac{u_A^*}{C_b^*}\right). \qquad (17.17)$$

Ein solcher Zusammenhang kann natürlich auch experimentell ermittelt werden. Für $A_2 = A_3 = \dots A_n = 0$ folgt sofort die Stabilitätsgrenze (17.13). Für $A_3 = A_4 = \dots A_n = 0$ ergibt Gl. (17.16)

$$\frac{y_0^*}{C_b^*} = \frac{3}{8A_2}\left(1 - \frac{A_1}{2}\frac{u_A^*}{C_b^*}\right). \tag{17.18}$$

Daraus erhält man für $A_1 > 0$ wieder die Grenze von Gl. (17.13). Da $y_0^* > 0$ sein muß, folgt $A_2 < 0$.

Für $A_4 = A_5 = A_6 \dots = A_n = 0$ folgt

$$\frac{y_0^*}{C_b^*} = \frac{A_2}{A_3}\frac{u_A^*}{C_b^*}\left[-\frac{8}{9\pi^2} \pm \sqrt{\frac{64}{81\pi^4} - \frac{1}{3\pi^2}\frac{A_3 A_1}{A_2^2} + \frac{2}{3\pi^2}\frac{A_3}{A_2^2}\frac{C_b^*}{u_A^*}}\right]. \tag{17.19}$$

Da die Amplitude eine reelle Größe ist, muß der Ausdruck unter der Wurzel größer als null sein, woraus die Grenzgeschwindigkeit, von der an Schwingungen auftreten, berechnet werden kann.

$$\frac{u_{A0}^*}{C_b^*} = \frac{2}{A_1 - \frac{64}{27\pi^2}\frac{A_2^2}{A_3}}. \tag{17.20}$$

Entgegen Den Hartogs-Kriterium $A_1 > 0$ für das Auftreten einer aerodynamischen Instabilität sind auch für $A_1 \leqslant 0$ selbsterregte Schwingungen möglich. Nur ist in diesem Fall die Grenzgeschwindigkeit u_{A0}^* wesentlich höher als für $A_1 > 0$. u_{A0}^* ist direkt proportional C_b^* (Gln. (17.13) und (17.20)), also direkt proportional dem logarithmischen Dekrement der Konstruktion (Gl. (15.21)). Bei der Berechnung der Amplituden zeigt sich, daß eine genaue Approximation von c_y erforderlich ist, was die Mitnahme von hohen Potenzen in Gl. (17.11) erfordert. Abhängig von A_1, also vom Verlauf der c_y-Kurve im Ursprung, kann man drei Fälle unterscheiden (Bild 17.4).

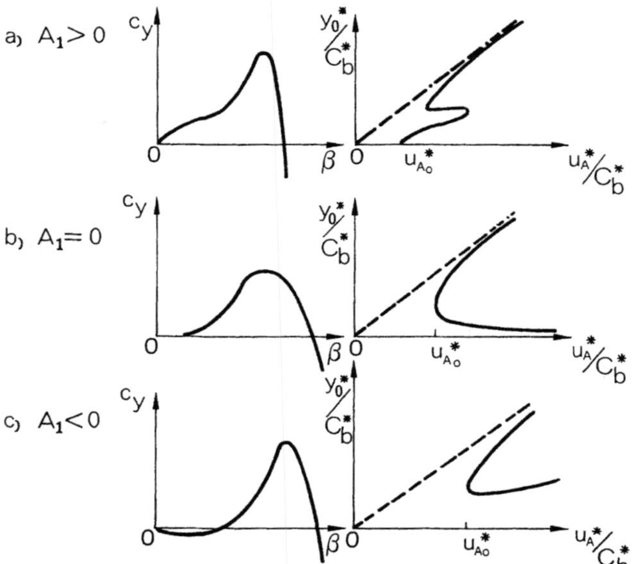

Bild 17.4

Schematischer Verlauf des Querkraftkoeffizienten c_y und der zugehörigen Aplitudenkurven [17.3]

Fall 1: $A_1 > 0$. Hier handelt es sich um den klassischen Fall. Ab einer gewissen Geschwindigkeit u_{A0}^* treten Schwingungen auf. Dabei genügt es meist Gl. (17.13) zur Berechnung heranzuziehen (anstatt Gl. (17.20)). Bei den Amplituden können Hysterese-Erscheinungen auftreten, wie sie in Bild 17.4a angedeutet sind.

Fall 2: $A_1 = 0$. Dieser Fall ist keineswegs akademisch, beispielsweise zeigt ein Rechteckquerschnitt mit dem Seitenverhältnis $(b/l) = 2$ bei Anströmung normal zur längeren Seite ein solches Verhalten. Nur der obere Ast der Amplitudenkurve ist stabil, es muß also eine Anfangsstörung vorhanden sein. (Bild 17.4b).

Fall 3: $A_1 < 0$. Das Verhalten der Amplitudenkurve ist ähnlich wie bei Fall 2 (Bild 17.4c).

Die algebraische Gl. (17.16) für die Amplitude $\dfrac{y_0^*}{C_b^*}$ wird für die Mitnahme höherer Glieder als A_3 zweckmäßig in einer etwas veränderten Form geschrieben. Dabei wird als Veränderliche anstelle von

$$\frac{y_0^*}{C_b^*} \quad \text{die Größe} \quad \frac{y_0^*}{u_A^*} = \frac{y_0^*}{C_b^*} \frac{C_b^*}{u_A^*}$$

eingeführt, weil sich dadurch eine leichte Lösungsmöglichkeit ergibt.

$$(17.16) \qquad \frac{C_b^*}{u_A^*} = \sum_{j=1}^{n} A_j B_j \left(2\pi \frac{y_0^*}{u_A^*} \right)^{j-1}$$

$$B_j = \frac{1 \cdot 3 \cdot 5 \cdot \ldots \cdot j}{2 \cdot 4 \cdot 6 \cdot \ldots \cdot (j+1)} \qquad j = 1, 3, 5, 7 \ldots$$

$$B_j = \frac{2}{\pi} \frac{2 \cdot 4 \cdot 6 \cdot \ldots \cdot j}{1 \cdot 3 \cdot 5 \cdot \ldots \cdot (j+1)} \qquad j = 2, 4, 6, \ldots \tag{17.21}$$

Zur Berechnung der Kurve $\dfrac{y_0^*}{C_b^*} = f\left(\dfrac{u_A^*}{C_b^*} \right)$ werden nun Werte von $\dfrac{y_0^*}{u_A^*}$ vorgegeben und die zugehörigen $\dfrac{C_b^*}{u_A^*}$ und die entsprechenden $\dfrac{y_0^*}{C_b^*}$ errechnet. Die so berechnete Amplitude ist stabil, wenn für einen geringfügig vergrößerten Wert von $\dfrac{y_0^*}{C_b^*}$ bei festgehaltenem $\dfrac{u_A^*}{C_b^*}$ gilt

$$\frac{C_b^*}{u_A^*} - \sum_{j=1}^{n} A_j B_j \left(2\pi \frac{y_0^*}{C_b^*} \frac{C_b^*}{u_A^*} \right)^{j-1} > 0. \tag{17.22}$$

Alle Amplitudenkurven haben eine Asymptote durch den Ursprung. Das hier geschilderte Verfahren wurde auch auf Anströmung mit einer Komponente des Windes in Richtung der Längsachse des Baukörpers, wie sie etwa bei horizontalen Leitungen auftreten kann, erweitert [17.11]. Dabei zeigt sich, daß nur die Windkomponente normal zur Körperachse von Bedeutung ist.

17.3 Experimentelle und rechnerische Ergebnisse

Wenn man den allgemeinen Fall der Schwingungen mehrerer Freiheitsgrade im Auge hat, dann hängen die c_{yn}-Werte (Gl. (17.9)) vor allem von der Streckung des Körpers (Ab-

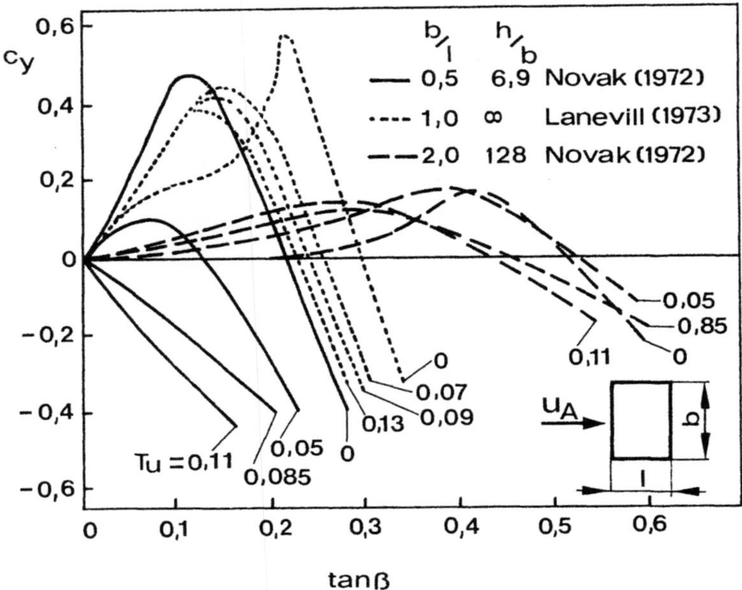

Bild 17.5 Abhängigkeit des Querkraftkoeffizienten c_y vom Anstellwinkel β und der Turbulenzintensität T_u für Rechteckquerschnitte [17.10]

schnitt 5.2.7) und vom Geschwindigkeitsprofil in der atmosphärischen Grenzschicht ab. Aber selbst wenn man von diesen Einflüssen absieht, bleibt noch die Abhängigkeit der c_{yn}-Werte von der Turbulenz [17.3, 17.5]. Bild 17.5 zeigt u. a. den Einfluß der Turbulenz bei einem hochgestellten Rechteck $((b/l) = 2,0)$. Während der Anstieg der Kurve im Ursprung für den Turbulenzgrad $T_u = 0$ (Gl. (4.3)) noch null ist, wird er mit zunehmendem Turbulenzgard größer [17.10]. Im zugehörigen Amplitudendiagramm (Bild 17.6)

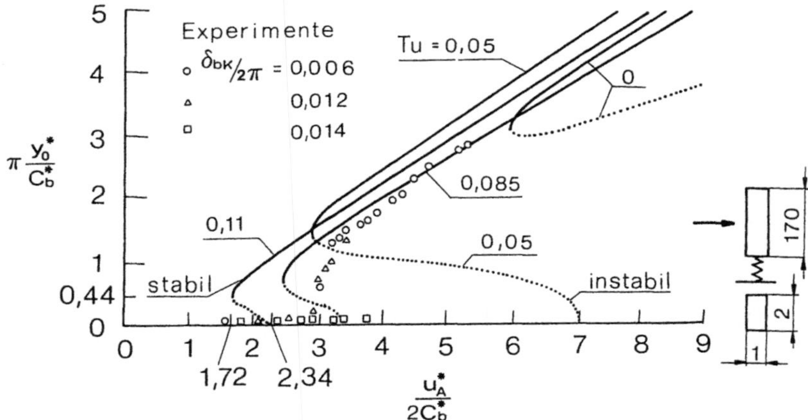

Bild 17.6 Amplitudenkurven y_0^*/C_b^* eines vertikal stehenden Prismas mit dem Seitenverhältnis 1 : 2 bei verschiedenen Turbulenzintensitäten [17.3]

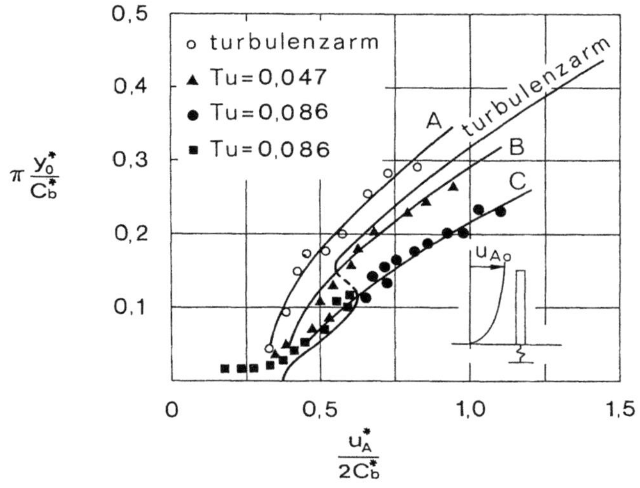

Bild 17.7
Amplitudenkurven y_0^*/C_b^* eines vertikal stehenden quadratischen Prismas bei verschiedenen Turbulenzintensitäten (A..turbulenzarme Strömung; B..Gelände 1; C..Gelände 2) [17.6]

sieht man, daß die ursprünglich stabile Ruhelage ($T_u = 0$) im turbulenten Luftstrom instabil wird und die Grenzgeschwindigkeit u_{A0}^* mit steigender Turbulenz abnimmt. Besonders zu beachten ist, daß es trotz relativ hoher Grenzgeschwindigkeit u_{A0}^* bei $T_u = 0,05$ stabile Amplituden bei wesentlich kleineren Werten von u_A^* gibt.

Das Verhalten bezüglich Turbulenz des um 90° gedrehten Rechteckquerschnittes ist hingegen genau entgegengesetzt, hier nimmt c_y mit steigender Turbulenzintensität ab (Bild 17.5). Bild 17.7 zeigt die Amplitudenkurven für einen Quadratquerschnitt [17.6] bei verschiedenen Turbulenzgraden bzw. bei verschiedenen Geländeformen (Abschnitt 6.3). Auch hier werden die Amplituden mit steigendem Turbulenzgrad kleiner, ein Experiment in turbulenzarmer Strömung liegt auf der sicheren Seite. Die Theorie liefert allerdings gegenüber dem Versuch in turbulenzarmer Strömung etwas zu niedrige Werte. Für ein Rechteck, das normal zur kürzeren Seite angeströmt wird, gibt Bild 17.8 die rechnerisch ermittelten Kurven für verschiedene Randbedingungen bzw. Eigenformen bei konstanter Anströmung und für ein Grenzschichtprofil wieder [17.3]. Der Unterschied infolge der Eigenformen ist dabei gering, ein Effekt, der auch beim quadratischen Profil auftritt [17.7]. Beim Vergleich mit Bild 17.5 ist zu beachten, daß die Turbulenzintensität bei der Berechnung der Kurven von Bild 17.8 null gesetzt wurde. In Japan durchgeführte Experimente zeigen, daß das Schwingungsverhalten nicht allein von der Intensität der Turbulenz sondern auch in manchen Fällen von dem Verhältnis Integrallänge zu Körperdimension abhängt [17.17].

Infolge der gewonnenen Resultate kann man sagen, daß eine zuverlässige Berechnung des Schwingungsverhaltens nur bei Vorliegen von c_y-Werten aus Messungen unter den der atmosphärischen Grenzschicht ähnlichen Bedingungen möglich ist. Sie setzt allerdings voraus, daß der Bereich der Schwingungserregung durch Wirbelablösung von dem der aerodynamischen Selbsterregung eindeutig getrennt ist, was nicht immer der Fall ist.

Wenn die kritische Geschwindigkeit u_{Ak}^* für Wirbelerregung (Gl. (16.1)) kleiner ist als die Grenzgeschwindigkeit u_{A0}^* für aerodynamische Instabilität und sich die beiden Werte nicht wesentlich unterscheiden, so treten bereits ab u_{Ak}^* Schwingungen auf. Bild 17.9 [17.5] zeigt die Verhältnisse für den Quadratquerschnitt, wobei für 3 verschiedene Turbu-

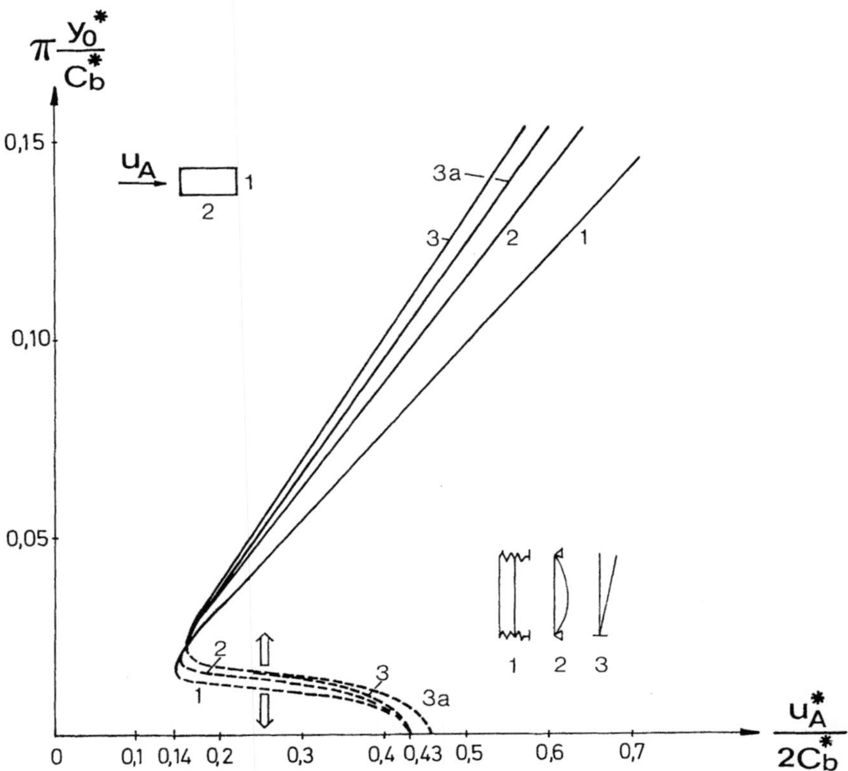

Bild 17.8 Amplitudenkurven y_0^*/C_b^* eines vertikal stehenden Prismas mit dem Seitenverhältnis 2:1 in turbulenzarmer Strömung (Kurven 1, 2, 3) und in einer Grenzschichtsströmung mit dem Exponent $\alpha = 1/6$ (Kurve 3a) [17.3]

lenzgrade der Anströmung die experimentellen Meßpunkte den theoretischen Werten für aerodynamische Instabilität gegenübergestellt sind. Für höhere Werte von u_A^* stimmen Rechnung und Experiment gut überein, aber der lineare Anstieg der Amplitude mit der Geschwindigkeit ist auch im Bereich $u_{AK}^* < u_A^* < u_{A0}^*$ vorhanden, der Beginn der Schwingungen wird durch die Wirbelerregung bestimmt. Ist hingegen $u_{A0}^* < u_{Ak}^*$, so beginnt die Schwingung erst bei u_{Ak}^*, die Wirbelerregung unterdrückt die Anfachung durch aerodynamische Instabilität [17.18].

Bei Überdachungen von Tribünen können Schwingungen auftreten, die mit dem hier geschilderten Rechengang nicht erfaßt werden können, die quasistatische Betrachtungsweise ist in diesem Fall nicht ausreichend [17.15].

17.4 Maßnahmen zur Beseitigung

Als erstes wäre wohl an die Wahl einer Querschnittsform zu denken, die bezüglich selbsterregter Biegeschwingungen stabil ist. Ist eine solche Form nicht möglich, so kann man versuchen durch eine Änderung der Abmessungen eine Stabilisierung zu erreichen. Aus

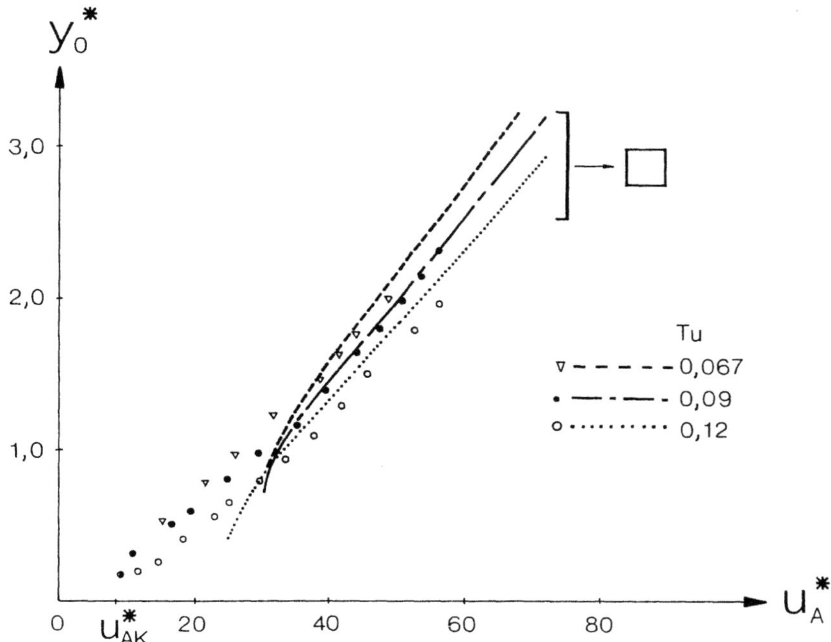

Bild 17.9 Gegenseitige Beeinflussung von Wirbelerregung und aerodynamischer Instabilität bei einem Prisma mit quadratischem Querschnitt [17.5]

den theoretischen Überlegungen in Abschnitt 17.2 folgt, daß für einen gegebenen Querschnitt die Stabilitätsgrenze ein fester Wert von u_{A0}^*/C_b^* ist (Gl. (17.20)), z. B. 0,86 in Bild 17.8. Praktisch können aber auch schon bei kleineren Werten von u_A^*/C_b^* als dem oben angegebenen Grenzwert Schwingungen auftreten, wenn nur eine genügend große Anfangsamplitude vorhanden ist. Aber auch für diesen Fall gibt es eine untere Grenze, z. B. 0,28 in Bild 17.8. Der Quotient u_A^*/C_b^* muß also, falls er über dem kritischen Wert liegt, kleiner gemacht werden.

$$(15.19) \quad \frac{u_A^*}{C_b^*} = \frac{u_A \rho b}{2 m n_b \delta_{bK}} .$$
$$(15.21)$$

Wird die Querschnittsform bei gleichzeitiger Vergrößerung von b und der Wanddicke beibehalten, gilt angenähert $m \sim b^2$ und $n_b \sim b^{1/2}$, was unter diesen Voraussetzungen bedeutet $u_A^*/C_b^* \sim b^{-1,5}$. Eine Änderung der horizontalen Abmessungen ist also sehr wirkungsvoll.

In manchen Fällen, z. B. bei vereisten Leitungen, sind wohl Schwingungsdämpfer die beste Abhilfe. Ähnlich wie bei wirbelerregten Schwingungen führen auch hier entsprechend abgestimmte gedämpfte Zusatzmassen zu guten Ergebnissen [17.12]. Bei Freileitungen ist es auch möglich, durch Dämpfungsglieder im Bereich der Stütztürme eine Tilgung zu erreichen. [17.12]. Ein oder auch mehrere aerodynamische Dämpfer, an den Stellen der maximalen Amplituden angeordnet, führen zu einer Erhöhung der kritischen Geschwin-

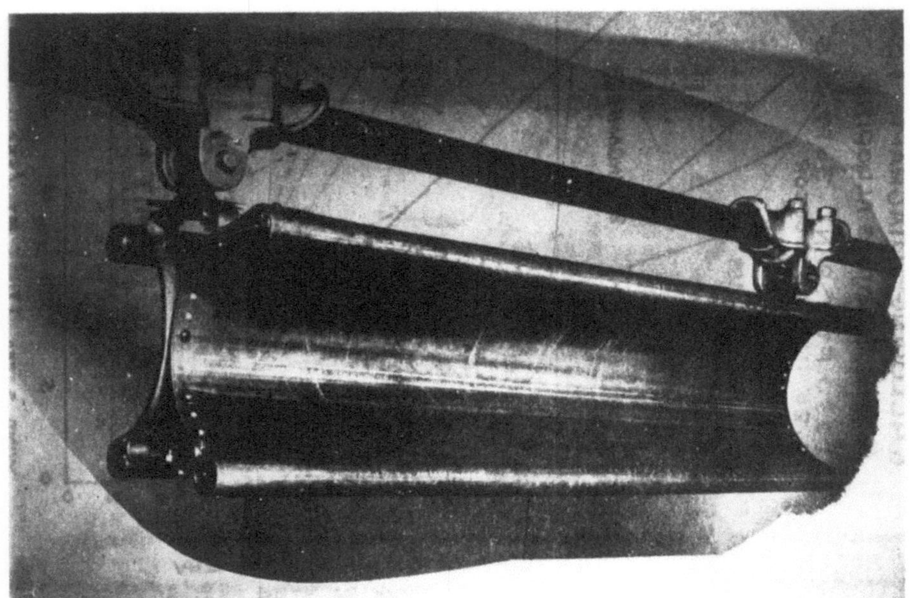

Bild 17.10 Dämpfung von Seilschwingungen durch ein Pendel [17.13]

digkeit [17.13]. Ein auf das Seil geklemmtes Pendel (Bild 17.10) bewirkt durch seine Relativbewegung eine Dämpfungskraft, die der Erregung entgegen wirkt. Wesentlich für die aerodynamische Gestalt des Pendelkörpers ist ein hoher Widerstandsbeiwert. Hierbei ist die Form von Bild 17.10 einer einfachen Platte überlegen [17.13].

In Abschnitt 16.4.2.2 wurde bereits darauf hingewiesen, daß eine Perforation der Fläche in Windrichtung bei einem quadratischen Querschnitt zur Unterdrückung von Schwingungen infolge aerodynamischer Stabilität führen kann. Auch Leitflächen und Störleisten können zu ähnlichem Erfolg führen [17.16, 17.19].

17.5 Rechenbeispiel

Gegeben ist ein Betonturm ($\rho_K = 2300$ kg/m^3; E = $3 \cdot 10^7$ kN/m^2) mit rechteckigem Querschnitt (Bild 17.11) und der Höhe h = 80 m.

Die Turbulenzintensität der atmosphärischen Grenzschicht in Bodennähe ist sehr stark, sie entspricht in 30 m Höhe etwa dem Exponenten α_{3600} des Stundenmittels der Geschwin-

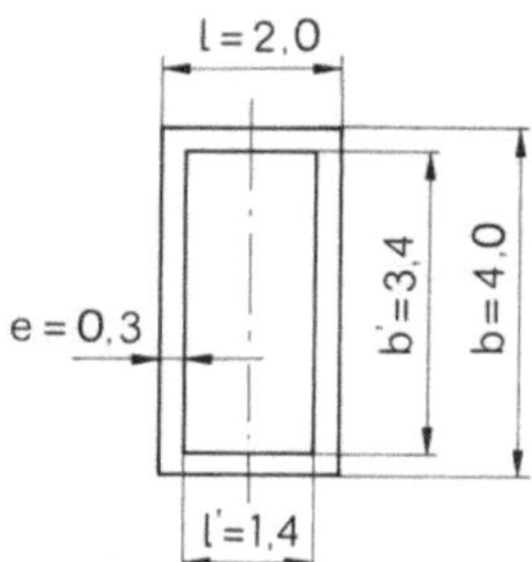

Bild 17.11
Querschnitt des Betonturmes (Rechenbeispiel)

digkeit (Abschnitt 6.4.1), für den nach Bild 6.6 $\alpha_{3600} > 0,13$ gilt. Die für den Querschnitt vorliegenden Meßergebnisse für c_y (Bild 17.5) zeigen, daß eine Anfachung bei hoher Turbulenzintensität nur bei Anströmung normal zur längeren Seitenkante erfolgt. Daher ist nur dieser Fall zu untersuchen, wobei Bild 17.6 verwendet wird. Allerdings weicht das Verhältnis h/b im vorliegenden Fall von dem im Diagramm ab. Da es aber geringer ist, liegt eine Rechnung mit den Werten des Diagramms wohl auf der sicheren Seite.

Nach den Angaben (Bild 17.11) ergeben sich das Flächenträgheitsmoment I_a und die Masse m_1 pro Längeneinheit

$$I_a = \frac{bl^3 - b'l'^3}{12} = \frac{4 \cdot 8 - 3,4 \cdot (1,4)^3}{12} \, m^4 = 1,89 \, m^4,$$

$$m_1 = 2(b' + l)e\rho_K = 2(3,4 + 2,0)0,3 \cdot 2,3 \cdot 10^3 \, kg/m = 7452 \, kg/m.$$

Die generalisierte Masse ist mit der tatsächlichen Masse pro Längeneinheit identisch (Gl. (15.24)). Zur Ermittlung der Eigenfrequenz ist noch die generalisierte Steifigkeit zu errechnen. Dabei wird für die Eigenform wieder der schon in Abschnitt 16.6 verwendete Ansatz herangezogen.

$$f_1(z) = h\frac{z^2}{h^2}\left(6 - 4\frac{z}{h} + \frac{z^2}{h^2}\right); \quad f_1''(z) = \frac{12}{h}\left(1 - 2\frac{z}{h} + \frac{z^2}{h^2}\right)$$

$$(15.24) \qquad K_{b1} = \frac{\displaystyle\int_0^h EI_a[f_1''(z)]^2 \, dz}{\displaystyle\int_0^h f_1^2(z)\,dz}.$$

Das Integral $\int_0^h f_1^2(z)\,dz$ wurde bereits berechnet (Abschnitt 16.6). Es muß also nur noch das Zählerintegral ermittelt werden.

$$\int_0^h [f_1''(z)]^2 \, dz = \frac{1}{h}\int_0^1 \left[12 - 24\frac{z}{h} + 12\left(\frac{z}{h}\right)^2\right]^2 d\left(\frac{z}{h}\right) = 28,80\,\frac{1}{h}.$$

Damit erhält man die generalisierte Steifigkeit K_{b1} und die Eigenfrequenz n_b.

$$K_{b1} = \frac{3 \cdot 10^{10} \cdot 1,89 \cdot 28,8 \, h^{-1}}{2,311 \, h^3} = 7,066 \cdot 10^{11}\,\frac{1}{h^4} = 17251 \, Nm^{-2}$$

$$(15.12) \qquad n_b = \frac{1}{2\pi}\sqrt{\frac{K_{b1}}{m_1}} = \frac{1}{2\pi}\sqrt{\frac{17244}{7452}}\,s^{-1} =$$

$$n_b = 0,242\,s^{-1}.$$

Mit dem logarithmischen Dekrement $\delta_{bK} = 0{,}06$ nach Abschnitt 15.3.2.2 erhält man die dimensionslose Dämpfung C_b^*

(15.19)
(15.21)
$$C_b^* = 2m^* \delta_{bK} = \frac{2m}{\rho b^2}\,\delta_{bK} = \frac{2 \cdot 7452}{1{,}25 \cdot 4^2}\,0{,}06 = 44{,}71$$

und aus Bild 17.6 zwei Werte für $u_A^*/2C_b^*$, nämlich einen für die Anfachung von null und einen für die Anfachung mit endlicher Amplitude

$$\frac{u_A^*}{2C_b^*} = \begin{cases} 2{,}34 & \text{Anfachung von Amplitude null,} \\ 1{,}72 & \text{Anfachung mit endlicher Amplitude.} \end{cases}$$

Damit ergeben sich die beiden kritischen Geschwindigkeiten.

$$u_A^* = \frac{u_A}{bn_b} = \begin{cases} 2 \cdot 2{,}34 \cdot 44{,}71 = 209{,}2 \\ 2 \cdot 1{,}72 \cdot 44{,}71 = 153{,}8 \end{cases} ;$$

$$u_A = u_A^* n_b b = \begin{cases} 209{,}2 \cdot 0{,}242 \cdot 4 \text{ m/s} = 202{,}5 \text{ m/s} \\ 153{,}8 \cdot 0{,}242 \cdot 4 \text{ m/s} = 148{,}9 \text{ m/s.} \end{cases}$$

Beide Grenzwerte liegen wesentlich über den zu erwartenden Windgeschwindigkeiten.

Literatur

[17.1] *Parkinson, G. V.:* Wind-induced instability of structures, Phil. Trans. Roy. Soc. Lond. A 269, S. 395–409 (1971)

[17.2] *Försching, H. W.:* Grundlagen der Aeroelastik, Springer Verlag 1974

[17.3] *Novak, M.:* Galloping oscillations of prismatic structures, J. of the ASCE, Vol. 98, No EM1, S. 27–46 (1972)

[17.4] *Den Hartog, J. P.:* Mechanische Schwingungen, Springer-Verlag 1936, S. 276ff.

[17.5] *Laneville, A., Parkinson, G. V.:* Effects of turbulence on galloping of bluff cylinders, Proc. of the 3rd Int. Conf. on Wind Effects on Buildings and Structures, Tokyo 1971, S. 787–797

[17.6] *Novak, M., Davenport, A. G.:* Aeroelastic instability of prisms in turbulent flow, J. of the Eng. Mech. Div., Proc. ASCE, Vol. 96, No. EM1, S. 17–39 (1970)

[17.7] *Wootton, L. R., Scruton, C.:* Aerodynamic stability, Reprints to CIRIA Sem. on the Modern Design of Wind Sensitive Structures, London 1970, Pap. 5, S. 65–81

[17.8] *Parkinson, G. V., Wawzonek, M. A.:* Some considerations of combined effects of galloping and vortex resonance, Proc. of the 4th Coll. on Industrial Aerodynamics, Aachen 1980, Buildings Aerodynamics, Part 2, S. 95–108

[17.9] *Försching, H., Manea, V.:* Zur analytischen Behandlung des nichtlinearen aeroelastischen Galloping-Problems, Ing. Arch. 42, S. 178–193 (1973)

[17.10] *Cermak, J. E.:* Aerodynamics of buildings, Annual Review of Fluid Mech. 8, S. 75–106 (1976)

[17.11] *Skarecky, R.:* Yaw effects on galloping instability, J. of the Eng. Mech. Div., Proc. ASCE 101 EM 6, S. 739–754 (1975)

[17.12] *Clendening, W. R., Dubey, R. N.:* An analysis of control methods for galloping systems, Winter Annual Meeting 1972, ASME Paper No. 72-WA IDE 12

[17.13] *Richardson, A. S.:* The windamper – wind tunnel test and practical applications, Proc. of a Symp. on "Wind Effects on Buildings and Structures", Loughborough 1968, Paper 26, 18 S.

[17.14] *Richardson, A. S., Martuccelli, J. R., Price, W. S.:* Research study on galloping of electric power transmission lines; Proc. of the Conf. "Wind Effects on Buildings and Structures", Teddington 1963, S. 612–686 (1965)

[17.15] *Mankau, H.:* Investigation of flow induced oscillations of a cantilever roof model, Proc. of the 4th Coll. on Industrial Aerodynamics, Aachen 1980, Buildings Aerodynamics, Part 1, S. 75–84

[17.16] *Naudascher, E., Weske, J. R., Fey, B.:* Exploratory study on damping galloping vibrations, Proc. of the 4th Coll. on Industrial Aerodynamics, Aachen 1980, Buildings Aerodynamics, Part 2, S. 283–293

[17.17] *Miyata, T., Miyazaki, M.:* Turbulence effects on aerodynamic response of rectangular bluff cylinders, Proc. 5th Int. Conf. on Wind Eng., Fort Collins 1979, Vol. 1, S. 631–642

[17.18] *Wawzonek, M. A., Parkinson, G. V.:* Combined effects of galloping instability and vortex resonance, Proc. 5th Int. Conf. on Wind Eng., Fort Collins 1979, Vol. 2, S. 673–684

[17.19] *Kwok, K. C. S.:* Effects of turbulence on the pressure distribution around a square cylinder and possibility of reduction, Coll. "Construire avec le vent", Nantes 1981, Paper IV-1, 17 S.

18 Flattern

18.1 Der Begriff Flattern

Unter Flattern im weitesten Sinne versteht man eine in konstantem Windstrom selbsterregte Schwingung eines elastischen Systems [18.1]. Dies bedeutet, daß auch selbsterregte Biegeschwingungen (Kap. 17) und wirbelerregte Schwingungen (Kap. 16) eingeschlossen sind, weil eine Unterscheidung in vielen Fällen gar nicht möglich ist [18.1]. Im klassischen Fall des schwingenden Tragflügels, woher der Begriff Flattern auch stammt, versteht man darunter kombinierte selbsterregte Schwingungen in mindestens zwei Freiheitsgraden [18.2].

Im Rahmen dieses Kapitels werden vorwiegend Schwingungsprobleme behandelt, die dieser klassischen Definition entsprechen, nämlich kombinierte Biege- und Torsionsschwingungen. Nach dem spektakulären Einsturz der Tacoma-Brücke im Jahre 1940 wurden sowohl die theoretischen als auch die experimentellen Forschungen auf dem Gebiet solcher Schwingungen sehr intensiviert. Ein derartiges schwingungsfähiges System schließt aber vor allem dann, wenn die Eigenfrequenzen von Biegung und Torsion sehr verschieden sind, nicht aus, daß nur eine der beiden Schwingungsformen von Bedeutung ist. Da die reinen Torsionsschwingungen bisher in keinem Kapitel behandelt wurden und sich hier als Sonderfall ergeben, werden sie in diesem Kapitel besprochen. Natürlich hätte man auch die reinen Biegeschwingungen hier als Spezialfall einschieben können. Der Grund, weshalb dies nicht gemacht wurde, ist, daß im Fall der reinen Biegeschwingungen die stationären Beiwerte aus Windkanalversuchen praktisch ausreichen (Abschnitt 17.1), während im Falle von Torsionsschwingungen und gekoppelten Schwingungen die aerodynamischen Beiwerte bei den Experimenten mit schwingenden Modellen ermittelt werden müssen. Es wurde allerdings auch versucht, die Koeffizienten für Torsionsschwingungen in stationären Versuchen zu bestimmen. Dabei wurden die vorliegenden Querschnittsformen der Rotationsbewegung entsprechend gekrümmt [18.3].

18.2 Luftkräfte und Luftkraftmomente

Wenn ein Profil selbsterregte gekoppelte Biege- und Torsionsschwingungen ausführt, so wirken auf dieses Profil Lufkräfte und Momente, die nur vom Bewegungszustand und nicht von der Zeit explizit abhängen. Es folgt daher für die Luftkraft $\vec{F}$ für den Fall von 2 Schwingungsfreiheitsgraden x_1, x_2:

$$(15.5) \qquad \vec{F} = \vec{F}(x_1, \dot{x}_1, \ddot{x}_1, x_2, \dot{x}_2, \ddot{x}_2).$$

Handelt es sich um Biegeschwingungen in z-Richtung und eine Drehung um den Winkel β (Bild 18.1), sind entsprechend x_1 durch z und x_2 durch β zu ersetzen. Für die Bewegung in z-Richtung ist nur die Kraftkomponente F_z in dieser Richtung maßgebend, für die Rotation das Moment M um den Bezugspunkt. Dieses Moment hängt natürlich von densel-

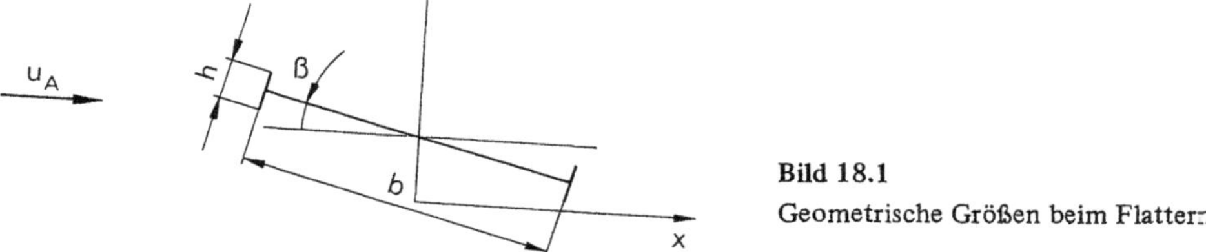

Bild 18.1

Geometrische Größen beim Flattern

ben Größen wie die Luftkraft $\vec{F}$ ab. In Abschnitt 15.1 wurde besprochen, daß die Abhängigkeit der Luftkraft von den zweiten Ableitungen vernachlässigbar ist, da diese Ausdrücke gegenüber den Massenträgheitstermen klein sind [18.4]. Außerdem können Auftrieb und Moment natürlich nicht von der Lage des Profils, also von z abhängen. Daher verbleiben folgende Beziehungen:

$$F_z = F_z(\dot{z}, \beta, \dot{\beta}),$$
$$M = M(\dot{z}, \beta, \dot{\beta}).$$

$$(18.1)$$

Im Falle einer Platte infinitesimaler Dicke in reibungsfreier Parallelströmung erhält man für Gl. (18.1) lineare Beziehungen, wobei allerdings wegen der verschwindenden Masse der Platte die zweiten Ableitungen ebenfalls berücksichtigt werden müssen [18.2]. Durch Versuche mit verschiedenen Brückenquerschnitten wurde bestätigt, daß hier in erster Näherung der in der Flugaerodynamik übliche lineare Ansatz ausreichend ist [18.4]. Für Kraft- und Momentenbeiwert kann man daher schreiben:

$$c_z = \frac{F_z}{\rho \dfrac{u_A^2}{2} \cdot b} = \frac{4\pi}{u_A^*} H_1^* \frac{\dot{z}}{u_A} + \frac{4\pi}{u_A^*} H_2^* \frac{b\dot{\beta}}{u_A} + 8\left(\frac{\pi}{u_A^*}\right)^2 H_3^* \beta,$$

$$c_M = \frac{M}{\rho \dfrac{u_A^2}{2} b^2} = \frac{4\pi}{u_A^*} A_1^* \frac{\dot{z}}{u_A} + \frac{4\pi}{u_A^*} A_2^* \frac{b\dot{\beta}}{u_A} + 8\left(\frac{\pi}{u_A^*}\right)^2 A_3^* \beta.$$

$$(18.2)$$

u_A^* ist dabei die reduzierte Geschwindigkeit bezogen auf die Eigenfrequenz n_0 der gekoppelten Schwingung (Gl. (18.5)). Die $H_i^*(u_A^*)$ und $A_i^*(u_A^*)$ sind dimensionslose Stabilitätskoeffizienten, die bei stationären Schwingungen nur von u_A^* abhängen. Die Änderung der Dämpfung bei abklingenden Schwingungen erwies sich als gering [18.4]. Die H_i^* und A_i^* werden aus Experimenten mit schwingenden Modellen bestimmt [18.4, 18.5]. Es ist zu beachten, daß b die ganze Breite des Profils ist (Bild 18.1), während in manchen Arbeiten diese Abmessung mit 2b bezeichnet wird.

18.3 Das System der Schwingungsgleichungen

Zu der linearen Gleichung für den Biegeschwinger (Gl. (15.8)) tritt nun als weitere Gleichung die für die Drehbewegung hinzu, die ihrem Aufbau nach der ersten Gleichung ähnlich ist.

$$m\ddot{z} + C_b\dot{z} + K_b z = F_z = c_z \rho \frac{u_A^2}{2} \cdot b,$$

$$I\ddot{\beta} + C_t\dot{\beta} + K_t \beta = M = c_M \rho \frac{u_A^2}{2} \cdot b^2. \tag{18.3}$$

I ist das Massenträgheitsmoment um die Drehachse, K_t die Torsionssteifigkeit und C_t die Torsionsdämpfung in Analogie zu den entsprechenden Werten der Biegung. Das System (18.3) gilt zunächst für einen starren Körper der Länge 1, der federnd und gedämpft gelagert ist. Durch Übergang zu generalisierten Größen kann aber auch die Schwingung eines Stabes in der nten Eigenfrequenz mit Gl. (18.3) behandelt werden. Zu den bereits in Gl. (15.24) definierten generalisierten Größen m_n, F_n und K_{bn}, kommen nun noch I_n, M_n und K_{tn} hinzu. Die Stabachse wird nun identisch mit der y-Richtung gewählt, die in der Horizontalen normal zum Wind liegt, da vor allem Brücken von dieser Art von Schwingungen betroffen werden. Mit den Eigenformen f_{tn} für die Torsion gilt:

$$I_n = \frac{\displaystyle\int_0^l I(y)f_{tn}^2(y)\,dy}{\displaystyle\int_0^l f_{tn}^2(y)\,dy}; \quad M_n = \frac{\displaystyle\int_0^l M(y)f_{tn}(y)\,dy}{\displaystyle\int_0^l f_{tn}^2(y)\,dy}; \quad K_{tn} = \frac{\displaystyle\int_0^l GI_t f_{tn}'^2(y)\,dy}{\displaystyle\int_0^l f_{tn}^2(y)\,dy}.$$

$$\tag{18.4}$$

Darin sind G der Gleitmodul und I_t der Drillwiderstand des Querschnittes. Aus verallgemeinerter Luftkraft F_n, Gl. (15.24), und verallgemeinertem Moment M_n, Gl. (18.4), erhält man durch Division durch $\rho b u_A^2/2$ bzw. $\rho b^2 u_A^2/2$ verallgemeinerte Auftriebs- bzw. Momentenbeiwerte. Eine mechanische Koppelung der beiden Schwingungsformen wird nicht berücksichtigt.

Die Einführung von dimensionslosen Koordinaten erweist sich auch bei dem System (18.3) als zweckmäßig. Es wird dabei vorausgesetzt, daß Biegeeigenfrequenz n_b und Torsionseigenfrequenz n_t bekannt sind. n_0 ist hingegen die unbekannte Frequenz der gekoppelten Schwingung.

$$z^* = \frac{z}{b}; \quad t^* = tn_0; \quad m^* = \frac{m}{\rho b^2}; \quad C_b^* = \frac{C_b n_0}{\rho n_b^2 b^2}.$$

$$K_b^* = \frac{K_b}{\rho n_b^2 b^2}; \quad \frac{I}{\rho b^4} = \frac{mr^2}{\rho b^4} = m^* r^{*2}; \quad C_t^* = \frac{C_t n_0}{\rho n_t^2 b^4}; \tag{18.5}$$

$$K_t^* = \frac{K_t}{\rho n_t^2 b^4}; \quad u_A^* = \frac{u_A}{bn_0}.$$

r^2 ist dabei der Trägheitsradius. Außerdem gilt nach Gl. (15.21) bzw. in Analogie dazu für die entsprechenden Werte bei der Torsion:

$$\frac{K_b^*}{m^*} = 4\pi^2; \qquad \frac{K_t^*}{m^*r^{*2}} = 4\pi^2; \qquad \delta_{bK} = \frac{C_b^*}{2m^*}; \qquad \delta_{tK} = \frac{C_t^*}{2m^*r^{*2}}. \tag{18.6}$$

Mit diesen Größen lautet das System (18.3)

$$\begin{aligned}
(18.3) \quad & m^* \frac{n_0^2}{n_b^2} \frac{d^2z^*}{dt^{*2}} + 2m^*\delta_{bK} \frac{dz^*}{dt^*} + 4\pi^2 m^* z^* = c_z \frac{u_A^*}{2} \frac{n_0^2}{n_b^2} \\
(18.5) \quad & \\
(18.6) \quad & m^*r^{*2} \frac{n_0^2}{n_t^2} \frac{d^2\beta}{dt^{*2}} + 2m^*r^{*2}\delta_{tK} \frac{d\beta}{dt^*} + 4\pi^2 m^*r^{*2}\beta = c_M \frac{u_A^{*2}}{2} \frac{n_0^2}{n_t^2}.
\end{aligned} \tag{18.7}$$

Entsprechend folgt für die Beiwerte:

$$\begin{aligned}
(18.2) \quad & c_z = \frac{4\pi}{u_A^{*2}} \left[H_1^* \frac{dz^*}{dt^*} + H_2^* \frac{d\beta}{dt^*} + 2\pi H_3^* \beta \right], \\
(18.5) \quad & \\
(18.6) \quad & c_M = \frac{4\pi}{u_A^{*2}} \left[A_1^* \frac{dz^*}{dt^*} + A_2^* \frac{d\beta}{dt^*} + 2\pi A_3^* \beta \right].
\end{aligned} \tag{18.8}$$

Damit erhält man schließlich die Differentialgleichungen für das Flattern:

$$\begin{aligned}
& \frac{n_0^2}{n_b^2} \frac{d^2z^*}{dt^{*2}} + 2\left(\delta_{bK} - \pi \frac{n_0^2}{n_b^2} \frac{H_1^*}{m^*} \right) \frac{dz^*}{dt^*} + 4\pi^2 z^* + \\
& \qquad\qquad - 2\pi \frac{n_0^2}{n_b^2} \frac{H_2^*}{m^*} \frac{d\beta}{dt^*} - 4\pi^2 \frac{n_0^2}{n_b^2} \frac{H_3^*}{m^*} \beta = 0, \\[2ex]
& \frac{n_0^2}{n_t^2} \frac{d^2\beta}{dt^{*2}} + 2\left(\delta_{tK} - \pi \frac{n_0^2}{n_t^2} \frac{A_2^*}{m^*r^{*2}} \right) \frac{d\beta}{dt^*} + 4\pi^2 \left(1 - \frac{n_0^2}{n_t^2} \frac{A_3^*}{m^*r^{*2}} \right)\beta + \\
& \qquad\qquad - 2\pi \frac{n_0^2}{n_t^2} \frac{A_1^*}{m^*r^{*2}} \frac{dz^*}{dt^*} = 0.
\end{aligned} \tag{18.9}$$

(18.7)
(18.8)

18.4 Stabilitätskriterien

Ehe die allgemeine Form dieses gekoppelten Systems näher untersucht wird, werden die beiden Spezialfälle reine Biegung bzw. reine Torsion eingehender behandelt. Zunächst der Fall der Biegung $n_0 = n_b$

$$(18.9) \qquad \frac{d^2z^*}{dt^{*2}} + 2\left(\delta_{bK} - \pi \frac{H_1^*}{m^*} \right) \frac{dz^*}{dt^*} + 4\pi^2 z^* = 0. \tag{18.10}$$

Die Stabilitätsgrenze ergibt sich durch Nullsetzung des Dämpfungstermes

$$H_1^*(u_A^*) = \frac{\delta_{bK}}{\pi} m^*. \tag{18.11}$$

Die selbsterregte Biegeschwingung wurde bereits in Kap. 17 behandelt. Für den Vergleich sind in Gl. (17.11) sinngemäß der Kraftbeiwert c_y durch c_z und die Koordinate y durch z zu ersetzen. Außerdem darf natürlich in Gl. (17.11) nur das lineare Glied genommen werden, da Gl. (18.8) diese Voraussetzung enthält.

(17.11)
(18.8) $$c_z = \frac{A_1}{u_A^*}\,\frac{dz^*}{dt^*} = \frac{4\pi}{u_A^{*2}}\,H_1^*\,\frac{dz^*}{dt^*} \Rightarrow H_1^* = \frac{u_A^*}{4\pi}\,A_1 = \frac{\delta_{bK}}{\pi}\,m^*. \qquad (18.12)$$
(18.11)

Damit ergibt sich aber das Kriterium von Den Hartog (17.13), das, wie in Abschnitt 17.2 erläutert wurde, keine hinreichende Bedingung für Stabilität ist. Für reine Biegeschwingungen wird daher dieses Kriterium nicht immer ausreichend sein.

Auch beim Flattern zeigt sich, daß der aerodynamische Einfluß auf die Frequenz, der sich in der Größe A_3^* widerspiegelt, meist sehr gering ist. Er verursacht Frequenzänderungen in der Größenordnung von 1...3% [18.4] und kann daher bei der reinen Torsion, die nun behandelt wird, sicher vernachlässigt werden. Mit dieser Vereinfachung erhält man:

(18.9) $$\frac{d^2\beta}{dt^{*2}} + 2\left(\delta_{tK} - \pi\,\frac{A_2^*}{m^*r^{*2}}\right)\frac{d\beta}{dt^*} + 4\pi^2\beta = 0.$$

Die Stabilitätsgrenze ergibt sich durch Nullsetzen des Koeffizienten der Dämpfung.

$$A_2^*(u_A^*) = \frac{\delta_{tK}}{\pi}\,m^*r^{*2}. \qquad (18.13)$$

Für Stabilität ist daher der Koeffizient A_2^*, der von u_A^* abhängt, maßgebend.

Gekoppelte Biege-Torsionsschwingungen (das klassische Flattern) können trotz Stabilität sowohl bezüglich reiner Biegeschwingungen als auch bezüglich reiner Torsionsschwingungen auftreten. Mit dem Ansatz für eine stationäre Schwingung

$$\beta = \beta_0 e^{2\pi i t^*}$$
$$z^* = (z_0 + iz_0')e^{2\pi i t^*}. \qquad (18.14)$$

erhält man aus Gl. (18.9) ein System von 2 homogenen linearen Gleichungen für die beiden Amplituden β_0 und $(z_0 + i \cdot z_0')$:

(18.9)
(18.14)
$$\underbrace{\left[-\frac{n_0^2}{n_b^2} + i\left(\frac{\delta_{bK}}{\pi} - \frac{H_1^*}{m^*}\,\frac{n_0^2}{n_b^2}\right) + 1\right]}_{C_1}(z_0 + iz_0') + \underbrace{\left[-\frac{n_0^2}{n_b^2}\left(i\,\frac{H_2^*}{m^*} + \frac{H_3^*}{m^*}\right)\right]}_{C_2}\beta_0 = 0;$$

$$\underbrace{\left[-i\,\frac{A_1^*}{m^*r^{*2}}\,\frac{n_0^2}{n_t^2}\right]}_{C_3}(z_0 + iz_0') +$$

$$+ \underbrace{\left[-\frac{n_0^2}{n_t^2} + i\left(\frac{\delta_{tK}}{\pi} - \frac{A_2^*}{m^*r^{*2}}\,\frac{n_0^2}{n_t^2}\right) + 1 - \frac{A_3^*}{m^*r^{*2}}\,\frac{n_0^2}{n_t^2}\right]}_{C_4}\beta_0 = 0.$$

Für eine von null verschiedene Lösung des Systems muß die Determinante der Koeffizienten C_i verschwinden. Das ergibt eine komplexe Gleichung, die man in Real- und Imaginärteil aufspalten kann.

$$\frac{n_0^4}{n_t^4}\frac{n_t^2}{n_b^2}\left[1-\frac{A_2^*H_1^*}{m^{*2}r^{*2}}+\frac{A_3^*}{m^*r^{*2}}+\frac{A_1^*H_2^*}{m^{*2}r^{*2}}\right]-$$

$$-\frac{n_0^2}{n_t^2}\left[1-\frac{\delta_{bK}}{\pi}\frac{A_2^*}{m^*r^{*2}}+\frac{A_3^*}{m^*r^{*2}}+\frac{n_t^2}{n_b^2}\left(1-\frac{\delta_{tK}}{\pi}\frac{H_1^*}{m^*}\right)\right]+1-\frac{\delta_{bK}\delta_{tK}}{\pi^2}=0,$$

$$\frac{n_0^4}{n_t^4}\frac{n_t^2}{n_b^2}\left[\frac{H_1^*}{m^*}+\frac{A_2^*}{m^*r^{*2}}+\frac{H_1^*A_3^*}{m^{*2}r^{*2}}-\frac{A_1^*H_3^*}{m^{*2}r^{*2}}\right]-$$

$$-\frac{n_0^2}{n_t^2}\left[\frac{\delta_{bK}}{\pi}+\frac{A_2^*}{m^*r^{*2}}+\frac{\delta_{bK}}{\pi}\frac{A_3^*}{m^*r^{*2}}+\frac{n_t^2}{n_b^2}\left(\frac{\delta_{tK}}{\pi}+\frac{H_1^*}{m^*}\right)\right]+\frac{\delta_{bK}}{\pi}+\frac{\delta_{tK}}{\pi}=0.$$

$$(18.15)$$

Die Koeffizienten A_i^*, H_i^* hängen, wie schon erwähnt wurde, von u_A^* ab. Das System (18.15) ist daher ein nichtlineares Gleichungssystem zur Berechnung von $\frac{n_0}{n_t}$ und u_A^*. Beide Größen sind bei vorgegebener Querschnittsform Funktionen von m^*, r^*, $\frac{n_t}{n_b}$, δ_{tK} und δ_{bK}. Bei der Lösung kann man praktisch so vorgehen, daß man u_A^* vorgibt und damit auch alle A_i^* und H_i^* festgelegt hat. Aus jeder der quadratischen Gleichungen (18.15) für $\frac{n_0^2}{n_t^2}$ kann ein Wert $\frac{n_0}{n_t}$ berechnet werden. Führt man dies für verschiedene Werte von u_A^* durch, so erhält man für jede Gleichung eine Kurve $\frac{n_0}{n_t}(u_A^*)$. Der Schnittpunkt der beiden Kurven gibt die gesuchten Werte [18.5].

Die Bilder 18.2 und 18.3 [18.4] zeigen die Koeffizienten H_i^* und A_i^* für eine Reihe von Querschnittsformen als Funktionen von u_A^*. Selbsterregte Biege- bzw. Torsionsschwingungen können auftreten, wenn H_1^* bzw. A_2^* positiv sind, (Gln. (18.11) und (18.13)). Mit Ausnahme des Querschnittes 1 in Bild 18.2 ist bei allen anderen im ganzen u_A^*-Bereich H_1^* negativ, was eine aerodynamische Dämpfung bedeutet. Der plötzliche Abfall und Wiederanstieg von $-H_1^*$ bei $u_A^* = 4$ bei den Querschnitten 1 und 2 wird auf eine Überlagerung mit Wirbelablösung zurückgeführt [18.4]. Auch bei den Experimenten mit Modellen der Tacoma-Brücke (ähnlich Querschnitt 3) [18.14] zeigte sich, daß der Bewegungsbeginn durch Wirbelablösung hervorgerufen wurde, wobei die Brücke zunächst zu vertikalen Biegeschwingungen angeregt wurde. Da aber bei dieser Brücke die ersten 4 Biegeeigenfrequenzen nahe der zweiten (antisymmetrischen) Torsionseigenfrequenz lagen, entstand eine Koppelung der beiden Schwingungsformen. Wie der Film von der Katastrophe der Tacoma-Brücke klar zeigt, erfolgte deren Einsturz durch Torsionsschwingungen. Der hierfür maßgebliche Koeffizient A_2^* (Bild 18.2) ist für Querschnitt 3 besonders ungünstig, allerdings sind auch die anderen I-Querschnitte schwingungsgefährdet. Bild 18.3 zeigt, daß sowohl ein symmetrisches Tragflügelprofil als auch die Querschnitte 1 und 2 gegenüber Torsionsschwingungen praktisch nicht gefährdet sind, die Querschnitte 3 und 4 hingegen schon.

Bei allen diesen Experimenten (mit Ausnahme des Tacoma-Brücken-Querschnittes) war, falls Schwingungen auftraten, der Beginn der Bewegung eine Torsionsschwingung, während es sich bei der Vertikalbewegung um eine nichtgekoppelte Zufallsschwingung handelte [18.4]. Dies unterstreicht die Gefahr von Torsionsinstabilitäten und die Bedeutung einer hohen Torsionssteifigkeit.

Trotz Stabilität gegenüber Biege- und Torsionsschwingungen können gekoppelte Schwingungen auftreten. Wenn auch eigentliches Flattern selten entsteht und bei den zitierten

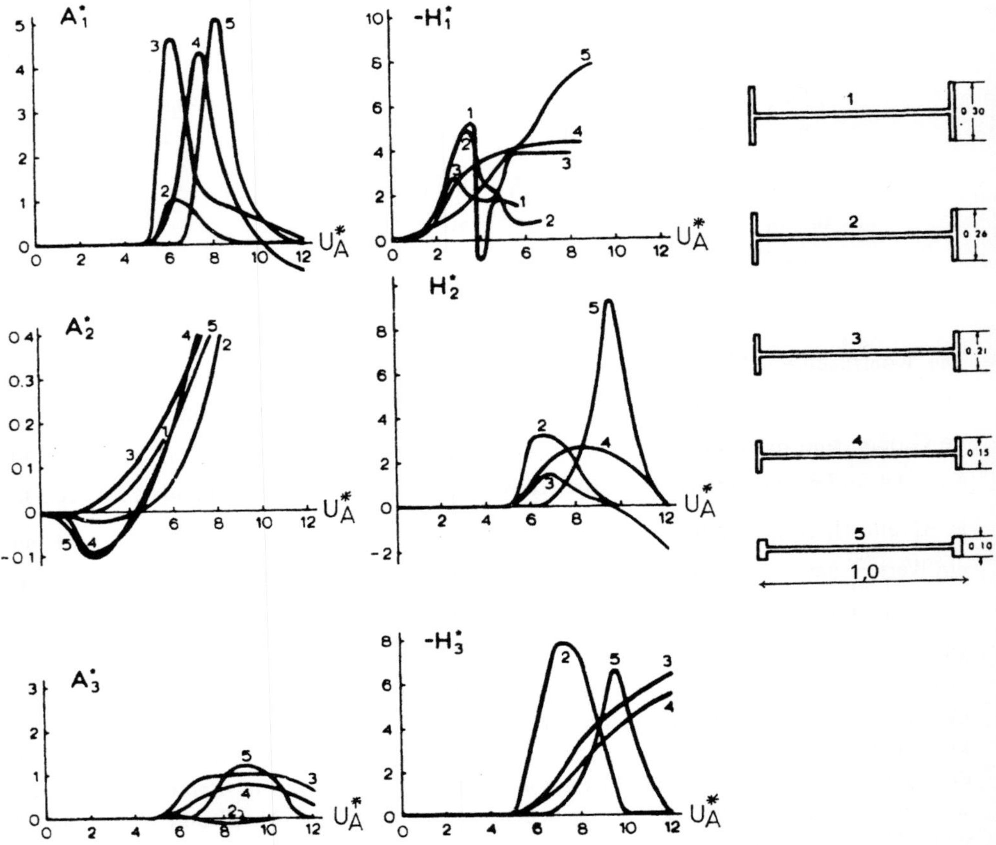

Bild 18.2 Aerodynamische Koeffizienten für verschiedene I-Querschnitte [18.4]

Experimenten nicht beobachtet wurde, sollte dennoch eine Prüfung anhand des geschilderten Verfahrens durchgeführt werden. Eine Gefahr besteht vor allem dann, wenn Biege- und Torsionseigenfrequenzen voneinander nicht sehr verschieden sind [18.6].

18.5 Weitere Verfahren

In Abschnitt 18.2 wurde schon erwähnt, daß im Falle einer Platte in einer reibungsfreien Strömung die Ansätze für Luftkräfte und Luftkraftmomente theoretisch bestimmbar sind, und damit die rechte Seite von Gl. (18.3) als lineare Funktion der Ableitungen gegeben ist. Von Klöppel und Thiele [18.6] wurde die numerische Lösung dieses Systems in Form von Diagrammen angegeben (Bild 18.4). Ein Schaubild gilt für die Dämpfung $\delta_{bK} = \delta_{tK} = 0$, das andere für $\delta_{bK} = \delta_{tK} = 0{,}2$. Aus diesem Diagramm wird eine rechnerische kritische Geschwindigkeit u_{A0r} ermittelt und dann zwischen den Ergebnissen entsprechend den vorliegenden Dämpfungen interpoliert. Damit ergibt sich praktisch der kritische Wert u_{A0r} für

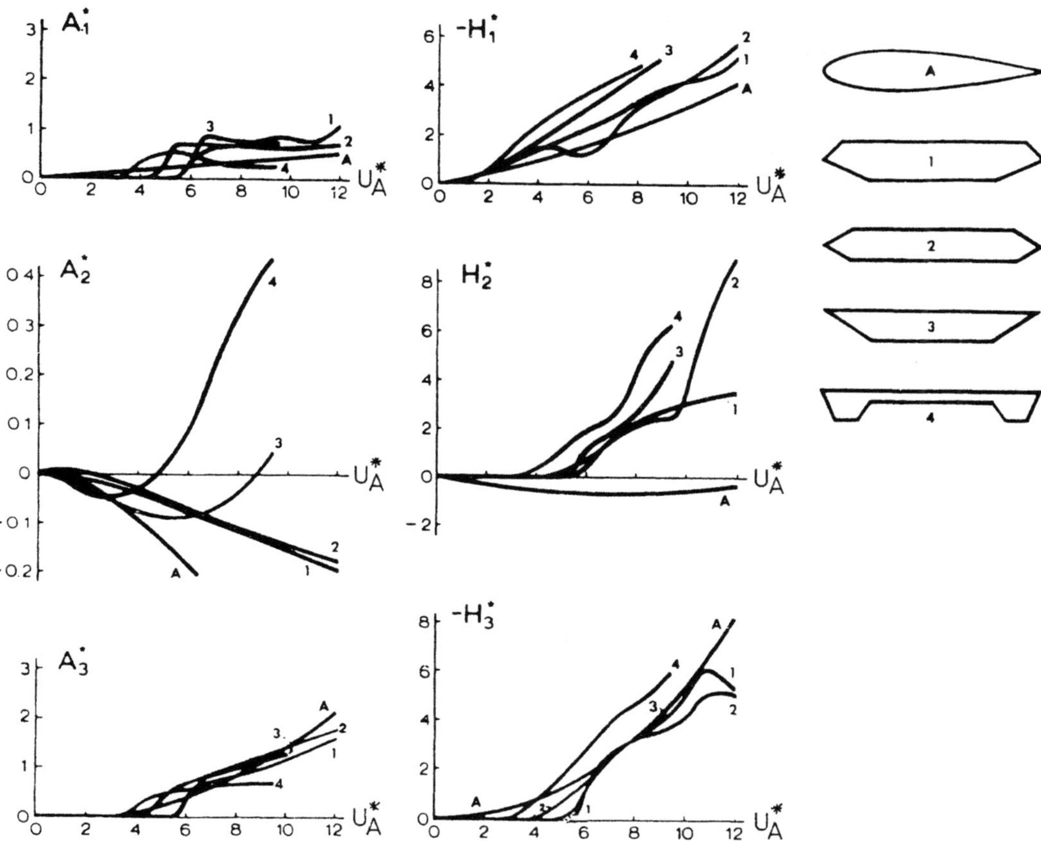

Bild 18.3 Aerodynamische Koeffizienten für ein Tragflügelprofil und für verschiedene Brückenquerschnitte [18.4]

eine Platte, der dann mit einem Faktor K, der von der Profilform und von n_t/n_b abhängt, noch multipliziert werden muß, um die für den Querschnitt maßgebende kritische Geschwindigkeit u_{A0} zu erhalten. Diese Koeffizienten K wurden in umfangreichen Experimenten ermittelt, wobei nur eine Abhängigkeit von n_t/n_b festgestellt wurde (Bild 18.5). Die K-Werte gelten für horizontale Anströmung; bei geneigter Windrichtung können die Werte auch kleiner sein [18.16]. Der Vorteil des Verfahrens liegt in seiner einfachen Anwendbarkeit. Der Nachteil ist, daß die Differentialgleichung mit den Flatterkoeffizienten der Platte und nicht mit denen des speziellen Querschnittes gelöst wurde. Anstatt der Verwendung des Bildes 18.4 wird im Entwurf von DIN 1055 Teil 4 eine Näherungsformel für $\frac{n_t}{n_b} > 1,2$ angegeben, wobei der geringe Einfluß der Dämpfung vernachlässigt wird. Außerdem sind die K-Werte unabhängig vom Frequenzverhältnis tabelliert.

$$\frac{u_{A0}}{\pi n_b b} = 2K\left[1 + \left(\frac{n_t}{n_b} - 0,5\right)\sqrt{\frac{0,72}{\pi}\frac{m}{\rho b^2}\frac{r}{b}}\right].$$

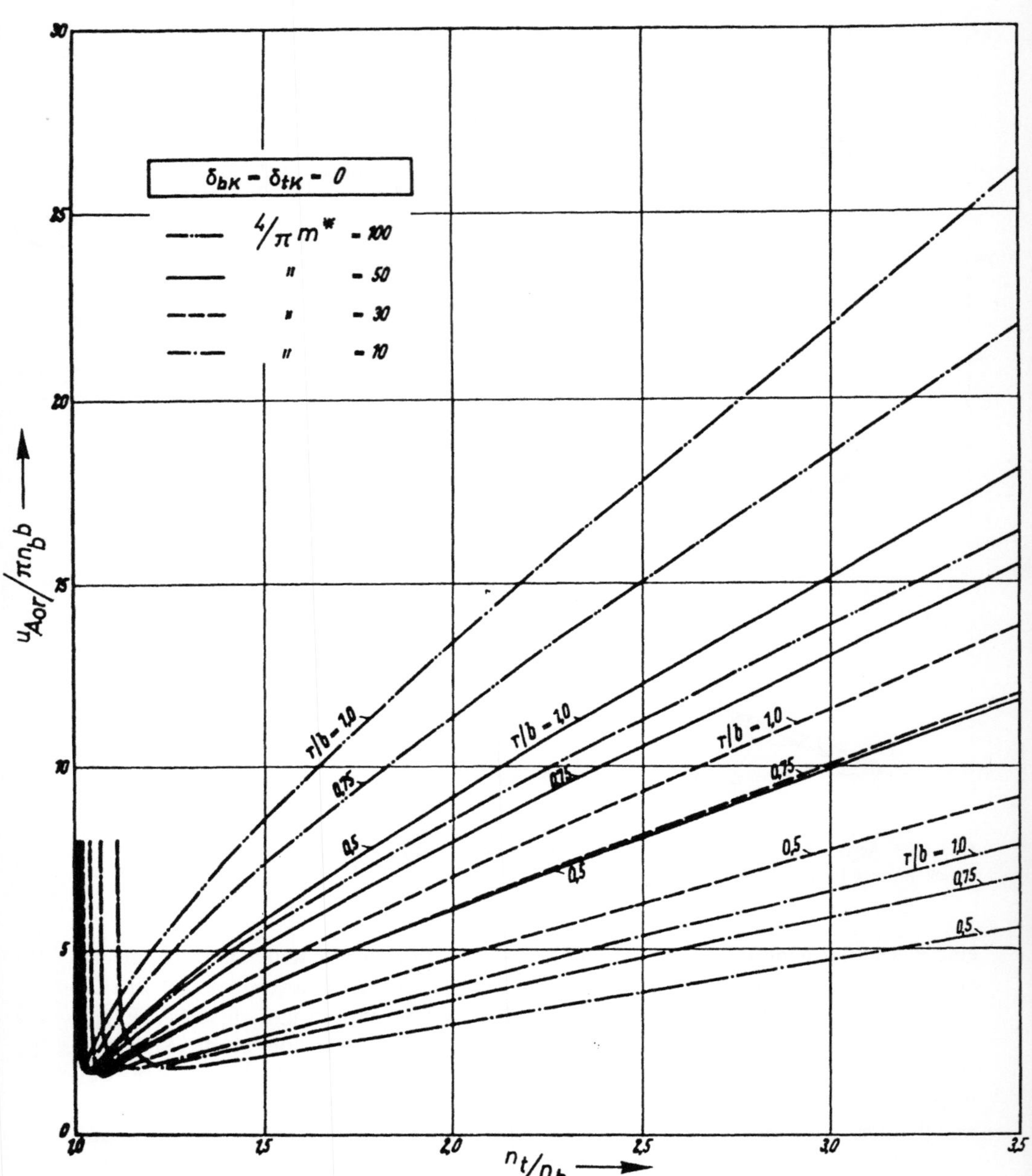

Bild 18.4 Rechnerisch ermittelte kritische Windgeschwindigkeiten nach dem Verfahren Klöppel und Thiele [18.6]

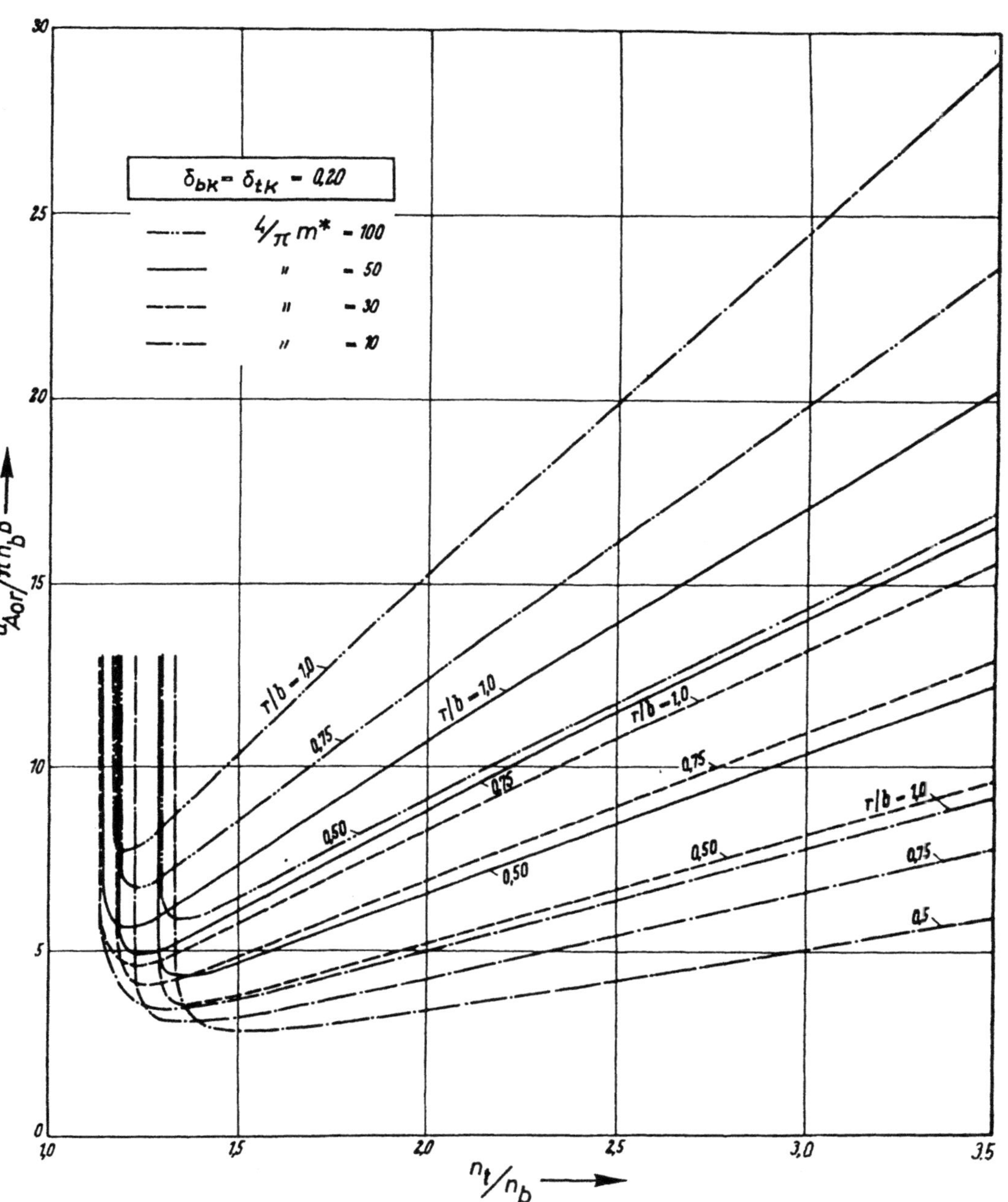

Bild 18.4 (Fortsetzung)

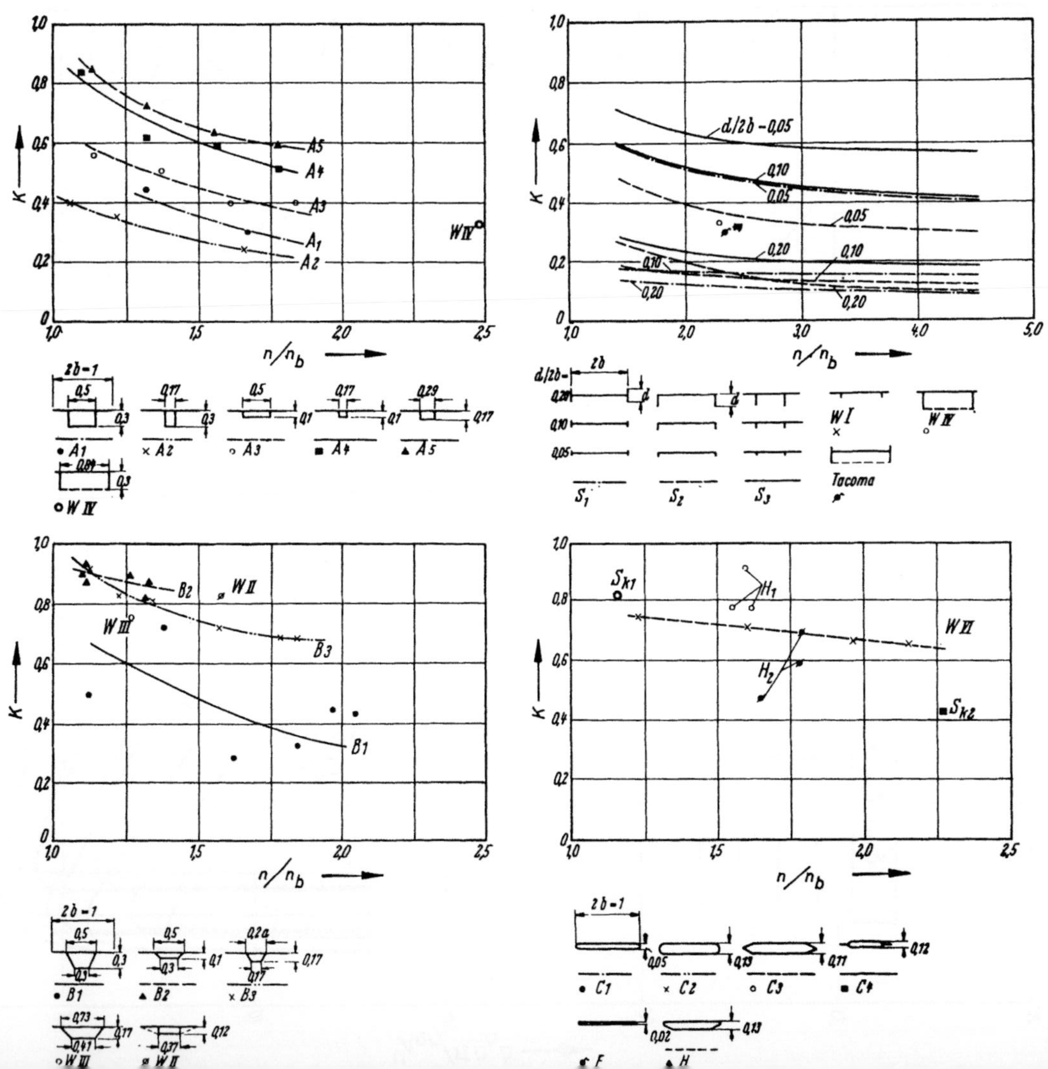

Bild 18.5
Verhältnis K von
experimenteller
zu rechnerischer
kritischer
Windgeschwindigkeit
nach Klöppel
und Thiele [18.6]

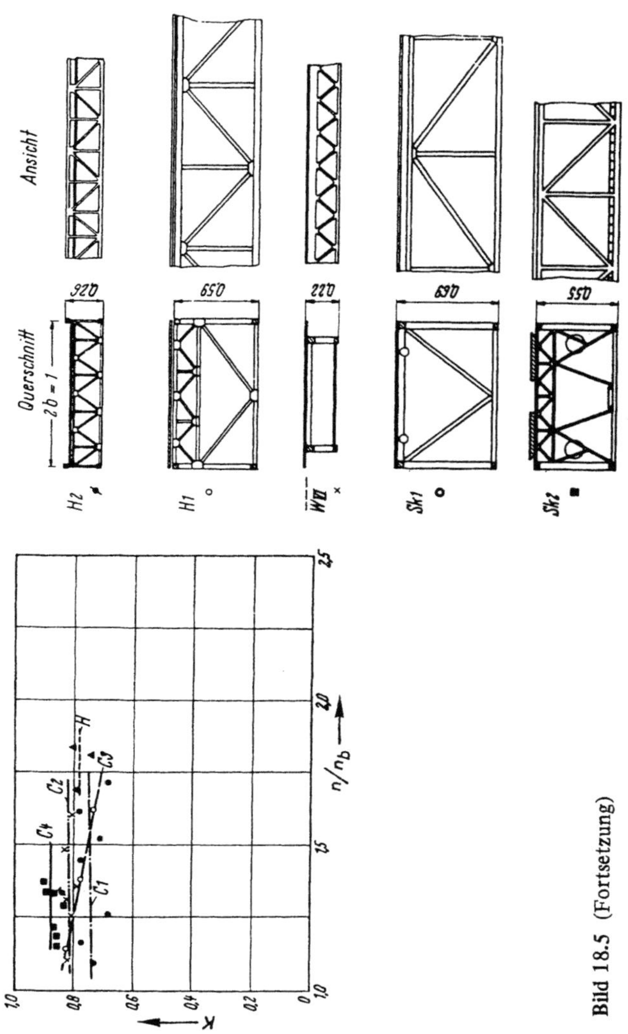

Bild 18.5 (Fortsetzung)

Von Selberg [18.8] wurde zur Bestimmung der kritischen Geschwindigkeit der äquivalenten Platte eine empirische Formel ohne Berücksichtigung der Dämpfung angegeben. Die Umrechnung auf die tatsächlichen Querschnitte erfolgt auch hier mit einem Faktor.

Steinmann [18.3] hat, wie schon erwähnt wurde, für das von ihm vorgeschlagene Verfahren die Luftkraftbeiwerte aus stationären Versuchen ermittelt, was wohl nur bei reinen Biegeschwingungen zu guten Ergebnissen führt. Das Verfahren wurde von Böhm [18.7] weiterentwickelt. In dieser Arbeit werden durch die Mitnahme nichtlinearer Glieder sowohl die Stabilitätsgrenze als auch die tatsächlichen Beanspruchungen berechnet. Das Verfahren berücksichtigt durch die Einführung einer Laufzeit, daß sich der quasistationäre Auftrieb nicht sofort einstellt. Die aerodynamischen Koeffizienten werden aber der Arbeit von Steinmann entnommen.

18.6 Ergebnisse von Experimenten und Maßnahmen gegen Flattern

Selbsterregte Torsionsschwingungen und Flattern treten in der Praxis vor allem bei Hängebrücken auf. Daher sind die Ausführungen hier auf die wichtigsten Ergebnisse aus Modellversuchen mit zahlreichen Querschnittsformen von Brücken beschränkt. Bei den Rechnungen im vorangehenden Abschnitt wurde die Windrichtung senkrecht zur Brückenachse angenommen. Experimente zeigen, daß die Erregung mit zunehmender Schräganströmung abnimmt und die größte Gefahr bei Normalanströmung auftritt [18.9]. Bezüglich des Einflusses der Neigung des Windes gegenüber der Horizontalen kann keine allgemein gültige Aussage gemacht werden. Bei Vollwandträgern nimmt die Erregung mit der Neigung ab, während bei Fachwerkträgern die kritische Geschwindigkeit kleiner wird [18.9, 18.13]. Falls infolge der Geländeverhältnisse ein von null verschiedener Winkel des Windes gegenüber der Horizontalen möglich erscheint, sind Untersuchungen bei verschiedenen Winkeln angebracht.

In der Praxis haben sich vertikale Biegeschwingungen als nicht gefährlich erwiesen, obgleich sie für den Verkehr unangenehm werden können. Beispielsweise traten solche Schwingungen 1942 bei der Deer Isle Bridge auf, und auch der Bewegungsbeginn bei der Tacoma Brücke (USA) war von dieser Art. Der Einsturz erfolgte jedoch infolge von Torsionsschwingungen, Schwingungen die für die größte Anzahl der Katastrophenfälle verantwortlich sind [18.4, 18.9].

Treten entweder nur reine Torsion- oder nur reine Biegeschwingungen auf, so werden die Eigenfrequenzen durch den Einfluß des Windes kaum geändert. [18.4, 18.9]. Liegen aber Biege- und Torsionseigenfrequenz nahe beisammen, so kann eine Flatterschwingung mit einer Frequenz auftreten, die zwischen den Eigenfrequenzen von Torsion und Biegung liegt [18.6]. Walshe [18.9], der seine Experimente bei Frequenzverhältnissen $n_t/n_b > 2$ durchführte, hat solche Schwingungen nicht beobachtet, während sie bei Experimenten im Gebiet $n_t/n_b < 2$ auftraten [18.6].

Die Eigenformen der Schwingungen können sowohl symmetrisch als auch antisymmetrisch sein. So erfolgte der Einsturz der Takoma-Brücke bei Schwingungen in der zweiten Torsionseigenform. Die Untersuchung bei den ersten beiden Eigenformen genügt daher im allgemeinen nicht, es können auch Kombinationen von Eigenformen verschiedener Stufen von Torsion und Biegung auftreten.

Da die Maßnahme zur Beseitigung von selbsterregten Biegeschwingungen in Abschnitt 17.4 behandelt wurde, liegt der Schwerpunkt hier bei Torsionsschwingungen. Bezüglich Querschnittsform sind I-Querschnitte gefährdet (Bild 18.2), wobei in Übereinstimmung mit den Ergebnissen anderer Versuche [18.13] Profile mit $h/b \sim 0{,}2$ (Bild 18.1) besonders gefährdet erscheinen. Eine Perforation der Vollwandträger [18.11] oder ihr Ersatz durch Fachwerkträger [18.9] erweist sich ebenfalls als günstig.

Anhand der Stabilitätsgleichung (18.13) kann man Aussagen über den Einfluß der verschiedenen Parameter machen.

$$(18.13) \qquad A_2^*(u_A^*) = \frac{\delta_{tK}}{\pi}\, m^* r^{*2},$$

$$(18.5) \qquad u_A^* = \frac{u_A}{b n_0}; \quad m^* = \frac{m}{\rho b^2}; \quad r^* = \frac{r}{b}.$$

Als wirksame Maßnahme erweist sich eine Erhöhung der Torsionseigenfrequenz. Hierdurch wird die Stabilitätsgrenze zu höheren Windgeschwindigkeiten u_A verschoben. Ähnlich wirken sich auch Erhöhungen von m^*, r^* und δ_{tK} aus. Das logarithmische Dekrement hängt im allgemeinen von der Amplitude, von der Art der Schwingung und von der Eigenform ab. Tabelle 18.1 gibt Empfehlungen für die Berechnung von Brücken [18.14].

Tabelle 18.1 Logarithmische Dekremente von Brücken

Brücke	Eigenform			
	Torsion		Biegung	
	1. Eigenform	2. Eigenform	1. Eigenform	2. Eigenform
Beton	0,05...0,18	0,05...0,12	0,07...0,16	0,04...0,08
Holz	0,16...0,30	0,10...0,18	0,10...0,22	0,07...0,18
Stahl		0,02...0,05		

Durch den Einbau von zusätzlichen Dämpfungsgliedern (Reibungsglieder, hydraulische Dämpfer) kann die Dämpfung entsprechend erhöht werden. In manchen Fällen erwies sich als wirksame aerodynamische Maßnahme ein offener Längsschlitz in Brückenmitte [18.5, 18.8, 18.12]. Dabei muß natürlich bedacht werden, daß sich solche Schlitze durch Eis oder Schnee zusetzen können und damit ihre Wirkung einbüßen. Viel zu wenig beachtet wird die Gefahr winderregter Schwingungen während der Bauphase. Durch das Fehlen von Aussteifungen sind die Eigenfrequenzen reduziert, was die Gefahr des Auftretens winderregter Schwingungen wesentlich erhöht. Die niedrigste kritische Windgeschwindigkeit tritt daher häufig während der Bauphase auf [18.15].

18.7 Rechenbeispiel

Gegeben ist ein I-Querschnitt mit dem Verhältnis $h/b = 0{,}2$ (Bild 18.1). Außerdem liegen folgende Daten vor:

$$m = 8500 \text{ kg/m}; \quad n_t = 0{,}176 \text{ s}^{-1}; \quad n_b = 0{,}133 \text{ s}^{-1};$$

$$b = 12{,}8 \text{ m}; \quad r = 4{,}92 \text{ m}; \quad \delta_{bK} = \delta_{tK} = 0{,}05; \quad \rho = 1{,}25 \text{ kg/m}^3.$$

1. Berechnung nach Verfahren Klöppel-Thiele (Abschnitt 18.5)

$$(18.5) \qquad \frac{4}{\pi} m^* = \frac{4m}{\pi \rho b^2} = \frac{4 \cdot 8500}{\pi \cdot 1{,}25 \cdot (12{,}8)^2} = 52{,}84;$$

$$\frac{n_t}{n_b} = \frac{0{,}176}{0{,}133} = 1{,}32; \qquad \frac{2r}{b} = \frac{2 \cdot 4{,}92}{12{,}8} = 0{,}77$$

$$\text{Bild 18.4:} \quad \delta_{bK} = 0: \quad \frac{u_{A0r}}{\pi n_b b} = 4{,}0 \ \Bigg\} \quad \delta_K = 0{,}05: \quad \frac{u_{A0r}}{\pi n_b b} = 4{,}25$$

$$\delta_{bK} = 0{,}2: \quad \frac{u_{A0r}}{\pi n_b b} = 5{,}0$$

$$u_{A0r} = 4{,}25 \cdot \pi \cdot n_b \cdot b = 4{,}25 \cdot \pi \cdot 0{,}133 \cdot 12{,}8 \ \text{m/s} = 22{,}7 \ \text{m/s}$$

$$\text{Bild 18.5:} \quad \frac{h}{b} = 0{,}2; \quad \frac{n_t}{n_b} = 1{,}32; \quad K = 0{,}30$$

$$u_{A0} = 0{,}30 \cdot 22{,}7 \ \text{m/s} = 6{,}81 \ \text{m/s}$$

2. Torsionsinstabilität nach Gl. (18.13)

$$A_2^* = \frac{\delta_{tK}}{\pi} m^* r^{*2} = \frac{\delta_{tK}}{\pi} \frac{m}{\rho b^2} \frac{r^2}{b^2} = \frac{0{,}05}{\pi} \frac{8500(4{,}92)^2}{1{,}25(12{,}8)^4} = 0{,}098$$

$$\text{Bild 18.2:} \quad u_{A0}^* = \frac{u_{A0}}{n_t b} = 4 \Rightarrow u_{A0} = 9{,}0 \ \text{m/s}$$

Der Querschnitt erweist sich also gegenüber reinen Torsionsschwingungen nach Gl. (18.13) bei einer sehr niedrigen Anströmgeschwindigkeit als instabil. Die kritische Geschwindigkeit die mit dem Verfahren nach Klöppel-Thiele berechnet wurde, liegt sogar noch etwas tiefer. Eine weitere Berechnung mit anderen Eigenfrequenzen ist wohl nicht mehr erforderlich, da unbedingt Maßnahmen gegen diese Instabilität getroffen werden müssen.

3. Instabilität bezüglich Flattern (Gl. (18.15))

Für vorgegebene Werte von u_A^* (4,0 und 4,5) werden aus jeder der beiden Gleichungen (18.15) Werte n_0/n_t berechnet und als Kurven in einem Schaubild dargestellt (Bild 18.6). Die Koeffizienten A_i^* und H_i^* werden Bild 18.2 entnommen, wobei $A_1^* = A_3^* = H_2^* = H_3^* = 0$ für den in Betracht kommenden u_A^*-Bereich gilt. Der Schnittpunkt der beiden Kurven in Bild 18.6 ist die gesuchte Lösung ($u_{A0}^* = 4{,}1$; $n_0/n_t = 1{,}0$), die sich von der für reine Torsion nur geringfügig unterscheidet.

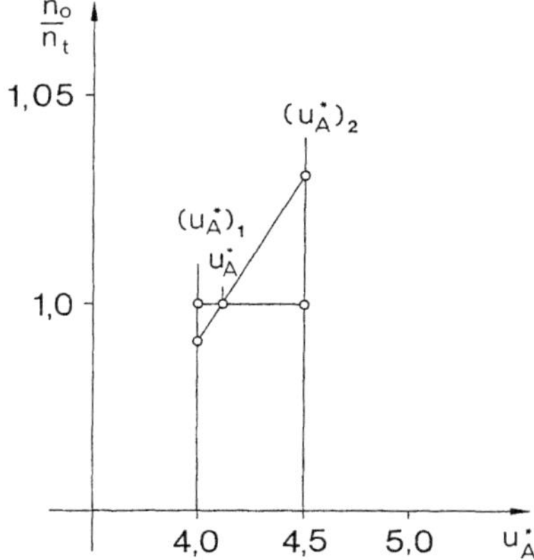

Bild 18.6

$\dfrac{n_0}{n_t}$ -Kurven nach der Gl. 18.15 (Rechenbeispiel)

Literatur

[18.1] *Försching, H. W.:* Grundlagen der Aeroelastik, Springer-Verlag 1974

[18.2] *Theodorsen, Th.:* General Theory of aerodynamic instability and the mechanism of flutter, NACA Techn. Rep. 496 (1934)

[18.3] *Steinmann, D. B.:* Aerodynamic theory of bridge oscillations, Trans. ASCE 1949, S. 1147–1184

[18.4] *Scanlan, R. H., Tomko, J. J.:* Airfoil and bridge deck flutter derivatives, J. fo the Eng. Mech. Div., Proc. ASCE EM6, S. 1717–1737 (1971)

[18.5] *Herlach, U.:* Experimentelle Bestimmungen von instationären Strömungslasten an drehschwingenden Profilen allgemeiner, symmetrischer Form, Diss. ETH Zürich 1974, 200 S.

[18.6] *Klöppel, K., Thiele, F.:* Modellversuche im Windkanal zur Bemessung von Brücken gegen die Gefahr winderregter Schwingungen, Der Stahlbau 36, S. 353–365 (1967)

[18.7] *Böhm, F.:* Berechnung nichtlinearer aerodynamisch erregter Schwingungen von Hängebrücken, Der Stahlbau 38/7, S. 3–11 (1969)

[18.8] *Selberg, A.:* Aerodynamic effects on suspension bridges, Proc. of the conference "Wind Effects on Buildings and Structures", Teddington 1963, S. 462–486 (1965)

[18.9] *Walshe, D. E. J.:* The use of models to predict the oscillatory behaviour of suspension bridges in wind, Proc. of the conference "Wind Effects on Buildings and Structures", Teddington 1963, S. 518–554 (1965)

[18.10] *Vincent, G. S.:* A summary of laboratory and field studies in the United States on wind effects on suspension bridges, Proc. of the conference "Wind Effects on Buildings and Structures", Teddington 1963, S. 488–511 (1965)

[18.11] *Cain, T. H., Kelling, F. H., Linn, W. I.:* Results of aerodynamic tests on sectional models of arch suspended road bridge, Int. Symp. "Vibration Problems in Industry", Keswick 1973, Pap. No. 322, 16 S.

[18.12] *Ackeret, J.:* Anwendungen der Aerodynamik im Bauwesen, Zeitschr. f. Flugw. 13/4, S. 109–122 (1965)

[18.13] *Bleich, F.:* Dynamic instability of truss-stiffened suspension bridges under wind action, Trans. ASCE 114, S. 1269–1314 (1948)

[18.14] *Sachs, P.:* Wind Forces in Engineering, Pergamon Press 1972, S. 191

[18.15] *Ito, M., Sugiyama, M., Inagaki, Y.:* Wind effects on a suspension bridge during erection, Annual Rep. of the Eng. Res. Inst., Faculty of Eng., Univ. of Tokyo, Vol. 33, S. 41–47 (1974)

[18.16] *Klöppel, K., Schwierin, G.:* Ergebnisse von Modellversuchen zur Bestimmung des Einflusses nichthorizontaler Windströmung auf die aerodynamischen Stabilitätsgrenzen von Brücken und kastenförmigen Querschnitten, Der Stahlbau 44, H.7., S. 193–203 (1975)

19 Böenerregte Schwingungen

19.1 Der Erregungsmechanismus

Die Böigkeit des Windes, die man in der Strömungstechnik als Turbulenz bezeichnet, ist kein regelmäßiger Vorgang, sondern ein stochastischer Prozeß. Das Auftreten der Schwankungen ist sehr unregelmäßig, ihre Intensität ist keineswegs konstant. Einen Aufschluß über die Verteilung der Intensität der Schwankungen abhängig von der Frequenz ihres Auftretens gibt das Frequenzspektrum des Windes (Abschnitt 6.4.4). Dabei zeigt sich, daß merkliche Intensitäten in einem Frequenzbereich auftreten, in dem auch die Bauwerkseigenfrequenzen liegen (Bild 6.21). Das Maximum des Spektrums liegt wohl bei einer Wellenlänge $\frac{u_{3600}(10)}{n} = 693$ m, was beispielsweise mit $u_{3600}(10) = 30$ m/s auf $n = 0,043$ s^{-1} führt. Bauwerke liegen also mit ihrer Eigenfrequenz etwa um eine Zehnerpotenz weiter rechts im Diagramm, wo aber die Intensität der Turbulenz dennoch stark genug ist, um Schwingungen anzufachen, wie die Praxis zeigt.

Die eben geschilderte Abschätzung wurde mit dem Spektrum des ungestörten Windes vorgenommen. Sie wird daher vor allem auf Bauwerke zutreffen, die entweder auf freiem Gelände stehen oder ihre Umgebung weit überragen. Durch den Einfluß von Hindernissen wird das Spektrum geändert, das Maximum kann zu anderen Frequenzen verschoben werden. Dies leuchtet unmittelbar ein, wenn man nur an die Wirbel denkt, die sich hinter jedem stumpfen Körper bilden, und deren Intensitätsmaximum durch die Strouhal-Zahl gegeben ist (Abschnitt 4.5.6.2). Dabei kann der Einfluß dieser Wirbelbildung auf einen Körper im Nachlauf stärker sein als auf den, der diese Wirbelbildung verursacht. Dieses Problem des geänderten Spektrums und anderer dynamischer Wechselwirkungen zwischen einzelnen Bauten wird in Kap. 20 erörtert. In diesem Abschnitt werden Rechenverfahren behandelt, die das Spektrum des ungestörten Windes als Eingangsgröße benützen. Die angegebenen Methoden lassen sich aber auch leicht auf andere Eingangsspektren modifizieren.

19.2 Das Verfahren nach Davenport

19.2.1 Der Effektivwert der Schwankung der Auslenkung

Wird ein lineares Schwingungssystem durch eine Zufallskraft erregt, so kann, falls das Spektrum der Erregerkraft bekannt ist, das Antwortspektrum ermittelt werden. Bei böenerregten Schwingungen ist das Eingangsspektrum $S_u(n)$ das Spektrum des ungestörten Windes in Windrichtung, das Antwortspektrum $S_x(n)$ ist das der Auslenkung des schwingenden Systems. In Abschnitt 15.4 wurde gezeigt, daß zwischen diesen Spektren der Zusammenhang

$$(15.38) \qquad \frac{S_x(n)}{\bar{x}^2} = 4\chi_a^2 \chi_m^2 \frac{S_u(n)}{\bar{u}^2}$$

besteht. $\bar{u}$ und $\bar{x}$ sind die Mittelwerte von Geschwindigkeit bzw. Auslenkung, χ_m ist die dynamische Vergrößerungsfunktion (Gl. (15.17)) und χ_a ist eine dazu analoge aerodynamische Vergrößerungsfunktion, die von einer dimensionslosen Frequenz abhängt (Gl. (15.36)). Dabei wurde aber eine konstante mittlere Anströmgeschwindigkeit vorausgesetzt. Die aerodynamische Vergrößerungsfunktion berücksichtigt daher nur das Verhältnis von Böen zu Gebäudeabmessungen.

Davenport hat unter vereinfachenden Annahmen eine aerodynamische Vergrößerungsfunktion für eine vertikale Konstruktion, die Schwingungen in Windrichtung (x-Richtung) ausführen kann und sich in einer atmosphärischen Grenzschicht befindet, abgeleitet. Die wesentlichen Annahmen dabei sind folgende:

1. Es handelt sich um eine als Stab wirkende Konstruktion, wobei der Kraftbeiwert c_x in Windrichtung unabhängig von der Höhe z über dem Boden ist, die Querschnittsform konstant ist und der Effekt der Umströmung des freien Endes vernachlässigt wird.

2. Die Eigenform dieses Schwingers wird als lineare Funktion angenommen, eine Form die bei Gebäuden häufig beobachtet wird (Abschnitt 15.3.2.2).

3. Das Geschwindigkeitsspektrum wird als unabhängig von der Höhe z über dem Boden angenommen.

4. Zur Darstellung der Geschwindigkeitskohärenzen wird die Gültigkeit des Davenportschen Ansatzes vorausgesetzt (Gl. (6.13)).

Damit erhält man als gute Näherung unabhängig von der speziellen Form des Profils der mittleren Geschwindigkeiten [19.1],

$$\frac{S_x(n)}{\bar{x}^2} = 4\,\chi_m^2\,\underbrace{\frac{4}{3\left[1 + \dfrac{C_z}{3}\dfrac{hn}{u_{3600}(h)}\right]\left[1 + \dfrac{C_y}{2}\dfrac{bn}{u_{3600}(h)}\right]}}_{\chi_a^2}\,\frac{S_u(n)}{u_{3600}^2(h)}. \tag{19.1}$$

h ist darin die Höhe des Gebäudes, b seine Breite normal zur Windrichtung. $\bar{u}$ in χ_a^2 sollte entsprechend den Kohärenzfunktionen eine mittlere Geschwindigkeit in halber Höhe sein. Davenport ersetzt sie durch $u_{3600}(h)$, also durch das Stundenmittel in Gebäudehöhe. C_z und C_y sind die Abklingkoeffizienten der Kohärenzfunktionen in vertikaler Richtung bzw. in Querrichtung, (nach Davenport $C_z = 8$, $C_y = 20$).

Das Verhältnis von Effektivwert x_e der Auslenkung zur mittleren Auslenkung $\bar{x}$ kann durch Integration ermittelt werden.

$$\begin{array}{l}(15.39)\\(19.1)\end{array}\qquad \frac{x_e^2}{\bar{x}^2} = \int\limits_0^\infty \frac{S_x(n)}{\bar{x}^2}\,dn = \int\limits_0^\infty \frac{nS_x(n)}{\bar{x}^2}\,d\ln n = 4\int\limits_0^\infty \chi_a^2\chi_m^2\frac{S_u(n)}{u_{3600}^2(h)}\,dn. \tag{19.2}$$

Hier sind nun χ_a^2 aus Gl. (19.1), χ_m^2 aus Gl. (15.17) und das Davenport-Spektrum aus Gl. (6.17) einzusetzen.

Den qualitativen Verlauf von $S_x(n)$ zeigt Bild 19.1. Ein wesentlicher Anteil des Integrals stammt von der Resonanzspitze, dieser Anteil wird extra berechnet. Für den übrigen Bereich setzt Davenport $\chi_m = 1$, was natürlich für $n > n_b$ nicht zutrifft, da hier χ_m mit

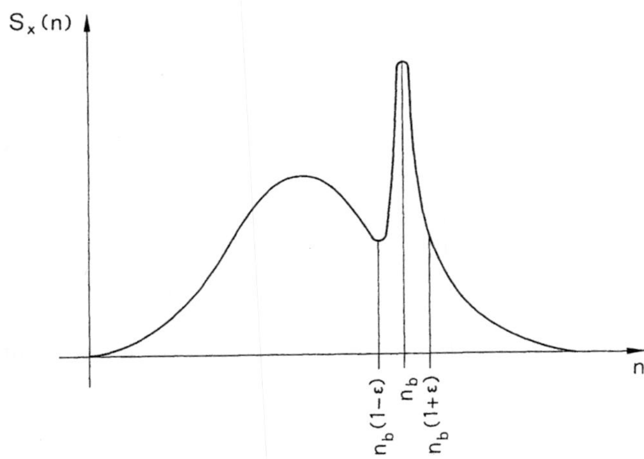

Bild 19.1
Spektrum der Auslenkungen x
in Windrichtung (qualitativ)

wachsendem n gegen null geht. Da der Bereich um n_b sehr schmal ist, kann man Größen, die sich in dieser Zone wenig ändern, vor das Integral setzen.

$$\frac{x_e^2}{\bar{x}^2} = \int_0^\infty \frac{S_x(n)}{\bar{x}^2}\, dn =$$

$$= \underbrace{\frac{16}{3u_{3600}^2(h)} \frac{S_u(n_b)}{\left[1 + \dfrac{C_z}{3}\dfrac{hn_b}{u_{3600}(h)}\right]\left[1 + \dfrac{C_y}{2}\dfrac{bn_b}{u_{3600}(h)}\right]} \int_{n_b(1-\epsilon)}^{n_b(1+\epsilon)} \frac{dn}{\left[1 - \dfrac{n^2}{n_b^2}\right]^2 + \dfrac{\delta_b^2}{\pi^2}\dfrac{n^2}{n_b^2}}}_{A_1} +$$

(19.3)

$$+ \underbrace{\frac{16}{3u_{3600}^2(h)} \int_0^\infty \frac{S_u(n)\,dn}{\left[1 + \dfrac{C_z}{3}\dfrac{hn}{u_{3600}(h)}\right]\left[1 + \dfrac{C_y}{2}\dfrac{bn}{u_{3600}(h)}\right]}}_{A_2}.$$

Der Anteil A_1 berücksichtigt den Resonanzbereich, während der Anteil A_2 die Erregung im übrigen Frequenzbereich enthält, wobei allerdings die Resonanzzone bei dem zweiten Integral nicht ausgeschlossen wird. Da für die Abhängigkeit der mittleren Geschwindigkeiten von der Höhe z die Gültigkeit des Potenzgesetzes angenommen wird, gilt ($d_0 = 0$)

$$(6.5a) \qquad \frac{u_{3600}^2(10)}{u_{3600}^2(h)} = \left(\frac{10}{h}\right)^{2\alpha_{3600}}. \tag{19.4}$$

Damit ergibt sich für A_1 unter der Voraussetzung $\dfrac{2\pi\epsilon}{\delta_b} \gg 1$

$$A_1 = \frac{2\pi}{\delta_b}\, r_1^2 s_1 F_1$$

$$= \underbrace{\frac{n_b S_u(n_b)}{4\,\frac{\lambda_R}{2} u_{3600}^2(10)}}_{F_1}\; \underbrace{16\,\frac{\lambda_R}{2}\left(\frac{10}{h}\right)^{2\alpha_{3600}}}_{r_1^2}$$

(19.5)

$$\cdot\; \underbrace{\frac{2\pi}{\delta_b}\cdot\frac{\pi}{3}\;\frac{1}{\left(1+\dfrac{C_z}{3}\,\dfrac{hn_b}{u_{3600}(h)}\right)\left(1+\dfrac{C_y}{2}\,\dfrac{bn_b}{u_{3600}(h)}\right)}}_{s_1}$$

worin $\dfrac{2\pi}{\delta_b}$ der Wert des Integrals in A_1 ist.

Die Größe λ_R ist dabei der von der Bodenrauhigkeit abhängige Reibungsbeiwert (Bild 6.6). Für das Spektrum $S_u(n)$ wird der Davenportsche Ansatz herangezogen.

(6.17)
$$\frac{nS_u(n)}{\frac{\lambda_R}{2} u_{3600}^2(10)} = \frac{4f^2}{(1+f^2)^{4/3}};\quad f = \frac{Ln}{u_{3600}(10)};\quad L = 1200\ \text{m}.$$
(19.6)

Entsprechend einem von z unabhängigen Spektrum verwendet Davenport bei f anstatt $u_{3600}(10)$ hier $u_{3600}(h)$. Damit erhält man für den Faktor F_1

(19.5)
$$F_1 = \frac{\left(\dfrac{Ln_b}{u_{3600}(h)}\right)^2}{\left[1+\left(\dfrac{Ln_b}{u_{3600}(h)}\right)^2\right]^{4/3}}.$$
(19.7)

Für die Berechnung von A_2 ist zu beachten, daß das Abklingverhalten des Spektrums für hohe Frequenzen nicht richtig ist (Abschnitt 6.4.4) und das Abklingen des Integranden dadurch, daß $\chi_m = 1$ gesetzt wurde, weiter verfälscht wird. Es ist daher sinnvoll als obere Grenze des Integrals einen endlichen Wert zu setzen, wofür von Davenport $f = \dfrac{3L}{4h}$ gewählt wurde.

(19.3)
(19.4)
(19.6)
$$A_2 = r_1^2 B_1 = \underbrace{16\,\frac{\lambda_R}{2}\left(\frac{10}{h}\right)^{2\alpha_{3600}}}_{r_1^2}\; \underbrace{\frac{4}{3}\int_0^{3L/4h}\frac{fdf}{(1+f^2)^{4/3}\left(1+\dfrac{C_z}{3}\,\dfrac{fh}{L}\right)\left(1+\dfrac{C_y}{2}\,\dfrac{fb}{L}\right)}}_{B_1}$$

(19.8)

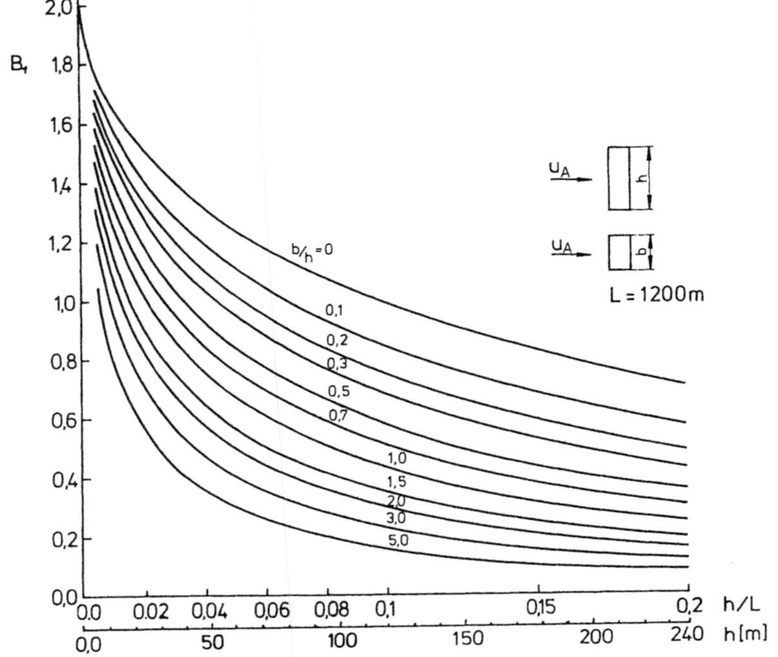

Bild 19.2 Faktor B_1 zur Berücksichtigung der Anregung außerhalb des Resonanzbereiches [19.1]

Für die von Davenport benützten Werte $C_z = 8$ und $C_y = 20$ kann abhängig von h/L und b/h die Größe B_1 Bild 19.2 entnommen werden (L = 1200 m).

$$(19.3) \atop (19.5) \atop (19.8) \qquad \frac{x_e^2}{\bar{x}^2} = r_1^2 \left(\frac{2\pi}{\delta_b} s_1 F_1 + B_1 \right). \qquad (19.9)$$

Der B_1 entsprechende Anteil ist die quasistatische Wirkung der Böen auf das Bauwerk, wobei die Abminderungen durch die Korrelationen bereits berücksichtigt sind. Dieser Anteil könnte mit dem, den man aus einer Rechnung mit einem den Gebäudedimensionen entsprechenden Böenmittel erhält, verglichen werden. Der erste Summand in der Klammer wird durch die Erregung im Resonanzbereich verursacht und ist daher der dynamische Beitrag.

Nach Ermittlung von s_1, r_1^2, F_1 und B_1 aus den Gln. (19.5) und (19.7) bzw. aus Bild 19.2 kann das Verhältnis des Effektivwertes x_e der Schwankung zum Mittelwert $\bar{x}$ der Auslenkung berechnet werden (Gl. (19.9)). Dieser Quotient spielt eine wesentliche Rolle bei der Ermittlung des zu erwartenden Maximalwertes der Auslenkung, der für die Bemessung maßgebend ist.

19.2.2 Die mittlere maximale Beanspruchung

Im vorangehenden Abschnitt wurden das Antwortspektrum $S_x(n)$ und der Effektivwert x_e der Schwankung der Antwortfunktion bestimmt. Mit Hilfe dieser Angaben berechnet Davenport die Extremwerte der Antwortfunktion. Diese Extremwerte haben eine eigene Verteilung, die jedoch sehr schmal ist, so daß es für die praktische Rechnung ausreichend erscheint, mit dem Mittelwert dieser Extremwerte zu rechnen. Bei der Ableitung des Zusammenhanges zwischen diesem Wert und dem Mittelwert der Grundverteilung macht Davenport einige vereinfachende Annahmen [19.2, 19.3]. So wird die Grundverteilung als Normalverteilung vorausgesetzt, was sicher nicht ganz zutrifft. Damit läßt sich angeben, mit welcher Frequenz n' im Mittel beim tatsächlichen Grundprozeß der Mittelwert $\bar{x}$ in positiver Richtung überschritten wird [19.3].

$$n'^2 = \frac{\displaystyle\int_0^\infty n^2 S_x(n)\,dn}{\displaystyle\int_0^\infty S_x(n)\,dn}. \tag{19.10}$$

$S_x(n)$ ist dabei nach Gl. (19.1) gegeben, die numerische Auswertung stößt aber wegen des unendlichen Bereiches auf Schwierigkeiten. Für die Praxis sind aber Vereinfachungen möglich. So findet man in der Kanadischen Norm [19.4]

$$n' = n_b \sqrt{\frac{s_1 F_1}{s_1 F_1 + \delta_b B_1/2\pi}} \tag{19.11}$$

mit s_1 und F_1 aus Gl. (19.5 und 19.7) und B_1 aus Bild 19.2. Mit diesem n' läßt sich unter denselben Voraussetzungen ein Ausdruck für die mittlere Anzahl n'' der Überschreitungen eines vorgegebenen Wertes ableiten [19.19]. Tritt ein seltenes Ereignis im Mittel n'' mal pro Zeiteinheit ein, so ist die Wahrscheinlichkeitsverteilung für die Anzahl des Auftretens eine Poisson-Verteilung. Damit erhält Davenport für den sogenannten Böenfaktor, der als das Verhältnis des Mittelwertes der Maxima zum Mittelwert der Grundverteilung definiert ist [19.1, 19.2, 19.23]:

$$B = \frac{\bar{x}_{max}}{\bar{x}} = 1 + g_s(n'T)\frac{x_e}{\bar{x}}$$

$$g_s(n'T) = \sqrt{2 \ln n'T} + \frac{0{,}57}{\sqrt{2 \ln n'T}} \tag{19.12}$$

$$\frac{(x_{max})_e}{x_e} = \frac{\pi}{\sqrt{6}} \frac{1}{\sqrt{2 \ln n'T}}.$$

T ist das Mittelungsintervall, das für das Verfahren von Davenport mit T = 3600 s gewählt wurde. Da g_s in dem die Praxis interessierenden Bereich nur wenig von n' abhängt, kann bei überwiegendem Resonanzanteil (Gl. (19.11)) genügend genau n' gleich der Eigenfrequenz n_b gesetzt werden. Beispielsweise erhält man dann für $0.1\ \mathrm{s}^{-1} < n' < 4\ \mathrm{s}^{-1}$ für g_s das Intervall $3{,}6 < g_s \leqslant 4{,}6$.

Der Effektivwert der Maxima $(x_{max})_e$ ist kleiner als der der Grundverteilung x_e, die Wahrscheinlichkeitsdichteverteilungen der Extremwerte x_{max} sind daher schmäler als die von x.

Es ist zu beachten, daß $n_b T$ eine dimensionslose Größe ist. Da ein linearer Zusammenhang zwischen Auslenkungen und Lasten vorausgesetzt wurde, ist B gleichzeitig das Verhältnis der Extremlasten (genau genommen von deren Mittelwerten) zu den mittleren Lasten. Man erhält daher die statische Ersatzlast F_{st} durch Multiplikation der mit dem Stundenmittel der Geschwindigkeit errechneten Windlast F_{3600} mit dem Böenfaktor B.

$$F_{st} = BF_{3600}. \tag{19.13}$$

Das Verfahren von Davenport dient der Ermittlung dieses Böenfaktors B (Gln. (19.9) und (19.12)). Es ist die einfachste Methode, die den Zufallscharakter der Böen berücksichtigt. Sie basiert natürlich, wie im Verlauf der Ableitung gezeigt wurde, auf vielen vereinfachenden Annahmen. Man kann sie daher als eine etwas grobe Abschätzung für das Verhalten eines komplexen Systems bezeichnen [19.5].

Man kann nun die Frage stellen, ob es nicht einfacher wäre, anstatt der Berechnung des Böenfaktors B einfach die Wirkung einer der räumlichen Erstreckung nach maßgeblichen Böe auf das Gebäude als statische Last anzusetzen. Scruton [19.6] gibt die Ergebnisse solcher Vergleichsrechnungen für einen Gittermast, ein Hochhaus und einen Stahlschornstein an. Allerdings verwendet er für die statische Berechnung unabhängig von der Größe des Bauwerkes die Dreisekundenböe. Dabei zeigt sich, daß die dynamische Rechnung in allen drei Fällen zu einer geringeren Beanspruchung führt, die Verhältniszahlen liegen zwischen 0,85 und 0,95. Dieses Ergebnis darf aber nicht generalisiert werden, solche Vergleiche hängen stark von den dynamischen Eigenschaften der Konstruktion aber auch von der Bodenrauhigkeit ab (s. Beispiel, Abschnitt 19.4). Besonders bei Konstruktionen mit niedriger Eigenfrequenz und Dämpfung ist Vorsicht am Platze. Die einfache dynamische Abschätzung nach Davenport sollte daher auf jeden Fall gemacht werden.

19.2.3 Die mittlere maximale Beschleunigung

In Abschnitt 15.1 wurde die Bedeutung von Schwellwerten der Beschleunigung für den Wohnkomfort hervorgehoben (Bild 15.1). Die maximal auftretende Beschleunigung infolge Böenerregung kann leicht abgeschätzt werden [19.4]. Dabei wird angenommen, daß nur die Erregung im Resonanzbereich eine maßgebliche Rolle spielt. Das bedeutet, daß in Gl. (19.9) die Größe B_1, die der Erregung außerhalb der Resonanzzone entspricht, vernachlässigt wird

$$(19.9) \qquad \frac{x_e}{x_{3600}} = r_1 \sqrt{\frac{2\pi}{\delta_b} s_1 F_1}. \tag{19.14}$$

Dies ist das Verhältnis des Effektivwertes x_e der Auslenkung zum zeitlichen Mittelwert x_{3600}. Diese Auslenkung wird mit dem Stundenmittel der Geschwindigkeit an der in Betracht gezogenen Stelle berechnet. Der Mittelwert der Maxima der Schwankung um den Mittelwert ergibt sich durch Multiplikation von x_e mit g_s (Gl. (19.12)). Für diese mittlere maximale Schwankung kann unter der Annahme einer Schwingung mit der Eigenfrequenz n_b sofort der entsprechende Beschleunigungswert angegeben werden.

(19.12)
(19.14)
$$a_{max} = 4\pi^2 n_b^2 g_s(n'T) r_1 \sqrt{\frac{2\pi}{\delta_b}} \, s_1 F_1 x_{3600}.$$
(19.15)

Der so errechnete Beschleunigungswert ist nun mit den Angaben in Abschnitt 15.1 zu vergleichen.

19.3 Weitere Verfahren; Schwingungstilgung

Deterministische Verfahren [19.7, 19.8], die wohl die Dynamik des Gebäudes berücksichtigen, aber die Böenwirkung des Windes durch einen Staudruckverlauf als Funktion der Zeit vorgeben, haben, da sie die Struktur des Windes als Erreger nicht entsprechend berücksichtigen, an Bedeutung eingebüßt. Hingegen gewinnt die Verwendung von mehr oder weniger umfangreichen Rechenprogrammen zum Studium böenerregter Schwingungen immer mehr an Boden. Dabei sind im wesentlichen 2 Gruppen zu unterscheiden. Die eine geht von Korrelationsfunktionen bzw. von deren Fouriertransformierten, den Spektren aus, wie auch das Verfahren von Davenport. Die zweite Gruppe integriert die Bewegungsdifferentialgleichungen direkt, wobei als Eingangsfunktion ein stochastischer Prozeß gewählt wird, dessen Charakteristika den Merkmalen des Windes entsprechen.

Zu der ersten Gruppe zählt beispielsweise ein von Wyatt [19.9, 19.10] vorgeschlagener Rechengang, der dem Verfahren von Davenport sehr ähnlich ist. In dieser Arbeit wird auch die Berechnung der auf einen starren Körper wirkenden Luftkräfte in einer turbulenten Strömung gezeigt. Etkin [19.11] betrachtet den Windeinfluß auf einen schlanken stehenden Körper, wobei die Kraft auf einen Horizontalschnitt durch einen Ansatz nach Gl. (15.3) gegeben ist, der unter Beibehaltung des Beschleunigungsterms linearisiert wird. Die Koeffizienten c_W und c_{Wb} werden als Funktionen der Höhe z über dem Boden angesetzt, wodurch eine Berücksichtigung des Windprofiles und der Endeffekte möglich wird.

Etkin zeigt, wie entweder bei bekannter Korrelationsfunktion der Geschwindigkeitsstörungen in verschiedenen Höhen (wobei auch eine Zeitverschiebung berücksichtigt wird) oder bei bekanntem Spektrum der Windgeschwindigkeit das Spektrum der Schwankungen berechnet werden kann. Auf die Anwendung der Theorie auf praktische Beispiele wird allerdings in dieser Arbeit verzichtet.

Simiu [19.12] wählt im Gegensatz zu Davenport ein von der Höhe z über dem Boden abhängiges Geschwindigkeitsspektrum des Windes. Außerdem bezieht er auch eine Korrelation der Drücke zwischen Luv- und Leeseite ein, die wesentlich unter 1 liegt. Da bei Davenport diese Korrelation praktisch 1 gesetzt wird, ergeben sich bei Anwendung des Verfahrens von Simiu, wie einige Beispiele in der Arbeit zeigen, geringere Belastungen als bei der Rechnung nach Davenport. An dieser Arbeit ist auch das Studium des Einflusses verschiedener Parameter interessant. So zeigt Simiu, daß die höheren Eigenfrequenzen nur dann einen merklichen Einfluß auf den Effektivwert der Auslenkung haben, wenn sie nahe an der Grundfrequenz liegen ($n_2/n_1 < 2$). Simiu benützt wie Davenport eine lineare erste Eigenform, wobei er nachweist, daß die durch diese Annahme bedingten Fehler im allgemeinen klein bleiben. Auch Bodenrauhigkeit und Form des Spektrums im niederfrequenten Bereich bzw. die Lage des Maximums des Spektrums scheinen nicht von Bedeutung zu sein. Änderungen in den Exponenten der Kohärenz-Funktionen (Abschnitt 6.4.3) beeinflussen hingegen die Ergebnisse merklich.

Ellis [19.13, 19.14] mißt an einem wohl geometrisch aber nicht aeroelastisch ähnlichem Modell in einem Windkanal die Verteilung von Beschleunigungen und auftretenden Spannungen. Aus diesen Informationen werden mit einem Rechenprogramm die Effektivwerte der Widerstands- und Auftriebsverteilungen sowie Korrelationen und Spektren ermittelt. Mit diesen Angaben können schließlich die Antwortfunktionen, also die Belastungen des tatsächlichen Bauwerkes ermittelt werden. Vergleiche mit Ergebnissen aus direkten Messungen bestätigen offensichtlich die Zuverlässigkeit dieser Methode. Versuche haben gezeigt, daß z. B. bei einem Turm mit quadratischem Querschnitt bei Anströmung normal zu einer Frontfläche die Amplituden in Querrichtung die Gesamtauslenkung in Windrichtung infolge böenerregter Schwingungen wesentlich übersteigen können [19.20]. Daher wurden in jüngster Zeit aufwendige mathematische Verfahren entwickelt, die sowohl die zufallserregten Schwingungen in Windrichtung als auch quer dazu beschreiben können [19.21, 19.22].

Zur Gruppe der direkten Lösung der Differentialgleichungen der Bewegung durch numerische Integration zählt z. B. die Publikation von Saul und seinen Mitarbeitern [19.15]. Sie setzen die Schwankungen des Windes aus zwei Anteilen zusammen. Dabei entspricht ein Anteil den im Verhältnis zur Gebäudedimension großen Turbulenzelementen, der andere den kleinen. Die Schwankungen selbst werden als Gauß-Prozesse angenomen. Die Ergebnisse der Rechnungen zeigen, daß die erste Eigenform vor allem für Deformationen und Schwankungsgeschwindigkeiten des Bauwerkes maßgebend ist, während die höheren Eigenfrequenzen wesentliche Beiträge zu Beschleunigungen und Beschleunigungsänderungen liefern, Größen, die für das Behaglichkeitsgefühl des Menschen maßgebend sind (Bild 15.1).

Vaicaitis [19.16] und seine Mitarbeiter bestimmen den zeitlichen Verlauf der Schwingungen sowohl in Windrichtung als auch quer dazu mit Hilfe einer Monte-Carlo-Methode. Dabei wird für die Schwingungen in Querrichtung ein schmalbandiges Spektrum, das einer Wirbelerregung entspricht, gewählt. Das Verfahren gestattet auch die Mitnahme von nichtlinearen Termen. Die Ergebnisse zeigen, daß das Quadrat der turbulenten Schwankungen die Ergebnisse beeinflußt, daß aber eine nichtlineare bzw. eine variable Dämpfung nicht von Bedeutung ist. Die räumliche Korrelation stellt sich auch hier als wesentlich heraus.

Miyata und Uezono [19.17] setzen die instationären aerodynamischen Kräfte aus zwei Anteilen zusammen. Der geschwindigkeitsproportionale Term kann zu selbsterregten Schwingungen führen, die Ursache des anderen Terms liegt in der Tubulenz des Windes. Damit ermöglicht das nichtlineare Verfahren die Berechnung der Überlagerung von turbulenten und selbsterregten Schwingungen. Zwischen Windgeschwindigkeits- und Luftkraftspektrum wird allerdings ein linearer Zusammenhang angenommen. Das Schwingungsverhalten als Funktion der Zeit wird auch hier mit Hilfe der Monte-Carlo-Methode ermittelt. Als Beispiele werden sowohl Biege- als auch Torsionsschwingungen von Brücken berechnet. Die ermittelten Böenfaktoren sind geringer als die mit Gl. (19.12) errechneten.

Im Falle einer deterministischen stationären Schwingung muß die pro Zyklus zugeführte Energie gleich der dissipierten sein. Dieser stationäre Fall wird natürlich bei zufallserregten Schwingungen nicht erreicht. MacDonald [19.5] wendet diese energetische Betrachtung auf die Effektivwerte der Schwankungen an.

Auch böenerregte Schwingungen lassen sich ähnlich wie wirbelerregte (Abschnitt 16.4.1) durch mechanische Schwingungsdämpfer erheblich reduzieren. Die Abstimmung des Dämpfers ist dabei besonders wichtig [19.18], während die Eigendämpfung der Konstruktion bei der Anwendung des Dämpfers nur eine geringe Rolle spielt.

Für optimale Frequenz n_{opt} und optimales logarithmisches Dekrement δ_{opt} des Schwingungstilgers können hier in Analogie zu Abschnitt 16.4.1 die Beziehungen

$$n_{opt} = n_b \frac{\left(1 + 0.5 \frac{m_z}{m_1}\right)^{1/2}}{1 + \frac{m_z}{m_1}} ; \quad \delta_{opt} = \left\{ \frac{\frac{m_z}{m_1}\left(1 + 0.5 \frac{m_z}{m_1}\right)}{4\left[1 + \frac{m_z}{m_1}\left(1 + 0.5 \frac{m_z}{m_1}\right)\right]} \right\}^{1/2}$$

verwendet werden [19.24], n_b ist die Biegeeigenfrequenz und m_1 die reduzierte Masse der Konstruktion, m_z jene des Tilgers.

19.4 Rechenbeispiel

Ein Hochhaus mit einem quadratischen Grundriß von 30 x 30 m und der Höhe h = 180 m mit 50 Geschossen wird im Zentrum einer Kleinstadt errichtet. Nach einem meteorologischen Gutachten ist mit einem Stundenmittel von 30 m/s in dieser Höhe zu rechnen, die mittlere Wiederholungszeit dieses Wertes beträgt t_w = 50 a. Der Exponent für das Profil des Stundenmittels ist α_{3600} = 0,22.

Für die erste Eigenfrequenz n_b erhält man nach Bild 15.6

$$n_b = 0.4 \left(\frac{100}{h}\right)^{1,6} = 0.4 \left(\frac{100}{180}\right)^{1,6} \text{s}^{-1} = 0.156 \text{ s}^{-1}.$$

Von dem in Abschnitt 15.3.2.2 angegebenen Näherungsformeln kommt nur

$$T = \frac{1}{n_b} = 0.1 \text{ N} = 5 \text{ s} \Rightarrow n_b = 0.25^{-1}$$

in Frage, da die andere Formel durch Versuche nur bis zu 25 Geschossen belegt ist. Für die weitere Rechnung wird der Mittelwert der beiden, nämlich n_b = 0,18 s^{-1} gewählt. Das logarithmische Dekrement δ_{bK} wird entsprechend Abschnitt 15.3.2.2 mit 0,06 angenommen. Der Reibungsbeiwert des Bodens $\frac{\lambda_R}{2}$ kann Bild 6.6 entnommen werden.

Für α_{3600} = 0,22 ist $\frac{\lambda_R}{2}$ = 0,02 (entsprechend $z_0 = 6 \cdot 10^{-1}$ m).

$$(19.7) \quad F_1 = \frac{\left(\frac{L n_b}{u_{3600}(180)}\right)^2}{\left[1 + \left(\frac{L n_b}{u_{3600}(180)}\right)^2\right]^{4/3}} = \frac{\left(\frac{1200 \cdot 0.18}{30}\right)^2}{\left[1 + \left(\frac{1200 \cdot 0.18}{30}\right)^2\right]^{4/3}} = 0.261$$

$$(19.6) \quad L = 1200 \text{ m}$$

$$(19.5) \quad r_1^2 = 16 \frac{\lambda_R}{2} \left(\frac{10}{h}\right)^{2\alpha_{3600}} = 16 \cdot 0.02 \left(\frac{10}{180}\right)^{0,44} = 0.0897$$

$$s_1 = \frac{\pi}{3} \frac{1}{\left(1 + \frac{C_z}{3} \frac{hn_b}{u_{3600}(180)}\right)\left(1 + \frac{C_y}{2} \frac{bn_b}{u_{3600}(180)}\right)}$$

$$= \frac{\pi}{3} \frac{1}{\left(1 + \frac{8}{3} \frac{180 \cdot 0{,}18}{30}\right)\left(1 + \frac{20}{2} \frac{30 \cdot 0{,}18}{30}\right)} = 0{,}0964$$

Dabei wurde entsprechend der Empfehlung Davenports $C_z = 8$ und $C_y = 20$ gesetzt, obwohl vor allem der zweite Wert nach neueren Messungen zu hoch ist (Abschnitt 6.4.3.1). Dies wurde deswegen gemacht, da auch Bild 19.2, aus dem man den Faktor B_1 erhält, mit Hilfe dieser Werte berechnet wurde

$$\text{Bild 19.2:} \quad \frac{h}{L} = \frac{180}{1200} = 0{,}15; \quad \frac{b}{h} = \frac{30}{180} = 0{,}16 \Rightarrow B_1 = 0{,}63,$$

$$(19.9) \quad \frac{x_e^2}{\overline{x}^2} = r_1^2 \left(\frac{2\pi}{\delta_b} s_1 F_1 + B_1\right) = 0{,}0897 \cdot \left(\underbrace{\frac{2\pi}{0{,}06} 0{,}0964 \cdot 0{,}261}_{2{,}63} + 0{,}63\right) = 0{,}293,$$

$$(19.12) \quad g_s(n_b T) = \sqrt{2 \ln n_b T} + \frac{0{,}57}{\sqrt{2 \ln n_b T}} = \sqrt{2 \ln (0{,}18 \cdot 3600)} +$$

$$+ \frac{0{,}57}{\sqrt{2 \ln (0{,}18 \cdot 3600)}} = 3{,}76,$$

$$B = 1 + g_s \frac{x_e}{\overline{x}} = 1 + 3{,}76 \sqrt{0{,}293} = 3{,}04$$

Hier wurde n' (Gl. (19.11)) näherungsweise durch n_b ersetzt. Die Rechnung mit n' ergibt $g_s = 3{,}73$, also nahezu denselben Wert.

Berücksichtigt man nur den quasistatischen Anteil (B_1 entsprechend), der aber weit kleiner als der dynamische ist (entsprechend $\frac{2\pi}{\delta_b} s_1 F_1$) so erhält man einen Böenfaktor $B = 1{,}89$.

Dies zeigt den wesentlichen Einfluß der Erregung im Resonanzbereich, der durch quasistatische Betrachtungen nicht erfaßt werden kann. Der Berechnung des Böenfaktors wird nach Davenport ein Geschwindigkeitsprofil zugrunde gelegt, das praktisch auf dem Boden beginnt, $d_0 = 0$ in Gl. (6.5). Für die Berechnung der mittleren Last soll aber nun sowohl die mittlere Höhe der umliegenden Bauten $d_0 = 10$ m, als auch die Tatsache, daß das Potenzgesetz erst ab einer gewissen Höhe über dem mittleren Dachniveau (z. B. 6 m) gilt, beachtet werden.

$$(6.5) \quad \frac{u_{3600}(z - d_0)}{u_{3600}(180 - d_0)} = \left(\frac{z - d_0}{180 - d_0}\right)^{\alpha_{3600}}$$

$$q_{3600}(z - 10) = q_{3600}(180 - 10) \left(\frac{z - 10}{170}\right)^{2\alpha_{3600}}$$

$$q_{3600}(180-10) = \frac{\rho}{2}\, u_{3600}^2(180-10) = \frac{1,25}{2}\, 30^2 \ \text{N/m}^2 = 562,5 \ \text{N/m}^2$$

$$q_{3600}(z-10) = 562,5 \left(\frac{z-10}{170}\right)^{0,44}$$

$$q_{3600}(16-10) = 562,5 \left(\frac{16-10}{170}\right)^{0,44} \ \text{N/m}^2 = 129,2 \ \text{N/m}^2.$$

Bis 16 m Höhe ist daher mit $129,2 \ \text{N/m}^2$ zu rechnen. Für die Gesamtlast wird der Beiwert c der ÖNORM (Tabelle 10.2) entnommen (c = 1,55 entsprechend $h/l_m = 6$). Die Gesamtlast kann durch Integration berechnet werden.

$$F_{3600} = c \cdot b \int_0^{180} q_{3600}\, dz = 1,55 \cdot 30 \left\{ 129,2 \cdot 16 + \int_{16}^{180} 562,5 \left(\frac{z-10}{170}\right)^{0,44} dz \right\}$$

$$= 1,55 \cdot 30 \left\{ 129,2 \cdot 16 + \left[\frac{562,5}{170^{0,44}}\, \frac{1}{1,44}\, (z-10)^{1,44} \right]_{16}^{180} \right\},$$

$$F_{3600} = 3159 \ \text{kN}.$$

Das Einspannmoment an der Basis ist

$$M_{3600} = c \cdot b \cdot \int_0^{180} qz\,dz$$

$$= 1,55 \cdot 30 \left\{ 129,2 \cdot 16 \cdot 8 + 562,5 \int_{16}^{180} z \left(\frac{z-10}{170}\right)^{0,44} dz \right\}$$

$$= 1,55 \cdot 30 \left\{ 129,2 \cdot 16 \cdot 8 + \frac{562,5}{170^{0,44}} \int_6^{170} (z'+10) z'^{0,44} dz' \right\}$$

$$= 1,55 \cdot 30 \left\{ 129,2 \cdot 16 \cdot 8 + \frac{562,5}{170^{0,44}} \left[\frac{1}{2,44} z'^{2,44} + \frac{10}{1,44} z'^{1,44} \right]_6^{170} \right\}$$

$$M_{3600} = 341,1 \ \text{MNm}.$$

$$z_m = \frac{M_{3600}}{F_{3600}} = \frac{341,1}{3,159} \ \text{m} = 108 \ \text{m}.$$

Für die Beanspruchung sind nun die Stundenmittelwerte mit dem Böenfaktor B zu multiplizieren.

(19.13)
$$F_{st} = BF_{3600} = 3,04 \cdot 3159 \ \text{kN} = 9603 \ \text{kN},$$

$$M_{st} = BM_{3600} = 3,04 \cdot 341,1 \ \text{MNm} = 1037 \ \text{MNm}.$$

Rechnet man mit dem Böenfaktor für den quasistatischen Anteil allein (B = 1,89), so folgt

$$F_{st} = 1{,}89 \cdot 3159 \text{ kN} = 5971 \text{ kN}; \quad M_{st} = 1{,}89 \cdot 341{,}1 \text{ MNm} = 645 \text{ MNm}.$$

Zum Vergleich wird nun noch die reine statische Last infolge der maßgeblichen Böe berechnet. Das maßgebliche Böenmittel ist nach Bild 6.18

$$t_m = \frac{4{,}4 \cdot h}{u_{3600}(h/2)},$$

wobei u_{3600} etwa in halber Höhe einzusetzen ist.

$$(6.5) \qquad u_{3600}(90 - 10) = 30 \cdot \left(\frac{90 - 10}{180 - 10}\right)^{0{,}22} \text{ m/s} = 25{,}4 \text{ m/s},$$

$$t_m = \frac{4{,}4 \cdot 180}{25{,}4} \text{ s} = 31 \text{ s}.$$

Es ist also das 30-s-Mittel maßgebend. Die Umrechnungsfaktoren von Stundenmittel auf Böenmittel für eine effektive Höhe von 10 m sind in Abhängigkeit von der Rauhigkeit in Bild 6.9 enthalten. Das Stundenmittel in 10 m effektiver Höhe (entsprechend z = 20 m) ist

$$(6.5) \qquad u_{3600}(20 - 10) = 30 \cdot \left(\frac{20 - 10}{180 - 10}\right)^{0{,}22} \text{ m/s} = 16{,}1 \text{ m/s}.$$

Für $z_0 = 6 \cdot 10^{-1}$ m folgt aus Bild 6.9 der Faktor 1,4.

$$u_{30}(20 - 10) = 1{,}4 \cdot 16{,}1 \text{ m/s} = 22{,}5 \text{ m/s},$$

$$q_{30}(20 - 10) = \frac{1{,}25}{2} (22{,}5)^2 \text{ N/m}^2 = 316{,}4 \text{ N/m}^2,$$

$$q_{30}(16 - 10) = q_{30}(20 - 10) \left(\frac{6}{10}\right)^{2 \cdot 0{,}145} = 272{,}8 \text{ N/m}^2.$$

Der Exponent für das Böenprofil ist nach Bild 6.6 $\alpha_{30} = 0{,}145$. Die für das Stundenmittel durchgeführte Rechnung ist nun mit den entsprechenden Werten für das Böenmittel zu wiederholen. Für die Gesamtlast folgt

$$F_{30} = 1{,}55 \cdot 30 \left\{272{,}8 \cdot 16 + \int_{16}^{180} 316{,}4 \left(\frac{z - 10}{10}\right)^{0{,}29} dz\right\},$$

$$F_{30} = 4553 \text{ kN}.$$

Für das Einspannmoment an der Basis erhält man:

$$M_{30} = 1{,}55 \cdot 30 \left\{272{,}8 \cdot 16 \cdot 8 + 316{,}4 \cdot \int_{16}^{180} z \left(\frac{z - 10}{10}\right)^{0{,}29} dz\right\},$$

$$M_{30} = 467{,}2 \text{ MNm}.$$

Es ergeben sich im Vergleich zur Rechnung nach Davenport wesentlich geringere Werte, sie sind sogar noch kleiner als die, die man nach Davenport bei alleiniger Berücksichtigung der quasistatischen Wirkung erhält. Der letzte Vergleich zeigt, daß offenbar ein kürzeres Böenmittel als das über 30 s für die quasistatische Belastung maßgebend ist. Aber auch damit könnte der dynamische Einfluß, die Erregung im Resonanzbereich, die bei diesem Beispiel ganz wesentlich ist, nicht richtig erfaßt werden.

Literatur

[19.1] *Davenport, A. G.:* Gust loading factors, Journal of the Struct. Div., Proc. ASCE, Vol. 93, No. ST3, S 11–34 (1967)

[19.2] *Davenport, A. G.:* The distribution of largest values of a random function with application to gust loading, Proc. Inst. of Civil Eng., London, Vol. 28, S. 187–196 (1964)

[19.3] *König, G., Zilch, K.:* Ein Beitrag zur Berechnung von Bauwerken im böigen Wind, Mitt. aus d. Inst. f. Massivbau d. TH Darmstadt, Heft 15 (1970)

[19.4] Canadian Structural design Manual 1970, Supplement no. 4 of the National Building Code of Canada; Associate Committee on the National Building Code, National Res. Council of Canada, Ottawa

[19.5] *Macdonald, A. J.:* Wind Loading on Buildings, Appl. Sec. Publ. Ltd. 1975

[19.6] *Scruton, C.:* Wind effects on structures, James Clayton Lecture, Proc. Instn. Mech. Engrs. 185/1, S. 301–317 (1971)

[19.7] *Rausch, E.:* Maschinenfundamente, 3. Aufl., VDI-Verlag 1959

[19.8] *Schlaich, J.:* Beitrag zur Frage der Wirkung von Windstößen auf Bauwerke, Der Bauing. 41, S. 102–106 (1966)

[19.9] *Wyatt, T. A.:* The calculation of structural response, Proc. Symp. "The Modern Design of Wind-Sensitive-Structures, C.I.R.I.A., London 1971, Paper 6, S. 83–93

[19.10] *Sfintesco, D., Wyatt, T. A.:* A proposed European code of practice: Current work of the ECC towards specification of the effect of wind on structures, Proc. of the Fourth Int. Conf. on Wind Effects on Buildings and Structures, Heathrow 1975, S. 643–654

[19.11] *Etkin, B.:* Theory of the response of a slender vertical structure to a turbulent wind with shear, Wind Loads on Launch Vehicles, Langley Res. Center 1966, Paper 21, 15 S.

[19.12] *Simiu, E.:* Equivalent static wind loads for tall building design, J. of the Struct. Div., Proc. ASCE 102, No. ST4, S. 719–737 (1976)

[19.13] *Ellis, N.:* A technique for evaluating the fluctuating aerodynamic forces on a flexible building, Int. Symp. for Vibration Problems in Industry, Keswick 1973, Paper No. 312, 20 S.

[19.14] *Ellis, N.:* A new technique for evaluating the fluctuating lift and drag force distributions on building structures, BRE CP 2/76 (1976)

[19.15] *Saul, E. W., Jayachandran, P., Peyrot, A. H.:* Response to stochastic wind of N-degree tall buildings, J. of the Struct. Div., Proc. ASCE 102, No. ST5, S. 1059–1075 (1976)

[19.16] *Vaicaitis, R., Shinozuka, M., Takeno, M.:* Response analysis of tall buildings to wind loading, J. of the Struct. Div., Proc. ASCE 101, No. ST3, S. 585–600 (1975)

[19.17] *Miyata, T., Uezono, A.:* Simulation of aeroelastic oscillations of structural systems to gusty wind, Ann. Rep. of the Eng. Res. Inst., Fac. of Eng., Univ. of Tokyo, Vol. 33, S. 49–58 (1975)

[19.18] *Åkesson, B. Å.:* Dynamic damping of wind-induced stochastic vibrations, Design Eng. Technical Conf., Washington 1975, 11 S.

[19.19] *Papoulis, A.:* Probability, Random Variables and Stochastic Processes, McGraw-Hill 1965

[19.20] *Reinhold, T. A., Sparks, P. R.:* The influence of wind direction on the response of a square-section tall building, Proc. of the 5th Int. Conf. on Wind Eng., Fort Collins 1979, Vol. 2, S. 685–698

[19.21] *Kareem, A., Cermak, J. E., Peterka, J. A.:* Crosswind response of high-rise buildings, Proc. of the 5th Int. Conf. on Wind Eng., Fort Collins 1979, Vol. 2, S. 659–672

[19.22] *Sidarous, F. Y., Vanderbilt, M. D.:* An analytical methodology for predicting dynamic building response to wind, Proc. of the 5th Int. Conf. on Wind Eng., Fort Collins 1979, Vol. 2, S. 709–724

[19.23] *Davenport, A. G.:* Note on the distribution of the largest value of a random function with application to gust loading, Proc. Inst. Civil Engs., Vol. 28, S. 187–196 (1964)

[19.24] *Kareem, A.:* Mitigation of wind induced motion of tall buildings, Proc. of the 5th Coll. on Industrial Aerodynamics, Aachen 1982, Building Aerodynamics, Part 2, S. 13–24

20 Schwingungen durch Interferenzeinfluß

20.1 Ursachen und Schadensfälle

Durch wechselseitige strömungstechnische Beeinflussung werden nicht nur die Windlasten eines Körpers gegenüber denen des Einzelkörpers stark verändert, was in Abschnitt 5.2.6 besprochen wurde, sondern an elastischen Körpern können auch Schwingungen angefacht werden. Solche Erregungen treten vor allem dann auf, wenn ein Körper ganz oder zum Teil im Nachlauf eines anderen Körpers liegt. Dies ist eine Zone mit hoher Turbulenz, in der auch regelmäßige Wirbel auftreten können (Abschnitt 4.5.6). In dieser instationären Strömung können verschiedene Anfachungsmechanismen wirksam werden, auch solche die beim Einzelkörper gleicher Gestalt nicht auftreten.

Das wohl spektakulärste Beispiel ist das des Versagens der Kühltürme von Ferrybridge (England) im Jahre 1965, das auch in Kap. 1 bereits kurz erwähnt wird (Bild 1.5). Bild 20.1 zeigt einen Grundriß der Anlage mit der Windrichtung zur Zeit der Katastrophe. Die Türme 1A und 1B stürzten etwa 10 min nach Sturmbeginn ein, Turm 2A versagte 40 min später. Die nachträglich durchgeführten Untersuchungen beschränkten sich zunächst auf Druckmessungen an starren Modellen, wobei im Vergleich zu dem zeitlichen Mittelwert der Drücke große instationäre Schwankungen festgestellt wurden [20.1]. Anschließend wurden elastisch ähnliche Kunststoffmodelle untersucht, die zeigten, daß in der Schale

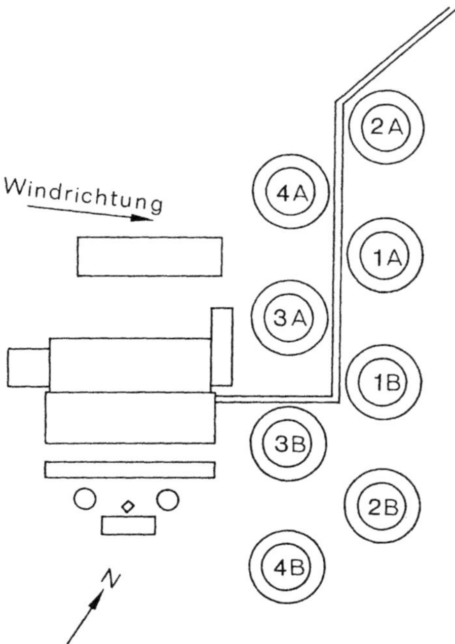

Bild 20.1
Vereinfachter Grundriß des Kraftwerkes
Ferrybridge C [20.2]

Querschnittsdeformations-Schwingungen (Abschnitt 16.5) mit $K = 3$ auftraten, und daß letzten Endes die Resonanzspannungen zum Bruch führten [20.2]. In Übereinstimmung mit dem Bericht der Untersuchungskommission wurde auch bei den Experimenten festgestellt, daß die hohen Zugspannungen in Meridianrichtung im unteren Bereich der Türme zum Versagen führten. Durch die Vergrößerung der zunächst entstandenen horizontalen Risse wurde die Eigenfrequenz reduziert und gleichzeitig die maximale Spannungsbelastung erhöht. Der Effektivwert des Resonanzanteils der Spannungen steigt dabei mit der 4. Potenz der Windgeschwindigkeit, während sowohl der Mittelwert als auch der Anteil infolge Böigkeit nur mit der 2. Potenz wächst [20.2]. Der Fall Ferrybridge hat gezeigt, daß das Problem von interferenzerregten Schwingungen aktuell ist, in Zukunft mehr beachtet werden muß und daß sehr genaue, den wirklichen Verhältnissen möglichst ähnliche Experimente erforderlich sind.

Weniger bekannt ist, daß häufig Schwingungen infolge Interferenz bei zylindrischen Türmen, Schornsteinen, [z. B. 20.3] oder bei Bündelleitern [z. B. 20.4] beobachtet werden. Für diese Fälle gibt es einige Untersuchungen, die im folgenden Abschnitt besprochen werden.

20.2 Kreiszylindrische Baukörper in Reihe

Bei dem ersten eben erwähnten Fall [20.3] handelt es sich um 7 Türme in Reihe, wobei aber die Türme 2 und 3 die größte Schlankheit aufweisen ($d = 3{,}05$ m, $h = 70$ m bzw. 75 m) und daher auch nur bei diesen beiden Schwingungen beobachtet wurden. Bild 20.2 zeigt die Amplitude des Turmes 2 in Windrichtung x_0/d und senkrecht dazu y_0/d als Funktion der Windgeschwindigkeit für eine spezielle Windrichtung. Bei der Interpretation der Ergebnisse ist der logarithmische Maßstab auf der Ordinate zu beachten. Bei niederen Windgeschwindigkeiten traten nicht nur bei der gezeichneten Anströmrichtung sondern

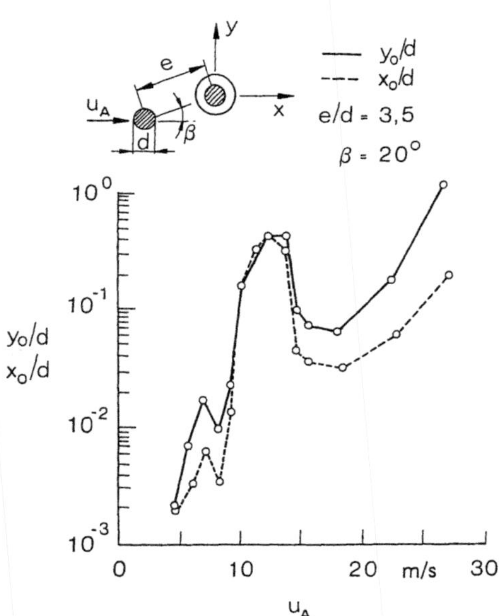

Bild 20.2

Amplituden des zweiten Turmes aus einer Reihe von 7 Türmen [20.3]

auch im Bereich $0° \leqslant \beta \leqslant 45°$ Schwingungen durch die vom Turm 2 abgehenden Wirbel mit einem Maximum bei ca. 7 m/s auf (vor allem in y-Richtung). Bei einer Windgeschwindigkeit $u_A = 12$ m/s sieht man ein ausgeprägtes Maximum der Amplituden, wobei die Werte für die x- und y-Richtung nahezu gleich sind. Die dominierende Frequenz im Nachlauf des ersten Turmes stimmt hier mit der Eigenfrequenz des zweiten Turmes überein. Diese Erscheinung tritt im Anströmwinkelbereich $10° < \beta < 25°$ auf. Wegen der unterschiedlichen Durchmesser der Türme 1 und 2 liegen hier zwei getrennte Wirbelerregungsbereiche vor. Auch bei Messungen des Kraftspektrums eines Zylinders im Nachlauf eines anderen mit unterschiedlichen Durchmessern wurden zwei Maxima festgestellt [20.8]. Über 15 m/s zeigt sich eine aerodynamische Instabilität (galloping) in einem Winkelbereich $10° < \beta < 30°$, wobei die Amplitude in Querrichtung sogar größer als der Durchmesser wird. Es handelt sich dabei um eine Anfachung die beim einzelnen Kreiszylinder nicht auftritt. Sowohl bei dieser Instabilität als auch bei der Wirbelerregung im Nachlauf sind die Amplituden wesentlich größer als die des Einzelkörpers, was bei Schwingungen durch Interferenzeinfluß häufig der Fall ist.

Versuche an zwei gleichen Schornsteinen [20.5] (h/d = 13, Mittenabstand e/d = 1,5...3,0) zeigen Schwingungen beider Zylinder infolge Wirbelerregung quer zur Anströmung im Winkelbereich $\beta < 5°$. Bei $\beta > 5°$ beginnen Schwingungen durch Instabilität (galloping) wobei je nach Abstandsverhältnis e/d und Winkel β der leeseitige Zylinder nahezu kreisförmige Bahnen beschreiben oder auch nur in Querrichtung schwingen kann. Jedenfalls sind die Amplituden des luvseitigen Zylinders wesentlich kleiner und können bei speziellen Anordnungen auch ganz verschwinden. Derselbe Effekt tritt bei konischen Schornsteinen auf [20.7].

Bei 4 Schornsteinen in Reihe liegt die maximale Amplitude je nach Abstand und Anströmwinkel bei einem der drei leeseitigen Schornsteine, aber auch die Amplitude des luvseitigen Schornsteins kann größer als die des identischen Einzelschornsteins werden [20.6].

Nach Versuchen und Rechnungen von Vickery [20.17] nimmt das Verhältnis von Amplitude im Nachlauf zu Amplitude des Einzelzylinders mit steigender Dämpfung zu. Diese Experimente wurden mit einer Reihe von 4 Zylindern (e/d = 4, h/d = 20) gemacht, bei der jeweils nur ein Modell flexibel war. Dies kann aber wesentlich andere Resultate ergeben, als wenn alle Modelle der Reihe beweglich sind [20.9].

Ab welchen Abständen e/d keine Erhöhung der Amplituden gegenüber dem Einzelzylinder auftritt hängt vom Dämpfungsparameter C_b^* (Gl. (15.21)) und vom Verhältnis h/d ab. Für h/d = 24 zeigen Versuche mit $C_b^* = 8,5$ bereits bei e/d = 4 keinen Einfluß des Nachlaufes mehr [20.9], während bei Modellen mit Scruton-Wendeln und $C_b^* = 3,3$ der Einfluß erst bei e/d = 23 abklingt [20.18]. Eine Koppelung von Schornsteinen in Reihe durch eine Plattform bewirkt nur eine unwesentliche Reduktion der Amplitude des vierten Schornsteines, erhöht aber die Amplitude des ersten, luvseitigen Schornsteins wesentlich, so daß die Schwingungsenergie im System sogar erhöht wird [20.19].

Die Schwingungen durch Instabilität im Nachlauf hängen eng mit der in Abschnitt 5.2.6.2 beschriebenen plötzlichen Änderung des Querkraftbeiwertes bei $\beta = 10°$ zusammen, die durch den Umschlag der Strömung verursacht wird (Bild 5.28). Außerdem sei auch an Bild 5.29 erinnert, das für einen Zylinder im Nachlauf eines identischen Zylinders für verschiedene Positionen sowohl den Widerstandsbeiwert c_W als auch den Querkraftbeiwert c_Q zeigt. Für Verhältnisse x/d < 4 fällt c_W sehr stark, was Anregungen in Strömungsrichtung verursachen könnte. Der äußere Bereich von y/d, in dem c_Q abfällt (x/d = konst.), ist jenes Gebiet, in dem Querschwingungen angeregt werden können [20.3].

Bei der Instabilität gibt es natürlich eine gewisse Grenzgeschwindigkeit, ab der Schwingungen auftreten. Für einen Modellzylinder, der im Windkanal von einer Wand zur anderen reichte (d = 41 mm; m = 1,5 kg/m; n_y = 1,15 Hz; n_x = 1,1 Hz), erhielt Cooper [20.10] die im Bild 20.3 dargestellten Stabilitätsgrenzen. Auch bei großen Abständen x/d kön-

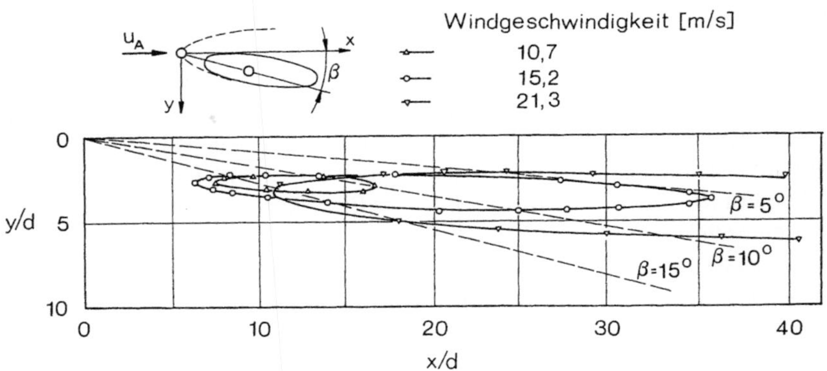

Bild 20.3 Stabilitätsgrenzen für einen glatten Zylinder im Nachlauf [20.10]

nen Schwingungen auftreten, wenn die Anströmgeschwindigkeit u_A entsprechend hoch ist. Die Bahnkurve ist dabei eine Ellipse, deren große Achse gegen die Windrichtung schwach geneigt ist. Die Schwingungen traten nur bei Verhältnissen der Eigenfrequenzen der Schwingungen in Quer- und Längsrichtung nahe 1 auf, waren aber bei n_y/n_x = 1 nicht zu beobachten. Für das Auftreten von Schwingungen ist es notwendig, daß eine Koppelung zwischen den Steifigkeitstermen in den beiden Richtungen besteht, daß also die Bewegungsgleichung in x-Richtung ein y-proportionales Glied enthält und umgekehrt. Durch Die Annahme von quasistationären aerodynamischen Kräften und Linearisierung können die Stabilitätsgrenzen auch näherungsweise berechnet werden [20.4]. Wegen der erheblichen Schwankungen im Nachlaufgebiet sind allerdings Linearisierungen äußerst problematisch.

Dimensionslose Mittenabstände im Bereich e/d = 10...20 liegen bei Bündelleitern vor, wo es infolge von aeroelastischen Schwingungen zu einem Gegeneinanderschlagen der Leitungen kommen kann. Durch ein relatives Verdrehen der Leitungen (ca 30° pro Teilbereich) können solche Schwingungen vermieden werden [20.4].

Eine Anordnung von gekoppelten Schornsteinen in Dreiecksform wurde von Ruscheweyh [20.21] untersucht, der bei geringen Distanzen der Schornsteine sowohl wirbelerregte Schwingungen als auch aerodynamische Instabilitäten feststellte.

Bei wirbelerregten Schwingungen von Türmen und Schornsteinen im Nachlauf ist eine Scruton-Wendel (Abschnitt 16.4.2.1) zur Reduktion der Schwingungsamplituden wenig geeignet [20.11, 20.21]. Ein perforierter Mantel (Abschnitt 16.4.2.2) kann sogar zu höheren Amplituden führen [20.12]. Nur mit einer Ummantelung in Form eines Käfigs aus kreiszylindrischen Stäben (Abschnitt 16.4.2.2) können auch Schwingungen bei Zylindern in Tandemanordnung unterdrückt werden [20.13]. Als wirksames Mittel können auch hier dynamische Schwingungstilger eingesetzt werden (Abschnitt 16.4.1) [20.3].

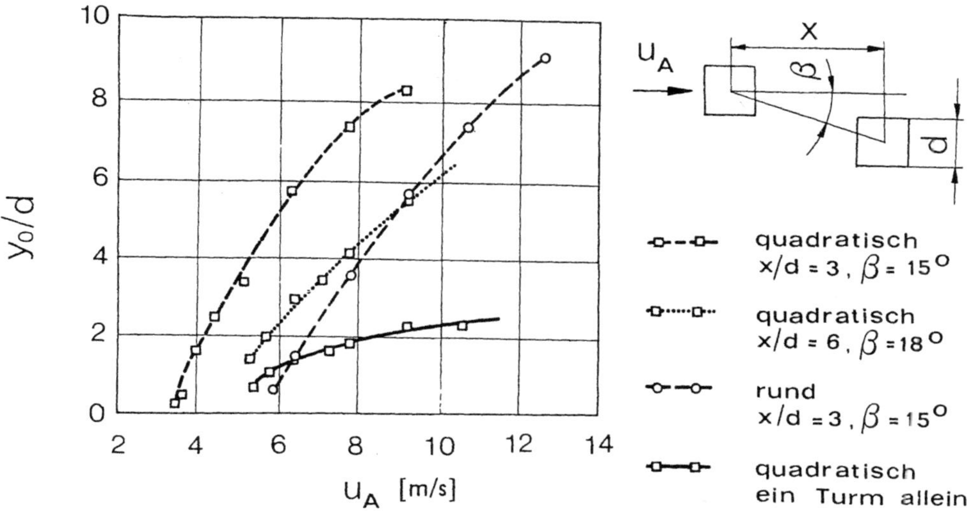

Bild 20.4 Amplituden von Trägern mit quadratischem bzw. rundem Querschnitt (h/d = 10) für verschiedene Positionen im Nachlauf in turbulenzarmer Anströmung [20.10]

20.3 Baukörper mit quadratischem Querschnitt in Reihe

Der quadratische Querschnitt weist auch schon als Einzelbaukörper eine aerodynamische Instabilität auf, die Amplituden beim leeseitigen Baukörper im Falle einer Tandemanordnung sind jedoch wesentlich größer (Bild 20.4). Bei dem Beispiel (h/d = 10, turbulenzarme Anströmung) ist außerdem beim Turm im Nachlauf die Grenzgeschwindigkeit, ab der Schwingungen auftreten, kleiner als beim Einzelturm. Zum Vergleich sind die Ergebnisse für einen kreiszylindrischen Turm mit demselben Verhältnis h/d ebenfalls eingezeichnet [20.10]. Auch in einer atmosphärischen Grenzschicht zeigen sich bei Türmen mit quadratischen Querschnitten in einem gewissen Bereich wesentlich größere Amplituden y/d in Querrichtung als beim Einzelturm (Bild 10.5) [20.14].

Eine Anordnung von zwei quadratischen Prismen mit den Mittenabständen e/d = 2 und 4 in turbulenzarmer Strömung zeigt hingegen auch bei verschiedenen Anströmwinkel keine

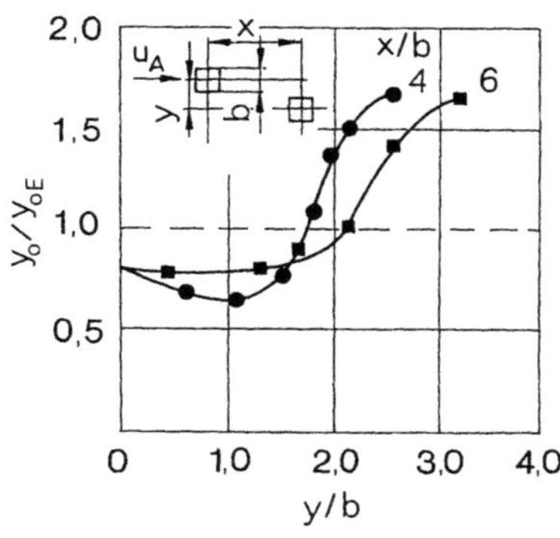

20.5

Verhältnis der Amplitude y_0 im Nachlauf zur Amplitude y_{0E} des Einzelturmes mit quadratischem Querschnitt in turbulenter Grenzschicht [20.14]

wesentliche Amplitude beim leeseitigen Prisma, sondern eine aerodynamische Instabilität beim luvseitigen Prisma im Anströmwinkelbereich $0° \leqslant \beta \leqslant 15°$. Diese Ergebnisse scheinen im Gegensatz zu den oben erwähnten Resultaten (Bild 20.4) zu stehen. Es ist jedoch zu beachten, daß bei den zuletzt erwähnten Versuchen das Verhältnis h/d wesentlich kleiner war (h/d = 0,75...3,75). [20.15].

Messungen des Basismomentes bei einem quadratischen Quadermodell mit h/d = 4,1 in einer Grenzschichtströmung ergaben wesentliche Erhöhungen der dynamischen Lasten, die durch eine Anordnung von zwei gleichartigen Gebäuden stromauf (deren gegenseitiger Abstand normal zum Wind 5d betrug) noch gesteigert wurden. In diesem letzten Fall betrug das Verhältnis des Effektivwertes des Momentes in Gruppenanordnung zu dem in Einzelanordnung 2,15 [20.20].

Diese wenigen Ergebnisse zeigen, daß im Falle von Schwingungen im Nachlaufgebiet eine allgemeine Vorhersage schwierig ist. Sie zeigen auch, daß erhöhte Vorsicht am Platze ist, da die Amplituden solcher Schwingungen wesentlich größer als beim identischen Einzelkörper sein können. Es können auch, wie im Falle des kreiszylindrischen Querschnitts, Schwingungen auftreten, die es beim Einzelkörper gar nicht gibt (galloping). Falls bei einer Gruppenanordnung von Baukörpern (Türme, Schornsteine) aufgrund der Anordnung bzw. der Elastizität der Bauwerke solche Schwingungen zu erwarten sind, sollten entweder eingehende aeroelastische Experimente gemacht oder mechanische Schwingungstilger vorgesehen werden.

Literatur

[20.1] *Armitt, J., Counihan, J., Millborow, D. J., Richards, D. J. W.:* Wind tunnel measurements of the surface pressures on models of the Ferrybriddge "C" cooling towers, Central Electricity Generating Board, Res. & Dev. Dep. RD/LR 1430 (1967)

[20.2] *Armitt, J.:* Vibration of cooling towers, Int. Symp. "Vibration Problems in Industry", Keswick 1973, Paper No. 311, 19 S.

[20.3] *Cooper, K. R., Wardlaw, R. L.:* Aeroelastic instabilities in wakes, Proc. of the 3rd Int. Conf. on Wind Effects on Buildings and Structures, Tokyo 1971, S. 647–655

[20.4] *Wardlaw, R. L., Cooper, K. R., Scanlan, R. H.:* Observations on the problem of subspan oscillation of bundled power conductors, Int. Symp. "Vibration Problems in Industry", Keswick 1973, Paper No. 323, 18 S.

[20.5] *Ruscheweyh, H.:* Winderregte Schwingungen zweier engstehender Kamine, Proc. of the 3rd Coll. on Industrial Aerodynamics, Aachen 1978, part 2, S. 175–184

[20.6] *Griffith, R.:* Vibration experience with four in-line chimneys on a windy site, Proc. of a Symp. on Wind Effects on Buildings and Structures, Loughborough 1968, Paper 20, 16 S.

[20.7] *Krishnaswamy, T. N., Rao, G. N. V., Durvasula, S., Reddy, K. R.:* Model observations of interference effects on oscillatory response of two identical stacks, Proc. of the Fourth Int. Conf. on "Wind Effects on Buildings and Structures", Heathrow 1975, S. 209–214

[20.8] *Falco, M., Gasparetto, M.:* On vibrations induced on a cylinder in the wake of another due to vortex shedding, Meccanica 9/4, S. 325–364 (1974)

[20.9] *Hanenkamp, W., Hammer, W.:* Transverse vibration behaviour of steel stacks in a row -Windtunnel tests with turbulent flow, Proc. of the 4th Coll. on Industrial Aerodynamics, Aachen 1980, Buildings Aerodynamics Part 2, S. 155–167

[20.10] *Cooper, K. R.:* Wake galloping, an aeroelastic instability, in: Naudascher (ed.), Flow-induced Structural Vibrations, S. 762–766, Springer Verlag 1974

[20.11] *Whitbread, R. E.:* Practical Solutions to some windinduced vibration problems, Nat. Phys. Lab. NPL Rep. Sci. R. 124 (1975)

[20.12] *Walshe, D. E., Cowdrey, C. F.:* A brief study of the effect of shrouds on buffet amplitude of chimney stacks, NPL Mar. Sci. Tech. Memo 2–27 (1972)

[20.13] *Zdravkovich, M. M.:* Flow-induced vibration of two cylinders in tandem and their suppression, in: Naudascher (ed.), Flow-induced Structural Vibrations, S. 630–639, Springer 1974

[20.14] *Cooper, K. R.:* The buffeting of a tall building in a turbulent wake, Proc. of the Fourth Canadian Congr. of Appl. Mech., Montreal 1973, S. 715–716

[20.15] *Gerhardt, H. J., Kramer, C., Jansen, H.:* Wind loads on slender prismatic structures, Proc. of the 3rd Coll. on Industrial Aerodynamics, Aachen 1978, Part 2, S. 91–105

[20.16] *Sockel, H.:* Schwingungen an Rohrleitungen durch Windeinfluß, Österr. Ing. Zeitschr. 11/6, S. 218–220 (1968)

[20.17] *Vickery, B. J.:* Across-wind buffeting in a group of four-in-line model chimneys, Proc. of the 4th Coll. on Industrial Aerodynamics, Aachen 1980, Buildings Aerodynamics, Part 2, S. 169–182

[20.18] *Ruscheweyh, H.:* Straked-in-line steel stacks with low mass damping parameter, Proc. of the 4th Coll. on Industrial Aerodynamics, Aachen 1980, Buildings Aerodynamics, Part 2, S. 195–204

[20.19] *Gerhardt, H. J., Kramer, C.:* Interference effects for groups of stacks, Proc. of the 4th Coll. on Industrial Aerodynamics, Aachen 1980, Buildings Aerodynamics, Part 2, S. 183–194

[20.20] *Saunders, J. W., Melbourne, W. H.:* Buffeting effects of upstream buildings, Proc. 5th Int. Conf. on Wind Eng., Fort Collins 1979, Vol. 1, S. 593–606

[20.21] *Ruscheweyh, H.:* Further studies of wind-induced vibrations of grouped stacks, Proc. of the 5th Coll. on Ind. Aerodynamics, Aachen 1982, Building Aerodynamics, Part 2, S. 87–92

Sachwortverzeichnis

Ablösepunkt 32 f.
Ablösung 32 ff.
Abschattungsfaktor
– nach Exp., siehe Abschirmfaktor
– nach DIN 1055/4 279, 285 f.
– nach ÖNORM B 4014/1 289 f.
– nach SIA 160 292 f.
Abschirmfaktor 273 ff.
Aerodynamische Instabilität
–, Einfluß auf Wirbelerregung 361 f.
–, Erregungsmechanismus 353 ff.
–, experimentelle Ergebnisse 359 ff.
–, Grenzgeschwindigkeit 357 ff.
– im Nachlauf 401
–, Maßnahmen zur Beseitigung 362 ff.
–, Rechenbeispiel 364 ff.
–, rechnerische Ergebnisse 359 ff.
–, Schwingungsgleichung 355 ff.
Aerodynamische Waage 127
Ähnlichkeit, mechanische 25 ff.
Amplitude, siehe Auslenkung
Anemometer
–, Böenanemometer 130
–, Hitzdrahtanemometer 125 f.
–, Schalenkreuzanemometer 129
Antwortspektrum 384 f.
Atmosphäre, Schichten 77 ff.
Attika 210 f.
Auftrieb 75, 162
Auftriebsbeiwert 57, 162
Ausbreitung von Abgasen 125
Auslenkung
– bei Wirbelerregung 323 f., 326 ff., 337 f.,
  343
– bei aerodynamischer Instabilität 357 ff.
– bei Böenerregung 384 ff., 389 f.
– bei Interferenzeinfluß 400 ff.
Außendruckbeiwert 43, 161
Autokorrelationskoeffizient,
  siehe Korrelationskoeffizient
Aylesbury 207 ff.

Bahnlinie 7
Baukörper, ebenflächig
– –, Außendruckbeiwerte nach
  Exp. 48 ff., 54 ff., 169 ff.
  DIN 1055/4 174
  ÖNORM B 4014/1 174 f.
  SIA 160 175, 180
– –, Innendruckbeiwerte nach
  Exp. 177, 178
  DIN 1055/4 178

ÖNORM B 4014/1 178 f.
SIA 160 179 ff.
– –, Örtliche Druckbeiwerte nach
  Exp. 181 ff.
  DIN 1055/4 187 f.
  ÖNORM B 4014/1 188 f.
  SIA 160 189
– –, Widerstandsbeiwerte nach
  Exp. 65 f., 165 f.
  DIN 1055/4 165, 167
  ÖNORM B 4014/1 167 f.
  SIA 160 168
Behälter 246 ff., 252, 261
Bernoulli-Gleichung 13 f.
– mit Verlusten 39
Bernoulli-Konstante 13 f.
Beschleunigung der Konstruktion 390 f.
Beschleunigungsgrenzwert 306
Beschleunigungsschwellwert 305
Bewegungsgleichung
– in Stromlinienrichtung 12 f.
– normal zur Stromlinienrichtung 16
Bezugsfläche 58, 162
Biegeschwingung
–, Eigenfrequenz 309, 312 ff.
–, Eigenform 311, 313
– durch aerodynamische Instabilität 353 ff.
Biegesteifigkeit 308
–, dimensionslose 310
–, generalisierte 312
Biegetorsionsschwingungen, siehe Flattern
Bodenrauhigkeit 55, 78, 80
– nach ÖNORM B 4014/1 108
Bodenrauhigkeitswechsel 85
– nach ÖNORM B 4014/1 109
Böenanemometer 129
Böenerregte Schwingungen
– –, Böenfaktor 389 f.
– –, Effektivwert der Auslenkung 384 ff.
– –, max. Beschleunigung 390 f.
– –, Rechenbeispiel 393 ff.
– –, Rechenverfahren 384 ff., 391 f.
– –, Schwingungstilgung 393
Böenfaktor
– für Drücke 182
– für Gesamtkonstruktion 390
Böengröße, siehe Integralmaß
Böenmittel 82 ff.
– maßgebliches 95, 96
Böenprofil 83
Böenspektrum, siehe Windgeschwindigkeits-
  spektrum